谨以此书祝贺

中国地质学会成立一百周年

山东地质六队被国务院授予『英雄地质队』荣誉称号三十周年

国家自然科学基金项目 NSFC–山东联合基金（U2006201）和山东省重大科技创新工程"深地资源勘查开采"重点研发计划专项（2017CXGC1604）联合资助

胶东金矿成矿系统和深部找矿关键技术

宋明春　丁正江　李世勇等　著

科学出版社

北　京

内 容 简 介

　　胶东是我国最重要的黄金基地，近年来深部找矿取得重大突破，并且探明了千吨级超巨型金矿床，推动我国黄金储量跃居世界第二。本书基于胶东金矿深部找矿成果以及作者多年的勘查和研究实践，全面总结和深化提升了胶东金矿成矿系统认识和找矿技术方法成果。尤其展示了作者在胶东地区的最新研究成果，包括：苏鲁造山带北缘洋岛型和洋中脊型非超高压基性岩残片、白垩纪高镁闪长岩和千吨级超巨型金矿床等系列地质新发现，胶东热隆-伸展成矿系统和胶东型金矿成矿模式，深部金矿阶梯找矿系列方法，基于赋矿断裂结构面特征的深部成矿预测方法和首次预测胶西北金资源总量超过万吨等。新成矿模式不仅丰富了我国区域成矿理论，而且对今后的深部找矿具有重要的指导和示范意义；深部金矿找矿技术方法，为深部金矿勘查提供了实用的方法"利器"。

　　本书可供从事矿产勘查、地质科研、地矿行政管理的技术人员及有关院校师生参考。

审图号：鲁 SG（2022）044 号

图书在版编目（CIP）数据

　　胶东金矿成矿系统和深部找矿关键技术/宋明春等著. —北京：科学出版社，2023.1
　　ISBN 978-7-03-074409-8

　　Ⅰ. ①胶… Ⅱ. ①宋… Ⅲ. ①金矿床–成矿系列–山东②金矿床–找矿–山东 Ⅳ. ①P618.51

　　中国版本图书馆 CIP 数据核字（2022）第 254591 号

责任编辑：王　运　韩　鹏／责任校对：何艳萍
责任印制：吴兆东／封面设计：图阅盛世

科 学 出 版 社 出版
北京东黄城根北街 16 号
邮政编码：100717
http://www.sciencep.com
北京中科印刷有限公司 印刷
科学出版社发行　各地新华书店经销

＊

2023 年 1 月第 一 版　开本：889×1194　1/16
2023 年 1 月第一次印刷　印张：25
字数：800 000

定价：358.00 元
（如有印装质量问题，我社负责调换）

本书作者名单

宋明春　　丁正江　　李世勇　　李　杰　　周明岭

范家盟　　贺春艳　　张照录　　宋英昕　　鲍中义

王　斌　　张亮亮　　林少一　　温桂军　　高美霞

刘　晓　　徐韶辉　　杨真亮　　宋国政　　曹春国

张琪彬　　刘彩杰　　王洪军　　王珊珊　　陈大磊

李　山　　刘天鹏　　李瑞翔　　张　超　　解天赐

王永庆　　孟庆旺　　蒋　雷　　王　珣　　柴本红

周艳生　　康一鸣　　于义文　　郭国强　　陈宏杰

刘国栋　　邱成贵　　崔秀燕　　张　会　　姚　铮

刘　伟　　刘　辉　　张　一　　王润生　　石艳强

序　言

　　胶东是我国最重要的黄金基地，地质找矿不断取得新突破，近年来深部及海域找矿连续取得重大突破。黄金资源储量从新中国成立初期的几十吨，至20世纪末达到千吨，目前已超过5000t，使胶东成为全球第三大金矿矿集区。找矿成果的取得是地质工作者依靠科技辛勤劳动的结果。他们长期在野外一线为国家寻找金矿，不怕艰辛，反复研究实践，发现成矿规律，总结找矿经验，不断提出创新认识，有效指导找矿工作，为国家找矿做出了杰出贡献。胶东地区从事金矿找矿工作的地质工作者品德高尚，具有科学探索创新精神，值得学习、发扬！

　　20世纪六七十年代，经多年奋战，山东省地质矿产勘查开发局（简称山东省地矿局）第六地质大队发现和勘查了构造破碎带蚀变岩型焦家金矿，建立了世界首个构造破碎带蚀变岩型焦家式金矿成矿模式，获得国家科学技术进步奖特等奖，并在全国推广应用，取得很好的找矿效果，对胶东及全国金矿找矿工作起到了促进作用，做出了重要贡献。2006年以来，以宋明春研究员为首的山东省地矿局和山东省地矿局第六地质大队科技团队继续奋战在胶东地区野外找矿一线，通过深部找矿的实践，又总结提出了区域成矿规律的"热隆－伸展"和阶梯成矿模式新认识，建立了金矿集中区的三维地质模型、找矿技术体系，深化了深部金矿预测方法，进行资源潜力预测，获得了深部第二成矿台阶的找矿重大突破。此阶段的勘查与研究成果由以宋明春为首的团队汇集编写了专著《胶东金矿成矿系统和深部找矿关键技术》。此项成果得来不易，既有科学意义，又很有实用价值，很值得交流推广。

　　胶东金矿的成矿规律及深部找矿是矿业界共同关注的大事。在此地区从事金矿找矿及成矿规律研究的队伍和专家很多，都为本区找矿和成矿规律探索做了很多工作与贡献，已取得并发表不少成果。但矿床及区域成矿的科学问题十分复杂，胶东地区金矿亦不例外，勘查、研究尚待深化，有一些重大科学问题有待进一步探索研究，如胶东地区金矿高度富集的原因，金的来源，深部壳幔岩浆活动、演化与成矿元素分期富集，构造运动的性质、布局及对成矿时空分布的控制，最有效的找矿技术方法，胶东地区尚有多大的找矿前景，我国第二个"胶东金矿矿集区"在哪里等。这些问题都有待共同探索、实践，逐步获得创新成果，为本区找矿和发展矿床地质科学做出新贡献。在此，衷心祝愿山东省地勘队伍及科研团队在找矿科技创新平台上发扬优良的传统精神，在新时代里胜利攀登又一个找矿科技新高峰！

2021年2月23日

前　言

　　随着经济社会快速发展，重要矿产资源供不应求。20世纪末以来，西方发达国家纷纷开展大陆深部探测及第二深度空间（500～2000m）矿产资源勘查。然而，深部矿床地质条件复杂，找矿难度非常大，传统的浅部矿勘查技术方法已经难以奏效。因此，深部找矿理论技术是当前和今后一段时期全球矿产资源探测的重要研究方向。

　　黄金是国家战略资源，世界各国均重视黄金资源勘查，全球每年投入黄金勘查和研究的经费占固体矿产勘查总投入的40%以上。经过多年勘查研究，我国已成为世界黄金大国，已探明的黄金储量位居世界第二，黄金产量和消费量居世界第一。然而，我国黄金产销之间还有巨大缺口，如2021年国内原料产金量为330t，黄金消费量为1121t。21世纪以来，随着我国地下500m以浅的黄金资源开采殆尽，寻找深部金矿迫在眉睫。然而，传统针对浅表部矿的勘查理论技术应用于深部勘查时遇到了瓶颈制约，亟待解决深部成矿规律、探测技术方法和找矿方向等关键理论技术难题。

　　胶东是中国最重要的金矿集中区，已探明的黄金储量和黄金产量均居全国第一，在国内率先取得深部找矿重大突破，已完成超过3000m深度的深部探测钻孔4个，最深钻孔深达4006.17m，是深部资源勘探的最佳选区。然而，以往找矿评价的理论和技术体系主要是基于浅部勘查研究成果建立的，对于深达2000m的深部勘探尚存在若干亟待解决的关键难题。如在成矿理论认识方面，前人依据金矿主要分布于侏罗纪玲珑型花岗岩和早白垩世郭家岭型花岗岩内部及周边，而认为金的成矿与这两种花岗岩类有关，但是金矿的同位素年龄明显晚于赋矿的花岗岩，而且金矿赋存于切割花岗岩体的断裂、裂隙中；关于胶东金矿的成因类型，前人分别提出了绿岩带型、岩浆期后热液型、造山型、非造山带型、克拉通破坏型等不同的认识。在找矿方向和找矿潜力方面，以往勘查研究者认为胶东剥蚀深度大、深部已无找矿潜力，深部存在第二赋矿空间，深部成矿条件复杂找矿方向难以确定等；对胶东金矿资源总量的认识不断变化，由早期的数百吨，至20世纪末预测的3026.486t，到近期全国资源潜力评价预测总量的3963t，目前实际探明金资源量已超过5000t，可见胶东金矿资源潜力尚待进一步探索。在找矿方法方面，传统浅表部金矿找矿主要采用"地质+电法勘探+土壤或岩屑地球化学"，然而，由于深部矿埋藏深度大、在地表显示的信息弱，常规的地表技术方法难以获取深部的矿化信息，因此发展了深穿透地球化学、井中激电、可控源音频大地电磁测深、就浅部矿找深部矿等方法，但还缺乏更加精细和有效的深部探测技术方法。胶东地区的勘查研究程度高，在以往大量工作的基础上，进一步加强矿床成因、深部构造控矿机理等研究，完善和发展国际上独具特色的胶东金矿成矿理论体系，探索深部找矿新方法，将会突破制约胶东深部大规模成矿和找矿的瓶颈，为寻找新的金矿资源提供理论支撑，为我国深部资源探测提供典型示范。

　　为此，以宋明春为核心的勘查研究团队，承担实施了国家自然科学基金项目NSFC-山东联合基金——胶东深部金矿断裂控矿机理（U2006201）和山东省重大科技创新工程"深地资源勘查开采"重点研发计划专项——深部金资源评价理论、方法与预测（2017CXGC1604）。主要研究目的是：以山东莱州-招远国家级整装勘查区蚀变岩型和石英脉型金矿为重点，研究金矿成矿系统、深部三维结构和控矿要素，建立深部成矿模式；集成重力、磁法、电法等综合地球物理勘探方法，研究成矿地球化学异常，形成3000m以浅金矿资源勘探成套技术能力；全面提取胶东多元地质信息，完成多指标三维地质建模，建立深部资源评价三维预测地质模型；通过成矿要素筛选与组合、优化，形成最优化控矿要素组合，完成三维成矿预测。包括以下四方面主要研究内容。①金矿成矿系统和成矿模式研究：以莱州-招远国家级整装勘查区蚀变岩型和石英脉型金矿深部资源为重点研究对象，以胶东型金矿热隆-伸展成矿认识和阶梯成矿模式为基础，分析成矿地质背景，进行典型矿床解剖，研究矿区地质填图方法，总结成矿规律，建立成矿系统的时空、物质结构和成矿模式。②深部三维实体地质建模：研究区域三维实体地质建模和矿床三维实体地质建模方法体系，构建重点区域和典型金矿田的三维地质模型，研究典型金矿床特征及深部变化。③深部金矿找矿方法体系研究：研究大深度精细地球物理探测技术，建立深部找矿地质-地球物理模型，集成深部找矿地球化学方法，指导深部盲矿体预测。④深部金矿成矿预测及靶区优选评价：研究深部金矿资源预测方法，进行重点区域深部金矿成矿靶区和资源潜力预测。

本书较全面反映了"深部金矿资源评价理论、方法与预测"（2017CXGC1604）和部分"胶东深部金矿断裂控矿机理"项目（U2006201）的研究成果。本书的主要特色是：①论证了胶东"热隆-伸展"成矿系统和胶东型金矿成矿模式，重点研究了新发现的122～118Ma与金成矿同时的早白垩世高镁闪长岩，厘定了晚中生代花岗岩类形成于由挤压向伸展转化的构造背景，确定了金成矿时处于岩浆快速降温隆升阶段（降温速率达122℃/Ma），金成矿后的降温剥蚀速率显著降低（最高降温速率为3.25±0.25℃/Ma），发展了"热隆-伸展"构造模式；分析了在伸展构造背景下受主拆离断层与次级张裂隙联合控制的破碎带渗流交代和泵吸充填以及深部阶梯赋矿等胶东型金矿系列成矿模式。②构建了胶东、胶西北和典型金矿床集中区的多尺度、多源异构三维地质模型。通过对三维地质构造的透明化展示与分析，揭示了重要的地质和成矿空间信息，如威海超高压变质带向西斜插于胶北地体之下，玲珑岩体与昆嵛山和鹊山岩体在深部连为一体，三山岛、焦家和招平断裂均为上陡下缓的铲式断裂，三山岛和焦家金矿为两个金资源量超千吨的超巨型独立金矿床，金矿体主要富集在断裂坡度由陡变缓部位，控矿断裂表面变化率越大金矿越富集等。③提出了深部阶梯找矿方法及2000m以浅与2000～5000m深部金矿探测地球物理方法组合，研究了深部金矿多维异常地球化学找矿指标和地球化学异常模式。④提出了基于赋矿断裂结构面特征的深部成矿预测方法，首次预测胶西北金资源总量超过万吨。

本书主要由宋明春负责编写。李杰、丁正江、王斌、宋英昕、宋国政、张琪彬、王珊珊、温桂军等完成了金矿成矿系统和成矿模式研究及文稿编写，张照录、范家盟、鲍中义、高美霞、刘晓、贺春艳、徐韶辉、杨真亮、王永庆、李瑞翔、张超、李山、刘天鹏、解天赐、蒋雷、柴本红、周艳生、崔秀燕、张会、姚铮、刘伟、刘辉、张一、王润生等完成了区域及典型矿床三维地质建模和空间特征研究及文稿编写，李世勇、贺春艳、林少一、张亮亮、曹春国、王洪军、刘彩杰、陈大磊、王珣、于义文、郭国强、孟庆旺、陈宏杰、邱成贵、康一鸣等完成了深部金矿找矿方法体系研究和文稿编写，温桂军、鲍中义、周明岭、杨真亮、徐韶辉、贺春艳、曹春国、张亮亮、刘国栋、石艳强等完成了深部成矿预测研究及文稿编写。

感谢山东省地质矿产勘查开发局、山东省地质矿产勘查开发局第六地质大队、山东省物化探勘查院和河北地质大学对研究项目实施和本书出版的大力支持，特别感谢项目成果验收专家陈毓川院士、毛景文院士、林君院士、邓军院士、郝梓国研究员、肖克炎研究员、吕志成研究员、陈建平教授和王昭坤研究员对研究项目及报告提出的宝贵意见和建议。

2022年为中国地质学会成立一百周年，也是《国务院关于表彰山东省地质矿产局第六地质队的决定》授予六队"功勋卓著无私奉献的英雄地质队"荣誉称号三十周年，谨以此书表示祝贺！

山东省地质矿产勘查开发局第六地质大队成立于1958年，1992年被国务院授予"功勋卓著无私奉献的英雄地质队"荣誉称号。建队以来，累计查明金资源量2810余吨，是全国找金最多的地质队。2022年山东省地矿局第六地质大队全体地质工作者给习近平总书记写信，汇报了矿产勘查工作取得的成绩，表达了献身地质事业、为保障国家能源资源安全贡献力量的决心。2022年10月2日中共中央总书记、国家主席、中央军委主席习近平给山东省地矿局第六地质大队全体地质工作者回信，对他们弘扬优良传统、做好矿产勘查工作提出殷切期望。

习近平在回信中表示，建队以来，你们一代代队员跋山涉水，风餐露宿，攻坚克难，取得了丰硕的找矿成果，展现了我国地质工作者的使命担当。

习近平强调，矿产资源是经济社会发展的重要物质基础，矿产资源勘查开发事关国计民生和国家安全。希望同志们大力弘扬爱国奉献、开拓创新、艰苦奋斗的优良传统，积极践行绿色发展理念，加大勘查力度，加强科技攻关，在新一轮找矿突破战略行动中发挥更大作用，为保障国家能源资源安全、为全面建设社会主义现代化国家作出新贡献，奋力书写"英雄地质队"新篇章。

目　录

第一章 绪 论

第一节 国内外深部勘查研究简况

随着经济社会快速发展，重要矿产资源供不应求。20世纪末以来，西方发达国家纷纷开展大陆深部探测及第二深度空间（500～2000m）矿产资源勘查，规划启动了相应的战略与项目，如加拿大的岩石圈探测计划、美国的地球透镜计划，澳大利亚的玻璃地球计划、勘探未来计划和《2017—2022年国家矿产资源勘查战略》。目前，国际上已有较多深部资源勘探开采成功的案例，如南非兰德（Rand）金铀矿、加拿大萨德伯里（Sudbury）铜镍矿、澳大利亚奥林匹克坝（Olympic Dam）铜金铀银矿、美国卡林（Carlin）金矿带等。其中，南非和美国勘查金矿的最深钻孔分别达到5422m和5071m。从深部金属矿探测研究领域已发表的SCI（科学引文索引）论文来看，集中于数值模拟、地球物理、地球化学等方面。国际深部资源评价技术发展的主要趋势如下：

（1）成矿理论对深部找矿工作的指导作用日益突出。20世纪90年代以来，成矿理论研究日渐深入，新的矿床成因理论和认识纷纷涌现，对固体矿产找矿勘查具有较大启发和指导意义。美国卡林金矿带找矿工作的成功经验告诉我们，成矿规律研究引发找矿思路转变是寻找深部及隐伏矿的关键。

（2）矿产勘查新技术在深部找矿工作中起着关键的作用。新技术和新方法的普遍应用已成为现今全球矿产勘查工作中不可或缺的重要组成部分。例如，新的更强大、更复杂的航空物探方法（如Falcon、MegaTEM、SPECTREM、TEMPEST、HOISTEM、NEWTEM、Scorpion等）已成为矿产勘查的重要生力军，使区域填图和靶区圈定的工作效率得到极大的提高；深穿透地球化学找矿方法，能识别埋藏在厚层覆盖物下的矿体。

（3）现代电子和计算机信息技术的飞速发展对矿产勘查的影响意义深远。将物探、化探和遥感等技术与计算机信息处理技术相结合，即基于GIS（地理信息系统）平台，应用先进的数据管理、建模和分析系统对勘查所获得的各种数据信息进行处理，将多样性的勘查技术数据转换成实用的地质信息和直观的三维图像，已成为当代矿产勘查的主要工作模式。同时，信息技术的进步也使物探、化探和遥感技术数据的采集和存储更快更高效，使工作效率大大提高。例如，英国地质调查局建立了全国性的三维地质模型，形成从全国性概略模型到大比例尺详细模型的无缝过渡；澳大利亚实施的"玻璃地球计划"，使澳大利亚大陆地表1000m以浅的地质过程变得透明，为发现新的巨型矿床提供了技术支持。

21世纪初，我国开始探索深部探测和资源勘查研究，目前已在成矿理论模式、探测装备、预测评价等方面取得重大进展。在成矿理论方面，创建了大陆碰撞成矿理论、克拉通破坏成矿理论、成矿系列理论，以及五层楼+地下室成矿模式、胶东金矿热隆–伸展成矿模式等。在深部探测装备方面，深部钻探装备、深部电磁探测装备、金属矿地震探测系统装备等取得了长足进步，部分装备打破了国外技术垄断。在深部预测找矿方面，发展了勘查区找矿预测、基于大数据的多元信息成矿预测、三维成矿预测及深穿透地球化学等方法。通过对主要成矿带的深部勘查研究，辽宁鞍山–本溪、安徽庐枞、江西九瑞和赣南、河南小秦岭和栾川、湖南花垣–凤凰等地相继探明了深部矿产资源，尤其是在胶东地区实施的深部金矿探测取得了重大突破，勘探钻孔最深达4006.17m。

深地资源探测既是解决地学重大基础理论问题的需要，也是保障国家能源资源安全的重大需求，已经引起国家的高度重视。深部资源探测已列入国家"科技创新2030重大项目"，科技部将"深地资源勘查开采"列为国家重点研发计划，原国土资源部将深地资源探测列入"三深一土"科技发展创新战略。"深地资源勘查开采"重点专项实施以来，通过一系列项目的研究，在成矿理论和深部资源评价理论、技术与建模等方面均取得了重要进展，为深部矿产资源勘查增储应用示范奠定了基础。

第二节　胶东区域地质概况

胶东地区位于华北克拉通东南缘，郯庐断裂以东，秦岭–大别山–苏鲁造山带的东北部，为华北克拉通东南缘与大别–苏鲁造山带东北段的结合位置，由隶属华北板块的胶北隆起（地块）、胶莱盆地和隶属大别–苏鲁造山带的威海隆起（地块）组成（图1-1）。

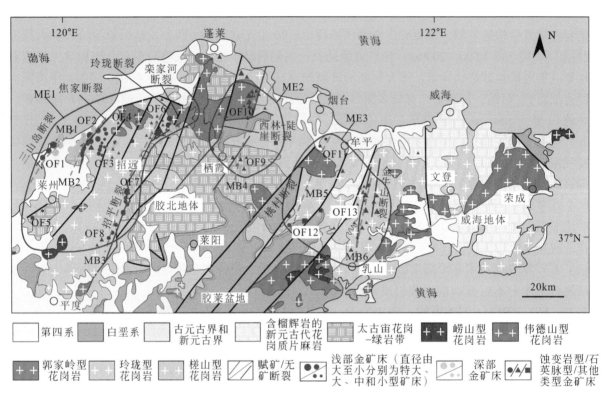

图 1-1　胶东地区区域地质及金矿床分布图

ME1-胶西北成矿小区；ME2-栖蓬福成矿小区；ME3-牟乳成矿小区；MB1-三山岛金矿带；MB2-焦家金矿带；MB3-招平金矿带；MB4-栖霞–大柳行金矿带；MB5-桃村金矿带；MB6-牟乳金矿带；OF1-三山岛金矿田；OF2-焦家金矿田；OF3-灵北金矿田；OF4-鞍石金矿田；OF5-大庄子金矿田；OF6-玲珑金矿田；OF7-大尹格庄金矿田；OF8-旧店金矿田；OF9-栖霞金矿田；OF10-大柳行金矿田；OF11-莱山金矿田；OF12-蓬家夼金矿田；OF13-邓格庄金矿田

胶北隆起主要由稳定的前寒武纪基底变质岩系和中生代花岗质侵入岩组成。前寒武纪基底变质岩系主要为太古宙花岗绿岩带［包括中太古代唐家庄岩群、新太古代胶东岩群、新太古代 TTG（英云闪长质–奥长花岗质–花岗闪长质）片麻岩套和中—新太古代基性–超基性岩组合］和古—新元古代变质地层（包括古元古代以高铝片岩、大理岩和石墨变粒岩为代表的荆山群、粉子山群和中元古代以变质碎屑岩为主的芝罘群及新元古代浅变质的蓬莱群）。

威海隆起前寒武纪变质岩系主要由新元古代含超高压榴辉岩的花岗质片麻岩（荣成片麻岩套）组成，有少量古元古代变质表壳岩（胶南表壳岩）和中元古代基性–超基性岩组合。

中生代岩浆活动表现为大量的花岗质侵入岩、广泛分布的中基性–酸性脉岩和沿断陷盆地发育的火山岩。按照成因、形成时代和岩浆演化特点，中生代花岗质侵入岩可分为三叠纪宁津所型正长岩、槎山型花岗岩，侏罗纪玲珑型花岗岩、文登型花岗岩和垛崮山型花岗闪长岩，早白垩世郭家岭型花岗岩、伟德山型花岗岩、雨山型花岗闪长斑岩和崂山型花岗岩。脉岩按照形成时间、岩石类型和组合特征划分为玲珑–招风顶脉岩带、巨山–龙门口脉岩带和崂山–大珠山脉岩带。

胶莱盆地为白垩纪伸展盆地，由三个构造层组成：下部是由绿色、杂色河湖相碎屑岩系组成的早白亚世早期莱阳群；中部是由基性、中性和酸性火山岩组成的早白垩世晚期青山群；上部是由红色河湖相碎屑岩系组成的晚白垩世—古新世王氏群。

胶东最发育的一组断裂是 NE—NNE 走向断裂，其次为近 EW—NEE 走向断裂。EW 向断裂地表零星出露，连续性较差。华北板块（胶北隆起）和大别-苏鲁超高压变质带（威海隆起）的结合带被 NE 向断裂和中生代花岗岩叠加，大致位于牟平-即墨断裂带一线附近。胶东金矿主要受 NNE—NE 走向的拆离断层控制，自西向东依次为三山岛断裂带、焦家断裂带、招平断裂带、台前-陡崖断裂带和金牛山断裂带。

第三节 胶东金矿资源状况

胶东是我国最大的金矿床集中区，在约 16522km² 范围内已探明金资源储量 5000 余吨，是除南非兰德盆地和乌兹别克斯坦穆龙套地区之外的世界第三大金矿集中区。2005 年以前，主要在 500m 深度以浅探明金资源储量逾 1700t；2005 年以来，开展了深部找矿，主要在 500~2000m 深度探明金资源储量 3000 余吨。在焦家断裂带和招平断裂带北段分别施工的 3266.06m 和 3000.58m 深度钻孔均于近 3000m 深度发现了金矿体，在三山岛断裂带施工的 4006.17m 深度钻孔为国内岩金勘查最深钻孔。胶东地区已探明资源储量的金矿床（区）共有 200 余处，其中，资源储量 ≥100t 的浅部超大型金矿床 6 个（包括焦家、新城、三山岛、台上、东风、大尹格庄金矿床），20~100t 的浅部大型金矿床 17 个（图 1-1）。近年来深部找矿取得重大突破，探明深部超大型金矿床 10 个、大型金矿床 8 个，尤其是在莱州市境内探明了三山岛北部海域、西岭、纱岭和腾家 4 个资源量分别为 470.47t、382.58t、389.28t 和 206t 的金矿床，形成了三山岛、焦家和玲珑 3 个千吨级金矿田（宋英昕等，2017）。胶东新发现的深部金矿床数量多、规模大、分布集中，明显改变了以往认为"中国大型、特大型金矿床少，中小型金矿床多"的观点，为推动我国迈向世界黄金大国、强国做出了重要贡献。

一、金矿床分布

胶东地区已探明资源储量的 200 余处金矿床（区）（图 1-1），主要分布于烟台市的莱州、招远、蓬莱、栖霞、福山、牟平等市（县、区），以及青岛市平度市、莱西市，威海市乳山市、文登区，构成胶东金矿集中区（或胶东金矿省），划分为胶西北（莱州-招远）、栖蓬福（栖霞-蓬莱-福山）、牟乳（牟平-乳山）3 个成矿小区，三山岛、焦家、招平、栖霞-大柳行、桃村、牟乳 6 条成矿带，三山岛、焦家、灵北、鞍石、大庄子、玲珑、大尹格庄、旧店、栖霞、大柳行、莱山、蓬家夼、邓格庄 13 处金矿田（宋明春等，2014）。

金矿床主要赋存于侏罗纪玲珑型花岗岩、早白垩世郭家岭型花岗岩和早前寒武纪变质岩中，个别赋存于早白垩世莱阳群底部的砂砾岩中（图 1-2）。

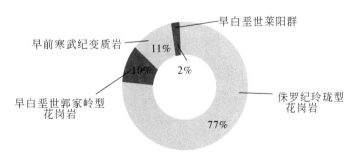

图 1-2 胶东不同赋矿地质体中所含金矿床数量比例

二、矿床资源储量

胶东地区已探明的金资源储量，就矿床埋藏深度而言，浅部（一般小于500m深度）矿占38%，深部（一般大于700m深度）矿占62%，深部金资源储量已大大超过浅部（图1-3a）。在矿床规模方面，资源储量大于100t的超大型金矿床占65%，大型金矿床占24%，中型金矿床占11%（图1-3b）。在矿床类型方面，焦家式破碎带蚀变岩型金矿资源储量超过4100t，玲珑式石英脉型金矿400余吨，邓格庄式硫化物石英脉型金矿近200t，其他类型金矿资源储量不足100t（图1-3c）。

对胶东中型及以上规模金矿床统计表明（图1-4），矿床品位为$1.51×10^{-6}$ ~ $20.06×10^{-6}$，矿床的矿石量为$25.8×10^4$ ~ $11261×10^4$t，多数矿床的吨位为$1×10^6$ ~ $10×10^6$t，按矿石量加权金的平均品位为$4.07×10^{-6}$。石英脉型金矿与蚀变岩型金矿（包括其他类型金矿）相比，品位较高而吨位偏低，金资源储量在20t以上的大型金矿大部分为蚀变岩型，品位在$10×10^{-6}$以上的金矿则以石英脉型为主。100t金资源储量以上的巨型金矿床数量已占较高的比例。

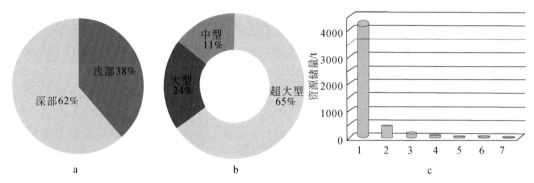

图1-3　胶东金矿床资源量分布统计

a-浅部和深部金矿床的金资源储量比例；b-超大型、大型和中型金矿床的金资源储量比例；c-各种矿化类型的金资源储量：1-蚀变岩型，2-石英脉型，3-硫化物石英脉型，4-黄铁矿碳酸盐脉型，5-蚀变角砾岩型，6-蚀变砾岩型，7-层间滑动带型

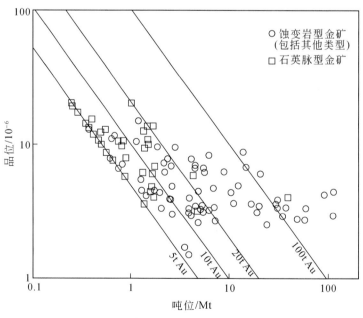

图1-4　胶东金矿床的吨位-品位投影图

三、矿床数量

在已探明的 108 个中型（金资源储量≥5t）及以上规模金矿床中，有浅部金矿床 72 个，深部金矿床 36 个，深部金矿床数量已达浅部金矿床的 1/2（图 1-5a）；就矿床规模而言，超大型金矿床 16 个，大型金矿床 25 个，中型金矿床 67 个，超大型金矿床占矿床总数的 15%（图 1-5b）；就矿床类型而言，破碎带蚀变岩型金矿床 69 个（包括黄铁矿碳酸盐脉型，其中超大型 15 个、大型 18、中型 36 个），石英脉型金矿床 21 个（其中超大型 1 个、大型 3 个、中型 17 个），硫化物石英脉型金矿床 12 个（其中大型 3 个、中型 9 个），蚀变角砾岩型金矿床 3 个（大型 1 个、中型 2 个），蚀变砾岩型金矿床 2 个（中型矿），层间滑脱拆离带型金矿床 1 个（中型矿）（图 1-5c）（宋英昕等，2017）。

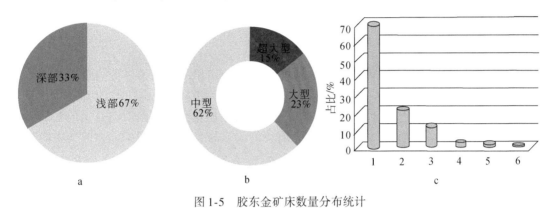

图 1-5　胶东金矿床数量分布统计

a-浅部和深部金矿床数量比例；b-超大型、大型和中型金矿床数量比例；c-各种矿化类型金矿床占比：
1-蚀变岩型，2-石英脉型，3-硫化物石英脉型，4-蚀变角砾岩型，5-蚀变砾岩型，6-层间滑动带型

第二章 胶东型金矿成矿系统与成矿模式

第一节 胶东晚中生代热隆–伸展成矿系统

一、重要地质体

（一）与金矿有关的地质体

根据金矿化与不同时代地质体的时空关系，将与金成矿密切相关的地质体分为赋矿地质体和成矿期地质体。早前寒武纪变质岩系、侏罗纪玲珑型花岗岩、早白垩世郭家岭型花岗岩和莱阳群（底部）中均赋存有金矿床，为胶东金矿的赋矿地质体。而早白垩世伟德山型花岗岩、雨山型花岗闪长斑岩、柳林庄型闪长岩、崂山型花岗岩、中基性脉岩和青山群火山岩的成岩时代与金矿床的成矿时代一致，为胶东金矿的成矿期地质体（图2-1）。

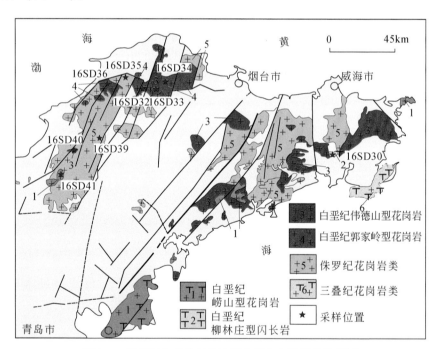

图 2-1　胶东与金成矿有关的侵入岩分布及采样位置图

1. 成矿期地质体

伟德山型花岗岩，在胶东的前寒武纪变质岩系隆起区广泛分布，主要岩体有伟德山、海阳、三佛山、龙王山、院格庄、牙山、艾山、南宿等，主要岩性有闪长岩、石英二长岩、花岗闪长岩和二长花岗岩，岩石常具似斑状结构，岩浆来源于幔源和壳源不同程度的混合作用，年龄集中于126～108Ma（宋明春等，2018）。

柳林庄型闪长岩，仅见于胶东东部的文登市柳林庄一带，呈近南北向椭圆状侵入玲珑型花岗岩中，面积约13.28km²，由中粒含角闪黑云石英二长闪长岩、含斑中粒含黑云角闪石英二长岩、中粒含角闪黑云石英二长岩组成，为幔源高镁闪长岩，同位素年龄为 122～118Ma（宋明春等，2020）。

雨山型花岗闪长斑岩，零星分布于胶东东部，主要岩体有雨山岩体、王家庄岩体。岩体规模一般较小，侵入伟德山型花岗岩或前寒武纪地质体中。主要岩性为石英闪长玢岩-石英二长斑岩-花岗闪长斑岩-花岗斑岩系列侵入岩，为浅成侵入岩。

崂山型花岗岩，主要分布于胶东半岛东南部，以崂山岩体为代表，为二长花岗岩-正长花岗岩-碱长花岗岩系列侵入岩，年龄集中于 120～107Ma（宋明春等，2020），具有 A 型花岗岩特征（Zhao et al.，1998）。

白垩纪脉岩，岩脉宽一般数米至数百米，长百余米至数千米，走向 NE—NS。脉岩多与中生代侵入岩相伴产出，分布于侵入岩内及附近围岩中。脉岩的岩石类型多样，基性、中性、酸性脉岩均有。

青山群火山岩，分布于胶莱盆地，主要岩性组合包括英安岩-流纹岩组合、玄武岩-安山岩-英安岩组合、流纹岩-粗面岩组合、粗安岩-粗面岩组合等，同位素年龄集中于 122～114Ma（宋明春等，2020）。

2. 赋矿地质体

侏罗纪玲珑型花岗岩是胶东金矿床的主要赋矿地质体（赋矿围岩），早白垩世郭家岭型花岗岩和新太古代—古元古代变质岩系次之，少量金矿床赋存于早白垩世莱阳群底部（图 1-2）。

玲珑型花岗岩，主要分布于招远-平度及鹊山-昆嵛山地区，包括玲珑岩体、栾家河岩体、昆嵛山岩体、鹊山岩体等，总面积 3948km²。主要岩性为不同结构、构造或特征矿物的二长花岗岩类，早期侵入体以片麻状含石榴二长花岗岩为主，晚期侵入体则主要为块状淡色二长花岗岩，其成因类型属壳源重熔 S 型花岗岩，锆石 LA-ICP-MS U-Pb 年龄集中于 160～140Ma（王世进等，2011）。胶东 77% 的金矿产于玲珑型花岗岩中，该类花岗岩中的主要金矿田包括三山岛、焦家、玲珑、大尹格庄、邓格庄等。

早前寒武纪变质岩，主要是胶北隆起栖霞一带的新太古代—古元古代变质岩系，包括新太古代 TTG 岩系和古元古代荆山群、粉子山群。栖霞金矿田的金矿主要赋存于早前寒武纪变质岩中。

郭家岭型花岗岩，分布于胶北隆起西北部，具有一定规模的岩体有三山岛、上庄、北截、丛家、曲家、郭家岭、大柳行等岩体，岩性由二长闪长岩-石英二长岩-花岗闪长岩-二长花岗岩组成，常具似斑状结构，普遍含有幔源的微粒闪长岩包体。其成因类型为壳幔混合 I 型花岗岩，锆石 LA-ICP-MS U-Pb 年龄为 130～126Ma（关康等，1998）。郭家岭型花岗岩是大柳行金矿田和鞍石金矿田的主要赋矿地质体。

莱阳群，主要是分布于胶莱盆地东北缘的莱阳群底部林寺山组，岩性为灰紫色、灰黄色巨砾岩、粗砾岩，莱阳群中火山岩夹层的 ^{40}Ar-^{39}Ar 同位素年龄是 129.9±1.7Ma 和 131±2Ma，以发云夼金矿床为代表的胶莱盆地东北缘部分金矿赋存于这一地层中。

（二）苏鲁超高压带北缘洋岛和洋中脊浅变质基性岩

苏鲁超高压变质带（造山带）位于扬子板块和华北板块之间，为秦岭-大别造山带东延部分。该带以发育高压-超高压变质岩为特征。由于该带与胶东金矿矿集区在分布区域上毗邻，在形成时代上接近，在成岩成矿动力学机制上有承接关系，故对其深入研究有助于深化理解胶东金成矿作用。

1. 地质背景

在苏鲁超高压变质带胶南地体北缘与胶莱盆地的结合部位，不连续地分布有未遭受超高压变质的地质体残片（岩片）并以五莲杂岩带为代表。五莲杂岩带分布于苏鲁超高压变质带北缘的西北部，被早白垩世莱阳群不整合覆盖，其南部被白垩纪花岗质侵入（图 2-2）。该杂岩带主要由"五莲群"组成，为一套经历了绿片岩-角闪岩相变质的陆缘碎屑岩、火山岩和浅海碳酸盐岩沉积建造。传统上五莲群被划分为下部的海眼口组和上部的坤山组，海眼口组下部以斜长角闪岩为主，上部则主要由云母变粒岩、片岩等组成；坤山组主要由大理岩、石英岩和云母片岩等组成。五莲群被前人划为古元古代或中元古代地层，也有人认为五莲群的形成时代相当于三峡地区的震旦纪陡山陀组到灯影组（赵达等，

1995）。研究表明，五莲杂岩带为扬子板块北缘的新元古代岩石，是在扬子板块于中生代俯冲过程中被刮削下来构造叠置于俯冲带附近的增生杂岩（Zheng et al., 2006；Zhou et al., 2008a）。然而，传统的五莲群局限于五莲县城附近，其延伸规模与展布范围没有得到深入的研究，其大地构造属性与地质意义没有引起足够的重视。

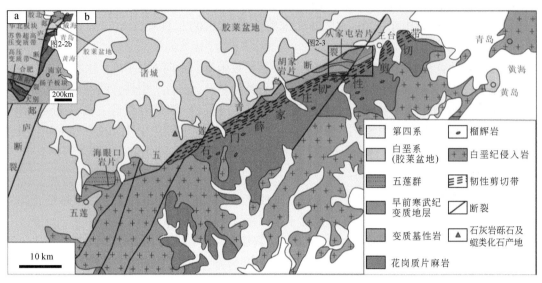

图 2-2　苏鲁超高压变质带（胶南段）北缘区域地质图

青岛市黄岛区胡家岩片和从家屯岩片为五莲杂岩带的东部延伸部分。其中，胡家岩片位于苏鲁超高压变质带北缘的中部，其北侧以五莲-青岛断裂与胶莱盆地早白垩世莱阳群相接，其南侧以石门-薛家庄韧性剪切带与超高压变质带毗邻。该岩片主要由斜长角闪岩和斜长花岗岩组成，见有超镁铁质岩（蛇纹岩）、闪长岩和零星的变质地层残片（图 2-3）。前人曾报道了斜长花岗岩的单颗粒锆石 Pb-Pb 同位素年龄是 1370.6±14.3Ma（宋明春等，1998）。而从家屯岩片位于苏鲁超高压变质带北缘的东段，其北侧以五莲-青岛断裂与胶莱盆地早白垩世莱阳群相接，其南侧与胡家岩片毗邻（图 2-3）。该岩片主要由斜长角闪岩、古元古代变质地层和新元古代片麻岩类组成，曾被前人划归为古元古代胶南群或荆山群（宋明春和王沛成，2003），而斜长角闪岩曾被认为是古-中元古代基性熔岩（倪志耀等，2001）。

2. 岩石学和地球化学特征

1）岩石学特征

从家屯岩片斜长角闪岩，呈灰黑色，细粒柱状、粒状变晶结构，层状构造（图 2-4a），岩石较坚硬，岩层倾角变化较大，经历了强烈的褶皱变形。岩石由角闪石（45%）、斜长石（45%）、石英（5%）和少量绿泥石、绿帘石、磁铁矿组成。矿物粒径多在 0.2～1.5mm，角闪石与斜长石平衡共生（图 2-4b）。角闪石呈黄色-棕绿色，斜长石多被绢云母、绿帘石交代。岩石的矿物组合及变质矿物特征表明，其经历了高绿片岩相-低角闪岩相变质作用。1:5 万区域地质调查工作中，采用斜长石-角闪石温压计估算的温压条件为 520℃和 0.35GPa。野外发育明显的层状构造并与变质碎屑岩呈互层产出，指示其原岩可能为玄武质火山岩类。

胡家岩片斜长角闪岩，野外露头中与斜长花岗岩交互分布（图 2-4c），岩石呈暗灰绿色，变余半自形粒状结构、柱粒状变晶结构，片麻状构造，岩石较松软。岩石主要由 60% 左右的角闪石和 30% 左右的斜长石组成（图 2-4d），含少量黑云母（7%）、辉石和磁铁矿（2%）、磷灰石（1%）。角闪石有两种类型，一种呈他形柱状，具填隙状特征，浅黄色-棕褐色多色性，柱长一般为 0.2～0.5mm；另一种具强烈纤闪石化，呈纤柱状集合体组成原矿物假象，有的分布于其他矿物边缘或沿岩石中的裂隙分布。斜长石为他形

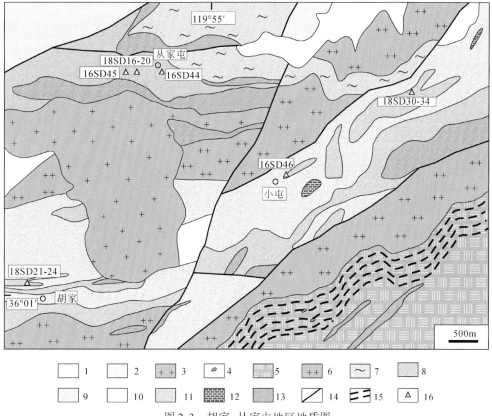

图 2-3　胡家-从家屯地区地质图

1～3-中新生代地质体：1-第四系；2-白垩系；3-白垩纪石英二长岩。4～5-超高压变质带：4-榴辉岩；5-新元古代花岗质片麻岩。6～13-非超高压地质体：6-新元古代斑纹状花岗岩类；7-新元古代片麻岩类；8-新元古代斜长角闪岩；9-中元古代斜长花岗岩；10-中元古代闪长岩类；11-古元古代斜长角闪岩；12-古元古代超镁铁质岩；13-古元古代变质地层。14-断裂；15-韧性剪切带；16-采样位置。7、8和部分13为从家屯岩片的组成部分；9～12和部分13为胡家岩片的组成部分

图 2-4　苏鲁超高压变质带北缘斜长角闪岩的野外和显微照片

a-呈层状产出的从家屯斜长角闪岩野外露头；b-从家屯斜长角闪岩显微照片，正交偏光；c-胡家斜长角闪岩被斜长花岗岩侵入；d-胡家斜长角闪岩显微照片，正交偏光。Am-斜长角闪岩；Pg-斜长花岗岩；Hb-角闪石；Pl-斜长石

表 2-1 丛家屯和胡家斜长角闪岩的全岩主量和微量元素含量分析结果

样号	丛家屯斜长角闪岩																胡家斜长角闪岩					
	16SD44	16SD44-1	16SD44-2	16SD45	16SD45-1	16SD45-2	16SD45-3	16SD45-4	18SD16	18SD17	18SD18	18SD19	18SD20	18SD21	18SD22	18SD23	18SD24	18SD30	18SD31	18SD32	18SD33	18SD34
SiO_2	50.14	50.13	50.29	50.19	49.99	50.22	49.80	50.00	51.78	51.99	51.30	51.75	50.93	47.20	47.20	50.38	48.95	49.53	52.18	51.19	52.60	48.77
Al_2O_3	13.15	13.28	13.13	14.79	15.07	13.51	15.19	13.38	13.94	12.81	14.24	13.61	13.37	16.85	13.80	16.02	13.82	13.06	13.42	13.20	13.36	13.84
TFe_2O_3	15.16	14.82	14.77	13.58	13.77	14.65	13.59	14.95	13.77	14.90	14.21	14.62	15.81	10.01	11.59	9.31	11.62	16.78	15.31	16.58	15.72	13.99
Fe_2O_3	3.36	3.82	3.50	2.94	2.96	2.94	2.72	2.97	3.02	3.92	2.98	2.41	7.43	4.37	4.24	4.34	4.20	5.76	6.52	5.99	6.40	6.82
FeO	10.62	9.90	10.14	9.58	9.73	10.54	9.78	10.78	9.68	9.88	10.11	10.99	7.54	5.08	6.62	4.47	6.68	9.92	7.91	9.53	8.39	6.45
P_2O_5	0.11	0.10	0.11	0.14	0.14	0.11	0.13	0.11	0.11	0.15	0.09	0.11	0.12	0.27	0.55	0.29	0.56	0.37	0.34	0.31	0.33	0.35
K_2O	0.48	0.76	0.81	1.03	1.02	0.44	1.14	0.42	0.72	0.60	0.63	0.41	0.45	1.12	1.47	1.27	1.41	1.79	2.18	1.66	1.94	2.37
Na_2O	2.60	2.55	2.46	4.48	4.35	3.85	4.08	3.78	3.51	3.74	3.91	3.44	2.96	4.83	2.17	3.86	2.12	1.45	1.28	1.60	1.33	2.11
MgO	6.78	6.55	6.34	4.95	4.98	6.98	4.85	7.13	5.57	4.71	5.00	5.71	5.39	4.32	5.71	3.76	5.67	5.48	5.64	5.64	5.67	4.89
CaO	8.85	8.51	8.77	7.36	7.75	7.54	8.10	7.67	7.90	7.66	7.32	7.99	8.18	5.66	7.45	5.66	7.48	7.76	8.07	8.09	8.38	5.59
TiO_2	1.26	1.26	1.24	1.68	1.63	1.27	1.47	1.30	1.41	1.80	1.45	1.37	1.71	0.98	1.26	1.08	1.26	3.30	3.02	2.93	2.98	3.00
MnO	0.21	0.21	0.21	0.20	0.21	0.22	0.20	0.22	0.20	0.19	0.17	0.21	0.24	0.10	0.10	0.09	0.11	0.30	0.29	0.29	0.29	0.28
LOI	1.20	1.78	1.81	1.54	1.03	1.18	1.38	1.00	1.09	1.41	1.65	0.76	0.84	3.32	3.66	3.63	3.66	2.90	2.92	2.50	2.75	3.19
总量	99.94	99.96	99.93	99.95	99.93	99.97	99.93	99.96	99.99	99.96	99.98	99.99	100.00	99.99	99.94	99.98	99.92	99.98	99.82	100.00	99.95	99.98
$Mg^{\#}$	0.47	0.47	0.46	0.42	0.42	0.49	0.41	0.49	0.45	0.39	0.41	0.44	0.40	0.46	0.49	0.44	0.49	0.39	0.42	0.40	0.42	0.41
Na_2O/K_2O	5.54	3.36	3.04	4.35	4.26	8.75	3.58	9.00	4.88	6.23	6.21	8.39	6.58	4.31	1.48	3.04	1.50	0.81	0.59	0.96	0.68	0.89
σ	1.33	1.54	1.47	4.22	4.13	2.55	4.01	2.52	2.04	2.10	2.49	1.70	1.47	2.95	2.94	2.43	2.53	2.84	3.72	1.44	2.19	1.35
Rb	18	26	35	37	36	12	41	11	23	19	19	9	11	29	38	35	36	45	61	38	54	67
Ba	106	217	210	176	164	107	162	102	224	131	133	125	187	692	907	874	799	441	488	446	471	597
Th	0.33	0.31	0.45	0.28	0.17	0.25	0.18	0.26	0.35	0.50	0.37	0.34	0.33	0.66	1.56	0.55	1.18	0.62	0.76	0.54	0.87	0.79
U	0.11	0.09	0.16	0.29	0.13	0.09	0.14	0.08	0.09	0.23	0.13	0.11	0.14	0.54	0.27	0.14	0.26	0.20	0.23	0.16	0.28	0.27
Nb	6.38	4.99	4.79	3.38	2.62	4.93	3.04	4.81	4.71	6.40	5.33	4.81	5.06	8.54	11.40	9.63	11.80	16.10	12.60	14.70	12.40	15.60
Ta	0.534	0.394	0.400	0.317	0.230	0.404	0.285	0.387	0.298	0.421	0.331	0.295	0.295	0.382	0.514	0.449	0.482	0.911	0.559	0.820	0.573	0.796
Sr	171	191	219	445	395	190	439	153	338	324	373	210	231	737	631	800	644	348	415	334	432	339
Hf	1.92	1.50	1.53	2.28	2.17	1.96	1.96	1.88	1.60	2.11	2.26	1.88	1.91	1.34	1.02	1.00	1.01	1.77	1.94	1.88	2.23	2.07
Y	29.7	28.5	31.0	48.8	47.5	29.7	42.7	30.1	29.3	43.2	31.5	29.8	33.2	19.7	27.6	20.7	26.8	37.8	38.8	41.0	39.4	28.1

续表

样号	丛家屯斜长角闪岩													胡家斜长角闪岩								
	16SD44	16SD44-1	16SD44-2	16SD45	16SD45-1	16SD45-2	16SD45-3	16SD45-4	18SD16	18SD17	18SD18	18SD19	18SD20	18SD21	18SD22	18SD23	18SD24	18SD30	18SD31	18SD32	18SD33	18SD34
Zr	48.8	34.9	35.4	59.3	51.9	46.4	46.8	46.7	37.7	51.9	57.5	45.7	42.9	40.8	20.5	26.0	22.4	44.4	47.0	44.6	54.1	59.9
Cr	74.4	84.2	87.7	36.8	39.0	92.4	50.3	94.7	15.1	7.9	14.1	9.7	8.0	102.0	269.0	115.0	267.0	119.0	92.0	133.0	95.9	93.2
Ni	61.6	60.3	63.7	25.2	27.3	65.8	28.1	67.3	50.2	50.4	52	42.6	36.8	32.1	77.4	33.3	74.0	78.1	53.6	78	58.8	53
La	4.57	4.51	5.12	3.96	3.63	3.94	3.31	4.00	5.00	13.80	7.20	4.84	4.92	33.70	58.50	38.30	54.90	18.40	20.50	16.70	20.00	21.30
Ce	10.8	10.4	11.3	10.6	10.3	9.6	9.3	9.8	10.6	22.8	12.6	10.4	11.8	65.6	116.0	70.5	112.0	40.5	43.7	37.7	41.4	42.0
Pr	1.83	1.80	1.89	2.07	2.02	1.71	1.76	1.74	1.88	4.14	2.30	1.91	2.07	9.11	15.70	9.57	14.60	5.89	6.94	5.72	6.64	5.95
Nd	9.69	9.50	9.99	12.20	12.00	9.27	10.30	9.24	9.53	18.60	11.80	9.88	10.60	37.00	63.20	40.20	59.10	28.10	32.40	26.70	30.70	26.20
Sm	3.02	2.88	3.11	4.50	4.38	3.08	3.71	2.97	2.95	5.40	3.53	3.01	3.39	6.67	10.30	7.37	10.10	6.66	7.99	6.98	7.76	6.00
Eu	1.16	1.15	1.28	1.58	1.63	1.13	1.70	1.12	1.16	2.11	1.15	1.08	1.32	2.13	2.39	2.34	2.43	2.33	2.49	2.22	2.31	1.95
Gd	2.89	2.92	3.08	4.38	4.45	2.98	3.82	2.93	3.22	5.28	3.50	3.11	3.59	5.40	8.66	5.83	8.47	6.11	7.16	6.47	6.82	5.58
Tb	0.72	0.70	0.74	1.15	1.12	0.74	0.97	0.74	0.73	1.25	0.86	0.75	0.89	0.85	1.31	0.96	1.31	1.21	1.49	1.35	1.44	1.08
Dy	4.64	4.51	4.64	7.40	7.36	4.65	6.46	4.66	4.65	7.48	5.07	4.86	5.36	3.93	5.92	4.26	5.96	6.82	7.50	7.36	7.74	5.43
Ho	1.10	1.10	1.14	1.81	1.77	1.10	1.59	1.11	1.20	1.80	1.27	1.15	1.33	0.76	1.07	0.85	1.06	1.51	1.64	1.62	1.63	1.18
Er	2.87	2.79	2.93	4.62	4.50	2.86	4.11	2.95	2.96	4.65	3.27	3.19	3.54	1.94	2.81	2.14	2.73	3.81	3.89	4.44	4.05	3.00
Tm	0.57	0.56	0.60	0.91	0.88	0.57	0.81	0.58	0.57	0.87	0.61	0.64	0.66	0.31	0.39	0.30	0.39	0.71	0.62	0.79	0.70	0.51
Yb	3.48	3.47	3.58	5.64	5.47	3.61	4.85	3.65	3.51	5.60	3.79	3.64	4.14	1.71	2.38	1.82	2.14	3.94	3.77	4.83	3.85	2.79
Lu	0.50	0.49	0.51	0.79	0.77	0.51	0.69	0.50	0.55	0.74	0.55	0.54	0.60	0.21	0.32	0.25	0.29	0.60	0.49	0.66	0.55	0.41
ΣREE	47.8	46.8	49.9	61.6	60.3	45.8	53.3	46.0	48.5	94.5	57.5	49.0	54.2	169.3	289.0	184.7	275.5	126.6	140.6	123.5	135.6	123.4
LREE/HREE	1.85	1.83	1.90	1.31	1.29	1.69	1.29	1.69	1.79	2.42	2.04	1.74	1.70	10.20	11.64	10.26	11.32	4.12	4.29	3.49	4.06	5.17
δEu	1.18	1.20	1.25	1.08	1.12	1.13	1.37	1.15	1.15	1.19	0.99	1.07	1.15	1.05	0.75	1.06	0.78	1.10	0.99	0.99	0.95	1.01
$(La/Yb)_N$	0.89	0.88	0.96	0.47	0.45	0.74	0.46	0.74	0.96	1.66	1.28	0.90	0.80	13.29	16.57	14.19	17.30	3.15	3.67	2.33	3.50	5.15

注：主量元素单位为%,微量元素单位为10^{-6}

粒状，粒度一般为0.2~1mm，大部分颗粒已强烈绢云母化，个别颗粒可见双晶。黑云母呈片状及鳞片状集合体，浅黄色–褐色多色性，有扭折弯曲现象。辉石局部可见，呈柱状残留体。岩石学特征显示，胡家岩片曾遭受了低角闪岩相变质作用的改造。1:5万区域地质调查工作中，采用斜长石–角闪石温压计估算的温压条件为510℃和0.7GPa。野外特征显示，胡家岩片呈较大面积的岩株状分布（分布范围大于10km²），且岩石成分单一，推测其原岩可能为辉长岩类。

2）主量元素

22件斜长角闪岩测试样品中，13件采自从家屯岩片，9件采自胡家岩片。2个岩片样品的主量元素质量分数比较接近（表2-1），SiO₂含量分别为49.80%~51.99%和47.20%~52.60%，大部分位于基性岩范畴；TiO₂含量中等，分别为1.24%~1.80%和0.98%~3.30%，均高于岛弧拉斑玄武岩（TiO₂=0.80%）（Wilson，1989），多数样品TiO₂含量低于洋岛拉斑玄武岩（TiO₂=2.63%）（Wilson，1989），胡家岩片有5件样品的TiO₂值高于洋岛拉斑玄武岩；岩石富钠贫钾，Na₂O含量分别为2.46%~4.48%和1.28%~4.83%，K₂O含量分别为0.41%~1.14%和1.12%~2.37%，Na₂O/K₂O值分别为3.04~9.00和0.59~4.31，其中胡家岩片样品的Na₂O/K₂O值（1.48~4.76）较低；Al₂O₃含量分别为12.81%~15.07%和13.06%~16.85%，CaO含量分别为7.32%~8.85%和5.66%~8.38%，TFe₂O₃含量分别为13.58%~15.81%和9.31%~16.78%，MgO含量分别为4.71%~7.13%和3.76%~5.71%，P₂O₅含量分别为0.09%~0.15%和0.27%~0.56%，岩石的全铁和铝含量较高，磷含量低；Mg#值为0.39~0.49，低于原生岩浆（Mg#=0.68~0.75），表明玄武岩演化过程中经历了一定程度的结晶分异；σ分别为1.33~4.22和1.35~3.27，主要为钙碱性系列。总体来看，研究区基性岩显示低Mg、P、K，高Si、Al、Na、Fe的特征。

在硅碱关系图中，岩石化学成分大部分投点于玄武岩区（图2-5a），少量投点于粗面玄武岩区。在FAM图解上，大多数样品均落入拉斑玄武岩系列区内（图2-5b）。因此，研究区的斜长角闪岩类原岩属于拉斑玄武岩质岩石。

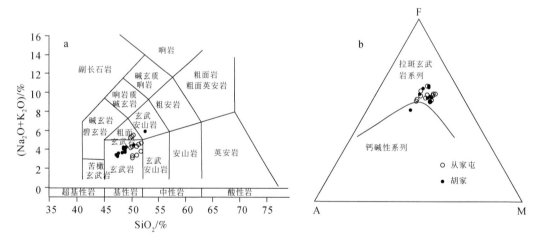

图2-5　岩石的硅碱关系（a）（据Le Bas et al.，1986）和FAM图解（b）（据Irvine and Barager，1971）

3）稀土元素

岩石的稀土总量为45.8×10⁻⁶~289.0×10⁻⁶（表2-1），其中胡家岩片样品的稀土总量相对较高（123.4×10⁻⁶~289.0×10⁻⁶），从家屯岩片样品的稀土总量较低（45.8×10⁻⁶~94.5×10⁻⁶）。从家屯岩片和胡家岩片样品的LREE/HREE分别为1.29~2.42和3.49~11.64（除胡家岩片的5件样品外，均小于5），(La/Yb)ₙ分别为0.45~1.66和2.33~17.30（除胡家岩片的5件样品外，均小于5）。从家屯岩片的稀土配分曲线较平坦（图2-6a），胡家岩片的稀土配分曲线略右倾（图2-6b）。岩石铕异常不明显（δEu=0.75~1.37），指示斜长石没有发生分异。与洋中脊和洋岛玄武岩比较，从家屯斜长角闪岩相似于洋中脊玄武岩（MORB），胡家斜长角闪岩相似于洋岛玄武岩（OIB）。

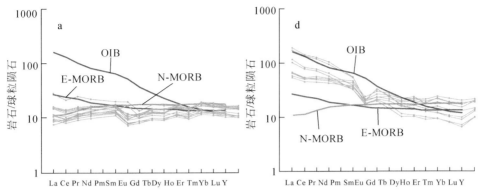

图 2-6　样品的稀土配分曲线图

a- 从家屯；b- 胡家。球粒陨石值据 Boynton，1984；洋岛玄武岩（OIB）、E 型洋中脊玄武岩（E-MORB）

和 N 型洋中脊玄武岩（N-MORB）标准化值据 Sun 和 McDonough，1989

4）微量元素

岩石微量元素含量见表 2-1。微量元素原始地幔标准化图解显示（图 2-7），各类样品具有相似的微量元素配分模式，相对富集 Ba、Rb 和 Sr，亏损 Zr、Hf、Th、Nb。胡家斜长角闪岩以略富集 La 和 Ba，Sr 异常不明显而区别于从家屯斜长角闪岩。与原始玄武岩（$Ni>200\times10^{-6}$，$Cr>400\times10^{-6}$）（Tatsumi and Eggins，1995）相比，样品的 Cr 和 Ni 含量明显偏低。与洋中脊和洋岛玄武岩相比，从家屯斜长角闪岩除 Rb 和 Ba含量偏高、Zr 和 Hf 含量偏低外，相似于 E 型洋中脊玄武岩；胡家斜长角闪岩除 Th、Nb、Ta、Zr 和 Hf 含量明显偏低外，相似于洋岛玄武岩。

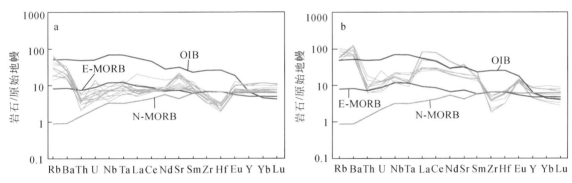

图 2-7　样品的微量元素原始地幔标准化图解

a- 从家屯；b- 胡家。原始地幔数值据 Sun and McDonough，1989；洋岛玄武岩（OIB）、E 型洋中脊玄武岩（E-MORB）

和 N 型洋中脊玄武岩（N-MORB）标准化值据 Sun and McDonough，1989

3. 锆石 U-Pb 测试结果

对从家屯岩片的 2 件样品（16SD44，119°54′49″E，36°03′05″N；16SD45，119°54′48″E、36°03′04″N）和胡家岩片的 2 件样品（16SD46，119°56′59″E，36°01′52″N；18SD30，119°57′59″E，36°02′49″N）进行了锆石 LA-ICP-MS U-Pb 年龄测试。

1）从家屯斜长角闪岩

16SD44 样品，锆石晶体呈柱状、粒状，粒径为 $50\sim180\mu m$，多在 $100\mu m$ 左右，长短轴之比为 $1:1\sim3:1$。锆石边缘比较圆滑，内部结构较均匀，少量锆石的边部显示不甚清晰的振荡环带或扇形条带，具有岩浆成因锆石的主要特征（图 2-8a）。选取 20 颗锆石进行微区 LA-ICP-MS U-Pb 测年，结果显示（表 2-2），锆石的 U 含量为 $38.21\times10^{-6}\sim440.26\times10^{-6}$，Th/U 值为 $0.30\sim0.79$。锆石 $^{206}Pb/^{238}U$ 年龄范围是 $726\sim840Ma$，所有测点均位于谐和线上，大部分数据集中分布在 $766\sim820Ma$，所有数据的加权平均年龄为 $797\pm11Ma$（MSWD=3.3）（图 2-8b）。锆石的同位素年龄值区间较集中，没有测到受后期岩浆热事件影响及早期残留锆石的年龄记录。

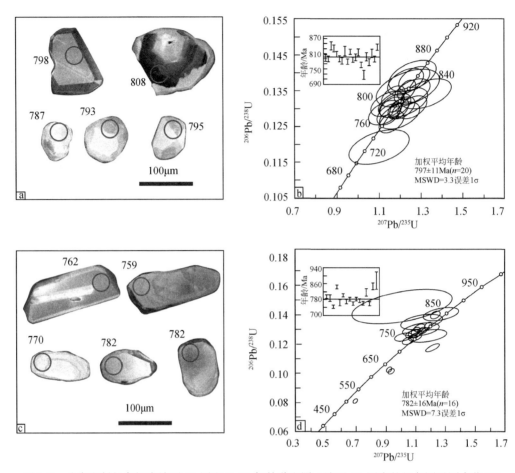

图 2-8　从家屯斜长角闪岩锆石 CL 图和 U-Pb 年龄谐和图（锆石 CL 图中的红色圈示测点位置）
a-16SD44 锆石 CL 图；b-16SD44 U-Pb 年龄谐和图；c-16SD45 锆石 CL 图；d-16SD45 年龄谐和图

16SD45 样品，锆石颗粒多呈长柱状或柱状，粒径为 $50 \sim 200 \mu m$，多在 $70 \mu m$ 左右，长短轴之比为 $1:$ $1 \sim 3:1$。锆石边缘比较圆滑，内部多无环带（图 2-8c），少量锆石的边部有较窄的环带，部分锆石显示核边结构。选取 20 颗锆石进行微区 LA-ICP-MS U-Pb 测年，结果显示（表 2-2），锆石的 U 含量变化较大，为 $25.98 \times 10^{-6} \sim 2176.30 \times 10^{-6}$，Th/U 值为 $0.03 \sim 0.23$。锆石 $^{206}Pb/^{238}U$ 年龄范围是 $503 \sim 875Ma$。除去 3 个不谐和年龄数据，16 个数据的加权平均年龄为 $782 \pm 16Ma$（MSWD＝7.3）（图 2-8d）。

　　2）胡家斜长角闪岩

16SD46 样品，锆石晶体呈圆粒状、椭圆状，粒径为 $50 \sim 200 \mu m$，多在 $70 \mu m$ 左右，长短轴之比为 $1:$ $1 \sim 2.5:1$。锆石边缘比较圆滑，多数内部结构较均匀，部分具有模糊的振荡环带，指示了岩浆成因（图 2-9a）；部分锆石具有弱的扇状分带或内部结构不均匀，显示变质成因特点。选取 20 颗锆石进行微区 LA-ICP-MS U-Pb 测年，结果显示（表 2-2），锆石的 U 含量为 $147.7 \times 10^{-6} \sim 457.7 \times 10^{-6}$，Th/U 值为 $0.23 \sim 0.55$。锆石 $^{206}Pb/^{238}U$（<1000Ma）或者 $^{207}Pb/^{206}Pb$（>1000Ma）年龄范围为 $810 \sim 1889Ma$，其中 17 颗锆石的年龄值为 $1671 \sim 1889Ma$，3 颗锆石的年龄值为 $810 \sim 884Ma$。位于不一致曲线上部的 14 颗锆石的 $^{207}Pb/^{206}Pb$ 加权平均年龄为 $1790 \pm 27Ma$（MSWD＝1.6）（图 2-9b），为岩浆锆石的形成年龄；3 颗锆石年龄略微偏离谐和线，可能为受变质作用影响导致铅丢失所致。

表 2-2　丛家屯和胡家科长角闪岩的锆石 LA-ICP-MS U-Pb 分析结果

样品点	含量/10⁻⁶		Th/U	同位素比值						锆石年龄/Ma					
	Th	U		$^{207}Pb/^{206}Pb$	1σ	$^{207}Pb/^{235}U$	1σ	$^{206}Pb/^{238}U$	1σ	$^{207}Pb/^{206}Pb$	1σ	$^{207}Pb/^{235}U$	1σ	$^{206}Pb/^{238}U$	1σ
16SD44.1	33.98	216.64	0.35	0.0653	0.0028	1.1771	0.0506	0.1309	0.0022	782.3	88.68	790.0	23.6	792.7	12.7
16SD44.2	23.44	150.52	0.39	0.0646	0.0021	1.1603	0.0372	0.1303	0.0020	761.3	65.92	782.1	17.5	789.4	11.2
16SD44.3	11.17	71.73	0.34	0.0656	0.0040	1.2596	0.0753	0.1393	0.0029	793.8	122.6	827.7	33.8	840.4	16.2
16SD44.4	17.46	109.31	0.37	0.0648	0.0031	1.2280	0.0573	0.1375	0.0024	766.4	96.35	813.4	26.1	830.7	13.8
16SD44.5	32.21	209.31	0.33	0.0634	0.0020	1.1673	0.0363	0.1335	0.0020	722.5	64.14	785.4	17.0	807.7	11.3
16SD44.6	21.18	137.61	0.39	0.0701	0.0026	1.2596	0.0463	0.1304	0.0021	930.3	73.94	827.7	20.8	790.0	11.9
16SD44.7	14.78	97.41	0.31	0.0636	0.0030	1.1298	0.0519	0.1289	0.0023	727.8	95.41	767.6	24.7	781.4	12.9
16SD44.8	5.86	38.21	0.30	0.0661	0.0055	1.2377	0.0999	0.1357	0.0035	810.9	163.7	817.8	45.3	820.3	19.6
16SD44.9	31.23	207.23	0.30	0.0647	0.0020	1.1446	0.0361	0.1283	0.0019	764.3	64.55	774.7	17.1	778.2	11.0
16SD44.10	76.42	440.26	0.79	0.0662	0.0015	1.2327	0.0286	0.1351	0.0019	811.3	46.02	815.6	13.0	817.1	10.6
16SD44.11	55.99	350.35	0.55	0.0668	0.0017	1.1967	0.0311	0.1299	0.0018	831.7	52.04	799.1	14.4	787.3	10.5
16SD44.12	19.57	124.51	0.48	0.0630	0.0030	1.1405	0.0529	0.1313	0.0023	707.4	96.57	772.7	25.1	795.4	13.1
16SD44.13	28.17	135.30	0.43	0.0677	0.0031	1.2589	0.0570	0.1348	0.0024	859.7	92.18	827.4	25.6	815.3	13.5
16SD44.14	21.33	142.74	0.36	0.0666	0.0023	1.1578	0.0399	0.1262	0.0020	823.6	70.21	780.9	18.8	765.9	11.2
16SD44.15	6.00	39.28	0.40	0.0669	0.0060	1.1009	0.0958	0.1193	0.0032	835.6	175.3	753.8	46.3	726.3	18.3
16SD44.16	8.99	58.10	0.33	0.0668	0.0044	1.2143	0.0780	0.1317	0.0028	832.8	130.8	807.2	35.8	797.7	16.1
16SD44.17	8.03	52.11	0.37	0.0679	0.0037	1.1990	0.0640	0.1281	0.0025	864.9	108.6	800.1	29.6	776.8	14.1
16SD44.18	17.06	113.65	0.36	0.0716	0.0045	1.3242	0.0807	0.1341	0.0028	974.1	121.8	856.4	35.3	811.4	16.2
16SD44.19	29.17	188.40	0.42	0.0672	0.0024	1.2072	0.0429	0.1302	0.0020	845.1	72.17	803.9	19.7	788.8	11.6
16SD44.20	33.51	212.15	0.41	0.0665	0.0026	1.2688	0.0493	0.1384	0.0022	821.9	79.3	831.8	22.1	835.3	12.7
16SD45.1	67.71	451.83	0.19	0.0625	0.0014	1.1281	0.0247	0.1312	0.0016	689.9	45.8	766.9	11.8	794.5	9.3
16SD45.2	7.84	54.33	0.03	0.0636	0.0047	1.1374	0.0823	0.1298	0.0030	728.8	149.6	771.3	39.1	787.0	16.8
16SD45.3	283.25	2097.02	0.18	0.0653	0.0009	0.9225	0.0127	0.1025	0.0012	785.3	26.9	663.7	6.7	629.2	6.9

续表

| 样品点 | 含量/10⁻⁶ | | Th/U | 同位素比值 | | | | | | 锆石年龄/Ma | | | | | |
	Th	U		$^{207}Pb/^{206}Pb$	1σ	$^{207}Pb/^{235}U$	1σ	$^{206}Pb/^{238}U$	1σ	$^{207}Pb/^{206}Pb$	1σ	$^{207}Pb/^{235}U$	1σ	$^{206}Pb/^{238}U$	1σ
16SD45.4	227.37	2176.30	0.23	0.0624	0.0009	0.6969	0.0103	0.0811	0.0009	687.4	29.7	536.9	6.2	502.8	5.6
16SD45.5	33.75	246.26	0.03	0.0626	0.0017	1.0541	0.0282	0.1222	0.0016	695.9	56.1	730.9	13.9	743.3	9.2
16SD45.6	98.23	691.47	0.08	0.0641	0.0011	1.2348	0.0220	0.1398	0.0017	745.7	36.4	816.5	10.0	843.7	9.5
16SD45.7	3.86	25.98	0.19	0.0685	0.0051	1.1836	0.0858	0.1255	0.0029	882.3	146.6	793.0	39.9	762.4	16.8
16SD45.8	127.24	909.62	0.10	0.0671	0.0010	0.9362	0.0149	0.1013	0.0012	841.8	31.6	670.9	7.8	621.7	7.0
16SD45.9	241.50	1715.08	0.04	0.0651	0.0009	1.1862	0.0166	0.1323	0.0015	778.3	27.4	794.2	7.7	800.7	8.8
16SD45.10	25.26	179.19	0.03	0.0623	0.0022	1.0885	0.0371	0.1268	0.0018	685.4	72.0	747.8	18.0	769.5	10.5
16SD45.11	88.62	619.91	0.08	0.0645	0.0013	1.1461	0.0227	0.1289	0.0016	759.0	40.6	775.4	10.7	781.8	9.1
16SD45.12	64.12	462.30	0.09	0.0625	0.0016	1.0739	0.0279	0.1248	0.0016	689.7	54.5	740.7	13.7	758.3	9.4
16SD45.13	90.58	639.59	0.07	0.0620	0.0012	1.1024	0.0211	0.1290	0.0016	675.1	39.6	754.5	10.2	782.3	9.0
16SD45.14	72.46	515.52	0.06	0.0620	0.0014	1.0898	0.0255	0.1276	0.0016	673.3	49.1	748.4	12.4	774.4	9.3
16SD45.15	66.75	462.64	0.15	0.0641	0.0014	1.1052	0.0247	0.1251	0.0016	745.8	46.2	755.9	11.9	759.8	9.1
16SD45.16	4.10	27.64	0.15	0.0613	0.0052	1.1406	0.0943	0.1350	0.0034	650.2	171.9	772.8	44.7	816.5	19.3
16SD45.17	25.65	186.83	0.04	0.0593	0.0024	1.0197	0.0402	0.1249	0.0019	577.2	84.6	713.7	20.2	758.5	10.9
16SD45.18	10.07	67.70	0.20	0.0657	0.0043	1.2714	0.0804	0.1405	0.0030	795.9	130.1	833.0	36.0	847.6	16.7
16SD45.19	3.84	28.34	0.11	0.0504	0.0113	1.0092	0.2215	0.1454	0.0078	212.1	449.4	708.5	112.0	875.2	43.9
16SD46.1	69.41	178.06	0.30	0.1093	0.0020	4.7935	0.0909	0.3180	0.0041	1788.4	33.4	1783.8	15.9	1780	20.0
16SD46.2	73.74	187.85	0.37	0.1097	0.0021	5.0803	0.1010	0.3359	0.0044	1794.7	35.1	1832.8	16.9	1867	21.2
16SD46.3	50.83	251.66	0.40	0.1139	0.0019	3.3637	0.0568	0.2142	0.0027	1862.9	29.2	1496	13.2	1251	14.1
16SD46.4	53.70	350.44	0.38	0.0765	0.0016	1.5502	0.0326	0.1470	0.0019	1107.8	40.9	950.6	13.0	884.2	10.5
16SD46.5	113.88	298.93	0.42	0.1056	0.0017	4.4137	0.0737	0.3031	0.0038	1725.4	29.1	1714.9	13.8	1707	18.6
16SD46.6	63.00	162.45	0.33	0.1128	0.0021	5.2583	0.1021	0.3381	0.0044	1845.4	33.9	1862.1	16.6	1877	21.3
16SD46.7	55.43	147.67	0.32	0.1063	0.0021	4.6633	0.0938	0.3183	0.0042	1736.2	35.6	1760.7	16.8	1782	20.4

续表

样品点	含量/10⁻⁶		Th/U	同位素比值						锆石年龄/Ma					
	Th	U		$^{207}Pb/^{206}Pb$	1σ	$^{207}Pb/^{235}U$	1σ	$^{206}Pb/^{238}U$	1σ	$^{207}Pb/^{206}Pb$	1σ	$^{207}Pb/^{235}U$	1σ	$^{206}Pb/^{238}U$	1σ
16SD46.8	28.37	184.55	0.23	0.0657	0.0023	1.2126	0.0420	0.1339	0.0020	796.3	71.6	806.4	19.3	810.2	11.1
16SD46.9	85.44	225.33	0.33	0.1156	0.0030	5.3750	0.1390	0.3373	0.0050	1889.3	45.8	1880.9	22.1	1874	24.0
16SD46.10	112.70	295.21	0.35	0.1105	0.0031	4.2920	0.1191	0.2816	0.0042	1808.4	49.9	1691.8	22.9	1600	21.3
16SD46.11	96.86	316.04	0.42	0.1026	0.0022	3.3595	0.0712	0.2375	0.0031	1671.4	38.2	1495	16.6	1374	16.4
16SD46.12	90.46	342.29	0.24	0.1047	0.0021	3.3775	0.0685	0.2339	0.0031	1709.8	36.2	1499.2	15.9	1355	16.0
16SD46.13	94.71	255.57	0.43	0.1103	0.0028	4.1998	0.1078	0.2762	0.0040	1804.7	46.0	1674	21.1	1572	20.2
16SD46.14	95.36	250.77	0.41	0.111	0.0023	5.0871	0.1060	0.3324	0.0045	1816	36.7	1834	17.7	1850	21.6
16SD46.15	122.95	308.16	0.55	0.114	0.0027	5.4507	0.1309	0.3468	0.0050	1864.3	42.4	1892.9	20.6	1919	23.7
16SD46.16	129.69	358.24	0.40	0.1091	0.0018	4.4590	0.0781	0.2965	0.0038	1784.6	30.4	1723.4	14.5	1674	18.7
16SD46.17	78.54	215.74	0.31	0.1062	0.0027	4.5354	0.1164	0.3098	0.0045	1735.2	46.2	1737.5	21.4	1740	22.1
16SD46.18	167.59	457.69	0.41	0.1096	0.0018	4.6301	0.0795	0.3065	0.0039	1792	29.6	1754.7	14.3	1724	19.1
16SD46.19	76.94	214.88	0.34	0.1067	0.0028	4.4855	0.1163	0.3048	0.0044	1744.5	46.6	1728.3	21.5	1715	21.9
16SD46.20	31.61	194.89	0.34	0.0688	0.0031	1.3086	0.0572	0.1379	0.0023	893.2	89.1	849.5	25.2	832.9	13.0
18SD30.1	30.16	134.72	0.17	0.0932	0.0018	2.5083	0.0573	0.1953	0.0030	1491.1	37.2	1274.4	16.6	1150.0	15.9
18SD30.2	13.55	125.25	0.61	0.0653	0.0020	0.7729	0.0262	0.0859	0.0016	783.3	67.6	581.4	15.0	531.2	9.6
18SD30.3	34.75	220.35	0.70	0.0654	0.0014	1.1163	0.0257	0.1242	0.0020	787.0	45.5	761.2	12.3	754.8	11.2
18SD30.4	22.98	102.20	0.26	0.0925	0.0019	2.4678	0.0594	0.1931	0.0029	1476.9	40.0	1262.6	17.4	1138.3	15.4
18SD30.5	64.81	178.66	0.22	0.1106	0.0017	4.7930	0.0926	0.3146	0.0052	1809.3	28.4	1783.7	16.3	1763.3	25.4
18SD30.6	32.13	104.97	0.24	0.1063	0.0019	3.8085	0.0778	0.2602	0.0042	1736.7	31.9	1594.6	16.5	1490.8	21.4
18SD30.7	40.29	107.15	0.25	0.1148	0.0017	5.0456	0.1000	0.3181	0.0050	1876.9	27.8	1827.0	16.8	1780.5	24.3
18SD30.8	29.19	110.27	0.27	0.0996	0.0018	3.0791	0.0647	0.2243	0.0032	1616.7	33.5	1427.5	16.1	1304.7	17.0
18SD30.9	18.48	95.15	0.26	0.0863	0.0025	1.9358	0.0506	0.1644	0.0029	1346.3	62.0	1093.5	17.5	981.3	15.8
18SD30.10	42.89	112.12	0.28	0.1126	0.0018	5.0000	0.1000	0.3217	0.0050	1842.6	29.6	1819.3	17.0	1798.2	24.4

样品点	含量/10⁻⁶		Th/U	同位素比值						锆石年龄/Ma					
	Th	U		$^{207}Pb/^{206}Pb$	1σ	$^{207}Pb/^{235}U$	1σ	$^{206}Pb/^{238}U$	1σ	$^{207}Pb/^{206}Pb$	1σ	$^{207}Pb/^{235}U$	1σ	$^{206}Pb/^{238}U$	1σ
18SD30.11	22.66	90.93	0.25	0.1002	0.0024	2.9574	0.0816	0.2146	0.0043	1628.1	44.4	1396.7	21.0	1253.3	22.7
18SD30.12	53.71	158.43	0.16	0.1106	0.0017	4.5047	0.0854	0.2952	0.0044	1809.3	27.8	1731.8	15.8	1667.5	21.9
18SD30.13	24.43	82.76	0.22	0.1058	0.0020	3.7216	0.0867	0.2548	0.0043	1727.8	34.9	1576.0	18.7	1463.2	22.1
18SD30.14	27.11	173.52	0.80	0.0678	0.0017	1.1081	0.0288	0.1186	0.0017	862.7	52.6	757.2	13.9	722.7	10.1
18SD30.15	174.09	325.23	0.42	0.1549	0.0026	8.8465	0.3488	0.4033	0.0124	2401.5	29.5	2322.3	36.0	2184.1	57.0
18SD30.16	30.78	99.52	0.15	0.1061	0.0025	3.9683	0.0955	0.2718	0.0053	1733.0	43.7	1627.7	19.6	1550.0	26.8
18SD30.17	78.66	220.67	0.21	0.1082	0.0015	4.5053	0.0764	0.3016	0.0044	1768.8	25.9	1732.0	14.1	1699.4	21.7
18SD30.18	118.93	337.56	0.12	0.1097	0.0017	4.5653	0.0848	0.3005	0.0043	1794.8	26.7	1743.0	15.5	1693.7	21.4
18SD30.19	23.17	87.45	0.20	0.0992	0.0021	3.1507	0.0787	0.2302	0.0041	1609.3	38.9	1445.2	19.3	1335.5	21.6
18SD30.20	28.69	98.77	0.20	0.1043	0.0026	3.5697	0.0907	0.2480	0.0045	1702.2	46.6	1542.8	20.2	1428.2	23.1
18SD30.21	27.80	78.88	0.22	0.1110	0.0020	4.5836	0.0975	0.2994	0.0047	1816.7	32.3	1746.3	17.8	1688.4	23.5
18SD30.22	19.74	100.85	0.20	0.0854	0.0018	2.0371	0.0518	0.1720	0.0028	1324.1	40.3	1128.0	17.3	1023.3	15.5
18SD30.23	43.62	145.96	0.21	0.1028	0.0018	3.5918	0.0737	0.2527	0.0036	1675.9	32.3	1547.7	16.3	1452.6	18.8
18SD30.24	16.34	106.51	0.21	0.0860	0.0022	1.5936	0.0440	0.1349	0.0024	1338.9	49.2	967.7	17.2	815.5	13.5
18SD30.25	37.72	104.83	0.24	0.1107	0.0019	4.6573	0.1177	0.3036	0.0062	1813.0	31.3	1759.6	21.2	1709.0	30.5
18SD30.26	32.37	93.04	0.24	0.1113	0.0020	4.5517	0.1010	0.2965	0.0052	1820.7	32.6	1740.5	18.5	1674.1	25.9
18SD30.27	26.71	89.85	0.19	0.1084	0.0021	3.8786	0.0859	0.2594	0.0043	1773.2	34.1	1609.2	17.9	1486.7	21.8
18SD30.28	13.66	78.32	0.18	0.0801	0.0020	1.7278	0.0519	0.1562	0.0029	1199.1	51.1	1018.9	19.3	935.6	16.2
18SD30.29	44.32	119.21	0.23	0.1144	0.0018	5.0373	0.1008	0.3194	0.0054	1870.1	27.9	1825.6	17.0	1786.9	26.2
18SD30.30	24.86	92.81	0.23	0.1012	0.0026	3.2759	0.0864	0.2348	0.0046	1646.6	48.0	1475.4	20.5	1359.8	24.1
18SD30.31	53.28	155.00	0.25	0.1083	0.0017	4.3219	0.0786	0.2894	0.0042	1770.1	28.2	1697.5	15.0	1638.7	21.2
18SD30.32	29.09	134.34	0.25	0.0923	0.0024	2.2979	0.0566	0.1805	0.0029	1473.8	44.3	1211.6	17.4	1069.6	15.6
18SD30.33	33.78	91.89	0.22	0.1127	0.0019	4.9053	0.1017	0.3146	0.0050	1842.9	29.8	1803.2	17.5	1763.1	24.4

续表

样品点	含量/10⁻⁶ Th	含量/10⁻⁶ U	Th/U	同位素比值 $^{207}Pb/^{206}Pb$	1σ	同位素比值 $^{207}Pb/^{235}U$	1σ	同位素比值 $^{206}Pb/^{238}U$	1σ	锆石年龄/Ma $^{207}Pb/^{206}Pb$	1σ	锆石年龄/Ma $^{207}Pb/^{235}U$	1σ	锆石年龄/Ma $^{206}Pb/^{238}U$	1σ
18SD30.34	29.04	80.56	0.20	0.1120	0.0024	4.7213	0.1068	0.3070	0.0056	1832.4	37.8	1771.0	19.0	1726.0	27.8
18SD30.35	134.32	481.03	0.49	0.1031	0.0016	3.7557	0.1622	0.2576	0.0097	1681.2	27.9	1583.3	34.6	1477.7	50.0
18SD30.36	33.70	117.65	0.18	0.1031	0.0018	3.5176	0.0668	0.2472	0.0037	1680.6	32.4	1531.2	15.0	1424.3	19.4
18SD30.37	21.58	62.98	0.18	0.1079	0.0024	4.3356	0.1044	0.2905	0.0047	1765.1	40.6	1700.2	19.9	1644.1	23.7
18SD30.38	113.81	282.29	0.38	0.1113	0.0015	5.0946	0.0896	0.3300	0.0051	1821.3	28.7	1835.2	15.0	1838.4	24.5
18SD30.39	20.99	85.10	0.23	0.0958	0.0021	2.7785	0.0642	0.2101	0.0031	1542.9	41.2	1349.8	17.3	1229.3	16.3
18SD30.40	25.40	95.04	0.25	0.1004	0.0021	3.1644	0.0674	0.2291	0.0037	1631.8	38.9	1448.5	16.5	1329.6	19.5
18SD30.41	21.28	94.73	0.25	0.0901	0.0019	2.4637	0.0742	0.1958	0.0040	1428.7	41.2	1261.4	21.8	1152.5	21.7
18SD30.42	17.25	94.88	0.25	0.0822	0.0020	1.7889	0.0460	0.1575	0.0026	1250.9	15.7	1041.4	16.8	942.6	14.3
18SD30.43	31.89	101.41	0.24	0.1082	0.0019	4.0357	0.0851	0.2688	0.0043	1768.8	37.5	1641.4	17.2	1534.8	22.0
18SD30.44	41.37	113.02	0.25	0.1073	0.0018	4.6134	0.0809	0.3113	0.0048	1753.7	29.5	1751.8	14.7	1747.2	23.7
18SD30.45	31.52	90.67	0.25	0.1080	0.0019	4.3942	0.0815	0.2948	0.0050	1766.4	0.9	1711.3	15.4	1665.7	25.0
18SD30.46	38.97	163.20	0.19	0.0969	0.0019	2.7348	0.0587	0.2036	0.0032	1564.8	236	1338.0	16.0	1194.9	17.1
18SD30.47	35.75	100.85	0.26	0.1085	0.0019	4.5182	0.0899	0.3005	0.0045	1775.9	31.5	1734.3	16.6	1693.6	22.5
18SD30.48	23.68	78.74	0.22	0.1039	0.0020	3.7361	0.0778	0.2603	0.0039	1694.4	35.2	1579.1	16.7	1491.3	19.9
18SD30.49	40.30	107.85	0.26	0.1091	0.0018	4.7968	0.0884	0.3171	0.0043	1784.9	29.6	1784.3	15.5	1775.7	21.3
18SD30.50	28.64	190.04	0.51	0.0625	0.0014	1.0853	0.0271	0.1253	0.0019	700.0	49.2	746.2	13.2	761.0	11.0

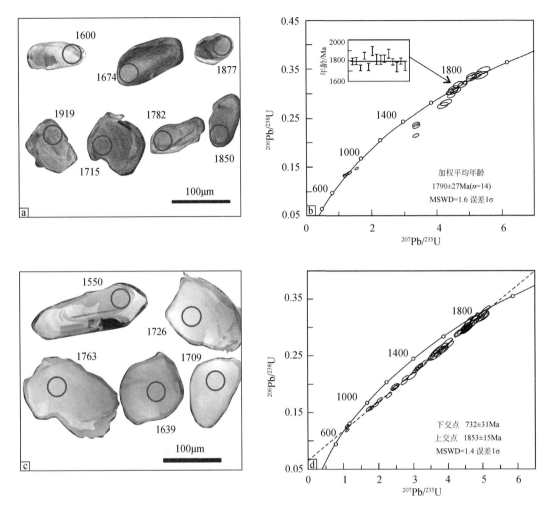

图 2-9　胡家斜长角闪岩锆石 CL 图和 U-Pb 年龄谐和图（锆石 CL 图中的红色圈示测点位置）

a-16SD46 锆石 CL 图；b-16SD46 U-Pb 年龄谐和图；c-18SD30 锆石 CL 图；d-18SD30 U-Pb 年龄谐和图

18SD30 样品，锆石与 16SD46 相似，晶体呈粒状、短柱状，粒径为 50 ~ 300μm，多在 100 ~ 150μm，长短轴之比为 1：1 ~ 3：1。锆石边缘比较圆滑，多数内部结构较均匀，部分具有振荡环带，指示了岩浆成因（图 2-9c）；部分锆石具有弱的扇状分带或内部结构不均匀，显示变质成因特点；个别锆石保留较清晰的核，为早期地质体的残余锆石。选取 50 颗锆石进行微区 LA-ICP-MS U-Pb 测年，结果显示（表 2-2），锆石的 U 含量为 62.98×10^{-6} ~ 481.0×10^{-6}，Th/U 值为 0.15 ~ 0.80。锆石 $^{206}Pb/^{238}U$（<1000Ma）或者 $^{207}Pb/^{206}Pb$（>1000Ma）年龄范围为 531 ~ 2402Ma，除 18SD30.2 和 18SD30.24 两个不谐和测点外，其余 48 颗锆石构成了较好的一致曲线，其与不一致曲线下交点年龄为 732±31Ma，上交点年龄为 1853±15Ma（MSWD=1.4）（图 2-9d）。

4. 岩浆活动的时代和构造环境

1）新元古代岩浆活动

从家屯岩片斜长角闪岩样品的同位素年龄为 797±11Ma 和 782±16Ma，表明其形成于新元古代。这一时代的基性岩浆事件在苏鲁超高压变质带及邻近的胶东地块和鲁西地块较少发现。在同属于中央造山带的大别造山带北淮阳带西段存在 760 ~ 720Ma 的变玄武岩（刘贻灿等，2013）。苏鲁超高压变质带最主要的地质组成是花岗质片麻岩，其同位素年龄集中于 800 ~ 650Ma，如威海、文登、荣成、五莲、东海等地的花岗质片麻岩中岩浆锆石核部的 U-Pb 同位素年龄分别为 772±14Ma、752±9 Ma、758±5Ma、738±17Ma、714±14Ma 等（刘福来等，2003；唐俊等，2004；Wu et al.，2004；李向辉等，2007）。新元古代同位素年龄及相应地质体的广泛出现，指示苏鲁地区曾广泛发育与 Rodinia（罗迪尼亚）超大陆聚合相关的岩浆事件（Acharyya，2000）。

新元古代的从家屯斜长角闪岩野外宏观上具有清晰的层状构造，局部见有变余杏仁构造，微观上矿物粒度较均匀，岩石化学成分在相关地球化学图解上投点于火成岩区，这些特征指示其原岩为玄武岩类或玄武质火山岩（倪志耀等，2001），岩石形成后被区域变质作用改造为斜长角闪岩。

变质作用常影响岩石中元素含量的变化，尤其是主量元素在变质过程中活动性强，不适宜用于判断原岩的构造环境。但有些受变质作用影响小的不活动元素，可用于判断岩石形成的构造环境，常用的不活动元素如 Ti、Zr、Y、Cr、Hf、Nb、Ta、Th 等。从家屯斜长角闪岩样品具有高场强元素（Nb、Ta、Zr、Hf）和稀土总量较低的特点，与洋中脊玄武岩相比，岩石的 Rb、Ba 等大离子亲石元素适度富集，大于洋中脊玄武岩的值（Rb 含量为 $1.33\times10^{-6} \sim 7.52\times10^{-6}$；Ba 含量为 $13.63\times10^{-6} \sim 86.69\times10^{-6}$），还略富集 Tb（洋中脊玄武岩 Tb 含量为 0.56×10^{-6}），亏损 Zr、Hf（洋中脊玄武岩 Zr、Hf 含量分别为 90×10^{-6}、2.87×10^{-6}），Ta 含量接近（洋中脊玄武岩 Ta 含量为 0.47×10^{-6}）。与洋岛玄武岩相比，亏损 Zr、Nb、Ta（洋岛玄武岩 Zr、Nb、Ta 含量分别为 200×10^{-6}、40×10^{-6}、270×10^{-6}），其他元素含量均接近。大陆裂谷玄武岩一般 Ta 相对于 Hf 富集，以 Th 为代表的大离子亲石元素含量较高；研究区斜长角闪岩的 Ta 相对于 Hf 明显亏损，Ta/Hf 值和 Th/Hf 值一般小于 1，明显低于裂谷，不应属于大陆裂谷产物。岛弧拉斑玄武岩的不相容元素 Ba、La、U、Th、Zr、Ta 是球粒陨石的 10~30 倍，而钙碱性岩套（玄武岩）则是球粒陨石的 30~100 倍（Ringwood，1974）；研究区斜长角闪岩虽然 U、Th、Zr、Ta 值（表 2-1）相似于岛弧拉斑玄武岩，但 Ba、La 值偏高。

在 La/Nb-La 和 Nb/Th-Nb 图解中（图 2-10a、b），样品主要投点于洋中脊玄武岩区。在 Hf/3-Th-Ta 和 Hf/3-Th-Nb/16 图解中（图 2-11a、b），样品的投点位置在 E 型洋脊玄武岩区附近。

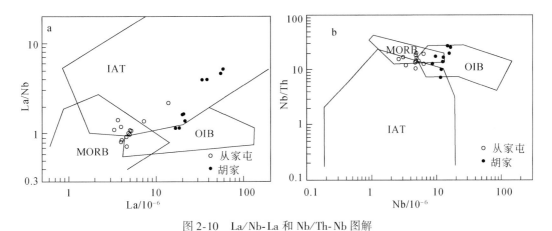

图 2-10　La/Nb-La 和 Nb/Th-Nb 图解

a-据 Meschede，1986；b-据 Pearce and Cann，1973。IAT-岛弧拉斑玄武岩；MORB-洋中脊玄武岩；OIB-洋岛玄武岩

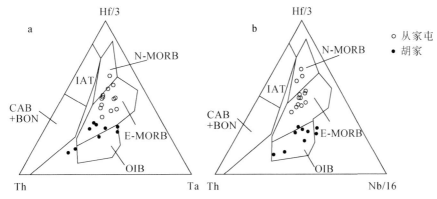

图 2-11　大地构造环境判别图解

a-据 Pearce and Cann，1973；b-据 Wood，1980。BON-玻质古铜安山岩；CAB-钙碱质玄武岩；IAT-岛弧拉斑玄武岩；
E-MORB-E 型洋中脊玄武岩；N-MORB-N 型洋中脊玄武岩；OIB-洋岛玄武岩

根据上述微量元素特征，结合稀土元素和微量元素模式综合分析认为，从家屯斜长角闪岩具有 E-MORB 的特征。新元古代斜长角闪岩在苏鲁造山带中少量发育（Zhou et al.，2008b），在大别北淮阳带西段原"定远组"奥陶纪变质火山岩中发现有 760～720Ma 侵位的变质花岗岩和变玄武岩，认为是三叠纪扬子陆块深俯冲初始阶段陆壳表层被拆离折返的岩片（刘贻灿等，2013）。大别造山带北部卢镇关杂岩斜长角闪岩的 U-Pb 锆石同位素年龄为 725Ma 左右，指示卢镇关杂岩是扬子板块北缘俯冲基底的一部分（周建波等，2001a；Jiang et al.，2005；Zheng et al.，2005）。前人研究指出，晋宁期构造-岩浆事件的存在与否是鉴别华北与扬子板块的重要标志（万天丰，2001）。从家屯斜长角闪岩与大别造山带中的这些基性岩相似，应当是来自扬子板块北缘的产物。

2）古元古代岩浆活动

胡家岩片两件斜长角闪岩样品的加权平均及一致线上交点同位素年龄分别为 1853±15Ma 和 1790±27Ma，其中样品 18SD30 下交点年龄为 732±31Ma。指示其原岩形成于古元古代末，在新元古代遭受了变质作用改造。在苏鲁超高压变质带的莒南-日照一带及乳山-威海一带的花岗质片麻岩中零星分布一些变质超基性-基性岩、变质表壳岩残片和榴辉岩包体。基性岩主要为斜长角闪岩，其原岩为辉长岩。徐扬等（2017）测得威海市郊变辉长岩岩浆锆石 LA-ICP-MS $^{207}Pb/^{206}Pb$ 加权平均年龄为 1870±34Ma，乳山海阳所变辉长岩 $^{207}Pb/^{206}Pb$ 加权平均年龄为 1839±37Ma；李曙光等（1994）测得乳山海阳所斜长角闪岩岩浆结晶锆石年龄数据的不一致线上交点年龄为 1784±37Ma，并认为这一年龄指示了一次玄武质火山岩事件。杨经绥等（2002）对威海大屯含柯石英榴辉岩中锆石的 SHRIMP U-Pb 定年结果表明，一致线上交点年龄为 1821±19Ma，下交点年龄为 228±29Ma，认为下交点代表超高压变质时代，上交点代表原岩年龄。上述研究结果表明，苏鲁超高压变质带广泛发育时代为 1800Ma 左右的古元古代末基性岩浆事件。这些基性岩浆岩多数遭受了大陆深俯冲的改造并发生了超高压变质作用，少量岩片（如胡家岩片）没有俯冲下去，以绿片岩相-角闪岩相变质的斜长角闪岩形式残留在超高压带北缘，这些浅变质岩片的存在为深入探讨大陆深俯冲与差异折返的动力学过程提供了重要的制约。

古元古代的胡家斜长角闪岩野外宏观上呈块状构造，没有成层性；微观上岩石结构不均匀，显示变余半自形粒状结构；岩石化学成分在相关地球化学图解上投点于火成岩区。这些特征指示其原岩为辉长岩类。

胡家斜长角闪岩与从家屯斜长角闪岩同样显示高场强元素（Nb、Ta、Zr、Hf）和稀土总量较低的特点。与洋中脊玄武岩相比，样品的 Rb、Ba 等大离子亲石元素适度富集，Zr、Hf 亏损。与洋岛玄武岩相比，亏损 Zr、Nb、Ta、Th、Hf（洋岛玄武岩 Th、Hf 含量分别为 4×10^{-6}、7.8×10^{-6}），其他元素含量均接近。与岛弧拉斑玄武岩相比，U、Th、Zr、Ta 含量（表 2-1）相似，但 Ba、La 含量偏高。与大陆裂谷玄武岩相比，Ta、Hf、Th 特征差异明显，不是大陆裂谷的产物。

在 La/Nb-La 图解中（图 2-10a），样品投点于接近洋岛拉斑玄武岩的岛弧拉斑玄武岩区；在 Nb/Th-Nb 图解中（图 2-10b），投点于洋岛拉斑玄武岩区。在 Hf/3-Th-Ta 和 Hf/3-Th-Nb/16 图解中（图 2-11a、b），样品的投点位置在洋岛拉斑玄武岩区附近。

地球化学特征综合反映，胡家斜长角闪岩多表现为洋岛拉斑玄武岩的特征，不同于从家屯斜长角闪岩的大地构造环境。在苏鲁超高压变质带中分布有较多镁铁质-超镁铁质变质岩片，如乳山海阳所、荣成大瞳、青岛仰口、日照梭罗树、莒南洙边和东海芝麻坊等地，许多学者认为梭罗树超镁铁质岩为岩石圈地幔残片，有人认为乳山海阳所和青岛仰口的镁铁质-超镁铁质岩属蛇绿岩残片（李曙光，1992；王仁民等，1995）。许多镁铁质-超镁铁质变质岩片中伴生有榴辉岩，被认为经历了超高压变质作用。已经测试的镁铁质-超镁铁质岩同位素年龄为 1784～1663Ma（李曙光等，1994；宋明春和王沛成，2003）。鉴于胡家岩片斜长角闪岩的同位素年龄与苏鲁超高压变质带中的镁铁质-超镁铁质岩的形成时代一致，而且其岩性组合相似，因此本书认为这些镁铁质-超镁铁质岩原始为一条规模较大的岩浆岩带。前人研究表明，扬子板块缺乏古元古代的地质事件记录，华北板块在 1.8～1.7Ga 经历了一次伸展事件（邵济安等，2002），胶北荆山群和粉子山群的变质年龄为 1.8～1.7Ga（Li et al.，2012）。可见，胡家斜长角闪岩的同位素年龄与华北板块古元古代末的地质构造事件时代吻合，应当是来自华北板块北缘的产物。

5. 浅变质基性岩对华北与扬子板块中生代碰撞的启示

胡家和从家屯两处非超高压变质岩片中的斜长角闪岩，其矿物组合主要是普通角闪石+斜长石，角闪石呈蓝绿色，斜长石为更长石，胡家岩片斜长角闪岩中的角闪石发生强烈纤闪石化，斜长石发生强烈绢云母化。岩相学特征及前人的温压条件计算表明，这些斜长角闪岩经历了高绿片岩相-低角闪岩相变质，与经历超高压变质的榴辉岩的矿物组合和温压条件完全不同。胡家岩片中有较多斜长花岗岩，从家屯岩片曾被划为古元古代地层，二者均未发现高压-超高压变质岩石。这说明，它们没有经历超高压变质作用。

非超高压变质岩片在苏鲁超高压变质带北缘的存在，与华北和扬子板块在中生代的俯冲、碰撞和折返有关。在中生代板块俯冲过程中，苏鲁造山带中的大部分镁铁质-超镁铁质岩（如胡家超镁铁质岩）经历深俯冲发生了超高压变质作用（谢志鹏等，2018），而胡家岩片和从家屯岩片是没有俯冲下去的低级变质岩残片。在之后的超高压岩石折返过程中超高压变质岩与非超高压变质岩聚合在一起。

由于苏鲁超高压变质带北缘被脆性断裂叠加及被白垩纪胶莱盆地覆盖，关于其北边界的位置尚未达成共识（Faure et al., 2001；Zhai, 2002；Tang et al., 2006, 2007；Zhou et al., 2008b）。许多研究者认为，位于苏鲁地区变质基底与其北侧的中生代胶莱盆地之间的五莲-青岛断裂或五莲-荣成断裂是超高压变质带的北边界（曹国权等，1990）；也有研究者提出，苏鲁超高压变质带的北界被胶莱盆地覆盖，位于胶莱盆地中的百尺河断裂附近（Zhou et al., 2008b）。本次研究中非超高压变质岩片的发现指示，原始位置分别处于扬子板块北缘（从家屯岩片）和华北板块南缘（胡家岩片）的不同大地构造位置的前寒武纪基性岩，在三叠纪板块俯冲、碰撞过程中被刮削叠置于板块缝合线附近，构成了大陆板块俯冲的加积杂岩。这说明，超高压变质带的边界应当位于非超高压变质岩片与超高压变质岩之间。

在苏鲁超高压变质带北缘有一条韧性剪切带，被称为石门-薛家庄韧性剪切带。剪切带全长约60km，宽度为0.5~3.5km，总体走向60°，倾向北西，统计的拉伸线理主极密为284°∠48°，显示了左行正滑运动特征（宋明春和马文斌，1997）。带内构造岩主要为花岗质变余糜棱岩、糜棱岩和超糜棱岩，少量基性岩质构造片岩。剪切带的北侧被五莲-青岛断裂切割，并与其近平行展布。剪切带的南侧与苏鲁超高压变质带的花岗质片麻岩呈渐变过渡关系，在剪切带南侧的糜棱岩中包有透镜状强烈退变质的榴辉岩，形成时代为三叠纪前后。以往对韧性剪切带之南构造片岩中的白云母进行 Ar-Ar 测定，得到的 $^{39}Ar/^{40}Ar$ 坪年龄为 158.94 ±2.5Ma 和 153.18±1.87Ma（宋明春和吕发堂，1997），指示了韧性剪切带形成及超高压变质岩与浅变质岩系并置的时代。综上所述，我们认为石门-薛家庄韧性剪切带为发育在超高压变质岩与浅变质杂岩带之间的重要边界，其构造意义应与大别造山带北淮阳构造带南侧的晓天-磨子潭断裂相当（周建波等，2001a，2001b；Zheng et al., 2005）。因此，分布在超高压变质带与五莲浅变质杂岩带之间的石门-薛家庄韧性剪切带具有重要的板块缝合线意义，而不是传统认为的五莲-荣成脆性断裂。

二、胶东晚中生代热隆-伸展构造

华北克拉通由西部地块和东部地块组成，二者于 1.85Ga 左右发生碰撞作用（Zhao et al., 2005；Kusky et al., 2007；翟明国，2008）后，经历了中元古代、新元古代和古生代（1.7~0.2Ga）的长期克拉通稳定发展阶段。中生代以来，华北克拉通破坏，发生广泛的岩浆活动和构造作用。晚中生代是华北克拉通构造转折的关键时期，其主要表现是：构造动力体制经历了从特提斯构造域向滨太平洋构造域的转换（赵越等，1994，2004；Zhu et al., 2011）；构造格架由南、北排列转换为东、西分异（吴根耀，2006）；侏罗纪—早白垩世早期的早燕山运动为强挤压陆内造山期，而早白垩世晚期—晚白垩世的晚燕山运动为主伸展垮塌期（董树文等，2007）。构造变形体制转变导致中国东部中生代古地貌格局和地质环境发生重大变迁，为我们认识大陆的形成演化提供了重要理论依据。我国地质学家通过深入研究，先后提出了"燕山运动"（翁文灏，1927）、"地台活化"（陈国达，1956）、"岩石圈减薄"或"去根"（邓晋福等，1994）、"克拉通破坏"（吴福元等，2008；Yang J H et al.，2008；Zhu et al.，2011）等理论认识。

胶东地区位于华北克拉通南缘与大别-苏鲁造山带东北段的结合位置，晚中生代构造、岩浆活动强烈，是研究华北东部晚中生代构造动力体制转换和克拉通破坏过程的理想场所。前人对鲁东中生代岩浆活动和构造运动进行了较多研究，尤其是对与胶东金矿成矿有关的构造-岩浆作用过程进行了大量研究，对岩浆岩的成因、形成的大地构造背景和断裂构造的性质、演化等分别进行了深入探讨，并注意到了早白垩世伸展作用及岩石圈减薄对胶东岩浆、构造活动的重要影响。但对岩浆活动与构造运动的有机联系研究较少，对岩浆序列的划分尚不够完善，还没有清晰地阐明岩浆与构造产生的统一动力学机制。本次工作基于野外区域地质调查对胶东复杂岩浆序列的系统划分和深部勘查对断裂构造深部形态的新认识，结合大量前人研究成果，通过分析胶东晚中生代岩浆活动及构造运动特点，建立了二者的成生联系，提出了热隆-伸展构造认识。

（一）岩浆活动及其构造背景

胶东地区晚中生代岩浆活动强烈，出露总面积占胶东陆域面积的近1/4，以大量发育侏罗纪和白垩纪花岗质侵入岩为特点。本次工作首次发现了早白垩世高镁闪长岩，为胶东早白垩世壳幔相互作用及岩浆演化研究提供了重要依据。

1. 采样位置和样品岩相学特征

本次工作分别对侏罗纪玲珑型花岗岩（崔召单元），白垩纪郭家岭型花岗岩（曲家、北截岩体）、伟德山型花岗岩（艾山、南宿岩体）、柳林庄型闪长岩（柳林庄岩体）、崂山型花岗岩（大泽山岩体）及白垩纪脉岩进行了调查研究，采集岩石样品（图2-1）进行了岩石地球化学、锆石 U-Pb 及岩石 Sr-Nd 同位素测试工作。

1）玲珑型花岗岩

片麻状含斑中粒黑云二长花岗岩样品（16SD35，采样位置：$120°29'45''E$，$37°33'36''N$）采自龙口市下丁家镇北，南山集团南，北邢家村 S215 国道东侧，为新鲜露头，有宽约5cm的伟晶岩脉。岩石样品呈浅灰白色，具中细粒结构，片麻状构造。主要矿物成分为斜长石（30%）、钾长石（35%）、石英（30%）以及黑云母（5%），另外有少量副矿物如石榴子石、锆石、榍石等。斑晶为斜长石，含量为10%左右，长径多在1cm左右（图2-12a、b）。斜长石呈自形-半自形板柱状，大小为 0.5~3cm，部分发生绢云母化蚀变。钾长石呈自形-半自形柱状或板状，格子双晶发育，大小为 0.2~1cm。石英多为他形中细粒，粒径为 0.5~1cm，普遍具有波状消光。

片麻状中细粒二长花岗岩（16SD39）采自招远大尹格庄金矿西小尹格庄东（坐标位置：$120°20'11''E$，$37°12'30''N$），为新鲜露头。岩石呈淡红色，具中细粒结构，片麻状构造。主要矿物成分为钾长石（35%）、斜长石（30%）、石英（32%）以及黑云母（3%），另外有少量副矿物如角闪石、锆石、榍石等。可见矿物定向排列及定向拉长，石英拉长长宽比在 3∶1 左右（图2-12c、d）。

2）郭家岭型花岗岩

斑状角闪花岗闪长岩（16SD32）采自龙口市东南，王屋水库西南公路边小采坑（坐标位置：$120°38'09''E$，$37°32'33''N$），为新鲜露头，有细粒闪长质包体。斑状角闪花岗闪长岩（16SD36）采自招远市西北，狗山李家村东（坐标位置：$120°22'15''E$，$37°31'53''N$），为新鲜露头，西侧见其与玲珑中细粒二长花岗岩呈侵入接触。

岩石均呈灰白色，似斑状结构，块状构造，基质为中细粒花岗结构（图2-13a、c）。其主要矿物成分为斜长石（35%）、钾长石（30%）、石英（25%）及少量角闪石（6%）、黑云母（4%），副矿物有锆石、榍石和磷灰石等。斑晶主要为钾长石，粒径长达 3~5cm。基质中石英呈他形粒状充填在长石之间，粒径大小一般为 0.05~8mm，可见波状、带状消光；斜长石呈半自形板状，常见聚片双晶，偶见环带结构，微弱高岭土化、绢云母化，粒径一般为 0.1~5mm；钾长石呈半自形板状，在基质中主要为 0.1~2mm 的细粒，2~4mm 的中粒次之；角闪石呈他形-半自形柱粒状，多为普通角闪石，具明显黄绿色-绿

图 2-12 玲珑型花岗岩的野外及镜下照片

a、b-片麻状含斑中粒黑云二长花岗岩（16SD35）；c、d-片麻状中细粒二长花岗岩（16SD39）；Pl-斜长石；

Qtz-石英；Kfs-钾长石；Bt-黑云母；Hb-角闪石；Ser-绢云母化

色多色性，局部发生绿泥石化、绿帘石化；黑云母呈他形鳞片状–叶片状，常定向排列或环绕长石斑晶分布，或呈集合体产出（图 2-13b、d）。

图 2-13 郭家岭型花岗岩的野外及镜下照片

a、b-斑状角闪花岗闪长岩（16SD32）；c、d-斑状角闪花岗闪长岩（16SD36）；Pl-斜长石；Qtz-石英；

Kfs-钾长石；Bt-黑云母；Hb-角闪石；Ser-绢云母化

3）伟德山型花岗岩

斑状角闪花岗闪长岩（16SD33）采自蓬莱村里集镇柳格庄村西500m采坑（坐标位置：120°45′37″E，37°30′54″N），野外见有较多闪长质包体，较大包体长径约20cm，前者斑晶长径为3~5cm。岩石呈似斑状结构，块状构造。矿物组成为斜长石占45%、钾长石占20%、石英占20%、角闪石占10%、黑云母等其他矿物约占5%，镜下可见斜长石广泛发育高岭土化蚀变（图2-14a、b）。

斑状中粒二长花岗岩（16SD40）采自招远南宿村东的南宿岩体（坐标位置：120°06′53″E，37°09′01″N）。岩石呈似斑状结构，基质为中粒花岗结构，块状构造。矿物组成为斜长石占35%、钾长石占30%、石英占30%、黑云母占3%、角闪石占2%，少量榍石、磷灰石等副矿物，镜下可见长石发生绢云母化蚀变。钾长石斑晶含量约占10%，长径为2~4cm，基质中主要矿物粒径一般为0.5~5mm（图2-14c，d）。

图2-14　伟德山型花岗岩的野外及镜下照片

a、b-斑状角闪花岗闪长岩（16SD33）；c、d-斑状中粒二长花岗岩（16SD40）；Pl-斜长石；Qtz-石英；Kfs-钾长石；Hb-角闪石；Ser-绢云母化；Kln-高岭土化

4）柳林庄型闪长岩

野外共采集岩石样品12件，其中7件样品采自柳林庄岩体，岩性为中细粒黑云角闪二长岩和中粒含角闪黑云石英二长闪长岩，年代学测试样品（16SD30和16SD31）的GPS位置为37°12′58″N，121°48′35″E和37°12′55″N，121°48′43″E；另外5件样品采自研究区以南胶南隆起（苏鲁超高压变质带）内的夏河城岩体，岩性为细粒黑云石英二长岩和中细粒角闪闪长岩，其中年代学测试样品（16SD50）的GPS位置为35°42′05″N，119°48′44″E。

柳林庄岩体年代学测试样品（16SD30、16SD31）为中-细粒黑云角闪二长岩，岩石呈中细粒半自形柱粒状结构、块状构造，主要由钾长石（40%）、斜长石（35%）、普通角闪石（13%）和黑云母（10%）组成，少量石英（2%）（图2-15a、b）。其中，钾长石呈自形-半自形板状，粒径为0.4~4mm；斜长石呈自形-半自形板状，聚片双晶发育，粒径为0.3~4mm；普通角闪石呈长柱状，深绿-暗褐色多色性，粒径为0.2~2mm；黑云母呈片状，深褐色-淡黄褐色多色性，粒径为0.3~3mm。该岩体同时采集的地球化学样品还包括中粒含角闪黑云石英二长闪长岩，为中粒半自形粒状结构，块状构造，主要由斜长石（48.44%）和钾长石（26.85%）组成，少量黑云母（7.57%）、石英（7.39%）、普通角闪石

（5.33%）和普通辉石（2.35%），主要矿物粒径为 2～5mm。其中，斜长石呈半自形板状，具聚片双晶及环带结构，An=32；钾长石也为半自形板状，内有斜长石和铁镁矿物嵌晶，属微斜长石；石英呈他形粒状，分布于长石间隙，黑云母呈片状，具棕褐色-褐黄色多色性；辉石呈半自形粒状，淡绿色，具角闪石反应边。

图 2-15　柳林庄型闪长岩的野外及镜下照片

a、b-黑云角闪二长岩；c、d-黑云石英二长岩；Bt-黑云母；Hb-角闪石；Kfs-钾长石；Pl-斜长石；Qtz-石英

　　夏河城岩体年代学样品（16SD50）为细粒黑云石英二长岩，岩石具有细粒半自形柱粒状结构、块状构造，主要由斜长石（40%）、钾长石（35%）、石英（10%）和黑云母（10%）组成，少量普通角闪石（5%）（图 2-15c、d）。其中，斜长石呈半自形板柱状，具绢云母化，粒径为 0.2～2mm；钾长石具高岭土化，粒径为 0.2～2mm；石英呈他形粒状，分布不均匀，部分颗粒具有波状消光，粒径为 0.1～1mm；黑云母呈长条片状，深褐色-淡黄褐色多色性，微定向排列，粒径为 0.2～0.5mm。该岩体还发育有中细粒角闪闪长岩，为中细粒半自形粒状结构，因角闪石不均匀聚集而显示斑杂状结构，主要为斜长石（61.4%）和普通角闪石（24.3%）组成，少量黑云母（5.7%）、钾长石（4.2%）和石英（2.8%），矿物粒径为 1.5～3mm。其中，斜长石呈板条状自形晶（An=27），钾长石呈他形粒状，角闪石为普通角闪石（核部常有钛闪石）。

　　5）崂山型花岗岩

　　中粗粒二长花岗岩（16SD41）采自平度大泽山镇秦姑庵村西北采坑（坐标位置：119°58′53″E，37°00′24″N）。岩石呈不等粒花岗结构，块状构造。主要矿物成分为斜长石（40%）、钾长石（25%）、石英（30%）、黑云母（3%）、角闪石（2%），少量磷灰石和榍石等副矿物。钾长石斑晶含量约占 10%，长径为 2～3cm，基质中主要矿物粒径一般为 3～10mm，多数≥5mm（图 2-16）。野外露头见有闪长质包体，直径约 5cm。

　　6）脉岩

　　脉岩样品（16SD34，角闪二长斑岩）采自蓬莱村里集镇陈家沟村东采砂场（坐标位置：120°47′18″E，37°32′34″N），此处主要为郭家岭型花岗岩露头，风化较严重，见有一条角闪二长斑岩脉，宽约 20cm。岩

图 2-16 崂山型花岗岩的野外及镜下照片

a、b-中粗粒二长花岗岩（16SD41）；Pl-斜长石；Qtz-石英；Kfs-钾长石；Bt-黑云母；Ser-绢云母化；Mc-微斜长石

石呈斑状结构，块状构造。斑晶主要为斜长石和条纹长石，粒径一般为 1.5~3cm，基质主要由碱性长石、石英、角闪石和少量黑云母等组成（图 2-17）。

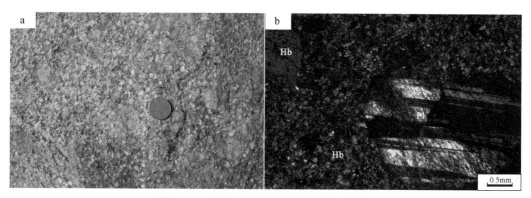

图 2-17 角闪二长斑岩的野外及镜下照片

Pl-斜长石；Hb-角闪石

2. 岩石地球化学特征

1）花岗岩类

（1）玲珑型花岗岩

玲珑型花岗岩样品（16SD35、16SD39）的主量、微量元素测试结果列于表 2-3。岩石化学成分中 SiO_2 含量为 72.55%~75.86%，平均为 74.25%，属于酸性岩类的化学组成范畴；岩石全碱（Na_2O+K_2O）含量为 8.23%~9.32%，Na_2O/K_2O 值为 0.91~1.15，属于钾质型，在 TAS 图解（图 2-18a）中落入花岗岩范围，在 K_2O-SiO_2 图解（图 2-18b）中属于高钾钙碱性系列。Al_2O_3 含量为 14.01%~15.07%，CaO 含量为 0.37%~1.64%，铝饱和指数（A/CNK）为 1.03~1.13，在 A/CNK-A/NK 图解（图 2-18c）中落入过铝质区域。MgO 含量为 0.06%~0.29%，TFe_2O_3 为 0.09%~1.32%，镁指数（$Mg^\#$）[$Mg^\# = 100 \times (MgO/40.31)/(MgO/40.31 + (0.8998 \times TFe_2O_3)/71.85)$] 为 29.07~60.60，多数小于 40。TiO_2 和 P_2O_5 含量分别为 0.03%~0.15% 和 0.01%~0.04%，含量较低。岩石主元素氧化物（TFe_2O_3、MgO、CaO、P_2O_5、TiO_2）与 SiO_2 为负相关，可能经历了辉石、磷灰石、钛铁矿等矿物的分离结晶（图 2-19）。

表 2-3 玲珑型花岗岩的主量、微量和稀土元素分析结果

	样品原号	16SD35-1	16SD35-2	16SD35-3	16SD35-4	16SD39-1	16SD39-2	16SD39-3	16SD39-4
主量元素	SiO_2	73.20	72.73	73.30	72.55	75.65	74.93	75.74	75.86
	Al_2O_3	14.85	15.00	14.70	15.07	14.16	14.45	14.07	14.01
	TFe_2O_3	1.18	1.31	1.05	1.32	0.27	0.09	0.21	0.33

样品原号		16SD35-1	16SD35-2	16SD35-3	16SD35-4	16SD39-1	16SD39-2	16SD39-3	16SD39-4
主量元素	MgO	0.26	0.27	0.29	0.28	0.08	0.07	0.06	0.08
	CaO	1.61	1.64	1.57	1.64	0.53	0.48	0.61	0.37
	Na_2O	4.35	4.34	4.09	4.39	4.53	4.45	4.28	4.40
	K_2O	3.88	4.00	4.24	4.01	3.93	4.87	4.41	4.12
	MnO	0.03	0.03	0.02	0.03	0.00	0.00	0.00	0.01
	TiO_2	0.13	0.14	0.12	0.15	0.05	0.03	0.05	0.05
	P_2O_5	0.04	0.04	0.04	0.04	0.01	0.01	0.01	0.01
	FeO	0.92	0.89	0.84	0.92	0.22	<0.10	0.17	0.26
	LOI	0.43	0.46	0.52	0.48	0.75	0.57	0.53	0.72
	总量	100.87	100.85	100.78	100.87	100.19	99.95	100.13	100.22
	$Mg^{\#}$	30.39	29.07	35.28	29.59	36.44	60.60	36.97	30.85
	Na_2O+K_2O	8.23	8.34	8.33	8.40	8.46	9.32	8.69	8.52
	Na_2O/K_2O	1.12	1.09	0.96	1.09	1.15	0.91	0.97	1.07
	A/CNK	1.04	1.04	1.04	1.03	1.12	1.07	1.09	1.13
	A/NK	1.31	1.31	1.30	1.30	1.21	1.15	1.19	1.20
稀土元素	La	28.80	35.50	27.70	30.00	5.12	2.58	2.66	3.59
	Ce	48.00	62.40	47.20	51.20	9.70	4.67	4.58	6.83
	Pr	5.08	6.58	4.95	5.40	1.27	0.64	0.68	0.91
	Nd	17.70	22.10	16.70	18.30	5.19	2.53	2.65	3.68
	Sm	2.31	2.65	2.22	2.35	1.29	0.77	0.73	0.92
	Eu	0.68	0.79	0.73	0.74	0.36	0.28	0.35	0.38
	Gd	2.15	2.33	2.09	2.11	1.04	0.73	0.59	0.70
	Tb	0.27	0.26	0.24	0.25	0.23	0.21	0.13	0.13
	Dy	1.25	1.11	1.17	1.19	1.43	1.42	0.74	0.64
	Ho	0.19	0.16	0.17	0.17	0.32	0.40	0.17	0.13
	Er	0.57	0.59	0.55	0.60	0.96	1.35	0.53	0.41
	Tm	0.07	0.07	0.07	0.08	0.18	0.31	0.11	0.08
	Yb	0.40	0.48	0.36	0.44	1.18	2.48	0.69	0.54
	Lu	0.05	0.06	0.04	0.06	0.19	0.37	0.12	0.09
	LREE	102.57	130.02	99.50	107.99	22.93	11.47	11.65	16.32
	HREE	4.95	5.07	4.68	4.90	5.53	7.26	3.09	2.73
	$\sum$REE	107.52	135.09	104.19	112.89	28.46	18.73	14.74	19.04
	LREE/HREE	20.72	25.65	21.26	22.04	4.14	1.58	3.77	5.98
	δEu	0.92	0.95	1.02	0.99	0.92	1.11	1.58	1.41
	δCe	0.90	0.90	0.90	0.90	0.90	0.90	0.90	0.90
	$(La/Yb)_N$	48.30	49.45	52.02	45.97	2.93	0.70	2.59	4.47
	$(La/Sm)_N$	7.84	8.43	7.85	8.03	2.50	2.10	2.30	2.46
	$(Gd/Yb)_N$	4.32	3.88	4.70	3.87	0.71	0.24	0.69	1.04
	$(Ce/Yb)_N$	30.89	33.35	34.01	30.10	2.13	0.49	1.71	3.26

样品原号		16SD35-1	16SD35-2	16SD35-3	16SD35-4	16SD39-1	16SD39-2	16SD39-3	16SD39-4
微量元素	Li	13.00	12.20	11.00	13.20	7.40	2.65	4.81	3.92
	Be	1.29	1.29	1.25	1.29	1.30	1.59	1.30	0.95
	Sc	1.59	1.69	1.19	1.53	1.46	1.73	1.65	1.33
	V	3.92	4.47	4.43	5.29	2.85	2.66	3.13	2.59
	Cr	1.10	1.00	1.51	1.25	0.97	1.09	0.75	0.70
	Co	0.83	0.93	0.82	0.91	0.33	0.11	0.22	0.20
	Ni	1.32	1.36	1.19	1.29	0.70	0.47	0.61	0.53
	Cu	2.29	3.10	2.37	2.64	9.45	1.04	2.71	1.45
	Zn	35.60	36.00	29.40	37.20	7.02	5.17	5.12	9.20
	Ga	18.40	18.90	17.40	18.10	16.70	22.20	17.60	15.40
	Rb	84.20	90.80	87.00	85.60	105.00	129.00	121.00	106.00
	Sr	596.00	640.00	586.00	614.00	287.00	202.00	261.00	244.00
	Y	5.90	4.95	5.22	5.55	11.20	13.60	5.95	4.23
	Mo	0.09	0.15	0.05	0.15	0.06	0.04	0.09	0.08
	Cd	0.03	0.02	0.02	0.03	0.02	0.01	0.01	0.02
	In	0.02	0.02	0.01	0.02	0.01	0.01	0.00	0.01
	Sb	0.02	0.02	0.02	0.04	0.12	0.06	0.08	0.10
	Cs	0.77	1.08	0.69	0.66	0.80	0.63	0.75	0.70
	Ba	1796.00	2044.00	1994.00	1917.00	896.00	606.00	770.00	844.00
	W	0.06	0.06	0.07	0.05	0.33	0.21	0.23	0.18
	Re	<0.002	<0.002	<0.002	<0.002	<0.002	<0.002	<0.002	<0.002
	Tl	0.46	0.49	0.47	0.48	0.56	0.59	0.58	0.60
	Pb	24.50	26.90	25.60	24.30	16.10	23.20	22.50	17.60
	Bi	0.01	0.01	0.01	0.00	0.02	0.01	0.01	0.01
	Th	5.93	5.38	5.23	4.95	3.58	2.92	1.98	2.14
	U	0.72	0.67	0.67	0.58	1.02	1.25	0.46	0.85
	Nb	6.28	6.12	5.12	5.87	11.90	8.13	8.27	6.00
	Ta	0.46	0.34	0.38	0.32	1.01	1.32	0.42	0.31
	Zr	24.90	26.40	21.20	27.50	30.60	38.40	13.40	24.80
	Hf	0.68	0.71	0.64	0.79	1.10	2.34	0.58	0.93
	Nb/Ta	13.56	18.00	13.44	18.58	11.78	6.16	19.88	19.17
	Th/U	8.25	8.05	7.84	8.52	3.51	2.34	4.29	2.51
	Rb/Sr	0.14	0.14	0.15	0.14	0.37	0.64	0.46	0.43
	Rb/Ba	0.05	0.04	0.04	0.04	0.12	0.21	0.16	0.13
	Sr/Y	101.02	129.29	112.26	110.63	25.63	14.85	43.87	57.68

注：主量元素单位为%，稀土元素和微量元素单位为10^{-6}

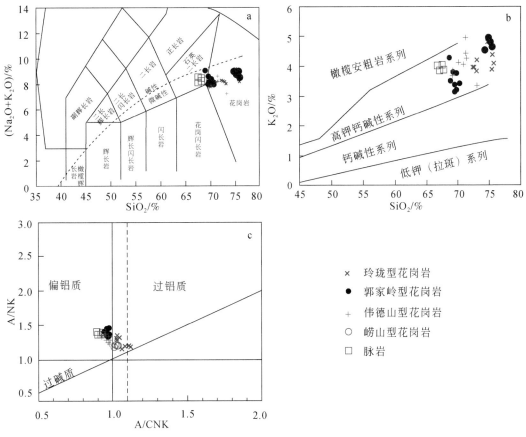

图 2-18　花岗岩的 TAS 图解（a）（据 Middlemost，1994）、K_2O-SiO_2 图解（b）
（据 Rickwood，1989）和 A/CNK-A/NK 图解（c）

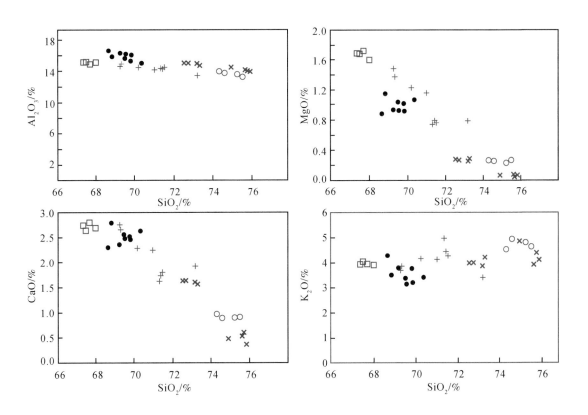

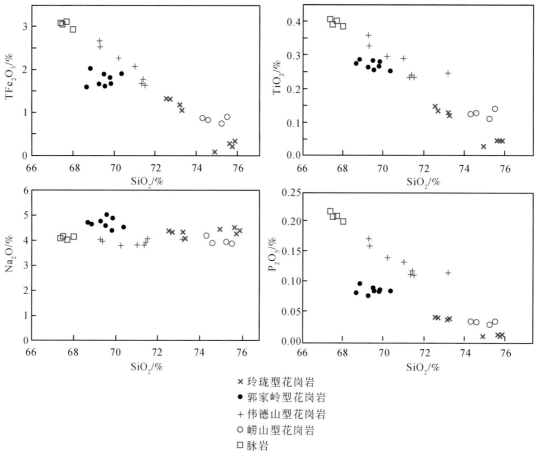

图 2-19　花岗岩主量元素与 SiO₂ 含量变异图（Harker 图解）

16SD35 样品中岩石稀土总量为 $104.19 \times 10^{-6} \sim 135.09 \times 10^{-6}$，在稀土元素球粒陨石标准化图（图 2-20a）上，表现出明显的轻稀土元素（LREE）富集和重稀土元素（HREE）相对亏损，LREE/HREE 值为 $20.72 \sim 25.65$，$(La/Yb)_N$ 为 $45.97 \sim 52.02$，指示轻、重稀土元素发生了强烈分异，呈右倾型稀土模式；δEu 为 $0.92 \sim 1.02$，没有明显的铕负异常，部分样品有轻微正异常，暗示石榴子石或石榴子石+角闪石可能是部分熔融的残留相，局部可能有斜长石的分离结晶现象。而 16SD39 则显示出较平坦的稀土配分模式，稀土总量较低（$14.74 \times 10^{-6} \sim 28.46 \times 10^{-6}$），LREE/HREE 值为 $1.58 \sim 5.98$，$(La/Yb)_N = 0.7 \sim 4.47$，指示轻、重稀土元素分异不明显，且具稍弱的 Eu 正异常。

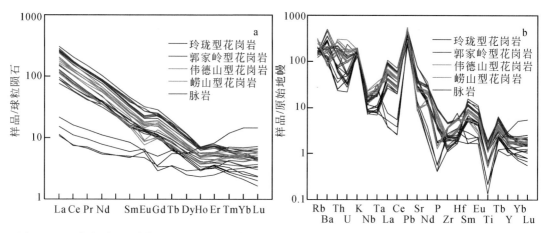

图 2-20　花岗岩稀土配分模式图解和微量元素蛛网图（据 Boynton, 1984；Sun and McDonough, 1989）

在原始地幔标准化微量元素蛛网图上（图 2-20b），样品显示富集 Rb、Ba、Sr、K、Pb 等大离子亲石元素（LILE）以及相对亏损 Nb、Ta、Ti、P 等高场强元素（HSFE）特征。微量元素质量分数显示了高 Ba、Sr（Ba 质量分数为 $606\times10^{-6}\sim2044\times10^{-6}$，Sr 质量分数为 $202\times10^{-6}\sim640\times10^{-6}$）和低 Y、Yb（Y 质量分数为 $4.23\times10^{-6}\sim13.60\times10^{-6}$，Yb 质量分数为 $0.36\times10^{-6}\sim2.48\times10^{-6}$）的特点（图 2-21a），具有埃达克岩特征。

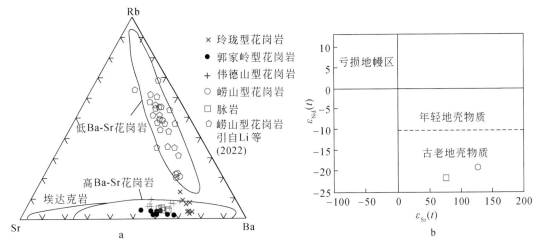

图 2-21　花岗岩的 Rb-Sr-Ba 图解（a）及 $\varepsilon_{Nd}(t)$-$\varepsilon_{Sr}(t)$ 图解（b）

（2）郭家岭型花岗岩

郭家岭型花岗岩样品（16SD32、16SD36）的主量、微量元素测试结果列于表 2-4。岩石化学成分中 SiO_2 含量为 68.66%~70.36%，平均为 69.48%，属于酸性岩类的化学组成范畴；岩石全碱（Na_2O+K_2O）含量为 7.95%~9.01%，Na_2O/K_2O 值为 1.10~1.60，在 TAS 图解（图 2-18a）中落入花岗岩范围，少量落入石英二长岩范围，在 K_2O-SiO_2 图解（图 2-18b）中属于高钾钙碱性系列。Al_2O_3 含量为 14.99%~16.60%，CaO 含量为 2.30%~2.79%，铝饱和指数（A/CNK）为 0.94~1.00，在 A/CNK-A/NK 图解（图 2-18c）中落入偏铝质–弱过铝质区域。MgO 含量为 0.88%~1.15%，TFe_2O_3 为 1.59%~2.02%，镁指数（$Mg^\#$）为 52.15~53.28。TiO_2 和 P_2O_5 含量分别为 0.25%~0.29% 和 0.08%~0.10%。在 Harker（哈克）图解（图 2-19）上，郭家岭型花岗岩的 SiO_2 与其余氧化物之间具有良好的线性关系，随 SiO_2 含量增高而降低，而 Na_2O 则与 SiO_2 呈正相关关系，呈现典型的岩浆混合或结晶分异演化趋势。

表 2-4　郭家岭型花岗岩的主量、微量和稀土元素分析结果

	样品原号	16SD32-1	16SD32-2	16SD32-3	16SD32-4	16SD36-1	16SD36-2	16SD36-3	16SD36-4
	SiO_2	69.50	68.84	69.80	70.36	69.55	69.26	68.66	69.84
	Al_2O_3	15.60	15.83	15.27	14.99	16.18	16.29	16.60	16.05
	TFe_2O_3	1.89	2.02	1.81	1.90	1.61	1.66	1.59	1.67
	MgO	1.04	1.15	1.02	1.07	0.93	0.94	0.88	0.92
	CaO	2.56	2.79	2.52	2.63	2.48	2.36	2.30	2.46
	Na_2O	4.59	4.65	4.40	4.53	5.03	4.77	4.72	4.89
主量元素	K_2O	3.38	3.51	3.77	3.42	3.15	3.80	4.29	3.21
	MnO	0.03	0.03	0.03	0.04	0.04	0.04	0.04	0.05
	TiO_2	0.28	0.29	0.27	0.25	0.26	0.26	0.27	0.28
	P_2O_5	0.09	0.10	0.08	0.08	0.08	0.08	0.08	0.09
	FeO	1.31	1.22	1.05	1.41	1.03	1.05	1.00	1.08
	LOI	0.99	0.74	1.02	0.71	0.64	0.49	0.52	0.51
	总量	101.27	101.16	101.04	101.39	100.98	101.00	100.96	101.04

	样品原号	16SD32-1	16SD32-2	16SD32-3	16SD32-4	16SD36-1	16SD36-2	16SD36-3	16SD36-4
主量元素	Mg#	52.15	53.00	52.75	52.73	53.28	52.76	52.41	52.16
	Na_2O+K_2O	7.97	8.16	8.17	7.95	8.18	8.57	9.01	8.10
	Na_2O/K_2O	1.36	1.32	1.17	1.32	1.60	1.26	1.10	1.52
	A/CNK	0.98	0.96	0.96	0.94	1.00	1.00	1.00	1.00
	A/NK	1.39	1.38	1.35	1.34	1.38	1.36	1.34	1.39
稀土元素	La	21.10	18.20	22.80	21.00	62.10	58.80	73.00	60.00
	Ce	39.20	34.80	39.10	35.30	104.00	99.70	125.00	101.00
	Pr	4.56	3.90	4.42	3.98	11.80	11.30	14.00	11.30
	Nd	18.90	16.20	17.70	14.60	41.30	40.20	47.80	41.10
	Sm	2.97	2.66	2.91	2.46	6.20	5.79	6.97	6.36
	Eu	0.81	0.77	0.77	0.78	1.57	1.74	1.88	1.57
	Gd	2.49	2.22	2.27	1.96	4.92	4.59	5.85	5.10
	Tb	0.35	0.31	0.33	0.28	0.60	0.62	0.70	0.65
	Dy	1.63	1.47	1.42	1.32	2.62	2.55	2.99	2.88
	Ho	0.28	0.26	0.23	0.21	0.38	0.35	0.40	0.39
	Er	0.85	0.74	0.67	0.64	1.17	1.11	1.28	1.22
	Tm	0.13	0.10	0.11	0.09	0.15	0.15	0.16	0.16
	Yb	0.80	0.60	0.59	0.59	0.91	0.84	0.98	0.97
	Lu	0.11	0.10	0.08	0.08	0.12	0.11	0.12	0.12
	LREE	87.54	76.53	87.70	78.12	226.97	217.53	268.65	221.33
	HREE	6.63	5.79	5.70	5.17	10.86	10.33	12.47	11.48
	$\sum$REE	94.17	82.32	93.40	83.29	237.83	227.86	281.12	232.81
	LREE/HREE	13.21	13.21	15.39	15.10	20.91	21.05	21.54	19.28
	δEu	0.89	0.94	0.88	1.04	0.84	1.00	0.88	0.82
	δCe	0.92	0.95	0.88	0.87	0.87	0.87	0.88	0.87
	$(La/Yb)_N$	17.83	20.32	26.05	23.84	46.01	47.03	50.48	41.83
	$(La/Sm)_N$	4.47	4.30	4.93	5.37	6.30	6.39	6.59	5.93
	$(Gd/Yb)_N$	2.52	2.97	3.10	2.66	4.36	4.39	4.84	4.26
	$(Ce/Yb)_N$	12.71	14.90	17.14	15.37	29.56	30.59	33.16	27.02
微量元素	Li	12.60	13.40	12.00	11.60	21.10	21.60	20.30	21.90
	Be	2.27	2.28	2.06	2.30	2.70	2.58	2.45	2.76
	Sc	4.22	4.91	4.51	4.63	3.74	3.82	3.72	3.74
	V	29.90	29.50	28.20	26.80	20.00	22.70	18.30	19.40
	Cr	24.30	26.80	23.40	23.30	14.90	15.70	12.80	15.60
	Co	4.51	4.80	4.04	4.25	3.15	3.24	3.03	3.16
	Ni	9.78	11.00	9.23	9.88	8.09	8.20	7.54	8.22
	Cu	4.65	4.40	4.02	4.25	3.89	4.13	4.12	4.24
	Zn	40.30	36.10	39.20	56.00	45.70	49.10	44.50	47.20
	Ga	22.20	21.80	20.60	20.80	23.60	23.50	23.30	23.60
	Rb	86.10	85.10	87.40	76.20	84.60	96.30	98.00	86.60
	Sr	926.00	972.00	945.00	876.00	1673.00	1655.00	1621.00	1592.00
	Y	8.24	7.29	6.86	6.18	11.50	11.80	12.60	13.00
	Mo	0.12	0.14	0.10	0.10	0.18	0.19	0.21	0.21

续表

样品原号		16SD32-1	16SD32-2	16SD32-3	16SD32-4	16SD36-1	16SD36-2	16SD36-3	16SD36-4
微量元素	Cd	0.03	0.03	0.04	0.03	0.02	0.03	0.03	0.03
	In	0.03	0.03	0.02	0.03	0.03	0.03	0.03	0.03
	Sb	0.06	0.07	0.08	0.10	0.02	0.02	0.03	0.03
	Cs	1.57	1.69	1.32	1.52	0.78	0.85	0.80	0.82
	Ba	1078.00	1427.00	1502.00	1260.00	2408.00	3124.00	3521.00	2472.00
	W	0.11	0.10	0.08	0.07	0.07	0.08	0.15	0.10
	Re	<0.002	<0.002	<0.002	<0.002	<0.002	<0.002	<0.002	<0.002
	Tl	0.63	0.60	0.61	0.53	0.50	0.60	0.58	0.52
	Pb	32.40	33.00	32.80	31.70	31.30	32.90	35.90	29.70
	Bi	0.10	0.11	0.11	0.09	0.03	0.04	0.09	0.04
	Th	6.88	5.73	6.27	6.46	11.20	10.50	13.60	10.70
	U	2.12	4.92	2.04	1.08	1.01	1.05	1.10	1.07
	Nb	6.60	5.75	5.61	5.16	11.50	11.50	12.30	13.00
	Ta	0.42	0.35	0.32	0.29	0.71	0.73	0.77	0.76
	Zr	17.10	15.40	12.60	13.70	22.50	16.40	22.50	25.80
	Hf	0.70	0.61	0.51	0.64	0.59	0.52	0.70	0.68
	Nb/Ta	15.90	16.62	17.48	18.11	16.20	15.82	15.91	17.08
	Th/U	3.25	1.16	3.07	5.98	11.09	10.00	12.36	10.00
	Rb/Sr	0.09	0.09	0.09	0.09	0.05	0.06	0.06	0.05
	Rb/Ba	0.08	0.06	0.06	0.06	0.04	0.03	0.03	0.04
	Sr/Y	112.38	133.33	137.76	141.75	145.48	140.25	128.65	122.46

注：主量元素单位为%，稀土元素和微量元素单位为10^{-6}

岩石稀土元素总量为$82.32×10^{-6}$~$281.12×10^{-6}$，在稀土元素球粒陨石标准化图（图2-20a）上，表现出明显的轻稀土元素（LREE）富集和重稀土元素（HREE）相对亏损，LREE/HREE值为13.21~21.54，呈LREE高度富集的模式；$(La/Yb)_N$为17.83~50.48，指示轻、重稀土元素发生了强烈分异；δEu为0.82~1.04，没有明显的铕负异常，熔融过程中应该没有斜长石作为残留相。

在原始地幔标准化微量元素蛛网图上（图2-20b），微量元素富集Ba、Sr、K、Pb等大离子亲石元素（LILE），亏损Nb、Ta、Ti、P等高场强元素（HSFE）。微量元素质量分数显示了高Ba、Sr（Ba质量分数为$1078×10^{-6}$~$3521×10^{-6}$，Sr质量分数为$876×10^{-6}$~$1673×10^{-6}$）的特点，属高Ba-Sr花岗岩（图2-21a），Sr含量均高于玲珑型花岗岩。Sr/Y值为112.38~145.48，具有埃达克岩特征。

（3）伟德山型花岗岩

伟德山型花岗岩样品的主量、微量元素测试结果列于表2-5。岩石化学成分中SiO_2含量为69.27%~73.18%，平均为70.90%，低于玲珑型花岗岩，高于郭家岭型花岗岩，属于酸性岩类的化学组成范畴；岩石全碱（Na_2O+K_2O）含量为7.54%~8.93%，Na_2O/K_2O值为0.77~1.19，在TAS图解（图2-18a）中落入花岗岩范围，在K_2O-SiO_2图解（图2-18b）中属于高钾钙碱性系列，少量属于橄榄安粗岩系列。Al_2O_3含量为13.61%~15.10%，CaO含量为1.64%~2.77%，铝饱和指数（A/CNK）为0.92~0.99，在A/CNK-A/NK图解（图2-18c）中落入偏铝质区域。MgO含量为0.77%~1.51%，TFe_2O_3为1.67%~2.68%，镁指数（$Mg^\#$）为46.90~52.77。TiO_2和P_2O_5含量分别为0.24%~0.36%和0.11%~0.17%。在Harker图解中，两个样品除K_2O与SiO_2含量同步增长外，SiO_2与TiO_2、Al_2O_3、Fe_2O_3、Na_2O、MgO和CaO等氧化物均呈良好的线性关系（图2-19），表明伟德山型花岗岩的斑状角闪花岗闪长岩和斑状中粒二长花岗岩具有明显的演化关系，属于同一岩浆过程的产物。

岩石稀土元素总量为 $144.66×10^{-6}$ ~ $207.48×10^{-6}$，在稀土元素球粒陨石标准化图（图2-20a）上，表现出明显的轻稀土元素（LREE）富集和重稀土元素（HREE）相对亏损特征，LREE/HREE 值为 17.95 ~ 22.20，呈 LREE 高度富集的模式；（La/Yb）$_N$ 为 30.23 ~ 39.33，指示轻、重稀土元素发生了强烈分异；δEu 为 0.72 ~ 0.85，表现出轻微的铕负异常。

在原始地幔标准化微量元素蛛网图上（图2-20b），富集 Ba、Sr、K、Pb 等大离子亲石元素（LILE），亏损 Nb、Ta、Ti、P 等高场强元素（HSFE）。微量元素 Ba、Sr 的质量分数（Ba 质量分数为 $678×10^{-6}$ ~ $1363×10^{-6}$，Sr 质量分数为 $471×10^{-6}$ ~ $604×10^{-6}$）低于玲珑型和郭家岭型花岗岩，处于高 Ba-Sr 花岗岩与低 Ba-Sr 花岗岩的过渡地带（图2-21a）。Sr/Y 值为 55.02 ~ 69.23，具有埃达克岩特征。样品的 Nb/Ta 值为 11.61 ~ 14.63，平均为 13.34，接近大陆地壳的平均值（Green，1995）。

（4）崂山型花岗岩

崂山型花岗岩样品的主量、微量元素测试结果列于表2-6。岩石化学成分中 SiO_2 含量为 74.31% ~ 75.51%，平均为 74.91%，属于酸性岩类的化学组成范畴；岩石全碱（Na_2O+K_2O）含量为 8.53% ~ 8.85%，Na_2O/K_2O 值为 0.79 ~ 0.93，在 TAS 图解（图2-18a）中落入花岗岩范围，在 K_2O-SiO_2 图解（图2-18b）中属于高钾钙碱性系列。Al_2O_3 含量为 13.23% ~ 13.95%，CaO 含量为 0.89% ~ 0.97%，明显富硅、碱，钙的质量分数低。铝饱和指数（A/CNK）为 1.01 ~ 1.03，在 A/CNK-A/NK 图解（图2-18c）中落入过铝质区域。

崂山型花岗岩岩石稀土元素总量为 $100.82×10^{-6}$ ~ $139.17×10^{-6}$，在稀土元素球粒陨石标准化图上（图2-20a），表现出明显的轻稀土元素（LREE）富集和重稀土元素（HREE）相对亏损，LREE/HREE 值为 16.37 ~ 18.41，（La/Yb）$_N$ 为 19.59 ~ 22.89，指示轻、重稀土元素发生了强烈分异；δEu 为 0.52 ~ 0.68，显示出明显的铕负异常。微量元素质量分数显示了低 Ba、Sr 特点，属低 Ba-Sr 花岗岩（图2-21a），明显不同于侏罗纪的高 Ba-Sr 花岗岩。崂山型花岗岩的 Sr、Nd 同位素组成见表2-7，经计算岩石中初始 $^{87}Sr/^{86}Sr$ 值为 0.7091，显示 A 型花岗岩特征，与玄武岩源区岩浆岩相似。与典型 A 型花岗岩比较，崂山型花岗岩的 ε_{Nd}（125Ma）值较低（-18.71）、ε_{Sr}（125Ma）值较高（137.49），指示岩浆起源于下地壳基底变质岩的部分熔融（宋明春等，2017）。

表2-5　伟德山型花岗岩的主量、微量和稀土元素分析结果

	样品原号	16SD33-1	16SD33-2	16SD33-3	16SD33-4	16SD40-1	16SD40-2	16SD40-3	16SD40-4
主量元素	SiO_2	69.27	70.20	71.00	69.32	71.42	71.33	73.18	71.50
	Al_2O_3	14.65	14.65	14.36	15.10	14.42	14.53	13.61	14.63
	TFe_2O_3	2.68	2.30	2.11	2.56	1.81	1.71	1.77	1.67
	MgO	1.51	1.25	1.19	1.40	0.81	0.77	0.81	0.79
	CaO	2.77	2.32	2.28	2.69	1.78	1.64	1.94	1.84
	Na_2O	4.10	3.87	3.88	4.03	3.95	3.88	4.10	4.10
	K_2O	3.76	4.22	4.16	3.93	4.52	5.05	3.44	4.35
	MnO	0.05	0.05	0.03	0.05	0.03	0.03	0.03	0.03
	TiO_2	0.36	0.30	0.30	0.33	0.25	0.24	0.25	0.24
	P_2O_5	0.17	0.14	0.13	0.16	0.12	0.11	0.11	0.11
	FeO	1.71	1.40	1.12	1.48	0.96	1.03	1.16	0.97
	LOI	0.65	0.65	0.52	0.39	0.86	0.67	0.70	0.70
	总量	101.68	101.34	101.08	101.44	100.92	100.99	101.11	100.93
	$Mg^{\#}$	52.74	51.84	52.77	52.00	46.90	47.08	47.67	48.22
	Na_2O+K_2O	7.86	8.09	8.04	7.96	8.47	8.93	7.54	8.45
	Na_2O/K_2O	1.09	0.92	0.93	1.03	0.87	0.77	1.19	0.94

样品原号		16SD33-1	16SD33-2	16SD33-3	16SD33-4	16SD40-1	16SD40-2	16SD40-3	16SD40-4
主量元素	A/CNK	0.92	0.97	0.95	0.96	0.98	0.98	0.97	0.99
	A/NK	1.35	1.34	1.32	1.39	1.26	1.22	1.30	1.28
稀土元素	La	44.90	36.10	44.60	42.00	56.30	48.10	47.50	39.30
	Ce	79.00	63.70	75.40	74.10	95.30	79.80	80.80	72.20
	Pr	8.72	7.11	7.97	8.05	10.00	8.68	8.76	8.01
	Nd	31.40	25.60	26.60	29.50	31.60	28.40	27.70	28.40
	Sm	4.02	3.59	3.49	3.81	4.29	3.89	3.58	4.03
	Eu	1.06	0.93	0.91	1.02	1.05	0.98	0.85	0.96
	Gd	3.75	3.13	3.23	3.39	3.94	3.35	3.55	3.40
	Tb	0.46	0.39	0.40	0.43	0.47	0.43	0.41	0.42
	Dy	2.04	1.81	1.77	1.84	2.00	1.83	1.94	1.86
	Ho	0.31	0.29	0.27	0.28	0.31	0.28	0.28	0.29
	Er	0.94	0.96	0.84	0.95	0.96	0.87	0.91	0.93
	Tm	0.14	0.14	0.12	0.13	0.15	0.13	0.14	0.13
	Yb	0.88	0.81	0.76	0.91	0.97	0.85	0.87	0.87
	Lu	0.12	0.12	0.11	0.13	0.14	0.11	0.12	0.12
	LREE	169.10	137.03	158.97	158.48	198.54	169.85	169.19	152.90
	HREE	8.64	7.63	7.49	8.05	8.94	7.85	8.22	8.02
	$\sum$REE	177.74	144.66	166.47	166.53	207.48	177.70	177.41	160.92
	LREE/HREE	19.57	17.95	21.22	19.69	22.20	21.65	20.58	19.06
	δEu	0.82	0.83	0.82	0.85	0.77	0.81	0.72	0.77
	δCe	0.90	0.90	0.89	0.91	0.89	0.87	0.89	0.93
	$(La/Yb)_N$	34.40	30.23	39.67	31.22	39.33	38.06	36.81	30.32
	$(La/Sm)_N$	7.03	6.33	8.04	6.93	8.26	7.78	8.35	6.13
	$(Gd/Yb)_N$	3.44	3.14	3.44	3.02	3.29	3.17	3.29	3.14
	$(Ce/Yb)_N$	23.22	20.47	25.73	21.13	25.54	24.23	24.02	21.37
微量元素	Li	25.00	12.80	14.90	18.40	17.20	17.70	19.90	17.50
	Be	1.72	1.81	1.73	1.83	3.14	2.90	3.35	3.09
	Sc	5.62	4.48	3.94	11.20	3.61	3.75	4.38	3.15
	V	40.00	35.00	34.10	45.40	22.30	21.30	21.10	21.30
	Cr	28.30	24.20	22.60	28.80	12.90	11.60	11.60	11.40
	Co	7.09	5.97	5.17	6.55	3.83	3.47	3.70	3.36
	Ni	12.20	9.61	9.09	10.60	5.75	5.21	5.75	5.37
	Cu	5.60	5.27	5.60	4.72	3.93	3.85	3.82	3.80
	Zn	55.40	39.90	30.50	40.10	25.20	24.10	24.10	23.10
	Ga	18.00	17.10	16.80	17.20	19.10	18.90	18.50	19.00
	Rb	101.00	106.00	110.00	102.00	154.00	174.00	129.00	151.00
	Sr	604.00	535.00	501.00	594.00	562.00	509.00	471.00	522.00
	Y	8.94	8.57	8.02	8.58	9.74	8.58	8.56	8.88
	Mo	0.17	0.19	0.58	0.20	0.30	0.34	0.29	0.49

续表

样品原号		16SD33-1	16SD33-2	16SD33-3	16SD33-4	16SD40-1	16SD40-2	16SD40-3	16SD40-4
微量元素	Cd	0.03	0.03	0.03	0.02	0.02	0.01	0.01	0.01
	In	0.02	0.02	0.02	0.02	0.02	0.02	0.02	0.02
	Sb	0.02	0.03	0.27	0.01	0.02	0.02	0.02	0.17
	Cs	1.54	1.27	1.32	1.40	1.10	1.05	0.98	1.13
	Ba	817.00	1092.00	700.00	849.00	1280.00	1363.00	678.00	1128.00
	W	0.13	0.13	0.26	0.11	0.33	0.14	0.12	0.14
	Re	<0.002	<0.002	<0.002	<0.002	<0.002	<0.002	<0.002	<0.002
	Tl	0.62	0.67	0.64	0.64	0.77	0.84	0.64	0.76
	Pb	18.40	21.00	19.00	19.50	20.80	21.10	16.10	19.30
	Bi	0.03	0.03	0.05	0.03	0.02	0.02	0.02	0.02
	Th	14.00	14.80	15.60	14.10	22.20	22.20	24.60	23.00
	U	1.94	2.38	2.00	2.14	3.56	3.21	3.84	3.45
	Nb	9.73	10.30	8.64	9.90	14.50	12.70	13.30	13.20
	Ta	0.73	0.84	0.74	0.77	1.05	0.87	0.93	0.95
	Zr	25.90	27.20	22.60	21.10	22.50	22.80	23.50	16.50
	Hf	0.93	1.09	0.91	0.94	1.01	0.99	1.05	0.77
	Nb/Ta	13.26	12.32	11.61	12.92	13.81	14.63	14.26	13.88
	Th/U	7.22	6.22	7.80	6.59	6.24	6.92	6.41	6.67
	Rb/Sr	0.17	0.20	0.22	0.17	0.27	0.34	0.27	0.29
	Rb/Ba	0.12	0.10	0.16	0.12	0.12	0.13	0.19	0.13
	Sr/Y	67.56	62.43	62.47	69.23	57.70	59.32	55.02	58.78

注: 主量元素单位为%, 稀土元素和微量元素单位为10^{-6}

表 2-6 崂山型花岗岩和脉岩的主量、微量和稀土元素分析结果

样品原号		崂山型花岗岩				脉岩			
		16SD41-1	16SD41-2	16SD41-3	16SD41-4	16SD34-1	16SD34-2	16SD34-3	16SD34-4
主量元素	SiO_2	74.31	74.59	75.24	75.51	68.00	67.49	67.69	67.36
	Al_2O_3	13.95	13.72	13.57	13.23	15.10	15.15	14.87	15.11
	TFe_2O_3	0.87	0.83	0.74	0.90	2.93	3.05	3.11	3.09
	MgO	0.26	0.26	0.23	0.27	1.60	1.68	1.72	1.69
	CaO	0.97	0.89	0.90	0.91	2.69	2.64	2.80	2.74
	Na_2O	4.20	3.90	3.95	3.88	4.15	4.16	4.03	4.09
	K_2O	4.54	4.95	4.82	4.65	3.91	4.05	3.95	3.94
	MnO	0.04	0.04	0.03	0.04	0.042	0.05	0.05	0.05
	TiO_2	0.13	0.13	0.11	0.14	0.38	0.39	0.40	0.41
	P_2O_5	0.03	0.03	0.03	0.03	0.20	0.21	0.21	0.21
	FeO	0.53	0.67	0.52	0.50	1.49	1.54	1.54	1.74
	LOI	0.65	0.62	0.33	0.39	0.99	1.10	1.15	1.26
	总量	100.48	100.62	100.48	100.45	101.48	101.50	101.52	101.69
	$Mg^{\#}$	37.49	37.92	37.88	36.93	51.96	52.18	52.28	52.00
	Na_2O+K_2O	8.74	8.85	8.77	8.53	8.06	8.21	7.98	8.03

续表

样品原号		崂山型花岗岩				脉岩			
		16SD41-1	16SD41-2	16SD41-3	16SD41-4	16SD34-1	16SD34-2	16SD34-3	16SD34-4
主量元素	Na_2O/K_2O	0.93	0.79	0.82	0.83	1.06	1.03	1.02	1.04
	A/CNK	1.03	1.02	1.02	1.01	0.95	0.94	0.93	0.94
	A/NK	1.18	1.16	1.16	1.16	1.36	1.35	1.36	1.37
稀土元素	La	26.30	29.30	28.90	37.20	55.80	57.70	63.80	66.40
	Ce	44.70	50.60	47.40	62.40	94.30	99.90	105.00	109.00
	Pr	4.79	5.30	4.99	6.56	10.20	11.10	11.70	11.70
	Nd	16.30	16.40	16.10	21.70	35.70	38.20	39.30	40.60
	Sm	2.42	2.30	2.43	3.24	4.77	5.13	5.07	5.26
	Eu	0.51	0.44	0.50	0.53	1.20	1.28	1.21	1.30
	Gd	2.07	2.03	2.12	2.80	4.22	4.77	4.66	5.02
	Tb	0.29	0.27	0.28	0.36	0.52	0.57	0.58	0.60
	Dy	1.31	1.33	1.30	1.68	2.37	2.50	2.46	2.65
	Ho	0.22	0.21	0.23	0.29	0.36	0.38	0.38	0.39
	Er	0.74	0.71	0.71	0.96	1.19	1.19	1.18	1.28
	Tm	0.14	0.12	0.13	0.17	0.16	0.17	0.16	0.17
	Yb	0.91	0.86	0.85	1.12	0.96	1.04	1.05	1.07
	Lu	0.15	0.14	0.13	0.17	0.14	0.17	0.15	0.16
	LREE	95.02	104.34	100.32	131.63	201.97	213.31	226.08	234.26
	HREE	5.80	5.67	5.75	7.54	9.92	10.79	10.62	11.34
	ΣREE	100.82	110.01	106.07	139.17	211.89	224.10	236.70	245.60
	LREE/HREE	16.37	18.41	17.46	17.45	20.36	19.78	21.30	20.67
	δEu	0.68	0.61	0.66	0.52	0.80	0.78	0.75	0.76
	δCe	0.89	0.91	0.87	0.89	0.90	0.90	0.90	0.90
	$(La/Yb)_N$	19.59	22.89	22.84	22.39	39.11	37.40	40.97	41.84
	$(La/Sm)_N$	6.84	8.01	7.48	7.22	7.36	7.08	7.92	7.94
	$(Gd/Yb)_N$	1.85	1.90	2.01	2.02	3.54	3.70	3.58	3.79
	$(Ce/Yb)_N$	12.78	15.17	14.37	14.41	25.36	24.85	25.87	26.35
微量元素	Li	42.80	39.40	39.30	34.90	11.9	13.60	13.20	13.80
	Be	4.08	3.02	3.38	3.35	1.75	1.87	1.83	1.87
	Sc	1.94	2.20	2.85	2.81	6.04	6.92	7.02	7.18
	V	10.10	6.59	6.48	7.41	43.6	42.60	48.80	48.20
	Cr	2.53	2.17	1.81	2.03	33.8	33.10	40.30	39.60
	Co	1.37	0.88	0.82	0.89	7.75	8.39	8.22	7.91
	Ni	1.43	1.27	1.38	1.22	14.00	14.40	16.10	15.80
	Cu	2.04	2.07	2.16	2.30	7.04	8.07	8.11	8.14
	Zn	29.60	20.90	29.70	25.50	41.10	43.60	46.20	44.90
	Ga	18.50	17.50	17.50	17.00	17.20	18.00	18.80	18.80
	Rb	200.00	195.00	190.00	180.00	93.70	101.00	104.00	105.00
	Sr	215.00	194.00	190.00	177.00	746.00	711.00	770.00	818.00

样品原号		崂山型花岗岩				脉岩			
		16SD41-1	16SD41-2	16SD41-3	16SD41-4	16SD34-1	16SD34-2	16SD34-3	16SD34-4
微量元素	Y	7.74	7.54	7.40	9.49	10.40	11.00	11.30	11.20
	Mo	0.06	0.04	0.05	0.04	0.17	0.24	0.19	0.17
	Cd	0.02	0.03	0.02	0.03	0.04	0.05	0.05	0.04
	In	0.02	0.01	0.01	0.02	0.02	0.03	0.02	0.03
	Sb	0.04	0.03	0.03	0.04	0.04	0.05	0.03	0.03
	Cs	2.58	2.11	2.21	2.12	2.78	2.01	3.09	3.07
	Ba	612.00	615.00	544.00	558.00	1435.00	1288.00	1284.00	1390.00
	W	0.84	0.33	0.30	0.87	0.31	0.41	0.39	0.37
	Re	<0.002	<0.002	<0.002	<0.002	<0.002	<0.002	<0.002	<0.002
	Tl	1.15	1.08	1.15	1.10	0.58	0.62	0.58	0.58
	Pb	36.00	38.90	38.50	37.50	18.50	19.10	20.30	19.90
	Bi	0.05	0.03	0.04	0.04	0.04	0.03	0.04	0.03
	Th	12.10	15.60	13.20	26.00	16.30	16.10	18.00	18.30
	U	3.45	3.77	3.01	6.15	2.45	2.77	2.77	2.59
	Nb	15.90	13.00	12.80	16.50	9.41	9.63	10.00	9.74
	Ta	1.30	1.09	1.10	1.46	0.72	0.73	0.81	0.76
	Zr	41.50	40.40	39.30	42.90	49.30	52.30	53.50	52.30
	Hf	1.76	1.66	1.63	1.84	1.65	1.76	1.73	1.67
	Nb/Ta	12.23	11.93	11.64	11.30	13.00	13.14	12.38	12.75
	Th/U	3.51	4.14	4.39	4.23	6.65	5.81	6.50	7.07
	Rb/Sr	0.93	1.01	1.00	1.02	0.13	0.14	0.14	0.13
	Rb/Ba	0.33	0.32	0.35	0.32	0.07	0.08	0.08	0.08
	Sr/Y	27.78	25.73	25.68	18.65	71.73	64.64	68.14	73.04

注：主量元素单位为%，稀土元素和微量元素单位为 10^{-6}

表 2-7　崂山型花岗岩和脉岩的 Rb-Sr、Sm-Nd 同位素组成

样品原号	$^{87}Rb/$ ^{86}Sr	$^{87}Sr/$ ^{86}Sr	2σ	I_{Sr}	$^{147}Sm/$ ^{144}Nd	$^{143}Nd/$ ^{144}Nd	2σ	T_{DM1}	T_{DM2}	$\varepsilon_{Nd}(0)$	$\varepsilon_{Nd}(t)$	$f_{Sm/Nd}$	$\varepsilon_{Sr}(t)$
16SD34	0.3837	0.709892	0.000013	0.7092	0.0795	0.511457	0.000013	1917	2641	−23.0	−21.24	−0.60	76.54
16SD41	2.8541	0.714186	0.000015	0.7091	0.0891	0.511591	0.000008	1902	2439	−20.4	−18.71	−0.55	137.49

注：$^{87}Rb/^{86}Sr$ 和 $^{147}Sm/^{144}Nd$ 参数的计算使用的是全岩的 Rb、Sr、Sm 和 Nd 微量元素含量；$\varepsilon_{Nd}(t)$ 值计算采用 $(^{147}Sm/^{144}Nd)_{CHUR} = 0.1967$，$(^{143}Nd/^{144}Nd)_{CHUR} = 0.512638$，计算公式为 $\varepsilon_{Nd}(t) = [(^{143}Nd/^{144}Nd)_S/(^{143}Nd/^{144}Nd)_{CHUR} - 1] \times 10000$；$\varepsilon_{Sr}(t) = [(^{87}Sr/^{86}Sr)_S/(^{87}Sr/^{86}Sr)_{CHUR} - 1] \times 10000$；$(^{87}Sr/^{86}Sr)_{CHUR}$ 采用 0.7045；t 代表成岩年龄；同位素亏损地幔模式年龄 (T_{DM2}) 计算采用 $(^{147}Sm/^{144}Nd)_{DM} = 0.2137$，$(^{143}Nd/^{144}Nd)_{DM} = 0.51315$；$\lambda_{Rb} = 1.42 \times 10^{-11}\ a^{-1}$，$\lambda_{Sm} = 6.54 \times 10^{-12}\ a^{-1}$

(5) 脉岩

角闪二长斑岩脉样品（16SD34）的主量、微量元素测试结果列于表 2-6。岩石化学成分中 SiO_2 含量为 67.36% ~ 68.00%，平均为 67.64%；岩石全碱（$Na_2O + K_2O$）含量为 7.98% ~ 8.21%，Na_2O/K_2O 值为 1.02 ~ 1.06，在 TAS 图解（图 2-18a）中落入石英二长岩范围，在 K_2O-SiO_2 图解（图 2-18b）中属于高钾钙碱性系列。Al_2O_3 含量为 14.87% ~ 15.15%，CaO 含量为 2.64% ~ 2.80%，铝饱和指数（A/CNK）为 0.93 ~ 0.95，在 A/CNK-A/NK 图解（图 2-18c）中落入偏铝质区域。MgO 含量为 1.60% ~ 1.72%，TFe_2O_3 为 2.93% ~ 3.11%。TiO_2 和 P_2O_5 含量分别为 0.38% ~ 0.41% 和 0.20% ~ 0.21%。

岩石稀土元素总量为 $211.89 \times 10^{-6} \sim 245.60 \times 10^{-6}$，在稀土元素球粒陨石标准化图上（图2-20a），表现出明显的轻稀土元素（LREE）富集和重稀土元素（HREE）相对亏损，LREE/HREE 值为 19.78 ~ 21.30，$(La/Yb)_N$ 为 37.40 ~ 41.84，指示轻、重稀土元素发生了强烈分异；δEu 为 0.75 ~ 0.80，显示出铕负异常。

在原始地幔标准化微量元素蛛网图上（图2-20b），微量元素显示了富集大离子亲石元素（LILE）以及亏损高场强元素（HSFE），Ti 的质量分数低。微量元素质量分数显示了高 Ba、Sr（Ba 质量分数为 $1284 \times 10^{-6} \sim 1435 \times 10^{-6}$，Sr 质量分数为 $711 \times 10^{-6} \sim 818 \times 10^{-6}$）的特点，属低 Ba-Sr 类型（图2-21a）。岩石的 ε_{Nd}（120.7Ma）值较低（−21.24）、ε_{Sr} 值较高（76.54），显示了与胶东早前寒武纪基底岩石良好的渊源关系（图2-21b），指示岩浆起源于下地壳基底变质岩的部分熔融。

2）高镁闪长岩

胶东东北部的柳林庄岩体和胶东南部的夏河城岩体，前人称其为柳林庄超单元（序列）或柳林庄型闪长岩，并根据 K-Ar 和单颗粒锆石 U-Pb 同位素年龄（236.4 ~ 195Ma），将其厘定为晚三叠世闪长岩。本次研究发现，柳林庄型闪长岩实际是形成于早白垩世的幔源高镁闪长岩，这为胶东早白垩世壳幔相互作用及岩浆演化研究提供了重要依据。同时，由于胶东高镁闪长岩与伟德山型花岗岩及金矿床的形成时代一致，幔源闪长岩的发现和进一步研究也有助于深化研究胶东大规模金成矿作用。

（1）主量元素

样品的主量、微量元素分析结果见表2-8。柳林庄和夏河城岩体样品的元素质量分数分别为：SiO_2 含量为 53.29% ~ 57.50% 和 54.26% ~ 62.54%；Al_2O_3 含量为 13.36% ~ 16.71% 和 14.05% ~ 14.31%，具有高铝质特点；Na_2O 含量为 2.78% ~ 3.83% 和 2.74% ~ 3.72%，K_2O 含量为 3.98% ~ 5.02% 和 1.65% ~ 2.49%，Na_2O/K_2O 值为 0.57 ~ 0.93 和 1.27 ~ 2.70，属于钾质型；岩石富钙、铁、镁，CaO 含量分别为 4.97% ~ 5.72% 和 2.26% ~ 5.87%，TFe_2O_3 分别为 6.83% ~ 11.15% 和 5.62% ~ 8.08%，MgO 含量分别为 3.60% ~ 5.37% 和 5.58% ~ 8.10%。2 个岩体样品比较而言，柳林庄岩体相对富钾和铁，但略贫镁。

表2-8 高镁闪长岩的主量、微量和稀土元素分析结果

样品号		柳林庄岩体							夏河城岩体				
		16SD30-1	16SD30-2	16SD30-3	16SD31-1	16SD31-2	16SD31-3	16SD31-4	16SD50-1	16SD50-2	16SD50-3	16SD50-4	16SD50-5
主量元素	SiO_2	57.06	56.99	57.50	56.42	53.29	55.36	53.93	54.26	61.54	62.54	59.14	56.21
	Al_2O_3	16.14	16.28	16.71	16.45	14.89	13.92	13.36	14.15	14.31	14.27	14.05	14.07
	TFe_2O_3	7.32	7.30	6.83	7.69	10.40	10.01	11.15	8.08	5.77	5.62	6.37	7.39
	Fe_2O_3	2.31	2.07	2.27	2.80	4.48	3.97	4.31	2.56	1.10	1.24	1.72	2.21
	FeO	4.51	4.71	4.10	4.40	5.33	5.44	6.16	4.97	4.20	3.94	4.18	4.66
	P_2O_5	0.46	0.49	0.45	0.52	0.64	0.64	0.70	0.34	0.24	0.25	0.28	0.33
	K_2O	4.25	3.98	4.17	4.78	4.71	5.02	4.71	2.15	2.05	1.65	2.49	1.94
	Na_2O	3.65	3.71	3.83	3.78	3.32	2.88	2.78	2.74	3.49	3.72	3.30	2.99
	MgO	4.05	4.13	3.72	3.60	4.74	4.85	5.37	8.10	5.84	5.58	6.73	7.87
	CaO	5.50	5.72	5.16	4.97	5.55	5.19	5.71	5.87	2.61	2.26	4.04	4.92
	TiO_2	0.96	0.92	0.89	1.11	1.54	1.40	1.57	0.96	0.77	0.80	0.76	0.94
	MnO	0.12	0.12	0.11	0.11	0.15	0.15	0.16	0.12	0.08	0.08	0.10	0.11
	LOI	0.45	0.31	0.57	0.51	0.76	0.53	0.50	3.16	3.29	3.20	2.72	3.20
	总量	99.96	99.95	99.94	99.94	99.99	99.95	99.94	99.95	99.99	99.97	99.98	99.97
	$Mg^{\#}$	0.52	0.53	0.52	0.48	0.47	0.49	0.49	0.67	0.67	0.66	0.68	0.68
	Na_2O/K_2O	0.86	0.93	0.92	0.79	0.70	0.57	0.59	1.27	2.70	2.25	1.33	1.64
	A/CNK	0.78	0.78	0.83	0.81	0.72	0.71	0.67	0.81	1.13	1.19	0.91	0.88
	A/NK	1.52	1.56	1.55	1.44	1.41	1.37	1.38	2.07	1.80	1.81	1.73	2.00

续表

样品号		柳林庄岩体							夏河城岩体				
		16SD30-1	16SD30-2	16SD30-3	16SD31-1	16SD31-2	16SD31-3	16SD31-4	16SD50-1	16SD50-2	16SD50-3	16SD50-4	16SD50-5
稀土元素	La	85.20	92.30	91.60	136.00	128.00	149.00	146.00	32.10	25.90	33.40	35.90	36.40
	Ce	164.00	166.00	171.00	261.00	247.00	309.00	290.00	59.00	49.20	56.50	68.60	69.50
	Pr	19.80	20.90	19.40	29.10	30.10	36.00	35.40	7.77	6.14	6.82	8.27	8.89
	Nd	70.40	77.50	76.20	110.00	118.00	140.00	141.00	32.50	26.20	25.60	34.60	36.20
	Sm	10.00	10.80	10.30	14.70	16.00	18.80	19.30	5.91	5.01	4.44	6.08	6.39
	Eu	2.26	2.28	2.29	2.48	2.44	2.22	2.05	1.70	1.37	1.30	1.50	1.49
	Gd	9.07	10.10	9.17	12.50	14.10	17.00	17.50	4.82	3.93	3.99	5.04	5.34
	Tb	1.23	1.29	1.27	1.69	1.85	2.21	2.31	0.81	0.66	0.64	0.83	0.86
	Dy	5.40	5.59	5.54	7.46	8.09	9.90	10.50	3.94	3.25	2.93	4.05	4.16
	Ho	0.89	1.01	0.92	1.17	1.34	1.58	1.64	0.70	0.60	0.53	0.75	0.77
	Er	2.89	2.99	2.84	3.74	4.07	4.90	5.29	1.86	1.65	1.49	2.10	2.15
	Tm	0.40	0.40	0.41	0.52	0.53	0.63	0.70	0.29	0.26	0.23	0.33	0.34
	Yb	2.46	2.56	2.61	2.89	3.33	3.83	4.17	1.75	1.49	1.39	1.90	2.01
	Lu	0.36	0.39	0.37	0.43	0.47	0.54	0.57	0.23	0.21	0.19	0.29	0.30
	LREE	351.66	369.78	370.79	553.28	541.54	655.02	633.75	138.98	113.82	128.06	154.95	158.87
	HREE	22.70	24.33	23.13	30.41	33.78	40.59	42.67	14.40	12.05	11.38	15.28	15.93
	ΣREE	374.36	394.11	393.92	583.69	575.32	695.61	676.42	153.38	125.87	139.44	170.23	174.80
	LREE/HREE	15.49	15.20	16.03	18.20	16.03	16.14	14.85	9.65	9.45	11.25	10.14	9.97
	δEu	0.71	0.66	0.71	0.55	0.49	0.37	0.33	0.95	0.91	0.93	0.81	0.76
	$(La/Yb)_N$	23.35	24.31	23.66	31.73	25.91	26.23	23.60	12.37	11.72	16.20	12.74	12.21
	$(La/Sm)_N$	5.36	5.38	5.59	5.82	5.03	4.99	4.76	3.42	3.25	4.73	3.71	3.58
	$(Gd/Yb)_N$	2.98	3.18	2.84	3.49	3.42	3.58	3.39	2.22	2.13	2.32	2.14	2.14
微量元素	Li	17.50	15.30	15.50	19.30	23.30	25.90	26.00	13.50	15.00	15.60	12.60	15.80
	Be	2.66	2.62	2.82	3.47	2.72	3.35	3.30	1.62	1.68	1.79	1.53	1.65
	Sc	16.80	16.30	15.60	15.30	19.90	21.30	22.30	24.40	18.20	15.50	21.10	23.70
	V	129.00	119.00	132.00	129.00	204.00	198.00	209.00	154.00	103.00	99.00	107.00	120.00
	Cr	54.20	47.70	51.70	51.10	82.90	72.50	79.00	398.00	296.00	271.00	344.00	390.00
	Co	20.80	19.20	19.70	18.60	25.20	26.40	28.10	39.40	29.10	26.70	31.10	35.40
	Ni	23.60	24.70	22.60	18.80	26.70	28.20	30.00	150.00	129.00	114.00	147.00	165.00
	Cu	45.50	41.60	40.00	78.70	102.00	98.90	117.00	69.60	54.30	45.60	53.60	50.20
	Zn	98.30	97.20	100.00	108.00	155.00	143.00	155.00	94.50	76.20	74.30	82.40	91.40
	Ga	20.60	20.30	21.60	24.00	23.40	23.10	23.00	17.50	17.00	16.40	17.00	17.90
	Rb	133.00	126.00	135.00	181.00	163.00	213.00	205.00	52.80	39.30	32.90	49.10	44.10
	Sr	985	1069	1093	1000	730	638	564	879	817	787	761	731
	Mo	1.64	2.22	0.75	2.25	2.73	2.60	2.71	0.16	0.15	0.13	0.12	0.11
	Cd	0.11	0.12	0.10	0.09	0.13	0.12	0.13	0.13	0.08	0.09	0.12	0.13
	Y	26.60	30.10	26.60	34.00	37.80	44.00	46.60	18.90	15.50	14.50	20.50	21.20
	Zr	45.50	51.90	38.60	38.10	40.30	36.00	47.30	13.20	13.60	11.00	14.30	13.50
	Nb	20.30	19.10	20.70	27.00	26.90	27.10	28.90	6.56	7.63	7.43	8.42	8.13

样品号		柳林庄岩体							夏河城岩体				
		16SD30-1	16SD30-2	16SD30-3	16SD31-1	16SD31-2	16SD31-3	16SD31-4	16SD50-1	16SD50-2	16SD50-3	16SD50-4	16SD50-5
微量元素	In	0.055	0.055	0.056	0.061	0.080	0.081	0.089	0.062	0.047	0.040	0.049	0.056
	Cs	3.92	3.93	4.28	4.60	3.94	6.33	6.27	0.94	0.60	0.58	0.60	0.79
	Ba	2609	2538	2929	3062	2537	2333	2160	1674	1857	1312	1711	1231
	Hf	1.53	1.64	1.42	1.44	1.49	1.68	1.85	0.73	0.73	0.61	0.81	0.81
	Ta	1.12	1.05	1.12	1.20	1.13	1.21	1.29	0.39	0.55	0.54	0.52	0.48
	W	1.07	1.16	1.03	1.12	1.00	0.89	0.91	0.24	0.27	0.26	0.30	0.25
	Re	<0.002	<0.002	<0.002	<0.002	<0.002	<0.002	<0.002	<0.002	<0.002	<0.002	<0.002	<0.002
	Tl	0.59	0.58	0.61	0.75	0.78	0.92	0.91	0.28	0.23	0.20	0.28	0.25
	Pb	26.70	25.90	28.90	23.20	23.40	21.10	19.00	13.40	15.40	13.60	19.30	12.80
	Bi	0.072	0.083	0.089	0.040	0.065	0.060	0.061	0.022	0.028	0.024	0.027	0.020
	Th	20.80	18.50	21.60	27.10	20.10	32.70	28.80	2.49	3.39	5.72	4.76	1.58
	U	3.57	4.08	4.07	5.52	3.85	5.82	5.56	0.41	0.66	0.69	0.51	0.33
	Sb	0.154	0.149	0.175	0.067	0.113	0.070	0.078	0.072	0.049	0.063	0.069	0.066

注: 主量元素单位为%, 稀土元素和微量元素单位为10^{-6}

主量元素变异图显示 (图2-22), 岩石化学成分投点于碱性和亚碱性系列之间 (图2-22a), 其中柳林庄岩体样品位于碱性区域。结合图2-22b、c判别结果, 岩石主要属钾质的高钾钙碱性系列和橄榄粗玄岩系列, 但柳林庄岩体的钾质含量高于夏河城岩体。样品的 A/CNK 为 0.67 ~ 1.19, A/NK 为 1.37 ~ 2.07 (表2-8), 主要属于准铝质岩石 (图2-22d)。样品最明显的特点是 MgO 含量高, 除 2 个样品外, 其余均大于 4%, $Mg^{\#}$ [$Mg^{\#} = Mg/(Mg+Fe^{2+})$] 为 0.47 ~ 0.68, 均大于 0.45 (表2-8, 图2-22e、f)。一般认为, SiO_2 含量为 53%~60%、MgO 含量大于 4%、$Mg^{\#}$大于 0.45 的闪长岩为高 Mg 闪长岩 (张旗等, 2001)。因此, 柳林庄和夏河城岩体均属于高镁闪长岩范畴。

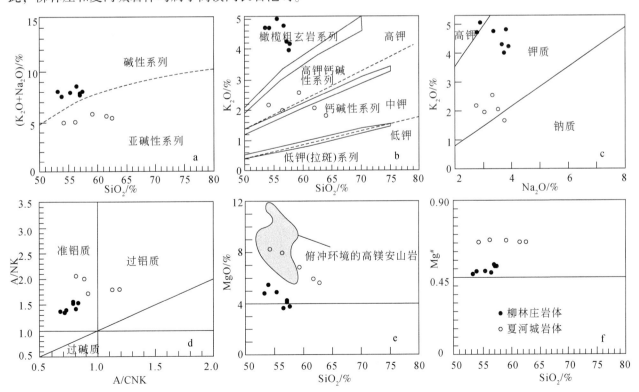

图 2-22　高镁闪长岩的主量元素变异图

（2）微量元素

柳林庄岩体和夏河城岩体具有类似的稀土元素配分型式和原始地幔标准化微量元素蛛网图特征（图2-23），二者的稀土总量分别是$374.36×10^{-6}~695.61×10^{-6}$和$125.87×10^{-6}~174.80×10^{-6}$，具轻稀土元素（LREE）中等程度富集、重稀土元素（HREE）亏损的特征；轻、重稀土分异明显，LREE/HREE值分别为$14.85~18.20$和$9.45~11.25$，$(La/Yb)_N$分别为$23.35~31.73$和$11.72~16.20$（表2-8），稀土配分曲线略向右倾（图2-23a）。相比而言，柳林庄岩体稀土总量较高，轻、重稀土分异较明显；柳林庄岩体略显铕负异常，夏河城岩体铕负异常不明显，二者的$δEu$分别为$0.33~0.71$和$0.76~0.95$。研究区岩石的稀土配分特征与山东鲁西高镁闪长岩（巫祥阳等，2003）和胶东郭城地区早白垩世脉岩（谭俊等，2006）相似，其中夏河城岩体的稀土元素配分型式与鲁西高镁闪长岩更接近，而柳林庄岩体与郭城地区脉岩更接近（图2-23a）。

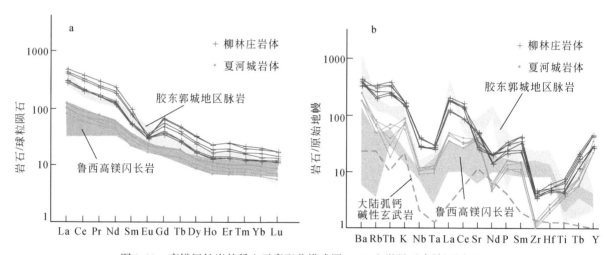

图2-23　高镁闪长岩的稀土元素配分模式图（a）和微量元素蛛网图（b）

球粒陨石和原始地幔数值据Boynton，1984和Sun and McDonough，1989；鲁西高镁闪长岩据巫祥阳等，2003；
胶东郭城地区脉岩据谭俊等，2006

原始地幔标准化微量元素蛛网图显示（图2-23b），岩石为大离子亲石元素富集型，富集Ba、Rb、K等大离子亲石元素，亏损Nb、Ta、Zr等高场强元素。两者对比显示，柳林庄岩体的大离子亲石元素和高场强元素含量均高于夏河城岩体。研究区样品的微量元素蛛网图特征与鲁西高镁闪长岩、胶东郭城地区脉岩及大陆弧钙碱性玄武岩相似（图2-23b）。与MORB相比（Pearce，1982），研究区的Rb、Ba、Sr、Th、Nb和Ta元素含量明显偏高（MORB分别为$2×10^{-6}$、$20×10^{-6}$、$120×10^{-6}$、$0.2×10^{-6}$、$3.5×10^{-6}$和$0.18×10^{-6}$，研究区分别为$32.90×10^{-6}~213×10^{-6}$、$1231×10^{-6}~3062×10^{-6}$、$564×10^{-6}~1093×10^{-6}$、$1.58×10^{-6}~32.70×10^{-6}$、$6.56×10^{-6}~28.90×10^{-6}$和$0.39×10^{-6}~1.29×10^{-6}$），而Zr、Hf元素含量较低（MORB分别为$90×10^{-6}$和$2.4×10^{-6}$，研究区分别为$11.00×10^{-6}~51.90×10^{-6}$和$0.61×10^{-6}~1.85×10^{-6}$），Zr元素的贫化符合上地幔起源岩浆岩的特征。岩石具有高Ba（$1231×10^{-6}~3062×10^{-6}$）、Sr（$564×10^{-6}~1093×10^{-6}$）含量和高Sr/Y值（$12.10~54.28$），Cr、Ni、Co、Sc含量相对较高（分别为$47.70×10^{-6}~398.00×10^{-6}$、$18.80×10^{-6}~165.00×10^{-6}$、$18.60×10^{-6}~39.40×10^{-6}$和$15.30×10^{-6}~24.40×10^{-6}$）。

（3）Sr-Nd同位素

测试样品的Sr、Nd同位素组成见表2-9。初始$^{87}Sr/^{86}Sr$值为$0.7082~0.7083$，显著低于大陆地壳平均值（0.717）（Faure，1986），与胶东地区的基性脉岩（$0.7094~0.7114$）（Yang et al.，2004a）和地幔平均值（0.709）（Faure，1986）接近，位于鲁西高镁闪长岩数值范围内（$0.7062~0.7090$）（巫祥阳等，2003）。$^{147}Sm/^{144}Nd$值为$0.0846~0.1151$，$^{143}Nd/^{144}Nd$值为$0.5115~0.5117$，ε_{Nd}（113Ma）值很低（$-20.5~-16.8$），略低于胶东地区高镁的基性脉岩（$-17~-10.1$）（Yang et al.，2004a）和鲁西高镁闪长岩（$-15.7~-8.6$）（巫祥阳等，2003）。

表 2-9　高镁闪长岩的 **Rb-Sr** 和 **Sm-Nd** 同位素分析结果

样号	Rb/10^{-6}	Sr/10^{-6}	$^{87}Rb/^{86}Sr$	$^{87}Sr/^{86}Sr$	2σ	初始$^{87}Sr/^{86}Sr$	Sm/10^{-6}	Nd/10^{-6}	$^{147}Sm/^{144}Nd$	$^{143}Nd/^{144}Nd$	2σ	$\varepsilon_{Nd}(t)$
16SD30	144	1041	0.14	0.40	0.000016	0.7083	10.6	69.8	0.09176	0.5117	0.000007	-17.3
16SD31	204	931	0.22	0.63	0.000019	0.7083	15.6	112	0.08416	0.5117	0.000009	-16.8
16SD50	28.3	453	0.06	0.18	0.000015	0.7082	8.69	45.6	0.1151	0.5115	0.000008	-20.5

3. 锆石 U-Pb 年代学测试结果

1）玲珑型花岗岩

16SD35 样品中选出的锆石绝大多数为自形短柱–长柱状，晶形完整，表面光滑（图 2-24）。样品中锆石颗粒较大，长短轴之比为 1:4～1:2。多数锆石阴极发光图像显示内部振荡环带结构发育，具有较高的 Th/U 值（均值为 0.48）（表 2-10），为典型的岩浆结晶锆石特征。采用 LA-ICP-MS 测试技术对 20 粒锆

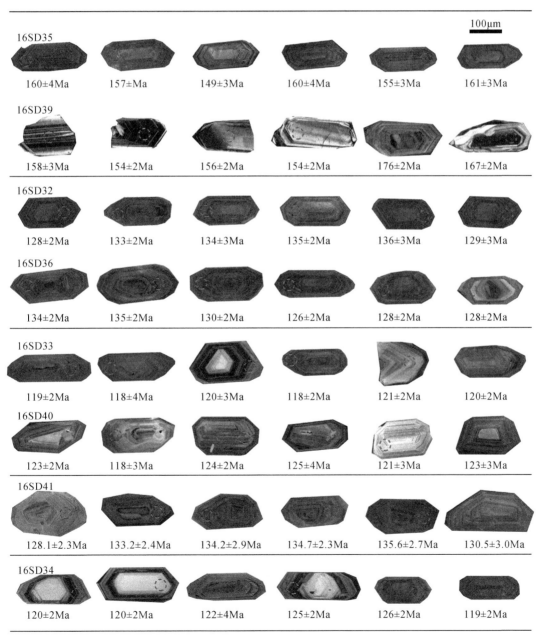

图 2-24　晚中生代花岗岩类的锆石阴极发光图像

表 2-10 晚中生代花岗岩锆石 LA-ICP-MS U-Pb 分析结果

样品点	含量/10^{-6}		Th/U	同位素比值								锆石年龄/Ma					
	Th	U		$\frac{^{207}Pb}{^{206}Pb}$	1σ	$\frac{^{207}Pb}{^{235}U}$	1σ	$\frac{^{206}Pb}{^{238}U}$	1σ	$\frac{^{208}Pb}{^{232}Th}$	1σ	$\frac{^{207}Pb}{^{206}Pb}$	1σ	$\frac{^{207}Pb}{^{235}U}$	1σ	$\frac{^{206}Pb}{^{238}U}$	1σ
16SD35.1	75.73	127.55	0.59	0.0547	0.006	0.18997	0.0204	0.02518	0.0007	0.0084	0.00049	400	229	177	17	160	4
16SD35.2	178.58	187.34	0.95	0.0541	0.003	0.1674	0.00923	0.02242	0.00039	0.0073	0.00017	377	121	157	8	143	2
16SD35.3	106.08	566.35	0.19	0.1589	0.0019	8.50399	0.11517	0.38814	0.00485	0.1604	0.00236	2444	20	2286	12	2114	23
16SD35.4	137.73	415.05	0.33	0.0526	0.0026	0.17834	0.00857	0.02457	0.0004	0.0081	0.00028	313	107	167	7	157	3
16SD35.5	71.61	136.49	0.52	0.0481	0.0041	0.15469	0.01278	0.02331	0.00036	0.0079	0.00036	105	188	146	11	149	3
16SD35.6	76.87	312.11	0.25	0.1247	0.0017	5.56232	0.08325	0.32337	0.00412	0.1046	0.00179	2025	24	1910	13	1806	20
16SD35.7	249.10	550.86	0.45	0.1535	0.0018	8.25972	0.11179	0.39034	0.00489	0.0391	0.00047	2385	20	2260	12	2124	23
16SD35.8	37.73	117.20	0.32	0.0488	0.0043	0.16945	0.01466	0.02519	0.00058	0.0086	0.00052	137	195	159	13	160	4
16SD35.9	57.84	303.73	0.19	0.0487	0.0028	0.163	0.00908	0.02429	0.00042	0.0078	0.00039	132	128	153	8	155	3
16SD35.10	125.59	397.45	0.32	0.0488	0.0025	0.17073	0.00855	0.02536	0.00042	0.0079	0.00029	140	115	160	7	161	3
16SD35.11	208.20	512.55	0.41	0.0508	0.0022	0.17229	0.00725	0.0246	0.00038	0.0087	0.00023	231	95	161	6	157	2
16SD35.12	115.93	356.89	0.32	0.0482	0.0026	0.16386	0.00877	0.02466	0.00042	0.0078	0.0003	109	123	154	8	157	3
16SD35.13	216.29	605.32	0.36	0.0502	0.0026	0.18894	0.00962	0.02729	0.00046	0.0087	0.0003	205	116	176	8	174	3
16SD35.14	241.85	389.90	0.62	0.095	0.0047	0.34377	0.01639	0.02625	0.0005	0.0119	0.00033	1528	90	300	12	167	3
16SD35.15	96.58	110.38	0.87	0.0499	0.0047	0.16513	0.0154	0.02402	0.00058	0.0083	0.00032	189	208	155	13	153	4
16SD35.16	99.30	643.98	0.15	0.0504	0.0019	0.17971	0.00662	0.02587	0.00038	0.0082	0.00031	213	84	168	6	165	2
16SD35.17	50.98	89.29	0.57	0.0549	0.005	0.19502	0.01731	0.02578	0.00061	0.0076	0.00037	407	191	181	15	164	4
16SD35.18	71.19	114.79	0.62	0.0542	0.0048	0.18501	0.01592	0.02477	0.00059	0.0075	0.00059	379	187	172	14	158	4
16SD35.19	74.82	83.98	0.89	0.0498	0.0049	0.17905	0.01709	0.0261	0.00065	0.0092	0.00036	184	213	167	15	166	4
16SD35.20	17.92	27.47	0.65	0.0512	0.0147	0.16244	0.04557	0.02301	0.00152	0.0053	0.00096	251	554	153	40	147	10
16SD39.1	69.04	206.48	0.33	0.0837	0.0021	1.86414	0.04834	0.16171	0.00236	0.0497	0.0011	1285	49	1069	17	966	13
16SD39.2	88.63	453.94	0.20	0.1735	0.002	9.45574	0.13204	0.39558	0.00515	0.0946	0.00155	2592	20	2383	13	2149	24
16SD39.3	92.66	767.56	0.12	0.0502	0.0029	0.17171	0.00982	0.02484	0.00044	0.0079	0.00051	203	129	161	9	158	3
16SD39.4	4.78	229.73	0.02	0.0663	0.0035	0.238	0.01226	0.02606	0.00047	0.0187	0.00094	815	106	217	10	166	3
16SD39.5	212.43	1260.00	0.17	0.1751	0.0018	11.1243	0.14177	0.46114	0.00581	0.1557	0.00187	2607	17	2534	12	2445	26
16SD39.6	225.94	1292.72	0.17	0.0585	0.0019	0.19492	0.00637	0.0242	0.00035	0.0107	0.00028	547	70	181	5	154	2

玲珑型花岗岩

续表

	样品点	含量/10⁻⁶		Th/U	同位素比值								锆石年龄/Ma					
		Th	U		$^{207}Pb/^{206}Pb$	1σ	$^{207}Pb/^{235}U$	1σ	$^{206}Pb/^{238}U$	1σ	$^{208}Pb/^{232}Th$	1σ	$^{207}Pb/^{206}Pb$	1σ	$^{207}Pb/^{235}U$	1σ	$^{206}Pb/^{238}U$	1σ
玲珑型花岗岩	16SD39.7	32.43	342.93	0.09	0.0828	0.0032	0.30852	0.01179	0.02704	0.00044	0.0201	0.00072	1264	74	273	9	172	3
	16SD39.8	224.24	283.94	0.79	0.0711	0.0025	0.76992	0.02666	0.07852	0.00121	0.0315	0.00063	961	70	580	15	487	7
	16SD39.9	706.21	897.87	0.79	0.0523	0.0024	0.17604	0.00806	0.02444	0.00039	0.0082	0.00018	296	102	165	7	156	2
	16SD39.10	11.43	300.88	0.04	0.1606	0.002	9.70182	0.13901	0.43814	0.00563	0.1122	0.00375	2462	21	2407	13	2342	25
	16SD39.11	120.15	675.39	0.18	0.0483	0.0021	0.1612	0.0068	0.02419	0.00037	0.0076	0.0003	116	97	152	6	154	2
	16SD39.12	165.15	300.45	0.55	0.0683	0.002	0.95439	0.0276	0.10132	0.00144	0.05	0.00082	878	59	680	14	622	8
	16SD39.13	271.74	475.26	0.57	0.0514	0.0021	0.14939	0.00608	0.02107	0.00032	0.0069	0.00016	260	92	141	5	134	2
	16SD39.14	193.53	1406.46	0.14	0.0483	0.0015	0.18419	0.00562	0.02767	0.00038	0.0095	0.00023	113	70	172	5	176	2
	16SD39.15	136.55	769.42	0.18	0.0524	0.002	0.18976	0.00706	0.02626	0.00038	0.009	0.00031	303	83	176	6	167	2
	16SD39.16	36.91	256.37	0.14	0.1919	0.0021	13.1119	0.16785	0.49557	0.0061	0.1468	0.00193	2758	18	2688	12	2595	26
	16SD39.17	52.60	355.04	0.15	0.0511	0.0026	0.1862	0.00943	0.02644	0.00044	0.0105	0.0005	243	114	173	8	168	3
	16SD39.18	278.13	545.62	0.51	0.1888	0.0021	13.8426	0.1773	0.5315	0.0018	0.1459	0.00652	2732	18	2739	12	2748	28
	16SD39.19	42.14	95.60	0.44	0.1025	0.0032	2.95967	0.09184	0.20926	0.0033	0.0789	0.0019	1671	57	1397	24	1225	18
	16SD39.20	283.95	322.28	0.88	0.0465	0.0024	0.12559	0.00646	0.01956	0.00032	0.0063	0.00014	26	121	120	6	125	2
郭家岭型花岗岩	16SD32.1	214.32	390.42	0.55	0.0531	0.0032	0.1470	0.0086	0.0201	0.0002	0.0065	0.0002	334	129	139	8	128	2
	16SD32.2	318.97	508.70	0.63	0.0500	0.0030	0.1440	0.0085	0.0209	0.0002	0.0067	0.0002	196	133	137	8	133	2
	16SD32.3	338.59	536.75	0.63	0.0525	0.0032	0.1455	0.0088	0.0201	0.0002	0.0066	0.0002	308	134	138	8	128	2
	16SD32.4	158.67	329.10	0.48	0.0534	0.0048	0.1447	0.0126	0.0197	0.0003	0.0065	0.0005	344	190	137	11	126	3
	16SD32.5	159.77	304.31	0.53	0.0533	0.0043	0.1544	0.0122	0.0210	0.0003	0.0064	0.0005	339	172	146	11	134	3
	16SD32.6	273.61	437.53	0.63	0.0525	0.0028	0.1528	0.0080	0.0211	0.0002	0.0067	0.0004	307	116	144	7	135	2
	16SD32.7	221.62	431.82	0.51	0.1078	0.0045	0.5807	0.0236	0.0391	0.0004	0.0084	0.0007	1763	75	465	15	247	4
	16SD32.8	245.74	447.81	0.55	0.0533	0.0038	0.1563	0.0110	0.0213	0.0003	0.0066	0.0003	342	155	147	10	136	3
	16SD32.9	265.94	456.07	0.58	0.0538	0.0034	0.1610	0.0099	0.0217	0.0002	0.0072	0.0004	364	134	152	9	138	3
	16SD32.10	138.19	271.74	0.51	0.0516	0.0046	0.1456	0.0128	0.0205	0.0003	0.0067	0.0005	269	193	138	11	131	3
	16SD32.11	238.37	587.87	0.41	0.1560	0.0025	4.1112	0.0707	0.1911	0.0012	0.0664	0.0026	2413	27	1657	14	1128	14
	16SD32.12	292.02	448.53	0.65	0.0496	0.0035	0.1385	0.0095	0.0203	0.0002	0.0067	0.0004	175	156	132	9	129	3

续表

	样品点	含量/10⁻⁶		Th/U	同位素比值								锆石年龄/Ma					
		Th	U		$^{207}Pb/^{206}Pb$	1σ	$^{207}Pb/^{235}U$	1σ	$^{206}Pb/^{238}U$	1σ	$^{208}Pb/^{232}Th$	1σ	$^{207}Pb/^{206}Pb$	1σ	$^{207}Pb/^{235}U$	1σ	$^{206}Pb/^{238}U$	1σ
	16SD32.13	54.36	322.06	0.17	0.1934	0.0025	10.7239	0.1567	0.4022	0.0053	0.1119	0.0022	2771	21	2500	14	2179	24
	16SD32.14	146.81	282.87	0.52	0.0499	0.0048	0.1447	0.0136	0.0210	0.0005	0.0070	0.0004	189	208	137	12	134	3
	16SD32.15	190.61	306.48	0.62	0.0538	0.0064	0.1578	0.0185	0.0213	0.0006	0.0075	0.0004	361	250	149	16	136	4
	16SD32.16	208.33	360.22	0.58	0.0472	0.0044	0.1387	0.0128	0.0213	0.0005	0.0069	0.0003	57	210	132	11	136	3
	16SD32.17	426.61	1367.08	0.31	0.0515	0.0020	0.1521	0.0058	0.0214	0.0003	0.0064	0.0002	265	85	144	5	137	2
	16SD32.18	195.04	370.33	0.53	0.1219	0.0042	0.2941	0.0099	0.0175	0.0003	0.0035	0.0001	1984	60	262	8	112	2
	16SD32.19	220.58	336.24	0.66	0.0509	0.0044	0.1470	0.0125	0.0210	0.0005	0.0067	0.0003	235	188	139	11	134	3
	16SD32.20	184.76	309.14	0.60	0.0453	0.0043	0.1312	0.0123	0.0210	0.0005	0.0073	0.0003	0	174	125	11	134	3
郭家岭型花岗岩	16SD36.1	359.16	577.22	0.62	0.0498	0.0026	0.1445	0.0075	0.0210	0.0004	0.0066	0.0002	186	117	137	7	134	2
	16SD36.2	377.86	550.35	0.69	0.0496	0.0023	0.1443	0.0067	0.0211	0.0003	0.0067	0.0002	177	106	137	6	135	2
	16SD36.3	230.69	412.8	0.56	0.0539	0.0031	0.1680	0.0095	0.0226	0.0004	0.0079	0.0002	369	124	158	8	144	3
	16SD36.4	329.78	412.86	0.80	0.0482	0.0027	0.1354	0.0075	0.0204	0.0004	0.0063	0.0002	108	127	129	7	130	2
	16SD36.5	154.39	329.42	0.47	0.0544	0.0033	0.1544	0.0092	0.0206	0.0004	0.0066	0.0002	388	131	146	8	131	2
	16SD36.6	357.87	557.85	0.64	0.0465	0.0023	0.1298	0.0063	0.0203	0.0003	0.0064	0.0002	22	114	124	6	129	2
	16SD36.7	256.77	356.65	0.72	0.0527	0.0034	0.1421	0.0091	0.0196	0.0003	0.0070	0.0002	314	141	135	8	125	2
	16SD36.8	642.5	773.83	0.83	0.0488	0.0023	0.1338	0.0062	0.0199	0.0003	0.0065	0.0002	136	106	128	6	127	2
	16SD36.9	287.74	460.82	0.62	0.0485	0.0029	0.1345	0.0078	0.0201	0.0004	0.0061	0.0002	126	133	128	7	128	2
	16SD36.10	329.81	471.72	0.70	0.0530	0.0027	0.1447	0.0074	0.0198	0.0003	0.0063	0.0002	331	113	137	7	126	2
	16SD36.11	356.61	579.03	0.62	0.0493	0.0024	0.1362	0.0065	0.0200	0.0003	0.0067	0.0002	163	110	130	6	128	2
	16SD36.12	61.18	194.29	0.31	0.0541	0.0055	0.1627	0.0161	0.0218	0.0006	0.0076	0.0005	376	213	153	14	139	4
	16SD36.13	475.35	607.66	0.78	0.0522	0.0028	0.1505	0.0079	0.0209	0.0004	0.0065	0.0002	292	117	142	7	134	2
	16SD36.14	436.52	612.05	0.71	0.0493	0.0024	0.1332	0.0065	0.0196	0.0003	0.0062	0.0002	161	111	127	6	125	2
	16SD36.15	273.31	449.96	0.61	0.0482	0.0027	0.1355	0.0073	0.0204	0.0004	0.0067	0.0002	111	125	129	7	130	2
	16SD36.16	304.51	527.45	0.58	0.0542	0.0025	0.1479	0.0069	0.0198	0.0003	0.0063	0.0002	378	102	140	6	127	2
	16SD36.17	224.92	359.16	0.63	0.0470	0.0026	0.1327	0.0073	0.0205	0.0004	0.0063	0.0002	48	128	127	7	131	2
	16SD36.18	236.19	414.61	0.57	0.0503	0.0025	0.1421	0.0070	0.0205	0.0003	0.0069	0.0002	209	112	135	6	131	2

续表

样品点	含量/10⁻⁶ Th	含量/10⁻⁶ U	Th/U	同位素比值 207Pb/206Pb	1σ	207Pb/235U	1σ	206Pb/238U	1σ	208Pb/232Th	1σ	锆石年龄/Ma 207Pb/206Pb	1σ	207Pb/235U	1σ	206Pb/238U	1σ
16SD36.19	232.66	262.03	0.89	0.0443	0.0029	0.1227	0.0080	0.0201	0.0004	0.0061	0.0002	0	58	118	7	128	2
16SD36.20	390.37	546.11	0.71	0.0459	0.0021	0.1287	0.0059	0.0203	0.0003	0.0063	0.0002	0	98	123	5	130	2
16SD33.1	278.37	320.64	0.87	0.0505	0.0036	0.1269	0.0088	0.0182	0.0004	0.0057	0.0002	216	156	121	8	117	2
16SD33.2	293.10	295.26	0.99	0.0535	0.0036	0.1376	0.0091	0.0187	0.0004	0.0060	0.0002	348	144	131	8	119	2
16SD33.3	158.94	150.10	1.06	0.0565	0.0080	0.1444	0.0199	0.0185	0.0007	0.0065	0.0004	473	286	137	18	118	4
16SD33.4	258.13	308.57	0.84	0.0488	0.0035	0.1187	0.0084	0.0177	0.0004	0.0055	0.0002	137	160	114	8	113	2
16SD33.5	480.43	429.85	1.12	0.0448	0.0029	0.1088	0.0068	0.0176	0.0003	0.0053	0.0001	0	81	105	6	113	2
16SD33.6	214.23	207.65	1.03	0.0424	0.0041	0.1093	0.0103	0.0187	0.0004	0.0057	0.0002	0	21	105	9	120	3
16SD33.7	462.02	340.66	1.36	0.0519	0.0035	0.1323	0.0087	0.0185	0.0004	0.0056	0.0001	280	146	126	8	118	2
16SD33.8	212.18	203.68	1.04	0.0578	0.0051	0.1752	0.0151	0.0220	0.0005	0.0076	0.0002	523	183	164	13	140	3
16SD33.9	258.99	262.96	0.98	0.0499	0.0039	0.1276	0.0097	0.0185	0.0004	0.0058	0.0002	191	171	122	9	118	2
16SD33.10	247.41	213.54	1.16	0.0518	0.0043	0.1285	0.0103	0.0180	0.0004	0.0057	0.0002	277	177	123	9	115	2
16SD33.11	389.55	351.17	1.11	0.0534	0.0030	0.1390	0.0076	0.0189	0.0003	0.0059	0.0001	347	120	132	7	121	3
16SD33.12	455.93	401.73	1.13	0.0514	0.0030	0.1265	0.0072	0.0178	0.0003	0.0058	0.0001	259	127	121	6	114	2
16SD33.13	208.52	225.62	0.92	0.0485	0.0040	0.1252	0.0101	0.0187	0.0004	0.0059	0.0002	125	183	120	9	120	3
16SD33.14	233.09	272.49	0.86	0.0506	0.0037	0.1309	0.0093	0.0187	0.0004	0.0056	0.0002	225	159	125	8	120	2
16SD33.15	333.68	245.27	1.36	0.0495	0.0040	0.1206	0.0096	0.0177	0.0004	0.0055	0.0002	172	179	116	9	113	2
16SD33.16	358.33	375.62	0.95	0.0521	0.0033	0.1317	0.0083	0.0184	0.0004	0.0057	0.0002	288	140	126	7	117	2
16SD33.17	212.30	249.11	0.85	0.0525	0.0049	0.1398	0.0128	0.0193	0.0005	0.0060	0.0003	308	200	133	11	123	3
16SD33.18	239.00	287.23	0.83	0.0575	0.0049	0.1342	0.0111	0.0169	0.0004	0.0055	0.0002	510	176	128	10	108	3
16SD33.19	314.51	279.21	1.13	0.0500	0.0048	0.1296	0.0121	0.0188	0.0005	0.0060	0.0002	195	207	124	11	120	3
16SD33.20	486.90	342.28	1.42	0.0440	0.0049	0.1129	0.0122	0.0186	0.0005	0.0062	0.0002	0	140	109	11	119	3
16SD40.1	304.60	261.40	1.17	0.0465	0.0032	0.1233	0.0083	0.0193	0.0004	0.0065	0.0002	21	157	118	8	123	2
16SD40.2	377.98	382.65	0.99	0.0529	0.0044	0.1338	0.0109	0.0183	0.0004	0.0063	0.0002	326	178	128	10	117	3
16SD40.3	137.04	159.32	0.86	0.0473	0.0041	0.1208	0.0102	0.0185	0.0004	0.0066	0.0002	62	194	116	9	118	3
16SD40.4	373.16	312.66	1.19	0.0467	0.0030	0.1193	0.0074	0.0185	0.0003	0.0063	0.0002	36	145	114	7	118	2

郭家岭型花岗岩（16SD36.19～16SD33.20）　　伟德山型花岗岩（16SD40.1～16SD40.4）

续表

样品点	含量/10⁻⁶ Th	U	Th/U	同位素比值 ²⁰⁷Pb/²⁰⁶Pb	1σ	²⁰⁷Pb/²³⁵U	1σ	²⁰⁶Pb/²³⁸U	1σ	²⁰⁸Pb/²³²Th	1σ	锆石年龄/Ma ²⁰⁷Pb/²⁰⁶Pb	1σ	²⁰⁷Pb/²³⁵U	1σ	²⁰⁶Pb/²³⁸U	1σ
16SD40.5	237.59	195.08	1.22	0.0537	0.0046	0.1473	0.0123	0.0199	0.0005	0.0064	0.0002	358	181	140	11	127	3
16SD40.6	277.67	274.23	1.01	0.0523	0.0033	0.1345	0.0084	0.0187	0.0004	0.0065	0.0002	298	138	128	7	119	2
16SD40.7	553.21	609.45	0.91	0.0518	0.0040	0.1277	0.0097	0.0179	0.0004	0.0064	0.0002	278	169	122	9	114	2
16SD40.8	374.78	279.98	1.34	0.0532	0.0058	0.1470	0.0156	0.0201	0.0006	0.0070	0.0003	336	228	139	14	128	4
16SD40.9	349.20	326.93	1.07	0.0530	0.0035	0.1363	0.0087	0.0187	0.0004	0.0062	0.0002	329	141	130	8	119	2
16SD40.10	216.65	264.87	0.82	0.0483	0.0030	0.1293	0.0079	0.0194	0.0004	0.0061	0.0002	116	141	124	7	124	2
16SD40.11	268.01	198.65	1.35	0.0490	0.0043	0.1369	0.0118	0.0203	0.0005	0.0061	0.0002	149	194	130	11	129	3
16SD40.12	381.93	344.32	1.11	0.0562	0.0064	0.1517	0.0168	0.0196	0.0006	0.0064	0.0003	459	234	143	15	125	4
16SD40.13	383.76	354.30	1.08	0.0461	0.0032	0.1271	0.0085	0.0200	0.0004	0.0062	0.0002	4	157	122	8	128	2
16SD40.14	1667.84	748.00	2.23	0.0496	0.0023	0.1263	0.0059	0.0185	0.0003	0.0064	0.0001	174	107	121	5	118	2
16SD40.15	176.14	178.87	0.98	0.0463	0.0045	0.1182	0.0112	0.0185	0.0004	0.0063	0.0002	14	217	113	10	118	3
16SD40.16	148.50	135.85	1.09	0.0500	0.0045	0.1308	0.0115	0.0190	0.0004	0.0061	0.0002	193	196	125	10	121	3
16SD40.17	247.86	292.52	0.85	0.0468	0.0049	0.1243	0.0127	0.0193	0.0005	0.0058	0.0003	39	233	119	12	123	3
16SD40.18	341.44	236.17	1.45	0.0538	0.0049	0.1464	0.0131	0.0198	0.0005	0.0065	0.0002	361	194	139	12	126	3
16SD40.19	311.42	181.35	1.72	0.1143	0.0077	0.3204	0.0206	0.0203	0.0005	0.0081	0.0002	1869	117	282	16	130	3
16SD41.1	384.99	378.38	1.02	0.0486	0.0029	0.12601	0.00747	0.01882	0.00034	0.0065	0.00016	127	136	121	7	120	2
16SD41.2	1329.68	1888.98	0.70	0.0934	0.0046	0.16061	0.00768	0.01248	0.00024	0.0096	0.00025	1496	90	151	7	80	2
16SD41.3	761.15	778.39	0.98	0.0523	0.0028	0.14855	0.00784	0.02059	0.00036	0.0065	0.00016	300	118	141	7	131	2
16SD41.4	250.21	365.99	0.68	0.0457	0.0027	0.11863	0.00696	0.01882	0.00034	0.0061	0.00017	0	120	114	6	120	2
16SD41.5	202.46	200.17	1.01	0.0483	0.0062	0.12759	0.01602	0.01916	0.00058	0.0068	0.00032	114	277	122	14	122	4
16SD41.6	480.65	379.50	1.27	0.0542	0.0031	0.14671	0.00838	0.01963	0.00036	0.0067	0.00016	380	125	139	7	125	2
16SD41.7	245.16	376.06	0.65	0.0494	0.0037	0.12788	0.00947	0.01877	0.00039	0.006	0.00022	167	167	122	9	120	2
16SD41.8	1605.01	3346.14	0.48	0.0992	0.0022	0.25584	0.00593	0.0187	0.00026	0.0096	0.00015	1610	42	231	5	119	2
16SD41.9	1408.96	2700.36	0.52	0.0542	0.0018	0.15559	0.00515	0.0208	0.0003	0.0067	0.00014	381	72	147	5	133	2
16SD41.10	154.50	200.81	0.77	0.0532	0.0051	0.14352	0.01354	0.01956	0.00049	0.0068	0.00029	338	204	136	12	125	3
16SD41.11	694.40	777.26	0.89	0.0495	0.0021	0.13154	0.00552	0.01928	0.0003	0.0063	0.00012	170	95	126	5	123	2

行组标注：16SD40.5～16SD40.19 为 伟德山型花岗岩；16SD41.1～16SD41.11 为 崂山型花岗岩。

岩性	样品点	含量/10⁻⁶ Th	U	Th/U	同位素比值 207Pb/206Pb	1σ	207Pb/235U	1σ	206Pb/238U	1σ	208Pb/232Th	1σ	锆石年龄/Ma 207Pb/206Pb	1σ	207Pb/235U	1σ	206Pb/238U	1σ
崂山型花岗岩	16SD41.12	2047.81	3366.72	0.61	0.1267	0.0033	0.21502	0.00567	0.01231	0.00018	0.0104	0.00019	2053	46	198	5	79	1
	16SD41.13	1302.50	2421.86	0.54	0.0749	0.0023	0.18462	0.00574	0.01788	0.00016	0.0083	0.00027	1065	61	172	5	114	2
	16SD41.14	277.47	273.09	1.02	0.0471	0.0034	0.12837	0.00915	0.01976	0.00018	0.0065	0.00039	54	164	123	8	126	2
	16SD41.15	928.01	1020.03	0.91	0.179	0.0058	0.34459	0.01067	0.01396	0.00018	0.0098	0.00024	2643	52	301	8	89	2
	16SD41.16	306.15	290.22	1.05	0.0534	0.0034	0.13749	0.00852	0.01866	0.00015	0.0056	0.00035	347	136	131	8	119	2
	16SD41.17	518.22	623.74	0.83	0.0801	0.003	0.16718	0.00626	0.01514	0.00012	0.0063	0.00024	1199	73	157	5	97	2
	16SD41.18	257.63	363.70	0.71	0.0527	0.0032	0.14311	0.00852	0.01968	0.00018	0.006	0.00036	317	132	136	8	126	2
	16SD41.19	1512.32	2904.61	0.52	0.0615	0.0024	0.16672	0.00636	0.01966	0.00017	0.0077	0.0003	657	80	157	6	126	2
	16SD41.20	1354.25	2756.11	0.49	0.0527	0.0014	0.14627	0.00397	0.02013	0.00012	0.0067	0.00028	316	59	139	4	129	2
白垩纪脉岩	16SD34.1	352.97	332.70	1.06	0.0504	0.0035	0.12904	0.0087	0.01857	0.00017	0.0061	0.00036	214	151	123	8	119	3
	16SD34.2	185.80	208.24	0.89	0.0535	0.0041	0.13891	0.01036	0.01885	0.00019	0.0063	0.0004	348	163	132	9	120	2
	16SD34.3	1000.32	488.46	2.05	0.0494	0.003	0.12856	0.00766	0.01887	0.00012	0.0063	0.00034	167	136	123	7	121	4
	16SD34.4	288.33	283.80	1.02	0.054	0.0063	0.14533	0.01657	0.01953	0.00029	0.0066	0.00057	370	244	138	15	125	2
	16SD34.5	394.16	343.72	1.15	0.0529	0.0042	0.133	0.01025	0.01823	0.00018	0.0057	0.00039	326	169	127	9	116	2
	16SD34.6	410.92	378.30	1.09	0.0534	0.0043	0.13091	0.01042	0.01777	0.00018	0.0056	0.00039	348	174	125	9	114	5
	16SD34.7	29.59	73.67	0.40	0.046	0.0073	0.15503	0.02415	0.02446	0.00078	0.0077	0.00081	0	340	146	21	156	2
	16SD34.8	275.72	247.30	1.11	0.0539	0.0038	0.13645	0.00949	0.01838	0.00017	0.0062	0.00037	365	152	130	8	117	3
	16SD34.9	256.62	231.35	1.11	0.0503	0.0044	0.13566	0.01176	0.01958	0.00021	0.0061	0.00045	207	193	129	11	125	2
	16SD34.10	493.99	285.78	1.73	0.0516	0.0033	0.13755	0.0087	0.01932	0.00014	0.0064	0.00036	270	141	131	8	123	3
	16SD34.11	238.35	218.27	1.09	0.0525	0.0045	0.14143	0.01195	0.01956	0.00021	0.0059	0.00045	305	185	134	11	125	2
	16SD34.12	311.96	293.37	1.06	0.0441	0.0033	0.11666	0.0087	0.01919	0.00018	0.0063	0.00038	0	70	112	8	123	3
	16SD34.13	273.63	241.46	1.13	0.0533	0.0038	0.14008	0.0099	0.01907	0.00017	0.0058	0.00039	341	155	133	9	122	2
	16SD34.14	128.02	153.51	0.83	0.0513	0.0048	0.13323	0.01228	0.01883	0.00025	0.006	0.00046	255	203	127	11	120	2
	16SD34.15	304.77	259.41	1.17	0.0504	0.0037	0.13023	0.00938	0.01875	0.00017	0.0061	0.00038	213	162	124	8	120	2

续表

样品点	含量/10^{-6}		Th/U	同位素比值								锆石年龄/Ma					
	Th	U		$^{207}Pb/^{206}Pb$	1σ	$^{207}Pb/^{235}U$	1σ	$^{206}Pb/^{238}U$	1σ	$^{208}Pb/^{232}Th$	1σ	$^{207}Pb/^{206}Pb$	1σ	$^{207}Pb/^{235}U$	1σ	$^{206}Pb/^{238}U$	1σ
16SD34.16	282.60	303.53	0.93	0.0515	0.0038	0.13755	0.00983	0.01937	0.0004	0.0061	0.00019	264	159	131	9	124	3
16SD34.17	389.50	301.55	1.29	0.0704	0.0042	0.17581	0.01019	0.01811	0.00036	0.0066	0.00017	941	117	164	9	116	2
16SD34.18	276.25	246.81	1.12	0.0528	0.0042	0.14383	0.01126	0.01975	0.00043	0.0063	0.0002	321	171	136	10	126	3
16SD34.19	697.09	348.61	2.00	0.0499	0.0038	0.12614	0.00946	0.01833	0.00038	0.0056	0.00013	192	169	121	9	117	2
16SD34.20	315.46	251.21	1.26	0.0536	0.0042	0.14063	0.01083	0.01902	0.00041	0.0062	0.00018	355	168	134	10	122	3

白垩纪脉岩

石进行了20次分析，其中一个测点（16SD35.14）偏离谐和线较远，不谐和度较高，说明原锆石可能受后期热事件改造而导致铅丢失，其年龄不能代表锆石形成的年龄。剩余19个测点落在谐和线上或附近，年龄变化于143±2～2444±20Ma（表2-10）（对于年龄<1000Ma的年轻锆石采用^{206}Pb/^{238}U年龄；对于年龄>1000Ma的锆石则采用^{207}Pb/^{206}Pb的年龄。下同），可分为2组，分别为侏罗纪（143±2～174±3Ma，16个测点）、古元古代（2025±24～2444±20Ma，3个测点）。侏罗纪锆石大部分具有高的Th含量（17.92×10^{-6}～216.29×10^{-6}）和Th/U值（0.15～0.95），具有典型的振荡环带，加权平均年龄值为157.9±4.1Ma（MSWD=6.5）（图2-25a），代表了玲珑型花岗岩岩石结晶年龄。古元古代锆石呈残留核，但仍可见环带，测点位于核部，Th/U值为0.19～0.45，为来源于前寒武纪变质基底的继承性岩浆锆石。

16SD39样品中选出的锆石多为自形-他形板柱状，晶形多数不完整，表面偶见裂痕（图2-24）。样品中锆石颗粒大小不均，长短轴之比为1∶5～1∶1。多数锆石阴极发光图像显示内部振荡环带结构发育，且通过分析测试得出锆石具有较高Th/U值（均值为0.32）（表2-10），为典型的岩浆结晶锆石特征。采用LA-ICP-MS测试技术对20粒锆石进行了20次分析，获得年龄变化于125±2～2688±12Ma（表2-10），可将其分为7组，分别为早白垩世（125±2～134±2Ma，2个测点）、侏罗纪（154±2～172±3Ma，9个测点）、早古生代（487±7～622±8Ma，2个测点）、新元古代（966±13Ma，1个测点）、中元古代（1397±24Ma，1个测点）、古元古代（2383±13～2407±13Ma，2个测点）、新太古代（2534±12～2739±12Ma，3个测点）。早白垩世锆石具有典型振荡环带，Th/U值为0.57和0.88，为岩浆锆石。侏罗纪锆石中有3个测点（16SD39.4、16SD39.6、16SD39.7）在谐和图中偏离谐和线较远，不谐和度较高，其他6个锆石振荡环带发育良好，Th/U值为0.12～0.79，为岩浆锆石。早古生代锆石晶形不完整，但可见振荡环带发育，Th/U值为0.55和0.79，为岩浆锆石。新元古代和中元古代锆石Th/U值分别为0.33和0.44，振荡环带不发育，应为岩浆锆石。古元古代锆石（16SD39.2）呈继承核，可见环带，测点位于核部，Th/U值为0.20，为来自前寒武纪结晶基底的继承性岩浆锆石；古元古代锆石（16SD39.10）呈继承核，明显受后期事件改造而无环带，测点位于核部，Th/U值为0.04，边部锆石具面状分带，说明存在变质流体的作用，因此该锆石应为变质锆石。新太古代继承锆石呈残留核，但仍可见环带，Th含量为256.37×10^{-6}～1260.00×10^{-6}，Th/U值为0.14～0.51，应为岩浆锆石。6个侏罗纪锆石^{206}Pb/^{238}U年龄获取的加权平均年龄值为163.2±9.3Ma（MSWD=13）（图2-25b），即代表了岩石结晶年龄。

综上所述，玲珑型花岗岩结晶年龄为157.9～163.2Ma，即晚侏罗世。玲珑型花岗岩中继承锆石的发育，指示了玲珑型花岗岩物质来源的复杂性，既有华北板块新太古代结晶基底部分熔融的产物，也有来自苏鲁造山带新元古代花岗质片麻岩锆石的残留。

2）郭家岭型花岗岩

在16SD32样品中选出的锆石多为自形短柱-长柱状，晶形完整，表面光滑（图2-24）。样品中锆石颗粒较大，长短轴之比为1∶4～1∶2。多数锆石阴极发光图像显示内部振荡环带结构发育，且通过分析测试得出锆石具有较高Th/U值（0.17～0.66，均值为0.59）（表2-10），为典型的岩浆结晶锆石特征。采用LA-ICP-MS测试技术对16SD32样品的20粒锆石进行了20次分析，所得年龄值中有2个为古-中元古代（16SD32.11、16SD32.13），1个为早古生代（16SD32.7），应为继承锆石年龄。1个锆石数据（16SD32.18）在谐和图中偏离谐和线较远，不谐和度较高。其余16个锆石^{206}Pb/^{238}U值集中在早白垩世早期，加权平均年龄值为132.9±2.0Ma（MSWD=1.9）（图2-25c），即代表了该岩体的结晶年龄。

16SD36样品中的锆石特征与16SD32样品相似，多为自形柱状，晶形完整（图2-24）。阴极发光图像显示内部振荡环带结构发育，且具有较高Th/U值（0.31～0.89，均值为0.65）（表2-10），为典型的岩浆锆石特征。对20粒锆石进行了20次分析，所得^{206}Pb/^{238}U值集中在早白垩世，年龄变化范围较小，得到锆石加权平均年龄为130.0±2.0Ma（MSWD=3.6）（图2-25d），代表了岩体的结晶年龄。

上述2个样品分析结果说明，郭家岭型花岗岩的侵位年龄在130±2.0～132.9±2.0Ma，属早白垩世。

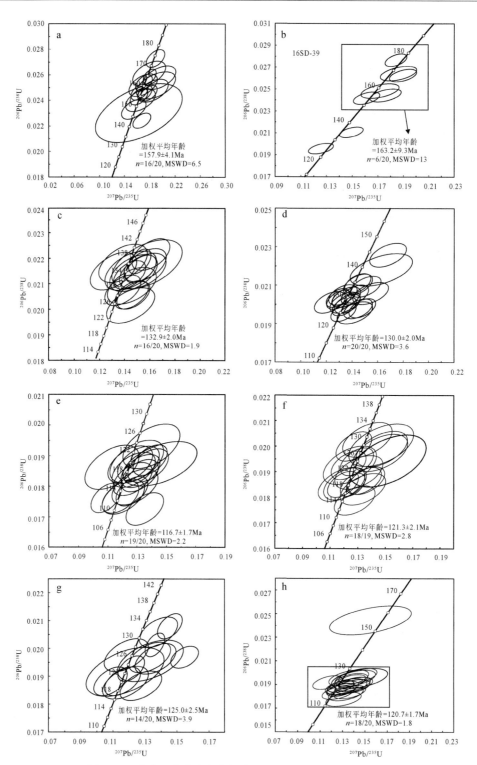

图 2-25　晚中生代花岗岩类的锆石 U-Pb 同位素年龄谐和图

a-16SD35；b-16SD39；c-16SD32；d-16SD36；e-16SD33；f-16SD40；g-16SD41；h-16SD34

3）伟德山型花岗岩

16SD33 和 16SD40 两个样品的锆石晶体多为自形至他形短柱–长柱状，晶形完整，表面光滑（图 2-24）。粒径为 100~340μm，长短轴之比为 1∶1~4∶1。锆石阴极发光图像显示内部振荡环带结构发育，且锆石具有较高 Th/U 值（0.82~2.23，均值为 1.11）（表 2-10），显示了岩浆锆石特点。

采用 LA-ICP-MS U-Pb 测试技术对 16SD33 样品的 20 粒锆石进行了 20 次分析，其中一个测点

（16SD33.8）偏离谐和线较远，不谐和度较高。剩余 19 个测点落在谐和线上或附近，获得的 $^{206}Pb/^{238}U$ 年龄变化于 113±2 ~ 123±3Ma（表 2-10），加权平均年龄为 116.7±1.7Ma（MSWD = 2.2）（图 2-25e），代表了该样品的结晶年龄。

采用 LA-ICP-MS U-Pb 测试技术对 16SD40 样品的 19 粒锆石进行了 19 次分析，其中一个测点（16SD40.19）偏离谐和线较远，不谐和度较高，其年龄不能代表锆石形成的年龄。剩余 18 个测点落在谐和线上或附近，获得的 $^{206}Pb/^{238}U$ 年龄变化于 114±2 ~ 129±3Ma（表 2-10），加权平均年龄为 121.3±2.1Ma（MSWD = 2.8）（图 2-25f），代表了该样品的结晶年龄。因此，伟德山型花岗岩的侵位年龄为 116.7 ~ 121.3Ma，属早白垩世。

4）白垩纪脉岩（角闪二长斑岩）

样品 16SD34 中选出的锆石多为自形短柱-长柱状，晶形完整，表面光滑（图 2-24）。颗粒较大，长短轴之比为 1∶5 ~ 1∶2。多数锆石阴极发光图像显示内部振荡环带结构发育，且锆石具有较高 Th/U 值（0.40 ~ 2.05，多数>0.80，均值为 1.17）（表 2-10），为典型的岩浆结晶锆石特征。对 16SD34 样品的 20 粒锆石进行了 20 次分析，所得年龄值中有 1 个侏罗纪年龄（16SD34.7），应为捕获锆石年龄。1 个锆石数据（16SD34.17）在谐和图中偏离谐和线较远，不谐和度较高。其余 18 个 $^{206}Pb/^{238}U$ 加权平均年龄值为 120.7±1.7Ma（MSWD = 1.8）（图 2-25h），代表了岩浆侵位年龄。

5）崂山型花岗岩

选取中粗粒二长花岗岩（16SD41）样品进行锆石微区 LA-ICP-MS U-Pb 测年。锆石晶体多为自形至他形短柱-长柱状，晶形完整，表面光滑（图 2-24）。粒径为 100 ~ 400μm，长短轴之比为 1∶1 ~ 5∶1。锆石阴极发光图像显示内部振荡环带结构发育，且锆石具有较高 Th/U 值（0.48 ~ 1.27，均值为 0.78）（表 2-10），显示了岩浆锆石特点。采用 LA-ICP-MS U-Pb 测试技术对 16SD40 样品的 20 粒锆石进行了 20 次分析，其中 6 个测点（16SD41.2、16SD41.8、16SD41.12、16SD41.13、16SD41.15、16SD41.17）偏离谐和线较远，不谐和度较高，其年龄并不能代表锆石形成的年龄。剩余 14 个测点落在谐和线上或附近，获得的 $^{206}Pb/^{238}U$ 年龄变化于 119±2 ~ 133±2Ma（表 2-10），加权平均年龄为 125.0±2.5Ma（MSWD = 3.9）（图 2-25g），代表了该样品的结晶年龄。因此，崂山型花岗岩的侵位年龄在 125Ma 左右，属早白垩世。

6）柳林庄型闪长岩

挑选柳林庄岩体的 2 件样品（16SD30 和 16SD31）和夏河城岩体的 1 件样品（16SD50）进行了锆石 U-Pb 年龄测试。

样品 16SD30 分选出大量的锆石，锆石多呈短柱状、宽板状，粒径为 50 ~ 400μm，大多为 200μm 左右，长短轴之比为 1∶1 ~ 3∶1。完整晶形的锆石较少，常为锆石碎块，部分锆石具熔蚀现象。锆石具有清晰的板条状、扇状韵律环带（图 2-26a），呈现典型基性岩的锆石特征。测试结果显示（表 2-11），锆石的 U 含量变化大，为 $237.2×10^{-6}$ ~ $1048.2×10^{-6}$，大多集中在 $440.9×10^{-6}$ ~ $847.5×10^{-6}$，Th/U 值为 1.1 ~ 1.8，均大于 0.6，显示了岩浆锆石特点。20 颗锆石 $^{206}Pb/^{238}U$ 年龄分布在 117.2 ~ 131Ma，其中 11 颗谐和度高的锆石加权平均年龄为 120.1±1.6Ma（MSWD = 1.40）（图 2-26b），代表了该岩石的成岩年龄。

样品 16SD31 的锆石多呈短柱状-长柱状，粒径为 50 ~ 500μm，多在 200μm 左右，长短轴之比为 1∶1 ~ 5∶1，部分锆石有熔蚀现象。CL 图像中多数锆石不发育环带（图 2-26c），而呈板条状图案，也是基性岩锆石的典型特征。测试结果显示（表 2-11），锆石的 U 含量为 $114.6×10^{-6}$ ~ $695.6×10^{-6}$，Th/U 值为 0.8 ~ 1.7，显示了岩浆锆石特点。20 颗锆石 $^{206}Pb/^{238}U$ 年龄集中分布在 111.4 ~ 124.9Ma，加权平均年龄为 118.3±1.7Ma（MSWD = 1.70）（图 2-26d），代表了该岩石的成岩年龄。

用于测年的 16SD50 样品岩性为细粒黑云石英二长岩，锆石晶体呈等轴粒状-短柱状，粒径为 35 ~ 230μm，多在 70μm 左右，长短轴之比为 1∶1 ~ 4∶1。锆石晶形完好，多数锆石发育清晰的岩浆生长振荡环带（图 2-26e）。测试结果显示（表 2-11），锆石的 U 含量为 $34.8×10^{-6}$ ~ $166.8×10^{-6}$，Th/U 值除 1 个点为 0.4 外，其余为 0.8 ~ 2.0，显示了岩浆锆石特点。19 颗锆石 $^{206}Pb/^{238}U$ 年龄分布在 83.9 ~ 137.6Ma，其中 15 颗谐和度高的锆石加权平均年龄为 122.3±4.0Ma（MSWD = 0.57）（图 2-26f），代表了该岩体的就位时代。

表 2-11　高镁闪长岩样品的锆石 LA-ICP-MS U-Pb 分析结果

样品点		含量/10⁻⁶ Pb	含量/10⁻⁶ U	Th/U	同位素比值 207Pb/206Pb	1σ	207Pb/235U	1σ	206Pb/238U	1σ	锆石年龄/Ma 207Pb/206Pb	1σ	207Pb/235U	1σ	206Pb/238U	1σ
16SD30	30.1	11.4	440.9	1.2	0.0440	0.0027	0.11562	0.00697	0.01908	0.00034	0.1	30.5	111.1	6.34	121.8	2.15
	30.2	22.6	740.2	1.8	0.0482	0.0022	0.13099	0.00593	0.01972	0.00031	108.4	104.3	125.0	5.33	125.9	1.99
	30.3	19.4	712.3	1.2	0.0476	0.0023	0.13099	0.00620	0.01996	0.00032	79.1	110.2	125.0	5.56	127.4	2.04
	30.4	21.4	808.6	1.1	0.0487	0.0024	0.13333	0.00660	0.01985	0.00033	134.3	113.4	127.1	5.91	126.7	2.07
	30.5	13.2	489.6	1.3	0.0507	0.0033	0.13216	0.00858	0.01893	0.00036	224.9	145.5	126.0	7.69	120.9	2.29
	30.6	6.4	237.2	1.2	0.0496	0.0051	0.13799	0.01399	0.02018	0.00052	176.7	225.0	131.3	12.5	128.8	3.3
	30.7	26.8	847.5	1.8	0.0504	0.0023	0.14022	0.00634	0.02018	0.00032	213.6	102.3	133.2	5.65	128.8	2.04
	30.8	9.5	361.4	1.1	0.0531	0.0042	0.15014	0.01164	0.02052	0.00044	331.4	169.5	142.0	10.3	131.0	2.81
	30.9	14.1	526.6	1.3	0.0451	0.0033	0.12337	0.00892	0.01984	0.00039	0.1	119.0	118.1	8.06	126.7	2.48
	30.10	25.4	1010.9	1.1	0.0499	0.0022	0.13000	0.00558	0.01889	0.00029	190.7	97.5	124.1	5.02	120.7	1.86
	30.11	27.0	1048.2	1.1	0.0487	0.0021	0.12887	0.00547	0.01921	0.00030	131.6	97.4	123.1	4.92	122.6	1.88
	30.12	14.4	542.0	1.2	0.0495	0.0030	0.12981	0.00774	0.01902	0.00034	172.1	135.4	123.9	6.96	121.4	2.18
	30.13	15.7	595.1	1.2	0.0492	0.0028	0.13124	0.00740	0.01935	0.00034	157.3	128.6	125.2	6.65	123.5	2.14
	30.14	24.2	836.6	1.7	0.0502	0.0021	0.13056	0.00542	0.01886	0.00029	204.0	94.0	124.6	4.86	120.5	1.84
	30.15	16.5	640.9	1.4	0.0494	0.0023	0.12357	0.00566	0.01814	0.00029	166.6	104.4	118.3	5.11	115.9	1.82
	30.16	20.6	760.7	1.3	0.0482	0.0022	0.13013	0.00596	0.01960	0.00031	107.1	105.5	124.2	5.36	125.1	1.97
	30.17	12.3	474.7	1.3	0.0493	0.0026	0.12756	0.0066	0.01875	0.00031	163.3	117.9	121.9	5.94	119.8	1.98
	30.18	14.6	584.6	1.1	0.0490	0.0024	0.12507	0.00595	0.01850	0.00030	148.7	108.8	119.7	5.37	118.2	1.89
	30.19	12.0	441.4	1.3	0.0482	0.0031	0.12963	0.00813	0.01950	0.00036	109.5	143.8	123.8	7.31	124.5	2.26
	30.20	8.0	304.7	1.4	0.0496	0.0034	0.12544	0.00839	0.01835	0.00035	174.4	151.3	120.0	7.57	117.2	2.23
16SD31	31.1	9.4	355.6	1.2	0.0507	0.0038	0.13034	0.00947	0.01865	0.00038	226.4	162.7	124.4	8.51	119.1	2.40
	31.2	4.6	158.9	1.5	0.0530	0.0070	0.13858	0.01783	0.01895	0.00059	330.3	273.6	131.8	15.9	121.0	3.73
	31.3	8.3	302.4	1.4	0.0519	0.0046	0.13464	0.01166	0.01880	0.00043	282.7	189.7	128.3	10.4	120.1	2.74
	31.4	5.7	228.2	1.3	0.0439	0.0041	0.11223	0.01038	0.01855	0.00042	0.1	98.36	108.0	9.47	118.5	2.67
	31.5	3.3	134.1	1.2	0.0496	0.0062	0.12070	0.01483	0.01766	0.00051	175.6	268.5	115.7	13.4	112.8	3.24
	31.6	7.7	279.2	1.7	0.0441	0.0045	0.10585	0.01056	0.01742	0.00041	0.1	125.2	102.2	9.69	111.4	2.60

续表

样品点		含量/10⁻⁶		Th/U	同位素比值						锆石年龄/Ma					
		Pb	U		$^{207}Pb/^{206}Pb$	1σ	$^{207}Pb/^{235}U$	1σ	$^{206}Pb/^{238}U$	1σ	$^{207}Pb/^{206}Pb$	1σ	$^{207}Pb/^{235}U$	1σ	$^{206}Pb/^{238}U$	1σ
16SD31	31.7	6.4	251.0	1.0	0.0508	0.0051	0.13063	0.01286	0.01865	0.00047	231.6	216.6	124.7	11.6	119.1	3.00
	31.8	3.8	141.1	1.3	0.0515	0.0073	0.13260	0.01826	0.01868	0.00063	262.2	294.9	126.4	16.4	119.3	4.00
	31.9	8.5	312.8	1.4	0.0473	0.0041	0.12172	0.01031	0.01866	0.00041	64.9	194.1	116.6	9.34	119.2	2.59
	31.10	7.1	281.0	1.3	0.0514	0.0054	0.12502	0.01291	0.01764	0.00046	258.6	225.2	119.6	11.7	112.7	2.92
	31.11	10.6	389.1	1.3	0.0506	0.0043	0.13233	0.01096	0.01898	0.00043	220.8	184.6	126.2	9.83	121.2	2.69
	31.12	10.0	436.5	0.8	0.0462	0.0043	0.11339	0.01031	0.01779	0.00041	10.2	209.0	109.1	9.41	113.6	2.60
	31.13	5.2	202.2	1.2	0.0448	0.0040	0.11618	0.01006	0.01879	0.00041	0.1	137.6	111.6	9.15	120.0	2.62
	31.14	2.7	117.0	0.9	0.0467	0.0068	0.11597	0.01643	0.01802	0.00060	32.5	314.5	111.4	15.0	115.1	3.80
	31.15	3.8	153.0	1.2	0.0434	0.0049	0.10904	0.01196	0.01822	0.00047	0.1	111.3	105.1	11.0	116.4	2.98
	31.16	6.6	275.8	0.9	0.0463	0.0037	0.11825	0.00927	0.01854	0.00039	10.6	181.6	113.5	8.42	118.5	2.45
	31.17	2.7	114.6	0.8	0.0480	0.0065	0.12084	0.01593	0.01828	0.00057	95.7	292.1	115.8	14.4	116.8	3.62
	31.18	8.3	354.3	0.8	0.0497	0.0035	0.12841	0.00883	0.01875	0.00037	179.4	155.4	122.7	7.94	119.8	2.35
	31.19	19.4	695.6	1.4	0.0497	0.0024	0.13410	0.00646	0.01956	0.00032	182.3	109.6	127.8	5.78	124.9	2.02
	31.20	6.2	240.4	1.3	0.0463	0.0037	0.11785	0.00937	0.01847	0.00039	12.7	183.7	113.1	8.51	118.0	2.44
16SD50	50.1	1.7	53.7	1.3	0.0618	0.0378	0.15298	0.09090	0.01795	0.00267	668.1	949.5	144.5	80.1	114.7	16.9
	50.2	2.2	65.8	0.9	0.1369	0.0641	0.37145	0.16386	0.01969	0.00317	2188.0	646.3	320.7	121.0	125.7	20.0
	50.3	3.0	111.9	1.5	0.0940	0.0414	0.16978	0.07144	0.01310	0.00170	1508.6	660.2	159.2	62.0	83.9	10.8
	50.4	2.8	83.6	1.5	0.0508	0.0159	0.15121	0.04610	0.02158	0.00150	233.5	595.0	143.0	40.7	137.6	9.4
	50.5	3.6	141.9	0.4	0.0496	0.0120	0.13555	0.03201	0.01981	0.00109	178.2	483.5	129.1	28.6	126.4	6.89
	50.6	4.6	151.2	1.6	0.0512	0.0145	0.13128	0.03620	0.01859	0.00120	251.4	545.7	125.2	32.5	118.7	7.6
	50.7	1.8	61.8	1.0	0.0483	0.0154	0.12451	0.03884	0.01869	0.00128	115.5	617.3	119.2	35.1	119.4	8.1
	50.8	1.5	61.0	0.8	0.0487	0.0104	0.12752	0.02677	0.01900	0.00084	132.3	437.8	121.9	24.1	121.3	5.3
	50.9	1.4	62.0	1.3	0.0522	0.0437	0.09816	0.08018	0.01364	0.00259	293.4	1253.0	95.1	74.1	87.4	16.5
	50.10	1.5	58.0	1.4	0.0471	0.0210	0.11336	0.04954	0.01746	0.00164	53.3	818.7	109.0	45.2	111.6	10.4
	50.11	4.1	166.8	2.0	0.0480	0.0157	0.0933	0.02986	0.01409	0.00100	100.5	632.5	90.6	27.7	90.2	6.4
	50.12	2.1	73.9	1.1	0.0519	0.0170	0.14703	0.04700	0.02055	0.00152	280.8	614.6	139.3	41.6	131.1	9.6

续表

样品点		含量/10⁻⁶		Th/U	同位素比值						锆石年龄/Ma					
		Pb	U		$^{207}Pb/^{206}Pb$	1σ	$^{207}Pb/^{235}U$	1σ	$^{206}Pb/^{238}U$	1σ	$^{207}Pb/^{206}Pb$	1σ	$^{207}Pb/^{235}U$	1σ	$^{206}Pb/^{238}U$	1σ
16SD50	50.13	2.5	119.6	1.0	0.0515	0.0160	0.11072	0.03372	0.01560	0.00108	261.4	591.8	106.6	30.8	99.8	6.9
	50.14	0.9	34.8	0.9	0.0464	0.0165	0.12728	0.04444	0.01989	0.00145	18.2	687.2	121.6	40.0	127.0	9.2
	50.15	2.4	71.5	1.3	0.0459	0.0199	0.13267	0.05622	0.02095	0.00192	0.1	799.6	126.5	50.4	133.7	12.1
	50.16	2.7	85.1	2.0	0.0472	0.0112	0.12088	0.02794	0.01857	0.00097	59.2	484.0	115.9	25.3	118.6	6.1
	50.17	1.7	62.8	1.2	0.0455	0.0154	0.12466	0.04136	0.01986	0.00135	0.1	635.7	119.3	37.3	126.8	8.6
	50.18	2.6	95.5	1.5	0.0482	0.0092	0.12359	0.02304	0.01861	0.00080	106.9	396.9	118.3	20.8	118.8	5.1
	50.19	1.7	73.7	0.9	0.0489	0.0159	0.12519	0.03975	0.01857	0.00133	141.5	624.5	119.8	35.9	118.6	8.4

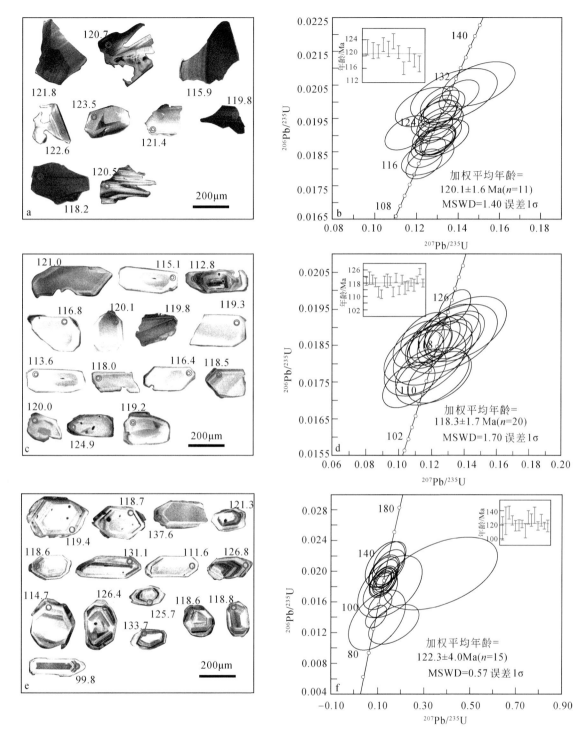

图 2-26　高镁闪长岩的锆石 CL 图和 U-Pb 年龄谐和图（锆石 CL 图中的红色圈示测点位置）
a-16SD30 锆石 CL 图；b-16SD30 U-Pb 年龄谐和图；c-16SD31 锆石 CL 图；d-16SD31 U-Pb 年龄谐和图；
e-16SD50 锆石 CL 图；f-16SD50 U-Pb 年龄谐和图

4. 岩浆源区及岩石成因

1）玲珑型花岗岩

玲珑型花岗岩具有高 Na_2O+K_2O、Al_2O_3，低 MgO 和富集 LREE、LILE，亏损 HFSE 的地球化学特征，为具有陆壳特征的高钾钙碱性岩系、钾质花岗岩。岩石的主量元素 TFe_2O_3、MgO、CaO、TiO_2、P_2O_5 与 SiO_2 呈明显的负相关关系，说明为同源岩浆演化的产物。样品的 $w(La)/w(Nb)$ 为 4.59~5.80，平均为

5.23，高于大陆地壳的平均值（2.2）；w（Th）/w（Nb）为 0.84 ~ 1.02，平均为 0.92，也高于大陆地壳的平均值（0.44）（Saunders et al.，1988；Weaver，1991）；Rb/Sr 值为 0.14 ~ 0.15，平均为 0.14，Rb/Ba 值为 0.04 ~ 0.05，平均为 0.04，接近下地壳值（0.17 和 0.07）。这些数值明显不同于地幔值（McDonough and Sun，1995）（表 2-3）。P 和 Ti 的亏损类似于弧源古老地壳（Fitton et al.，1991）。Nb、Ta 负异常和 Pb 正异常显示为大陆壳特征。Sr 含量（质量分数平均为 609.1×10⁻⁶）高，Y 含量（质量分数平均为 5.41×10⁻⁶）和 Yb 含量（质量分数平均为 0.42×10⁻⁶）低，为高 Sr 低 Y 型花岗岩（张旗等，2005）。在 Sr-Nd 关系图解（图 2-27a）和 Sr/Y-Y 图解（图 2-27b）中，数据点分别落入扬子下地壳与华北上地壳之间及埃达克岩区域，指示玲珑型花岗岩具有埃达克岩特征。另外，岩石无明显的铕异常（δEu = 0.92 ~ 1.02），也与埃达克岩稀土特征相似。一般认为，埃达克岩有两种可能的成因，一是与俯冲洋壳熔融相关，二是与下地壳熔融相关。源于俯冲板片熔融的埃达克岩，平均 K₂O 含量为 1.72%（Martin，1999），而研究区玲珑型花岗岩具有较高的 K₂O 含量（3.88% ~ 4.24%）（表 2-3），这种富 K 特征与下地壳来源的埃达克岩类似（Xu et al.，2002；Wang et al.，2005）。另外，下地壳熔融形成的埃达克岩 Mg# 一般小于 40（Rapp and Watson，1999），Cr、Ni 含量较低，玲珑型花岗岩与之相符。结合前人研究认为，玲珑型花岗岩为陆壳重熔的 S 型花岗岩。

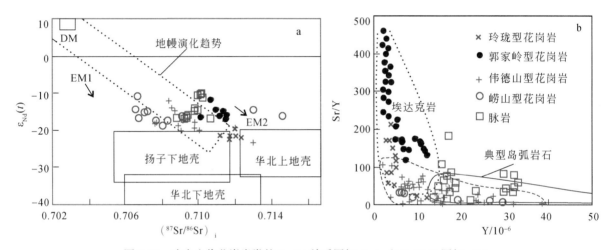

图 2-27　晚中生代花岗岩类的 Sr-Nd 关系图解（a）和 Sr/Y-Y 图解（b）

底图分别据 Defant and Drummond，1990 及 Yang et al.，2012。除本书数据外，还收集其他数据。玲珑型和郭家岭型花岗岩及 a 图中的基性岩脉数据来源于 Yang et al.，2012 和宋英昕等，2018；a 图中的伟德山型花岗岩数据来源于黄洁等，2005 和董学等，2020；a 图中的崂山型花岗岩数据来源于赵广涛等，1997；b 图中的伟德山型和崂山型花岗岩数据来源于 Goss et al.，2010；b 图中的基性脉岩数据来源于 Ma et al.，2014a，2014b

2）郭家岭型花岗岩

郭家岭型花岗岩岩石化学成分属钠质花岗岩，以高钾钙碱岩系列为主，富集 CaO、TFe₂O₃、MgO、LREE、LILE，亏损 HFSE，无明显的负铕异常等，显示出典型的高 Ba-Sr 花岗岩所具有的地球化学特征。在 Sr/Y-Y 图解（图 2-27b）上所有样品点都落入埃达克岩的区域。K₂O 含量为 3.15% ~ 4.29%，富 K 特征与下地壳来源的埃达克岩类似；Mg# 值为 52.15 ~ 53.28，Cr、Ni 含量比玲珑型花岗岩大幅提高，说明存在幔源物质的参与，可能与幔源物质的底侵作用或加厚的下地壳拆沉作用有关。另外，郭家岭型花岗岩的 La/Ta 值为 50.84 ~ 94.44，平均为 73.72（表 2-4），大于 25，显示出幔源岩浆岩的特点（Lassiter and Depaolo，1997）；Nb/Ta 值为 15.82 ~ 18.11（表 2-4），平均为 16.64，明显高于陆壳岩石（11 左右），接近幔源岩石（17.5±2）（Taylor and Mclennan，1985；Green，1995），也显示出壳幔混合成因的特点。⁸⁷Sr/⁸⁶Sr 值为 0.7028 ~ 0.7160，变化范围较大，指示岩浆可能来自不同的源区；δ¹⁸O 值为 9.4‰ ~ 11.5‰，主要属高 δ¹⁸O 值花岗岩类，暗示岩浆源区壳源成分较多（宋明春等，2009）。花岗岩中普遍含有微粒闪长岩包体，详细的岩石学、地球化学及副矿物组合研究表明，包体来自地幔源区。

郭家岭型花岗岩的总体地球化学特征类似于年轻的 TTG（<3Ga）和钠质花岗岩，而钠质花岗岩是由

年轻的底侵作用形成的镁铁质岩石部分熔融形成。郭家岭型花岗岩 Sr、Nd 同位素比值变化范围较大，反映了源区的 Sr 同位素组成特征或表明在岩浆上升或形成过程中受到中、上地壳物质的混染。总之，郭家岭型花岗岩是由壳、幔混合岩浆经历结晶分异形成，属 I 型花岗岩。可能是由早先基性岩浆底侵作用形成的下地壳镁铁质岩石脱水部分熔融作用形成，部分继承了岩石圈地幔的地球化学性质和同位素组成（杨进辉等，2003）。

3）伟德山型花岗岩

伟德山型花岗岩岩石化学组成富硅、铝、碱，贫 MgO、MnO 和 CaO，属于陆壳属性的高钾钙碱性岩和橄榄安粗岩系列。岩石富集大离子亲石元素和轻稀土元素，亏损 Nb、Ta，暗示岩浆源区曾遭受地壳物质的混染或俯冲残留洋壳流体的交代（Fitton et al.，1991）；大部分样品的 Rb/Sr 值（平均为 0.24）和 Rb/Ba 值（平均为 0.13）接近下地壳值（0.17，0.07）（McDonough and Sun，1995）。前人对牙山岩体的研究也说明岩浆来源于下地壳（Yang et al.，2004b；张华峰等，2006）。

伟德山型花岗岩中普遍含有具有幔源地球化学特征的微粒闪长质包体（胡芳芳等，2005a；张华锋等，2006；Goss et al.，2010）。Goss 等（2010）测试的牙山岩体中的微晶粒状包体的锆石 SHRIMP U-Pb 年龄为 116±1Ma，与寄主岩石同位素年龄在误差范围内一致，指示包体与寄主岩石是同时形成的。岩相学和地球化学特征表明，伟德山型花岗岩及其包体是壳源酸性岩浆与幔源基性岩浆混合的结果（Landi et al.，2004），两种岩浆可能分别来源于富集岩石圈地幔和地壳（胡芳芳等，2005b；张华峰等，2006；张田和张岳桥，2007）。样品的 Ba、Sr 含量高，为高 Ba-Sr 花岗岩类，不同于传统的 I、S、M 和 A 型花岗岩的相对低 Ba、Sr 含量特征，同时，岩石富集地幔型 Sr-Nd-Pb 同位素组成，即高的初始 Sr 同位素比值、低的 $\varepsilon_{Nd}(t)$ 值和低的放射成因 Pb 同位素组成，指示岩浆源区为富集的岩石圈地幔和下地壳。在 Sr/Y-Y 图解（图 2-27b）中，样品投点于埃达克岩和岛弧岩石区，许多样品位于岛弧区。结合岩浆活动区位于中生代的欧亚大陆东缘分析，伟德山型花岗岩类成岩背景为活动大陆边缘，与太平洋板块俯冲有着密切联系，可能是太平洋板块向欧亚板块俯冲过程中形成的大陆弧岩浆岩。

4）柳林庄型闪长岩

柳林庄型闪长岩具有低硅、高镁和富钠特征，以及相对高的 Cr、Ni、Co、Sc 含量、Sr/Y 值和明显贫化的 Zr 含量，指示原始岩浆具有地幔源区性质（Rapp and Watson，1999）。比较发现，夏河城岩体具有更高的 MgO 含量、Mg# 值和 Cr、Ni、Co、Sc 含量，指示其更接近于原始岩浆特征，而柳林庄岩体代表演化程度较高的岩浆。从样品富集 LREE 和 LILE 以及亏损 HFSE 等特征看，岩浆与富集地幔源区有关（Pearce，1982），而与来源于软流圈地幔的具有亏损 LREE 和 LILE 特征的 MORB 明显不同（Sun and Mc-Donough，1989）。岩石的 $^{87}Sr/^{86}Sr$ 初始值（0.7082~0.7083）、低的 ε_{Nd}（113Ma）值（-20.5~-16.8），也暗示岩浆起源于富集岩石圈地幔的部分熔融，明显不同于软流圈地幔的亏损 Nd 同位素组成 [$\varepsilon_{Nd}(t)$ 值 >0] 和低的 $^{87}Sr/^{86}Sr$ 初始值。样品均具有较为平坦的 HREE 配分模式，Y/Yb 值接近 10（10.2~11.76），表明其源区残留相主要为角闪石（高永丰等，2003）。样品的岩石地球化学及 Sr-Nd 同位素特征与鲁西中生代高镁闪长岩及胶东白垩纪基性脉岩相似，前者认为是来源于上地幔橄榄岩的部分熔融（杨承海等，2006），后者的源区认为是富集的不均匀岩石圈地幔（Yang et al.，2004a）或是弥散状角闪石相橄榄岩富集地幔部分熔融作用的产物（谭俊等，2006），这些同时代、同区域（或相邻区域）的幔源岩浆活动为相同大地构造环境的产物，指示柳林庄型闪长岩的源区性质同样应是富集的不均匀岩石圈地幔。

柳林庄型闪长岩（尤其是夏河城岩体）与俯冲环境高镁安山岩具有相似的地球化学特征（图 2-22e）。实验研究表明，从玄武质岩石演化到高镁安山质岩石需要消耗残留体中的单斜辉石以增加 SiO₂ 和 MgO 含量（Wood and Turner，2009）。因此，胶东高镁闪长岩形成过程中可能消耗了源区的单斜辉石，并残留有角闪石。从柳林庄型闪长岩的 Al_2O_3/TiO_2 值和 Sr/Y 值与 SiO_2 关系看，具有较好的正相关性（图 2-28a、b），表明其形成于富含水的岩浆系统中，经历了消耗单斜辉石并在源区残留角闪石的含水岩浆演化过程（Loucks，2014）。同时，实验岩石学研究也证明了含水矿物金云母和角闪岩只能稳定存在于岩石圈地幔（Olafsson and Eggler，1983）。含金云母源区的熔体具有低的 Ba 和 Ba/Rb 值（<20），而含角闪石源区的熔

体具有较低的 Rb/Sr 值（<0.1）和高的 Ba/Rb 值（>10）（Furman and Graham，1999）。柳林庄和夏河城岩体的 Rb/Sr 值分别为 0.12~0.36 和 0.04~0.05，Ba/Rb 值分别为 10.54~21.70 和 27.91~47.25，这说明柳林庄岩体来源于含金云母的岩石圈地幔，而夏河城岩体源于含角闪石的岩石圈地幔(图 2-28c)。

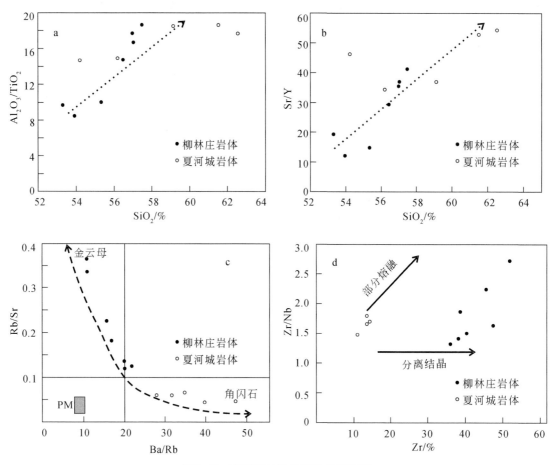

图 2-28　高镁闪长岩地球化学关系图

已有研究表明，高镁闪长岩具有与高镁安山岩相似的地球化学特征及形成背景（Kamei et al.，2004；田伟等，2009；Yin et al.，2010；付长亮等，2010）。高镁安山岩（通常 SiO_2 含量为 53%~60%，MgO 含量>4%，$Mg^\#$>0.45）包括赞岐岩、高镁埃达克岩、Bajaitic HMA 和玻安岩 4 种岩性（Kamei et al.，2004），岩石由来源于地幔的原始岩浆形成，一般产于汇聚板块边缘（Kay，1978；Jenner，1981），与年轻的或热的板片俯冲有关（Furukawa and Tatsumi，1999）。柳林庄型闪长岩与典型的玻安岩相比，MgO 含量较低（3.6%~8.1%，玻安岩 MgO>8%），TiO_2 含量高（0.757%~1.67%，玻安岩 TiO_2<0.5%）；与 Bajaites 相比，其 Sr 含量偏低（564×10^{-6}~1093×10^{-6}，Bajaites 的 Sr>1000×10^{-6}），因而不属于这两类岩石。在高镁安山岩分类图上（图 2-29a、b），柳林庄型闪长岩投点于高镁埃达克岩与赞岐岩之间。其中，夏河城岩体在高 $Mg^\#$ 值、较高的 Cr、Ni 含量和 HREE 含量低（表 2-8）等方面更接近赞岐岩（赞岐岩 $Mg^\#$>0.6、Ni 和 Cr>100×10^{-6}、HREE 含量低）。在相关微量元素变异图上，胶东高镁闪长岩投点于埃达克质安山岩与正常安山岩之间（图 2-29c）及埃达克岩与 Piip 型高镁安山岩之间（图 2-29d）。其中，柳林庄岩体偏向于正常安山岩，夏河城岩体接近于由富集地幔楔橄榄岩部分熔融形成的 Piip 型高镁安山岩。

柳林庄型闪长岩轻稀土元素中等程度富集（LREE/HREE 值为 9.45~18.20；$(La/Yb)_N$ 为 11.72~31.73），表明它们经历了较高程度的部分熔融。夏河城岩体具有赞岐岩和 Piip 型高镁安山岩地球化学特点，岩石中高的 $Mg^\#$（0.66~0.68）、Cr（>200×10^{-6}）含量，指示其未经历显著的分异结晶，代表了较为原始的岩浆成分，可能由不均匀的富集地幔橄榄岩直接熔融形成。与夏河城岩体及赞岐岩相比，柳林庄

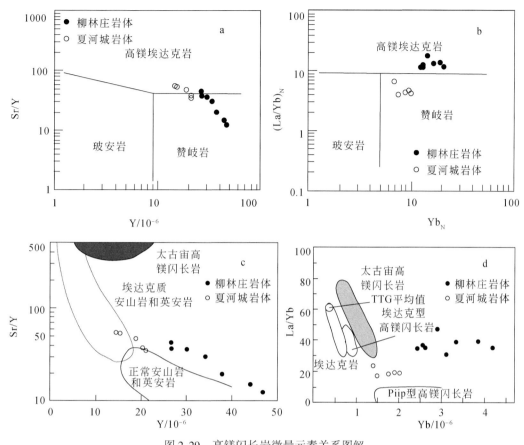

图 2-29　高镁闪长岩微量元素关系图解

a-Sr/Y-Y（据 Kamei et al.，2004）；b-(La/Yb)$_N$-Yb$_N$（据 Kamei et al.，2004）；c-Sr/Y-Y

（据 Smithies and Champion，2000）；d-La/Yb-Yb（据 Yogodzinski et al.，1995）

岩体的 MgO、Ni 和 Cr 含量明显偏低，K$_2$O 和 LILE 值较高，指示岩浆中混染了部分地壳物质；岩石的 Nb 和 Ta 明显亏损、LILE 和 LREE 富集、Ba/La 值（14.79～71.80）和 Ba/Th 值（71.35～779.11）高、Th/Yb 值（0.79～9.38）小等特征，加之岩石中含有丰富的指示岩浆具有较高水逸度的角闪岩和黑云母，说明岩浆源区物质成分与消减洋壳板片的部分熔融有关，可能是由地幔橄榄岩与消减洋壳板片部分熔融产生的富 Si 质熔体平衡反应形成的，在岩浆上侵过程中混染了部分地壳物质。在 Zr/Nb-Zr 图解（图 2-28d）中，胶东高镁闪长岩样品总体显示出分离结晶趋势；样品的 SiO$_2$ 含量与 TFe$_2$O$_3$、MgO、P$_2$O$_5$ 和 CaO 含量呈负相关性（表 2-8），指示存在钛铁矿和橄榄石以及辉石等矿物的分离结晶；而弱的 Eu 负异常则暗示斜长石不是源区主要的残留相矿物。

5）崂山型花岗岩

崂山型花岗岩岩石地球化学成分中明显富硅、碱，钙的质量分数低，LILE 富集、HFSE 亏损，Eu（0.52～0.68）负异常明显，为 A 型花岗岩的典型特征，属钾质花岗岩，高钾钙碱性岩系列。微量元素质量分数显示了低 Ba、高 Rb 的低 Ba、Sr 花岗岩特点。在 Sr/Y-Y 图上样品主要投点于岛弧岩石区域（图 2-27b）。K$_2$O 含量为 4.54%～4.95%，Mg$^\#$ 值为 36.93～37.92，Cr、Ni 含量较低，说明与下地壳物质关系密切，与幔源物质关系不大。花岗岩的 La/Ta 值为 20.23～26.88，平均为 24.72，小于 25，未显示出幔源岩浆岩的特点（Lassiter and Depaolo，1997），Nb/Ta 值为 11.30～12.23，平均为 11.78，接近陆壳岩石（11 左右）（Taylor and Mclennan，1985；Green，1995），显示出陆壳重熔型花岗岩特点。岩石中 ^{87}Sr/^{86}Sr 初始值为 0.7091，与玄武岩源区岩浆岩相似。地质产状分析表明，崂山型花岗岩与伟德山型花岗岩紧密伴生，形成 I-A 型复合花岗岩体。因此认为，崂山型花岗岩可能的形成方式是：在地幔岩浆侵位通过壳、幔岩浆混合作用形成伟德山型花岗岩的过程中，下地壳古老基底岩石重熔，产生 SiO$_2$ 饱和的崂山型花岗岩。

6) 角闪二长斑岩脉

岩石中 LILE 和 LREE 相对富集，HFSE 相对亏损，Ti 的质量分数低，显示了与大陆弧钙碱性玄武岩相似的地球化学特征，指示其形成于陆弧构造环境。岩石的 $^{87}Sr/^{86}Sr$ 初始值为 0.7092，与玄武岩源区岩浆岩相似。其 ε_{Nd} (120.7Ma) 值较低 (−21.24)、ε_{Sr} 值较高 (76.54)，T_{DM_2} 值为 2641Ma (表 2-7)，显示了与胶东早前寒武纪基底岩石良好的渊源关系，指示岩浆起源于下地壳基底变质岩的部分熔融。

在 Sr/Y-Y 图 (图 2-27b) 上样品点大都落入埃达克岩与岛弧岩石的交汇区域。K_2O 含量为 3.91%~4.05%，$Mg^\#$ 值为 51.96~52.28，Cr、Ni 含量较高，说明存在幔源物质的参与，可能与幔源物质的底侵作用或加厚的下地壳拆沉作用有关。岩石的 La/Ta 值为 77.07~86.91，平均为 80.42，大于 25，显示出幔源岩浆岩的特点 (Lassiter and Depaolo, 1997)，Nb/Ta 值为 12.38~13.14，平均为 12.82，接近陆壳岩石 (11 左右) (Taylor and Mclennan, 1985; Green, 1995)。综上，角闪二长斑岩脉的源区物质具有壳幔混合成因特点。

5. 岩浆岩形成的构造环境

1) 花岗岩类

玲珑型、郭家岭型、伟德山型和崂山型花岗岩及角闪二长斑岩脉的样品在 Rb-(Yb+Ta) 构造环境判别图解 (图 2-30a) 上，数据点落入火山弧花岗岩区域；在 Nb-Y 构造环境判别图解 (图 2-30b) 上，数据点落入火山弧+同碰撞花岗岩区域；在 Rb/30-Hf-Ta×3 构造环境判别图解 (图 2-30c) 上，数据点落入同碰撞花岗岩区域。说明这些花岗岩形成于活动陆缘环境。

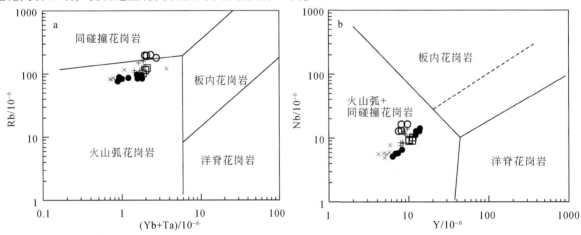

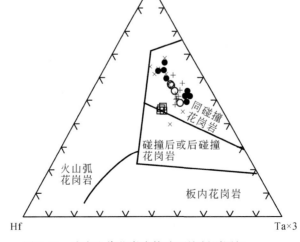

图 2-30　晚中生代花岗岩构造环境判别图解

　　详细研究表明，胶东侏罗纪—白垩纪岩浆岩的地球化学特征、物质来源和形成构造背景既有相似性又有明显的差异性，较好地指示了胶东中生代地球动力学背景及演化过程。胶东在三叠纪时处于华北克拉通与扬子克拉通碰撞的强烈造山构造背景，因此侏罗纪玲珑型花岗岩仍然具有明显的受板块碰撞影响的印记，岩石中保留了大量前寒武纪及三叠纪的锆石，在 $\varepsilon_{Nd}(t)$ - $^{87}Sr/^{86}Sr$ 图解上投点位置位于扬子下地壳与华北上地壳之间（图 2-27a），与白垩纪花岗质侵入岩明显不同，指示了物质来源的复杂性，构造环境具有后碰撞特征。郭家岭型花岗岩在微量元素特征方面与玲珑型花岗岩具有一定的相似性，尤其是 Sr、Y 含量均具有埃达克岩特征，但郭家岭型花岗岩物质来源具有幔源成分，壳源物质主要来源于华北古元古代陆壳物质重熔，地球化学特征更接近于伟德山型花岗岩，Sr、Nd 同位素特征与伟德山型花岗岩、崂山型花岗岩、脉岩接近。伟德山型花岗岩具有岛弧或大陆弧花岗岩地球化学特征（图 2-27b），物质来源于华北太古宙地壳和富集岩石圈地幔熔融，地球化学特征与郭家岭型花岗岩、崂山型花岗岩和脉岩有较好的连续性。崂山型花岗岩为 A 型花岗岩，具有典型的岛弧岩石特征（图 2-27b）和非造山或裂谷花岗岩特征，其地球化学成分与伟德山型花岗岩连续过渡，物质来源于伟德山型花岗岩形成过程中的下地壳岩石重熔。胶东的基性脉岩也显示典型的岛弧岩石特征（图 2-27b），应为大陆弧构造背景，物质来源于富集岩石圈地幔部分熔融，源区有海水参与，指示其形成受古太平洋板块俯冲影响（刘洪文等，2002）。可见，由侏罗纪到白垩纪，胶东地区经历了由华北–扬子构造体系向欧亚–太平洋构造体系和由挤压机制向伸展机制的转换。岩浆岩的元素–同位素示踪显示，胶东侏罗纪为 EM2 型富集地幔，白垩纪地幔向 EM1 型富集地幔演化，晚白垩世出现亏损地幔（刘建明等，2003；闫峻等，2003；宋明春等，2009），由侏罗纪—白垩纪晚期地幔具有由 EM2 型富集地幔向 EM1 型富集地幔演变和由富集向亏损或由岩石圈向软流圈演变的趋势。中生代地幔的富集应与岩石圈大规模拆沉和板块俯冲有关，古老地壳物质被拆沉而重循环进入地幔及俯冲的古太平洋板块含水流体的持续加入，导致地幔成分发生改变形成富集地幔。

　　2）高镁闪长岩

　　通常认为赞岐岩与年轻的或热的板片俯冲有关，形成于板块消减带上的地幔楔环境。胶东高镁闪长岩具有与赞岐岩及俯冲环境高镁安山岩相似的地球化学特征，指示其与板块俯冲有关。再者，胶东高镁闪长岩主要属高钾钙碱性系列和橄榄粗玄岩系列，亏损 Nb、Ta 等元素，在相关微量元素图解上投点于弧火山和火山弧玄武岩区附近（图 2-31），也说明其形成环境与板块俯冲有关。胶东地区位于华北克拉通东南缘及郯庐断裂带东侧。早白垩世，华北克拉通发生了大规模岩浆活动、盆地沉陷和断裂活动，指示了岩石圈强烈伸展的构造背景，被认为是华北克拉通破坏的峰期时间。克拉通破坏是陆壳受到大洋板块俯冲作用强烈影响的结果，早白垩世太平洋板块的俯冲使华北克拉通东部地幔对流系统失稳，导致了华北克拉通东部破坏。因此，认为胶东高镁闪长岩与太平洋板块的俯冲作用及地壳区域性伸展机制有关，形成于古太平洋板块俯冲的地幔楔环境。

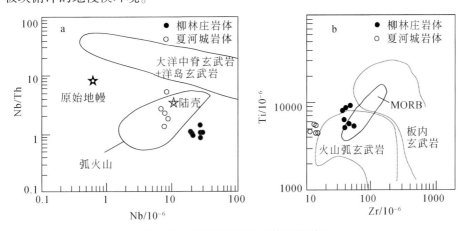

图 2-31　胶东高镁闪长岩构造判别图

a-Nb/Th-Nb（据 Rollison，1993）；b-Ti-Zr（据 Pearce，1982）

胶东高镁闪长岩的形成时代（118.3±1.7~122.3±4.0Ma），与伟德山型花岗岩、崂山型花岗岩及广泛分布的脉岩一致。这种来源于下地壳的酸性岩浆岩与来源于上地幔的中−基性岩浆岩同位素年龄的一致性，暗示了早白垩世下地壳拆沉及壳幔相互作用的存在。早白垩世，伴随太平洋板块向华北板块俯冲，软流圈由深部向浅部上涌，引起减压熔融，富集的岩石圈地幔部分熔融以及地幔橄榄岩与消减洋壳板片部分熔融产生基性岩浆。下地壳拆沉及热的基性岩浆上升到地壳底部发生底侵，引起了地壳底部岩石的部分熔融，产生花岗质岩浆。幔源岩浆上侵形成高镁闪长岩和基性脉岩，幔源和壳源岩浆混合及结晶分异形成伟德山型及崂山型花岗岩。

（二）伸展构造

晚中生代中国东部表现为强烈的伸展构造活动，在华北克拉通东部早白垩世伸展构造主要表现为双峰式火山活动、沿郯庐断裂带的裂陷作用、辽东地区和大别山地区变质核杂岩、A 型花岗岩等，鲁东地区也发育了多种类型的伸展构造。

1. 断陷盆地和火山活动

胶莱盆地是胶东地区最大的中生代盆地，叠加于华北克拉通与苏鲁造山带之间，构成与基底隆起的耦合关系。除此以外，尚有龙口盆地、臧家庄盆地、俚岛盆地、桃村盆地、中楼盆地、莒南盆地、临沭盆地等小规模盆地，单个盆地仅几十平方千米，叠加于隆起区之上。这些盆地的一侧或多侧边部受张性断裂控制，显示了伸展断陷盆地特征。

胶莱盆地西界为郯庐断裂，东缘为牟平−即墨断裂，南侧受五莲−青岛断裂控制，北界有门村−平度断裂和金刚口断裂，盆地的部分边界为剥蚀边界。盆地的东、西两侧为走滑断裂，南、北边界断裂具正断层性质，是一个具有走滑拉分盆地性质的菱形裂陷盆地。盆地的形成经历了多期次、多阶段、不同构造−热体制的构造引张和伸展过程，是一个伸展型叠合盆地。其演化历史可分为 3 个主要阶段，即在第一阶段莱阳期 NE—NEE 向断陷盆地之上叠加了第二阶段青山期裂谷盆地，第三阶段的王氏期近 EW 向坳陷盆地叠加于前两阶段盆地之上。

1）早白垩世莱阳期断陷盆地阶段

NW—SE 向伸展作用控制了盆地的发育，盆地内形成了一套相变复杂、分布广泛的河湖相沉积——莱阳群，其中有少量火山物质，地层最大厚度达 14373m。莱阳群中 2 个火山岩样品的同位素年龄是 129.7±1.7Ma 和 129.4±2.3Ma（张岳桥等，2008）。盆地发展的早期沿苏鲁造山带北缘形成五莲−乳山断陷槽，有诸城和桃村 2 个沉积沉降中心，桃村地区沉积最大厚度达 3000 余米，诸城凹陷沉积厚度为 300 余米；中期盆地扩大，莱阳凹陷与海阳凹陷连为一体，沿五莲−海阳形成一个规模巨大的湖盆，为湖盆发育的鼎盛期，湖盆沉积厚度整体达 1000 余米；晚期高密一带发生沉降，形成新的沉积沉降中心，沉积厚度达 3000 余米，高密凹陷与诸城凹陷等连为一体，同时胶莱盆地南部中楼一带强烈沉陷，形成拉分盆地，沉积厚度达近万米，中楼盆地与胶莱盆地连为一体，胶莱盆地规模达到最大（宋明春和王沛成，2003）（图2-32）。

2）早白垩世青山期裂谷盆地阶段

该阶段盆地伸展作用的主要特点是，沿沂沭断裂带发生引张裂陷，形成狭长展布的沂沭裂谷系。受沂沭裂谷影响，沿五莲−青岛、即墨−万第和莱西−莱阳发生强烈的火山活动，形成厚达 9000 余米的巨厚火山喷发岩带，使前期断陷盆地转化为裂谷型火山盆地。火山盆地的规模明显小于莱阳期断陷盆地。17 个火山岩样品的同位素年龄为 123.6±3.1~98.0±1.0Ma（邱检生等，2001；Ling et al.，2007；张岳桥等，2008；Liu et al.，2009；匡永生等，2012）。火山喷发早期的岩石组合为玄武岩−安山岩−英安岩组合和玄武粗安岩−粗安岩−粗面岩组合，晚期为流纹岩−粗面岩组合，具有双峰式火山岩组合特点。岩石化学成分以富钾为特征，属高钾钙碱性岩和橄榄安粗岩系列。地球化学特征指示其形成于弧后拉张活动大陆边缘环境（宋明春等，2009）。

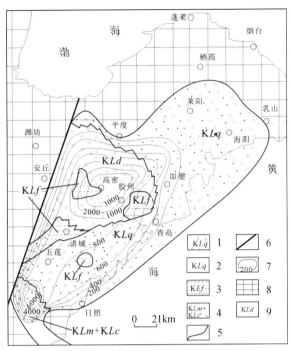

图 2-32 胶莱盆地莱阳晚期沉积岩相古地理

1-莱阳群曲格庄组（砂砾岩）；2-莱阳群曲格庄组（砂岩）；3-莱阳群法家茔组（泥岩、粉砂岩）；4-莱阳群马连坡组和城山后组（火山岩）；5-地质界线；6-断层；7-沉积等厚线；8-古陆；9-杜村组

3）晚白垩世王氏期拗陷盆地阶段

胶莱盆地发生近南北向拉伸，形成拗陷盆地，沉积了一套最大厚度达6944m的干旱–半干旱环境下的河流湖相物质，顶部出现基性火山岩，火山岩的同位素年龄值是73.2±0.3Ma（闫峻等，2005）。盆地沿诸城–胶州–莱阳一带发育，形成胶州、莱阳、桃村3个沉积沉降中心，盆地面积约相当于莱阳期断陷盆地面积的1/2。

2. 变质核杂岩

变质核杂岩是华北克拉通晚中生代岩石圈伸展与减薄的重要产物。华北克拉通东部的变质核杂岩和伸展穹窿主要有医巫闾山变质核杂岩、岫岩岩浆穹窿、古道岭岩浆穹窿、辽南变质核杂岩等。胶东地区前人研究较多的是玲珑、鹊山和昆嵛山变质核杂岩（杨金中等，2000；Charles et al.，2011），这几个变质核杂岩核部主体是侏罗纪玲珑型花岗岩，内部有少量郭家岭型花岗岩或伟德山型花岗岩，周边被早前寒武纪变质岩系或中生代沉积地层围限。

玲珑变质核杂岩的东、西两侧分别被招平断裂与焦家断裂两条拆离断层围限，上盘为早前寒武纪栖霞片麻岩套和荆山群、粉子山群；南、北两侧分别被平度–门村断裂和黄山馆断裂切割，上盘为中–新生代沉积岩系。变质核杂岩的核部主体由侏罗纪玲珑型花岗岩基组成，局部有白垩纪郭家岭型花岗岩、伟德山型花岗岩和崂山型花岗岩，总面积约2183km²。玲珑岩基平面形态呈NE向延伸的板状，重力异常反演模拟显示其为一南厚北薄的席状岩基，最大厚度大于10km，西北部最薄位置现存的厚度不及1km（Wan et al.，2001）。也有人提出玲珑岩基属于伸展穹窿，而非变质核杂岩（林少泽等，2013）。无论何种认识，大家公认的事实是玲珑岩基的出露是早白垩世NW—SE向区域性伸展的结果。玲珑岩基在晚侏罗世侵位后并没有立即出露地表，而是在早白垩世区域伸展中，由于伟德山型花岗岩的强烈岩浆热隆，地壳快速抬升才隆升与剥露的。在白垩纪壳幔混合花岗岩隆升和幔源基性脉岩上侵的同时，在其上部和外围产生了拆离断层、铲式正断层和正断层等，它们共同构成了热隆–伸展构造（图2-33）。

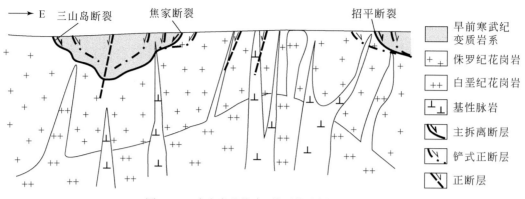

图 2-33 玲珑岩基热隆-伸展构造剖面示意图

3. 断层系统

1) 沂沭裂谷

沂沭断裂带是郯庐断裂的山东段，在山东境内长达330km，宽20~60km，断裂总体走向10°~25°，平均18°左右。断裂带由4条主干断裂带及其所夹持的"二堑夹一垒"组成，控制了中-新生代伸展盆地，指示其经历过强烈的伸展活动，为一条区域伸展隆起背景下形成的狭长裂谷，切割深、演化期长。其演化可分为以下3个阶段。

左行平移阶段：郯庐断裂带中生代时经历过巨大的左行平移。沂沭断裂的左行平移活动发生于侏罗纪至早白垩世，在沂沭断裂带西侧产生了侏罗纪—白垩纪的蒙阴、平邑等盆地，东侧则开始产生中楼、莒南、临沭和胶莱盆地。靠近沂沭断裂带的中楼盆地莱阳群厚近万米，以湖泊相沉积为主，普遍含火山岩、火山碎屑岩，并以酸性岩为主，见有海相碳酸盐夹层，为深水快速堆积；胶莱盆地则由山麓洪积相、河流相→湖泊相→河流相（冲洪积相）组成，上部出现火山物质，但不含熔岩。左行平移运动在沂沭断裂带内形成了许多显著的构造形迹，如新元古界土门群至古生界的断片、牵引褶皱、汞丹山地垒上的压扭性盆地等。

张扭裂谷阶段：发生于早白垩世晚期至古近纪，控制形成了一系列断陷盆地，断裂深切达上地幔，引发大规模火山喷发，之后，由于地壳沉陷，在火山岩台地基础上形成了地堑内的坳陷盆地。由于火山作用后物源丰富，沉积建造特征表现为浅水、近源、快速堆积的特点。

右行平移阶段：从始新世中期开始，郯庐断裂带多次受压，兼有小幅度右滑运动。断裂带内及附近新生代盆地中古近系和新近系之间存在明显的角度不整合关系，而且除渤海湾盆地之外，新近系在大多数盆地内厚度很薄，范围较小，表明沂沭断裂带附近盆地或构造单元在新近纪开始受压反转。

2) 铲式正断层和高角度正断层

近年来，在胶西北地区施工的深部金矿勘查钻探工程揭示，招平、焦家、三山岛等较大规模的金矿控矿断裂均具有浅陡深缓的铲式断裂特征，而且呈现陡、缓相间的阶梯状变化规律。如在受招平断裂北段的破头青断裂控制的玲珑金矿田171号脉中，120号勘查线上的钻探工程证实，控矿断裂在-500m以浅深度段倾角较陡，为42°左右，至-500~-1000m深度段倾角变缓为20°左右，-1000~-1250m深度段倾角变陡，为38°左右，之后倾角又变缓大约为28°，总体呈铲式、阶梯状展布，为铲式正断层。

胶莱盆地南缘的五莲-青岛断裂也是一条倾角上陡下缓的铲式断层，断裂走向NE，地表倾角60°~85°。穿越断裂的深反射地震剖面显示，断裂向深部延伸倾角明显变缓（杨文采，2005）。断裂上盘为胶莱盆地的白垩纪沉积地层，断裂下盘为胶南地块的前寒武纪变质岩系，胶南地块沿这条断裂隆升被剥露出地表。这条断裂实际上是一条隆起边缘的拆离断层。

位于威海地块西缘的金牛山断裂带是胶东典型的高角度陡倾正断层，由4条近平行和大致等间距排列的主断层组成，走向15°左右，断裂带全长60km，宽15km，断层间距2~4km。断层倾向主体向东，局部倾向NW，倾角60°~85°，已施工的钻探工程深度将近2000m，发现断裂一直以大倾角向深部延展。断裂显示明显张性特征，构造岩有碎裂岩、角砾岩，沿断裂带贯入煌斑岩、石英脉等脉岩。沿该断裂带已经发现许多金矿床，构成著名的金牛山金矿带（牟乳成矿带）。

3）深部拆离系统

通过二维地震勘探和典型地震剖面的构造解释，揭示胶莱盆地深部有两个低角度拆离系统：一个位于诸城凹陷深部，称为南部拆离系统；另一个位于高密凹陷和莱阳凹陷深部，称为北部拆离系统。南部拆离系统表现为一组向南缓倾、连续的地震反射面，深 8～10km，倾角约 5°。东西走向的百尺河断裂向下延伸与该拆离面交汇。该深层拆离构造控制了北深、南浅不对称诸城凹陷的剖面形态，其北缘位于柴沟地垒之下，向南延伸于胶南地块之下，是一个大型的向南缓倾的拆离构造。北部拆离系统由一系列北倾的铲式断层组成，控制了高密凹陷和莱阳凹陷不对称的伸展构造样式。在莱阳凹陷，北倾的南部边界断层（五龙村断裂）和东倾的西部边界断层在深部汇合到同一个拆离面，向东终止在 NNE 向东陡山断裂带西侧（张岳桥等，2006）。

（三）热隆-伸展造山作用

1. 早白垩世地壳快速隆升

胶东的晚中生代侵入岩中发育较多的锆石和磷灰石等副矿物，由于磷灰石 U-Th-Pb 同位素封闭温度比锆石相对低，对二者进行同位素定年可分别提供岩浆活动相对低温阶段和相对高温阶段的年龄信息，从而计算其在某一年龄段的降温速率，分析地壳在这一时间段隆升的相对快慢。

选择玲珑型花岗岩 16SD35 样品（玲珑岩体）、郭家岭型花岗岩 16SD32 样品（曲家岩体）、柳林庄型闪长岩 16SD30 样品（柳林庄岩体）和伟德山型花岗岩 16SD40 样品（南宿岩体），分别进行锆石和磷灰石锆石 U-Pb 测年。锆石定年结果见前述。磷灰石 U-Pb 测试结果见表 2-12。样品 16SD35 磷灰石谐和年龄为 136.1±6.3Ma（MSWD=2.4，n=35）（图 2-34a）；样品 16SD32 磷灰石谐和年龄为 125.9±8.4Ma（MSWD=0.62，n=20）（图 2-34b）；样品 16SD30 磷灰石谐和年龄为 117.6±6Ma（MSWD=1.7，n=20）（图 2-34c）；样品 16SD40 磷灰石谐和年龄为 111.7±6.5Ma（MSWD=1.3，n=36）（图 2-34d）。

一般花岗岩体的锆石饱和温度为 726～800℃，平均为 755℃（Zhang et al.，2010；陆丽娜等，2011），也是锆石 U-Pb 封闭温度，代表岩浆侵位温度；而磷灰石的 U-Pb 封闭温度较低，在 450℃ 左右（Andre et al.，2018；Kirkland et al.，2018）。据此计算，玲珑型花岗岩 16SD35 样品的锆石和磷灰石 U-Pb 年龄从 157.9Ma 到 136.1Ma，降温 305℃，平均降温速率为 14℃/Ma；郭家岭型花岗岩 16SD32 样品的锆石和磷灰石 U-Pb 年龄从 132.9Ma 到 125.9Ma，降温 305℃，平均降温速率为 43.57℃/Ma；伟德山型花岗岩 16SD40 样品的锆石和磷灰石 U-Pb 年龄从 121.3Ma 到 111.7Ma，降温 305℃，平均降温速率为 31.77℃/Ma；柳林庄型闪长岩 16SD30 样品的锆石和磷灰石 U-Pb 年龄从 120.1Ma 到 117.6Ma，降温 305℃，平均降温速率为 122℃/Ma（表 2-13）。

可见，157.9～136.1Ma 降温速率较慢，132.9～111.7Ma 降温速率明显加快，达前一阶段的 2 倍以上（图 2-35）。这说明，玲珑型花岗岩形成和冷却时期处于较缓慢的隆升过程，而郭家岭型、伟德山型花岗岩形成和冷却时发生了快速的隆升作用，尤其是柳林庄型闪长岩是在强烈的隆升过程中定位的。

侏罗纪的玲珑型高锶花岗岩具有加厚地壳特征，根据地球化学特征推测昆嵛山岩体的源区残留固相相当于石榴子石角闪岩至榴辉岩，反映地壳厚度大于 40km（张华锋等，2004；林博磊和李碧乐，2013），而其后在早白垩世 130～110Ma 出现大量指示地壳减薄的壳幔混合花岗岩和幔源中基性脉岩。地球物理资料则显示，胶东地区现今地壳的厚度为 30～34km，反映加厚的侏罗纪地壳现已明显减薄（江为为等，2000；潘素珍等，2015）。前人研究表明，玲珑岩体侵位压力为 4.5×10^8Pa（桑隆康，1987）或 3×10^8～4×10^8Pa（张辑璞，1991），采用岩浆岩绿帘石压力计计算的侵位深度为 10～15km（张华峰等，2006）；采用角闪石全铝压力计，计算郭家岭岩体侵位深度为 13.0±1.6km（豆敬兆等，2015），而早白垩世的艾山、海阳、牙山、三佛山、伟德山等岩体侵位深度则普遍小于 3.5km（张华峰等，2006）。海阳和牙山岩体侵入莱阳盆地莱阳群底部，也反映了它们侵位较浅的特点（宋明春等，2009）。

从侵入体之间的接触关系来看，早白垩世艾山岩体侵入玲珑型花岗岩和郭家岭型花岗闪长岩，三佛山岩体侵入玲珑型花岗岩。这表明，德山型花岗岩侵位时，玲珑型花岗岩和郭家岭型花岗岩已抬升至伟德山型花岗岩的侵位深度。据此分析，本书测试的玲珑岩体从 157.9Ma 侵位时至 132.9Ma 的曲家岩体侵位时，在约 24.9Ma 最大隆升量为 2km，最大隆升速率为 0.08km/Ma；曲家岩体从 132.9Ma 侵位时至 121.3Ma 的南宿岩体侵位时，在约 11.6Ma 最大隆升量为 9.5km，最大隆升速率为 0.82km/Ma，这与郭家岭岩体在约 10Ma 内隆升剥蚀量在 10km 左右（豆敬兆等，2015）的认识一致。而 110Ma 前至今地壳隆升剥蚀量最大 4km（张华锋等，2006）。可见，胶东地区自晚侏罗世至早白垩世（160~118Ma）期间，发生了快速地壳隆升事件，最大隆升量近 30km，而且早白垩世的隆升速率大于晚侏罗世，110Ma 以来隆升速率显著减弱（图2-35）。指示胶东地区于晚侏罗世至早白垩世发生了重大地壳和深部构造活动事件。

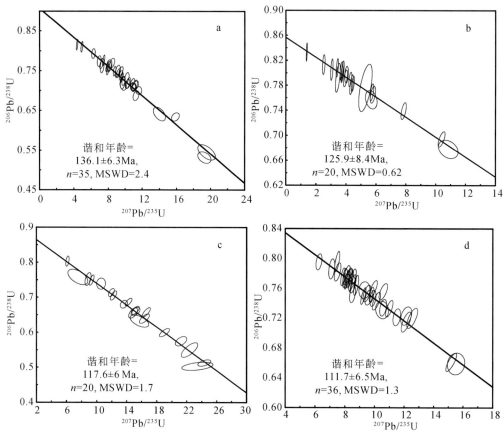

图 2-34　晚中生代侵入岩的磷灰石 U-Pb 年龄谐和图

a-16SD35；b-16SD32；c-16SD30；d-16SD40

表 2-12　晚中生代侵入岩中磷灰石 U-Pb 同位素分析结果

点号	同位素比值							
	$^{207}Pb/^{206}Pb$	2σ	$^{207}Pb/^{235}U$	2σ	$^{206}Pb/^{238}U$	2σ	$^{238}U/^{206}Pb$	2σ
16SD35.1	0.54500	0.01600	3.8900	0.250	0.0512	0.0022	19.53125	0.83923
16SD35.2	0.71200	0.01000	8.7400	0.230	0.0894	0.0027	11.18568	0.33782
16SD35.3	0.74510	0.00850	11.1650	0.200	0.1094	0.0023	9.14077	0.19217
16SD35.4	0.76900	0.01000	12.5200	0.350	0.1185	0.0036	8.43882	0.25637
16SD35.5	0.76000	0.01100	12.9500	0.340	0.1240	0.0032	8.06452	0.20812
16SD35.6	0.71400	0.01100	10.0800	0.370	0.1025	0.0033	9.75610	0.31410
16SD35.7	0.70930	0.00930	8.9500	0.230	0.0911	0.0022	10.97695	0.26509

续表

点号	同位素比值							
	$^{207}Pb/^{206}Pb$	2σ	$^{207}Pb/^{235}U$	2σ	$^{206}Pb/^{238}U$	2σ	$^{238}U/^{206}Pb$	2σ
16SD35.8	0.76520	0.00800	14.6800	0.310	0.1393	0.0030	7.17875	0.15460
16SD35.9	0.69400	0.01400	10.5100	0.270	0.1110	0.0035	9.00901	0.28407
16SD35.10	0.70920	0.00750	8.9200	0.220	0.0915	0.0021	10.92896	0.25083
16SD35.11	0.64100	0.01400	6.3800	0.330	0.0715	0.0029	13.98601	0.56726
16SD35.12	0.79300	0.01000	17.3800	0.480	0.1595	0.0044	6.26959	0.17295
16SD35.13	0.74910	0.00910	10.8400	0.230	0.1052	0.0023	9.50570	0.20782
16SD35.14	0.53200	0.01200	3.8200	0.180	0.0519	0.0017	19.26782	0.63112
16SD35.15	0.63390	0.00850	5.5080	0.130	0.0630	0.0015	15.87302	0.37793
16SD35.16	0.71900	0.01100	9.5100	0.220	0.0963	0.0022	10.38422	0.23723
16SD35.17	0.77600	0.01100	14.3400	0.170	0.1342	0.0021	7.45157	0.11660
16SD35.18	0.73200	0.01000	10.4800	0.110	0.1043	0.0017	9.58773	0.15627
16SD35.19	0.72000	0.01300	10.2400	0.260	0.1031	0.0024	9.69932	0.22578
16SD35.20	0.75300	0.01100	13.0000	0.170	0.1259	0.0022	7.94281	0.13879
16SD35.21	0.73800	0.01000	10.6600	0.180	0.1051	0.0020	9.51475	0.18106
16SD35.22	0.76300	0.01500	14.4100	0.360	0.1374	0.0035	7.27802	0.18539
16SD35.23	0.71200	0.01200	8.7600	0.160	0.0897	0.0021	11.14827	0.26100
16SD35.24	0.76400	0.01100	13.0500	0.440	0.1233	0.0039	8.11030	0.25653
16SD35.25	0.74900	0.01000	11.7900	0.150	0.1145	0.0017	8.73362	0.12967
16SD35.26	0.72430	0.00930	10.1100	0.170	0.1019	0.0017	9.81354	0.16372
16SD35.27	0.81500	0.01100	25.5100	0.310	0.2286	0.0041	4.37445	0.07846
16SD35.28	0.81000	0.01100	22.5500	0.330	0.2028	0.0039	4.93097	0.09483
16SD35.29	0.68700	0.01000	8.3600	0.210	0.0885	0.0022	11.29944	0.28089
16SD35.30	0.70000	0.00810	8.2800	0.220	0.0861	0.0021	11.61440	0.28328
16SD35.31	0.73200	0.01100	9.8300	0.190	0.0979	0.0021	10.21450	0.21911
16SD35.32	0.74800	0.01300	11.2200	0.270	0.1097	0.0030	9.11577	0.24929
16SD35.33	0.77400	0.01100	15.3100	0.420	0.1443	0.0040	6.93001	0.19210
16SD35.34	0.75890	0.00900	13.2000	0.160	0.1272	0.0022	7.86164	0.13597
16SD35.35	0.71680	0.00970	9.5800	0.180	0.0972	0.0021	10.28807	0.22227
16SD32.1	0.8130	0.0130	44.6000	1.2000	0.3990	0.0110	2.5063	0.0691
16SD32.2	0.7980	0.0110	29.3900	0.4400	0.2683	0.0046	3.7272	0.0639
16SD32.3	0.7570	0.0120	18.5000	1.1000	0.1761	0.0098	5.6786	0.3160
16SD32.4	0.8080	0.0120	32.5400	0.5000	0.2933	0.0053	3.4095	0.0616
16SD32.5	0.7820	0.0100	24.1100	0.3700	0.2241	0.0044	4.4623	0.0876
16SD32.6	0.7920	0.0190	31.4300	0.7900	0.2900	0.0110	3.4483	0.1308

点号	同位素比值							
	$^{207}Pb/^{206}Pb$	2σ	$^{207}Pb/^{235}U$	2σ	$^{206}Pb/^{238}U$	2σ	$^{238}U/^{206}Pb$	2σ
16SD32.7	0.7910	0.0110	27.6100	0.6900	0.2524	0.0071	3.9620	0.1115
16SD32.8	0.8030	0.0130	28.9500	0.4200	0.2649	0.0055	3.7750	0.0784
16SD32.9	0.6780	0.0120	8.7000	0.5300	0.0922	0.0046	10.8460	0.5411
16SD32.10	0.7810	0.0130	24.3300	0.3900	0.2289	0.0053	4.3687	0.1012
16SD32.11	0.8330	0.0120	82.4000	1.3000	0.7230	0.0150	1.3831	0.0287
16SD32.12	0.7390	0.0110	12.9500	0.2000	0.1275	0.0024	7.8431	0.1476
16SD32.13	0.7690	0.0110	18.4600	0.2700	0.1748	0.0031	5.7208	0.1015
16SD32.14	0.6940	0.0100	9.1800	0.1300	0.0962	0.0018	10.3950	0.1945
16SD32.15	0.8050	0.0140	36.5700	0.7500	0.3281	0.0070	3.0479	0.0650
16SD32.16	0.7894	0.0095	25.2800	0.3800	0.2336	0.0045	4.2808	0.0825
16SD32.17	0.8030	0.0120	29.6500	0.5100	0.2709	0.0061	3.6914	0.0831
16SD32.18	0.7650	0.0110	18.1100	0.3700	0.1728	0.0043	5.7870	0.1440
16SD32.19	0.7760	0.0310	19.5500	0.9800	0.1890	0.0130	5.2910	0.3639
16SD32.20	0.7970	0.0110	27.1000	0.6100	0.2478	0.0060	4.0355	0.0977
16SD40.1	0.7556	0.009	9.79	0.19	0.7556	0.009	10.5820	0.2352
16SD40.2	0.659	0.012	5.83	0.2	0.659	0.012	15.5280	0.4822
16SD40.3	0.7954	0.0088	17.49	0.44	0.7954	0.0088	6.2578	0.1645
16SD40.4	0.723	0.01	8.17	0.21	0.723	0.01	12.1359	0.3093
16SD40.5	0.715	0.011	8.125	0.16	0.715	0.011	12.1359	0.2798
16SD40.6	0.7745	0.0097	12.8	0.25	0.7745	0.0097	8.3195	0.1800
16SD40.7	0.782	0.01	14.25	0.29	0.782	0.01	7.5131	0.1806
16SD40.8	0.7479	0.0085	10.71	0.23	0.7479	0.0085	9.6154	0.2126
16SD40.9	0.7531	0.0092	10.9	0.23	0.7531	0.0092	9.4877	0.2160
16SD40.10	0.7576	0.0093	11.15	0.37	0.7576	0.0093	9.3197	0.3040
16SD40.11	0.7722	0.0094	12.99	0.25	0.7722	0.0094	8.1566	0.1730
16SD40.12	0.7311	0.0097	9.59	0.35	0.7311	0.0097	10.5042	0.3531
16SD40.13	0.72	0.011	7.844	0.15	0.72	0.011	12.5471	0.2991
16SD40.14	0.776	0.012	13.18	0.26	0.776	0.012	8.1037	0.2101
16SD40.15	0.7428	0.0097	10.08	0.2	0.7428	0.0097	10.1215	0.2254
16SD40.16	0.7594	0.0091	10.468	0.2	0.7594	0.0091	9.9206	0.2165
16SD40.17	0.7213	0.0093	8.6	0.15	0.7213	0.0093	11.4943	0.2114
16SD40.18	0.661	0.01	5.968	0.088	0.661	0.01	15.1976	0.3003
16SD40.19	0.7738	0.0086	13.01	0.16	0.7738	0.0086	8.1900	0.1274
16SD40.20	0.7511	0.0085	10.53	0.13	0.7511	0.0085	9.8039	0.1346

续表

点号	同位素比值							
	$^{207}Pb/^{206}Pb$	2σ	$^{207}Pb/^{235}U$	2σ	$^{206}Pb/^{238}U$	2σ	$^{238}U/^{206}Pb$	2σ
16SD40.21	0.7755	0.0097	13.61	0.19	0.7755	0.0097	7.8740	0.1240
16SD40.22	0.77	0.011	12.52	0.14	0.77	0.011	8.4246	0.1349
16SD40.23	0.7328	0.0091	9.16	0.12	0.7328	0.0091	10.9890	0.2053
16SD40.24	0.764	0.011	11.99	0.15	0.764	0.011	8.7642	0.1383
16SD40.25	0.7497	0.0092	11.14	0.11	0.7497	0.0092	9.2507	0.1455
16SD40.26	0.786	0.011	15.12	0.32	0.786	0.011	7.1174	0.1672
16SD40.27	0.766	0.01	12.23	0.16	0.766	0.01	8.5690	0.1615
16SD40.28	0.734	0.0091	9.54	0.16	0.734	0.0091	10.5708	0.1900
16SD40.29	0.77	0.009	13.06	0.16	0.77	0.009	8.1037	0.1313
16SD40.30	0.774	0.011	12.75	0.18	0.774	0.011	8.2988	0.1515
16SD40.31	0.7651	0.0092	12.43	0.28	0.7651	0.0092	8.4818	0.1870
16SD40.32	0.7757	0.0091	13.29	0.19	0.7757	0.0091	8.0192	0.1222
16SD40.33	0.7755	0.0086	12.42	0.16	0.7755	0.0086	8.6059	0.1333
16SD40.34	0.7467	0.0089	10.38	0.17	0.7467	0.0089	9.8912	0.1663
16SD40.35	0.796	0.011	14.57	0.19	0.796	0.011	7.4850	0.1401
16SD40.36	0.7522	0.0095	12.14	0.21	0.7522	0.0095	8.5251	0.1672
16SD30.1	0.5031	0.0095	2.9400	0.1800	0.0427	0.0031	23.4192	1.7002
16SD30.2	0.6550	0.0120	5.9700	0.1300	0.0672	0.0022	14.8810	0.4872
16SD30.3	0.7390	0.0130	9.6200	0.4200	0.0946	0.0043	10.5708	0.4805
16SD30.4	0.5750	0.0110	3.7320	0.0910	0.0471	0.0014	21.2314	0.6311
16SD30.5	0.7490	0.0120	10.9900	0.2200	0.1070	0.0030	9.3458	0.2620
16SD30.6	0.8030	0.0120	17.9600	0.4200	0.1627	0.0048	6.1463	0.1813
16SD30.7	0.5500	0.0170	3.3640	0.0940	0.0447	0.0018	22.3714	0.9009
16SD30.8	0.6390	0.0110	5.3450	0.1200	0.0610	0.0020	16.3934	0.5375
16SD30.9	0.6620	0.0100	5.9920	0.1200	0.0660	0.0020	15.1515	0.4591
16SD30.10	0.7520	0.0150	11.7200	0.3800	0.1128	0.0042	8.8652	0.3301
16SD30.11	0.6570	0.0110	5.4300	0.0920	0.0601	0.0016	16.6389	0.4430
16SD30.12	0.7580	0.0180	14.4000	2.4000	0.1330	0.0190	7.5188	1.0741
16SD30.13	0.5128	0.0076	2.8960	0.0620	0.0411	0.0012	24.3487	0.7114
16SD30.14	0.5994	0.0097	4.3270	0.0800	0.0526	0.0015	19.0114	0.5422
16SD30.15	0.7134	0.0096	8.2200	0.1600	0.0837	0.0023	11.9474	0.3283
16SD30.16	0.7050	0.0110	7.9400	0.1500	0.0818	0.0023	12.2249	0.3437
16SD30.17	0.6320	0.0140	5.6000	0.4600	0.0636	0.0041	15.7233	1.0136
16SD30.18	0.6602	0.0091	5.9500	0.1400	0.0655	0.0019	15.2672	0.4429

续表

点号	同位素比值							
	$^{207}Pb/^{206}Pb$	2σ	$^{207}Pb/^{235}U$	2σ	$^{206}Pb/^{238}U$	2σ	$^{238}U/^{206}Pb$	2σ
16SD30.19	0.6864	0.0088	6.5890	0.1200	0.0701	0.0019	14.2653	0.3866
16SD30.20	0.6800	0.0091	6.8800	0.1900	0.0734	0.0022	13.6240	0.4083

表 2-13 晚中生代侵入岩的锆石和磷灰石年龄及降温速率表

地质年代	侵入岩（样品号）	锆石年龄/Ma	磷灰石年龄/Ma	降温速率/(℃/Ma)
侏罗纪	玲珑型花岗岩（16SD35）	157.9	136.1	14
白垩纪	郭家岭型花岗岩（16SD32）	132.9	125.9	43.57
	伟德山型花岗岩（16SD40）	121.3	111.7	31.77
	柳林庄型闪长岩（16SD30）	120.1	117.6	122

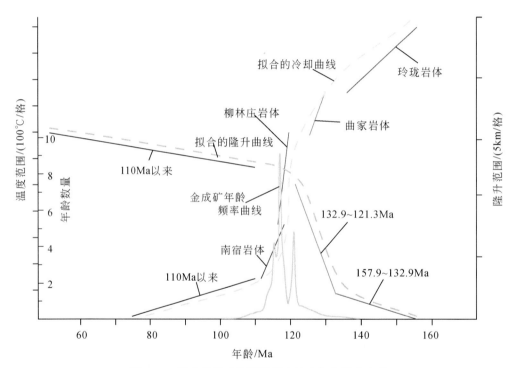

图 2-35 胶东地区晚侏罗世以来的冷却和隆升速率

拟合的隆升曲线原始数据据张华锋等，2004，2006；柳振江等，2010；豆敬兆等，2015；孙华山等，2016；Li et al.，2018。
110Ma 以来的冷却曲线原始数据据杨立强等，2014；张良，2016。金成矿年龄频率曲线据 Song et al.，2020

前人对胶东金矿的成矿年龄进行了较多测试，统计的 25 个高精度金矿同位素年龄范围为110.6～123Ma，主峰值年龄为 117.06Ma（Song et al.，2020）。对比发现，金矿的同位素年龄与侵入岩体快速冷却隆升的时间吻合，尤其是与柳林庄岩体超常降温的时间段一致（图 2-35），指示岩体快速隆升降温之时恰是大规模金成矿之期。

2. 热隆-伸展构造及造山事件

胶东地区拆离断层、正断层、裂谷、变质核杂岩、伸展断陷盆地等伸展构造与白垩纪岩浆岩、地壳快速隆升同时发生，说明它们之间是有机联系的。胶东地区发育多个岩浆热隆中心，岩浆热隆的同时，在其周边和上部产生伸展构造。本节将其统称为热隆-伸展构造。

穿过胶南地块的深反射地震剖面揭示了热隆-伸展构造的典型特征。剖面位置为诸城大寨-胶南泊里，由中国地质科学院地质研究所在大陆科学钻探选址过程中实施（杨文采，2005），泊里附近区域主要特点是上地壳的弯窿状弧形反射明显，弧形反射的核部伴有半透明反射体，可能是地壳二次熔融所产生的花岗岩基，现为铁镢山-藏马山岩体和夏河城岩体（属崂山-大珠山热隆中心）。在其下的莫霍面下方有大约10km厚的强反射层，反射面上隆，可能为软流圈上隆一次熔融的玄武岩席。剖面北西段有多组向北倾斜的反射，其中最清晰的反射与胶莱盆地和胶南地块的边界正断层——五莲-青岛断裂位置吻合。剖面东南段则出现向南倾斜的正断层。可见，胶南地块地壳上部扇形上隆构造区显然是一个与燕山期岩浆活动有关的伸展构造，为胶东地区热隆-伸展构造的典型范例。图2-36中向北倾斜的反射体AA起始于江苏涟水县高沟镇，向北西倾斜下插，到山东泊里深部时穿过莫霍面插入上地幔，可能为地壳深部保留的三叠纪扬子板块向苏鲁超高压变质带和华北板块俯冲的痕迹。

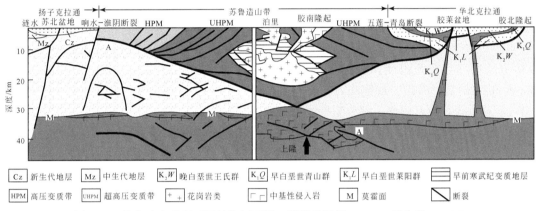

图2-36　苏鲁造山带岩石圈结构剖面图（据张岳桥等，2008；杨文采，2005）

胶东晚中生代强烈的岩浆活动和复杂的岩浆岩类型指示其经历了剧烈的热隆-伸展构造运动和壳幔相互作用过程。岩浆活动的规律性非常明显，从早期到晚期，岩石化学成分由高钾钙碱性系列向橄榄安粗岩系列演化，微量元素由高Ba-Sr花岗岩向低Ba-Sr花岗岩演化，稀土元素由无或弱正铕异常向显著负铕异常演化（宋明春等，2009），岩浆岩成因由S型向I型、A型演化。这说明，该地区地壳经历了早期挤压增厚到晚期伸展减薄的转换过程，岩浆来源逐步加深，岩体侵位深度渐趋变浅。胶东侏罗纪玲珑型花岗岩是典型的S型花岗岩，指示了大陆地壳增厚构造环境；早白垩世郭家岭型和伟德山型I型花岗岩，被认为主要是来自富集岩石圈地幔的基性岩浆与陆壳物质混合的产物（徐金芳等，1989；张华锋等，2006；王中亮等，2014），与胶东大陆弧巨厚的大陆岩石圈地幔在中生代发生拆沉有关（Wu et al.，2005）；早白垩世晚期崂山型花岗岩属A型花岗岩类，指示了岩石圈拉张减薄的构造环境。

热隆-伸展构造具有普遍性。欧亚大陆东部晚中生代伸展构造十分显著，表现为大量发育的变质核杂岩、同构造岩浆岩、拆离断层等伸展成因的穹窿和地堑-半地堑盆地，它们实际上构成了广泛的热隆-伸展构造区域。热隆-伸展构造绝大多数发育在岩石圈薄弱带之上，如中亚造山带、阴山-燕山陆内造山带、秦岭-大别-苏鲁超高压造山带，少数发育在"破坏了"的克拉通之上，如西山穹窿、紫荆关穹窿和华南内陆穹窿体系（林伟等，2013），这些伸展构造主要指示了大区域上的NW—SE方向的伸展（Ratschbacher et al.，2000；Lin and Wang，2006；Wang et al.，2011）。华北东部的伸展穹窿，如医巫闾山变质核杂岩、岫岩岩浆穹窿、辽南变质核杂岩、玲珑变质核杂岩及胶南拆离断层带，其拆离断层和上叠半地堑盆地位于穹窿的NW侧，拆离断层岩石变形具有上部向NW的剪切变形特征（林伟等，2013）。

造山作用是地壳局部受力导致岩石急剧变形而大规模隆起形成山脉的运动。其速度快、幅度大、范围广，常引起地势高低的巨大变化。褶皱、断裂、岩浆活动和变质作用是造山运动的主要标志。胶东热隆-伸展构造以广泛的岩浆活动、变质核杂岩和断裂构造为标志，造成了地壳隆升、盆地沉陷等地貌形态的巨大变化，显然是一次强烈的造山事件，宋明春等（2018）称之为热隆-伸展造山作用。按照郭家岭岩体的隆升剥蚀量估算，胶北地块在120Ma左右的隆升速率达1mm/a；而用磷灰石裂变径迹法计算的喜马拉雅造山带花岗岩5.7Ma以来的相对抬升与剥蚀速率为0.526mm/a（刘德民等，2005）；苏鲁超高压变质带片麻岩锆石微区SHRIMP U-Pb定年结果表明，该变质带晚三叠世的抬升速率为5.6km/Ma（刘福来等，2003）。可见，胶北地块在晚中生代的隆升速率高于喜马拉雅造山带5.7Ma以来的隆升速率，低于苏鲁造山带晚三叠世的隆升速率，指示胶北地块的热隆-伸展造山作用相对比较强烈。

3. 热隆-伸展构造的动力学机制

我国老一辈科学家早就认识到华北地区在侏罗纪和白垩纪期间发生了广泛的构造运动，称为"燕山运动"或"地台活化"，认为这是一次强烈的地壳运动，其驱动力在地壳中（翁文灏，1927；陈国达，1956；董树文等，2007）。板块构造理论把人们的视野扩大到岩石圈及更深圈层。按照板块构造观点，可将地壳的隆升机制大致归纳为3种：板块碰撞，如青藏高原的隆升；板块俯冲，如中北美高原的形成（Parsons and McCarthy，1995；Rogers et al.，2002）；板内构造，地幔柱（Nadin et al.，1997；Gurnis et al.，2000）、地幔上涌或岩浆底垫作用引起地壳大规模隆升剥蚀（Cox，1993；Rohman and Van der Beek，1996），如非洲和冰岛高原的抬升。许多地质学家将华北大规模区域伸展构造的动力机制归结为古太平洋或伊泽奈崎板块俯冲导致板内或弧后扩张（Watson et al.，1987；Traynor and Sladen，1995；Ren et al.，2002；Zhu et al.，2011，2012），或俯冲的古太平洋或伊泽奈崎板块后撤引起加厚地壳垮塌而形成（Davis et al.，2001）。这种模式较好解释了郯庐断裂附近的伸展构造，却难以解释几乎垂直于俯冲带展布的华北北部向NW延伸至俄罗斯贝加尔湖南侧的伸展构造及华北南缘和秦岭—大别造山带NW—SE向的伸展构造（林伟等，2013）。也有研究者认为，大别-苏鲁造山带中生代岩浆岩与华南陆块俯冲/折返之后的碰撞后造山带构造垮塌有关（Zhao and Zheng，2009）。但这种认识显然难以解释白垩纪花岗质侵入岩在中国东部广泛发育，而不是仅沿大别-苏鲁造山带分布。因此，宋明春等（2018）认为胶东白垩纪地壳隆升与大陆弧及板内构造活动密切相关，太平洋板块俯冲、华北克拉通下地壳拆沉、岩石圈巨量减薄引起的壳幔相互作用、克拉通破坏是产生热隆-伸展构造的主要原因。

对于华北克拉通破坏的机制，一直存在很大争议。朱日祥等（2011）认为，太平洋板块俯冲导致的地幔非稳态流动是华北克拉通东部破坏的主因；也有人认为，华北克拉通破坏是燕山运动的产物。董树文等（2007）将"燕山运动"定义为周邻板块向亚洲大陆汇聚引起的广泛的多向陆内造山与陆内变形，分为3个时期，认为135~100Ma的伸展垮塌与岩石圈减薄期应是燕山运动主变形时期岩石圈增厚的后续效应，中晚侏罗世板块汇聚和多向挤压变形导致中国东部岩石圈增厚，诱发了白垩纪华北克拉通岩石圈减薄和克拉通破坏。华北克拉通破坏可能与太平洋板块俯冲有关，燕山运动也是其重要的诱因。

区域上，华北克拉通处于古亚洲洋、特提斯洋和太平洋三大构造域交接的中心区域，于中晚侏罗世产生多向挤压汇聚的板块动力学格局（董树文等，2007），在胶东地区形成以沂沭断裂为代表的左行走滑构造带和以玲珑型花岗岩为代表的指示地壳增厚的S型花岗岩。早白垩世，大规模岩浆事件与地壳快速抬升同时出现，成为指示深部岩石圈拆沉和软流圈地幔上涌的重要信号。岩石圈拆沉引起软流圈上涌及岩浆板底垫托，导致软流圈运动与岩石圈运动不协调、壳幔物质强烈交换，产生巨量岩浆活动、大规模流体作用和地壳结构受到强烈改造，形成热隆-伸展构造（图2-37）。岩石圈拆沉、地壳减薄和克拉通破坏3种紧密联系的发生于不同构造层次上的地质作用过程，是引起早白垩世热隆-伸展造山的根本原因。胶东地区由以伟德山型花岗岩为标志的强烈的岩浆热隆作用、以胶莱盆地为典型的伸展断陷盆地、以焦家断裂为代表的铲式正断层、以玲珑变质核杂岩为主的变质核杂岩系统和爆发式成矿事件构成的热隆-伸展造山作用，是深部岩石圈拆沉、地壳减薄的浅部响应，揭示了华北克拉通岩石圈性质和厚度变化的过程，为华北克拉通破坏提供了有力的地质学证据。

4. 热隆-伸展构造与大规模成矿作用

胶东地区在晚中生代的较短时期内发生了大范围、爆发式金成矿作用，成矿作用与热隆-伸展构造密切相关。早白垩世强烈的岩浆活动在金成矿中起到了"热机"作用，造成围岩中的金活化，并将地幔中的金携带上来，为成矿提供了物质来源。地壳强烈隆升和岩浆快速降温的时间与金矿成矿时间的一致性，

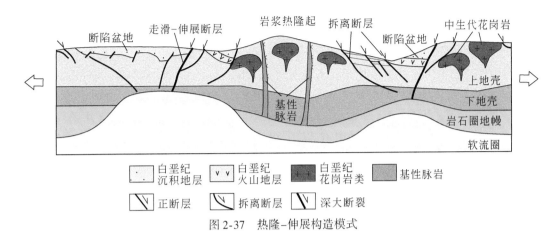

图 2-37　热隆–伸展构造模式

指示岩浆热隆作用是金成矿的重要因素。前人对胶东金矿大量流体包裹体研究认为，成矿流体沸腾和相分离作用是胶东金矿沉淀成矿的直接原因（沈昆等，2000），而快速降温、降压是流体沸腾的必要条件。因此，岩浆快速隆升、降温为金成矿提供了适宜的物理条件。

　　热隆–伸展作用产生的断裂构造系统则为胶东金矿定位提供了有利空间。胶东金矿均受断裂构造控制，在胶西北成矿小区，三山岛、焦家、玲珑和大尹格庄等金矿田分别受三山岛、焦家、招平 3 条主干断裂控制。3 条断裂均为地表倾角陡、深部倾角缓的铲式断裂，构成大致沿早前寒武纪变质岩系（上盘）与侏罗纪玲珑型花岗岩（下盘）分布的大型伸展构造带（宋明春等，2014）。在栖蓬福成矿小区，金矿分别受切层的脆性断裂、裂隙和顺层的层间滑脱拆离带控制。在牟乳成矿小区，硫化物石英脉型金矿的主要控矿断裂（金牛山断裂）倾角为 60°～85°，属高角度正断层；蚀变角砾岩型金矿和蚀变砾岩型金矿受控于胶莱盆地边缘的盆缘正断层（沈远超等，2002）。胶东金矿主要控矿断裂以张性为主，兼具走滑性质，这些控矿断裂为热隆–伸展构造的重要组成部分。

三、成岩成矿耦合及其地球动力学机制

（一）岩浆活动与金矿化的关系

1. 与金成矿有关的岩浆活动

　　胶东金矿形成之时正是大规模岩浆活动之期，表现为大量的花岗质侵入岩、广泛分布的中基性–酸性脉岩和沿裂陷盆地发育的火山岩。岩浆活动是大陆构造作用的重要表现形式之一，其形成、演化和空间分布受深部构造和区域动力学背景制约，确立胶东晚中生代岩浆活动序列及其年代学格架是研究该区晚中生代构造–热事件进而判断大陆动力学背景的基础。按照成因、形成时代和岩浆演化特点，胶东花岗质侵入岩划分为侏罗纪玲珑型花岗岩、文登型花岗岩和垛崮山型花岗闪长岩，白垩纪郭家岭型花岗岩、伟德山型花岗岩和崂山型花岗岩。脉岩类按照形成时间、岩石类型和组合特征划分为玲珑–招风顶脉岩带、巨山–龙门口脉岩带和崂山–大珠山脉岩带。火山岩按照地层序列划分为早白垩世莱阳群中的火山岩、青山群火山岩和王氏群中的火山岩（表 2-14）。

2. 岩浆活动与金矿化的时间关系

　　前人对胶东中生代岩浆岩进行了较多同位素年龄测试。其中，玲珑型花岗岩除昆嵛山岩体的一个年龄数据明显偏小（130±9Ma）外，其他 25 个样品的年龄为 164～140Ma（胡世玲等，1987；徐洪林等，1997；苗来成等，1998；Wang et al.，1998；Hu et al.，2004；郭敬辉等，2005；王世进等，2011；Yang et al.，2012；Ma et al.，2013）。文登型花岗岩 5 个样品的同位素年龄为 167～149Ma（王世进等，2012；陈俊等，2015）。垛崮山型花岗岩只有 1 个样品，其同位素年龄为 161±1Ma（郭敬辉等，2005）。郭家岭型花岗岩已测试了9个同位素年龄，其形成时代为130～125Ma（关康等，1998；Yang et al.，2012；罗贤冬等，2014）。伟德山型花岗岩14个同位素年龄数据指示其侵位年龄为126～108Ma（周建波等，2003；郭敬辉等，2005；张田和张岳桥，2007；Goss et al.，2010；丁正江等，2013）。崂山型花岗岩5个样品的年龄范围为120～107Ma（Zhao et al.，1998；王世进等，2010；Goss et al.，2010）。对巨山-龙门口脉岩带测试了8个样品，其年龄为121～114Ma（Wang et al.，1998；Zhang L C et al.，2003；李俊建等，2005；谭俊等，2006；邱连贵等，2008；Ma et al.，2014a）。莱阳群2个火山岩样品同位素年龄为129.7±1.7Ma和129.4±2.3Ma（张岳桥等，2008），青山群17个火山岩样品的形成时代为123～98Ma（邱检生等，2001；Ling et al.，2007；张岳桥等，2008；Liu et al.，2009；匡永生等，2012）；王氏群火山岩1个样品的年龄为73.2±0.3Ma（闫峻等，2003）。

表2-14　胶东地区晚中生代岩浆-沉积-构造演化序列

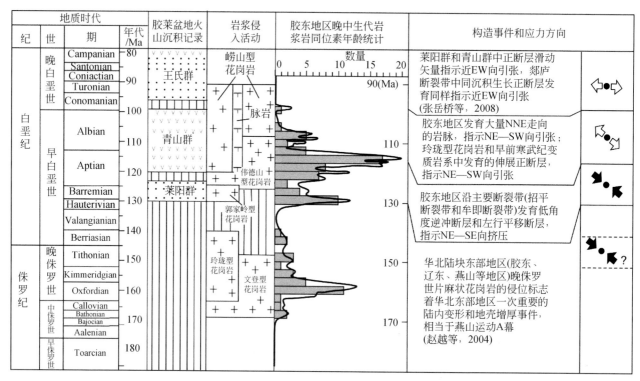

对上述SHRIMP锆石U-Pb、LA-ICP-MS锆石U-Pb和^{40}Ar-^{39}Ar同位素年龄数据统计表明，其年龄值分布于167～73Ma，年龄数据形成2个集中的区域，160～140Ma和130～98Ma，峰值分别为157Ma和114Ma（图2-38a），后者又可细分为130～125Ma和122～111Ma 2个集中区，指示胶东晚中生代岩浆活动集中于晚侏罗世和早白垩世中晚期。晚侏罗世同位素年龄峰值区对应于玲珑型花岗岩，早白垩世中期峰值区对应于郭家岭型花岗岩；而早白垩世晚期峰值区对应于伟德山型花岗岩、崂山型花岗岩、脉岩和青山群火山岩。这些岩浆岩构成了同一时间段内深成岩浆、浅成岩浆和地表火山同时产生、集中爆发的地质景观。

2000年以来测试的胶东金矿同位素年龄值包括：三山岛金矿田仓上金矿绢云母Ar-Ar同位素年龄值为121.3±0.2Ma（坪年龄）和121.1±0.5Ma（等时线年龄）（Zhang X O et al.，2003）；焦家金矿田东季金矿钾长石和脉石英的Ar-Ar同位素年龄值为114.44±0.16～116.34±0.81Ma（李厚民等，2003），新城金矿黄铁绢英岩Rb-Sr等时线年龄值为116.6±5.3Ma（Yang and Zhou，2000），界河金矿绢云母Ar-Ar坪年龄值为118.8±0.7～120.7±0.8Ma（Bi and Zhao，2017）；玲珑金矿田玲珑、九曲、大开头金矿矿石和黄铁矿的Rb-Sr等时线年龄值为110.6±2.4～123±4Ma（Yang and Zhou，2000，2001）；大庄子金矿田大庄子金矿石英的Ar-Ar同位素年龄值为117.39±0.64Ma（坪年龄）和115.62±1.01Ma（等时线年龄）（Zhang L C et al.，2003）；蓬家夼金矿田蓬家夼金矿石英、黑云母的Ar-Ar同位素年龄值为116.83±

0.36～120.53±0.49Ma（Zhang L C et al.，2003）；邓格庄金矿田乳山金青顶金矿热液锆石 SHRIMP U-Pb 同位素年龄为 117±3Ma（Hu et al.，2004）。对前人测试的 25 个金矿同位素年龄统计表明（图 2-38b），年龄范围为 110.6 ～ 123Ma，主峰值年龄为 117.06Ma，主峰值和 2 个次峰值的年龄范围为 115.88 ～ 121.18Ma，分别与胶东晚中生代岩浆岩 114Ma 的峰值年龄及 122～111Ma 的年龄集中区吻合。另外，邓军等（Deng et al.，2020）通过对热液矿物独居石的 U-Pb 年龄测试，张良等（Zhang et al.，2020）通过对与成矿有关白云母的 Ar-Ar 年龄测试，认为胶东大部分金矿成矿时间为 120Ma 左右较短的时间段。比较表明，胶东金矿的同位素年龄范围明显晚于玲珑型花岗岩，略晚于郭家岭型花岗岩，与伟德山型花岗岩、中基性脉岩及崂山型花岗岩的年龄范围一致或接近。

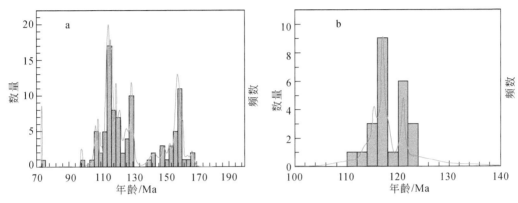

图 2-38　胶东晚中生代岩浆岩（a）和金矿床（b）的同位素年龄统计图

3. 岩浆活动与金矿化的空间关系

在伟德山型和崂山型花岗岩大岩体中没有金矿产出，金矿分布于平面位置离伟德山型花岗岩体 3 ～ 30km 的范围内，但在金矿床内普遍有中基性脉岩产出，在金矿集中区内或附近有伟德山型花岗岩体出现。如胶西北成矿小区的内部有南宿岩体，在其东北部有艾山岩体；在栖蓬福成矿小区的西北部和东南部分布有艾山岩体和牙山岩体，在其内部有香夼、幸福山等小岩体；牟乳成矿小区附近有海阳岩体、三佛山岩体，在其内部有许多小岩体。

伟德山型花岗岩大量出露于胶东东部大别–苏鲁造山带中，在金矿集中区则以小岩体和脉岩形式出现，脉岩构成了联系伟德山型花岗岩和金矿的纽带。由胶东西部至东部，随着接近伟德山型花岗岩大岩基，金矿中硫化物含量增高，出现高硫化物型金矿，胶东西北部成矿小区中蚀变岩型金矿的 S 含量一般为 3%～4%，而胶东东部牟乳成矿小区中硫化物石英脉型金矿的 S 含量达 8%～20%（李士先等，2007），指示金矿化与伟德山型花岗岩的分布有密切联系。伟德山型花岗岩分布面积大、范围广，是胶东地区白垩纪规模最大的花岗岩类，其产生的热量足以造成强烈的流体活动及金的大范围迁移、富集，在金矿成矿作用中起到了"热机"作用。胶东金矿床流体包裹体的研究表明，其均一温度主要集中在 230 ～ 340℃（杨立强等，2014；Song et al.，2014），远低于花岗岩体的岩浆温度（>573℃），因此，金成矿流体系统的发育深度应浅于岩浆系统。也就是说胶东金矿成矿时，引起流体活化或产生成矿流体的岩浆岩应是位于其深部和外围一定距离的伟德山型花岗岩体，而不是已抬升至较浅部作为成矿流体活动和沉淀成矿直接围岩的玲珑型和郭家岭型花岗岩体。

（二）成矿构造背景

华北克拉通由西部地块和东部地块组成，二者于 1.85Ga 左右发生碰撞作用，经历了中元古代、新元古代和古生代（1.7～0.2Ga）的长期克拉通稳定发展阶段。中生代以来，华北克拉通活化，经受了广泛的改造、破坏，岩浆活动和构造作用异常强烈，断陷盆地大范围发育，同时产生了大量金属矿产和油气资源。中生代是华北克拉通构造转折的关键时期，其主要表现是：构造动力体制经历了从特提斯构造域向滨太平洋构造域的转换，构造格架由南、北排列转换为东、西分异（赵越等，1994，2004；吴根耀，

2006；Zhu et al.，2011）。山东陆壳中生代演化，主要受控于古亚洲构造域的扬子板块与华北板块的挤压拼接和滨太平洋构造域的太平洋板块向欧亚板块俯冲两种动力学背景，早中生代的挤压改造、晚中生代的伸展构造叠加在一起，形成了复杂的地质构造格局。因此，胶东地区的中生代构造环境为三叠纪碰撞造山环境和侏罗纪—白垩纪热隆-伸展环境。

1. 三叠纪碰撞造山构造环境

胶东东部的威海-乳山地区及南部的胶南-日照地区是秦岭-大别-苏鲁碰撞造山带的组成部分，为扬子板块和华北板块于三叠纪碰撞的造山带。苏鲁造山带为一北东向延长的狭长隆起区，北起起山东威海，向南西经荣成、乳山海阳所、青岛仰口、胶南、日照、莒南至江苏连云港、东海、沭阳、泗阳、洪泽湖，全长 600 余千米，出露宽 20～50km。造山带西界为郯庐断裂之安丘-莒县断裂；南东界与响水-淮阴断裂一致；北西界为五莲-王台-即墨-牟平一线，大致与后期的五莲-青岛断裂及牟即断裂一致。

苏鲁造山带根据地理位置可划分为三段：东北段（威海段）指即墨-牟平以东地区，即威海地体；中段（胶南段）指胶南-日照-莒南-东海地区，即胶南地体；西南段（海州段）在苏北的连云港-灌云-清江一带，即海州地体。

按照地质构造特征的差异，苏鲁造山带可分为南、北两部分：北带（鲁东折返带）包括威海地体和胶南地体，基底岩系主要由新元古代花岗质片麻岩类、片麻状花岗岩类、元古宙基性-超基性岩片及新太古代—古元古代表壳岩组合组成，韧性变形构造复杂，榴辉岩广泛发育；南带（苏北折返带）即海州地体，基底岩系主要由中新元古代浅变质火山沉积岩系组成，变形相对较弱。南、北带在地球物理、构造变形及物质组成等方面均存在较大差异。北带的物质组成（尤其是表壳岩系）、构造变形等与胶北地体具有一定的连续性，因此该带可能主体属于华北板块南缘带，而南带则可能主体属于扬子板块北缘带。南、北带的界线大致与连云港-嘉山断裂及近岸断裂一致。

苏鲁造山带由于广泛分布三叠纪超高压变质的榴辉岩，而被确定为三叠纪碰撞造山带。该带中已报道的榴辉岩年龄数据有 228～221Ma（Sm- Nd 法）（Li et al.，1993，1994）、217.1±8.7Ma（U-Pb 法）（Ames et al.，1993）、228±29Ma（锆石 SHRIMPU-Pb 法）（杨经绥等，2002）。刘福来等（2003，2011）采用 SHRIMP 法测得苏鲁超高压变质带片麻岩中含柯石英锆石微区记录了 241～223Ma 的超高压变质年龄，锆石的退变边记录了 217～200Ma 的角闪岩相退变质年龄。李锦轶等（2004）通过对苏北地区超高压变质岩构造变形及主要变形事件年代学的研究，认为该区超高压变质岩折返过程中角闪岩相变质变形事件发生在 220Ma 前后，绿片岩相变质变形事件发生在 213Ma 前后，直到 200Ma 前后超高压变质岩才折返到地壳的中上部。由此看来，中三叠世是超高压变质作用和碰撞造山作用发生的重要时期，晚三叠世是超高压变质岩重要的折返期。在超高压变质岩折返过程中，由于板块俯冲被刮削加积于板块俯冲带附近的浅变质基性岩与超高压变质岩并置在一起。

苏鲁折返带基底构造的基本特征是以韧性剪切（变形）带为格架，构成网结状、穹窿状及岩片叠覆构造格局。显示了造山带"根"部复杂的构造变形特征。由韧性剪切带控制的造山带基底构造线的展布总体构成了四个"帚"状构造形态，第一个"帚"状构造位于威海断隆，以乳山海阳所为中心向北、北东东撒开；第二个"帚"状构造位于胶南地体北部，以胶南王台为中心向南、南西西撒开；第三个"帚"状构造位于胶南地体中部，以日照丝山为中心向南、南西西撒开；第四个"帚"状构造位于胶南地体南部，以日照岚山头为中心向南、南西西撒开。韧性剪切带之间夹持着一系列剪切岩片，这些韧性剪切带显示了明显的多期多相叠加特征，韧性变形时间主要发生于三叠纪（242～207Ma）和侏罗纪（159～153Ma）。

总之，三叠纪时扬子板块与华北板块碰撞，在胶东的日照-胶南-乳山-威海一带形成超高压造山带，这一构造背景对胶东地区产生了强烈而深远的影响。

2. 侏罗纪—白垩纪热隆-伸展构造环境

华北克拉通在经历了长期稳定发展后，于晚中生代发生了强烈的构造岩浆活动，我国地质学家通过深入研究，先后提出了"燕山运动"、"地台活化"、"岩石圈减薄"或"去根"、"克拉通破坏"等理论认识（翁文灏，1927；陈国达，1956；邓晋福等，1994；吴福元等，2008），认为侏罗纪—早白垩世早期的早燕山运动为强挤压陆内造山期，而早白垩世晚期—晚白垩世的晚燕山运动则为主伸展垮塌期（董树文等，2007）。就鲁东地区而言，如前所述，该地区晚中生代强烈的构造岩浆活动指示其经历了剧烈的热隆-伸展构造运动和壳幔相互作用过程。

（三）成岩成矿的动力学机制和过程

胶东地区的区域地质构造特征及大量相关研究表明，该地区在中三叠世受华北克拉通与扬子克拉通强烈碰撞的影响，陆壳强烈加厚。晚三叠世相继出现板片断离及超高压岩石的快速折返。侏罗纪，地幔开始上隆，岩石圈由加厚向减薄转化，造山带根部垮塌，由造山带物质或扬子克拉通和华北克拉通基底物质混合组成的下地壳活化，大范围陆壳重熔，岩浆上侵形成了玲珑型花岗岩（图 2-39a），这一过程可能造成了古老陆壳中的金质在玲珑型花岗岩中初步富集。

白垩纪是板块构造演化的重要变换期，华北克拉通岩石圈及地壳强烈减薄，克拉通东部的破坏与岩石圈减薄峰期出现在早白垩世（吴福元等，2008），伴随强烈的构造作用、岩浆活动、成矿大爆发及大型盆地的形成，发育各种型式的早白垩世伸展构造，如变质核杂岩、岩浆底辟、热隆构造、不同尺度和型式的环状断裂以及不同规模的断陷扩张盆地和裂谷构造等。胶东地区也发育强烈的由伸展作用引起的构造岩浆活动，如沂沭裂谷系、胶莱走滑拉分盆地、大规模伸展型花岗质岩浆活动、高镁闪长岩、A 型花岗岩、变质核杂岩及大量脆性断裂和酸性、中-基性脉岩等，构成热隆-伸展构造系统，Charles 等（2011）将这一时期的胶东称为宽裂谷系。早白垩世早期（135～125Ma）构造-热事件，反映了伸展动力学背景，是大陆裂谷作用的初幕；早白垩世中晚期（125～105Ma）构造-热事件，是大陆裂谷作用的高峰期。胶东金矿形成于伸展构造背景（图 2-39b）。

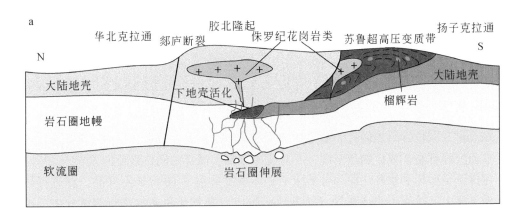

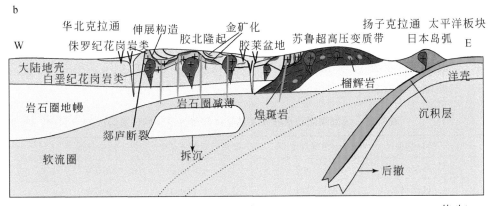

图 2-39　胶东金矿成矿的构造-岩浆过程（据 Yang et al., 2012；Ma et al., 2014b 修改）

a-侏罗纪；b-白垩纪

通过对上述大量中生代构造、岩浆活动的分析认为，胶东型金矿形成于板块边缘和内部强烈伸展减薄和壳幔相互作用区（图2-40），克拉通内部微陆块的边缘或结合带也是成矿的有利区域。

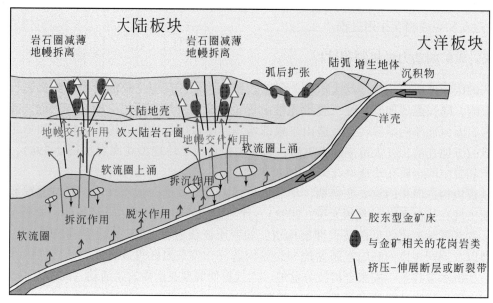

图2-40　胶东型金矿成矿的构造背景（据 Li et al.，2015）

第二节　金矿床地球化学及成矿机理

一、稳定同位素地球化学

（一）S 同位素

前人对胶东金矿 S 同位素组成做过大量测试和研究，本次主要对胶东典型深部金矿床的 S 同位素组成进行分析，旨在研究深部金矿成矿物质来源，并对比矿床深、浅部的同位素特征差异。

本次对焦家深部金矿床和水旺庄深部金矿床主矿体系统采集了16件矿石样品，在进行详细野外和室内岩相学观察的基础上，挑选了主成矿期（第Ⅱ成矿阶段）黄铁矿单矿物进行测试分析。黄铁矿呈浅黄色，自形–半自形粒状结构，粒度为 $50 \sim 1000\mu m$，呈浸染状、细脉状分布。

焦家深部金矿床黄铁矿的 $\delta^{34}S$ 为 7.5‰～9.8‰（表2-15），平均值为8.7‰，极差为2.3‰，硫均一化程度高，整体具有一致的来源，且呈现出富集 ^{34}S 的特征。焦家浅部金矿床 $\delta^{34}S$ 为 8.7‰～11.8‰，平均值为10.1‰（李俊建等，2005），本次测得的深部金矿床 S 同位素组成整体低于浅部金矿床，也低于宋明春等（2013）的测试结果（ $\delta^{34}S$ 为 11.1‰～12.6‰，平均值为11.4‰）。

表 2-15　焦家深部和水旺庄深部金矿床黄铁矿 S 同位素组成

矿床名称	样品编号	取样深度/m	矿体编号及金品位	测试对象	$\delta^{34}S$/‰
焦家深部金矿床	112ZK610-3	602	Ⅰ号，6.53×10^{-6}	黄铁矿	7.5
	112ZK622-3	740	Ⅰ号，1.13×10^{-6}	黄铁矿	7.8
	112ZK603-2	857	Ⅰ号，8.44×10^{-6}	黄铁矿	8.0
	112ZK604-4	950	Ⅰ号，1.14×10^{-6}	黄铁矿	9.3
	128ZK662-4	623	Ⅰ号，3.36×10^{-6}	黄铁矿	7.8

矿床名称	样品编号	取样深度/m	矿体编号及金品位	测试对象	$\delta^{34}S/‰$
焦家深部 金矿床	128ZK605-3	849	Ⅰ号，3.01×10^{-6}	黄铁矿	9.3
	144ZK606-4	950	Ⅰ号，4.69×10^{-6}	黄铁矿	8.9
	144ZK608-3	1010	Ⅰ号，17.13×10^{-6}	黄铁矿	9.7
	144ZK615-3	1050	Ⅰ号，1.92×10^{-6}	黄铁矿	9.8
水旺庄深部 金矿床	18ZKC6-1	1895		黄铁矿	7.5
	18ZKC6-2	1900		黄铁矿	8.0
	42ZKC11-1	1612		黄铁矿	7.5
	34ZKC9-2	1479		黄铁矿	8.1
	34ZKC9-3	1534		黄铁矿	7.0
	34ZKC9-7	1553		黄铁矿	8.5
	34ZKC9-6	1667		黄铁矿	7.4

水旺庄深部金矿床黄铁矿的 $\delta^{34}S$ 为 7.0‰~8.5‰（表 2-15），极差为 1.5‰，平均值为 7.7‰，S 同位素组成分布范围比较集中，均一化程度较高。水旺庄深部金矿床 S 同位素组成整体低于焦家深部金矿床 S 同位素组成，与玲珑金矿床 S 同位素值（$\delta^{34}S$=6.4‰~8.6‰）相当（侯明兰，2006）。

综合分析胶东地区不同空间位置（胶西北成矿区、牟乳成矿区、栖蓬福成矿区以及胶莱盆地周缘）、不同矿化类型（蚀变岩型、石英脉型、硫化物石英脉型、蚀变角砾岩型及砾岩型等）、不同深度（矿床浅部与深部）的典型金矿床黄铁矿 S 同位素组成（表 2-16，图 2-41），结果表明：胶东金矿 S 同位素组成整体一致，除极少数矿床 $\delta^{34}S$ 值呈现出个别负值外，绝大多数 $\delta^{34}S$ 值均为正值，变化范围主要集中在 6‰~12‰。不同矿化类型比较而言，$\delta^{34}S$ 值呈现出石英脉型<硫化物石英脉型<蚀变岩型（包括破碎带蚀变岩型、蚀变砾岩型和蚀变角砾岩型）的变化规律，与前人研究的蚀变岩型金矿比石英脉型金矿更加富集 ^{34}S 的特点一致（毛景文等，2005）。造成这一现象的原因可能是石英脉型金矿成矿流体来源较深，代表了成矿原始流体系统的 S 同位素组成，而蚀变岩型金矿成矿流体在成矿时与围岩中的硫发生了同位素交换，混入了较多的表生硫，导致 $\delta^{34}S$ 值增高（毛景文等，2005；宋明春等，2013）。

表 2-16　胶东地区典型金矿床 S 同位素组成表

成矿区	矿床名称	矿床类型	$\delta^{34}S$ 范围/‰	$\delta^{34}S$ 均值/‰	样品数	参考文献
胶西北	三山岛	蚀变岩型	11.0~12.6	12.2	7	王铁军和阎方，2002
	仓上	蚀变岩型	9.6~12.0	10.8	4	黄德业，1994
	新城	蚀变岩型	7.9~10.7	9.8	18	王铁军和阎方，2002
	马塘	蚀变岩型	5.6~10.7	9.1	16	
	焦家浅部	蚀变岩型	8.7~11.5	10.3	27	
	焦家深部	蚀变岩型	7.5~9.8	8.7	9	本次研究
	大尹格庄	蚀变岩型	6.6~7.5	7.1	15	张瑞忠等，2016
	水旺庄	石英脉型	7.0~8.5	7.7	7	本次研究
	玲珑金矿	石英脉型	6.4~8.6	7.6	16	侯明兰，2006
	旧店	石英脉型	5.7~8.1	7.4	14	王铁军和阎方，2002
栖蓬福	黑岚沟	石英脉型	6.3~9.5	7.5	8	侯明兰等，2006
	河西	石英脉型	7.4~8.5	7.8	5	
	大柳行	石英脉型	6.4~8.2	7.3	5	
	马家窑	石英脉型	-2.5~8.6	4.9	10	王佳良，2013
	山城	石英脉型	3.7~6.4	5.5	6	耿瑞，2012

续表

成矿区	矿床名称	矿床类型	δ³⁴S 范围/‰	δ³⁴S 均值/‰	样品数	参考文献
胶莱盆地东北缘	辽上	黄铁矿碳酸盐脉型	7.3 ~ 9.4	8.2	7	纪攀，2016
	土堆	蚀变岩型	6.2 ~ 10.6	8.2	12	孙兴丽，2014；陈昌昕，2015；李红梅等，2010
	沙旺	蚀变岩型	7.9 ~ 12.7	9.2	12	
	西涝口	蚀变岩型	7.6 ~ 16.2	9.8	13	孙兴丽，2014
	蓬家夼浅部	蚀变角砾岩型	9.7 ~ 13	11.2	12	孙丰月等，1995；张竹如和陈世祯，1999；张连昌等，2001
	蓬家夼深部	蚀变角砾岩型	6.2 ~ 8.3	7.3	3	孙丽伟，2015
	发云夼（宋家沟）	砾岩型	10.7 ~ 13.6	12.0	10	张连昌等，2001；毛景文等，2005
牟乳	胡八庄	硫化物石英脉型	11.9 ~ 14.1	13.0	5	蔡亚春等，2011
	邓格庄	硫化物石英脉型	8.0 ~ 10.8	9.3	14	应汉龙，1994；毛景文等，2005；薛建玲等，2018
	乳山浅部	硫化物石英脉型	7.2 ~ 10.7	9.0	9	应汉龙，1994
	乳山深部	硫化物石英脉型	6.8 ~ 9.8	8.6	6	陈海燕，2010

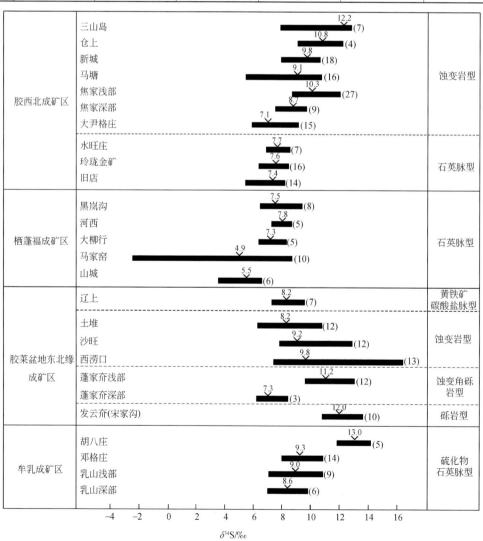

图 2-41　胶东地区典型金矿床 S 同位素组成图

前人已经注意到胶西北地区金矿床 $\delta^{34}S$ 值呈现出自东向西递增的规律（王义文等，2002）。本次研究发现，在空间上，栖蓬福成矿区的金矿床 $\delta^{34}S$ 值最低，其次为牟乳成矿区，胶莱盆地东北缘比胶西北成矿区金矿床的 $\delta^{34}S$ 值略高，胶西北成矿区自西向东 $\delta^{34}S$ 值整体呈减小的趋势，与这一规律相对应的是这些地区金矿的矿化类型的差异，栖蓬福成矿区的金矿类型主要为石英脉型，牟乳成矿区的金矿类型主要为硫化物石英脉型，胶西北成矿区西部金矿类型主要为蚀变岩型而东部金矿类型则为石英脉型。另外，不同围岩中金矿床的 S 同位素组成有明显变化，产于地层（荆山群、莱阳群）中的蓬家夼、发云夼、西涝口等金矿床的 $\delta^{34}S$ 值最高，产于花岗岩中的乳山、邓格庄、黑岚沟、旧店、玲珑等金矿床的 $\delta^{34}S$ 值次之，产于胶东变质杂岩中的马家窑、山城等金矿床的 $\delta^{34}S$ 值最低。前人研究表明（张竹如和陈世祯，1999；李俊健等，2005），胶东变质杂岩中黄铁矿的 $\delta^{34}S$ 值为 0‰~7.8‰（10 件样品），平均为 4.99‰；玲珑型花岗岩的 $\delta^{34}S$ 值为 4.2‰~14.9‰（7 件样品），平均为 7.30‰；郭家岭型花岗岩的 $\delta^{34}S$ 值为 2.7‰~10.0‰（5 件样品），平均为 6.70‰；胶莱盆地东北缘赋矿围岩（莱阳群和荆山群）的 $\delta^{34}S$ 值为 9.35‰~10.74‰（6 件样品），平均为 9.90‰。可见，金矿床的 S 同位素组成与其围岩密切相关，这说明矿床的硫源很大程度上与成矿流体循环过程中对所经岩石中硫的萃取有关。

在垂向上，由浅至深矿床的 $\delta^{34}S$ 值整体呈减小的趋势。鉴于浅部金矿受大气降水的影响比较大，而深部金矿成矿流体以深源流体为主，因此认为浅、深部 $\delta^{34}S$ 值变化原因可能与流体的来源有关。

（二）H-O 同位素

石英是胶东金矿最主要的脉石矿物，也是重要的载金矿物。石英中的流体包裹体记录了成矿体系的温度、压力及组分等信息，对石英中的流体包裹体进行 H-O 同位素分析，可示踪成矿热液中水的来源。

挑选焦家、望儿山、新城、水旺庄、三山岛、玲珑、辽上、邓格庄、旧店、山城、石家、姜家窑、纱岭 13 处金矿床的 50 件主成矿期石英单矿物进行 H-O 同位素分析（表 2-17）。根据流体包裹体测温结果，矿床主成矿期均一温度平均值取 280℃。石英中流体的 δD 为 -91.7‰~-64.4‰，$\delta^{18}O_{水}$ 为 1.8‰~7.0‰。在 $\delta^{18}O$-δD 图解中（图 2-42），矿床的 H-O 同位素组成数据投点整体位于岩浆水与大气降水线之间，表明成矿流体主要来自岩浆体系，但在流体演化过程中有大气降水等外部流体的混入。蚀变岩型金矿比石英脉型金矿更偏向于大气降水区域。

表 2-17　胶东典型金矿床石英 H-O 同位素组成

矿区	δD/‰	$\delta^{18}O$/‰	$\delta^{18}O_{水}$/‰	矿区	δD/‰	$\delta^{18}O$/‰	$\delta^{18}O_{水}$/‰
焦家	-72.7	13.8	6.1	纱岭	-76.9	12.4	4.7
	-76.6	14.2	6.5		-83.4	12.8	5.1
	-67.7	12.8	5.1		-86.1	12.2	4.5
	-73.9	13.3	5.6		-84.9	13.9	6.2
	-79.6	13.6	5.9		-65.2	11.2	3.5
望儿山	-75.1	12.1	4.4		-78.2	12.4	4.7
	-68.6	12.4	4.7		-83.2	12.3	4.6
新城	-75.6	12.3	4.6	姜家窑	-67.9	10.2	2.5
	-81.6	11	3.3		-87.3	10.3	2.6
	-78.7	13.5	5.8		-84.5	11.3	3.6
	-74.2	13.8	6.1		-88.1	11.4	3.7
	-78.6	14	6.3		-70.1	11.9	4.2

续表

矿区	$\delta D/‰$	$\delta^{18}O/‰$	$\delta^{18}O_{水}/‰$	矿区	$\delta D/‰$	$\delta^{18}O/‰$	$\delta^{18}O_{水}/‰$
三山岛	-69.8	13.8	6.1	水旺庄	-91.7	9.5	1.8
	-70.2	14.5	6.8		-89.1	10.5	2.8
	-75.8	13.9	6.2		-82.6	11.9	4.2
	-64.4	13.4	5.7		-87.5	12	4.3
玲珑	-69.2	13.2	5.5		-89.3	12.6	4.9
	-76.6	14.2	6.5		-86.3	10.9	3.2
	-69	13.9	6.2		-87	11.8	4.1
	-71.6	11.8	4.1	辽上	-82.8	11.6	3.9
	-65.6	13.3	5.6		-81.3	11.4	3.7
邓格庄	-72.8	14.2	6.5	旧店	-74.2	13.4	5.7
	-89.3	14.1	6.4		-83.3	13	5.3
	-86.1	14.7	7.0		-88.9	13	5.3
山城	-74	11.4	3.7	石家	-81.3	14.5	6.8

与典型的造山型金矿床热液脉石英中流体相比较，胶东金矿流体中的 $\delta^{18}O$ 值明显低于造山型金矿（$\delta^{18}O$ 为 6‰~14‰），δD 变化范围较造山型金矿（δD 为-105‰~0‰）更加集中（图 2-42），可见，与典型的造山型金矿成矿流体主要为变质流体来源不同，胶东金矿成矿流体主要来自岩浆热液流体，可能受后期事件影响而混入了更多的大气降水等外部流体。

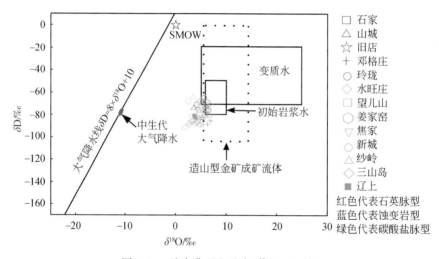

图 2-42　胶东典型金矿床 $\delta^{18}O$-δD 图解

二、惰性气体（He-Ar）地球化学

He、Ar 等稀有气体同位素可以作为示踪壳幔相互作用过程极灵敏的指示剂，是研究地球内部流体来源、运移机制和演化历史的重要工具。由于稀有气体具有化学惰性，在其参与的各种地质作用过程中基本保持不变，可以反映出地质流体来源的原始信息，并且不同来源的流体中具有不同的同位素组成特征（Simmons et al., 1987），如地壳氦 [$^3He/^4He=0.01~0.05Ra$（Ra 代表大气氦 $^3He/^4He=1.4\times10^{-6}$）] 和地幔氦（$^3He/^4He=6~9Ra$）的 $^3He/^4He$ 值间存在近 1000 倍的差异，即使地壳流体中有少量幔源氦的加入，用氦同位素也易于判别出来。

表 2-18　焦家深部矿床金矿黄铁矿 He-Ar 同位素含量及比值

样号	矿石类型	重量/g	^{4}He/(10^{-7} cm^3 STP/g)	^{3}He/(10^{-14} cm^3 STP/g)	^{3}He/^{4}He /Ra	^{40}Ar/(10^{-7} cm^3 STP/g)	^{40}Ar*/(10^{-7} cm^3 STP/g)	^{40}Ar/^{36}Ar	^{38}Ar/^{36}Ar	^{40}Ar*%	^{40}Ar*/^{4}He	R/Ra	幔源 He%	^{36}Ar/^{3}He
ZK662-4	黄铁绢英岩	0.7606	6.4	11.2	1.8±0.1	6.2	4.1	882.8±13.3	0.188±0.002	66.53	0.65	1.76	22.21	0.00063
ZK622-3	黄铁绢英岩	0.70816	2.8	4.9	1.7±0.1	4.0	2.7	897.9±13.6	0.189±0.002	67.09	0.95	1.73	21.92	0.00091
ZK604-4	化碎裂岩	0.49326	4.7	7.7	1.6±0.1	6.0	3.6	750.4±11.4	0.185±0.002	60.62	0.77	1.63	20.56	0.0010
ZK615-5	化碎裂岩	0.2997	8.2	13.3	1.6±0.1	14.3	12.9	3106.7±487.0	0.197±0.026	90.49	1.56	1.61	20.42	0.00034

注：^{40}Ar*% = [(^{40}Ar/^{36}Ar)$_s$ − (^{40}Ar/^{36}Ar)$_a$]/(^{40}Ar/^{36}Ar)$_s$ ×100；^{40}Ar* = (^{40}Ar/^{36}Ar)$_s$ − (^{40}Ar/^{36}Ar)$_c$；幔源 He% = [(^{3}He/^{4}He)$_s$ − (^{3}He/^{4}He)$_c$]/[(^{3}He/^{4}He)$_m$ − (^{3}He/^{4}He)$_c$] ×100；a 指大气；c 指地壳；m 指地幔；s 指实测值；
(^{40}Ar/^{36}Ar)$_a$ = 295.5；(^{3}He/^{4}He)$_c$ = 2×10^{-8}；(^{3}He/^{4}He)$_m$ = 1.1×10^{-5}(Kendrick et al., 2001; Stuart et al., 1995)

本次研究选择焦家深部金矿床I号主矿体，采集了 122、128、144 等 3 条勘查线上 9 个钻孔中 503 ~ 1310m 深度间的矿石样品，进行了黄铁矿流体包裹体的 He、Ar 同位素测试（表 2-18）。^{3}He 含量为 4.9×10^{-14} ~ 13.3×10^{-14} cm^{3}STP/g（标准状态下 cm^3/g），^{4}He 含量为 2.8×10^{-7} ~ 8.2×10^{-7} cm^{3}STP/g，^{40}Ar 含量为 4.0×10^{-7} ~ 14.3×10^{-7} cm^{3}STP/g，^{40}Ar* 含量为 2.7×10^{-7} ~ 12.9×10^{-7} cm^{3}STP/g。^{3}He/^{4}He 值为 1.6 ± 0.1 ~ 1.8 ± 0.1Ra，相应的 R/Ra 变化范围为 1.61 ~ 1.73，^{40}Ar/^{36}Ar 值为 750.4 ± 11.4 ~ 3106.7 ± 487.0，^{40}Ar*/^{4}He 值为 0.65 ~ 1.56，^{38}Ar/^{36}Ar 值为 0.185 ± 0.002 ~ 0.197 ± 0.026。

焦家深部金矿床黄铁矿流体包裹体中的 ^{3}He/^{4}He 值为 1.6 ~ 1.8Ra，与前人测得焦家浅部金矿床数据基本一致（张连昌等，2002），这一数值远高于大陆地壳流体特征值（0.01 ~ 0.05Ra）（Stuart et al.，1994，1995），而低于地幔特征值（6 ~ 9Ra）（Dunai and Porcelli，2002），表现为地幔与地壳混合组成的特点。在 ^{3}He-^{4}He 图解上（图 2-43），投点位于地壳与地幔组成的过渡带，且呈现出由地幔氦向地壳氦演化的趋势。根据壳–幔混合二元模型（Stuart et al.，1995），计算的焦家深部金矿床黄铁矿中幔源 He 所占比例为 20.6% ~ 22.2%（表 2-18），说明有较多的幔源流体参与了成矿过程。

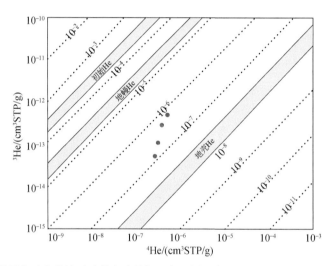

图 2-43 焦家深部金矿床黄铁矿流体包裹体 ^{3}He-^{4}He 图（据 Mamyrin and Tolstikhin，1984 修改）

在 ^{4}He 含量与 ^{3}He/^{4}He 值图解中（图 2-44），投点落在地壳流体范围和大陆岩石圈地幔流体范围之间。黄铁矿中 ^{4}He 含量（2.8×10^{-7} ~ 8.2×10^{-7} cm^{3}STP/g）较高，显示流体包裹体中含有较高的放射成因 ^{4}He（Gautheron et al.，2005）。

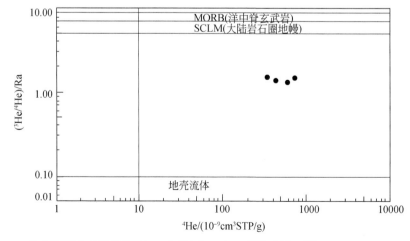

图 2-44 焦家深部金矿床黄铁矿 ^{4}He 含量与 ^{3}He/^{4}He 值关系图（据 Gautheron et al.，2005）

　　焦家深部金矿床黄铁矿中的 $^{40}Ar/^{36}Ar$ 值为 750.4 ~ 3106.7，高于饱和大气水（295.5）和古老地壳流体的特征值（295.6），但又明显低于地幔流体特征值（>40000）（Allègre et al.，1986；Kaneoka，1998；王先彬等，1996），同样显示出混合来源特征。根据 Kendrick 等（2001）计算的黄铁矿中放射性成因 ^{40}Ar（$^{40}Ar^*$）所占比例为 60.62% ~ 90.49%，相应大气 Ar 所占比例为 9.51% ~ 39.38%（表 2-18），而且在 $^{40}Ar/^{36}Ar$-R/Ra 图解中投点位置接近于大气氩（图 2-45），说明成矿流体中有一定的大气水混入。

　　上述研究表明，焦家深部金矿床的成矿流体不具单一来源流体特征，而是地壳和地幔的混合流体，有较多的幔源流体参与了成矿过程，指示金成矿与区域壳-幔相互作用有关。

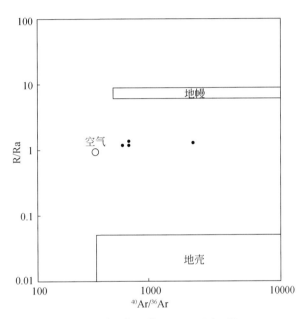

图 2-45　焦家深部金矿床黄铁矿 $^{40}Ar/^{36}Ar$-R/Ra 图（据 Winckler et al.，2001）

R-样品的 $^3He/^4He$；Ra-大气的 $^3He/^4He$

三、微量元素地球化学

　　对焦家深部金矿床 I 号主矿体的 9 件样品，在详细野外和室内岩相学观察的基础上，挑选主成矿期（第 II 成矿阶段）黄铁矿单矿物进行了微量元素测试分析。用于测试的黄铁矿呈浅黄色，强金属光泽，自形-半自形粒状结构，粒度为 50 ~ 1000μm，呈浸染状、细脉状分布于黄铁绢英岩化碎裂岩中。

　　黄铁矿稀土、微量元素含量及特征参数如表 2-19 所示。黄铁矿稀土总量整体较低，为 3.27×10^{-6} ~ 38.48×10^{-6}，平均值为 14.62×10^{-6}；轻、重稀土元素具有较大的分馏，LREE/HREE 为 5.28 ~ 31.55，$(La/Yb)_N$ 值为 5.38 ~ 130.03；δEu 值为 0.67 ~ 1.43；δCe 值为 0.81 ~ 1.05。稀土配分曲线呈右倾型（图 2-46a），富集 LREE，表明成矿流体中含有大量的 Cl^- 或 F^-（Haas et al.，1995；Keppler，1996；毕献武等，2004）。研究表明，富 Cl 的热液中 Hf/Sm、Th/La、Nb/La 值一般小于 1；富 F 的热液中 Hf/Sm、Th/La、Nb/La 值一般大于 1，且富集 HFSE（Oreskes and Einaudi，1990）。焦家深部金矿床黄铁矿微量元素中亏损 HFSE，相对富集 Cu、Pb、Zn、Cd、Co、Ni 等亲硫、亲铁元素（图 2-46b），Th/La、Nb/La 值均小于 1，表明成矿流体为富 Cl 流体（Oreskes and Einaudi，1990）。

表 2-19　焦家深部金矿床黄铁矿稀土、微量元素含量及特征参数表

样品号	ZK604-4	ZK603-2	ZK622-3	ZK610-4	ZK605-3	ZK662-4	ZK615-5	ZK608-3	ZK606-4
取样位置	-950m	-857m	-740m	-602m	-849m	-623m	-1050m	-1010m	-950m
Au	1.14	8.44	1.13	6.53	3.01	3.36	1.92	17.13	4.69

续表

样品号	ZK604-4	ZK603-2	ZK622-3	ZK610-4	ZK605-3	ZK662-4	ZK615-5	ZK608-3	ZK606-4
La	4.05	2.23	3.61	3.1	7.07	0.778	9.94	1.68	0.856
Ce	7.42	3.79	6.26	5.2	11.9	1.27	16.8	3.31	1.56
Pr	0.816	0.39	0.723	0.574	1.28	0.174	1.85	0.35	0.12
Nd	2.57	1.32	2.58	1.88	4.3	0.427	7.04	1.17	0.563
Sm	0.368	0.222	0.483	0.421	0.56	0.102	1.17	0.264	0.139
Eu	0.132	0.101	0.181	0.107	0.163	0	0.219	0.068	0.036
Gd	0.253	0.201	0.443	0.318	0.461	0.116	0.758	0.161	0.103
Tb	0.04	0.018	0.052	0.039	0.043	0	0.064	0.034	0.019
Dy	0.244	0.102	0.33	0.276	0.167	0.224	0.229	0.258	0.062
Ho	0.041	0.015	0.043	0.079	0.018	0.024	0.06	0.052	0.013
Er	0.123	0.038	0.142	0.246	0.052	0.074	0.165	0.128	0.042
Tm	0.031	0.015	0.034	0.028	0.008	0	0.025	0.013	0.006
Yb	0.133	0.081	0.19	0.253	0.039	0.071	0.138	0.224	0.035
Lu	0.017	0.007	0.016	0.048	0.013	0.012	0.025	0.034	0.007
Y	1.09	0.329	1.52	1.78	0.421	0.851	1.41	1.67	0.395
ΣREE	16.24	8.53	15.09	12.57	26.07	3.27	38.48	7.75	3.56
LREE	15.36	8.05	13.84	11.28	25.27	2.75	37.02	6.84	3.27
HREE	0.88	0.48	1.25	1.29	0.80	0.52	1.46	0.90	0.29
LREE/HREE	17.41	16.88	11.07	8.77	31.55	5.28	25.29	7.57	11.41
$(La/Yb)_N$	21.84	19.75	13.63	8.79	130.03	7.86	51.67	5.38	17.54
δEu	1.25	1.43	1.17	0.86	0.95	—	0.67	0.93	0.88
δCe	0.94	0.92	0.90	0.89	0.90	0.81	0.89	1.00	1.05
Co	28	0.351	44.9	16	27.9	0.108	29	7.63	8.69
Ni	48.4	0.652	28.6	23.7	23.1	0.072	25.3	10.8	8.75
Cu	697	5.85	283	405	1749	8.67	925	392	344
Pb	418	6.13	151	1557	1911	67.1	85.6	34.7	39.5
Zn	48.7	3.43	55.5	37	63	5.82	31.3	35	23.9
Nb	0.167	0.354	0.123	0.24	0.049	0.739	0.095	0.13	0.101
Ta	0.024	0.032	0.007	0.014	0.035	0.031	0.007	0.013	0.011
Th	2.25	0.238	1.29	2.3	0.65	0.334	2.27	0.71	0.52
Zr	12.1	3.54	13.6	16.2	3.23	9.32	15.3	4.52	2.92
Hf	0.515	0.375	0.547	0.565	0.122	0.273	0.428	0.12	0.086
Li	0.227	0.275	0.151	0.493	0	0.194	0.219	0.367	0.063
Sc	0.290	0.243	0.258	0.34	0.277	0.182	0.254	0.264	0.264
V	1.34	2.83	1.25	1.22	1.23	1.24	1.19	1.36	1.19
Cr	6.95	7.18	7.28	7.6	7.98	5.62	4.50	6.82	7.25
Mo	3.97	1.16	3.15	0.865	0.279	0.627	1.99	3.82	0.975
W	0.189	0.213	0.209	1.49	0.246	0.277	0.146	2.11	0.654
Cd	0.657	0.076	0.475	0.329	0.525	0.301	0.156	0.136	0
Tl	0.358	0.199	0.169	0.311	0.273	2.03	0.194	0.345	0.684

续表

样品号	ZK604-4	ZK603-2	ZK622-3	ZK610-4	ZK605-3	ZK662-4	ZK615-5	ZK608-3	ZK606-4
U	1.55	0.365	2.23	1.07	0.148	0.254	0.505	1.34	0.235
Sr	17	15	12	5	4.9	3.58	2.8	1.89	4.34
Ba	338	120	273	27.6	220	29.9	13	54.5	54.3
Co/Ni	0.58	0.54	1.57	0.68	1.21	1.50	1.15	0.71	0.99
Hf/Sm	1.40	1.69	1.13	1.34	0.22	2.68	0.37	0.45	0.62
Nb/La	0.04	0.16	0.03	0.08	0.01	0.95	0.01	0.08	0.12
Th/La	0.56	0.11	0.36	0.74	0.09	0.43	0.23	0.42	0.61
Y/Ho	26.59	21.93	35.35	22.53	23.39	35.46	23.50	32.12	30.38
Zr/Hf	23.50	9.44	24.86	28.67	26.48	34.14	35.75	37.67	33.95
Nb/Ta	6.96	11.06	17.57	17.14	1.40	23.84	13.57	10.00	9.18

注：—表示含量未检出，矿石金含量由全岩分析测得，单位为 10^{-6}

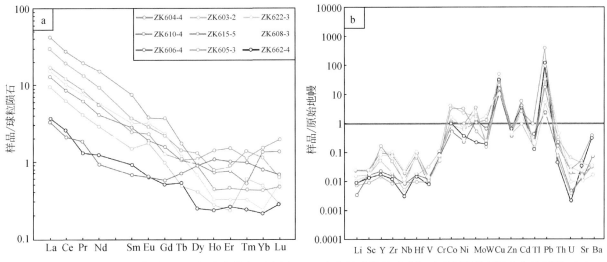

图 2-46　黄铁矿稀土元素球粒陨石标准化分布型式图（a）和黄铁矿微量元素相对于大陆地壳标准化蛛网图（b）

Ce 和 Eu 是稀土元素中的变价元素，氧化条件下 Ce^{3+} 被氧化为 Ce^{4+}，与其他稀土元素分离而呈现出 Ce 异常，可用来反映体系的氧化还原环境。焦家深部金矿黄铁矿 δCe 值变化范围较小（0.81～1.05），整体显示无明显异常（图 2-46a），表明在金成矿体系处于相对还原的物理化学环境，这与前人对该区域金成矿流体的研究结论一致（陈炳翰等，2014；郭林楠等，2019）。在高温还原性热液中，Eu^{3+} 易于还原为 Eu^{2+} 脱离热液体系进入矿物相，使矿物中呈现出 Eu 正异常；对应的低温还原性环境下，矿物中则容易产生 Eu 负异常（陈炳翰等，2014）。焦家深部金矿黄铁矿 δEu 值变化范围较大（0.67～1.43），表明成矿温度变化范围较大，这与石英流体包裹体测温的结果一致（温度变化范围为 360～128℃，主要集中在 340～270℃）（宋明春等，2013）。

黄铁矿中的微量元素 Co 和 Ni 等呈类质同象取代 Fe，Co 与 Fe 的地球化学性质更相似，故 Co 比 Ni 更易进入黄铁矿晶格，因此黄铁矿中的 Co/Ni 值对成矿条件具有一定的指示意义。研究表明，沉积成因的黄铁矿 Co/Ni 值通常小于 1，平均为 0.63；热液成因的黄铁矿 Co/Ni 值平均约为 1.7，且一般小于 5；与火山成因有关的黄铁矿 Co/Ni 值通常大于 5，典型的为 5～50（Bralia et al.，1979）。焦家深部金矿床黄铁矿 Co/Ni 值为 0.54～1.57，平均为 0.99，说明其与火山成因无关，同时说明成矿温度整体为中低温，这与 δEu 值指示的成矿温度一致。在 Co-Ni 关系图上（图 2-47），黄铁矿落在沉积成因、热液成因区的左下方，与焦家金矿石全岩投点规律相似，均位于 Co/Ni=1 的线附近。胶东其他金矿床黄铁矿的特征与焦家深部金矿床相似，Co/Ni 值为 0.01～10，集中于 1 附近（图 2-47），而且主要投点于沉积成因和热液成因区的左下方（图2-47）。以金翅岭为代表的石英脉型金矿与焦家、台上、罗山等蚀变岩型金矿比较而言，石英脉型金矿Co/Ni值变化范围大，Co和Ni的含量均偏低。黄铁矿的Co、Ni含量投点总体表明，其成因与热液作用和沉积作用有关。黄铁矿的Co、Ni含量明显低于岩浆流体中的含量，而与变质热液型金矿中的平均含量相近（郭林楠等，2019），Co/Ni值总体低于岩浆热液型金矿（Co/Ni=8.16）而略高于变质热液型金矿（Co/Ni=0.60）。这反映黄铁矿的成因比较复杂，可能是岩浆热液、变质热液和大气降水多源混合的产物。

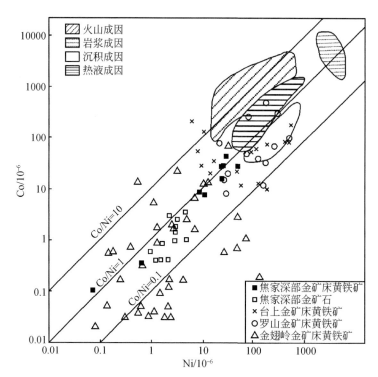

图2-47　焦家金矿黄铁矿Co/Ni分布图

底图据Bajwah et al.，1987；Brill，1989；焦家深部金矿床黄铁矿数据为本研究测得，其他数据据宋明春等，2013；陈炳翰等，2014；郭林楠等，2019；朱照先等，2020

　　Y/Ho、Zr/Hf和Nb/Ta值在同一热液体系中比较稳定，但当体系受热液活动或交代作用影响时，这些元素的比值则会有较大的变化（Bau and Dulski，1995；Yaxley et al.，1998）。焦家深部金矿黄铁矿Y/Ho、Zr/Hf和Nb/Ta值变化范围较大（分别为21.93~35.46、9.44~37.67和1.40~23.84），表明成矿热液体系可能发生了交代作用或有多期次热液活动叠加。其中Y/Ho值（21.93~35.46）与地幔值（25~30）和中国东部大陆地壳值（20~35）（迟清华和鄢明才，2007）接近（表2-19，图2-48），指示成矿流体与地壳和地幔均有一定的渊源。

　　上述研究表明，焦家金矿的成矿流体稀土元素总量较低，富集轻稀土元素，亏损高场强元素，温度范围变化较大，为还原性流体，成矿热液体系可能发生了交代作用或有多期次热液活动叠加。

四、载金矿物微区地球化学

（一）载金硫化物特征及成分

　　通过对200余件矿石光片的观察发现，不同矿床的矿物组合（金属硫化物）有差别。金属硫化物主要为黄铁矿，黄铜矿、闪锌矿、方铅矿与之共生，金多金属矿床中的多金属硫化物数量和种类比石英脉型和蚀变岩型金矿复杂（如马家窑金矿、大邓格金多金属矿床等）。不同类型金矿床黄铁矿的晶形、大

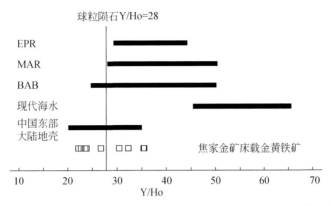

图 2-48　焦家金矿床载金黄铁矿、海底热液、现代海水和中国东部大陆地壳 Y/Ho 值

海底热液、现代海水和中国东部大陆地壳数据引自 Bau and Dulski，1995；Bau et al.，1997；迟清华和鄢明才，2007。EPR-东太平洋洋脊；MAR-中大西洋洋脊；BAB-弧后盆地

小、颜色存在差异（如胶东中东部辽上、邓格庄、大柳行金矿的黄铁矿颜色比胶西北纱岭、焦家金矿的黄铁矿颜色要深）。就同一矿床而言，黄铁矿也存在不同的期次，可见早期黄铁矿包裹于后期的黄铁矿中，二者颜色和晶形有着明显差异。整体来看，胶东金矿床中的黄铁矿颗粒较大（一般数百微米或者更大），形态相对简单（以自形–半自形为主），反映了成矿环境的一致性。自然金矿物主要呈豆粒状、枝杈状，包裹于黄铁矿晶体内部或单独分布于石英等矿物裂隙中，大小为 $10 \sim 30 \mu m$，电子探针分析表明其主要为银金矿（图 2-49）。

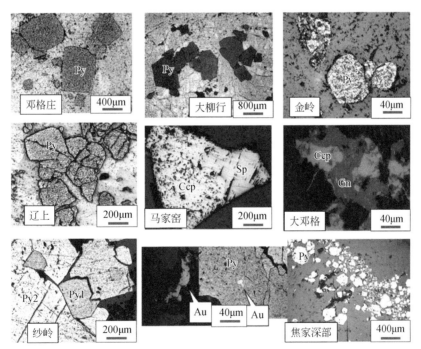

图 2-49　胶东典型金矿床载金硫化物特征

Py-黄铁矿；Ccp-黄铜矿；Gn-方铅矿；Sp-闪锌矿；Au-自然金

对 9 处典型金矿床的硫化物做了电子探针（EPMA）和背散射电子扫描成像（BSE）分析。对黄铁矿等金属硫化物进行背散射电子扫描成像发现，黄铁矿的成分比较均一、结构简单（未见环带生长结构）（图 2-50）。不同晶形和不同期次的黄铁矿的背散射电子扫描图像没有明显差别。对黄铁矿主量元素成分进行电子探针分析（表 2-20）表明，不同矿床、不同类型的黄铁矿成分没有明显差别。

图 2-50　胶东典型金矿床载金硫化物背散射图像

Py- 黄铁矿；Ccp- 黄铜矿；Sp- 闪锌矿

表 2-20　胶东典型金矿床载金黄铁矿电子探针分析结果　　　　　（单位:%）

样品原号	As	Se	S	Fe	Cu	Ni	Zn	Co	Au	Pb	Ag	Te
ZK779-4B			53.414	46.876	0.005	0.006			0.002			
ZK779-4B	0.003		53.641	46.211	0.003	0.003	0.011		0.002			
ZK779-4B	0.008	0.002	53.705	46.547			0.041	0.014	0.024			
ZK779-4B	0.007		53.447	46.58	0.013	0.007			0.011			0.007
ZK779-4B	0.003	0.004	53.35	46.601			0.006					
ZK779-4B	0.005	0.008	53.109	47.225					0.002			0.001
ZK779-4B			52.34	46.597	0.009		0.01		0.001			
ZK779-4B	0.001		53.263	46.495	0.008	0.002	0.003		0.001			
ZK779-4B	0.017	0.001	52.503	46.671			0.004	0.008	0.021			0.004
ZK779-4B		0.002	53.022	46.828	0.003	0.038		0.016	0.002			
ZK779-4B			53.259	46.756	0.005		0.011		0.001			
ZK779-4B	0.002	0.002	53.444	46.713	0.008							
ZK779-4B	0.003		52.818	46.683	0.007	0.002	0.011					
ZK779-4B			53.304	46.332	0.023	0.007	0.008		0.006			
ZK779-4B		0.004	53.377	46.515			0.019					0.005
ZK779-4B		0.004	52.302	46.629	0.014	0.001			0.006			
ZK717-2A	0.098	0.001	53.168	46.575			0.006		0.004			
ZK717-2A	0.014	0.005	53.149	46.753	0.009	0.005	0.004		0.002			
ZK717-2A	0.03		52.91	46.321	0.018		0.002	0.012	0.011			
ZK717-2A	0.004		53.391	46.471	0.007		0.008	0.001	0.002			
ZK717-2A	0.031		53.317	46.812	0.01	0.004	0.007	0.001				
ZK717-2A	0.011		53.118	46.684								0.002
ZK717-2A	0.02	0.004	52.592	46.268			0.002					
ZK717-2A	0.001		52.739	46.734	0.003		0.003					0.002
ZK712-3B	0.008		53.194	46.783		0.002						0.001

样品原号	As	Se	S	Fe	Cu	Ni	Zn	Co	Au	Pb	Ag	Te
ZK712-3B		0.005	53.038	46.385		0.001						
ZK712-3B	0.011	0.004	51.507	45.549	0.015		0.001					
ZK712-3B	0.005		53.12	46.725	0.004	0.016		0.055	0.005			
ZK712-3B	0.002		53.289	47.014		0.006	0.017		0.016			
ZK712-3B	0.005	0.011	52.757	46.789	0.014	0.004		0.028				
ZK712-3B			53.485	46.071	0.002		0.009	0.003	0.004			
ZK712-3B		0.003	53.141	46.505	0.01		0.011					0.001
ZK712-3B			53.386	47.043	0.023	0.002	0.001		0.013			
ZK712-3B	0.006	0.008	52.947	46.616	0.002	0.007	0.002		0.006			
ZK712-3B			53.095	46.799	0.005							
ZK712-3B			53.16	46.779	0.012			0.004	0.009			
ZK712-3B	0.013	0.004	53.064	46.58	0.002		0.001	0.003	0.01			
ZK712-3B	0.003	0.003	53.204	46.875	0.001	0.001	0.015	0.002				
ZK779-4A	0.003		53.247	46.474	0.003	0.006	0.008		0.01			0.005
ZK779-4A	0.013		53.316	46.992			0.002		0.006			
ZK779-4A			53.251	47.045	0.004	0.003	0.008		0.003			0.001
ZK779-4A			52.44	46.847		0.003	0.006					
ZK779-4A			50.899	45.86					0.002			
ZK779-4A	0.013	0.004	49.307	44.845	0.002				0.001			
ZK779-4A	0.005		52.747	46.01	0.006	0.005	0.004	0.016	0.01			0.013
ZK779-4A	0.004		53.175	46.676		0.002						
ZK779-4A		0.004	53.513	46.63		0.002		0.013				0.003
ZK779-4A	0.006	0.001	52.888	46.68	0.017	0.043		0.037	0.007			0.001
ZK740-2B		0.001	53.392	46.816	0.003		0.007	0.001				
ZK740-2B	0.002	0.003	53.486	46.925		0.006	0.01					
ZK740-2B			52.894	46.843	0.004	0.005	0.02					
ZK740-2B	0.604	0.005	53.144	46.669		0.01			0.01			
ZK740-2B	0.615	0.004	51.983	46.421	0.003	0.003	0.002		0.002			
ZK740-2B			35.767	30.727	34.559				0.006			
ZK740-2B		0.005	35.316	30.534	34.174							
ZK712-1B			53.341	46.613	0.012		0.002		0.001			
ZK712-1B	0.051	0.001	53.22	46.358	0.003	0.004			0.001			
ZK712-1B			53.106	46.431					0.003	0.006		
ZK712-1B		0.005	53.319	46.645	0.015			0.003	0.001			
ZK712-1B	0.002		53.092	46.848	0.004	0.008		0.003	0.003			
ZK712-1B	0.005		53.076	46.361		0.004	0.004	0.036	0.013	0.004		
ZK712-1B	0.004		53.762	46.523								
ZK712-1B	0.006		53.21	46.441	0.009	0.004		0.009	0.005			
ZK712-1B			53.145	46.773	0.019	0.005						

样品原号	As	Se	S	Fe	Cu	Ni	Zn	Co	Au	Pb	Ag	Te
ZK712-1B			53.056	46.484	0.002				0.006			
ZK747-5B			52.832	46.216	0.013	0.003						
ZK747-5B	0.011	0.007	52.492	45.281		0.002			0.01			
ZK747-5B			0.002	36.388			0.004			0.015		
ZK747-5B			52.349	45.765					0.012			
ZK747-5B	0.374	0.005	53.511	46.951				0.001	0.004			0.001
ZK744-1B			51.998	46.376	0.002	0.001	0.005		0.014			
ZK744-1B		0.005	53.184	46.849	0.015	0.015	0.011	0.009	0.003	0.009		
ZK744-1B			53.072	47.081			0.003					
ZK744-1B			53.018	46.954	0.006				0.007			0.004
ZK744-1B	0.004		53.217	47.065		0.005	0.001					
ZK744-1B	0.002	0.004	52.914	47.163	0.009	0.001	0.012					
360ZK3-2		0.003	53.245	47.093	0.002				0.002			
360ZK3-2	0.007		52.759	46.623	0.012	0.018		0.018	0.005			
360ZK3-2			53.115	46.992	0.014	0.017		0.003	0.014			
360ZK3-2		0.002	52.855	46.864		0.005	0.01	0.004	0.006			
360ZK3-2			51.151	46.478		0.004	0.012					
360ZK4-1	0.009		52.665	46.8								
360ZK4-1	0.008	0.003	53.586	47.022			0.001					
360ZK4-1	0.006	0.007	49.83	45.287		0.01	0.003		0.003			0.005
ZK747-4A		0.004	35.422	30.289	34.607	0.007			0.008			
ZK747-4A	0.008		53.158	46.755	0.01	0.005	0.013	0.006	0.005			0.001
ZK747-4A			48.022	45.085				0.002	0.015			
ZK747-4A	0.063		53.71	46.73		0.012	0.002					0.008
ZK747-6A	0.008		53.505	47.225		0.017			0.006			
ZK747-6A			53.158	46.855		0.039			0.001			
ZK747-6A		0.006	52.697	47.042	0.014							
E1-1	0.004	0.005	53.226	46.725	0.004	0.001	0.01					
E1-2			51.96	46.432	0.053							
E1-3	0.001		52.325	46.427	0.001				0.005			
E1-4			51.356	46.942	0.04		0.002		0.004			
E1-5	0.009	0.008	53.25	46.755			0.012		0.003			
E1-6		0.005	53.275	46.338	0.025	0.001	0.009					
E1-7			52.625	46.638	0.021							
E1-8	0.004		40.079	59.899			0.013		0.005			
E1-9			53.276	46.73	0.01	0.001						0.003
E1-10	0.001		39.576	59.92	0.008		0.004		0.008			
H4-1	1.716	0.006	51.171	45.905	0.001		0.001					
H4-2	0.69		51.492	46.173	0.012		0.01			0.037		

样品原号	As	Se	S	Fe	Cu	Ni	Zn	Co	Au	Pb	Ag	Te
H4-3	1.21	0.01	51.707	46.288	0.006		0.004		0.01			
H4-4			53.363	46.331	0.017		1.251		0.013			0.004
H4-5	0.052		51.404	46.291	0.018		0.026					
H4-6		0.003	53.41	46.535			0.015		0.004			
H4-7	0.961	0.001	52.275	46.357	0.005	0.006	0.002		0.001			
H4-8	0.787	0.01	51.814	46.07	0.006	0.003	0.006					0.002
J4-1		0.001	54.01	46.715		0.003	0.001	0.027	0.001			
J4-2	0.011	0.005	49.94	45.804	0.006	0.056		0.043	0.015			0.013
J4-3			51.473	46.748	0.008	0.017	0.018	0.006	0.002			
J4-4		0.003	52.575	46.077	0.005	0.039	0.006	0.388	0.014			
J4-5		0.002	51.002	46.084	0.01	0.078	0.003					
J4-6	0.005	0.004	54.124	46.374		0.008	0.008	0.01	0.012			
J4-7		0.008	53.04	46.445	0.007		0.001					
J4-8	0.009	0.004	51.621	45.623	0.017	0.087	0.012	0.768				0.005
J4-9			51.574	46.482	0.018	0.018	0.006	0.028				0.003
J4-10			53.1	46.549		0.03		0.018	0.007			0.004
L2-1		0.004	53.022	46.399	0.006			0.004	0.003			
L2-2	0.002		53.537	46.453	0.012				0.004			
L2-3	0.001		52.832	46.405	0.005		0.01					
L2-4	0.273	0.006	52.75	46.453	0.008	0.008			0.009			
L2-5			51.373	46.434	0.008	0.004	0.001	0.001	0.01			
L2-6	0.481		52.843	45.985	0.002		0.003		0.002			
L2-7	0.242		52.184	46.348	0.003	0.002			0.003			0.001
L2-8	0.273		51.701	46.356	0.012		0.012	0.042	0.003			
L2-9			52.812	46.344	0.003	0.019		0.044	0.004			
L2-10			54.587	46.747	0.007	0.059	0.013		0.006			
L8-1	0.458		52.162	46.221	0.01	0.003	0.012		0.014			0.002
L8-2	0.005	0.002	53.223	46.374	0.006	0.002	0.012					
L8-3	0.319		52.783	46.441	0.007	0.007	0.006		0.004			
L8-4	0.001		52.713	46.186	0.003		0.011	0.459		0.001		
L8-5		0.002	52.808	46.083			0.017					
L8-6	0.16		52.648	46.686	0.005	0.002			0.004			
Y6-1			35.445	30.459	34.53						0.033	
Y6-2			53.554	46.058	0.013	0.059	0.002		0.004			
Y6-3			53.257	46.302	0.028	0.051	0.001					
Y6-4	0.011		51.925	46.083	0.008	0.036						
Y6-5			53.897	46.266	0.006	0.115						
E2-1	0.001		53.237	46.558	0.012				0.006			
E2-2	0.018		53.149	47.225		0.003	0.008		0.01			

续表

样品原号	As	Se	S	Fe	Cu	Ni	Zn	Co	Au	Pb	Ag	Te
E2-3	0.176		52.853	46.641	0.013	0.004			0.001			0.002
E2-4	0.042		53.07	46.968		0.003						0.001
H1-1	0.676		51.422	46.285	0.005	0.002	0.011					
H1-2	1.238	0.006	51.801	46.26		0.003		0.033				
H1-3		0.008	52.439	46.212	0.003		0.015		0.006			
H1-4	1.272		51.027	46.281		0.001	0.007		0.005			0.002
H1-5	0.296	0.026	54.722	47.662		0.005	0.001		0.001			0.001
H5-1			33.318	2.381	2.13		62.651					
H5-2			32.811	2.502	0.076	0.003	63.98					
H5-3			13.459		0.013		0.013	0.003	0.007	86.72		0.054
H5-4	0.372	0.001	53.117	46.548	0.001	0.003	0.007	0.005		0.006		
LJ203-1				0.027								
LJ203-2				0.012								
LJ203-3				0.014								
LJ203-4				0.018								
LJ203-5				0.029								
LJ203-6				0.005								
LJ203-7												
H5-5			33.331	2.019	0.167		64.872	0.001		0.017		
Y1-1			53.86	46.373	0.016	0.347		0.004	0.003	0.014		0.003
Y1-2			35.238	30.697	35.026	0.005				0.053	0.029	
Y1-3		0.001	13.844	0.393	0.334		0.006			87.144	0.688	0.065
Y1-4		0.004	34.97	30.48	35.039	0.01			0.007		0.052	
Y2-1		0.001	34.43	30.35	34.931					0.012	0.014	
Y2-2			13.487		0.003					84.362	0.66	0.057
Y2-3			34.431	30.264	35.039		0.005			0.013		
J6-1		0.016	0.007	1.388		0.001	0.014			0.01		
J6-2			50.627	42.76	0.022	0.003	0.005					0.001
J6-3		0.009	0.01	8.828			0.006			0.001		
J6-4		0.004	0.004	4.021			0.016					
J6-5		0.002		0.004			0.001			0.004		

（二）载金黄铁矿 LA-MC-ICP-MS 硫同位素组成

对 9 处典型金矿床的载金黄铁矿作了原位（LA-MC-ICP-MS）硫同位素分析，不同矿床和不同深度样品分析结果见表 2-21，表 2-22，图 2-51，图 2-52。

测试结果表明，黄铁矿 LA-MC-ICP-MS 硫同位素呈现出如下变化规律：①自胶东金矿西部向东部，$\delta^{34}S$ 整体呈减小的趋势（图 2-51）；②纱岭金矿由浅到深，$\delta^{34}S$ 呈减小的趋势（图 2-52）；③石英脉型金矿的 $\delta^{34}S$ 值整体比蚀变岩型金矿的 $\delta^{34}S$ 值低（表 2-21）。

表 2-21　胶东典型金矿床黄铁矿 LA-MC-ICP-MS 硫同位素组成

矿床	点数/个	$\delta^{34}S$/‰	$\delta^{34}S$ 平均值/‰	金矿类型
焦家深部	9	9.39 ~ 10.79	10.32	蚀变岩型
纱岭	67	5.96 ~ 12.74	10.71	
前陈	7	9.87 ~ 12.33	10.91	
辽上	14	8.17 ~ 12.70	9.09	碳酸盐脉型
邓格庄	11	8.38 ~ 9.24	8.84	石英脉型
大柳行	9	6.22 ~ 8.67	7.01	
马家窑	12	5.66 ~ 11.01	8.56	
金岭	5	7.18 ~ 8.10	7.53	
大邓格	13	−1.2 ~ 6.65	5.31	金多金属矿

表 2-22　纱岭金矿床不同深度黄铁矿 LA-MC-ICP-MS 硫同位素组成

样品编号	取样位置/m	Au 品位/10^{-6}	点数/个	$\delta^{34}S$/‰	$\delta^{34}S$ 平均值/‰
ZK712-1b	−1176	24.68	9	10.44 ~ 12.64	11.69
ZK712-3b	−1180	26.70	13	10.58 ~ 12.37	11.74
ZK779-4a	−1207	17.52	5	11.65 ~ 11.93	11.84
ZK779-4b	−1207	17.52	11	10.10 ~ 12.74	11.78
ZK717-2a	−1506	8.04	8	10.30 ~ 11.55	11.03
ZK744-1b	−1571	3.45	5	9.25 ~ 10.34	9.83
ZK740-2b	−1837	1.34	6	8.55 ~ 9.74	9.14
ZK747-6b	−1868	6.74	3	5.96 ~ 8.61	7.04
ZK747-5b	−1869	3.35	3	8.18 ~ 9.18	8.82
ZK747-4a	−1970	2.07	4	6.71 ~ 9.47	7.71

（三）载金黄铁矿 LA-ICP-MS 微量元素

对纱岭金矿床的黄铁矿进行了原位微区（LA-ICP-MS）微量元素实验测试（表2-23、表2-24）。在所分析的微量元素中，成矿元素 Au、Ag、Cu、Pb、Zn 和部分亲铜、亲铁元素 Co、Ni、Cr、Mn、As、Se、Sb、Te、Bi 的含量普遍高于检测限，其他元素如 Rb、Sr、Mo、Cd、Sn、Ba、W、Tl 大部分低于检测限，对这部分极低含量的微量元素不做进一步讨论。

纱岭金矿床黄铁矿 Au 的含量为 0.00×10^{-6} ~ 0.50×10^{-6}，平均值为 0.08×10^{-6}。Ag 的含量为 0.01×10^{-6} ~ 169.3×10^{-6}，平均值为 8.46×10^{-6}，Ag 的含量与 Au 明显呈正相关；Cu 的含量为 0.22×10^{-6} ~ 2585.59×10^{-6}，平均值为 81.44×10^{-6}；Pb 的含量为 0.00×10^{-6} ~ 16427.58×10^{-6}，平均值为 467.71×10^{-6}；Zn 的含量为 0.32×10^{-6} ~ 49.58×10^{-6}，平均值为 2.58×10^{-6}；Co 的含量为 0.00×10^{-6} ~ 1126.11×10^{-6}，平均值为 57.63×10^{-6}；Ni 的含量为 0.01×10^{-6} ~ 492.58×10^{-6}，平均值为 46.68×10^{-6}；Cr 的含量为 0.00×10^{-6} ~ 9.49×10^{-6}，平均值为 1.83×10^{-6}；Mn 的含量为 0.00×10^{-6} ~ 37.35×10^{-6}，平均值为 0.77×10^{-6}；As 的含量为 0.19×10^{-6} ~ 2035.03×10^{-6}，平均值为 229.93×10^{-6}；Se 的含量为 0.30×10^{-6} ~ 4.53×10^{-6}，平均值为 1.62×10^{-6}；Sb 的含量为 0.00×10^{-6} ~ 2.67×10^{-6}，平均值为 0.31×10^{-6}；Te 的含量为 0.02×10^{-6} ~ 18.37×10^{-6}，平均值为 3.82×10^{-6}；Bi 的含量为 0.01×10^{-6} ~ 335.46×10^{-6}，平均值为 25.13×10^{-6}。从各元素含量变化范围来看，微量元素在黄铁矿中的分布极不均匀，最高相差上万倍（如 As、Pb、Co、Ni、Bi），可能

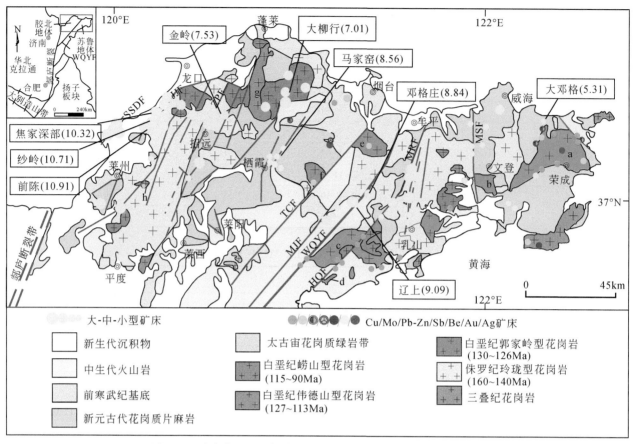

图 2-51　胶东典型金矿床黄铁矿 LA-ICP-MS 硫同位素组成分布图

SSDF-三山岛断裂；JJF-焦家断裂；ZPF-招平断裂；TCF-桃村断裂；MJF-牟即断裂；WQYF-五莲青岛烟台断裂；MRF-牟乳断裂；MSF-米山断裂；a-伟德山岩体；b-三佛山岩体；c-海阳岩体；d-龙王山岩体；e-院格庄岩体；f-牙山岩体；g-艾山岩体；h-南宿岩体

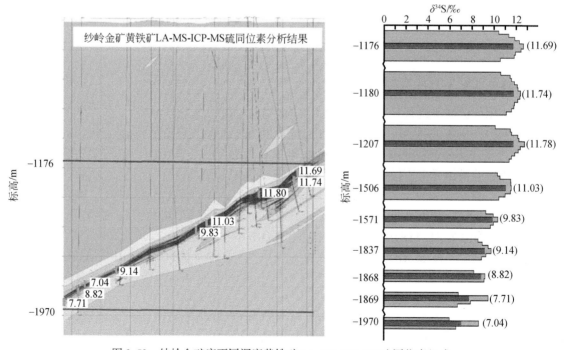

图 2-52　纱岭金矿床不同深度黄铁矿 LA-MS-ICP-MS 硫同位素组成

表 2-23　纱岭金矿黄铁矿 LA-ICP-MS 微量元素分析结果表（一）　　　　　（单位：10^{-6}）

样品号	Mg	Al	Si	Ca	Ti	V	Cr	Mn	Pb	Co	Ni	Cu	Zn
ZK717-2a-01	1	102	291	0	0.93	0.06	0.55	0.08	1.00	4.18	0.58	1.28	0.82
ZK717-2a-02	29	501	1402	0	3.76	0.12	3.36	0.48	8.88	0.05	0.41	1.67	0.70
ZK717-2a-03	0	3	169	6	0.24	0.08	2.36	0.21	13.84	0.74	0.42	5.58	0.58
ZK717-2a-04	0	112	210	13	0.39	0.09	2.48	0.14	4.57	4.05	7.34	0.87	0.63
ZK717-2a-05	0	75	105	0	0.19	0.11	1.34	0.29	0.37	1.32	1.86	1.19	1.36
ZK717-2a-06	0	345	234	0	0.29	0.05	2.84	0.08	802.17	1.89	0.91	3.25	0.67
ZK717-2a-07	3	220	111	11	0.11	0.04	0.76	0.11	0.76	175.74	9.22	0.42	0.88
ZK717-2a-08	7	249	537	29	3.08	0.09	4.35	0.30	1793.20	89.05	45.46	10.80	0.98
ZK717-2a-09	2	43	188	72	0.75	0.05	2.33	0.06	5.00	6.49	10.56	1.55	1.03
ZK779-4b-01	0	27	177	26	0.06	0.09	0.64	0.14	0.00	19.88	0.76	0.44	0.48
ZK779-4b-02	0	0	135	0	0.02	0.09	0.00	0.07	0.92	1.19	1.17	0.66	0.76
ZK779-4b-03	0	2	128	7	0.16	0.06	0.38	0.42	0.04	7.13	0.68	0.56	0.59
ZK779-4b-04	0	1	128	30	0.07	0.09	3.25	0.05	2.20	9.91	3.05	1.26	2.06
ZK779-4b-05	0	74	143	0	0.11	0.10	2.91	0.11	8.93	133.81	54.99	3.44	0.49
ZK779-4b-06	0	2	160	125	1.93	0.04	1.42	0.12	2.87	99.20	57.68	3.14	0.78
ZK779-4b-08	0	8	123	0	0.04	0.07	1.21	0.14	16.80	38.13	56.83	4.44	5.51
ZK712-3b-01	0	79	154	36	0.14	0.06	3.88	0.04	6.88	1.85	2.41	1.46	2.07
ZK712-3b-02	1	535	197	3	0.19	0.06	0.42	0.21	1.15	24.15	135.84	143.22	3.58
ZK712-3b-03	0	247	220	0	0.15	0.06	5.12	0.16	95.51	4.07	17.40	2.86	2.74
ZK712-3b-04	1	110	176	0	0.35	0.08	0.89	0.00	1.19	62.95	27.15	0.79	1.27
ZK712-3b-05	1	100	172	29	0.47	0.07	0.29	0.11	0.47	26.26	32.12	0.38	1.06
ZK712-3b-06	3	523	355	0	1.12	0.07	0.44	0.12	19.41	277.00	33.98	3.30	1.38
ZK712-3b-07	14	346	520	0	3.19	0.21	1.29	0.24	158.41	240.19	94.79	2.98	1.34
ZK712-3b-08	1	39	198	65	0.45	0.05	3.28	0.23	352.46	203.91	77.49	4.54	0.65
ZK712-3b-09	89	1429	1793	62	13.45	0.69	0.46	0.57	7.31	60.18	11.59	2.19	0.83
ZK712-3b-10	0	175	220	4	0.92	0.08	7.39	0.06	2.83	40.14	9.99	0.62	1.10
ZK712-3b-11	1	243	146	23	0.44	0.06	1.84	0.09	0.53	146.60	75.45	0.60	0.66
ZK712-3b-12	2	59	181	0	0.41	0.11	0.73	0.14	0.03	55.04	31.25	0.22	0.79
ZK712-3b-13	1	2	224	0	0.09	0.05	0.85	0.22	3.08	59.41	71.32	0.96	2.48
ZK712-3b-14	0	51	210	0	0.00	0.06	0.00	0.12	25.52	23.80	3.69	3.50	0.62
ZK712-1b-01	1	279	264	301	0.67	0.05	0.87	0.09	0.30	7.22	7.16	1.47	1.46
ZK712-1b-02	69	1498	1633	17	13.20	0.24	0.43	0.65	1.49	191.60	111.23	0.47	1.94
ZK712-1b-03	0	43	229	8	0.31	0.01	1.18	0.13	2.31	0.23	0.60	5.34	0.86
ZK712-1b-04	2	67	245	0	0.19	0.00	0.00	0.15	0.06	3.86	2.59	0.28	1.50
ZK712-1b-05	4	248	264	0	1.14	0.06	0.66	0.10	9.17	30.77	30.00	5.92	1.01

续表

样品号	Mg	Al	Si	Ca	Ti	V	Cr	Mn	Pb	Co	Ni	Cu	Zn
ZK712-1b-06	37	619	858	0	31.77	0.18	0.91	0.43	2.74	125.23	88.09	1.82	1.52
ZK712-1b-07	0	30	117	12	0.56	0.03	0.72	0.02	2.61	42.41	44.20	1.26	2.47
ZK712-1b-08	0	7	146	19	0.22	0.05	0.20	0.03	0.00	11.22	5.51	0.23	0.74
ZK712-1b-09	86	1274	1715	14	10.31	0.30	2.28	0.94	4.38	171.67	94.87	1.29	1.05
ZK779-4b-09	5	46	490	0	0.59	0.04	0.36	0.25	14.33	7.36	1.22	2.77	1.26
ZK779-4b-10	0	4	178	9	0.13	0.03	3.28	0.13	8.02	3.35	9.91	1.62	0.63
ZK779-4b-11	7	83	290	31	1.52	0.07	5.34	0.07	6.84	20.80	26.23	2.74	1.24
ZK747-4a-01	41	866	1780	5	7.80	0.08	0.59	0.72	1.57	0.12	0.87	0.97	0.60
ZK747-4a-02	9	349	598	0	2.50	0.05	4.13	0.33	0.73	0.02	4.74	0.69	0.48
ZK747-4a-03	0	0	105	0	0.00	0.02	0.62	0.09	1390.56	15.78	6.36	3.81	0.39
ZK747-6a-01	0	1	209	0	0.01	0.04	0.44	0.11	304.25	0.28	394.57	160.91	3.93
ZK747-6a-02	3	247	372	9	0.93	0.06	0.99	0.41	19.26	131.97	225.69	219.40	7.47
ZK747-6a-03	1	94	136	5	0.32	0.06	0.87	1.39	29.54	19.38	34.17	5.90	1.04
ZK747-5b-01	1	0	129	0	5.52	0.04	9.49	0.17	1.86	1126.11	381.26	1.53	0.38
ZK747-5b-02	0	4	146	0	0.10	0.03	0.69	0.05	0.02	0.00	0.01	0.33	0.32
ZK747-5b-03	0	14	160	0	0.00	0.03	0.53	0.08	50.42	1.58	21.40	36.09	2.14
ZK740-2b-01	29	998	1493	0	6.94	0.09	0.63	37.35	5565.75	33.30	97.83	107.41	3.27
ZK740-2b-02	1	1584	139	6	0.35	0.06	1.69	0.25	84.32	0.01	1.91	1291.50	49.58
ZK740-2b-03	0	491	163	21	0.83	0.04	0.10	0.23	16427.58	0.21	5.59	354.06	16.26
ZK740-2b-04	0	271	1228	9	0.69	0.05	3.37	0.32	837.78	1.82	492.58	2585.59	13.03
ZK740-2b-05	0	47	154	16	0.15	0.04	1.18	0.32	3112.93	0.06	1.23	32.88	0.99
ZK740-2b-06	0	330	155	0	0.20	0.06	0.00	0.09	647.03	2.34	8.48	34.54	1.65
ZK744-1b-01	0	3	157	19	0.13	0.14	3.28	0.28	97.17	5.60	21.41	6.87	1.06
ZK744-1b-02	39	434	771	42	8.36	1.31	6.33	0.53	38.71	51.34	115.71	4.64	0.93
ZK744-1b-03	1	0	156	30	0.13	0.11	0.13	0.20	72.10	0.02	0.04	3.02	0.56
ZK744-1b-04	0	1	120	0	0.07	0.16	0.64	0.12	18.59	0.01	0.01	480.23	6.87
ZK744-1b-05	0	185	85	0	0.33	0.14	1.02	0.16	55.41	0.01	1.17	8.13	1.42
ZK744-1b-06	0	234	166	0	0.18	0.09	0.77	0.13	83.91	0.01	0.81	3.79	2.69
ZK779-4a-01	0	0	128	0	0.10	0.26	1.14	0.14	0.40	0.67	2.16	0.83	0.40
ZK779-4a-02	0	1	111	10	0.00	0.25	2.46	0.07	0.29	0.01	0.56	0.23	0.57
ZK779-4a-03	0	0	90	0	0.02	0.27	0.87	0.00	0.86	5.41	5.71	1.33	0.36
ZK779-4a-04	3	212	712	0	0.87	0.22	2.05	0.16	14.25	30.29	23.36	3.50	1.77
ZK779-4a-05	59	1129	1508	0	13.72	0.64	6.94	0.53	11.92	58.31	28.91	4.30	3.84

表 2-24　纱岭金矿黄铁矿 LA-ICP-MS 微量元素分析结果表（二）　　　（单位：10^{-6}）

样品号	As	Se	Rb	Sr	Mo	Ag	Cd	Sn	Sb	Te	Ba	W	Au	Tl	Bi
ZK717-2a-01	551.13	1.61	0.03	0.02	0.02	0.32	0.00	0.00	0.03	3.03	0.08	0.36	0.12	0.00	8.74
ZK717-2a-02	91.00	1.17	1.00	0.43	0.00	0.16	0.01	0.09	0.56	0.11	1.23	0.01	0.02	0.00	4.46
ZK717-2a-03	34.97	1.34	0.02	0.16	0.00	0.31	0.00	0.06	0.78	0.49	0.11	0.00	0.07	0.01	10.96
ZK717-2a-04	218.88	1.11	0.00	0.05	0.02	0.09	0.02	0.04	0.05	0.40	0.05	0.00	0.01	0.01	0.97
ZK717-2a-05	531.59	0.96	0.00	0.01	0.01	0.01	0.00	0.11	0.01	1.96	0.02	0.01	0.01	0.00	0.23
ZK717-2a-06	271.80	1.79	0.02	0.18	0.00	4.90	0.00	0.00	0.27	1.68	0.13	0.00	0.06	0.02	22.15
ZK717-2a-07	289.96	3.58	0.01	0.04	0.00	0.00	0.00	0.00	0.03	1.76	0.03	0.05	0.00	0.00	0.33
ZK717-2a-08	213.80	2.20	0.56	0.49	0.02	12.00	0.07	0.09	1.54	6.00	0.85	0.02	0.29	0.10	107.99
ZK717-2a-09	373.19	1.96	0.13	0.04	0.01	0.26	0.00	0.08	0.05	4.71	0.13	0.00	0.02	0.01	5.33
ZK779-4b-01	210.30	2.33	0.01	0.01	0.00	0.00	0.00	0.01	0.01	6.39	0.00	0.00	0.00	0.00	0.05
ZK779-4b-02	147.52	1.94	0.00	0.03	0.00	0.06	0.02	0.00	0.00	2.51	0.01	0.00	0.00	0.01	1.16
ZK779-4b-03	187.05	1.08	0.00	0.01	0.01	0.00	0.01	0.06	0.00	7.04	0.01	0.00	0.00	0.00	0.16
ZK779-4b-04	74.60	1.69	0.03	0.03	0.01	0.06	0.01	0.04	0.02	9.09	0.01	0.00	0.02	0.00	3.74
ZK779-4b-05	105.96	2.69	0.01	0.02	0.00	0.15	0.01	0.05	0.92	11.83	0.02	0.00	0.00	0.01	2.95
ZK779-4b-06	99.19	1.69	0.02	0.04	0.01	0.12	0.00	0.06	0.17	8.67	0.00	0.00	0.00	0.00	1.39
ZK779-4b-08	138.95	1.72	0.06	0.33	0.00	0.56	0.00	0.00	0.78	3.00	0.26	0.00	0.09	0.01	29.17
ZK712-3b-01	54.23	1.27	0.02	0.34	0.00	0.99	0.02	0.00	0.16	1.41	0.20	0.01	0.08	0.00	32.98
ZK712-3b-02	76.51	1.17	0.00	0.01	0.00	0.76	0.00	0.09	0.00	3.42	0.00	0.04	0.01	0.00	9.14
ZK712-3b-03	315.98	1.41	0.03	0.17	0.01	0.49	0.00	0.00	0.64	7.46	0.13	0.01	0.02	0.00	23.49
ZK712-3b-04	251.36	2.43	0.00	0.02	0.00	0.10	0.00	0.04	0.00	14.00	0.02	0.03	0.04	0.00	6.01
ZK712-3b-05	77.59	1.74	0.02	0.01	0.01	0.03	0.01	0.00	0.03	4.43	0.09	0.00	0.01	0.00	1.49
ZK712-3b-06	102.29	2.31	0.13	0.49	0.01	0.26	0.02	0.15	1.00	14.65	0.68	0.02	0.04	0.01	26.76
ZK712-3b-07	62.17	1.20	0.61	0.08	0.01	0.88	0.01	0.00	0.31	5.85	1.36	0.01	0.02	0.01	34.53
ZK712-3b-08	75.08	2.05	0.06	0.13	0.01	0.64	0.01	0.07	0.40	14.97	0.15	0.02	0.11	0.02	51.88
ZK712-3b-09	27.61	1.63	3.06	0.07	0.00	0.15	0.01	0.08	0.14	1.01	5.77	0.04	0.09	0.01	7.31
ZK712-3b-10	128.10	1.32	0.00	0.19	0.01	0.03	0.00	0.00	0.25	0.83	0.29	0.01	0.01	0.00	1.03
ZK712-3b-11	56.41	1.21	0.01	0.03	0.01	0.04	0.00	0.08	0.00	2.30	0.05	0.00	0.02	0.00	1.26
ZK712-3b-12	80.67	1.63	0.07	0.02	0.00	0.01	0.00	0.00	0.02	2.61	0.08	0.00	0.00	0.00	0.19
ZK712-3b-13	69.77	2.14	0.03	0.09	0.00	0.03	0.00	0.00	0.11	0.90	0.02	0.01	0.03	0.00	2.16
ZK712-3b-14	20.41	1.94	0.01	0.07	0.00	0.14	0.00	0.06	0.85	1.08	0.09	0.00	0.04	0.02	9.36
ZK712-1b-01	14.82	1.63	0.02	0.04	0.02	0.06	0.03	0.09	0.00	0.33	0.10	0.04	0.01	0.00	2.00
ZK712-1b-02	84.10	1.80	3.29	0.16	0.02	0.00	0.00	0.06	0.00	2.34	6.97	0.11	0.02	0.03	4.37
ZK712-1b-03	2.26	0.93	0.02	0.15	0.01	0.17	0.02	0.00	0.07	2.14	0.16	0.03	0.00	0.01	5.00
ZK712-1b-04	261.54	0.64	0.02	0.02	0.01	0.00	0.00	0.10	0.00	0.48	0.01	0.04	0.00	0.00	0.03
ZK712-1b-05	47.61	1.05	0.20	0.04	0.00	0.27	0.02	0.04	0.43	2.39	0.18	0.03	0.09	0.02	10.77

续表

样品号	As	Se	Rb	Sr	Mo	Ag	Cd	Sn	Sb	Te	Ba	W	Au	Tl	Bi
ZK712-1b-06	73.61	2.01	1.44	0.07	0.03	0.04	0.00	0.05	0.05	2.50	1.72	0.37	0.01	0.00	6.86
ZK712-1b-07	453.28	1.31	0.03	0.05	0.00	0.06	0.01	0.00	0.19	4.03	0.04	0.01	0.02	0.00	8.30
ZK712-1b-08	279.57	3.56	0.02	0.01	0.00	0.00	0.00	0.00	0.03	8.87	0.01	0.00	0.01	0.01	0.02
ZK712-1b-09	85.28	1.33	3.47	0.16	0.00	0.09	0.02	0.02	0.01	5.21	4.16	0.13	0.05	0.01	13.56
ZK779-4b-09	137.29	1.37	0.13	0.05	0.02	0.25	0.01	0.00	0.45	3.16	0.46	0.00	0.04	0.01	13.80
ZK779-4b-10	285.31	1.65	0.03	0.03	0.00	0.17	0.00	0.00	0.20	4.46	0.06	0.00	0.04	0.01	8.95
ZK779-4b-11	46.84	0.69	0.20	0.05	0.01	0.68	0.01	0.03	0.48	3.27	0.70	0.02	0.02	0.01	19.78
ZK747-4a-01	96.31	1.45	3.52	0.04	0.00	0.06	0.00	0.10	0.00	0.83	3.13	0.05	0.02	0.01	9.59
ZK747-4a-02	64.44	1.92	1.00	0.02	0.01	0.02	0.00	0.00	0.01	0.25	1.19	0.00	0.01	0.00	4.12
ZK747-4a-03	47.69	1.43	0.00	0.03	0.00	10.48	0.01	0.00	0.38	1.05	0.05	0.00	0.02	0.05	38.27
ZK747-6a-01	244.56	0.52	0.01	0.01	0.02	15.92	0.05	0.07	0.04	0.19	0.00	0.00	0.01	0.00	9.23
ZK747-6a-02	119.94	4.53	0.26	0.22	0.01	1.03	0.01	0.00	0.00	2.95	1.30	0.22	0.03	0.01	7.27
ZK747-6a-03	65.48	4.21	0.20	0.29	0.00	3.61	0.01	0.01	0.14	11.44	0.11	0.00	0.11	0.00	39.08
ZK747-5b-01	167.89	1.94	0.02	0.10	0.05	0.11	0.01	0.00	0.07	2.04	0.00	0.00	0.00	0.00	0.40
ZK747-5b-02	685.56	1.18	0.00	0.01	0.01	0.00	0.01	0.04	0.00	0.03	0.00	0.00	0.01	0.00	0.01
ZK747-5b-03	320.80	0.64	0.01	0.03	0.00	8.57	0.04	0.00	0.18	4.85	0.01	0.01	0.03	0.01	21.51
ZK740-2b-01	277.63	0.80	2.41	0.34	0.03	125.33	0.07	0.24	2.67	18.37	5.88	0.01	0.18	0.12	219.07
ZK740-2b-02	1976.33	1.29	0.05	0.22	0.04	11.72	0.18	0.03	0.39	0.46	0.37	0.04	0.25	0.01	17.71
ZK740-2b-03	2035.03	0.97	0.07	0.17	0.03	169.30	0.23	0.07	0.81	1.25	0.21	0.03	0.50	0.04	335.46
ZK740-2b-04	1184.14	0.76	0.03	0.13	0.03	29.92	0.11	0.03	0.86	3.05	0.17	0.06	0.06	0.01	44.30
ZK740-2b-05	1070.76	1.92	0.03	0.09	0.00	128.46	0.17	0.02	0.67	9.25	0.02	0.00	0.12	0.01	264.63
ZK740-2b-06	383.33	1.70	0.03	0.07	0.02	30.88	0.05	0.00	0.50	0.84	0.08	0.01	0.11	0.01	57.27
ZK744-1b-01	15.26	3.88	0.05	1.16	0.01	2.97	0.02	0.00	0.39	6.71	0.96	0.00	0.20	0.00	38.99
ZK744-1b-02	4.50	1.90	1.20	4.49	0.03	0.61	0.00	0.08	0.14	4.38	1.73	0.04	0.28	0.01	12.12
ZK744-1b-03	17.83	1.02	0.02	0.99	0.00	4.37	0.01	0.00	0.19	0.34	0.27	0.00	0.03	0.01	18.01
ZK744-1b-04	5.17	0.60	0.00	0.19	0.02	1.46	0.01	0.12	0.09	0.72	0.11	0.00	0.02	0.00	6.69
ZK744-1b-05	40.26	0.54	0.01	0.41	0.00	1.47	0.02	0.12	1.40	0.48	0.32	0.01	0.09	0.01	20.43
ZK744-1b-06	11.78	0.30	0.00	0.28	0.00	3.34	0.01	0.06	0.14	1.39	0.13	0.00	0.05	0.00	17.50
ZK779-4a-01	0.40	1.86	0.01	0.01	0.00	0.02	0.00	0.09	0.00	0.67	0.02	0.01	0.02	0.01	2.91
ZK779-4a-02	0.19	1.63	0.00	0.01	0.02	0.04	0.00	0.00	0.03	0.12	0.00	0.00	0.00	0.00	0.83
ZK779-4a-03	7.93	0.70	0.00	0.00	0.00	0.00	0.00	0.00	0.10	0.02	0.00	0.00	0.00	0.00	0.22
ZK779-4a-04	21.57	0.53	0.57	0.77	0.00	0.21	0.02	0.00	0.51	0.96	11.96	0.01	0.03	0.01	10.15
ZK779-4a-05	60.90	1.44	2.82	0.14	0.00	0.29	0.00	0.00	0.52	4.41	5.04	0.10	0.11	0.01	12.00

有纳米级的微量包体赋存其中。整体来看,黄铁矿中的 As、Te、Sb、Bi、Se、Cu、Pb、Co、Ni 呈现明显的富集,Zn、Rb、Sr、Mo、Sn、Ba、W、Tl 呈现明显的亏损,Au、Ag 在部分样品中呈现富集,但很不均

匀，整体含量低于地壳平均值。不同晶形、不同颜色、不同期次的黄铁矿中的微量元素含量没有明显的变化。

在微量元素关系图（图2-53）中，Au和Ag、Bi表现出明显的正相关，且呈线性关系；Au和Cu、Pb、Zn也表现出一定的正相关关系；Au与其他微量元素则没有明显的相关性。Pb与Bi、Ag、Cu、Zn均表现出明显的线性正相关，Ag与Bi、Co与Ni也呈现出明显的线性正相关。

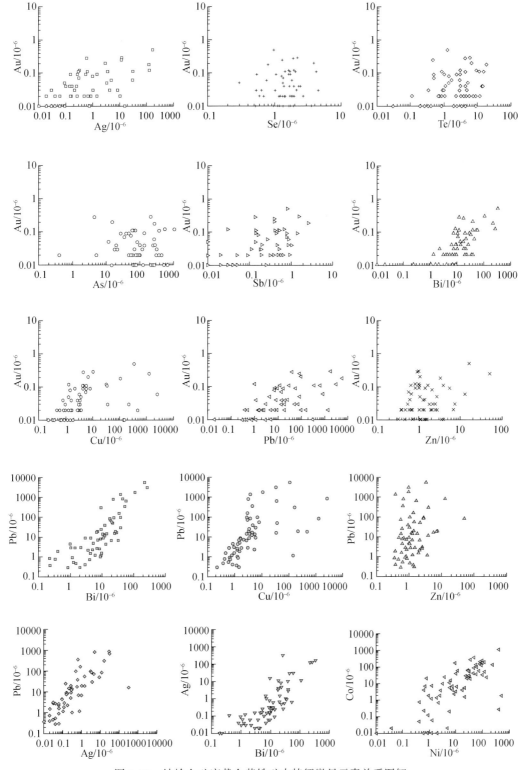

图2-53　纱岭金矿床载金黄铁矿中特征微量元素关系图解

五、流体包裹体地球化学

选取纱岭、旧店、辽上三处金矿床主成矿阶段热液石英矿物进行了流体包裹体岩相学观察、显微测温和成分分析，样品的矿石类型、岩性和采样位置见表2-25。测试分析在自然资源部金矿成矿过程与资源利用重点实验室完成。

表 2-25　纱岭、旧店和辽上金矿床流体包裹体研究样品一览表

矿床名称	矿石类型	主成矿阶段	样品编号	围岩蚀变	样品描述	采样位置
纱岭	破碎蚀变岩型	金-石英-黄铁矿阶段	17S75	绢英岩化、黄铁矿化	黄铁绢英岩化碎裂岩	320ZK722 钻孔
旧店	石英脉型	石英-黄铁矿阶段	17S32	硅化、黄铁矿化	黄铁矿化石英脉	4 中段
辽上	黄铁矿碳酸盐脉型	金-黄铁矿-白云石阶段	17S24	碳酸盐化、黄铁矿化	黄铁矿化碳酸盐脉	+31m 中段

（一）不同金矿床流体包裹体地球化学特征

1. 流体包裹体岩相学特征

纱岭、旧店金矿床流体包裹体的寄主矿物主要为石英，样品采自主成矿阶段的黄铁绢英岩化碎裂岩型和黄铁矿化石英脉型矿石，主成矿期的石英多呈半透明状；辽上金矿床流体包裹体的寄主矿物主要为白云石，样品采自主成矿期黄铁矿化碳酸盐脉型矿石。

纱岭、旧店和辽上矿区中大部分流体包裹体颜色为无色透明，少量富CO_2或有机气体的包裹体呈棕黑色。包裹体形态总体上分为规则和不规则两大类，前者以似圆形、椭圆形、负晶形为主，后者主要为长条状、月状、三角形、勺形等。纱岭和辽上金矿床的流体包裹体整体偏小，大部分包裹体直径小于$10\mu m$，主要集中在$2\sim7\mu m$，个别包裹体较大，直径可达$12\mu m$，而旧店金矿床的流体包裹体较前两者偏大，直径为$4\sim17\mu m$，普遍集中在$7\sim12\mu m$。这说明，蚀变岩型和石英脉型金矿的寄主矿物中的流体包裹体大小有明显的差别。

金矿床流体包裹体中的物质均具有气态和液态两种相态，在室温环境下可以见到单一相态包裹体、两相包裹体和富CO_2三相包裹体。根据室温下流体包裹体的各相态成分、比例及组合关系，可将流体包裹体分为3种类型，细分为5个亚类（表2-26），各类型包裹体特征（图2-54）简述如下。

表 2-26　不同类型流体包裹体岩相学特征

类型	亚类	成分	占比
单相包裹体（Ⅰ型）	纯液相包裹体（Ⅰ-l型）	盐水溶液	纱岭 20%
			旧店 15%
			辽上 15%
两相包裹体（Ⅱ型）	纯气相包裹体（Ⅰ-g型）	气相 CO_2±CH_4	少量
	两相包裹体（Ⅱ-l型）	盐水溶液、气态 H_2O	纱岭 25%
			旧店 15%
			辽上 25%
	两相包裹体（Ⅱ-g型）	盐水溶液、气态 CO_2±H_2O±CH_4	纱岭 30%
			旧店 40%
			辽上 45%

类型	亚类	成分	占比
三相包裹体（Ⅲ型）	富 CO_2 三相包裹体（$Ⅲ_{CO_2}$ 型）	盐水溶液、液相 CO_2、气相 $CO_2 \pm CH_4$	纱岭 25%
			旧店 30%
			辽上 15%

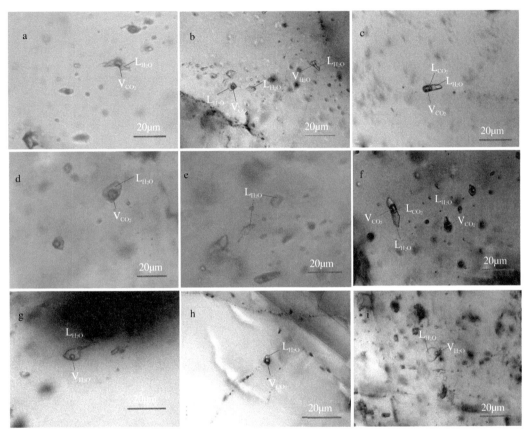

图 2-54　纱岭、旧店、辽上金矿床主成矿期主要包裹体特征

a-纱岭矿床石英中Ⅱ-g型包裹体；b-纱岭矿床石英中Ⅱ-g型、Ⅰ-1型和Ⅱ-1型包裹体；c-纱岭矿床石英中$Ⅲ_{CO_2}$型包裹体；

d-旧店矿床石英中Ⅱ-g型包裹体；e-旧店矿床石英中Ⅰ-1型包裹体；f-旧店矿床石英中$Ⅲ_{CO_2}$型和Ⅱ-g型包裹体；

g-旧店矿床石英中Ⅱ-1型包裹体；h-辽上矿床白云石中Ⅱ-g型包裹体；i-辽上矿床白云石中Ⅱ-1型包裹体

1）单相包裹体（Ⅰ型）

该类包裹体在室温下只存在一种相态，根据相态可将其进一步分为纯液相包裹体（Ⅰ-1型）和纯气相包裹体（Ⅰ-g型）。纯液相包裹体（Ⅰ-1型），含量相对较多，呈无色透明，液相成分为盐水溶液、液态水；纯气相包裹体（Ⅰ-g型），主成矿期很少见，在成矿早期较为发育，颜色较暗，气相成分主要为气态 CO_2 及少量 CH_4。

2）两相包裹体（Ⅱ型）

该类包裹体室温下可见两种相态，以气相和液相为主，气相成分可以是 H_2O、CO_2 或 CH_4 等，液相成分主要是盐水溶液（表2-27）。

Ⅱ-1型包裹体在室温下由水溶液相（L_{H_2O}）及气相（V_{H_2O}）两相组成，气液比较低，一般为 10% ~ 35%。包裹体大小变化较大，一般为 5 ~ 15μm，形态主要为椭圆形、负晶形、菱形及不规则四边形等，成群或条带状分布。气相一般呈无色透明圆形，在包裹体较小的情况下呈现为一个小亮点，是胶东金矿最常见的包裹体类型。

表 2-27 胶东典型金矿床流体包裹体均一温度、流体盐度及密度统计表

矿区名称	样品编号	测试视域编号	赋存矿物	分布形态	包裹体类型	包裹体形状	大小/μm	气液比/%	均一相态	T_h/℃	冰点温度/℃	盐度/%	密度/(g/cm³)
纱岭	17S75	17S75-1	石英	条带状分布	H_2O-CO_2两相包裹体	椭圆状	6	10	液相	179	6.9	5.94	0.93
			石英	条带状分布	H_2O-CO_2两相包裹体	椭圆状	7	25	液相	289	7.2	5.41	0.78
			石英	条带状分布	H_2O-CO_2两相包裹体	不规则	5	20	液相	285	7.7	4.51	0.78
			石英	条带状分布	H_2O-CO_2两相包裹体	不规则	8	15	液相	289	6.9	5.94	0.79
			石英	条带状分布	H_2O-CO_2三相包裹体	长条状	9	CO_2相比:30	$V_{CO_2} \rightarrow L_{CO_2}$ $V_{CO_2} \rightarrow L_{CO_2}$	(T_{hCO_2}:23.7) 289	7.5	4.87	0.77
			石英	条带状分布	H_2O包裹体	不规则	8	25	液相	347	-5.7	8.81	0.73
			石英	条带状分布	H_2O-CO_2两相包裹体	不规则	5	10	液相	223	5.9	7.64	0.90
			石英	条带状分布	H_2O-CO_2两相包裹体	不规则	7	20	液相	309	8.2	3.57	0.73
			石英	条带状分布	H_2O-CO_2两相包裹体	不规则	8	30	液相	287	5.9	7.64	0.81
			石英	条带状分布	H_2O包裹体	不规则	10	15	液相	205	-3.2		0.86
		17S75-2	石英	成群分布	H_2O包裹体	不规则	7	30	液相	367	-1.2	2.07	0.59
			石英	成群分布	H_2O包裹体	不规则	7	35	液相	247	-1.2	2.07	0.82
			石英	成群分布	H_2O-CO_2两相包裹体	不规则	9	20	液相	295	8.2	3.57	0.75
			石英	成群分布	H_2O包裹体	不规则	7	35	液相	305	-3.5	5.71	0.76
			石英	成群分布	H_2O包裹体	不规则	5	20	液相	252	-11.5	15.47	0.93
			石英	成群分布	H_2O-CO_2两相包裹体	椭圆状	5	25	液相	327	8.7	2.62	0.68
			石英	成群分布	H_2O-CO_2两相包裹体	不规则	5	30	液相	257	7.9	4.14	0.82
			石英	成群分布	H_2O-CO_2两相包裹体	椭圆状	4	20	液相	265	7.9	4.14	0.81
		17S75-3	石英	成群分布	H_2O-CO_2三相包裹体	不规则	5	CO_2相比:20	$V_{CO_2} \rightarrow L_{CO_2}$ $V_{CO_2} \rightarrow L_{CO_2}$	(T_{hCO_2}:24.2) 289	8.2	3.57	0.76
			石英	成群分布	H_2O-CO_2三相包裹体	不规则	6	CO_2相比:25	$V_{CO_2} \rightarrow L_{CO_2}$ $V_{CO_2} \rightarrow L_{CO_2}$	(T_{hCO_2}:24.2) 358	8.2	3.57	0.66
			石英	成群分布	H_2O-CO_2两相包裹体	椭圆状	4	30	液相	307	8.2	3.57	0.73
			石英	成群分布	H_2O-CO_2两相包裹体	长条状	6	25	液相	258	8.7	2.62	0.80
			石英	成群分布	H_2O-CO_2两相包裹体	不规则	6	15	液相	248	5.9	7.64	0.86

续表

矿区名称	样品编号	测试视域编号	赋存矿物	分布形态	包裹类型	包裹体形状	大小/μm	气液比/%	均一相态	T_h/℃	冰点温度/℃	盐度/%	密度/(g/cm³)
珍岭	17S75	17S75-3	石英	成群分布	H_2O-CO_2三相包裹体	不规则	10	CO_2相比:25	$V_{CO_2} \to L_{CO_2}$ $V_{CO_2} \to L_{CO_2}$	(T_{h,CO_2}:25.7) 307	8.5	3.00	0.72
			石英	成群分布	H_2O-CO_2三相包裹体	不规则	7	CO_2相比:20	$V_{CO_2} \to L_{CO_2}$ $V_{CO_2} \to L_{CO_2}$	(T_{h,CO_2}:25.7) 327	8.5	3.00	0.69
		17S75-5	石英	成群分布	H_2O-CO_2两相包裹体	不规则	5	25	液相	259	8.5	3.00	0.81
			石英	成群分布	H_2O-CO_2两相包裹体	不规则	6	15	液相	289	7.9	4.14	0.77
			石英	成群分布	H_2O-CO_2两相包裹体	不规则	7	30	液相	269	7.8	4.32	0.80
			石英	成群分布	H_2O包裹体	不规则	10	20	液相	218	-0.7	1.22	0.85
			石英	成群分布	H_2O-CO_2两相包裹体	不规则	7	30	液相	223	7.8	4.32	0.87
			石英	成群分布	H_2O-CO_2两相包裹体	不规则	6	25	液相	253	8.5	3.00	0.81
			石英	成群分布	H_2O-CO_2两相包裹体	不规则	8	10	液相	324	6.5	6.63	0.74
			石英	成群分布	H_2O-CO_2三相包裹体	不规则	8	CO_2相比:30	$V_{CO_2} \to L_{CO_2}$ $V_{CO_2} \to L_{CO_2}$	(T_{h,CO_2}:20.7) 367	6.5	6.63	0.69
			石英	成群分布	H_2O-CO_2两相包裹体	不规则	10	15	液相	257	8.2	3.57	0.81
			石英	成群分布	H_2O-CO_2两相包裹体	不规则	7	10	液相	253	8.5	3.00	0.81
			石英	成群分布	H_2O-CO_2三相包裹体	不规则	7	CO_2相比:30	$V_{CO_2} \to L_{CO_2}$ $V_{CO_2} \to L_{CO_2}$	(T_{h,CO_2}:20.7) 269	8.5	3.00	0.78
旧店	17S32	17S32-1	石英	成群分布	H_2O-CO_2两相包裹体	不规则	5	30	液相	300	7.8	4.32	0.75
			石英	成群分布	H_2O-CO_2两相包裹体	椭圆状	5	20	液相	290	7.8	4.32	0.77
			石英	成群分布	H_2O-CO_2两相包裹体	椭圆状	5	10	液相	290	7.0	5.77	0.78
			石英	成群分布	H_2O-CO_2两相包裹体	不规则	6	20	液相	300	7.8	4.32	0.75
			石英	成群分布	H_2O-CO_2两相包裹体	椭圆状	4	30	液相	300	7.8	4.32	0.75
			石英	成群分布	H_2O-CO_2两相包裹体	长条状	8	10	液相	290	7.0	5.77	0.78
			石英	成群分布	H_2O-CO_2两相包裹体	椭圆状	5	30	液相	290	7.0	5.77	0.78
			石英	成群分布	H_2O-CO_2两相包裹体	椭圆状	8	10	液相	300	6.9	5.94	0.77
			石英	成群分布	H_2O-CO_2两相包裹体	不规则	6	40	液相	300	6.9	5.94	0.77
			石英	孤立分布	H_2O-CO_2两相包裹体	椭圆状	12	20	液相	260	6.9	5.94	0.83

续表

矿区名称	样品编号	测试视域编号	赋存矿物	分布形态	包裹体类型	包裹体形状	大小/μm	气液比/%	均一相态	T_h/℃	冰点温度/℃	盐度/%	密度/(g/cm³)
旧店	17S32	17S32-1	石英	成群分布	H_2O-CO_2两相包裹体	不规则	7	30	液相	294	6.9	5.94	0.78
			石英	成群分布	H_2O-CO_2两相包裹体	长条状	7	30	液相	300	6.9	5.94	0.77
		17S32-2	石英	孤立分布	H_2O-CO_2两相包裹体	不规则	13	20	液相	302	5.1	8.93	0.80
			石英	孤立分布	H_2O-CO_2两相包裹体	椭圆状	7	25	液相	276	4.6	9.69	0.85
			石英	孤立分布	H_2O-CO_2两相包裹体	不规则	9	20	液相	273	4.5	9.84	0.85
			石英	成群分布	H_2O-CO_2两相包裹体	椭圆状	6	30	液相	274	8.1	3.76	0.79
			石英	成群分布	H_2O-CO_2两相包裹体	椭圆状	6	30	液相	272	8.1	3.76	0.79
			石英	成群分布	H_2O-CO_2两相包裹体	椭圆状	6	30	液相	275	4.6	9.69	0.85
			石英	成群分布	H_2O-CO_2两相包裹体	不规则	5	25	液相	271	7.9	4.14	0.80
		17S32-3	石英	成群分布	H_2O-CO_2两相包裹体	不规则	17	30	液相	217	9.2	1.63	0.86
			石英	成群分布	H_2O-CO_2两相包裹体	椭圆状	4	30	液相	211	9.0	2.03	0.87
			石英	成群分布	H_2O-CO_2两相包裹体	不规则	6	40	液相	216	8.5	3.00	0.87
			石英	成群分布	H_2O-CO_2两相包裹体	椭圆状	7	20	液相	207	8.7	2.62	0.88
			石英	成群分布	H_2O-CO_2两相包裹体	不规则	7	40	液相	160	9.0	2.03	0.93
			石英	成群分布	H_2O-CO_2两相包裹体	不规则	7	30	液相	211	8.5	3.00	0.87
			石英	成群分布	H_2O-CO_2两相包裹体	不规则	9	30	液相	207	9.5	1.03	0.87
			石英	成群分布	H_2O-CO_2两相包裹体	不规则	8	20	液相	160	8.5	3.00	0.93
			石英	孤立分布	H_2O-CO_2三相包裹体	不规则	16	CO_2相比:50	$V_{CO_2} \to L_{CO_2}$ $V_{CO_2} \to L_{CO_2}$	(T_{hCO_2}:31) 285	9.0	2.03	0.66
		17S32-4	石英	条带状分布	H_2O-CO_2两相包裹体	不规则	8	30	液相	245	8.2	3.57	0.83
			石英	条带状分布	H_2O-CO_2两相包裹体	不规则	7	30	液相	287	8.0	3.95	0.77
			石英	条带状分布	H_2O-CO_2两相包裹体	长条状	8	35	液相	260	8.1	3.76	0.81
			石英	条带状分布	H_2O-CO_2两相包裹体	不规则	14	20	液相	290	7.5	4.87	0.77
			石英	成群分布	H_2O-CO_2三相包裹体	不规则	10	CO_2相比:35	$V_{CO_2} \to L_{CO_2}$ $V_{CO_2} \to L_{CO_2}$	(T_{hCO_2}:28.5) 320	7.5	4.87	0.70
			石英	孤立分布	H_2O-CO_2两相包裹体	不规则	8	40	液相	265	7.9	4.14	0.81
			石英	成群分布	H_2O-CO_2两相包裹体	不规则	7	30	液相	270	7.9	4.14	0.80

续表

矿区名称	样品编号	测试视域编号	赋存矿物	分布形态	包裹体类型	包裹体形状	大小/μm	气液比/%	均一相态	T_h/℃	冰点温度/℃	盐度/%	密度/(g/cm³)
旧店	17S32	17S32-4	石英	成群分布	H_2O-CO_2两相包裹体	长条状	8	20	液相	270	7.9	4.14	0.80
			石英	孤立分布	H_2O-CO_2两相包裹体	不规则	6	45	液相	260	8.5	3.00	0.80
			石英	孤立分布	H_2O-CO_2两相包裹体	不规则	7	35	液相	240	7.9	4.14	0.84
		17S24-1	白云石	成群分布	H_2O-CO_2两相包裹体	不规则	4	30	液相	335	2.1	13.14	0.80
			白云石	成群分布	H_2O-CO_2两相包裹体	不规则	6	30	液相	347	1.2	14.22	0.80
			白云石	成群分布	H_2O-CO_2两相包裹体	不规则	4	35	液相	314	1.2	14.22	0.84
			白云石	成群分布	H_2O-CO_2两相包裹体	不规则	7	30	液相	356	3.5	11.29	0.75
			白云石	成群分布	H_2O-CO_2两相包裹体	不规则	7	35	液相	365	4.5	9.84	0.71
			白云石	成群分布	H_2O-CO_2两相包裹体	不规则	8	35	液相	375	4.5	9.84	0.70
辽上	17S24		白云石	成群分布	H_2O-CO_2两相包裹体	不规则	6	35	液相	369	4.2	10.29	0.71
		17S24-2	白云石	成群分布	H_2O-CO_2两相包裹体	不规则	5	25	液相	347	4.5	9.84	0.74
			白云石	孤立分布	H_2O-CO_2两相包裹体	不规则	7	30	液相	352	7.5	4.87	0.66
			白云石	孤立分布	H_2O-CO_2两相包裹体	不规则	5	35	液相	339	7.8	4.32	0.68
			白云石	孤立分布	H_2O包裹体	不规则	6	25	液相	317	-3.2	5.26	0.73
			白云石	孤立分布	H_2O-CO_2两相包裹体	不规则	5	10	液相	308	5.5	8.29	0.79
			白云石	孤立分布	H_2O-CO_2两相包裹体	不规则	5	30	液相	385	4.5	9.84	0.68
			白云石	孤立分布	H_2O-CO_2两相包裹体	不规则	7	80	液相	366	3.8	10.87	0.73
纱岭	SL-18	SL-18A	石英	成群分布	H_2O包裹体	圆形	5	10	液相	205	-2.00	3.39	0.89
			石英	成群分布	H_2O包裹体	三角形	7	10	液相	190	-4.50	7.17	0.93
			石英	成群分布	H_2O包裹体	椭圆形	6	10	液相	193	-5.00	7.86	0.93
			石英	成群分布	H_2O包裹体	椭圆形	6	10	液相	211	-3.80	6.16	0.90
			石英	成群分布	H_2O包裹体	三角形	5	10	液相	195	-5.20	8.14	0.93
		SL-18B	石英	成群分布	H_2O-CO_2三相包裹体	不规则	10	CO_2相比:25	$V_{CO_2} \to L_{CO_2}$ $V_{CO_2} \to L_{CO_2}$ $V_{CO_2} \to L_{CO_2}$	(T_{hCO_2}:24) 267	5.40	8.45	0.82
			石英	成群分布	H_2O-CO_2三相包裹体	椭圆形	6	CO_2相比:20	$V_{CO_2} \to L_{CO_2}$	(T_{hCO_2}:22) 247	5.00	9.08	0.86

续表

矿区名称	样品编号	测试视域编号	赋存矿物	分布形态	包裹体类型	包裹体形状	大小/μm	气液比/%	均一相态	T_h/℃	冰点温度/℃	盐度/%	密度/(g/cm³)
纱岭	SL-18	SL-18B	石英	成群分布	H_2O-CO_2三相包裹体	不规则	12	CO_2相比:20	$V_{CO_2}\to L_{CO_2}$	(T_{hCO_2}:20) 214	4.80	9.39	0.89
			石英	成群分布	H_2O-CO_2三相包裹体	椭圆形	10	CO_2相比:30	$V_{CO_2}\to L_{CO_2}$	(T_{hCO_2}:19) 320	7.00	5.77	0.75
			石英	成群分布	H_2O-CO_2三相包裹体	椭圆形	8	CO_2相比:20	$V_{CO_2}\to L_{CO_2}$	(T_{hCO_2}:22) 275	5.60	8.13	0.82
			石英	成群分布	H_2O-CO_2三相包裹体	椭圆形	7	CO_2相比:20	$V_{CO_2}\to L_{CO_2}$	(T_{hCO_2}:23) 220	3.90	10.72	0.89
			石英	成群分布	H_2O-CO_2三相包裹体	椭圆形	11	CO_2相比:30	$V_{CO_2}\to L_{CO_2}$	(T_{hCO_2}:20) 308	6.50	6.63	0.77
			石英	成群分布	H_2O-CO_2两相包裹体	三角形	6	20	液相	298	6.00	7.48	0.79
			石英	成群分布	H_2O-CO_2两相包裹体	不规则	8	20	液相	334	6.50	6.63	0.72
			石英	成群分布	H_2O-CO_2两相包裹体	圆形	4	10	液相	276	6.20	7.14	0.82
			石英	成群分布	H_2O-CO_2两相包裹体	椭圆形	5	15	液相	256	5.00	9.08	0.87
			石英	成群分布	H_2O-CO_2两相包裹体	负晶形	8	20	液相	274	5.70	7.97	0.83
		SL-18C	石英	成群分布	H_2O-CO_2三相包裹体	不规则	12	CO_2相比:20	$V_{CO_2}\to L_{CO_2}$	(T_{hCO_2}:15.8) 288	6.40	6.81	0.80
			石英	成群分布	H_2O-CO_2三相包裹体	圆形	9	CO_2相比:20	$V_{CO_2}\to L_{CO_2}$	(T_{hCO_2}:16.4) 260	5.30	8.61	0.85
			石英	成群分布	H_2O-CO_2三相包裹体	三角形	4	CO_2相比:15	$V_{CO_2}\to L_{CO_2}$	(T_{hCO_2}:19) 235	6.00	7.48	0.87
			石英	成群分布	H_2O-CO_2三相包裹体	长方形	6	CO_2相比:15	$V_{CO_2}\to L_{CO_2}$	(T_{hCO_2}:15.8) 252	6.90	5.94	0.84
			石英	成群分布	H_2O-CO_2三相包裹体	不规则	8	CO_2相比:20	$V_{CO_2}\to L_{CO_2}$	(T_{hCO_2}:20.7) 228	5.90	7.64	0.87
			石英	成群分布	H_2O-CO_2三相包裹体	椭圆形	10	CO_2相比:20	$V_{CO_2}\to L_{CO_2}$	(T_{hCO_2}:19.9) 318	6.50	6.63	0.76

续表

矿区名称	样品编号	测试视域编号	赋存矿物	分布形态	包裹体类型	包裹体形状	大小/μm	气液比/%	均一相态	T_h/℃	冰点温度/℃	盐度/%	密度/(g/cm³)
沙岭	SL-18	SL-18C	石英	成群分布	H_2O-CO_2三相包裹体	椭圆形	7	CO_2相比:10	$V_{CO_2} \to L_{CO_2}$	(T_{hCO_2}:23) 209	5.80	7.81	0.90
			石英	成群分布	H_2O-CO_2三相包裹体	负晶形	6	CO_2相比:20	$V_{CO_2} \to L_{CO_2}$	(T_{hCO_2}:20) 270	6.80	6.12	0.81
			石英	成群分布	H_2O-CO_2三相包裹体	椭圆形	5	CO_2相比:10	$V_{CO_2} \to L_{CO_2}$	(T_{hCO_2}:18.5) 279	7.30	5.23	0.80
			石英	成群分布	H_2O-CO_2三相包裹体	不规则	8	CO_2相比:15	$V_{CO_2} \to L_{CO_2}$	(T_{hCO_2}:18) 290	6.80	6.12	0.79
		SL-18D	石英	成群分布	H_2O-CO_2两相包裹体	圆形	4	10	液相	246	5.40	8.45	0.88
			石英	成群分布	H_2O-CO_2两相包裹体	负晶形	6	10	液相	228	4.80	9.39	0.91
			石英	成群分布	H_2O-CO_2两相包裹体	圆形	5	15	液相	209	4.50	9.84	0.93
			石英	成群分布	H_2O-CO_2两相包裹体	圆形	4	10	液相	197	5.00	9.08	0.94
			石英	成群分布	H_2O-CO_2两相包裹体	椭圆形	7	20	液相	219	5.70	7.97	0.90
	SL-19	SL-19A	石英	成群分布	H_2O-CO_2两相包裹体	圆形	8	30	液相	262	9.40	1.23	0.78
		SL-19B	石英	成群分布	H_2O-CO_2两相包裹体	长条形	6	20	液相	258	6.50	6.63	0.84
		SL-19B	石英	成群分布	H_2O-CO_2两相包裹体	不规则	10	5	液相	185	9.50	1.03	0.89
			石英	成群分布	H_2O包裹体	椭圆形	6	10	液相	242	-7.00	10.49	0.90
		SL-19D	石英	成群分布	H_2O-CO_2两相包裹体	圆形	4	10	液相	196	8.30	3.38	0.90
			石英	成群分布	H_2O-CO_2两相包裹体	不规则	6	10	液相	204	7.90	4.14	0.89
			石英	成群分布	H_2O-CO_2两相包裹体	椭圆形	5	10	液相	220	8.20	3.57	0.87
			石英	成群分布	H_2O-CO_2两相包裹体	三角形	5	10	液相	218	7.30	5.23	0.88
			石英	成群分布	H_2O-CO_2两相包裹体	圆形	4	10	液相	211	8.40	3.19	0.88
			石英	成群分布	H_2O-CO_2三相包裹体	不规则	10	CO_2相比:20	$V_{CO_2} \to L_{CO_2}$	(T_{hCO_2}:13.4) 296	4.50	9.84	0.83
			石英	成群分布	H_2O-CO_2三相包裹体	椭圆形	4	CO_2相比:10	$V_{CO_2} \to L_{CO_2}$	(T_{hCO_2}:23) 316	5.80	7.81	0.77

续表

矿区名称	样品编号	测试视域编号	赋存矿物	分布形态	包裹体类型	包裹体形状	大小/μm	气液比/%	均一相态	T_h/°C	冰点温度/°C	盐度/%	密度/(g/cm³)
纱岭	SL-19	SL-19D	石英	成群分布	H_2O-CO_2 三相包裹体	不规则	3	CO_2 相比:50	$V_{CO_2}\to L_{CO_2}$ $V_{CO_2}\to L_{CO_2}$	(T_{hCO_2}:22) 320	5.50	8.29	0.76
		SL-19E	石英	成群分布	H_2O-CO_2 两相包裹体	不规则	8	10	液相	200	4.70	9.54	0.94
		SL-19F	石英	成群分布	H_2O-CO_2 两相包裹体	圆形	4	5	液相	196	9.00	2.03	0.89
			石英	成群分布	H_2O-CO_2 两相包裹体	圆形	4	10	液相	206	5.90	7.64	0.92
			石英	成群分布	H_2O-CO_2 两相包裹体	长方形	6	20	液相	236	5.70	7.97	0.88
			石英	成群分布	H_2O-CO_2 两相包裹体	负晶形	5	15	液相	227	6.80	6.12	0.88
			石英	成群分布	H_2O-CO_2 两相包裹体	长方形	6	10	液相	238	6.50	6.63	0.87
			石英	成群分布	H_2O-CO_2 两相包裹体	圆形	6	10	液相	221	4.30	10.14	0.92
			石英	成群分布	H_2O-CO_2 两相包裹体	不规则	10	15	液相	203	1.70	13.63	0.97
			石英	成群分布	H_2O-CO_2 两相包裹体	不规则	5	10	液相	288	6.30	6.97	0.80
			石英	成群分布	H_2O-CO_2 两相包裹体	不规则	4	10	液相	276	5.40	8.45	0.84
			石英	成群分布	H_2O-CO_2 两相包裹体	不规则	7	20	液相	249	5.80	7.81	0.87
		SL-19G	石英	成群分布	H_2O-CO_2 两相包裹体	多边形	4	10	$V_{CO_2}\to L_{CO_2}$ $V_{CO_2}\to L_{CO_2}$	(T_{hCO_2}:21.5) 326	5.8	7.81	0.75
			石英	成群分布	H_2O-CO_2 两相包裹体	椭圆形	6	8	$V_{CO_2}\to L_{CO_2}$ $V_{CO_2}\to L_{CO_2}$	(T_{hCO_2}:21) 330	5.6	8.13	0.75
			石英	成群分布	H_2O-CO_2 两相包裹体	三角形	5	20	$V_{CO_2}\to L_{CO_2}$ $V_{CO_2}\to L_{CO_2}$	(T_{hCO_2}:24.3) 324	5.8	7.81	0.75
			石英	成群分布	H_2O 包裹体	不规则	6	10	液相	209	-5.30	8.28	0.92
			石英	成群分布	H_2O 包裹体	不规则	5	10	液相	215	-5.80	8.95	0.92
	SL-2	SL-2A	石英	成群分布	H_2O-CO_2 三相包裹体	负晶形	4	CO_2 相比:10	$V_{CO_2}\to L_{CO_2}$	(T_{hCO_2}:12.8) 263.3	6.10	7.31	0.84
		SL-2B	石英	成群分布	H_2O-CO_2 三相包裹体	椭圆状	8	CO_2 相比:45	$V_{CO_2}\to L_{CO_2}$	(T_{hCO_2}:18.5) 318	5.50	8.29	0.77
			石英	成群分布	H_2O-CO_2 三相包裹体	长条形	8	CO_2 相比:10	$V_{CO_2}\to L_{CO_2}$	(T_{hCO_2}:24.5) 288	3.70	11.01	0.83

续表

矿区名称	样品编号	测试视域编号	赋存矿物	分布形态	包裹体类型	包裹体形状	大小/μm	气液比/%	均一相态	T_h/℃	冰点温度/℃	盐度/%	密度/(g/cm³)
沙岭	SL-2	SL-2B	石英	成群分布	H_2O-CO_2 三相包裹体	长条形	4	CO_2 相比:15	$V_{CO_2} \to L_{CO_2}$	$(T_{hCO_2}:13)$ 280	6.10	7.31	0.82
			石英	成群分布	H_2O-CO_2 三相包裹体	长条形	5	CO_2 相比:10	$V_{CO_2} \to L_{CO_2}$	$(T_{hCO_2}:20)$265	4.70	9.54	0.85
		SL-2C	石英	成群分布	H_2O-CO_2 三相包裹体	负晶形	5	CO_2 相比:15	$V_{CO_2} \to L_{CO_2}$	$(T_{hCO_2}:19)$272	4.20	10.29	0.85
			石英	成群分布	H_2O-CO_2 三相包裹体	不规则	6	CO_2 相比:15	$V_{CO_2} \to L_{CO_2}$	$(T_{hCO_2}:17)$259	5.20	8.77	0.85
			石英	成群分布	H_2O-CO_2 三相包裹体	不规则	4	CO_2 相比:10	$V_{CO_2} \to L_{CO_2}$	$(T_{hCO_2}:14)$261	6.00	7.48	0.84
			石英	成群分布	H_2O-CO_2 三相包裹体	椭圆状	8	CO_2 相比:25	$V_{CO_2} \to L_{CO_2}$	$(T_{hCO_2}:16)$299	4.50	9.84	0.82
			石英	成群分布	H_2O 包裹体	圆形	4	10	液相	226	-8.00	11.70	0.93
			石英	成群分布	H_2O 包裹体	三角形	4	10	液相	196	-6.90	10.36	0.95
			石英	成群分布	H_2O 包裹体	圆形	5	10	液相	206	-7.60	11.22	0.95
		SL-2D	石英	成群分布	H_2O-CO_2 三相包裹体	圆形	5	CO_2 相比:25	$V_{CO_2} \to L_{CO_2}$	$(T_{hCO_2}:22.2)$301	4.90	9.24	0.80
			石英	成群分布	H_2O-CO_2 三相包裹体	负晶形	5	CO_2 相比:20	$V_{CO_2} \to L_{CO_2}$	$(T_{hCO_2}:17)$233	6.80	6.12	0.86
			石英	成群分布	H_2O-CO_2 三相包裹体	椭圆状	6	CO_2 相比:10	$V_{CO_2} \to L_{CO_2}$	$(T_{hCO_2}:20)$255	6.20	7.14	0.84
		SL-2E	石英	成群分布	H_2O-CO_2 三相包裹体	长条形	7	CO_2 相比:15	$V_{CO_2} \to L_{CO_2}$	$(T_{hCO_2}:19.4)$258	5.60	8.13	0.85
			石英	成群分布	H_2O-CO_2 三相包裹体	长条形	5	CO_2 相比:10	$V_{CO_2} \to L_{CO_2}$	$(T_{hCO_2}:16)$276	5.40	8.45	0.83
			石英	成群分布	H_2O-CO_2 三相包裹体	长条形	8	CO_2 相比:10	$V_{CO_2} \to L_{CO_2}$	$(T_{hCO_2}:15)$288	4.10	10.44	0.84

续表

矿区名称	样品编号	测试视域编号	赋存矿物	分布形态	包裹体类型	包裹体形状	大小/μm	气液比/%	均一相态	T_h/℃	冰点温度/℃	盐度/%	密度/(g/cm³)
	SL-2	SL-2E	石英	成群分布	H_2O-CO_2三相包裹体	负晶形	10	CO_2相比:20	$V_{CO_2}{\to}L_{CO_2}$ $V_{CO_2}{\to}L_{CO_2}$	(T_{hCO_2}:21.3) 299	5.10	8.93	0.80
纱岭	SL-3	SL-3A	石英	成群分布	H_2O包裹体	圆形	4	5	液相	197	-2.10	3.55	0.90
			石英	成群分布	H_2O包裹体	三角形	5	5	液相	205	-3.10	5.11	0.90
			石英	成群分布	H_2O-CO_2三相包裹体	圆形	3	CO_2相比:5	$V_{CO_2}{\to}L_{CO_2}$	(T_{hCO_2}:22.7) 280	7.90	4.14	0.78
			石英	成群分布	H_2O-CO_2三相包裹体	圆形	5	CO_2相比:20	$V_{CO_2}{\to}L_{CO_2}$ $V_{CO_2}{\to}L_{CO_2}$	(T_{hCO_2}:12) 300	6.10	7.31	0.80
			石英	成群分布	H_2O-CO_2三相包裹体	圆形	6	CO_2相比:15	$V_{CO_2}{\to}L_{CO_2}$	303	6.00	7.48	0.79
			石英	成群分布	H_2O-CO_2三相包裹体	椭圆形	8	CO_2相比:25	$V_{CO_2}{\to}L_{CO_2}$	(T_{hCO_2}:18.6) 286	7.60	4.69	0.79
			石英	成群分布	H_2O-CO_2三相包裹体	不规则	5	CO_2相比:15	$V_{CO_2}{\to}L_{CO_2}$	(T_{hCO_2}:17.3) 269	4.70	9.54	0.85
			石英	成群分布	H_2O-CO_2三相包裹体	不规则	5	CO_2相比:15	$V_{CO_2}{\to}L_{CO_2}$	(T_{hCO_2}:18.2) 258	5.10	8.93	0.86
			石英	成群分布	H_2O-CO_2三相包裹体	椭圆形	5	CO_2相比:5	$V_{CO_2}{\to}L_{CO_2}$	(T_{hCO_2}:15.3) 276	6.50	6.63	0.81
			石英	成群分布	H_2O-CO_2三相包裹体	椭圆形	7	CO_2相比:10	$V_{CO_2}{\to}L_{CO_2}$	(T_{hCO_2}:27) 270	3.80	10.87	0.86
		SL-3B	石英	成群分布	H_2O包裹体	圆形	4	5	液相	180	-3.30	5.41	0.93
			石英	成群分布	H_2O包裹体	圆形	4	5	液相	198	-8.30	12.05	0.96
			石英	成群分布	H_2O包裹体	三角形	4	5	液相	211	-7.60	11.22	0.94
			石英	成群分布	H_2O包裹体	圆形	5	10	液相	225	-5.40	8.41	0.90
			石英	成群分布	H_2O包裹体	圆形	5	5	液相	209	-6.80	10.24	0.93
			石英	成群分布	H_2O-CO_2三相包裹体	椭圆形	10	CO_2相比:25	$V_{CO_2}{\to}L_{CO_2}$ $V_{CO_2}{\to}L_{CO_2}$	(T_{hCO_2}:22.8) 313	3.50	11.29	0.80

续表

矿区名称	样品编号	测试视域编号	赋存矿物	分布形态	包裹体类型	包裹体形状	大小/μm	气液比/%	均一相态	T_h/℃	冰点温度/℃	盐度/%	密度/(g/cm³)
纱岭	SL-3	SL-3B	石英	成群分布	H_2O-CO_2三相包裹体	圆形	5	CO_2相比:10	$V_{CO_2}{\to}L_{CO_2}$	(T_{hCO_2}:11) 270	5.10	8.93	0.85
			石英	成群分布	H_2O-CO_2三相包裹体	椭圆形	8	CO_2相比:25	$V_{CO_2}{\to}L_{CO_2}$	(T_{hCO_2}:28) 292	5.30	8.61	0.78
		SL-3C	石英	成群分布	H_2O-CO_2三相包裹体	不规则状	5	CO_2相比:15	$V_{CO_2}{\to}L_{CO_2}$	(T_{hCO_2}:23.1) 281	6.30	6.97	0.80
			石英	成群分布	H_2O-CO_2三相包裹体	长条形	6	CO_2相比:20	$V_{CO_2}{\to}L_{CO_2}$	(T_{hCO_2}:19.2) 264	4.80	9.39	0.85
			石英	成群分布	H_2O-CO_2三相包裹体	椭圆形	6	CO_2相比:10	$V_{CO_2}{\to}L_{CO_2}$	(T_{hCO_2}:28.5) 210	8.20	3.57	0.86
			石英	成群分布	H_2O-CO_2三相包裹体	不规则状	8	CO_2相比:40	$V_{CO_2}{\to}L_{CO_2}$	(T_{hCO_2}:22) 258	5.60	8.13	0.82
			石英	成群分布	H_2O-CO_2三相包裹体	长条形	10	CO_2相比:20	$V_{CO_2}{\to}L_{CO_2}$	(T_{hCO_2}:23) 310	6.30	6.97	0.76
		SL-3D	石英	成群分布	H_2O包裹体	正方形	5	10	液相	192	-8.00	11.70	0.96
			石英	成群分布	H_2O包裹体	不规则	8	15	液相	190	-9.00	12.85	0.98
		SL-3E	石英	孤立分布	H_2O-CO_2三相包裹体	椭圆形	6	CO_2相比:30	$V_{CO_2}{\to}L_{CO_2}$	(T_{hCO_2}:19.1) 300	5.50	8.29	0.80
	SL-5	SL-5A	石英	成群分布	H_2O包裹体	圆形	5	5	液相	208	-8.10	11.81	0.95
			石英	成群分布	H_2O包裹体	圆形	7	5	液相	210	-8.50	12.28	0.95
			石英	成群分布	H_2O包裹体	圆形	6	5	液相	216	-9.00	12.85	0.95
			石英	成群分布	H_2O-CO_2三相包裹体	长条形	10	CO_2相比:40	$V_{CO_2}{\to}L_{CO_2}$	(T_{hCO_2}:22) 183	5.50	8.29	0.87
		SL-5B	石英	成群分布	H_2O-CO_2三相包裹体	长条形	9	CO_2相比:5	$V_{CO_2}{\to}L_{CO_2}$	(T_{hCO_2}:17.1) 221	7.20	5.41	0.88
			石英	成群分布	H_2O-CO_2三相包裹体	长条形	7	CO_2相比:30	$V_{CO_2}{\to}L_{CO_2}$	(T_{hCO_2}:20.7) 252	7.20	5.41	0.82

续表

矿区名称	样品编号	测试视域编号	赋存矿物	分布形态	包裹体类型	包裹体形状	大小/μm	气液比/%	均一相态	T_h/℃	冰点温度/℃	盐度/%	密度/(g/cm³)
纱岭	SL-5	SL-5B	石英	成群分布	H_2O-CO_2三相包裹体	椭圆形	8	CO_2相比:5	$V_{CO_2} \rightarrow L_{CO_2}$ $V_{CO_2} \rightarrow L_{CO_2}$	$(T_{hCO_2}:13.9)$ 219	7.00	5.77	0.88
			石英	成群分布	H_2O-CO_2三相包裹体	椭圆形	10	CO_2相比:30	$V_{CO_2} \rightarrow L_{CO_2}$ $V_{CO_2} \rightarrow L_{CO_2}$	$(T_{hCO_2}:20.7)$ 330	7.20	5.41	0.73
			石英	成群分布	H_2O-CO_2三相包裹体	圆形	6	CO_2相比:50	$V_{CO_2} \rightarrow L_{CO_2}$ $V_{CO_2} \rightarrow L_{CO_2}$	$(T_{hCO_2}:14)$ 271	9.40	1.23	0.80
			石英	成群分布	H_2O-CO_2三相包裹体	不规则	6	CO_2相比:5	$V_{CO_2} \rightarrow L_{CO_2}$ $V_{CO_2} \rightarrow L_{CO_2}$	$(T_{hCO_2}:18.6)$ 264	6.80	6.12	0.83
			石英	成群分布	H_2O-CO_2三相包裹体	圆形	5	CO_2相比:20	$V_{CO_2} \rightarrow L_{CO_2}$ $V_{CO_2} \rightarrow L_{CO_2}$	$(T_{hCO_2}:22)$ 287	7.60	4.69	0.77
			石英	成群分布	H_2O-CO_2两相包裹体	不规则形	10	10	液相	203	5.30	8.61	0.93
			石英	成群分布	H_2O-CO_2两相包裹体	椭圆形	9	10	液相	210	5.60	8.13	0.92
			石英	成群分布	H_2O-CO_2三相包裹体	负晶形	6	CO_2相比:20	$V_{CO_2} \rightarrow L_{CO_2}$ $V_{CO_2} \rightarrow L_{CO_2}$	$(T_{hCO_2}:22)$ 243	6.80	6.12	0.84
			石英	成群分布	H_2O-CO_2三相包裹体	椭圆形	4	CO_2相比:20	$V_{CO_2} \rightarrow L_{CO_2}$ $V_{CO_2} \rightarrow L_{CO_2}$	$(T_{hCO_2}:23)$ 255	9.80	0.41	0.78
			石英	成群分布	H_2O包裹体	方形	5	10	液相	191	-3.80	6.16	0.92
			石英	成群分布	H_2O-CO_2三相包裹体	不规则	7	CO_2相比:30	$V_{CO_2} \rightarrow L_{CO_2}$ $V_{CO_2} \rightarrow L_{CO_2}$	$(T_{hCO_2}:11.4)$ 198	-6.70	10.11	0.92
			石英	成群分布	H_2O-CO_2三相包裹体	不规则	6	CO_2相比:10	$V_{CO_2} \rightarrow L_{CO_2}$ $V_{CO_2} \rightarrow L_{CO_2}$	$(T_{hCO_2}:11.4)$ 193	-6.70	10.11	0.94
		SL-5C	石英	成群分布	H_2O-CO_2三相包裹体	不规则	6	CO_2相比:10	$V_{CO_2} \rightarrow L_{CO_2}$ $V_{CO_2} \rightarrow L_{CO_2}$	$(T_{hCO_2}:17.3)$ 205	5.80	7.81	0.91
			石英	成群分布	H_2O-CO_2三相包裹体	不规则	8	CO_2相比:50	$V_{CO_2} \rightarrow L_{CO_2}$ $V_{CO_2} \rightarrow L_{CO_2}$	$(T_{hCO_2}:23)$ 208	5.80	7.81	0.83
			石英	成群分布	H_2O-CO_2三相包裹体	不规则	9	CO_2相比:50	$V_{CO_2} \rightarrow L_{CO_2}$ $V_{CO_2} \rightarrow L_{CO_2}$	$(T_{hCO_2}:23)$ 207	5.80	7.81	0.83

续表

矿区名称	样品编号	测试视域编号	赋存矿物	分布形态	包裹体类型	包裹体形状	大小/μm	气液比/%	均一相态	T_h/℃	冰点温度/℃	盐度/%	密度/(g/cm³)
纱岭	SL-5	SL-5C	石英	成群分布	H_2O-CO_2 三相包裹体	不规则	7	CO_2 相比:50	$V_{CO_2} \rightarrow L_{CO_2}$	(T_{hCO_2}:23) 209	5.80	7.81	0.83
			石英	成群分布	H_2O-CO_2 三相包裹体	椭圆形	12	CO_2 相比:30	$V_{CO_2} \rightarrow L_{CO_2}$	(T_{hCO_2}:20) 301	6.90	5.94	0.77
			石英	成群分布	H_2O-CO_2 三相包裹体	不规则	4	CO_2 相比:20	$V_{CO_2} \rightarrow L_{CO_2}$	(T_{hCO_2}:19) 300	6.80	6.12	0.78
		SL-5D	石英	成群分布	H_2O-CO_2 三相包裹体	不规则	10	CO_2 相比:25	$V_{CO_2} \rightarrow L_{CO_2}$	(T_{hCO_2}:15.1) 246	5.40	8.45	0.86
			石英	成群分布	H_2O-CO_2 三相包裹体	不规则	5	CO_2 相比:10	$V_{CO_2} \rightarrow L_{CO_2}$	(T_{hCO_2}:16.1) 268	8.20	3.57	0.80
			石英	成群分布	H_2O-CO_2 三相包裹体	不规则	6	CO_2 相比:10	$V_{CO_2} \rightarrow L_{CO_2}$	(T_{hCO_2}:18) 255	9.00	2.03	0.80
		SL-5E	石英	成群分布	H_2O-CO_2 三相包裹体	圆形	5	CO_2 相比:30	$V_{CO_2} \rightarrow L_{CO_2}$	(T_{hCO_2}:24) 310	1.80	13.51	0.81
			石英	成群分布	H_2O-CO_2 三相包裹体	椭圆形	6	CO_2 相比:30	$V_{CO_2} \rightarrow L_{CO_2}$	(T_{hCO_2}:22) 196	6.00	7.48	0.88
			石英	成群分布	H_2O-CO_2 三相包裹体	不规则	7	CO_2 相比:15	$V_{CO_2} \rightarrow L_{CO_2}$	(T_{hCO_2}:21) 199	5.50	8.29	0.91
			石英	成群分布	H_2O-CO_2 三相包裹体	椭圆形	6	CO_2 相比:30	$V_{CO_2} \rightarrow L_{CO_2}$	(T_{hCO_2}:18) 198	4.50	9.84	0.90
			石英	成群分布	H_2O-CO_2 三相包裹体	负晶形	4	CO_2 相比:10	$V_{CO_2} \rightarrow L_{CO_2}$	(T_{hCO_2}:18) 254	8.30	3.38	0.82

Ⅱ-g 型包裹体室温下主要由气相 CO_2（V_{CO_2}）及水溶液相（L_{H_2O}）两相构成，包裹体大小多为 5～12μm，形态为椭圆形、负晶形和不规则四边形等，成群分布或孤立分布。气相一般呈浅暗色椭圆形，与液相的界限是一条黑色圆圈。该类包裹体也是胶东金矿的常见类型。

3）三相包裹体（Ⅲ型）

该类包裹体主要为富 CO_2 三相包裹体（$Ⅲ_{CO_2}$ 型），室温下通常由气相和液相（V_{CO_2}、L_{CO_2} 和 L_{H_2O}）组成，由外至内相态依次为液相盐水溶液、液相 CO_2、气相 CO_2，一般 CO_2 气液两相大小通常为 5～12μm，包裹体形态规则。气态和液态 CO_2 占包裹体的 20%～50%，加热时气相 CO_2 先均一到液相 CO_2，得到部分均一温度（T_{hCO_2}），而后再均一到液相 H_2O 中得到完全均一温度（T_h）。该类包裹体大小多为 5～12μm，形态为椭圆形、负晶形和不规则四边形等。该类包裹体是成矿主阶段的主要包裹体类型。

2. 流体包裹体测温

对三个金矿床的 Ⅱ-1 型、Ⅱ-g 型及 $Ⅲ_{CO_2}$ 型包裹体的 CO_2-H_2O 完全均一温度（T_h）进行测试，结果显示：纱岭矿区流体包裹体完全均一温度为 179～380℃，主要集中在 250～300℃；旧店矿区流体包裹体完全均一温度为 150～380℃，主要集中在 220～300℃；而辽上矿区流体包裹体完全均一温度为 320～400℃，主要集中在 320～380℃（表 2-27，图 2-55）。由此可见，纱岭和旧店金矿床的成矿流体具有相近的成矿温度，为中-低温成矿流体；而辽上金矿床流体的成矿温度明显较前两者高，为中-高温成矿流体。

3. 流体包裹体盐度和密度

1）盐度

根据 H_2O-NaCl 体系盐度-冰点公式计算了纱岭、旧店和辽上金矿床的 Ⅱ 型和 $Ⅲ_{CO_2}$ 型流体包裹体盐度。纱岭矿区的包裹体盐度分布在 1.22%～15.47%，平均为 4.68%，集中分布在 2.5%～7%；旧店矿区的包裹体盐度分布在 1.03%～9.84%，平均为 4.61%，集中分布在 2.5%～7%；辽上矿区的包裹体盐度分布在 4.32%～14.22%，平均为 9.72%，集中分布在 5.5%～11.5%（表 2-27，图 2-56）。纱岭和旧店金矿床流体盐度大致一致，而辽上金矿床的盐度较前两者高。流体盐度均属于中-低盐度流体，中等盐度流体包裹体发育可能是流体相分离过程导致其盐度升高所致。

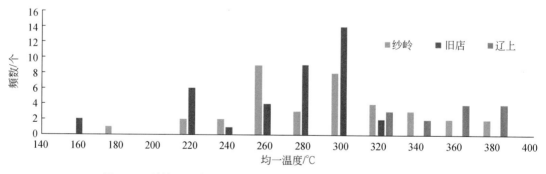

图 2-55　纱岭、旧店和辽上金矿床流体包裹体完全均一温度统计图

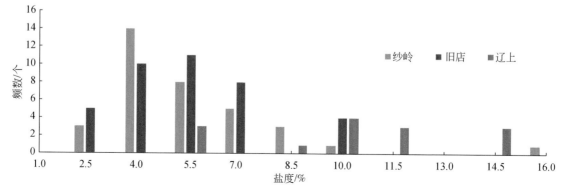

图 2-56　纱岭、旧店和辽上金矿床流体包裹体盐度统计图

2）密度

密度的计算采用盐水溶液包裹体密度公式（Haas，1970）和 CO_2 密度公式。纱岭矿床的流体包裹体密度为 $0.59 \sim 0.93 \mathrm{g/cm^3}$，主要集中在 $0.7 \sim 0.9 \mathrm{g/cm^3}$；旧店矿床的流体包裹体密度为 $0.66 \sim 0.93 \mathrm{g/cm^3}$，主要集中在 $0.8 \sim 0.9 \mathrm{g/cm^3}$；辽上矿床的流体包裹体密度为 $0.66 \sim 0.84 \mathrm{g/cm^3}$，主要集中在 $0.7 \sim 0.8 \mathrm{g/cm^3}$（表 2-27，图 2-57）。3 个矿区的流体密度基本相近，均属于低密度流体。

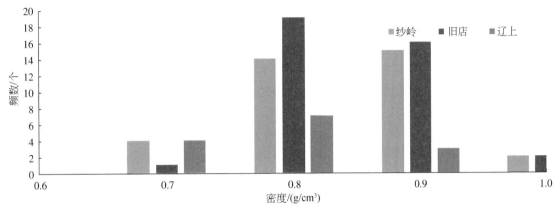

图 2-57　纱岭、旧店和辽上金矿床流体包裹体密度统计图

4. 流体包裹体成分

对两相包裹体（Ⅱ型）和三相包裹体（Ⅲ型）进行的激光拉曼探针原位测试结果表明，气液两相包裹体（Ⅱ-g 型、Ⅱ-l 型）液相成分主要为 H_2O，气相成分主要为 H_2O 或 CO_2，对应的拉曼光谱峰值分别为 $3450 \sim 3460 \mathrm{cm^{-1}}$ 和 $1384 \sim 1390 \mathrm{cm^{-1}}$，少量 CH_4 对应的拉曼光谱峰值为 $2913 \sim 2919 \mathrm{cm^{-1}}$。$CO_2$ 三相包裹体（Ⅲ$_{CO_2}$ 型）外部液相主要成分为 H_2O，内部液相主要成分为 CO_2，最内部气相主要成分为 CO_2 及少量 CH_4，对应的拉曼光谱峰值为 $1384 \sim 1390 \mathrm{cm^{-1}}$ 和 $2913 \sim 2919 \mathrm{cm^{-1}}$（图 2-58），这也与包裹体岩相学研究和测温实验所得的结果一致，少量 CH_4 的存在，造成部分包裹体的初熔温度值（$-62.2 \sim -56.8 \,℃$）低于 CO_2 三相点温度（$-56.6 \,℃$）。此外，部分包裹体气相成分也含有 H_2O，对应峰值为 $3450 \sim 3460 \mathrm{cm^{-1}}$。

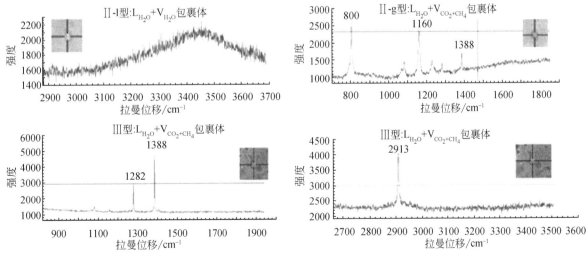

图 2-58　不同类型包裹体激光拉曼谱图

综上所述，三个矿区的流体包裹体液相成分以 H_2O 为主，气相成分均为 $CO_2 \pm H_2O \pm CH_4$，暂没有检测到 H_2S 或 N_2，可能是由于流体演化过程中减压沸腾发生相分离作用导致了气相成分多种类型的出现。综上所述，成矿流体属于 CO_2-H_2O-NaCl$\pm CH_4$ 体系。

5. 不同矿化类型流体包裹体地球化学特征小结

（1）破碎蚀变岩型（纱岭金矿）、石英脉型（旧店金矿）和碳酸盐脉型（辽上金矿）金矿石的主成矿阶段均主要发育 4 种流体包裹体：H_2O-CO_2（Ⅱ-g 型）、富 CO_2（Ⅲ$_{CO_2}$ 型）和水溶液包裹体（Ⅰ-1 型和Ⅱ型），这些不同类型包裹体不仅共存，而且显微测温结果显示其在不同类型金矿床内的均一温度分布一致。同时在一些视域内还同时出现不同类型、不同气液比的包裹体群，并且显微测温所测得的均一温度值相近。这些证据指示，不同类型的金矿成矿流体在主成矿期发生了成矿流体的不混溶（相分离）或沸腾作用，导致金的最终沉淀。

（2）破碎蚀变岩型和石英脉型金矿的流体成矿温度、盐度和密度参数基本相似，而碳酸盐脉型金矿的流体除成矿密度相近外，其成矿温度和盐度均略高于前两者，这可能与碳酸盐脉型主成矿阶段（金–黄铁矿–白云石阶段）发生在成矿阶段早期有关，而破碎蚀变岩型和石英脉型金矿的早期成矿阶段温度普遍高于主成矿阶段（李士先等，2007；姜晓辉等，2011），与碳酸盐脉型早期成矿温度相一致。

（3）尽管胶东地区不同类型金矿床的主成矿阶段流体参数略有差异，但整体上差异不大，其流体包裹体类型、均一温度、盐度及密度参数基本一致，成矿流体均属于 CO_2-H_2O-$NaCl$±CH_4 体系。

（二）不同深度金矿石流体包裹体地球化学特征

为系统研究垂向范围内主成矿阶段成矿流体性质及演化特征，本次研究选择纱岭矿区的 Ⅰ-2 号主矿体为研究对象，主要采集了 320、256 两条勘查线上 6 个钻孔中 1000~2000m 垂向深度间的主成矿阶段的矿石样品（表 2-28），挑选矿石中主成矿期石英进行流体包裹体岩相学观察和测温工作，并将流体包裹体显微测温结果按不同标高进行分析整理，对比研究矿床纵深方向上的流体包裹体均一温度、流体盐度和密度等的特征及变化。

表 2-28　纱岭矿区不同深度流体包裹体取样一览表

样品编号	钻孔编号	岩性描述	取样位置（垂深）/m	金品位/10^{-6}	勘查线编号
SL-1	ZK722	黄铁绢英岩化碎裂岩	1205	3.29	320
SL-18	ZK744	黄铁绢英岩化花岗质碎裂岩	1588	5.89	320
SL-19	ZK740	黄铁绢英岩化花岗岩	1883	14.31	320
SL-2	ZK704	黄铁绢英岩化碎裂岩	1114	1.10	256
SL-3	ZK766	黄铁绢英岩化碎裂岩	1488	3.00	256
SL-5	ZK752	黄铁绢英岩化碎裂岩	1693	4.00	256

测试结果表明（表 2-29），主成矿阶段成矿流体包裹体均一温度为 179~367℃，集中分布在 220~320℃；流体盐度为 0.41%~15.47%，集中分布在 4.0%~10%；流体密度为 0.59~0.98g/cm³，集中分布在 0.7~0.9g/cm³。1000~2000m 深度成矿流体分析结果对比（图 2-59）显示：流体的成矿温度、盐度和密度在纵深上基本稳定，没有随深度加大而变化的现象。深部矿石的测试数据也与前人（李士先等，2007）对胶东地区中浅部金矿床的金–黄铁矿–石英和金–石英–多金属硫化物两个主成矿阶段的流体包裹体测试及统计结果（主成矿阶段的均一温度为 220~338℃，盐度为 7.2%~12.6%，密度为 0.74~0.87g/cm³）相一致。进一步说明，胶东地区流体从浅部到深部具有一致性，具有较为稳定的成矿流体环境。

表 2-29　纱岭金矿主成矿阶段流体包裹体均一温度、流体盐度及密度统计表

样品编号	主要包裹体类型	均一温度/℃		盐度/%		密度/(g/cm³)	
		分布范围	主要集中	分布范围	主要集中	分布范围	主要集中
SL-1	Ⅱ-1 型、Ⅱ-g 型、Ⅲ$_{CO_2}$ 型	179~367	260~320	1.22~15.47	4.0~7.0	0.59~0.93	0.7~0.9

续表

样品编号	主要包裹体类型	均一温度/℃		盐度/%		密度/(g/cm³)	
		分布范围	主要集中	分布范围	主要集中	分布范围	主要集中
SL-18	Ⅱ-1型、Ⅱ-g型、Ⅲ$_{CO_2}$型	190～334	220～280	3.39～10.72	7.0～8.5	0.72～0.94	0.8～0.9
SL-19	Ⅱ-1型、Ⅱ-g型、Ⅲ$_{CO_2}$型	185～330	220～260	1.03～13.63	7.0～8.5	0.75～0.97	0.8～0.9
SL-2	Ⅱ-1型、Ⅱ-g型、Ⅲ$_{CO_2}$型	196～318	240～300	6.12～11.70	8.5～10	0.77～0.95	0.8～0.9
SL-3	Ⅱ-1型、Ⅱ-g型、Ⅲ$_{CO_2}$型	180～313	220～300	3.55～12.85	5.5～10	0.76～0.98	0.8～0.9
SL-5	Ⅱ-1型、Ⅱ-g型、Ⅲ$_{CO_2}$型	183～330	220～280	0.41～12.85	7.0～8.5	0.73～0.95	0.8～0.9

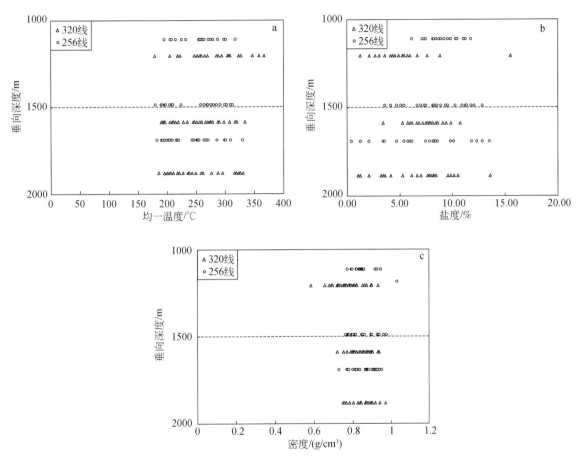

图 2-59　纱岭矿区流体包裹体均一温度、盐度和密度纵深剖面示意图

a-均一温度；b-盐度；c-密度

六、矿床地球化学

1. S 同位素

区域对比发现，胶莱盆地东北缘金矿床的 $\delta^{34}S$ 值最高，其次是胶西北成矿小区；栖蓬福成矿小区 $\delta^{34}S$ 值最低，其次为牟乳成矿小区。就胶西北成矿小区而言，自西向东矿床的 $\delta^{34}S$ 值呈减小趋势。造成这种差异的原因可能与不同地区金的矿化类型和围岩类型不同有关，胶莱盆地东北缘的金矿类型较复杂，主要有蚀变砾岩型、蚀变角砾岩型、黄铁矿碳酸盐脉型等，围岩包括早前寒武纪变质岩、侏罗纪花岗岩和

白垩纪沉积岩等；胶西北成矿小区西部金矿主要为蚀变岩型而东部则为石英脉型，围岩主要为侏罗纪和白垩纪花岗岩；栖蓬福成矿小区的金矿类型主要为石英脉型，围岩主要为早前寒武纪变质岩；牟乳成矿小区的金矿类型主要为硫化物石英脉型，围岩主要为侏罗纪花岗岩。在垂向上，由浅到深 $\delta^{34}S$ 值整体呈减小的趋势，可能与向深部深源流体增多有关。

2. C-H-O 同位素

胶东金矿床的 H、O 同位素组成整体是一致的，在 δD-$\delta^{18}O$ 图解中数据主要投点于岩浆水与大气降水线之间，与典型的造山型金矿床（$\delta^{18}O$ 为 6‰~14‰）相比，其 $\delta^{18}O$ 值明显偏低。表明成矿流体主要来自岩浆体系，但在流体演化过程中有大气降水等外部流体的混入。相比而言，石英脉型金矿床较蚀变岩型金矿床 $\delta^{18}O$ 值偏低，表明蚀变岩型金矿床的成矿流体中可能混入了更多的壳源流体（如大气降水等）。

3. He-Ar 同位素

载金黄铁矿中捕获的成矿流体中 He 同位素组成研究显示其具有地幔与地壳混合组成的特点，且呈现出由地幔氦向地壳氦演化的趋势，壳-幔混合二元模型的计算结果显示有较多的幔源流体（约20%）参与了成矿过程。Ar 同位素组成高于饱和大气水和古老地壳流体，而明显低于地幔流体特征值，同样显示出混合来源特征。经计算黄铁矿中放射性成因 ^{40}Ar（$^{40}Ar^*$）占比为 60.62%~90.49%，相应大气 Ar 占比为 9.51%~39.38%，说明成矿流体中仅有少量的大气水混入。He-Ar 同位素研究表明，胶东金矿床的成矿流体不具单一来源流体特征，是地壳和地幔的混合流体（可能有少量大气降水的混入）。

4. 流体包裹体

蚀变岩型、石英脉型和碳酸盐脉型金矿床主成矿期的流体包裹体具有相似的岩相学特征，蚀变岩型和石英脉型金矿成矿流体的均一温度、盐度和密度等参数十分相似，整体属于中-低温、中-低盐度、低密度流体；碳酸盐脉型金矿成矿流体均一温度和盐度稍高，密度与蚀变岩型和石英脉型金矿成矿流体的相近，属于中-高温、中-低盐度、低密度流体。就成分而言，成矿流体均属于 CO_2-H_2O-$NaCl\pm CH_4$ 体系。不同类型矿床的流体包裹体研究显示，在一些视域内同时出现不同类型、不同气液比的包裹体群，显微测温显示其均一温度值相近，说明成矿流体在主成矿期均发生了成矿流体的不混溶或沸腾作用，正是这种受物理化学条件改变而造成的相分离，使得流体中的络合物失稳，导致成矿元素卸载而最终富集成矿。

对纱岭金矿床垂向（1000~2000m）不同深度矿体中的流体包裹体研究表明，流体的成矿温度、盐度和密度在纵深上基本稳定，没有随深度加大而温度升高的现象，说明胶东金矿成矿流体在纵深方向上具有一致的性质和物理化学条件，可能是一期事件的产物，在区域成矿空间尺度上流体具有较为稳定的来源和成生环境。胶东金矿可能是在同一成矿背景下和同一构造-流体成矿系统下形成的，与短时间集中爆发成矿的特点相吻合。

七、金矿成矿物质来源、迁移及富集

通过研究纱岭、焦家、水旺庄、辽上、邓格庄、旧店、新城、三山岛、玲珑、石家、山城、宋家沟等典型金矿床的地质地球化学特征，选择与金成矿关系密切的载体矿物（黄铁矿、石英以及白云石）进行 S、H-O、He-Ar 同位素分析，对矿物中捕获的流体包裹体进行岩相学观察、显微测温、成分测试等，旨在从多角度示踪成矿元素和流体来源，分析成矿流体特征、起源及演化过程，在此基础上精细刻画成矿过程，全面探讨成矿元素来源、成矿流体迁移演化、成矿元素沉淀富集规律等。

（一）成矿物质及流体来源

1. S 同位素示踪

测试的焦家深部金矿床和水旺庄深部金矿床黄铁矿的 $\delta^{34}S$ 值分别为 7.5‰~9.8‰和 7.0‰~8.5‰，

硫均一化程度高，均呈现出富集³⁴S的特征，整体显示具有一致的来源。用原位微区方法测试的载金黄铁矿的S同位素组成，δ^{34}S值主要为5.3‰~12.7‰（除大邓格矿床有一个样品数据为-1.2‰之外），与传统方法获得的S同位素组成较为一致，进一步说明成矿过程中硫的来源是均一的。

综合分析S同位素组成特征及成矿背景认为，胶东金矿床中的硫是与古老的变质基底岩系、中生代花岗岩以及幔源流体具有继承演化关系的混合硫，不同类型或区域金矿床S同位素组成的差异与受围岩混染程度和不同源区流体的比例有关。

2. H-O同位素示踪

13处金矿床的50件主成矿期石英中流体的δD值为-91.7‰~-64.4‰，$\delta^{18}O_{水}$值为1.8‰~7.0‰。在δD-δ^{18}O关系图中所有矿床的H-O同位素组成数据投点位于岩浆水与大气降水线之间，表明成矿流体主要来自岩浆系统，但在流体演化过程中有大气降水等外部流体的混入。

综合认为，胶东金矿成矿流体可能最初来自岩浆水，随着流体由深部往浅部运移，有越来越多的大气降水加入流体系统中，使得流体的成分和性质发生改变，促使流体卸载成矿物质而成矿。

3. He-Ar同位素示踪

焦家深部金矿床黄铁矿³He/⁴He值为1.6~1.8Ra，呈现出地幔与地壳混合组成的特点。在³He-⁴He图解中投点位于地壳与地幔组成的过渡带，呈现出由地幔氦向地壳氦演化的趋势。幔源He所占比例为20.6%~22.2%，说明有较多的幔源流体参与了成矿作用。⁴⁰Ar/³⁶Ar值为750.4~3106.7，高于饱和大气水和古老地壳流体的特征值，但又明显低于地幔流体特征值，同样显示出混合来源特征。放射性成因⁴⁰Ar（⁴⁰Ar*）占比为60.62%~90.49%，相应大气Ar占比为9.51%~39.38%，指示成矿流体中有一定的大气水混入。由此可知，焦家深部金矿床中有较多幔源流体参与了成矿过程，是地壳与地幔的混合流体。

综合对矿床S、H-O、He-Ar同位素以及微量元素的研究认为，胶东金矿成矿物质来源具有多源性，古老的变质基底岩系、中生代花岗岩以及幔源流体为金成矿提供了共同的物质基础。成矿流体主要来自岩浆热液流体，或表现出与岩浆或深部地壳流体有关，后期混入了大气降水等外部流体。成矿流体不具单一来源流体特征，呈现出地壳和地幔混合流体的特征，指示金成矿过程与区域壳-幔相互作用有关。在漫长的地质演化过程中金元素继承性地发生了富集，最终在中生代构造-岩浆-流体事件控制下发生了大规模集中爆发成矿。

（二）流体迁移与元素富集

1. 成矿流体性质

对胶东金矿床流体包裹体测温结果显示，成矿期流体的均一温度主要集中在220~380℃，盐度主要为2.5%~11.5%，密度主要为0.7~0.9g/cm³，估算生成压力为20.74~36.04MPa。激光拉曼测试显示包裹体气相成分主要为H_2O，含CO_2，有少量CH_4。成矿流体为中高温、含CO_2、低盐度的H_2O-CO_2-NaCl±CH_4流体体系。

焦家深部金矿石英流体包裹体液相成分分析显示（表2-30）（李杰，2012），流体以富含F^-、Cl^-、SO_4^{2-}、Na^+、Ca^{2+}为特征，表现出深源流体的特征。F^-、Cl^-及SO_4^{2-}是很好的矿化剂（络合剂），能够大大增加金属元素在流体中的溶解度，使金属元素能够在液相流体中随之迁移。

表2-30　焦家深部金矿床石英流体包裹体液相离子成分测试结果

序号	样品编号	测试结果/10⁻⁶							
		F^-	Cl^-	NO_3^-	SO_4^{2-}	Na^+	K^+	Mg^{2+}	Ca^{2+}
1	ZK655-4	2.403	3.585	1.945	4.924	5.728	2.044	0.1572	1.550
2	ZK655-5	2.810	2.070	0.7668	6.478	4.928	0.6009	0.5769	18.61

续表

序号	样品编号	测试结果/10^{-6}							
		F^-	Cl^-	NO_3^-	SO_4^{2-}	Na^+	K^+	Mg^{2+}	Ca^{2+}
3	ZK653-6	6.082	2.098	1.926	4.524	5.226	1.816	0.3190	6.624
4	ZK603-2	1.311	1.587	2.724	15.75	5.457	2.400	1.947	34.37
5	ZK622-5	3.455	1.979	0.7010	6.767	3.577	1.240	0.3577	6.462
6	ZK616-4	1.326	3.302	0.8327	5.802	5.752	1.420	0.2166	1.709
7	ZK626-4	11.61	2.363	1.023	31.26	5.415	1.197	0.4845	43.66
8	ZK626-6	1.304	2.123	0.5087	2.749	4.162	1.318	0.2312	3.792
9	ZK634-2	0.4975	2.310	0.9252	9.259	4.682	3.399	0.2251	1.193

注：包裹体的爆裂条件为550℃，5min

对焦家深部金矿床黄铁矿稀土、微量元素的研究显示，成矿过程中流体经历了氧化还原条件的改变，成矿早期流体为碱性或弱碱性特征，晚期流体为酸性或弱酸性特征。这与前人研究的胶东金矿成矿流体的 pH 为 4.25～7.5 相吻合（杨敏之和吕古贤，1996；李士先等，2007）。

2. 流体迁移与沉淀机理

对流体包裹体的岩相学、测温及成分分析等研究发现，流体包裹体中普遍含 CO_2，CO_2 在整个成矿过程中对流体相分离和酸碱度变化有重要影响，记录和反演了成矿过程中流体性质和物理化学条件的变化。CO_2 可能对金的迁移起到了重要作用。根据成矿流体性质和前人的研究成果，推测胶东金矿中 Au 以气相络合物的形式迁移。在金属元素随流体的迁移过程中 Au 与 Fe 的迁移是分离的：Au 可能以 $AuHS^-$ 的形式进行气相迁移，随着温度和压力的降低（如遇到构造界面），气相流体发生冷凝分异，含金络合物分解，由于 Au 的惰性而呈单质的形式发生聚集沉淀，这与现代火山气观测实验结论相一致（Shmulovich and Churakov, 1998）；Fe 等元素随液相流体进行迁移，随着体系温度、压力、pH 等物理化学条件的改变，液相中的金属元素络合物发生分解，由于体系中含有大量的 S，Fe 等亲硫元素在相应的物理化学条件下形成金属硫化物，最终金属元素（化合物）以最稳定的形式（单质或硫化物）富集在有利的构造界面附近（如受断层泥阻隔的断裂下盘）。

黄铁矿 LA-ICP-MS 分析显示，胶东金矿黄铁矿中几乎不含 Au，说明 Au 没有进入黄铁矿的晶格中，也没有以纳米级微粒形式赋存在黄铁矿中，指示 Au 元素并不是和 Fe 的硫化物一同迁移的。上述迁移过程可以很好地对此解释。另外，这一成矿过程也可以解释 Au 为什么总是以单质（如银金矿）形式呈包体金或裂隙金产出于黄铁矿中或石英裂隙中。

第三节　胶东金矿成矿模式

胶东是我国金矿勘查和研究的热点地区，前人对金矿床特征、成矿规律、矿床成因等进行了大量研究，揭示了胶东金矿独具特色的成矿特征，如受区域大断裂控制，赋矿围岩主要是中生代花岗岩和早前寒武纪高级变质岩，形成于伸展构造背景，矿石类型以破碎带蚀变岩为主，矿化连续易形成超大型矿床，矿体沿倾向的延伸一般大于走向的长度，矿化蚀变具有分带性，元素组合中富集 Ag-Cu-Pb-Zn-Mo、Au/Ag 值一般小于 1（0.13～2.06），成矿流体为中高温、含 CO_2、低盐度的 H_2O-CO_2-$NaCl±CH_4$ 流体体系，成矿物质和流体具有多源性等（宋明春等，2019）。这些特征不同于国际已知的其他金矿类型，也不同于经典的造山型金矿。虽然有研究者提出胶东金矿总体属造山型范畴（Zhou and Lv, 2000；Goldfarb et al., 2001；Qiu et al., 2002；Chen et al., 2005），但近年来也有研究者指出，胶东金矿具有独特的矿床特征和成矿机制，是不同于国际已知类型的独特金矿类型（杨立强等，2014；Li et al., 2015；Zhu et al., 2015；宋明春等，2019）。以往地质工作，在胶东地区建立了一系列金矿成矿模式，其中，反映金矿赋存位置和相互关系的有断裂控矿模式（李士先等，2007）和焦家-玲珑式金矿成矿模式（吕古贤和孔庆存，1993）；揭示矿床成因的有深熔再生岩浆期后热液金矿与多源长期成矿模式（李士先等，2007）、造山型金矿成矿模式（Goldfarb and Santosh，2014）、热隆-伸展成矿模式（宋明春等，2014）和胶东型金矿成矿模式（Deng et al.，2015；Li et al.，2015）等；阐明浅部与深部矿床（体）关系的有地壳连续成矿模式（杨立强等，2014）和阶梯成矿模式（Song et al.，2012）等。这些模式从不同侧面反映了胶东地区区域或局部的金矿赋存规律和成矿机制。本次在前人研究的基础上，全面分析了胶东金矿的成矿地质背景、控矿特征、成矿地球化学过程等，综合集成并建立了不同尺度、不同类型、不同深度的矿床赋存和成因模式。

一、金矿控矿构造及赋矿规律

胶东地区断裂构造发育，金矿受以 NE—NNE 向断裂为主的主断裂与次级断裂配套构成的断裂系统（组合）控制，形成一系列金成矿带和金矿田。主要控矿断裂有三山岛断裂、焦家断裂、招平断裂、西林-陡崖断裂、金牛山断裂等。

（一）胶东西北部主要控矿断裂

1. 三山岛断裂带

三山岛断裂带位于莱州市三山岛-仓上-潘家屋子一线，其大部分地段被第四系覆盖。断裂陆地出露长 12km，宽 20~400m，总体走向 40°~50°，倾向 SE，倾角 30°~40°，局部可达 80°。三山岛以北以 50° 走向延入渤海；三山岛—新立段走向 40°，从新立向南西以 80° 走向延入渤海，跨海后在仓北以 10°~20° 走向延至仓南；从仓南以 85° 走向往南西延长 2km，逐渐转为 45° 走向至潘家屋子延入渤海（图 2-60）。断裂平面上呈"S"形，形态不规则，膨缩现象明显，其下盘多发育与其走向平行或呈"入"字形相交的分支构造。

断裂发育于侏罗纪玲珑型花岗岩及早白垩世郭家岭型花岗岩与新太古代变质岩系的接触界面，沿断裂带具强烈的绢英岩化蚀变。断裂带主裂面明显，其内发育有 10~50cm 厚灰黑色断层泥。带内构造、蚀变分带明显，以主裂面为界，以下依次出现黄铁绢英岩质碎裂岩、黄铁绢英岩化花岗质碎裂岩、黄铁绢英岩化花岗岩带，各带呈渐变关系；主裂面以上，蚀变岩带较窄，蚀变分带不明显。

2. 焦家断裂带

焦家断裂带包括焦家主干断裂和其上下盘伴生和派生的低序次断裂，如寺庄段的寺庄支断裂、邱家支断裂；焦家—朱宋段的侯家支断裂、河西支断裂、望儿山支断裂、金华山-洼孙家支断裂等。另有分布于这些支断裂之间和玲珑型花岗岩内的以 NE 走向为主的更低序次的断裂或裂隙群。

焦家断裂北起龙口姚家，南至莱州市紫罗姬家一带。断裂长约 60km，宽 50~500m。走向总体呈 NNE 向，但变化较大。从寺庄村沿 NNE 走向延伸至高家庄子，过辛庄后拐向 NE 向（75°左右）至水盘，从水盘沿 25°方向进入龙口市境内；寺庄以南以 170°走向延至徐村院村南。断裂倾向 NW，倾角 30°~50°，局部较陡可达 78°。断裂平面上呈"S"形，形态不规则，膨缩现象明显，其下盘发育较多与其走向平行或呈"入"字形相交的分支构造（图 2-61），在东季至高家庄子一带形成菱形网状组合格局，指示了左行运动特征。断裂总体发育于前寒武纪变质岩系与玲珑型花岗岩及郭家岭型花岗岩的边界和花岗岩的内接触带，断裂发育部位往往形成较厚的灰黑色断层泥和规模不等的破碎蚀变岩带。

3. 招平断裂带

招平断裂平面上呈舒缓波状展布，断裂南起平度城北宋戈庄附近，呈 NNE 走向，向北至南墅以北转为 NE 向，经招远城后再转为 NEE 向，延至九曲村分叉为破头青断裂（延至龙口市颜家沟村）和九曲蒋家 208 断裂（向北控制到龙口市大磨曲家村）。断裂走向变化较大，在招远城以南近于南北走向或 15° 左

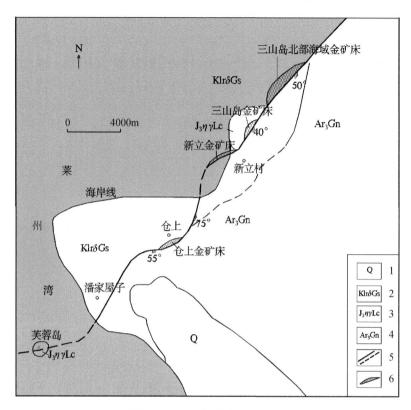

图 2-60　三山岛断裂地质略图

1-第四系；2-早白垩世郭家岭型花岗岩；3-侏罗纪玲珑型花岗岩；4-新太古代变质岩系；5-实测及推测断裂；6-金矿体

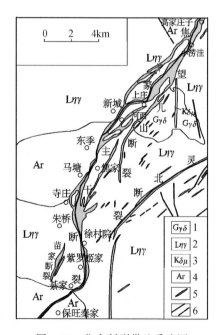

图 2-61　焦家断裂带地质略图

1-早白垩世郭家岭型花岗岩；2-侏罗纪玲珑型花岗岩；3-闪长玢岩；4-新太古代变质岩系；5-破碎蚀变带；6-实测/推测断裂

右，经朱家嘴急转为 45°~60°。断裂全长 120km，宽 150~200m，倾向 SEE，倾角 30°~70°。

招平断裂多沿早前寒武纪变质岩系与玲珑型花岗岩的接触带分布。断裂具稳定的主裂面，在其两侧由碎裂岩、碎裂状岩石、角砾岩组成，构成破碎带。主干蚀变带规模大、蚀变岩分带齐全。断裂沿倾向和走向上均呈舒缓波状，并且发育有较稳定的断层泥作为主裂面标志，以主裂面为界，上盘蚀变作用弱，蚀变带狭窄，宽十余米，下盘蚀变作用强，蚀变带宽大，数十米至几百米，并有明显的蚀变岩分带特征。自蚀变带中心向外依次为黄铁绢英岩化碎裂岩带、黄铁绢英岩化花岗质碎裂岩带、黄铁绢英岩化花岗岩带和钾长石化花岗岩带。

断裂北段分叉出现破头青和九曲蒋家 2 条支断裂。破头青断裂总体走向 60°，倾向 SE，倾角 28°~45°，平均 33°；长 5500m，宽 30~330m，工程控制最大倾斜深 3231m（未尖灭），最大垂深 1631m。九曲蒋家断裂走向为 33°左右，倾向 SE，倾角 23°~60°；出露走向长约 6000m，宽 8~460m，平均 80m，已控制倾斜深 4728m（未尖灭），最大垂深 2282m。

在招平断裂带北段，断裂下盘发育大量次级断裂，次级断裂与主断裂沿走向小角度相交，构成帚状构造，控制了玲珑金矿田石英脉型金矿的分布。次级断裂主要发育于主干断裂北段破头青断裂的下盘，分布面积约为 50km²，由 9 条 NNE 走向的主要断裂构成，在平面上呈向 NE 收敛，向 SW 撒开的帚状，其中长度大于 50m 的控矿断裂有 300 多条。主要断裂长达千米至数千米，宽度 1~20m，走向由 80° 渐转为 30°左右，倾向 NW，倾角 50°~90°，由内旋层到外旋层逐渐变陡，每条断裂的中间地段均明显向 SE 凸曲，断裂间隔由 NE 向 SW 逐渐增大。次级断裂规模小，破碎程度较低，为被石英脉充填的张性断裂。

（二）控矿断裂的深部变化

对三山岛、焦家和招平三条断裂由浅部（-500m 标高以浅）向深部（-500m 标高以下）的变化进行了对比，三者的变化特征较为一致。

1. 断裂规模、形态与复杂程度

沿同一断裂构造的倾斜方向，断裂深部破碎蚀变带厚度常大于浅部，断裂带的规模相对较大；深部碎裂岩的破碎程度相对均匀，很少出现角砾岩等较大的原岩碎块；浅部的次级断裂向深部与主断裂合为一体，深部次级断裂不清晰，断裂相对简单。由浅部向深部分别赋存浅部金矿床和深部金矿床，二者呈现尖灭再现关系，但一般都有弱矿化带连接，而且浅部矿和深部矿的破碎蚀变带是连续分布的。

2. 断裂产状

三山岛、焦家和玲珑三条控矿断裂均为浅部倾角较陡、向深部逐渐变缓的铲式断裂。如焦家断裂地表倾角 60°~70°，至 -400m 标高倾角渐变为 30°左右，至 -600m 标高以下倾角渐变为 16°。三山岛断裂仓上矿区地表倾角 55°，至 -675m 标高以下变为 30°左右；三山岛断裂北部海域矿区 20~46 号勘查线间，-400m 标高以上断裂倾角 40°左右，-400~-1000m 标高倾角 75°~85°，-1000m 标高以下倾角 35°~43°。在大尹格庄金矿区，招平断裂倾角由浅部的 40°左右过渡为深部（500m 垂深以下）的小于 20°。

3. 矿化蚀变程度

在垂直主裂面方向上，由主裂面向深部矿化类型由浸染状、细脉浸染型矿化逐渐向脉状、网脉状矿化过渡，远离主裂面出现脉状矿体群。在沿断裂倾斜方向上，深部矿化蚀变带增厚、蚀变趋强、分带性明显，具明显三分性，硅化、绢英岩化、黄铁矿化强的地段，往往形成厚度大、品位高的矿体。

4. 矿体形态、规模和产状

深、浅部矿体形态有差异：浅部矿体为较复杂的脉状、透镜状，分支复合、膨胀收缩现象明显；深部矿体的形态相对简单，多为简单的脉状、似层状。深部主矿体的规模大于浅部主矿体。浅部矿体一般延长（沿走向）略大于延深（沿倾向），而深部矿体的延长小于延深，且深部矿体斜深均大于浅部矿体；

深部矿体厚度大于浅部矿体，如寺庄矿区深部主矿体平均厚度是浅部的 6.93 倍，焦家矿区为 1.99 倍，马塘矿区为 1.67～2.59 倍，台上矿区为 3.79 倍（宋明春等，2011）。矿体产状从地表向深部明显变缓，在焦家矿区，浅部矿体倾角为 30°～70°，-500m 标高以深的矿体倾角普遍小于 30°；在马塘矿区，浅部矿体平均倾角为 33°～37°，深部矿体平均倾角为 29°；在寺庄矿区，浅部矿体倾角多在 30°～40°，-500m 标高以深为 27°～29°；在大尹格庄矿区，浅部矿体倾角为 30°～45°，向下逐渐变缓至 15°～18°。

（三）构造赋矿规律

1. 断裂构造对金矿逐级控制规律

（1）不同级别的断裂控制不同级别的成矿单元。成矿带，受 NE—NNE 向断裂构造控制，沿三山岛、焦家和招平断裂分别形成了 3 条金成矿带；矿田或超巨型矿床，受分支或次级断裂发育部位控制，如焦家超巨型金矿床和玲珑金矿田分别赋存在焦家断裂与下盘次级断裂构成的菱形网状构造组合及招平断裂与下盘次级断裂组成的帚状构造组合区；矿床或富矿部位受断裂局部开启段和断裂分支复合、羽支交汇、产状变化等部位控制。

（2）不同规模的断裂控制不同规模或不同类型金矿脉。主干断裂控制着主要矿脉的产出及分布，次级断裂控制着次要矿脉的产出及分布，断裂规模与矿脉（体）规模呈正相关关系。

（3）主干断裂带控制了主要大型、超大型蚀变岩型金矿床的分布；支断裂及主干断裂与支断裂间形成的次级断裂裂隙带，控制了中型金矿床及个别大型金矿床的分布；主干断裂带下盘伴生的低级序张性、张扭性裂隙带控制玲珑式含金石英脉型金矿的展布。

2. 矿床空间展布规律

断裂构造控制了成矿物质的空间定位，区内构造格架决定了金矿空间展布形式。NE 向及 NNE 向断裂构造是决定矿床空间位置的主要因素，矿床大多数沿断裂构造呈串珠状分布，沿走向近等距分布、沿倾向分段富集，东西向对应分布。

3. 矿化规律

蚀变岩型金矿的矿体赋存于断裂破碎蚀变岩带中，浅部主矿体多富集在黄铁绢英岩化碎裂岩中，深部则多富集在黄铁绢英岩化花岗质碎裂岩中。金矿化富集与蚀变强度有关，蚀变越强，矿化越好，在黄铁矿化越强烈地段金含量越高。

4. 矿体产出规律

大量勘查研究表明，矿体在断裂构造中的产出位置主要有：①断裂构造的拐弯或交汇部位；②断裂构造倾角变化部位，如九曲蒋家断裂控制的矿床，其主矿体品位等值线图（图 2-62a）中显示有浅、中、深三个富集区，与 10 号勘查线剖面图沿控矿断裂倾向方向在 2000m 以浅深度呈现的三处倾角变缓的台阶部位相对应（图 2-62b）；③矿体尖灭再现、分支复合规律；④矿体侧伏规律；⑤矿体斜列、叠瓦规律；⑥主断裂下盘低级别、低次序裂隙带赋矿（李士先等，2007；宋明春等，2010）。

二、金矿床剥蚀与保存

（一）样品采集

选择纱岭金矿 320 号勘查线 ZK740、ZK744、ZK781、ZK712 等 4 个钻孔中不同深度的样品为研究对象，挑选 7 件样品进行磷灰石裂变径迹实验，挑选 3 件样品进行锆石裂变径迹实验（表 2-31，图 2-63）。

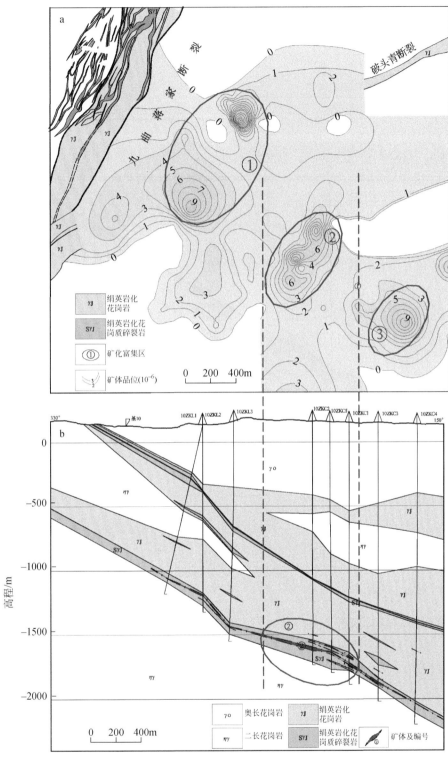

图 2-62　九曲蒋家断裂矿化富集区与断裂倾角的对应关系

表 2-31　裂变径迹实验样品信息表

样品号	岩性	测试矿物	取样深度/m	备注
ZK740-1	二长花岗岩	锆石、磷灰石	2000	未蚀变岩石
ZK744-1	黄铁绢英岩化花岗岩	磷灰石	1700	弱蚀变岩
ZK781-2	黄铁绢英岩化花岗质碎裂岩	磷灰石	1400	强蚀变岩

样品号	岩性	测试矿物	取样深度/m	备注
ZK781-3	黄铁绢英岩化花岗岩	磷灰石	1600	弱蚀变岩
ZK712-1	黄铁绢英岩化花岗岩	磷灰石、锆石	1100	弱蚀变岩
ZK712-2	黄铁绢英岩化花岗岩	磷灰石	1400	弱蚀变岩
ZK712-3	二长花岗岩	磷灰石、锆石	1550	未蚀变岩石

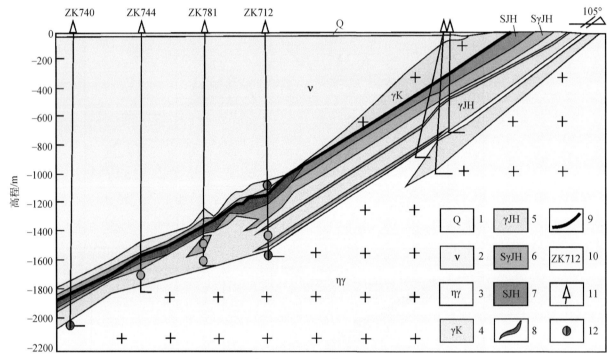

图 2-63　纱岭矿区 320 号勘查线取样位置

1-第四系；2-变辉长岩；3-二长花岗岩；4-钾化花岗岩；5-黄铁绢英岩化花岗岩；6-黄铁绢英岩化花岗质碎裂岩；7-黄铁绢英岩化碎裂岩；
8-金矿体；9-主裂面断层泥；10-钻孔号；11-钻孔位置；12-取样位置（蓝色为磷灰石裂变径迹取样位置，红色为锆石裂变径迹取样位置）

（二）裂变径迹测试结果

对实验获得的裂变径迹数据通过 RadialPlotter 软件进行投图，获得磷灰石和锆石裂变径迹样品单颗粒年龄分布雷达图，然后对比分析裂变径迹年龄及意义。根据磷灰石裂变径迹长度数据，通过 HeFTy 软件进行热历史模拟，再结合锆石裂变径迹年龄和成矿年龄恢复金矿床热演化史，计算相应的冷却速率和剥蚀厚度。

1. 锆石裂变径迹

3 件锆石裂变径迹中值年龄分布于 144.2±6.3 ~ 124.4±5.5Ma（表 2-32）。其中 2 件样品 $P(\chi^2)$ 小于 5%，1 件样品 $P(\chi^2)$ 为 53.3%。低的 $P(\chi^2)$ 检测值（<5%）通常被认为是含有至少两组年龄组分（O'Sullivan and Parrish，1995；Brandon，2002）。由于 ZK740-1 和 ZK712-3 为主裂面下盘的未蚀变玲珑型花岗岩，岩性比较简单，而且单颗粒年龄值与 U 含量之间没有系统关系，所有锆石的 U 含量均偏低，变化于 338.64×10⁻⁶ ~ 65.85×10⁻⁶。另外，玲珑型花岗岩虽然侵位年龄较为年轻（160 ~ 150Ma），但其内含有较多从新太古代至三叠纪的残留锆石。因此，低的 $P(\chi^2)$ 可能是锆石颗粒的辐射损伤或者多种锆石来源导致。锆石裂变径迹雷达图（图 2-64）中，大多数单颗粒年龄值较为集中，仅有少量独立于主体年龄值之外，正是这部分独立于主体之外的单颗粒锆石年龄导致了低 $P(\chi^2)$ 检验值。由于年龄偏差不大，个

别有偏差的单颗粒锆石年龄，对样品的中值年龄影响不大。因此，样品的中值年龄具有代表性。

表 2-32　锆石裂变径迹分析结果

样品号	颗粒数 (n)	$\rho_s/(10^5/cm^2)$ (N_s)	$\rho_i/(10^5/cm^2)$ (N_i)	$\rho_d/(10^5/cm^2)$ (N)	$P(\chi^2)$ /%	中值年龄/ Ma (1σ)
ZK740-1	35	108.524 (5910)	42.969 (2340)	11.842 (6770)	0	130.5±6.2
ZK712-1	35	62.98 (4117)	24.92 (1629)	11.272 (6770)	53.3	124.4±5.5
ZK712-3	35	92.89 (5990)	40.32 (2600)	14.336 (6770)	3.3	144.2±6.3

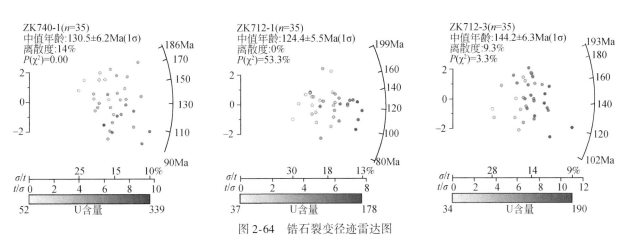

图 2-64　锆石裂变径迹雷达图

通过原点和其中的某个颗粒点所作的直线与右侧弧线上相交点的位置数值即为该单颗粒锆石的裂变径迹年龄；
横轴左侧的 σ/t 和 t/σ 分别表示颗粒点的相对误差和精度

2. 磷灰石裂变径迹

1) 磷灰石裂变径迹年龄及径迹长度

7 件磷灰石裂变径迹测年实验获得的径迹年龄范围为 15.9±1.5 ~ 28.1±2.6Ma（表 2-33），除了样品 ZK744-1 的 $P(\chi^2)$ 为 0，其余 6 件样品的 $P(\chi^2)$ 检测结果均大于 5%，为 17.1% ~ 100.0%，通过了 $P(\chi^2)$ 的检测。

表 2-33　磷灰石裂变径迹分析结果

原样号	颗粒数 (n)	$\rho_s/(10^5/cm^2)$ (N_s)	$\rho_i/(10^5/cm^2)$ (N_i)	$\rho_d/(10^5/cm^2)$ (N)	$P(\chi^2)$ /%	中值年龄 / Ma (1σ)	裂变径迹长度/μm (N)
ZK740-1	35	0.695 (279)	5.15 (2066)	6.129 (5949)	100.0	16.2±1.0	11.4±2.2 (103)
ZK744-1	35	0.791 (718)	4.81 (4366)	6.453 (5949)	0	20.7±1.5	11.7±2.6 (100)
ZK781-2	35	0.469 (215)	3.9 (1789)	6.779 (5949)	24.0	15.9±1.5	11.4±2.3 (102)
ZK781-3	35	0.55 (585)	3.955 (4208)	7.103 (5949)	17.1	19.4±1.3	11.3±2.3 (103)
ZK712-1	35	0.52 (189)	2.831 (1028)	7.428 (5949)	84.9	28.1±2.6	12.0±2.1 (99)

续表

原样号	颗粒数 （n）	$\rho_s/(10^5/cm^2)$ （N_s）	$\rho_i/(10^5/cm^2)$ （N_i）	$\rho_d/(10^5/cm^2)$ （N）	$P(\chi^2)$ /%	中值年龄 / Ma (1σ)	裂变径迹长度/μm （N）
ZK712-2	35	0.821 （446）	3.374 （1832）	5.803 （5949）	39.7	27.5±2.0	12.4±2.0 （101）
ZK712-3	35	0.895 （346）	5.833 （2254）	6.129 （5949）	78.5	18.4±1.4	11.4±2.3 （107）

采自主裂面下盘的黄铁绢英岩化花岗质碎裂岩（ZK781-2），蚀变强烈，取自孔深1400m处，磷灰石裂变径迹年龄为15.9±1.5Ma；采自主裂面上盘的黄铁绢英岩化花岗岩（ZK712-1），蚀变相对较弱，取自孔深1100m处，磷灰石裂变径迹年龄为28.1±2.6Ma；采自主裂面下盘的黄铁绢英岩化花岗岩的3件样品（ZK744-1、ZK781-3、ZK712-2），蚀变相对较弱，样品孔深分别为1700m、1600m、1400m，磷灰石裂变径迹年龄分别为20.7±1.5Ma、19.4±1.3Ma、27.5±2.0Ma；采自主裂面下盘花岗岩的2件样品（ZK740-1、ZK712-3），未蚀变，样品孔深分别为2000m、1550m，磷灰石裂变径迹年龄分别为16.2±1.0Ma、18.4±1.4Ma（表2-33，图2-65）。

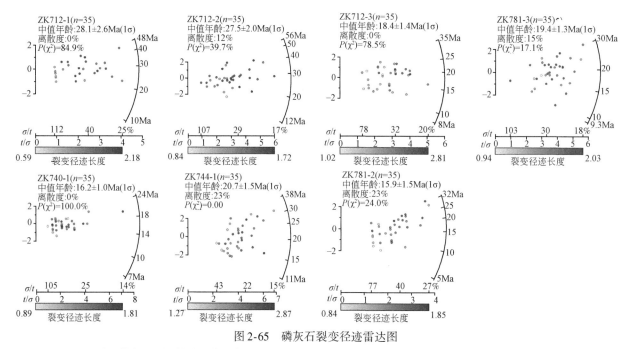

图2-65　磷灰石裂变径迹雷达图

通过原点和其中的某个颗粒点所作的直线与右侧弧线上相交点的位置数值即为该单颗粒磷灰石的裂变径迹年龄；
横轴左侧的 σ/t 和 t/σ 分别表示颗粒点的相对误差和精度

7件样品磷灰石裂变径迹长度范围为11.3±2.3～12.4±2.0μm（表2-33，图2-66），标准偏差的范围为2.0～2.6μm，样品径迹长度多为单峰分布，略具负偏斜特征，指示样品单调缓慢通过磷灰石裂变径迹部分退火带。

2）磷灰石裂变径迹热历史模拟

7件样品磷灰石裂变径迹测量数为99～107，其热历史模拟结果具有很高的可靠性，利用HeFTy软件，采用Ketcham等（2007）的退火模型进行模拟。根据胶东招平断裂北段3000m科研深孔所获得的不同深度的温度，1100m为38℃，至2000m为60℃，磷灰石裂变径迹温度范围为125～60℃进行模拟。模拟中设定足够好的热历史曲线以100条为标准，直至达到该标准才自动终止模拟过程。通常情况下，在产生出100条足够好的热历史反演曲线的同时产生的可以接受热历史曲线至少达到了上千条，为热历史反演模拟结果提供了可靠的支撑。

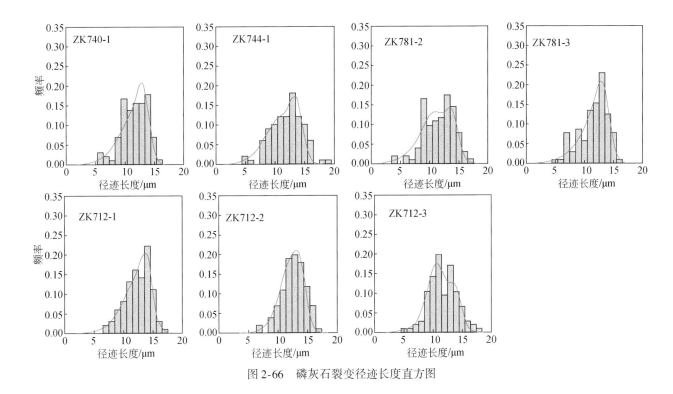

图 2-66　磷灰石裂变径迹长度直方图

7 件样品所模拟年龄的 GOF 值均大于 94%，指示年龄值可靠；但是裂变径迹长度的 GOF 值相对较差，其中样品 ZK781-3、ZK712-1、ZK712-3 的径迹长度 GOF 值均未超过 50%。从裂变径迹长度 GOF 值>50% 的 4 件样品的热历史模拟结果（图 2-67）得出热历史大致划分为两个阶段，一是从 50Ma 时的 110℃左右至 10Ma 时的 70~90℃的缓慢降温阶段，二是从 10Ma 时的 70~90℃至当前钻孔深度参考温度（40~60℃）的较快降温。

（三）金矿床剥蚀与保存情况

两个主裂面下盘的未蚀变花岗岩（ZK740-1、ZK712-3）的锆石裂变径迹年龄分别为 130.5±6.2Ma 和 144.2±6.3Ma，年龄大于胶东金矿的形成时间（120Ma 左右），因此认为，在胶东大规模金成矿前，这两个样品已经冷却通过锆石裂变径迹 240±50℃的封闭区间。ZK712-1 为主裂面上盘的绢英岩化花岗岩，获得的年龄为 124.4±5.5Ma，与前人获得的金成矿年龄较一致，其取样深度低于上述两个样品，理论上记录的锆石裂变径迹年龄应该大于 144.2±6.3Ma，推测其可能受金成矿作用的影响，重置了锆石裂变径迹年龄。

磷灰石裂变径迹年龄与样品的深度有一定的相关性，随着样品深度的减小，所记录的年龄逐渐变大（图 2-68），其中 ZK781-2 为强蚀变黄铁绢英岩化花岗质碎裂岩，其在图中偏离总体趋势，可能是受后期构造的影响，重置了之前由于隆升自然冷却所记录的时间。

前人对东季、新城、仓上等矿区金矿的同位素年龄测试获得的成矿年龄是 121.3~114.4Ma（杨进辉等，2000；李厚民等，2003；Zhang X O et al.，2003），本次 ZK712-1 样品绢英岩化花岗岩 124.4±5.5Ma 的锆石裂变径迹年龄与前人测试的该区域的金成矿年龄较一致，代表了纱岭金矿床的成矿时间。以此为基础，根据磷灰石裂变径迹的热历史模拟结果，结合锆石的裂变径迹年龄及 240±50℃的封闭温度，可以推断纱岭金矿床从成矿作用开始到现今的热历史演化过程，估算成矿后的剥蚀速率和剥蚀厚度。

根据纱岭金矿磷灰石裂变径迹的热历史模拟结果，其成矿后的演化过程可以分为三个阶段：①124~50Ma，结合锆石裂变径迹的封闭温度（240±50℃）和磷灰石裂变径迹热模拟出的 50Ma 左右温度大约在 110℃（图 2-67），估算降温速率为 1.76±0.68℃/Ma；②50~10Ma 阶段，相对缓慢降温，降温区间为 30±

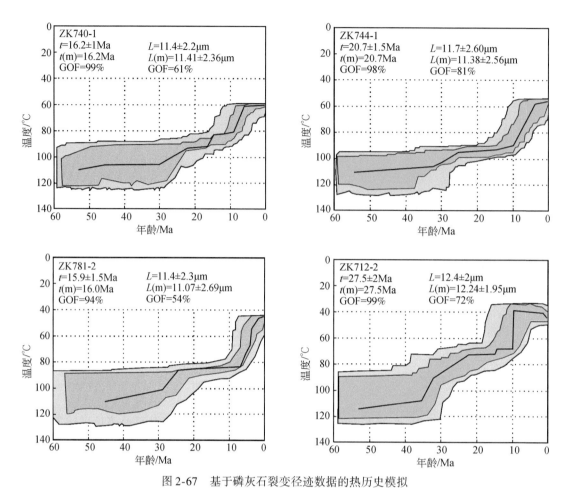

图 2-67　基于磷灰石裂变径迹数据的热历史模拟

各样品热历史模拟曲线结果较为相似，均在 50~10Ma 呈现相对缓慢冷却，在 10Ma 左右转为相对快速冷却；
图中粉红色和浅绿色区域分别代表较好的和可接受的模拟结果，黑色实线为最佳热历史模拟曲线

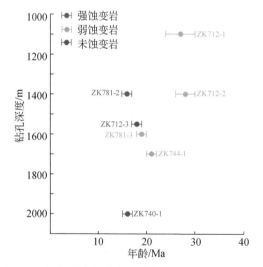

图 2-68　样品深度与磷灰石裂变径迹记录年龄关系图

10℃，根据热历史模拟曲线斜率（图 2-67）确定降温速率大致为 0.75±0.25℃/Ma；③10~0Ma 阶段，相对较快降温，降温区间为 32.5±2.5℃，根据热历史模拟曲线斜率（图 2-67）确定降温速率大致为 3.25±0.25℃/Ma（表 2-34）。

表 2-34　磷灰石裂变径迹热历史模拟降温范围

样品编号	起始温度/℃	终止温度/℃	温差/℃	降温 2 阶段	起始温度/℃	终止温度/℃	温差/℃	降温 3 阶段
ZK740-1	110	90	20		90	60	30	
ZK744-1	110	90	20	50 ~ 10Ma	90	60	30	10 ~ 0Ma
ZK718-2	110	85	25		85	50	35	
ZK712-2	110	70	40		70	40	30	

前人对济阳盆地和渤海湾盆地的古地温梯度研究表明，从早白垩世到晚中新世地温梯度为44℃/km，从晚中新世到现在地温梯度为30℃/km（姚合法等，2006；Zhao et al.，2007）。本次对124 ~ 50Ma、50 ~ 10Ma两个阶段采用44℃/km的地温梯度，对10 ~ 0Ma阶段采用30℃/km的地温梯度，分别计算了纱岭金矿床在热历史演化过程中不同阶段的剥蚀速率和剥蚀量，124 ~ 50Ma、50 ~ 10Ma、10 ~ 0Ma三个阶段的剥蚀速率分别为40±15m/Ma、17±6m/Ma、108±8m/Ma［式（2-1）］，剥蚀量分别为2.96±1.11km、0.68±0.24km、1.08±0.08km［式（2-2）］（赵富远，2015；张良，2016；张宁，2016）。可见，纱岭金矿从124Ma成矿至今的剥蚀总厚度为4.72±1.43km。

$$剥蚀速率=冷却（降温）速率/地温梯度 \tag{2-1}$$
$$剥蚀厚度=剥蚀速率×时间差 \tag{2-2}$$

综合前人对胶东金矿成矿深度研究成果，成矿深度范围主要集中于4 ~ 10km（柳振江等，2010）。与本书计算的纱岭矿区成矿后的剥蚀总厚度相比（4.72±1.43km），矿体遭受剥蚀的程度很低，即金矿床形成后仅有少量剥蚀，绝大部分得以保留，深部找矿潜力很大。

区域地质资料也佐证了胶东金矿剥蚀程度低的认识。在金矿床集中区南侧的胶莱盆地中有大量晚于金成矿的晚白垩世沉积地层（如王氏群），在其中没有发现沉积的砂金，在胶莱盆地北部的平度凹陷及龙口盆地中的古近纪沉积地层（五图群）中也没有明显的砂金富集。胶东地区的砂金最早出现于新近纪，在栖霞南部新近纪临朐群尧山组玄武岩底部的砾岩层中砂金含量较高；砂金较广泛分布于全新世河流相冲积层中。这说明胶东地区金矿在古近纪之前未遭受剥蚀，只在新近纪以来才遭受剥蚀。鉴于新近纪及第四纪沉积物分布零散、厚度较小，因此说明金矿遭受剥蚀的程度很低。

三、胶东型金矿及成矿模式

（一）胶东型金矿

1. 胶东型金矿的提出

对于胶东金矿床成因类型的认识尚有较大争议。早期研究者将其划为绿岩带型金矿床（杨敏之和吕古贤，1996）或是与玲珑型花岗岩有关的混合岩化岩浆热液矿床（朱奉三，1980），后来提出了与郭家岭型花岗岩有关的岩浆期后热液金矿（关康等，1997；孙华山等，2007）、浅成热液金矿（杨忠芳等，1994）、地幔来源的煌斑岩与金矿化有成因联系（刘辅臣等，1984；季海章等，1992；罗镇宽等，2001）等认识。近年来，不少研究者认为胶东金矿应属造山型金矿床（Zhou and Lv，2000；Goldfarb et al.，2001），也有人对造山型金矿床提出异议（翟明国等，2004），认为胶东金矿床具有独特性（Goldfarb and Santosh，2014），分别称为胶东型金矿床和克拉通破坏型金矿床（杨立强等，2014；Li et al.，2015；宋明春等，2015a；Zhu et al.，2015）。

鉴于焦家式和玲珑式金矿成因的一致性，吕古贤和孔庆存（1993）提出了玲珑-焦家式金矿的概念。李士先等（2007）首次使用"胶东式金矿"这一概念，建议将胶东壳幔混合岩浆期后热液金矿成矿系列的七种类型，统称为"胶东式金矿"，定义其为"胶东中生代，经壳幔混合岩浆作用形成的壳幔混合岩浆期后热液矿床系列"。宋明春等（2010）认为，蚀变岩型、石英脉型等金矿是统一构造作用、同一成因、同一时代的产物,其表现形式的差别只不过是受其形成时的构造位置或构造变形形式的控制,因此将其统称为"胶东式"金矿,其下分为焦家式、河西式、玲珑式三种亚类型。Li 等(2015)定义的"胶东型金矿"是包括玲珑式石英脉型和焦家式破碎带蚀变岩型金矿在内的一种独特类型金矿,也包括中国和世界其他地区具有与之相似特征和地球动力学背景的金矿床,在中国这一类型的金矿床主要分布于华北克拉通边缘,如胶东、小秦岭、燕辽-乌拉山地区,在克拉通内部的阜平-衡山地区以及一些古陆和古隆起边缘的裂陷槽和坳陷区(如我国西部的西准格尔、北塔里木、南哀牢山等地区)也有胶东型金矿分布,这些区域均位于基底微陆块边缘结合带。杨立强等(2014)认为胶东金矿床形成于太平洋板块俯冲的弧后伸展环境,既不同于典型造山型金矿床的碰撞造山带、俯冲增生楔和陆内造山带环境,也区别于与侵入岩有关的金矿床的汇聚板块内侧环境。其矿床分布、矿化样式、蚀变组合、矿物组合和成矿流体地球化学特征与造山型金矿床相似,明显区别于与侵入岩有关的金矿床。然而,胶东金矿床形成于区域变质作用 2000Ma 之后,受控于早白垩世变质核杂岩拆离断层体系,对应中国东部岩石圈大规模减薄、华北克拉通破坏和大陆裂谷作用高峰期,且胶东金矿床发育大规模蚀变岩型矿体、绢英岩化和钾长石化蚀变带,这些特征与典型的造山型金矿明显不同,也区别于世界范围内已知的其他金矿床成因类型,应属一种独特的新的金矿成因类型——"胶东型"金矿床。田杰鹏等(2016)指出胶东型金矿是与壳源重熔形成的层状岩浆活动和壳幔混合岩浆活动有关的金矿床,由于成矿时所处构造位置和容矿构造不同而表现为不同的类型,涵盖破碎带蚀变岩型、石英脉型等胶东地区所有金矿床类型。李洪奎等(2017)指出胶东型金矿是指产于胶东地区,在同一大地构造背景控制下,由相同的热液成矿作用在断裂构造带的不同部位、不同围岩条件下形成的成因相同、形成时代相近的一系列金矿自然类型组合,它不是单一的矿床类型,而是反映构造环境、成矿背景、成矿物质来源与成矿规律的金矿成因系统。胶东型金矿是与壳源重熔形成的层状岩浆岩和壳幔混合型花岗岩有关的金矿床类型的统称,具有独特的成矿条件和成矿作用,涵盖了构造破碎带蚀变交代型、裂隙充填石英脉型、裂隙充填富硫化物石英脉型、层间滑脱拆离带型、构造角砾岩型和碳酸盐中的裂隙充填蚀变型等胶东所有金矿成因类型,由于成矿时所处构造位置和容矿空间不同而表现为不同金矿类型的集合体。

2. 胶东型金矿的主要含义

综合前人研究成果,胶东型金矿的主要含义包括:

(1)胶东型金矿是一种形成于伸展构造背景、与花岗岩类岩浆活动及其快速隆升有关的、受断裂构造控制、具有强烈钾化、硅化和绢云母化等矿化特征的金矿类型。

(2)胶东型金矿通常形成于板块边缘部位或者具有强烈岩石圈减薄和壳幔相互作用的板块内部。强烈的花岗质岩浆活动和多种类型脉岩同时产生,空间上与金矿化密切相关。

(3)胶东型金矿包括破碎带蚀变岩型(焦家式)和石英脉型(玲珑式)及其之间的过渡类型等多种矿化类型。破碎带蚀变岩型金矿一般产于规模较大的缓倾角主断裂中,石英脉型金矿则常产于主断裂下盘陡倾角的次级张裂隙中。矿体形态呈简单的似层状、脉状、透镜状。钾长石化、硅化、绢云母化、黄铁矿化、绿泥石化、碳酸盐化是该类型金矿主要的热液蚀变特征。矿体附近的矿化蚀变程度、矿物组合、流体温度、黄铁矿热导性等具有分带现象,外部的钾长石化带和内部的绢英岩化带厚度和蚀变强度通常有较大变化。

(4)与胶东型金矿并存的花岗岩类岩石的主要特征是高钾、钙碱性、I 型、磁铁矿系列,具有中等程度的岩浆分异和大范围的形成温度,富挥发分,具壳幔混合岩浆特点,岩石形成于高的氧化条件下。

(5)胶东型金矿的形成温度范围为 120~450℃,主成矿阶段的温度为 200~320℃。成矿流体为中温、中低盐度 H_2O-CO_2-$NaCl$±CH_4 流体(杨立强等,2007;Yang L Q et al.,2008;Deng et al.,2011),盐度为 1.00%~19.20% NaCl eqv,流体包裹体的密度变化范围为 0.4~1.0g/cm³。δ^{34}S 变化范围一般为 0.20‰~12.60‰;δD 为 -46.90‰~-116.95‰,δ^{18}O$_水$ 为 10.00‰~16.60‰。成矿深度为 4~10km。

3. 胶东型金矿与其他类型金矿对比

近年来对深部成矿的研究揭示,胶东金矿床与国际上已知金矿类型有明显不同的特征,如焦家超巨型金矿床的Ⅰ-1号矿体和三山岛超巨型金矿床的Ⅰ号矿体连续延深的垂向距离均已接近或大于2km，大大超过通常认为的浅成低温热液金矿小于1km的形成深度；三山岛超巨型金矿床在纵深超过2km的范围内，具有较一致的成矿流体介质条件（姜晓辉等，2011），不同于造山型金矿垂向上的变化特征。因此，胶东型金矿床具有独特的成矿背景、矿床特征和成矿机制，与国际上已知的其他金矿床类型有明显差异，是一种独特的金矿床类型。

前人研究认为，造山型金矿床是一个形成于汇聚板块边缘变形过程中的矿床类型（Groves et al.，1998；Goldfarb et al.，2001），其主要特征包括：①矿床通常产于绿片岩相变质火山-侵入或沉积地体的内部或边缘，一些矿体也出现在角闪岩相或麻粒岩相地体中；②矿床分布于具有复杂地质演化的增生环境，显示显著的岩相、应力和变质程度变化；③矿床受构造控制，与超岩石圈断裂的次级或高级别分支构造有关，通常限于脆-韧性转换带和高角度逆断层或平移断层；④矿脉系统在垂直延伸达2km的范围内缺乏分带或有弱分带；⑤矿脉系统形成深度为2~20km；⑥金的沉淀是同构造运动期和同至后变质峰期；⑦蚀变矿物组合主要有石英、碳酸盐、云母、（±钠长石）、绿泥石、黄铁矿、白钨矿和电气石；⑧元素组合的主要特征是富集Au、Ag（As、Sb、Te、W、Mo、Bi、B），Au/Ag值平均为1~10，相对于背景丰度略富集Cu、Pb、Zn；⑨成矿的热液流体是中性的（pH为5~6），具有较低的流体盐度（通常<6% NaCl eqv），流体成分为H_2O-CO_2-NaCl±CH_4±N_2系统，其中CO_2+CH_4流体占5%~30%，少量H_2O-CO_2不混溶体系，金以S的化合物形式迁移；⑩成矿温度为200~400℃，流体压力大致相当于脆-韧性剪切带内的围岩压力；⑪矿床内的稳定同位素和放射性同位素特征是均一的，不同矿床之间有所变化；⑫在许多矿床中，煌斑岩与成矿作用在时间和空间上紧密伴生（McCuaig and Kerrich，1998；Goldfarb et al.，2001；Groves，2003；Phillips and Evans，2004）。

与造山型金矿床相比，胶东型金矿床在地质特征（如矿体产状）、矿化蚀变特征、地球化学特征等方面与之有相似性，但二者在许多方面存在明显的不同。主要包括：①典型的造山型金矿床产于汇聚板块边缘的增生环境，而胶东型金矿床形成于大陆弧至弧后拉张的陆内岩石圈伸展背景（Song et al.，2015）。②典型的造山型金矿床形成于变质作用峰期，在造山晚期发生的变质作用和再活化对金的富集也具有重要作用（Groves，2003）。胶东型金矿虽然部分产于前寒武纪变质地体中，空间上接近中生代大别-苏鲁造山带，但形成时间明显晚于区域变质和中生代造山事件。相对于胶东早前寒武纪花岗-绿岩带，金矿床形成于区域变质作用之后至少1.9Ga。相对于三叠纪碰撞造山事件，胶东金矿的形成晚于华北与扬子板块开始拼接碰撞时间80~100Ma。相对于白垩纪太平洋板块俯冲，胶东地区位于弧后伸展环境。③在典型的造山型金矿区花岗岩类可有可无，但是，在胶东地区除出现多种闪长岩、煌斑岩等脉岩外，花岗质侵入岩大量出现，它们与金矿床在空间上形影相随。④造山型金矿床中普遍有碳酸盐、白钨矿和电气石等矿物；而在胶东型金矿床中碳酸盐仅出现于成矿期之后，白钨矿和电气石则很少见。⑤造山型金矿床元素组合中常含Te，Au/Ag值平均为1~10；而Te不是胶东型金矿的指示元素，Au/Ag值一般小于1（0.13~2.06）（Song et al.，2014）。⑥造山型及斑岩型、夕卡岩型金矿床流体成分中CO_2占优势，而胶东型金矿中以H_2O为主，CO_2相占比多为10%~30%，少量样品达50%。⑦造山型金矿床的矿脉系统缺乏分带，而胶东型金矿床则有明显分带，包括蚀变分带、矿化类型分带等。⑧造山型金矿床的C、O同位素具有明显的变质流体特征，而胶东型金矿床则显示了与岩浆活动、大气降水、地幔流体均有联系的特征。⑨造山型金矿由深成带至浅成带出现Au-As→Au-As-Te→Au-Sb→Hg-Sb→Hg的矿床分带规律；而胶东金矿的主要共伴生有益组分为Au、Ag、Cu、Pb、Zn，胶东地区白垩纪金属矿床表现出Mo-W→Mo→Cu→Pb-Zn→Cu-Pb-Zn-Au→Au-Ag等由高温至中低温矿床的分带变化特点，与浅成热液-斑岩-夕卡岩矿床系统类似（宋明春等，2015b；Song et al.，2017）。

（二）蚀变岩型金矿断裂渗流交代成矿模式

1. 赋矿断裂和赋矿结构面

20世纪60年代末，山东省地矿局第六地质大队在胶东西北部的莱州境内发现了受区域大断裂控制的破碎带蚀变岩型金矿，命名为"焦家式"金矿，这一发现突破了苏联地质学家"大断裂只导矿不储矿"的传统认识，开拓了胶东乃至全国的金矿找矿新方向。胶东的蚀变岩型金矿均受断裂构造控制，典型代表为焦家金矿、三山岛金矿等。继焦家金矿发现之后，胶东地区陆续发现和命名了产于焦家断裂下盘的"河西式"网脉状金矿、产于胶莱盆地东北缘盆缘断裂两盘的"发云夼式"（蚀变砾岩型）金矿和"蓬家夼式"（蚀变角砾岩型）金矿，以及产于前寒武纪变质岩系层间滑脱拆离带中的"杜家崖式"金矿等，这些金矿类型均属广义的蚀变岩型金矿，其与典型焦家金矿的主要区别是矿化岩石的类型不同。

胶西北是蚀变岩型金矿的主要集中区，金矿床主要受三山岛、焦家和招平三条主干控矿断裂控制，控矿断裂总体呈 NNE 走向，平面上，不同区段的断裂走向在 NE—NNE 波动变化，呈舒缓波状展布，断裂下盘的次级断裂较发育，部分区段主断裂与下盘次级断裂形成菱形结环状、帚状等构造组合型式。剖面上，断裂的浅部倾角较陡，向深部变缓，构成铲式断裂。断裂的多期活动特征比较明显，一般认为成矿前断裂经受了压扭性活动，形成断层泥；成矿期断裂活动属张扭性质，为成矿流体运移、沉淀提供了有利空间；成矿后断裂以压性为主兼具扭性特征。

金矿体主要赋存于以断层泥为标志的断裂主断面下盘的破碎蚀变带中（图 2-69），重要的赋矿结构面包括：①断裂拐弯部位，如三山岛金矿、新立金矿和仓上金矿均赋存于三山岛断裂走向拐弯附近；②主断裂下盘次级断裂发育部位，如焦家金矿田和玲珑金矿田分别产于焦家断裂和招平断裂下盘的次级断裂发育区段，主断裂和次级断裂分别构成菱形结环状和帚状构造组合型式，成为 2 个金矿田的特征成矿构造型式，断裂交汇处、断裂交叉处、断裂分支处及局部张性裂隙均是有利赋矿部位；③断裂倾角变化部位，在剖面上，断裂倾角变缓部位常形成厚大矿体，如在三山岛北部海域金矿床，控矿的三山岛断裂在 -600 ~ -1000m 标高，断裂倾角为 75° ~ 85°，在 -1000 ~ -1764m 标高，断裂倾角变缓为 35° ~ 40°，矿床的厚大矿体赋存于倾角较缓段（宋明春等，2015a）。

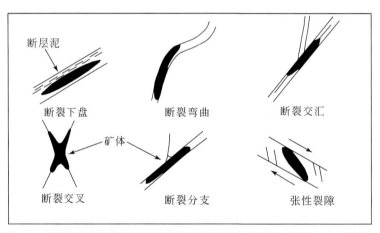

图 2-69　胶西北地区断裂有利成矿部位示意图（据苗来成等，1997 修改）

2. 断裂赋矿模式

蚀变岩型金矿受断裂构造控制，一般赋存于断裂走向拐弯、倾角变缓及次级断裂发育处。沿控矿断裂常发育 5 ~ 20cm 厚的断层泥，断层泥两侧分布有破碎蚀变岩，这种蚀变岩是在断裂构造岩的基础上，经后期热液作用改造而成，呈带状分布。以断层泥为中心，上、下两盘的破碎蚀变岩呈带状分布，在断裂穿切侏罗纪花岗岩的区域，断裂两盘依次出现绢英岩化碎裂岩带、绢英岩化花岗质碎裂岩带、钾化-绢英岩化花岗岩带和未蚀变的花岗岩，岩石的破碎和蚀变程度逐渐递减（李士先等，2007）；在断裂沿早前寒武纪变质岩系与侏罗纪花岗岩边界发育的区域，断裂上盘依次出现绢英岩化变辉长质碎裂岩带、绢英岩化碎裂变辉长质带和变辉长岩，下盘则仍然是花岗质成分的破碎蚀变岩。断裂上、下盘的破碎蚀变程度呈非镜像的近似对称分带，主要表现为：断裂下盘的岩石破碎程度强于上盘，下盘发育原岩不易识别的碎裂岩（碎粒岩和碎粉岩），上盘主要是能够识别原岩结构和成分的碎裂岩化岩石，下盘破碎带的厚度一般大于上盘；断裂下盘的蚀变程度强于上盘，上盘强烈蚀变的绢英岩或绢英岩质碎裂岩一般不发育，常常缺失，主要是能够识别原岩结构和成分的绢英岩化岩石，下盘发育稳定的绢英岩和绢英岩质碎裂岩带；断裂下盘的矿化程度强于上盘，下盘普遍发育黄铁矿化，是金矿体的主要赋矿位置，上盘常没有明显的黄铁矿化，偶尔有金矿体分布（图2-70）。

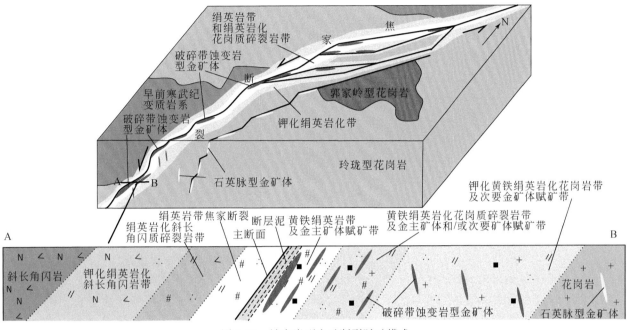

图2-70　蚀变岩型金矿断裂赋矿模式

沿赋矿断裂的构造-蚀变-矿化分带具有一致性特点（表2-35），由断裂主裂面至远离主裂面，构造变形强度由强变弱，构造分带表现为断层泥带、碎裂岩带、花岗质碎裂岩带、碎裂花岗岩带、花岗岩带；相应地，蚀变强度由强变弱，蚀变分带则表现为黄铁绢英岩带、黄铁绢英岩化带、钾化-绢英岩化带；矿化强度也由强变弱，矿化类型表现为稠密浸染状、浸染状-网脉状、网脉状-脉状、脉状变化。金矿床主矿体一般赋存于黄铁绢英岩带中，也有赋存于黄铁绢英岩化花岗质碎裂岩带中，次要矿体一般赋存于黄铁绢英岩化花岗质碎裂岩带和钾化黄铁绢英岩化花岗质岩带中，在正常花岗岩中可见稀疏的石英型金矿体（图2-70）。

表2-35　蚀变岩型金矿构造-蚀变-矿化分带

分带类型	分带标志	分带特征及变化				
构造分带	距主断面距离	近 —————————————————————————————————→ 远				
	构造岩带	断层泥	碎裂岩	花岗质碎裂岩	碎裂花岗岩	花岗岩
	构造强度	极强	强	较强	较弱	弱
	容矿裂隙	连续弥散空间 ————————————————————→ 连续自由空间				
	微构造	页理	平行裂隙		交叉裂隙	张裂隙
蚀变分带	岩石类型		（黄铁）绢英岩	（黄铁）绢英岩化花岗质碎裂岩	（黄铁）绢英岩化碎裂花岗岩	钾化花岗岩
	蚀变类型		绢英岩化、黄铁矿化、碳酸盐化	绢英岩化、硅化、黄铁矿化、碳酸盐化	绢英岩化、硅化、黄铁矿化、钾化、碳酸盐化	硅化、钾化、红化
	蚀变强度		强	较强	较弱	弱

分带类型	分带标志	分带特征及变化			
矿化分带	成矿方式	交代 —————————————————————————————→ 充填			
	矿化类型	稠密浸染状	浸染状、网脉状	网脉状、脉状	脉状
	矿石类型	蚀变岩型	蚀变岩型、复合型	复合型、石英脉型	石英脉型
	矿石组构	碎裂、糜棱、交代结构，浸染状、斑杂状构造	碎裂、花岗变晶结构，浸染状、细脉-网脉状构造	碎裂、花岗结构，细脉-网脉状构造	晶粒状结构，块状、浸染状构造
	矿化强度	强	较强	较弱	弱

3. 成矿机制

断裂作用和深部岩浆活动是破碎带蚀变岩型金矿成矿的必要条件。在白垩纪伸展构造背景下，胶东地区产生大量具拆离断层性质的断裂构造及广泛的岩浆活动，拆离断层多沿不同地质体的接触界面分布，断裂带中发育连续稳定的断层泥，断裂的上盘处于相对开放、氧化的环境，有较多的大气降水等流体加入；断裂下盘由于断层泥的遮挡处于相对封闭、还原的环境，深源流体不易扩散出去。从而在断裂上、下盘的接触部位，即两类流体循环系统的汇合处，形成了一个物理化学条件突变的界面。深部含矿热液在岩浆活动的影响下，由深部的高压区域向浅部的低压区域运移，遇到断裂构造中致密的断层泥遮挡层及物理化学突变界面后，在断裂下盘聚集，由于靠近主断面附近的碎裂岩破碎程度高，孔隙和裂隙均匀、贯通性好，成矿流体以渗流方式缓慢运移，并且与构造岩发生充分的交代作用。处于冷、热流体循环系统交汇界面之下的含矿热流体温度快速下降，发生流体沸腾，金质沉淀，形成浸染状蚀变岩型矿体。在断裂强破碎带外，岩石破碎程度变弱，孔隙和裂隙分布不均匀、贯通性变差，并且随着热液的消耗，深部成矿物质的浓度越来越大，高浓度的成矿物质挤入到不均匀的网状裂隙中，形成脉状和网脉状多金属硫化物矿体（图 2-71）。这种成矿机制造成在主断面下盘的强破碎带中形成的矿体规模大、矿化均匀、金品位相对偏低，而在其之下的弱破碎带中形成的矿体规模小、矿化不均匀，单脉的金品位比较高。研究

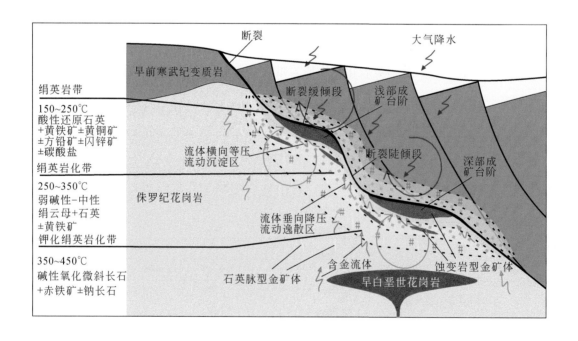

图 2-71　蚀变岩型金矿断裂渗流交代成矿机制（据 Fan et al., 2003；范宏瑞等, 2005；杨立强等, 2014；Xu et al., 2016）

表明（Fan et al., 2003；范洪瑞等, 2005；Xu et al., 2016；Yang et al., 2017），由主裂面向外成矿环境和形成的矿物组合是逐渐变化的，在赋矿断裂主裂面附近的主矿化带，流体温度为 150～250℃（±50℃），为酸性还原环境，典型矿物组合为石英+黄铁矿±黄铜矿±方铅矿±闪锌矿±碳酸盐；在主矿化带外侧的绢英岩化带，流体温度为 250～350℃，为弱碱性–中性环境，典型矿物组合为绢云母+石英+黄铁矿；在赋矿断裂带外侧为碱交代带，流体温度为 350～450℃，为碱性氧化环境，典型矿物组合为微斜长石+赤铁矿±钠长石。

（三）石英脉型金矿泵吸充填成矿模式

1. 赋矿构造

典型的石英脉型金矿主要产于招远玲珑金矿田中，通常称为玲珑式含金石英脉型金矿，其成矿方式以充填为主，是胶东地区重要的金矿类型之一。在牟乳成矿带中产出的富含黄铁矿的邓格庄式硫化物石英脉型金矿，也是石英脉型金矿的一种类型。该类型金矿一般矿体规模相对较小，形态复杂，金品位较高，矿化连续性不好，组分变化剧烈。其矿化蚀变主要为硅化、黄铁矿化等。

在玲珑金矿田，石英脉型金矿体产于主干断裂下盘的伴生或派生的小规模次级构造中。破头青断裂（招平断裂北段）及其下盘所伴生、派生的 NE 向次级断裂是矿田的主要含矿断裂。这些伴生、派生的次级断裂均被石英脉充填，在平面上自 NE 向 SWW 向撒开，颇似帚状构造型式。石英脉密集分布，玲珑矿田由 700 余条大致平行的含金石英脉及含金蚀变岩脉组成（二者均简称为矿脉）。仅在大开头矿段，大于 50m 长的断裂（含金石英脉）就有 254 条之多，断裂走向 40°～80°，倾向 NW，倾角 50°～90°，个别向 SE 陡倾，断裂沿走向及延深方向呈舒缓波状变化（张丕建等, 2015）。

在牟乳成矿带，硫化物石英脉型金矿体在产于一组近平行分布的 NNE 向断裂带中。断裂自东向西每隔 4～5km 出现一条，断续出露长度达 60km，宽度从几米到数十米，倾向 SE、局部倾向 NW，倾角 65°～85°。金牛山断裂带为牟乳成矿带的一条重要控矿断裂，断裂宽度变化于数米至数十米间，由数条平行或分支复合的断裂构成。断裂面呈舒缓波状，断裂带内见规模不等的石英脉呈雁行排列，或尖灭再现分布，并被挤压破碎。整个断裂带在平面上不连续分布，呈右阶式排列。断裂平面上表现为膨大收缩、波状弯曲的特点，矿体主要产于断裂带膨大部位。在金牛山主断裂带西侧 100～500m 的范围内发育一组 NNE 向断裂，为邓格庄金矿区内的主要控矿构造，与金牛山主干断裂之间呈锐角相交或近平行展布，断裂走向为 10°～20°，倾向 NW，倾角 50°～80°；在金牛山断裂带的东侧也有一系列 NNE 向的雁行式断裂，断裂一般倾向 NWW，倾角为 70°～80°。金牛山断裂带与其次级断裂在平面上表现为右阶式雁行排列。雁列构造是邓格庄金矿田的常见构造型式，硫化物石英脉矿体赋存于一组平行排列、交错分布的裂隙中，构成雁列脉（图 2-72a）。矿体厚度较薄，沿倾向的斜深大于沿走向的长度，在邓格庄深部发现 3 个盲矿体，最大垂深 895m，矿化带及控矿断裂由浅部向深部延伸呈舒缓波状，断裂倾角转弯位置往往是矿化富集部位（图 2-72b）。

2. 矿体分布和构造控矿规律

矿体呈脉状、透镜状、扁豆状、囊状、串珠状、不规则状等，矿体产状与控矿断裂一致，在空间上具有分支复合、侧现、尖灭再现现象。按石英脉的规模和形态，将其主要划分为四类（李士先等, 2007）：稳定厚脉型石英脉，长 80～800m，宽 2～6m，含金石英脉稳定而连续，局部有分支，含矿率高，是主要工业矿脉；稳定薄脉型石英脉，长在 80m 以上，厚度小于 1m，此种脉一般较稳定，但含矿率低，矿体中部有时出现贫化；透镜状石英脉，长一般在 40m 以内，最大不超过 80m，厚一般为 3～4m，个别达 6m 以上。小透镜体宽仅 0.5m 左右，透镜状含金石英脉长宽比为 5∶1～20∶1，以 10∶1 居多，沿走向尖灭迅速。倾向相对稳定，含矿率高，往往是金矿化富集地段；似透镜状石英脉，透镜体由若干平行的小石英脉组成，其中一条为主脉，两侧有若干副脉，主脉与副脉在两端汇合。整个透镜体长 20～40m，最大 60m，宽 4～6m，沿走向尖灭迅速，沿倾向往往与厚脉型或薄脉型汇合，含矿率较高。据李士先等（2007）总结的石英脉型金矿的主要赋矿规律包括以下方面：

（1）控矿断裂倾角较陡，一般大于 65°，矿脉一般位于主裂面的下盘。

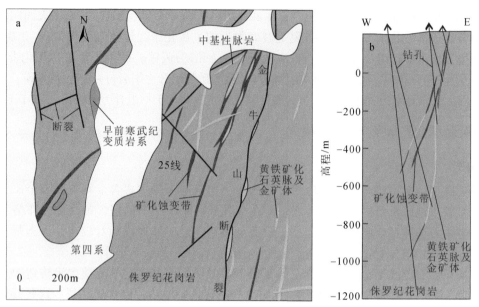

图 2-72　邓格庄金矿矿体分布（a）和 25 号勘查线剖面图（b）

（2）矿脉沿走向呈雁行状（多为右行）排列，沿倾向呈下行排列。

（3）断裂沿走向扭转或沿倾向倾角变化处，往往出现富矿体。

（4）矿脉复合处或突然膨大处，矿体较富，特别是矿体膨胀中心，品位最富。

（5）主脉上的支脉矿体往往比主脉富。

（6）控矿构造组合，在胶西北地区一般为低级别或低序次的"X"、"Y"和"入"字形，如金翅岭金矿、玲珑金矿等；而在牟乳地区则主要为高级别的"入"字形（如邓格庄金矿）、"一"字贯通形（如金青顶金矿）和雁列形（如小青金矿）。

3. 泵吸充填成矿模式

1）断裂扩容带控矿

断裂在走向上的拐折段，在倾向上的倾角陡缓变化处是构造扩容带，为拉张构造应力场区域，是成矿有利空间（图 2-73）。例如：乳山金矿在 -200 ~ -600m 标高为构造扩容带，金矿富矿脉均赋存于这一空间中。具体表现为：①断裂倾角在 -200m 标高左右发生变化，-200 ~ -600m 标高断裂产状近直立（多在88°左右），其上、下段断裂倾角均变小，断层面趋于平缓；②Ⅱ号主矿体及所有平行矿体主要赋存于 -200 ~ -600m 标高，矿体倾角 82° ~ 90°，平行矿体均为隐伏矿体；③扩容带内金储量占矿山探明储量的78%左右，高品位及特高品位矿石主要见于此扩容带中；④在平面上，该段处于断裂走向的拐弯位置，扩容带为应力拉张区，扩容带两侧以剪切应力为主（曾庆栋等，1999）。

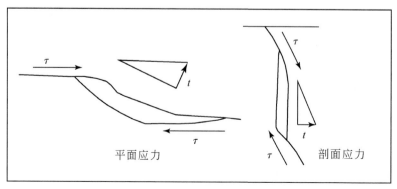

图 2-73　断裂扩容带应力场分析（曾庆栋等，1999）

τ-剪切应力；t-拉张应力

2）矿脉多期充填成矿

石英脉型金矿体常表现为石英单脉或多期充填的复脉。后者如乳山金矿床的含金石英脉主要由黄铁矿石英脉、铜铅锌多金属硫化物石英脉和菱铁矿（碳酸盐）石英脉三种矿脉复合叠加而成，其中黄铁矿石英脉为主矿体，在脉体中上部呈较规则的脉产出，与围岩边界清晰，随深度增加在主矿脉两侧产出较多石英细脉，局部形成细脉浸染状矿化带。围岩蚀变具有分带特征，一般以石英脉为中心向两侧依次对称出现黄铁绢英岩带、钾化花岗岩带和未蚀变的花岗岩（图2-74）。根据野外脉体穿插关系、矿物共生组合和结构构造特点，乳山金矿成矿作用从早到晚可分为4个阶段：（Ⅰ）黄铁矿-石英阶段，主要矿物为乳白色石英，其中散布有少量浸染状粗粒黄铁矿；（Ⅱ）石英-黄铁矿阶段，主要矿物组合为黄铁矿、银金矿和自然金，黄铁矿以团块状和浸染状为主；（Ⅲ）多金属硫化物阶段，石英、黄铁矿仍是该阶段主要成分，但黄铜矿、方铅矿、闪锌矿和磁黄铁矿是其特征组合，有自然金和银金矿；（Ⅳ）石英-碳酸盐阶段，以方解石、菱铁矿为主，含有极少量黄铁矿和细脉状石英。其中第Ⅱ和Ⅲ阶段为主要的金矿化阶段（胡芳芳等，2005b）。

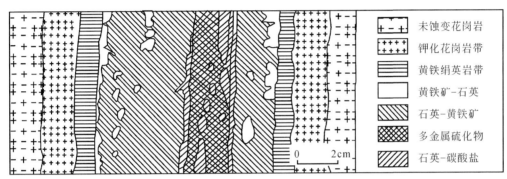

| | 未蚀变花岗岩 |
| 钾化花岗岩带 |
| 黄铁绢英岩带 |
| 黄铁矿-石英 |
| 石英-黄铁矿 |
| 多金属硫化物 |
| 石英-碳酸盐 |

0　　2cm

图2-74　乳山金矿成矿脉体与围岩蚀变分带素描图（据胡芳芳等，2005b）

3）成矿模式

石英脉型金矿的主要特点是矿体方向稳定，边界明显，与围岩为突变关系，找矿标志明确，品位较富，经常有明金。这些特征指示，石英脉型金矿的矿脉形成方式是主动贯入，其流体运移方式是大规模流体涌流模式。在初期构造作用的基础上，流体依靠液压和热力开辟道路，强行贯入，迫使围岩张开，形成宽大的石英脉，这种强行贯入，还使岩石发生裂隙，即液压致裂。

胶东石英脉型金矿集中产出于侏罗纪玲珑岩体和昆嵛山岩体中，这两个岩体被认为具有变质核杂岩性质，在岩体的外围和顶部存在连续分布的由糜棱岩、断层泥和碎裂岩等组成的拆离带，其上盘为早前寒武纪变质岩系或中生代陆相碎屑沉积岩系（杨金中等，2000；Charles et al.，2011；林少泽等，2013）。玲珑岩体和昆嵛山岩体于侏罗纪就位后，发生了强烈隆升，在岩体周边与围岩接触部位产生拆离断层，在岩体中形成大量张性断裂。拆离断层作为较大范围分布的低渗透性封闭构造层，是阻隔流体运移的圈闭构造。当白垩纪岩浆活动时，驱动含金流体运移，被圈闭构造阻挡后，流体在拆离断层下盘的断裂、裂隙中聚集成矿（图2-75）。研究认为（Ojila et al.，1993），构造带的弯曲、凹凸不平和围岩的不均匀部位能够汇集迁移的流体，成为金沉淀的最佳场所，这说明金矿体往往赋存于特定的构造部位和特定的构造型式。

根据容矿断裂与其脉状充填物的关系，胶东石英脉型金矿的容矿断裂有两类，一是先成断裂，后被热液充填，断裂的形成与脉的充填之间有相当长的时差；二是断裂形成的同时即被含矿热液充填，它们之间的时差极小，断裂的发生与流体压力有关，称为液压致裂作用。脉的生成机制则为"裂隙-愈合作用"（邵世才等，1993）。流体演化和成矿动力耦合是形成石英脉金矿的重要机制。根据牟乳带金矿床矿脉形态、产状和矿石结构构造特征，含矿断裂构造活动可划分为两个阶段，即脆性破裂阶段和韧脆性扩张阶段。脆性破裂阶段是构造活跃期，应力瞬间高强度释放，使原来的完整岩石或压扭性断裂产生脆性破裂，形成断层角砾。由于浅部张剪裂隙的减压扩容，形成瞬时负压，"泵吸"导致深部流体迅速上侵和充填断裂空间。该阶段形成细粒乳白色块状石英脉（图2-74中的黄铁矿-石英），也见有胶结断层角砾现

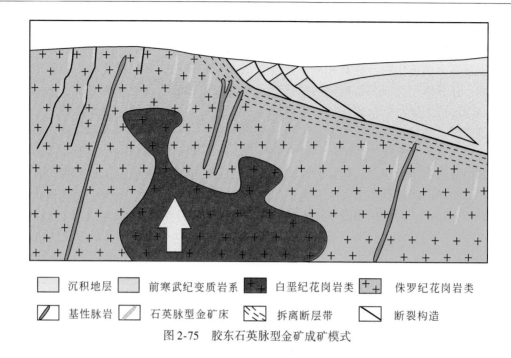

图 2-75　胶东石英脉型金矿成矿模式

象。韧脆性扩张阶段是构造亚稳期，随着区域构造应力持续释放，断裂转入韧脆性缓慢扩张阶段。此阶段成矿热液体系在接近局域平衡状态下演化，矿质在张裂隙中缓慢结晶，形成晶形较好的矿石，如梳状石英、条带状多金属矿石（图 2-74 中的多金属硫化物）（高太忠等，1999）。总的来看，石英脉型金矿的形成是成矿流体体系多次脉动式上侵和沸腾作用的结果，热液体系依次沉淀形成乳白色石英脉、含金黄铁矿矿石、含金多金属硫化物矿石和碳酸盐脉等（高太忠等，1999）。

　　石英脉型金矿成矿过程中，驱动流体运移与沉淀富集的主要因素是构造。在构造应力场作用下，构造的各种形变与转换都与成矿流体的运移有密切关系（张欣等，2011）。"断层阀–地震泵吸"模式很好地解释了构造与成矿流体之间的关系（Sibson et al.，1988；Boullier and Robert，1992；Cox，1995；Robert et al.，1995）。在胶东的玲珑岩体、昆嵛山岩体中，受拆离断层的阻隔，成矿流体不断在拆离系统下盘聚集，造成超静水压力梯度的存在，使已有的断裂构造或块状花岗岩产生液压致裂，出现扩容空间，成矿流体在泵吸作用下聚集到裂隙中充填沉淀，裂隙逐渐封闭；随着裂隙封闭，流体压力增大，原有裂隙再度扩容或者产生新的裂隙，流体再次充填。这样，成矿流体向上运移沉淀过程中经历了断裂"破裂前—液压致裂—地震泵吸—流体充填—自愈合"（图 2-76），然后再循环的周期性活动，最终形成石英脉型金矿。

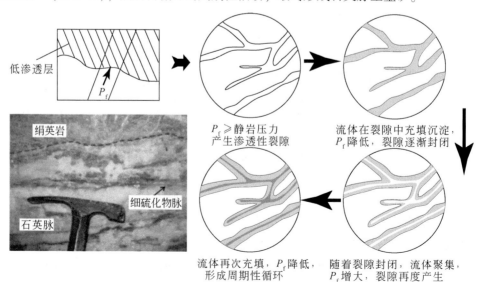

图 2-76　石英脉型金矿成矿流体动力学及石英脉的形成过程（据张欣等，2011 修改）

（四）深部金矿阶梯成矿模式

1. 阶梯赋矿模式

　　深入分析胶东地区主要控矿断裂的深部结构发现，断裂由浅部至深部其倾角发生陡、缓交替变换，金矿体受其影响分段富集。蚀变岩型金矿总体受倾角较缓的断裂控制，在胶西北地区，三山岛、焦家和招平三条主要控矿断裂均是浅部倾角陡向深部变缓的铲式断裂，而且由浅至深显示陡、缓交替变化的台阶式或坡坪式特点，矿体厚大部位赋存于断裂倾角陡、缓转折部位和倾角较缓的台阶部位。主断面附近矿体平行于主断面产出，断裂下盘逐渐出现斜交主断面和反向倾斜矿体。矿床中矿体成群产出，形成三个矿体群，受三层矿化蚀变带控制，主裂面之下的黄铁绢英岩化碎裂岩带内赋存的矿体为Ⅰ号矿体群；其下的黄铁绢英岩化花岗质碎裂岩带内赋存的矿体为Ⅱ号矿体群；再下的黄铁绢英岩化花岗岩带内赋存的矿体为Ⅲ号矿体群。矿床和矿体的上述分布规律可以概括为：一条构造带（若干金矿沿同一条断裂分布）、二个倾斜台阶、二段矿化富集带（第一矿化富集带和第二矿化富集带）、二种产状类型（陡倾和缓倾）、三层矿化蚀变带（黄铁绢英岩化碎裂岩带、黄铁绢英岩化花岗质碎裂岩带和黄铁绢英岩化花岗岩带）（图2-77）。通过对赋矿构造、深浅部主矿体对比、矿体产出特点、围岩条件等的深入分析发现，胶西北破碎带蚀变岩型金矿控矿断裂沿倾向出现若干个倾角由陡变缓的变化台阶，金矿体主要沿台阶的平缓部位和陡、缓转折部位富集，构成"阶梯"分布型式（图2-78）（宋明春等，2010，2012），浅部金矿体之下还有第二、第三赋矿台阶，称为阶梯赋矿模式。

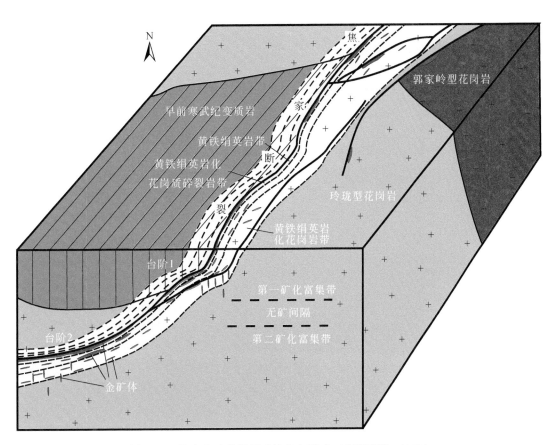

图2-77　焦家金矿带深部矿体分布模式（宋明春等，2012）

　　石英脉型金矿主要受倾角较陡的断裂控制（图2-78），陡倾断裂的倾角相对陡的部分为断裂扩容带（曾庆栋等，1999），是石英脉充填的有利区段。如在牟乳成矿带，控矿断裂倾角一般大于65°，矿体主要赋存于断裂沿走向扭转或沿倾向倾角变化处，由控矿断裂的浅部至深部，厚大矿体主要赋存于断

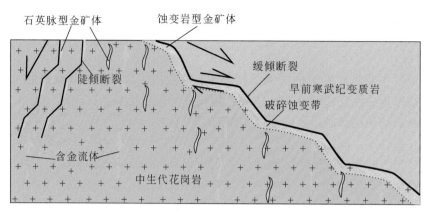

图2-78　蚀变岩型金矿和石英脉型金矿的阶梯赋矿模式

裂倾角的较陡部分，即在断裂倾角阶梯变化的陡倾角部分赋矿。石英脉型金矿的赋矿构造部位与蚀变岩型金矿恰恰相反。

2. 阶梯成矿机制

矿液中的成矿物质沉淀结晶，必须有物理化学条件的改变。而影响成矿热液及其周围物理化学条件的最重要因素是深度，只有在一定深度下的地球化学和物理化学条件界面附近，才能导致矿质沉淀成矿（陈柏林等，1999）。所以每一种矿床都有其特定的形成深度。低角度断层一方面因倾角小或者呈平缓的波状起伏，与受深度影响的成矿物理化学界面夹角很小，或连续出现或穿插于这种界面附近，有利于矿质的沉淀；另一方面，断层面上下盘的岩石在岩性、结构、构造等方面有差异，上下盘的物理化学条件也有差异，导致物理化学界面与低角度断层在一定的范围内重叠，甚至低角度断层起到控制这种界面的作用，成为成矿最有利的部位。这是低角度断层或断裂缓倾段赋矿的重要原因之一。构造型式和流体迁移-沉淀方式是断裂阶梯赋矿的决定机制，控制蚀变岩型金矿的大型铲式断裂沿走向和倾向往往呈舒缓波状展布，沿倾向倾角的陡、缓交替形成台阶型式。而且由于成矿期断裂具正断层性质，断裂陡倾段为张性的开放空间，断裂缓倾段为剪切为主的半开放空间。成矿流体沿断裂运移时，在断裂陡倾段流体纵向迁移，由于由深部至浅部的压差大且断裂空间开放，不宜沉淀成矿；在断裂缓倾段，流体在近等压条件下横向运移，由于顶部受断层泥遮挡且断裂空间开放度不高，流体宜沉淀成矿。因此，矿体主要赋存于断裂缓倾段，断裂沿倾向的台阶型式造成了金矿的阶梯分段富集（宋明春等，2012）。在靠近断裂主构造面附近，流体受主构造控制，沿构造带扩散、沉淀，形成平行主构造的缓倾矿体；远离主构造带，流体沿玲珑岩体的边缘张裂隙运移、沉淀，形成与主构造斜交的陡倾矿体。陡倾矿体和缓倾矿体构成了垂向上的二元结构，类似于块状硫化物矿床的补给带和层状矿（宋明春等，2012）（图2-71，图2-78）。

石英脉型金矿与蚀变岩型金矿阶梯赋矿位置相反的主要原因是二者的控矿构造型式和流体成矿方式不同。蚀变岩型金矿的成矿方式是压力差渗流交代，成矿流体沿着较疏松的岩层缓慢流动，通过水岩交代逐渐沉淀成矿，流体耗散大于补给。大型断裂的缓倾斜段一般具有剪切构造性质，岩石破碎较均匀，微裂隙发育，形成连续弥散空间，压力差较小，有利于成矿流体的缓慢渗流交代；而断裂陡倾段具有引张（正断层）或挤压（逆断层）性质，在引张空间压力差大不利于流体的缓慢聚集，在挤压空间流体则难以渗入。石英脉型金矿的成矿方式是大规模流体涌流充填，超静水压力梯度的存在使得流体在扩容带快速充填成矿，流体补给大于耗散。高角度张性断裂的陡倾段和拆离断层下盘的断裂裂隙系统为应力拉张区，形成连续自由空间，是强大的负压区，有利于大量流体的快速充填。石英脉型金矿和蚀变岩型金矿分别代表了不同的流体与构造匹配方式。

（五）胶西北金矿区域成矿模式

胶西北矿集区金矿受三山岛断裂、焦家断裂、招平断裂三条主断裂构造控制，矿化类型主要有焦家式破碎带蚀变岩型、玲珑式石英脉型和河西式黄铁矿细脉石英网脉带型。控矿断裂为浅部倾角陡、深部倾角缓的铲式断裂，具有拆离断层性质，不同矿化类型赋存于主控矿断裂的不同构造位置。综合分析矿床的产出规律，建立胶西北金矿赋矿模式是：在拆离断层主断面之下而且接近主断面的区域，岩石受到强烈的破坏，构造岩为变形均匀的碎粒岩，流体沿连续弥散空间渗流交代，水岩相互作用形成浸染状破碎带蚀变岩型矿石（焦家式）；其下，构造应力逐渐减弱，发育网状裂隙，流体渗流交代或充填形成网脉状矿石（河西式）；远离主断面，岩体快速隆升造成的引张作用产生近直立的裂隙带，以及发育与主断裂配套的次级张性裂隙，流体充填到连续自由空间中，形成脉状矿石（玲珑式）（图 2-79）。深部金矿体沿拆离断层倾角变化部位呈阶梯分布。

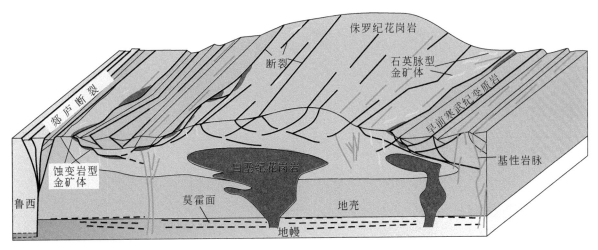

图 2-79　胶西北金矿区域成矿模式

金矿的形成过程是：深部含矿热液上升遇到拆离断层的致密遮挡层后，首先在主构造面附近与下盘岩石进行交代蚀变，形成浸染状蚀变岩型矿体；随着热液的消耗，深部成矿物质的浓度越来越大，高浓度的成矿物质挤入网状裂隙带中，形成网脉状多金属硫化物矿体；后期，在玲珑型花岗岩体顶部产生的张裂隙带中，具有强大的负区，使矿液被泵吸进来形成石英脉型矿体。

深部软流圈上涌、莫霍面撕裂，产生了幔源（基性脉岩）和壳幔混合源（白垩纪花岗岩）岩浆活动，为成矿流体活动提供了有利条件；由岩浆隆升和地壳伸展在浅部产生的断裂构造，为金矿定位提供了适宜的空间（图 2-79）。

（六）胶东金矿热隆-伸展成矿模式

1. 金矿床区域分布

分析发现，胶东地区 3 个金矿集区、7 种金矿类型是同一构造背景、同一成因、同一时代形成的产于不同构造部位、不同围岩条件的不同自然类型（图 2-80）。胶西北矿集区邻近郯庐断裂，断裂构造发育，尤其是沿玲珑型花岗岩和早前寒武纪变质岩系之间形成大规模拆离断层，为金矿成矿提供了有利空间。该区焦家式金矿产于主控矿断裂主断面下盘的蚀变碎裂岩中，河西式金矿产于断裂下盘蚀变花岗质碎裂岩中的网状剪切裂隙中，玲珑式金矿产于远离主断面蚀变花岗岩中的张裂隙中。栖蓬福矿集区位于胶北地体核部，地质体分布复杂，前寒武纪地层层间滑动构造发育，韧性剪切带分布广泛，金矿沿构造薄弱部位赋存。石英脉型金矿主要沿韧性剪切带、花岗岩内外接触带、层间构造和陡倾斜张裂隙发育，杜家崖式金矿产于前寒武纪变质地层内的层间滑脱拆离带中，焦家式金矿产于缓倾断裂中。牟乳矿集区位于胶北地体与苏鲁造山带之间，区域断裂构造发育。邓格庄式硫化物石英脉型金矿产于陡倾断裂中，发云夼式蚀变砾岩型金矿产于胶莱盆地边缘铲式断裂、裂隙中，蓬家夼式金矿产于中生代盆缘断裂中。总之，胶东金矿主要产于胶北地体西部的拆离断层带、胶北地体核部的顺层剪切或层间滑脱构造带、胶莱盆地边缘断裂带及胶北地体与苏鲁造山带间的张性断裂中。金矿对围岩没有选择性，除了形成时间与金矿相同的花岗岩和晚于金矿的岩石外，胶东地区绝大部分岩石都有作为金矿直接围岩的例子。

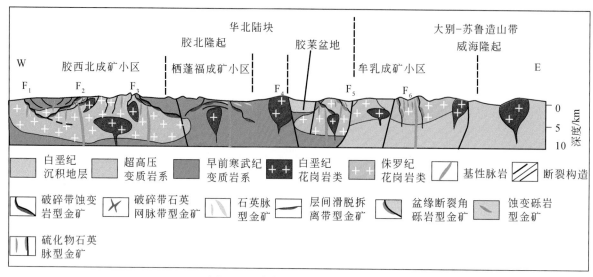

图 2-80　胶东金矿区域分布剖面图

F_1-三山岛断裂；F_2-焦家断裂；F_3-招平断裂；F_4-桃村断裂；F_5-牟即断裂；F_6-金牛山断裂

2. 热隆-伸展成矿模式

根据胶东金矿成矿条件、物质来源、同位素年龄等综合分析认为，胶东金矿是地质构造长期演化、流体强烈活动、白垩纪集中爆发成矿的结果，可概括为陆壳重熔—流体活动—热隆-伸展成矿过程（图 2-81）。

1）陆壳重熔——提供成矿物质来源

S 同位素组成的研究表明，胶东金矿床中的硫是与古老的变质基底岩系、中生代花岗岩以及幔源流体具有继承演化关系的混合硫。36 件样品统计的胶东主要金矿床矿石中方铅矿的铅同位素组成为$^{206}Pb/^{204}Pb = 16.582 \sim 18.960$，$^{207}Pb/^{204}Pb = 15.235 \sim 18.840$，$^{208}Pb/^{204}Pb = 36.991 \sim 40.770$（李士先等，2007），铅同位素组成整体略显分散、主体相对均一，矿石铅与围岩地质体铅具有较大范围的重叠，均显示下地壳铅特征（杨立强等，2014；Song et al.，2014），并显示有地幔源铅组成的特点（Song et al.，2014）。矿石、蚀变矿物、黄铁矿的I_{sr}主体大于 0.710，部分为 $0.708 \sim 0.710$，显示成矿物质以壳源为主，幔源组分有少量贡献。I_{sr}均落入玲珑型花岗岩范围内，主体同位素比值与郭家岭型花岗岩一致，同位素比值低值区也与基性脉岩重合（杨立强等，2014）。这说明，成矿物质部分来源于赋矿围岩——早前寒武纪变质岩系、玲珑型花岗岩，也有郭家岭型花岗岩和中基性脉岩的贡献。

太古宙，胶东地区原始地壳薄，地热梯度大，岩浆活动强烈，由来自地幔的基性-超基性火成岩组成的唐家庄岩群、胶东岩群、官地洼组合、马连庄组合，和来自地壳深部的 TTG 岩系组成的十八盘片麻岩套、栖霞片麻岩套、谭格庄片麻岩套，构成了胶东地区花岗-绿岩建造，该建造中金的丰度较高，成为胶东金矿初始矿源岩。侏罗纪，构造岩浆活动强烈，胶东陆壳发生大范围重熔，初始矿源岩中的金元素在浅部岩浆房中富集，岩浆冷凝结晶后形成富金花岗岩——玲珑型花岗岩，成为胶东金矿再生矿源岩。即胶东金矿成矿物质主要是双重来源，太古宙变质基底是金矿的初始矿源岩，壳源重熔玲珑型花岗岩是形成金矿的再生矿源岩。

2）流体活动——提供成矿流体

C-H-O 同位素示踪表明，胶东金矿成矿流体主要来自岩浆体系，但在流体演化过程中有大气降水等外部流体的混入；He-Ar 同位素示踪揭示，成矿流体呈现出地壳和地幔混合流体的特征，流体主要来自岩浆热液流体，或表现出与岩浆或深部地壳流体有关，后期混入了大气降水等外部流体；对流体包裹体的

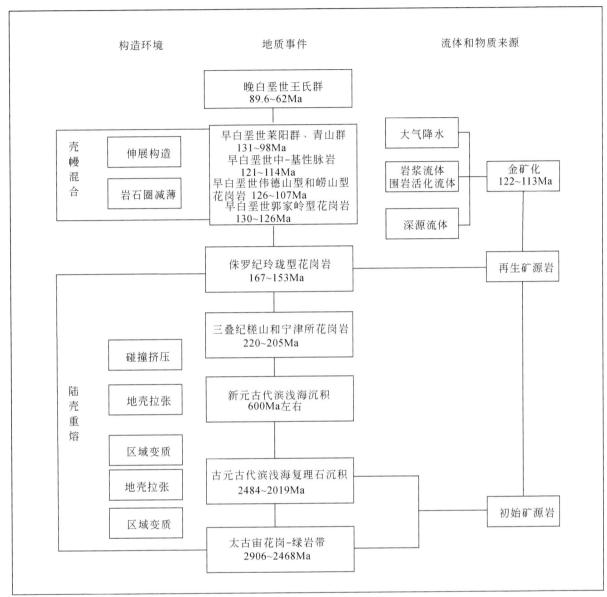

图 2-81　胶东金矿矿床成因和成矿过程

研究表明，成矿流体为中高温、含 CO_2、低盐度的 H_2O-CO_2-$NaCl$±CH_4 流体体系，以 H_2O 为主，CO_2 占比一般为 10% ~ 30%，明显不同于 CO_2 占优势的造山型及斑岩型、夕卡岩型金矿床，主成矿期发生成矿流体的不混溶（相分离）或沸腾作用而导致金的最终沉淀；黄铁矿的微量元素地球化学特征显示，成矿流体为富 Cl 流体。

综合大量前人研究成果认为，多源、大规模的流体活动是胶东金元素活化、迁移、富集成矿的重要因素。只有强度大、氧化性较强的热流体大范围强烈活动才能使成矿流体富金，矿化流体增多。白垩纪，中国东部太平洋板块俯冲、回撤引起幔隆作用、岩石圈减薄，形成富集的交代地幔，在壳幔边界处产生岩浆房，导致大规模岩浆和流体活动。相应地，处于华北克拉通与苏鲁造山带复合部位的胶东地区发生了强烈的构造岩浆作用，诱发多种类型的大规模流体活动（图 2-82）。其中，壳幔强烈作用产生的基性脉岩等幔源岩浆和幔源流体上侵到地壳中，白垩纪花岗岩类（如伟德山型花岗岩）岩浆活动产生岩浆流体，高温的岩浆使围岩中的先存流体活化产生活化流体，白垩纪陆相盆地（胶莱盆地）汇集大量大气降水沿断裂构造和裂隙渗流到地下。在这一地质时期，各种流体异常活跃，深部幔源流体与岩浆流体及地壳中的先存流体等多种流体混合萃取矿源岩中的金元素，形成成矿流体。成矿流体由深部向地表迁移至较浅部位时，与大气降水混合，形成了一个新的流体-成矿系统，金质与挥发分、碱质（K、Na 等元素）等形成富 Cl 的易溶络合物进入流体相，在温度、压力等一系列物理化学条件影响下，含金热液由高能部位向低能部位迁移，由于快速降温降压，成矿流体发生不混溶（相分离）或沸腾作用而导致络合物的稳定性降低，含金络合物分解、金析出，在适当成矿深度范围内的断裂构造有利部位富集成矿（图 2-82）。胶东金矿是构造-岩浆-流体耦合作用的结果，高强度的含矿流体活动和交代蚀变是胶东金矿大规模集中产出的基础条件。

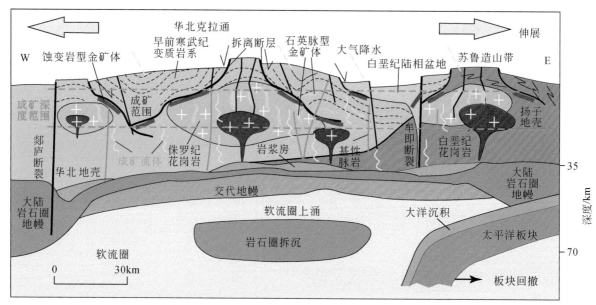

图 2-82　胶东金矿构造-岩浆-流体成矿模式示意图

3）热隆-伸展构造——提供成矿动力和空间

晚中生代是华北克拉通东部岩石圈减薄和伸展构造期，主要表现为拉分盆地、双峰式火山活动、广泛的正断层活动（张岳桥等，2004）、变质核杂岩（Ratschbacher et al.，2000；刘俊来等，2006）和 A 型花岗岩（王德滋等，1995）等。在胶东地区则形成胶莱盆地、郯庐裂谷及有关的正断层、青山群中的双峰式火山岩、崂山 A 型花岗岩等。135 ~ 110Ma 的早白垩世中国东部岩石圈减薄达到最高峰（吴福元等，2008），是岩浆、成矿作用最为强烈的时期。岩石圈减薄和伸展作用造成软流圈上涌，地温升高，在胶东地区产生广泛的岩浆活动。

研究表明，胶东侏罗纪的玲珑型花岗岩为高锶花岗岩，具有加厚地壳特征，反映地壳厚度大于 40km（张华锋等，2004）；而早白垩世的壳幔混合花岗岩（郭家岭型花岗岩和伟德山型花岗岩）和幔源中基性脉岩则指示了地壳减薄特点。采用岩浆岩绿帘石压力计，计算玲珑型花岗岩的侵位深度为 10 ~ 15km（张华锋等，2006）；采用角闪石全铝压力计，计算早白垩世郭家岭岩体侵位深度为 13.0±1.6km（豆敬兆等，2015），而早白垩世的艾山、海阳、牙山、三佛山、伟德山等岩体（伟德山型花岗岩）侵位深度则普遍小于 3.5km（张华锋等，2006）。这表明，早白垩世伟德山型花岗岩侵位时，侏罗纪玲珑型花岗岩和早白垩世郭家岭型花岗闪长岩发生了强烈抬升剥蚀。玲珑型花岗岩从 140 ~ 110Ma 的 30Ma 间，隆升剥蚀大于 7km；郭家岭岩体约 10Ma 内，隆升剥蚀量达 10km 左右。而 110Ma 前至今地壳隆升剥蚀量不超过 4km（豆敬兆等，2015）。可见，晚中生代，胶东地区在大规模岩浆活动的同时，发生了强烈的地壳隆升事件，而且早白垩世的隆升速率明显大于侏罗纪。对前人测试的 25 个胶东金矿同位素年龄结果统计表明，其年龄范围为 123.0 ~ 110.6Ma（宋明春等，2018），与早白垩世地壳快速隆升时间一致。另外，前述胶东早白垩世角闪二长岩的锆石和磷灰石 U-Pb 同位素年龄分别为 123Ma 和 118Ma，计算其降温速率达 48.1℃/Ma，而同样方法估算的侏罗纪玲珑型花岗岩的降温速率为 14.4℃/Ma，快速降温的时间与金矿成矿时间也是一致的。

　　在晚中生代地壳伸展背景下，胶东地区发生强烈的岩浆作用并快速隆升，同时产生拆离断层、正断层、裂谷、伸展断陷盆等构造组合，构成热隆–伸展构造。地壳快速隆升引起强烈减压、降温是大量金质从流体中析出、沉淀的重要原因，伸展构造则为大规模金成矿提供了充足的空间，金矿化与热隆–伸展构造是一个有机联系的整体。

　　胶东金矿在热隆–伸展构造体制下的成矿过程和机制是：侏罗纪，中国东部处于由华北板块与扬子板块碰撞向太平洋板块俯冲于欧亚板块之下的构造格局转折背景，胶东地区因挤压/伸展转换导致由早前寒武纪结晶基底岩系组成的中下地壳减压熔融，形成陆壳重熔型花岗岩（玲珑型花岗岩），金在岩浆中初步富集。早白垩世，在板块俯冲、回撤过程中，地幔隆起，软流圈上涌，莫霍面撕裂，诱发壳幔相互作用（图2-82），产生壳幔混合花岗岩（伟德山型花岗岩）及幔源基性脉岩，同时产生的幔源流体、岩浆流体及活化流体萃取壳源花岗岩及早前寒武纪变质岩系中的成矿物质（图2-83）。早白垩世岩浆活动对金矿的形成起到"引擎"作用，它既为流体活化提供热源，又是形成伸展拆离构造的动力源之一。幔隆作用造成地壳拉张和花岗岩的快速抬升、去根，形成花岗岩穹窿–伸展构造。在花岗岩穹窿的上部，由拆离断层、张裂隙、早前寒武纪变质岩系中的层间滑动构造、白垩纪陆相沉积盆地盆缘断裂、高角度正断层等构成了一组伸展断层系统（图2-83），伸展断层既为成矿流体运移提供了良好的通道，又为成矿流体富集、矿体定位提供了有利的空间。早白垩世地壳快速隆升，使得温度和压力骤降，成矿流体发生沸腾和相分离作用而成矿，胶东金矿床中普遍存在的流体不混溶现象是流体发生沸腾的重要证据（沈昆等，2000）。流体进入拆离断层中，若断裂系统中以碎裂岩为主的构造岩发育良好，成矿流体以渗流方式运移，通过与构造岩发生交代作用形成以浸染状蚀变岩为主的矿体，即焦家式破碎带蚀变岩型金矿、河西式网脉型金矿，主拆离断层及其上、下盘断裂中金矿体均呈阶梯分布；如果成矿流体沿前寒武纪层间滑动构造渗流交代成矿，则形成杜家崖式层间滑脱带蚀变岩型金矿；如果成矿流体在压力驱动下以循环对流、缓慢渗流方式，运移至处于氧化–还原界面环境的构造角砾岩带或砾岩层内，通过充填交代作用成矿，则形成蓬家夼、发云夼式蚀变角砾岩和蚀变砾岩型金矿；在主断裂张剪段或次级张性、张剪性断裂中易形成减压空间，成矿流体在泵吸作用下在其中充填成矿（张连昌等，2002），形成玲珑式含金石英脉型金矿和邓格庄式石英硫化物脉型（图2-83）。

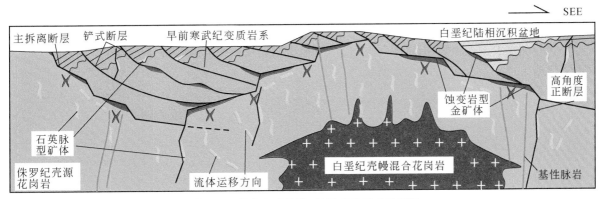

图2-83　胶东金矿热隆–伸展成矿模式示意图

第三章 区域和金矿床三维地质模型及矿床特征

第一节 三维地质建模方法

一、三维地质建模的意义

真实的地层、构造、岩浆岩等地质现象在地下虽不可见，但以三维空间形式客观存在。长期以来地学专家采用各种手段揭示地下各类地质现象的性质及空间分布格局，如地面地质调查法、地球物理法、地球化学法、钻探法、数学地质法等。但迄今为止只有部分地质现象能够从地面以经济可行的方式探测到。

将深部地质现象使用简洁直观的方法表现出来，并在此基础上根据地质专家的分析、推断，提取有用信息，是地质学家解决有关资源勘查地质问题的思路之一。由于科学技术的限制，20世纪80年代以前，人们只能用二维图（各种尺度平面地质图、地质剖面图）或准三维图（栅状图、晕渲图）的方式表达地质现象，所描述的地质现象实际是三维地质现象在二维平面上投影的简化。如某地区地下100～400m深度存在倾角为60°的断层，我们通常的描述方法是将该断层顶部线投影到平面图件上，用断层产状符号描述断层性质。这种方法具有明显的缺点，掩盖了地质现象内或不同地质体之间的地质细节变化，无法满足更高精度的地质调查和资源勘查的需求。

20世纪80年代后，伴随计算机技术的飞速发展，三维地质建模及显示成为现实。与传统的二维地质研究相比，三维地质建模的意义主要体现在：

（1）更客观、更形象地描述地质体，克服了用二维图件描述三维地质体的局限性，从而可以更有效地指导资源勘探与工程设计。

（2）可以揭示有关地层、构造的三维结构，为地质调查及资源勘查目标体的圈定、刻画和定量评估提供重要依据。

（3）可以更精确地估算资源量并指导资源开发，相对于常规资源量估算，利用三维地质模型可以精确确定资源量估算参数、分布面积、有效厚度、品位等，并能够获取三维矿体每一点的资源量真实值，其误差小、精度高，且与后期资源开发衔接良好。

（4）有利于三维数值模拟，如流体、构造变化、地球物理、地球化学、岩体稳定性等数值模拟。三维数值模拟成败的关键，是使用模型同化海量高精度的数据，包括地震数据、地理信息、微地震数据、岩石物理数据、地质资料、钻孔数据、地球物理数据、地球化学数据。在此基础上，使得地学模型能够展现地下重要地质参数、识别资源潜力区、进行资源量评估、指导和优化工程设计，并进行风险评估。

二、多尺度三维地质建模方法

（一）三维地质建模方法简述

三维地质建模方法，按建模数据源可分为地质填图（PRB）数据建模（吴志春等，2015）、钻孔数据建模（林冰仙等，2013）、三维地震资料建模（李自红等，2013；乐靖等，2017）、基于勘查剖面数据建模（周良辰等，2013）以及基于多源数据建模等（吴志春等，2016）。前四种建模方法为单一数据建模方法，建模数据单一且模型尺度受限，不能充分反映实际地质情况，而基于地质、物探、化探、遥感、钻探等多源数据的建模方法数据利用率高，数据间综合解释并相互印证，所构建的模型准确性高，是三维地质建模的主要发展趋势。

1. 地质填图（PRB）数据建模

数字地质填图技术在全国区调中已经得到了广泛应用，运用数字地质填图过程中获取的 PRB 数据可以直接构建浅部三维地质模型。地质点 P 是指对地质界线、重要构造、重要地质现象和有意义的矿（化）点进行的定点控制。分段路线 R 是指对两个地质点之间的地质情况变化的描述。点间界线 B 可以是 2 个地质体的界线，也可以是 1 个地质体内部变化的界线，是室内地质图连图的重要依据。PRB 数据是野外地质填图过程中获取的第一手资料，用这些数据作为约束，结合地形数据、钻孔、实测剖面、勘探线剖面、地球物理等其他地质数据，可以建立浅部三维地质模型。

2. 图切地质剖面建模

该方法主要利用地质图的图切剖面建模，数据全部来源于地质图，是基于专家知识经验对平面地质图信息的解译。一般的剖面建模多是建立在实测剖面、钻孔剖面基础上的，数据源单一且数量有限，虽然在建模过程中加入了专家知识交互，但不可避免地存在较大误差，而图切剖面则避免了这样的问题。当前许多软件都具有图切剖面生成功能，虽然功能比较成熟，但是过程比较复杂，处理相关数据要经过很多步骤，对于图切剖面数据的计算基本都依赖于前期人工交互。因此，研究如何基于知识规则对平面地质图的信息进行自动、有效挖掘十分必要。另外，现有方法对断层、褶皱等复杂地质构造在图切剖面上的表达明显不足，仅仅解决简单地质构造的剖面自动生成远无法满足实际需求。

3. 钻孔数据建模

基于钻孔数据建模的方法是指根据已有的钻孔数据直接构建三维地质模型的一种方法。为解决钻孔数据过于离散的问题，可采用添加虚拟钻孔数据的方法，对实际的钻孔数据进行加密。

4. 基于勘查剖面数据建模

基于勘查剖面数据建模是指基于原始地质勘查资料，通过建立分类数据库，人工交互生成大量的二维地质剖面，然后应用曲面构造法（边界表示法）生成各层位面进而表达三维地质模型，或者利用空间拓扑分析法直接进行地质体建模。

5. 基于物探数据建模

基于物探数据建模广泛应用于油气勘探工作中，主要是在高分辨率三维地震勘探、山地地震勘探、深层地震勘探、重磁电震联合反演、地震反演、多波多分量、AVO（振幅随偏移距的变化）分析、四维地震和三维可视化等方法成果的基础上建立三维地质模型。

6. 基于多源数据建模

多源数据融合建模法是融合原始地质勘探数据和二维解释剖面等多种来源的地质数据进行三维建模的一种方法。该方法融合基础地理数据、钻孔数据、物探解译剖面数据，利用空间插值技术构建三维空间数据场，采用三维硬件纹理直接绘制技术进行体视化，以真三维形式表达区域地层结构的空间分布特征与内部属性信息（周良辰等，2013）。

（二）区域三维地质建模

区域三维地质建模是针对较大区域的地质特征，依托区域地质和物化探异常研究结果、初步野外考察及观测资料、极少量工程验证结果，构建反映区域地质三维特征模型的过程，是一项高度综合和非常复杂的系统性地质研究工作。区域三维地质建模的基础数据与资料主要是区域地质调查、区域地球物理勘查、少量钻孔、地球物理剖面等方面的资料。区域三维地质模型主要是反映模型区构造、地层、岩浆岩特征，地球物理、地球化学数据等也可以反映在区域三维地质模型中，并可用于约束三维地质模型或对三维地质模型进行修正。区域三维地质模型突破了传统二维地质图件表达三维地质信息时的限制，可以清晰反映模型区三维地质结构特征，对于展现模型区三维地质结构、三维地质体空间分布、不同地质体空间关系等具有至关重要的意义。

（三）矿田或矿床三维地质建模

矿田或矿床三维地质建模是针对矿床集中区或矿床分布范围，主要依托勘查工程数据，开展的小范围高精度大比例尺三维地质建模。由于建模范围小，地质勘查程度高，矿田或矿床三维地质建模具有较丰富的数据，如大比例尺地面填图数据、大量钻孔、各类勘探工程、各类物化探数据，甚至矿山开发过程中积累的井巷工程数据等。由于数据类型多，各类数据之间存在不一致。这些不一致可能来源于不同时期不同人员对地质认识的差异、岩性划分标准的变化、成矿理论的变化等。因此在开展矿田或矿床三维地质建模过程中需要统一各类数据标准，甄别各类数据的可靠性，建立统一的岩性地层单元。

应用勘查工程数据开展矿田或矿床三维地质建模的步骤是：首先对已有资料进行同化处理，包括统一平面坐标系和高程系，统一岩性与地层单位，建立地层层序。在此基础上，根据各类地质剖面图、断面图刻画建模区构造、围岩、蚀变带、矿体等三维地质体的形态，完成三维地质结构模型构建。其次，依据钻孔数据建立三维钻孔模型，包括钻孔井位模型、钻孔孔迹线模型、钻孔岩性模型以及样品分析测试结果等，对三维地质结构模型进行修正。最后对三维地质结构模型进行网格剖分，构建基于规则或不规则格网的三维地质属性模型，并利用空间插值算法，以地质体边界为边界约束条件，基于钻孔数据中的分析测试数据，进行建模区每个格网属性的插值或赋值。至此三维地质建模工作基本完成，后期可以开展模型应用。

三、资料收集与数据预处理

地质数据库是开展三维地质建模的基础与前提，在开展各类三维地质建模工作前，需要系统收集与建模区地质矿产相关的基础数据与信息，包括基础地理、基础地质、勘查工程、物化遥和其他相关数据，并对其进行资料编码、数字化与集成，赋予其相应的三维属性特征。

（一）资料收集整理

1. 地形、地质资料

收集建模区的相应比例尺地形图。一方面作为模型的顶面，使得建立的地质模型的表面与地表地形地貌基本一致。另一方面，为地质剖面绘制提供剖面地表高程数据。此外还需要收集各种比例尺的地质图、剖面图资料用于约束地质体形态。

2. 地球物理资料

建模区下部地质界线及深部构造需要靠地球物理数据解释和识别，因此，应收集相应的数据作为剖面绘制的数据基础。

3. 钻探资料

收集钻探资料为绘制剖面图提供指导和验证，其对应的分析测试数据亦可用于后期模型应用分析，如地质体属性赋值、资源量估算等。

4. 地质报告

收集地质勘查报告，分析建模区区域地质背景，形成三维地质概念模型，为地质编图、剖面图绘制和三维建模提供依据。根据收集到的资料，开展基础地质信息数据的分析和整理，进行数据录入、检查，建立相应的数据库。

5. 数据库建设

数据库建设主要包括建立建模区三维地质数据库，管理分析各类地质图、剖面图、钻孔、坑道、探槽以及地质解译和样品分析测试数据，对数据进行查询、版本管理、品位计算、数据提取、数据组合、基本统计与分析等内容，也可对关键控矿因素或预测要素进行半定量–定量化赋值，并开展数据处理与分析研究。

（二）地表模型建立

采用相应比例尺地形图建立地面 TIN（不规则三角网）和 DEM（数字高程模型）。建立 DEM 的目的是直观、清楚地表达建模区地层、构造、岩浆岩与矿体等其他空间体的三维位置关系。地表模型不仅直接影响到地表探、采矿工程的设计、施工，同时作为边界约束条件，还直接影响到探、采矿工程量的计算以及技术经济指标。地表模型的构建按以下步骤进行：

（1）在地理信息系统软件中提取出等高线及相应的标高值，保存为可识别的文件。闭合所有等高线，并在属性要素中输入高程值。

（2）清理线文件中的重复点、跨接点和聚结点。

（3）在三维地质建模软件中导入等高线数据，检查并修订高程属性值。

（4）利用线文件生成 DEM，完成地表模型的构建。

（5）叠合地表地质模型，对比综合分析。

（三）建模数据处理

1. 平面地质图处理

根据剖面布设的网度，拼接处理地质图件，便于剖面的绘制以及剖面间地质单元的空间展布生成。提取其中主要地质界面，如特定地质体埋深、顶底板位置。

2. 剖面布置

根据已有资料布置合理密度的剖面图，充分利用直接的地表调查及钻探数据，同时还可以结合各种地球物理数据进行综合解译，提高地质认识程度。

3. 剖面绘制

（1）数据准备。将编制好的平面地质图与地形数据叠加，形成图切剖面的底图。在底图上叠加已布设的剖面线图层。

（2）创建剖面。利用剖面绘制辅助工具，选择已布设的剖面，在地形地质图上提取表面地质信息（包括地形、地层、岩体、构造等信息）。

（3）剖面绘制。利用辅助工具获得的剖面地形线、地层信息、岩体信息以及构造信息，加上虚拟钻孔，由地质技术人员绘制地质剖面图。

4. 建模数据加工

对支撑三维地质建模的数据（包括钻孔数据、剖面数据、等值线图、等厚线图等）进行加工处理，基于地质工作者的经验和认识，根据导入的原始信息，提取和处理地层、断层、矿体、构造异常区等地质体的控制信息，为建模提供数据基础，包括地层界线赋属性、模型数据提取、模型质量控制、拓扑检查处理、数据一致性检查等。

四、建模流程

在三维地质建模软件中，对相关数据进行编码、数字化与集成，对照研究区地质发展历史建立统一的岩性分类代码及地层、岩浆岩代码。将各类带有空间位置信息的数据投影到相同坐标系后，赋予统一的三维坐标属性，分类（点、线、面、体）建立资料数据库并统一管理。以三维概念模型为基础，开展地质体分级分层量化表达与特征赋值。根据地质体的空间形态、属性特征、控矿方式、演化序列等建立三维地质结构模型。根据样品测试数据、地球物理数据、地球化学数据对三维地质模型进行插值，建立三维地质属性模型。在此基础上进行相关空间分析，如体积量算、资源量估算、成矿构造信息提取、成矿远景区预测等。

（一）三维地质结构模型构建

三维地质体建模采用基于多源数据和多方法集成的模型构建策略。针对地质情况的复杂性和多解性，采用基于复杂地质体的交互建模方案。三维可视化实体建模主要包括矿田范围内地层、构造、岩浆岩、围岩蚀变和矿化体五种实体模型。多数三维地质建模软件都支持建立三维实体模型，主要思路是利用轮廓线重构面技术在相邻剖面之间用三角网连接三维实体表面而成。

地质结构模型建立的关键是获得实体的系列剖面信息。当已知勘查线剖面数量不够时，主要采用三种途径予以补充：一是基于有限的实测地质剖面，在地质平面图上通过图切地质剖面编图来获得；二是基于建立的钻孔数据库，在三维空间中进行钻孔剖面地质解译，获得各种成矿要素剖面信息；三是基于地质-地球物理综合测量剖面成果，开展相应的物探测深反演与地质解译，确定深部地质组构信息，利用地表综合地质路线调查成果与少量深部钻孔共同控制测深反演成果的准确性。由于矿田及矿床三维地质建模中矿体模型变化复杂，所以在实际操作中采用剖面相连的方法创建。

建模的程序包括：数据预处理，生成断层面，处理断层之间的接触关系，生成被断层撕裂的地层面，处理上下地层的交切关系，生成封闭地质体，将构造、地层、岩体、火山机构等多种类型的地质单元最终融合成一套地质模型（图 3-1）。

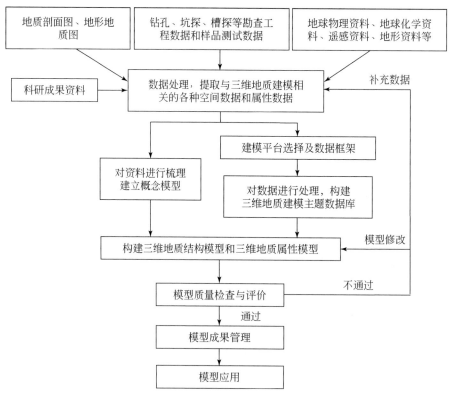

图 3-1　矿床三维地质建模技术路线

在建模过程中，首先应建立地质体模型的边界外框图，通过一系列剖面自动或者手动生成实体模型，再在实体模型的基础上进一步刻画各个地质体。根据钻孔及平面地质图资料对地质体进行属性赋值。模型建成后，可以实现可视化、体积计算、任意方向切剖面、地质数据库数据相交、资源量估值等。金属矿田及矿床三维地质建模中矿体模型变化复杂，所以在实际操作中一般采用剖面相连的方法来创建，其中矿体的分支复合及断层穿插切割关系非常重要。

（二）三维地质属性模型构建

1. 构造模型

明确断裂、褶皱等影响矿体形成与分布的构造类型，划分构造期次和级别，根据建模目的要求确定构造模型的建模对象。断层模型，利用走向、倾向、倾角等信息生成断层在三维空间内的展布形态，处理断层之间的主辅关系，处理断层和建模区边界关系，进行断层拓扑检查，最终完成断层系统的建模；褶皱模型，依赖地层模型来体现，需要的数据支撑包括形成褶皱的所有地层剖面上的地质界线和地质图的地质界线、褶皱枢纽。

2. 地层模型

首先根据矿床地质特征划分地层单元，地层单元一般与岩石地层组相当，亦可根据实际情况进行地层单元的合并，如根据地层形成时代合并。确定好地层单元后，提取地层线，整理出各个地层面的控制点，同时处理地层节点密度，形成合理的建模精度。然后依据线–面–体的思路，先生成地层面，后将地层面封闭成相应的地层体。地层面的生成务必要将断层系统作为控制因素。

3. 岩体模型

确定岩体的侵位期次与相互间接触关系，划分岩体建模单元。注意岩体与构造、地层之间的接触关系。提取岩体边界线时，注意在岩体边界发生转折弯曲的部位要增加控制点，保证岩体边界的精度。

4. 矿体模型

确定矿体的个数、形态、产状、空间分布等基本信息，确定矿体的建模对象。注意矿体与围岩、构造之间的关系，利用钻孔数据和二维勘查图件提取矿体轮廓线，采用三维矿体表面建模方法，建立三维矿体模型。

5. 蚀变带模型

正确划分蚀变带的种类和边界，确定蚀变带的建模对象。与矿体相同，注意蚀变带与构造、围岩、矿体之间的关系。

6. 物化探模型

根据建模区范围选择物化探数据，一般情况下，如果物化探数据是离散的点数据，应采用属性模型来表达。如果是已经处理的剖面图像，可人工交互解译，生成物化探属性模型。

7. 矿体品位模型

根据矿产勘查数据库，构建品位空间分布场，根据给定的工业品位，采用属性建模方法建立三维属性模型，可根据品位值动态生成矿体边界。由于内生矿床空间形态复杂，直接根据钻孔采样的品位数据进行空间分布估计并生成不同品位级别的等值面更为合理。

五、模型应用

三维地质建模过程，实际上是综合各类现有地质勘探研究资料，以各类地质图件、表格中的地质约束信息为基础，在虚拟三维环境下对地质对象进行的重构。整个建模过程是数据同化分析、综合利用，地质现象表达描述，对地质环境进行再认识的过程。模型建成后，根据应用范围及目的，可以开展多种类型的应用。

1. 真三维地质要素展示

对不同来源（不同勘探单位、不同时期的数据）、不同维度（二维的点、线、面，三维的点、线、面、体）、不同类型（如各类地质调查报告、地面遥感数据、野外观测数据、钻探数据、测井数据、人工地震数据、剖面数据、重/磁数据）、不同精度数据进行无缝整合与同化，建成综合地质数据库。以此数据库为基础，依托三维地质建模软件平台，在三维立体场景中清楚地展现三维要素之间的空间关系（相离、相邻、组成、包含、被包含、穿插、切割、错动）。传统的二维图件难以直观描述三维地质要素间复杂的空间关系，如矿体分支复合、矿体被断层切割、矿体内部夹石等。而在三维立体环境中可以动态显示感兴趣的地质要素，动态设置颜色、纹理、透明度，直观、清晰、立体地表达地质要素之间的三维空间关系与相互切割关系。通过剖面切割与查看功能，动态生成的各类平面地质图、剖面地质图、断面地质图及各类三维模型，空间场的分布，展示地质现象在三维空间中的分布规律。

2. 资源量估算

传统的矿床资源量估算方法是分块段，然后用各个块段采样点的厚度取平均值乘以块段面积，得到块段的体积，再乘以块段内采样点品位的平均值得到资源量。这样处理工序繁杂，效率低下，估算的资源量有一定误差。借助三维地质模型，可以根据矿体形态进行网格块体剖分，根据钻孔、探槽、巷道取样分析测试结果，基于三维空间插值模型计算每个网格的品位。通过矿体面积、体积的量算，计算矿体面积和范围，进而统计得到资源量及空间分布规律。这种方法自动化程度高、速度快、精度高，可以配合高精度三维地震、测井等物探数据，精细地表达矿床的形态与品质分布。设定不同的边界品位，可以方便地计算出不同市场价格下的不同类别的矿床资源量与开采回报。

3. 专题地质图件的制作

三维地质模型建成后，根据三维地质模型可以生成平面地质图、剖面地质图、虚拟钻孔柱状图等。通过对矿体进行不同方向的投影，获得矿体纵、横剖面图，矿体厚度图，矿体顶底板等高图，各类联合剖面图，沿特定巷道开挖图等。

4. 构造、矿体的形态学分析

根据矿体顶底板和断层面形态，可以进行坡度、坡向、坡长、坡度变化率等信息的提取。将这些信息与矿体形态、资源分布、蚀变带等信息的三维空间分布进行对照分析，采用三维信息量预测方法，找出成矿有利部位及圈定成矿远景区。对于特殊的具有自相似性分布规律的参数，如主断裂面、元素地球化学富集规律等进行分形分析，获取其分形系数及变化规律，为推断未知的隐伏矿体奠定基础。

5. 三维空间分析与过程模拟

经典的三维空间分析包括三维缓冲区分析、三维连通性分析、三维叠加分析、三维布尔操作（交、并、差、切割、开挖）等。基于这些分析方法，判别断层、主构造面与岩体的相互关系，断层与矿体的穿插关系，矿体与围岩的接触关系等。辅以神经元网络算法、蚁群算法、遗传算法、模拟退火算法等人工智能算法，进行钻孔间层位自动对比、断层匹配方案优选、构造演化模拟、沉积环境分析、成矿过程模拟等更复杂、更高级别的应用。三维地质建模只有与各种专业分析相结合才能真正体现出其应有的使用价值。

第二节　胶东区域三维地质模型

一、三维地质模型构建

胶东地区三维地质建模的目的是了解胶东地区的三维地质构造背景，为金成矿研究提供深部基础地质资料。本次工作采用北京超维创想 Creatar Xmodeling 软件进行三维地质模型构建。

建模区域为胶东地区（陆域），极值地理坐标为 119°30′00″ ~ 122°30′00″E，36°00′00″ ~ 38°00′00″N。建模区东西长约 300km，南北宽约 200km，面积约 31000km²，底界控制深度 10km。

（一）资料来源与数据处理

1. 资料来源

本次工作以烟台市、威海市、乳山市、青岛市和潍坊市等1:25万区域地质图为基础，部分地区以1:5万区域地质调查和1:20万区域地质调查资料进行修编。地质剖面编制参考了1:5万高精度重磁资料。

2. 数据处理

1）地表数字高程模型（DEM）数据

由于本次工作中使用的数据主要为1:25万地质图，故使用航天飞机雷达地形测绘使命（SRTM）公开发布的30m分辨率DEM数据即可满足要求。由于工作区范围穿越2个6度带，故本次建模工作所有数据投影类型均采用兰勃特投影。对DEM数据进行投影转换，将数据投影到兰勃特等角圆锥，设置等高距为10m生成等高线，用以控制地面高程。

2）平面地质图综合处理

由于前期地质图件都是MapGIS格式，故先使用MapGIS软件对原地质图件进行处理。将所有的1:25万地质图都统一到一个系统库中，然后进行接边处理，形成工作范围的初步地质图。再以1:5万区域地质调查和1:20万区域地质调查资料进行修编。对修编好的平面地质图进行标准化处理，统一语义标准，地层划分到群，岩体划分到序列，最终建模时保留了17个岩体单元和10个地层单元。岩体单元包括新太古代马连庄组合、栖霞片麻岩套（包括十八盘、栖霞和谭格庄序列）、古元古代莱州组合、双顶片麻岩套，中元古代海阳所片麻岩套、新元古代荣成片麻岩套、岚山片麻岩套、中生代宁津所型正长岩、槎山型花岗岩、垛崮山型花岗闪长岩、文登型花岗岩、玲珑型花岗岩、郭家岭型花岗岩、伟德山型花岗岩、柳林庄型闪长岩、雨山型花岗斑岩、崂山型花岗岩；地层单元有古元古代荆山群、粉子山群，中元古代芝罘群，新元古代蓬莱群，白垩纪莱阳群、青山群，白垩纪—古近纪王氏群，新近纪临朐群。

3）图切剖面的布置及制作

由于建模区主要构造为北东方向，故垂直于主构造方向布设图切剖面，剖面走向130°，间距5km。共计布设图切地质剖面61条（图3-2）。

将编制好的1:25万地质图与地形数据叠加，形成图切剖面的底图。取表面地质信息（包括地形、地层、岩体、构造等信息）形成剖面雏形，随后由从事过该地区区域地质调查工作的专业地质技术人员，根据地质图中地质体的产状、形态、断层、背向斜等，大致推断浅部地质界线，对各要素进行圈连，形成浅部地质剖面图。

在浅部地质剖面图数据的基础上，地球物理专业人员利用1:5万高精度重磁数据进行综合解译，以浅部地质剖面图为起点，推断、补充深部地质结构，再由地质人员综合编绘形成完整的10km深度的地质剖面图（图3-3）。对完成的剖面进行矢量化并附属性，导入数据库（图3-4）。

（二）建模方法

区域三维地质建模采用基于多源数据和多方法集成的模型构建策略和基于复杂地质体的人机交互建模方案。

针对建模区范围广、数据量大的特点，采用分块建模方法。综合考虑地质体的复杂程度、断层的分布，将工作区共分成6个区块：第一区块（1~12号地质剖面）、第二区块（12~18号地质剖面）、第三区块（18~30号地质剖面）、第四区块（30~37号地质剖面）、第五区块（37~50号地质剖面）、第六区块（50~61号地质剖面）。相邻2个区块间设置小范围重叠（图3-5），方便后期模型整合。

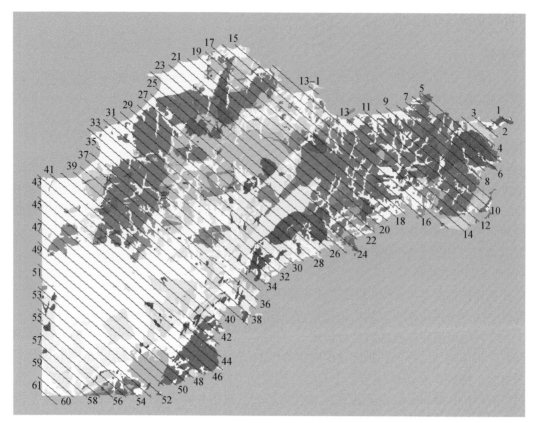

图 3-2 地质剖面布设

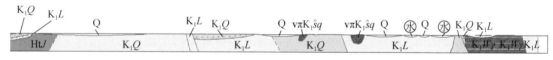

图 3-3 地质剖面示例

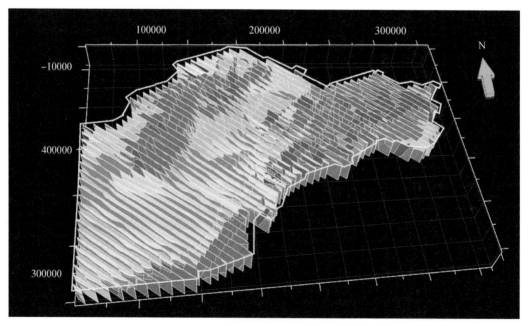

图 3-4 全部地质剖面转换后效果图

图 3-5　建模区块分布情况

1. 构造模型构建

从数据库中提取断层产状信息，导入 Creatar 建模平台内，利用走向、倾向、倾角信息生成断层在三维空间内的展布形态，处理断层之间的主辅关系，处理断层和建模区边界关系，进行断层拓扑检查，最终完成断层系统的建模。

2. 地质体模型构建

从数据库中提取各地质体边界约束数据，同时处理地层节点密度（一般为剖面控制网度的 1/2，本次工作结点密度设为 2.5km），形成合理的建模精度。依据线–面–体的思路构建三维地质模型。首先以断层系统和提取的约束数据作为控制因素生成地层面，根据剖面上地层界线的错动，在断层系统的约束下利用三维可视化交互工具求取断层多边形。同时还要保证断距对剖分误差的影响，保证节点在断面上。最后利用限定Delaunay（德洛奈）三角剖分技术和插值技术生成被断层错动的地层面。随后将地层面封闭成相应的地层体。分别构建 6 个区块的三维地质模型，然后合成为胶东地区统一的三维地质模型（图 3-6）。

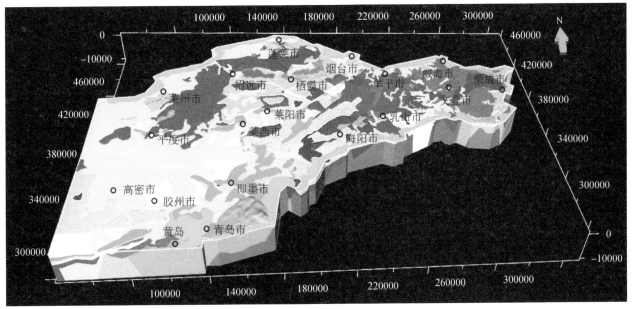

图 3-6　胶东地区三维地质模型示意图

二、胶东区域三维地质结构特征

（一）地层三维特征

区内第四系、白垩系、古元古代粉子山群和荆山群广布，中–新太古代和新元古代地层零星分布。主要地层单元三维特征简述如下。

1. 荆山群

荆山群主要分布于建模区域的中南部，围绕胶北地块周边总体呈北东东向半环形展布，叠覆于新太古代变质岩系之上。地表出露不连续，被中生代、第四系覆盖，覆盖层以下呈连续的大面积分布（图3-7）。厚度多为3000~5000m。在模型区西南部深度大，多为沉积盆地的底部，最深处在平度白埠附近，最大深度在–9000m标高左右，另外莱阳团旺深度在–8700m标高左右。地质体厚度变化较大，一般盆地边缘虽然深度小但是厚度大，盆地底部深度大但厚度小。总体上模型区西南部厚度大，东北部厚度小，显示地层的沉积、沉降中心在模型区的西南部。地层体积39871km³，是区内分布体积最大的地层单位。

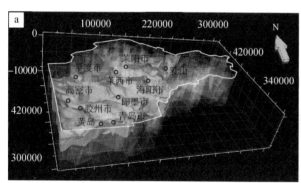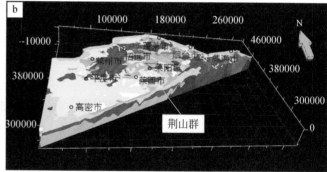

图3-7　荆山群三维地质模型示意图

a-荆山群三维空间位置；b-北东向切割效果图

2. 粉子山群

粉子山群不连续分布于建模区域的北部，总体呈北东东向展布，叠覆于新太古代变质岩系之上，总体积5849km³（图3-8）。有4片具一定规模的分布区，其中模型区西部的莱州至平度马戈庄分布区规模最大，大致呈北东东向长方体展布，地层分布最大深度为海拔–4000m。

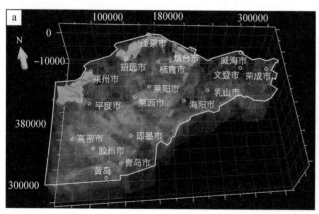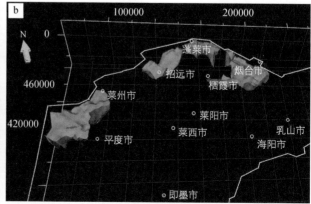

图3-8　粉子山群三维模型

a-粉子山群三维空间位置；b-粉子山群独立的地质模型

3. 蓬莱群

蓬莱群不连续分布于建模区域的北部，地面出露少，叠覆于新太古代变质岩系和古元古代地层之上，其上被新近纪、古近纪地层覆盖。有龙口盆地、臧家庄盆地两片具一定规模的分布区，均呈北东东向长方体展布（图3-9），总体积1102km³。其中北西侧的龙口盆地一片较大，平均深度约海拔-4000m，臧家庄盆地平均深度约海拔-1500m。

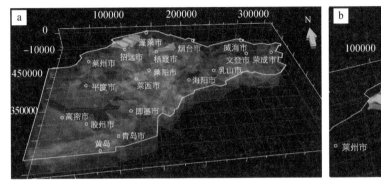
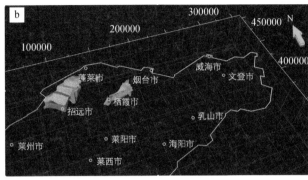

图3-9　蓬莱群三维模型

a-蓬莱群三维空间位置；b-蓬莱群独立的地质模型

4. 莱阳群

莱阳群连续分布于建模区域南部的胶莱盆地内，总体呈北东东向长方体展布（受建模区域限制，其南部不完整），大部分叠覆于荆山群之上，与荆山群同步起伏，其上部多被青山群覆盖或直接出露于地表。地层厚度较大，平均厚度在2500m左右，总体有自西南至东北方向逐渐变薄的趋势。深度变化较大，最深处位于平度市门村以南平度断裂边界处，海拔-6500m左右（图3-10）。地层体积15763km³，为区内仅次于荆山群的第二大地层体。

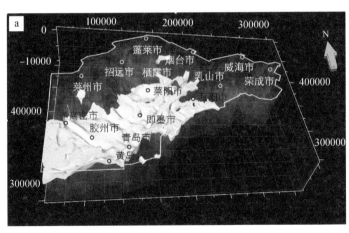
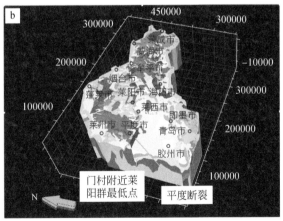

图3-10　莱阳群三维模型

a-莱阳群三维空间位置；b-门村附近切割分析效果图

5. 青山群

青山群主要分布于建模区域南部的以平度南村为中心的胶莱盆地内，总体呈北东东向长方体展布，叠覆于莱阳群之上，但比莱阳群范围小很多，其上部被王氏群覆盖或出露至地表。最深处同莱阳群一样，在平度市门村附近，标高-4500m左右，平均厚度在1500m左右。

另外在半岛最东头俚岛凹陷区内也有分布，呈北西向展布，西侧以北西向的俚岛断裂为界，叠覆于荣成片麻岩套之上并出露至地表，厚度比较均匀，约为850m（图3-11）。青山群总体积为6244km³。

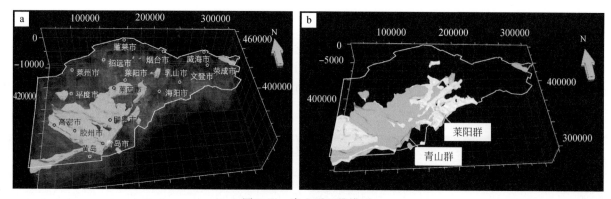

图 3-11　青山群三维模型

a-青山群三维空间位置；b-莱阳群与青山群空间关系

6. 王氏群

王氏群主要分布于建模区域的西南部胶莱盆地内，总体呈北东东向展布。叠覆于青山群之上，其上被第四系覆盖，或直接出露至地表。模型区内共分 5 片独立的地质体，最大的一片是以兰底为中心的盆地内沉积，最深处同莱阳群、青山群一致在门村附近，标高达−2500m 左右，地层厚度不大，平均约 500m。另一片较大的分布于模型区西南角辛兴−洋河一带，呈近东西向展布，北侧受二十五里夼断裂限制，厚度由北向南逐渐变薄。还有 3 片分别在店子、桃村、发城附近，都是断裂控制的小盆地沉积而成（图 3-12）。王氏群总体积约 2601km³。

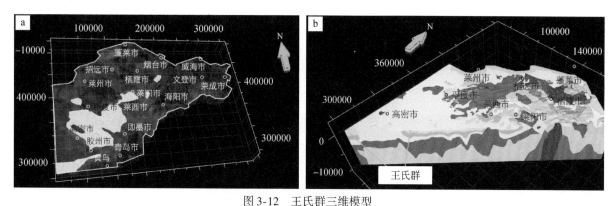

图 3-12　王氏群三维模型

a-王氏群三维空间位置；b-王氏群北东向切片分析效果图

（二）侵入岩

区内分布范围大、重要的侵入岩包括新太古代栖霞片麻岩套，荣成片麻岩套，侏罗纪玲珑型花岗岩，白垩纪郭家岭型花岗岩、伟德山型花岗岩和崂山型花岗岩。

1. 栖霞片麻岩套

栖霞片麻岩套是中−新太古代的 TTG 花岗片麻岩系，连续分布于建模区域的中部和西部，是区内的基底岩系，其上部被荆山群覆盖，在新河−莱州−烟台一带被粉子山群或芝罘群覆盖。栖霞附近岩体直接出露于地表，深部被玲珑岩体侵入。模型体东侧以朱吴断裂为界，南侧主要受二十五里夼断裂（夼集断裂）控制。岩体厚度变化比较大，栖霞−南墅一带地表至建模区域 10km 深度范围内未控制其底界。胶莱盆地内被古元古代地层覆盖部分的厚度较小，平均在 4500m 左右（图 3-13）。体积 81798km³，是区内体积最大的地质体。

2. 荣成片麻岩套

荣成片麻岩套连续分布于建模区域的东部和东南边缘，总体呈北东—北北东向带状分布（受工作范

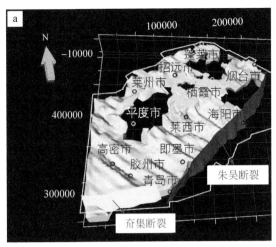
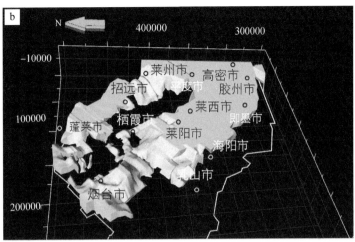

图 3-13　栖霞片麻岩套三维模型

a-栖霞片麻岩套三维空间特征；b-栖霞片麻岩套底部形态（从底往顶看）

围限制，南部展示不全），岩体受断裂影响很大，全在朱吴断裂以东、二十五里旂断裂以南，与工作区的基底栖霞片麻岩套无接触关系。即墨田横–乳山大孤山一带，岩体埋深大，建模区域 10km 深度范围内未控制其底界，形成建模区的基底岩系之一，上方被荆山群覆盖，向西斜插于胶北地体（华北克拉通）之下。其他地方的岩体埋深未达建模区底界，下部被中生代不同期次的侵入岩侵入，界面呈不规则状，上方多出露至地表，厚度虽大但不均匀，与下方侵入岩的侵入程度有关（图 3-14）。总体积约 23707km³。

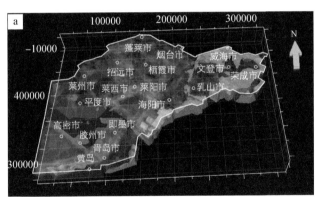
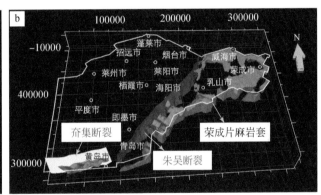

图 3-14　荣成片麻岩套三维模型

a-荣成片麻岩套三维空间位置；b-荣成片麻岩套独立的地质模型及与区域断层的关系

3. 玲珑型花岗岩

玲珑型花岗岩连续分布于建模区域的中部和北部，胶莱盆地以北，东边以米山断裂为界，呈近东西向的不规则长方体展布（图 3-15），地表独立分布的玲珑和昆嵛山两个岩体，在深部显示为同一个大岩体，其中部的连接带长度约 50km，宽度约 5km，位于地表以下 2000m 深度开始相连。岩体横穿胶北变质基底与威海超高压变质带，岩体在西南部和东北部厚度较大，最大厚度超过本次建模 10km 深度范围，岩体平均厚度为 5000m 左右。岩体体积 81171km³，是体量与栖霞片麻岩套相当的巨大的地质体。

4. 郭家岭型花岗岩

郭家岭型花岗岩主要分布在建模区域北部的招远市上庄–蓬莱、栖霞市交界处的郭家岭一带，侵入新太古代栖霞片麻岩套、侏罗纪玲珑型花岗岩，被伟德山型花岗岩侵入，接触面比较陡立（图 3-16）。模型区有 3 处较集中分布的区域，图 3-16b 中①、③号两个岩体呈岩株状分布，厚度多为从本次建模 10km 深度至地表，②号岩体主要呈岩瘤分布，局部延伸到建模底部，厚度多为 5000m 左右。总体积约 13034km³。

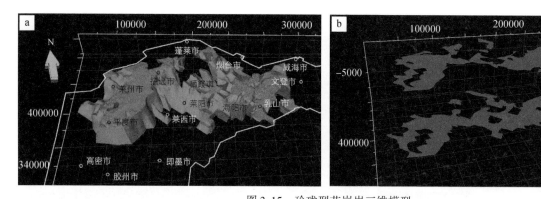

图 3-15　玲珑型花岗岩三维模型

a-玲珑型花岗岩三维特征；b-玲珑型花岗岩水平切面（玲珑岩体与昆嵛山岩体底部相连开始深度）

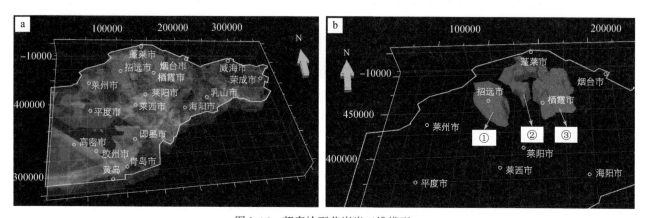

图 3-16　郭家岭型花岗岩三维模型

a-郭家岭型花岗岩在整个模型区的空间位置；b-郭家岭型花岗岩独立的地质模型

5. 伟德山型花岗岩

伟德山型花岗岩在建模区域的东南部连续分布，在西北部零星分布。体积最大的一片在海阳–荣成一带，呈北东走向（受工作区边界限制显示不全），呈岩基状，与围岩接触面形状不规则（图 3-17）。侵入新元古代荣成片麻岩套、中生代玲珑型花岗岩，被崂山型花岗岩侵入。与断裂关系密切，东西两侧分别受郭城断裂、俚岛断裂控制，中部发育朱吴断裂、米山断裂。岩体厚度大，从地表至建模深度 10km 未见底，平均厚度在 5000m 以上。其西北部零星分布的 5 片岩体，多呈近圆形的岩株状，接触面陡立，厚度从地表至建模深度 10km 未见底。伟德山型花岗岩总体积约 43923km³，是工作区最主要岩体之一。

6. 崂山型花岗岩

崂山型花岗岩主要分布在建模区域的东南部，模型区内有 7 片较集中分布的区域。其中分布于建模区域南部的岩体呈长方体（受工作区边界限制显示不全），沿牟即断裂东侧分布，呈岩基状，与围岩接触面较陡立且平整，岩体西北部厚度大，东南部厚度小，厚度大处从地表至建模深度 10km 未见底，平均 5000m 左右。其他 6 片呈近圆形的岩株状侵入荣成片麻岩套、伟德山型花岗岩，与围岩接触面较陡立、平整，厚度多为从地表至建模深度 8000m 左右。最东侧一片受俚岛断裂控制，从下方侵入荣成片麻岩套。总体积约 22583km³（图 3-18）。

（三）断裂三维特征

建模区域断裂构造发育，断裂的方位及发育程度明显受控于胶北隆起区的东、西边界两大断裂系统，即西部的北北东向郯庐断裂系统和东部的北东向牟即断裂系统。断裂发育特点是北强南弱，西强东弱。

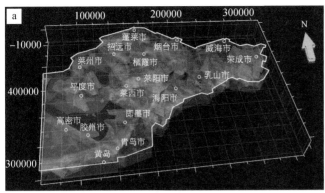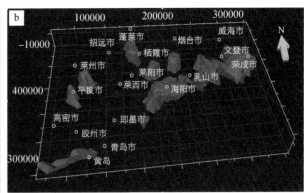

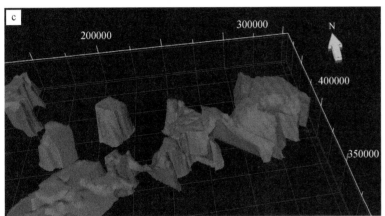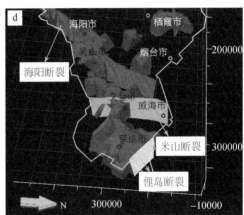

图 3-17　伟德山型花岗岩三维模型

a-伟德山型花岗岩三维空间位置；b-伟德山型花岗岩独立的地质模型；c-局部放大与围岩的接触面；
d-东部最大一片岩体及其与断裂的关系

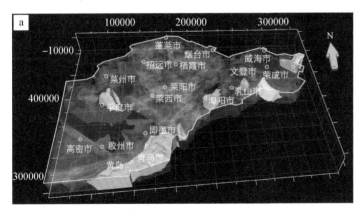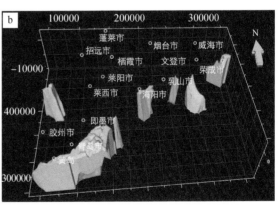

图 3-18　崂山型花岗岩三维模型

a-崂山型花岗岩三维空间位置；b-崂山型花岗岩独立的地质模型

自西向东可划分为多个密集的断裂构造带。本次三维地质建模主要对区内重要的控岩、控矿断裂构造进行三维成体（图 3-19）。

1. 牟即断裂带

断裂带北起牟平城，经栖霞桃村、海阳郭城、朱吴，向南延伸经即墨市进入胶州湾。断裂延伸远，连续性好，深度大，至建模深度 10km 未控制其底界。常控制或明显改造早期地质体。主要由桃村断裂、郭城断裂、朱吴断裂、海阳断裂四条主干断裂构成。断裂带全长约 180km，宽达 40~50km。断裂间距 10km 左右。断裂走向 45°左右，断裂沿走向呈舒缓波状。断面以南东倾向为主（郭城断裂的郭城镇以北

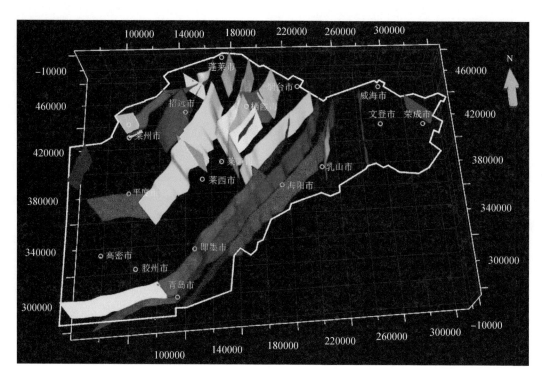

图 3-19　建模区主要断裂构造三维俯视图

部分倾向北西），亦有直立或北西倾者，倾角一般为 60°~80°。整个断裂带向南西方向收敛，几条主要断裂趋于交汇（图 3-20）。

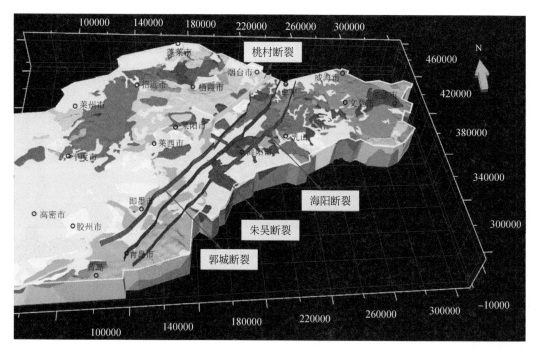

图 3-20　牟即断裂带三维俯视图

2. 米山断裂

米山断裂发育于模型区东部，总长约 50km，是建模区规模最大的南北向断裂（图 3-21）。断裂总体走向0°，产状主体向东倾斜，倾角在50°左右。断裂切割荣成片麻岩套、伟德山型花岗岩，是玲珑型花岗岩的控制构造。

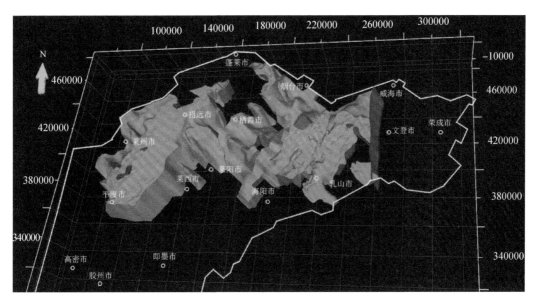

图3-21　米山断裂空间位置及对玲珑型花岗岩的控制

3. 金牛山断裂

金牛山断裂总体走向为0°～15°，倾向以南东为主，倾角为60°～80°。断裂面空间上呈舒缓波状，向北在玉林店附近斜接区域性的海阳断裂，向南延伸至乳山市城北，总体延伸近40km。断裂带发育在玲珑型花岗岩内部（图3-22）。

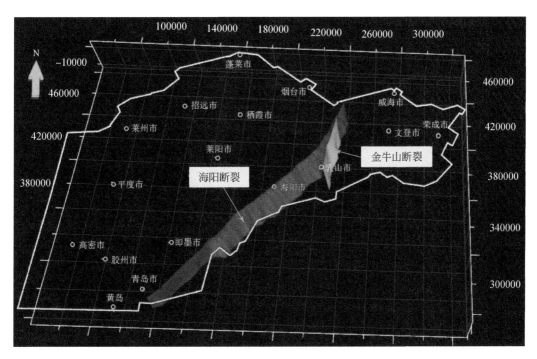

图3-22　金牛山断裂空间位置及与海阳断裂的关系

4. 栖霞断裂带

该断裂带以栖霞城为中心，向北经寨里、蓬莱崮寺店、解宋营，纵穿半岛入黄海，向南经栖霞杨础、莱阳榆斜顶至沐浴店一带。断裂在走向上不连续，分杨础-寨里段、紫现头-解宋营段，两段在栖霞-寨里一带呈"夕"字形相接（图3-23）。

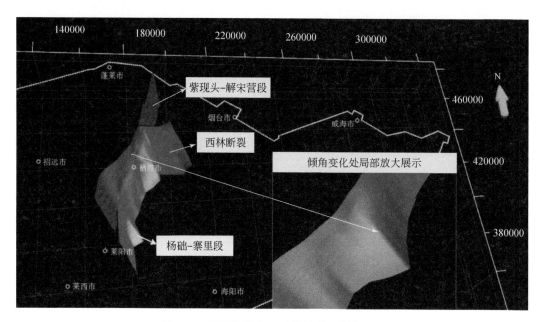

图 3-23　栖霞断裂带、西林断裂三维模型图

（1）紫现头-解宋营段：断裂南端在栖霞西被东西向断裂限制，向北经蓬莱崮寺店、在解宋营一带入海，延伸达60km。总体走向10°~15°，倾角较陡，一般在60°以上。在栖霞的尹家一带倾角变缓，为45°左右，往南又变为60°左右，形成一个空间上的弧形。断裂总体上是一个上陡下缓的铲式断裂。北部切割粉子山群，中部横切早白垩世郭家岭型花岗闪长岩，南部作为藏家庄断陷盆地的西界。

（2）杨础-寨里段：断裂的走向在栖霞至杨础地段为北北东向，方位为15°~20°，自杨础向南转为近南北向。断裂北端在寨里北被东西向西林断裂限制。本段长度近50km。断裂面以南东东倾向为主，倾角多为60°~70°，在杨础南处，局部倾角变缓至45°，再往南倾角又恢复到60°~70°。断裂切割栖霞片麻岩套、荆山群、莱阳群。

5. 西林断裂

西林断裂位于栖霞的尹家-西林一带，构造上作为藏家庄断陷盆地的北界。该断裂总体走向东西向，长度15km，倾向南，倾角30°~50°。在中部的孚庆集一带，断裂的方位有向北偏转的趋势，走向转为NE70°，断面呈舒缓波状（图3-23）。断裂带南盘自下而上依次为玲珑型花岗岩、栖霞片麻岩套、粉子山群、蓬莱群、中生代莱阳群，北盘为白垩纪郭家岭型花岗闪长岩。

6. 二十五里夼断裂

二十五里夼断裂在建模区内长度为60km左右，整体呈85°方向延伸，倾向南，倾角60°~80°（图3-24）。北盘自上而下为莱阳群，少量青山群、荆山群、栖霞片麻岩套；南盘自上而下为王氏群、青山群、荆山群、伟德山型花岗岩。断面呈波状起伏。断裂带在构造单元划分上具有重要意义，断裂上部控制了莱阳群上部沉积及王氏群分布，为次级构造单元诸城凹陷与高密凹陷的分界断裂；断裂在深部构成胶北栖霞片麻岩套与苏鲁超高压变质带荣成片麻岩套的分界，分割了胶北和苏鲁超高压变质带两大构造单元。

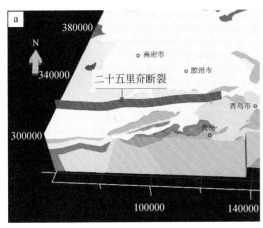 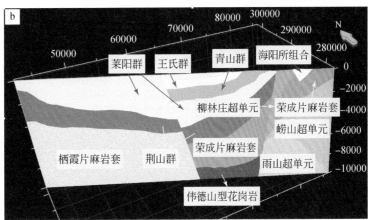

图 3-24　二十五里夼断裂三维模型图

a-二十五里夼断裂三维位置；b-垂直二十五里夼断裂的北西向切片

第三节　胶西北区域三维地质模型

一、胶西北三维地质模型构建

（一）建模区域和方法

1. 建模区域

建模区域覆盖莱州-招远整装勘查区，极值坐标范围为 119°40′10″~120°40′15″E，36°40′28″~37°40′40″N，东西宽约 90km，南北长约 114.5km，底界控制深度为 10km，面积约 10305km²。

2. 建模方法

采用 Creater Xmodeling 平台的复杂交互建模方法，以物探推断剖面作为三维实体建模的主要依据。共采集重磁联合反演建模剖面 47 条，方位 130°，线距 2.5km，点距 100m，控制剖面长度 2983km（图 3-25）。工作过程中，第一，进行区域定义，收集相关资料、数据；第二，进行数据处理，包括对区域地质图进行分析和简化、利用重磁联合反演方法构建建模基础数据、约束数据（钻孔）的处理等；第三，将上述数据输入三维地质建模平台，按属性提取各地质单元数据，添加必要的约束数据，按照自上而下的空间顺序对各个地质单元进行三维成体；第四，根据需要进行模型分析。

（二）重磁联合反演和三维地质模型构建

1. 数据来源及标准化集成

建模使用的主要资料有 1∶25 万区域地质图、1∶5 万区域地质图、1∶5 万高精度重磁资料、钻孔资料、重磁反演地质剖面、地表数字高程数据。

为了保证数据的无缝存储、多尺度表达和量度分析的准确性，将所有空间数据符合到一定的数据框架，详见第四章第二节"胶西北矿集区重磁电三维联合反演"相关内容。

2. 重磁剖面数据截取

共截取 47 条线剖面进行重磁联合反演（图 3-25）。首先，利用 MapGIS 和 Section 软件完成建模区重磁反演剖面设计；其次，导出所有测线首尾坐标，并转换为重磁数据库相同比例尺和坐标系统；最后，

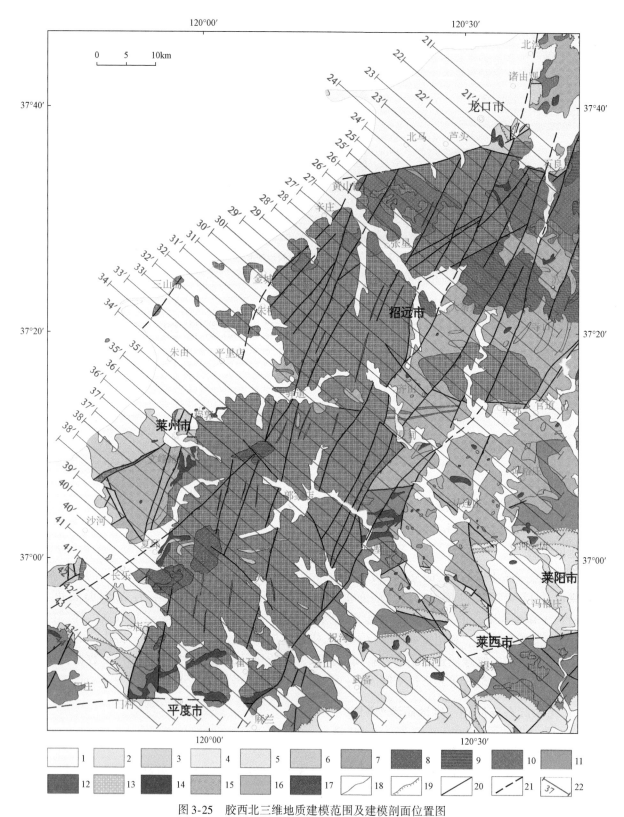

图 3-25　胶西北三维地质建模范围及建模剖面位置图

1-第四系；2-白垩纪—古近纪王氏群；3-白垩纪青山群；4-早白垩世莱阳群；5-青白口纪—震旦纪蓬莱群；6-古元古代粉子山群；
7-古元古代荆山群；8-白垩纪崂山型花岗岩；9-白垩纪伟德山型花岗岩；10-早白垩世郭家岭型花岗岩；11-侏罗纪玲珑型花岗岩；
12-侏罗纪文登型花岗岩；13-古元古代双顶片麻岩套；14-古元古代莱州组合；15-新太古代栖霞片麻岩套；16-新太古代马连庄组合；
17-潜火山岩；18-地质界线；19-平行不整合界线；20-实测断层；21-推断断层；22-建模剖面位置

利用 GeoPlas 和 MapGIS 等软件在 1 : 5 万重磁数据库中依次输入剖面起止坐标，按照 100m 点距提取重磁数据，并依次存储为 .CSV 格式，数据截取工作即完成。

3. 重磁联合反演构建原始剖面数据

在 GeoPlas 的重磁联合反演模块，依次导入各剖面的重力、磁法和高程数据，进行重磁联合反演，反演过程中首先在模型区构建初始地质模型，之后赋予各个地质单位物性属性，通过计算理论场和实测场的拟合精度，反复修改地质模型，直到拟合精度达到设计或相关规范要求，建立起初步的二维地质模型组。然后利用已知地质剖面、钻孔、测井、电性测深剖面（CSAMT/AMT/MT/电测深）及地震剖面等进行修正降低物探反演过程的多解性，使之与区内实际地质情况最大程度地贴合。最后对二维模型组按照建模要求进行处理，使之与地质资料简化后的标准吻合，检查这些二维地质模型组的空间联系、可延续性与实际地质资料的吻合程度。在反演过程中，还根据已知地质剖面、钻孔、电性测深剖面（CSAMT/AMT/MT/电测深）及地震剖面等，对重磁联合剖面进行约束或验证。

4. 三维地质模型构建

建模初始输入基础数据，即输入重磁联合反演构建的二维地质模型组，将地下空间的一系列物探解译剖面批量导入，然后将用于建模的地质体边界信息提取出来，所有基础数据提取完成之后对数据量少和不满足建模边界约束之处添加约束信息。之后，利用三维可视化软件平台进行基于地质剖面的复杂交互建模，本次采用自上而下的建模方式，最终形成三维地质模型（图 3-26）。其基本流程是：首先确定建模边界，其次构造区内的断层系统，将提取出的断层信息按照倾向和走向分类依次添加到模型区各个断层中，之后依次生成断层系统；断层系统生成后按照自上而下的空间顺序依次提取区内各个地质体的边界信息，然后进行三维成体，三维成体的顺序首先是局部包体，其次是地层系统，最后生成岩浆岩系统。

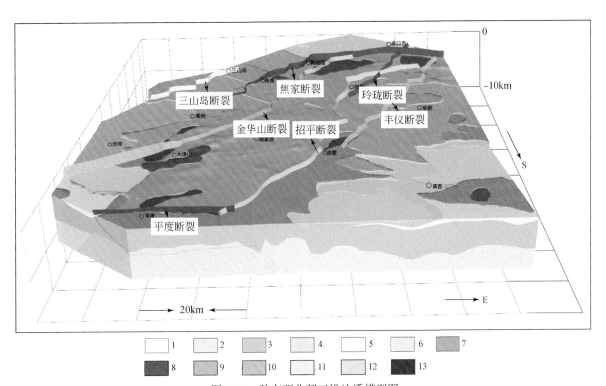

图 3-26　胶东西北部三维地质模型图

1-新生代地层；2-白垩纪—古近纪王氏群；3-白垩纪青山群；4-早白垩世莱阳群；5-新元古代蓬莱群；6-古元古代粉子山群；
7-古元古代荆山群；8-白垩纪伟德山型、崂山型花岗岩；9-早白垩世郭家岭型花岗岩；10-侏罗纪玲珑型花岗岩；
11-早前寒武纪胶东杂岩；12-新太古代马连庄组合；13-古元古代莱州组合

二、胶西北三维地质结构特征

（一）三维地质特征

1. 地层三维形态

1）新生代地层

新生代地层包括古近系和新近系，分布于建模区北部的龙口断陷盆地内，三维形态显示为由 NW 向 SEE 方向逐渐变深的特点，最厚处底界标高约-3000m。

2）中生代地层

中生代地层分布于建模区东南部院上-莱西-冯格庄一带以及西南部门村-店子-长乐一带，形成 2 个中生代沉积盆地构造（图 3-27），其中东南部盆地以莱西市东北冯格庄为中心、院上-沽河为次级沉积中心，最大厚度位于冯格庄一带，底界面为波状曲面特征，推断莱阳群底板最深处约为-2800m；西南部沉积盆地东侧受断裂构造控制明显，盆地底板由南向北逐渐加深，同样为波状曲面特征，最大深度约为标高-2650m。

3）古元古代和新元古代地层

新元古代蓬莱群主要发育在龙口断陷盆地内（图 3-27），隐伏于新生界之下，三维地质形态特征表现出受南部黄县-大辛店断裂控制的特点，它的顶面与新生界底板一样由西北向南东逐渐加深，底板最大标高-5700m。古元古代粉子山群主要分布在建模区西部沙河-莱州一带，总体呈 NNE 向展布，隐伏于第四系之下，厚度自东向西逐渐变厚，底界面为波状起伏的曲面特征，在东宋西北部底界面埋深达到最大，标高约为-4800m；古元古代荆山群在建模区南部广泛分布，其顶面为波状起伏特征，凸起区出露地表或隐伏于第四系之下，与区域重力高异常分布位置一致，其顶面凹陷区构成了中生代沉积盆地的底界，其底板同样为波状起伏特征，下伏新太古代变质岩系，在模型区东南部，荆山群底板埋深达到最大，标高约为-7500m，厚度可达6000m左右（图 3-27）。

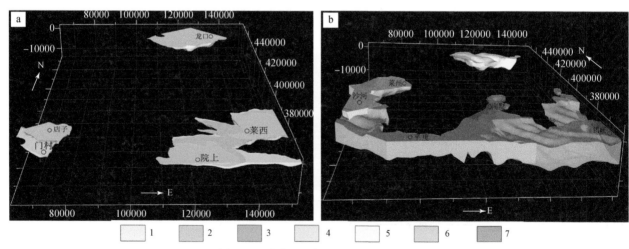

图 3-27　胶东西北部沉积地层三维形态

1-新生界；2-白垩纪—古近纪王氏群；3-白垩纪青山群；4-早白垩世莱阳群；5-新元古代蓬莱群；6-古元古代粉子山群；
7-古元古代荆山群；a-中新生代地层三维视图；b-古元古代和新元古代地层三维视图

2. 岩体三维形态

1）栖霞片麻岩套

栖霞片麻岩套分布于模型区内呈"S"形展布的玲珑型花岗岩体两侧，地表及深部延展规模都较大，岩体的顶面在莱州南部、莱阳谭格庄、莱西马连庄一带出露地表或隐伏于第四系之下，在胶莱盆地、龙口盆地以及门村–唐田断裂以西的沉积盆地，片麻岩套的顶面作为盆地底界呈波状起伏的曲面特征，其底板则无限延伸至建模区底界；在招远毕郭、寺口及北部苏家店一带，受中生代岩浆侵入影响，片麻岩套发育厚度最小，只有几百米，发育厚度向南部逐渐变大；在莱州市平里店及朱由一带，片麻岩套隐伏于第四系或粉子山群之下，底部被玲珑岩体侵入而呈残留体样式；在模型区中北部金城一带，则隐伏于近东西走向的玲珑岩体之下（图3-28）。

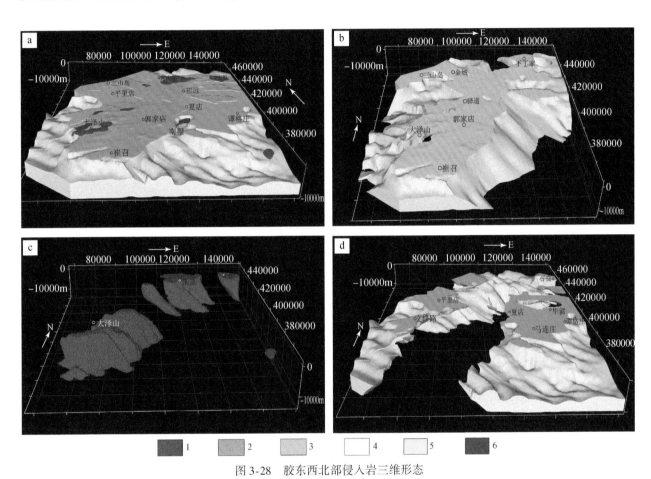

图3-28　胶东西北部侵入岩三维形态

1-白垩纪伟德山型和崂山型花岗岩；2-早白垩世郭家岭型花岗岩；3-侏罗纪玲珑型花岗岩；4-新太古代栖霞片麻岩套；
5-新太古代马连庄组合；6-古元古代莱州组合；a-侵入岩全景显示；b-玲珑型花岗岩三维形态；
c-伟德山、崂山、郭家岭型花岗岩三维形态；d-栖霞片麻岩套三维形态

2）马连庄组合、莱州组合

莱州组合和马连庄组合零星分布于栖霞片麻岩套中或残存在玲珑型花岗岩中，呈包体、透镜体和带状体，发育规模和深度有限。其中马连庄组合主要赋存于栖霞片麻岩套中，局部位于栖霞片麻岩套与玲珑岩体的接触边界；莱州组合在空间上与粉子山群、荆山群关系密切，大多呈条带状展布（图3-28）。

3）玲珑型花岗岩

玲珑型花岗岩总体上呈NNE走向的"S"形展布（图3-28）。其东、西两侧均下插于新太古代变质岩系之下，岩体由地表向深部宽度（东西向）逐渐变宽，大致呈梯形、似层状产出，岩体厚度最大部位位于模型区中南部郭家店一带，发育厚度超过此次建模深度，向北部厚度逐渐减薄。岩体西侧边界在齐山以南受控于招平断裂带，在毕郭一带岩体范围突破了断层面的限制，毕郭岩体由此形成；岩体东侧与前寒武纪变质岩系、沉积盆地等的接触关系受断层控制不明显，与上部地质体的接触面呈波状起伏特征。

在朱桥附近，玲珑岩体向西北方向侵入，在深部与三山岛断裂下盘的岩体相连，隐伏于前寒武纪变质岩系之下；在金城-三山岛一带，玲珑岩体超覆于下部前寒武纪变质岩系之上，与平里店地区深部隐伏岩体、三山岛断裂下盘岩体连为一体；黄山馆以北，玲珑型花岗岩的展布受控于黄县-大辛店断裂，总体走向由 NNE 转向 NE。

　　4）郭家岭型花岗岩

　　郭家岭型花岗岩主要位于建模区北部，有3处主要分布区，分别编号①、②和③。其中，②号岩体是规模最大的一处，岩体自地表向深部向东南方向延深；①号岩体三维形态特征与②号岩体类似，但规模略小；③号岩体在招远蚕庄东北处有出露，同样表现为向东南方向延深的特征。将玲珑岩体透明度调整到50%后，可以清晰地看到郭家岭型花岗岩与玲珑型花岗岩之间的关系，接触面较为陡立，向深部延伸范围有限（图3-28，图3-29）。

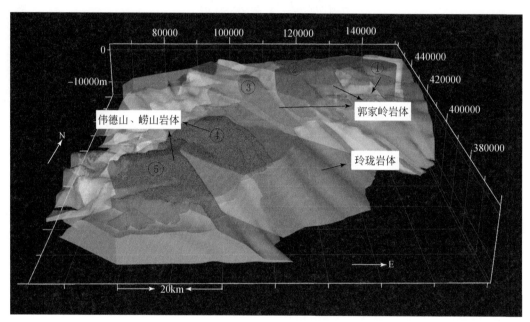

图 3-29　胶东西北部中生代主要岩体空间关系

　　5）伟德山型和崂山型花岗岩

　　伟德山型和崂山型花岗岩主要分布在建模区南部，在地表出露局限，向深部规模变大。在图3-29中编号④、⑤，它们在地表出露不连续，但在深部二者连通，显示了较大的展布规模和深度，是侵入到玲珑岩体中的晚期岩体。

3. 断裂构造格架

　　胶东西北部断裂构造发育，本次工作主要对区内3条重点控矿断裂和其他4条规模较大的断裂进行三维成体，分别为三山岛断裂、焦家断裂、招平断裂、金华山断裂、丰仪断裂、玲珑断裂和平度断裂。

　　图3-26为断裂三维成体后的南向视角三维视图，在三维环境中通过转换视角、移动模型体可详细观察每条断裂的走向及产状特点，以及断裂之间的空间关系。图3-30分别是在不同视角抓取的断裂构造的三维空间形态图，通过不同视角的转换，可以清晰地看到断裂带的走向和产状特征以及它们之间的关系。

　　1）控矿断裂三维特征

　　（1）焦家断裂。焦家断裂沿走向延伸约80km，在黄山馆以南大体为 NNE 走向，在黄山馆以北转为 NEE 向（图3-26、图3-30）。断裂在黄山馆以南走向整体为30°~45°，倾向 NW，倾角较缓，断裂面呈上陡下缓的铲状曲面特征；在寺庄-新城一带，断裂面浅部为前寒武纪变质岩系与玲珑岩体的接触面，深部切割玲珑岩体；寺庄以南和新城-黄山馆之间，断裂上、下盘在相同地质体中，最大切割深度约为标高

–3650m；黄山馆以北，断裂倾向仍为 NW，倾角变陡至 40°～60°，断面较为陡直，控制着龙口盆地的南界，断裂延伸至模型底界。

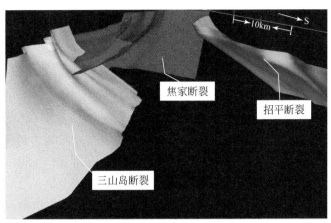
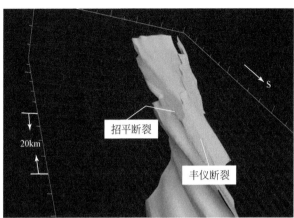
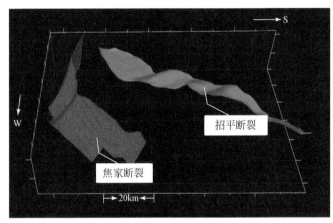
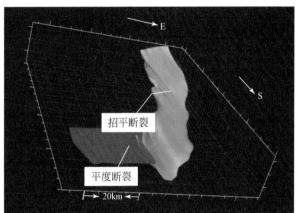
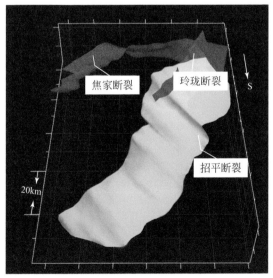
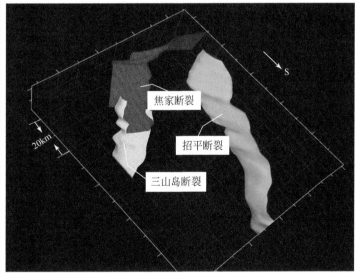

图 3-30　胶东西北部主要断裂三维空间关系

（2）三山岛断裂。沿走向延伸约 20km，整体走向约 40°，在三维地质模型中（图 3-30），断裂在地表走向上表现出显著的波状摆动特征，在深部整个断裂面沿倾向表现出波状起伏特征。断裂倾向 SE，倾角为 40°～75°，呈上陡下缓的铲状曲面特征。断裂面浅部（–2500～–4000m）为玲珑岩体与前寒武纪变质岩系的接触面，深部则切割花岗岩体，切割深度延伸至模型底界。

（3）招平断裂。沿走向延伸约140km，在三维地质模型中分为2段，在招远市以南断裂整体走向30°，招远市以北，断裂走向转为45°。断裂在地表同样有显著摆动的特点，深部断面沿倾向亦呈波状起伏之势。在倾向上，断裂自南向北都表现为上陡下缓的铲状曲面特征，产状较缓区域对应断裂的相对"凹"面，产状较陡区域对应断裂的相对"凸"面。招平断裂带总体上位于玲珑岩体与早前寒武纪变质基底岩体的接触带，断面深度延伸至模型底界（图3-30）。

2）主要断裂三维空间关系

图3-30中展示了各断裂间的相互关系。三山岛断裂与焦家断裂相向倾斜，焦家断裂倾角相对三山岛断裂要缓一些，二者在4500m深度交汇，焦家断裂被三山岛限制。焦家断裂与招平断裂相背倾斜，二者分布于玲珑岩体东西两侧。玲珑断裂位于招平断裂北段与焦家断裂北段之间，地表未见断裂之间的关系，在深部玲珑断裂分别切割招平断裂和焦家断裂，其中与招平断裂的相交位置南、北部浅（-50~2000m），中部深（-3450m），与焦家断裂的交切位置约为标高-70m。丰仪断裂位于招平断裂上盘，与后者大致平行展布，在丰仪断裂的北部丰仪附近，该断裂与招平断裂破头青段有交切之势，但由于两断裂倾向较缓，因此在建模区范围内还未相交；在招远南墅附近，该断裂与招平断裂有交汇之势，交汇位置在标高-100m以浅。平度断裂位于招平断裂南端西侧，二者走向近垂直展布，在麻兰北部交汇，为相互交切关系。

（二）三维模型空间分析

1. 切片分析

自模型体西北至东南，沿玲珑岩体短轴方向截取任意剖面1条（图3-31a），剖面中部为玲珑岩体分布区，岩体向南东插入早前寒武纪变质岩系和白垩纪沉积地层之下，呈似层状展布。伟德山、崂山岩体侵入玲珑岩体内部，玲珑岩体东侧边界以其与栖霞片麻岩套的断层接触界线为界；剖面西北部，玲珑岩体呈顺层侵入特点侵入至栖霞片麻岩套之中，在剖面西北端出露地表；剖面中东部中生代沉积盆地与前寒武纪老变质基底之间的关系显示清晰，中生代沉积盆地自新到老、自上而下分别发育王氏群、青山群、莱阳群，前寒武纪变质基底主要为古元古代荆山群和新太古代栖霞片麻岩套，栖霞片麻岩套隐伏于荆山群之下。

按照3行×3列组合形式对模型体进行栅栏切片（图3-31b），栅栏图中清晰揭示了伟德山型、崂山型花岗岩与玲珑型花岗岩的关系，玲珑型花岗岩与郭家岭型花岗岩的关系，以及玲珑型花岗岩与栖霞片麻岩套的关系等，中生代沉积盆地和古元古代荆山群等沉积地层的展布在栅栏图中也得以很好地体现。

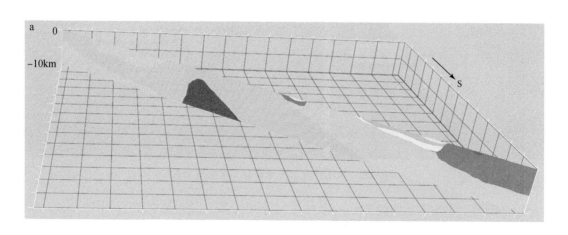

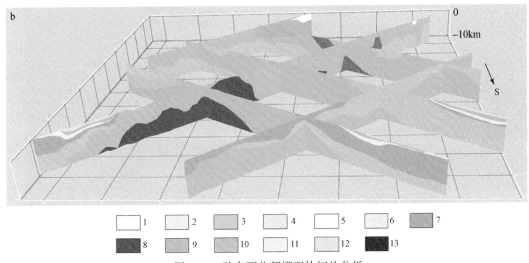

图 3-31　胶东西北部模型体切片分析

a- 任意剖面切片分析；b- 栅栏切片分析；1- 新生界；2- 白垩纪—古近纪王氏群；3- 白垩纪青山群；4- 早白垩世莱阳群；5- 新元古代蓬莱群；
6- 古元古代粉子山群；7- 古元古代荆山群；8- 白垩纪伟德山型和崂山型花岗岩；9- 早白垩世郭家岭型花岗岩；10- 侏罗纪玲珑型花岗岩；
11- 新太古代栖霞片麻岩套；12- 新太古代马连庄组合；13- 古元古代莱州组合

2. 切割分析

图 3-32 是对胶西北重要地质单元进行切割分析的组合图。其中 a 图是沿玲珑岩体长轴方向的切割效果示意图，反映了伟德山型和崂山型花岗岩与玲珑型花岗岩的空间关系，二者侵入玲珑岩体内部，在地表出露规模小，但向深部规模逐渐增大。b 图是在三山岛断裂上盘沿断裂走向方向切割后的三维示意图，反映了三山岛断裂上盘玲珑型花岗岩在朱由地区隐伏于前寒武纪变质基底之下的特征。c 图是对胶莱盆地切割的效果图，该切面中生代盆地的发育最大深度约为 -2000m，荆山群隐伏其下，发育最大深度约为 -6500m，二者的底界面均为波状起伏特征。d 图是沿玲珑岩体短轴方向切割的模型体图示，展示了区内毕郭岩体和玲珑岩体在不同空间角度下的关系，二者在深部是连通的，上部的栖霞片麻岩套为残留体，发育厚度有限。e 图是斜交黄县 - 大辛店断裂走向的切割分析图示，该切面中新生代地层的发育最大深度约为 -2000m，其下为新元古代蓬莱群，发育最大深度约为 -5000m，自西北向东南逐渐加深。f 图是垂直玲珑岩体走向切割的模型体图示，该切面一方面显示了伟德山型和崂山型花岗岩由浅入深逐渐变宽；另一方面还展示出莱州市西北部栖霞片麻岩套在空间上的展布特征——大体呈盆状样式残留于玲珑岩体之中，此外该切面东侧还展示出中生代及古元古代沉积地层以及栖霞片麻岩套在切面中由浅入深的空间特征。

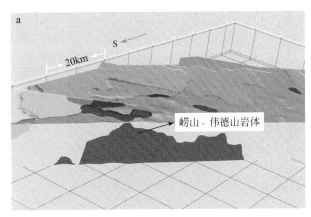

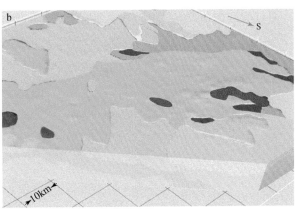

崂山、伟德山岩体

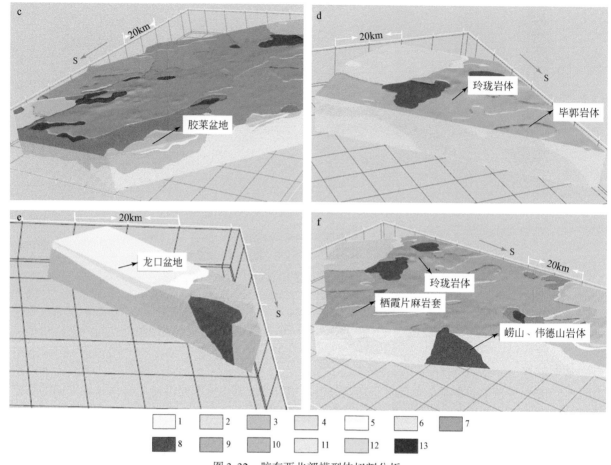

图 3-32　胶东西北部模型体切割分析

a-切割分析后的伟德山、崂山岩体特征；b-西南部玲珑岩体侵入特征；c-切割分析后的地层特征；d-切割分析后的玲珑岩体、毕郭岩体特征；e-切割分析后的龙口盆地特征；f-切割分析后的岩体与地层特征；1-新生界；2-白垩纪—古近纪王氏群；3-白垩纪青山群；4-早白垩世莱阳群；5-新元古代蓬莱群；6-古元古代粉子山群；7-古元古代荆山群；8-白垩纪伟德山型和崂山型花岗岩；9-早白垩世郭家岭型花岗岩；10-侏罗纪玲珑型花岗岩；11-新太古代栖霞片麻岩套；12-新太古代马连庄组合；13-古元古代莱州组合

3. 开挖分析

开挖分析是 Creatar Xmodeling 提供的模型分析的另一种方法，在模型体内部沿一定路径以"开挖隧道"的形式对地质体内部结构进行漫游浏览。图 3-33 中 a 图为沿圆形开挖路径 1 开挖后的模型体外部效果展示，在模型体内部漫游的效果如 d 图所示；b 图是在中生代沉积盆地沿矩形开挖路径 2 开挖后的模型体外部特征展示，该模型体开挖高度大于路径深度，当矩形隧道高度小于路径深度时的漫游效果如 c 图所示。通过漫游动态显示隧道内各个地质体的分布情况，提升了可视化效果。

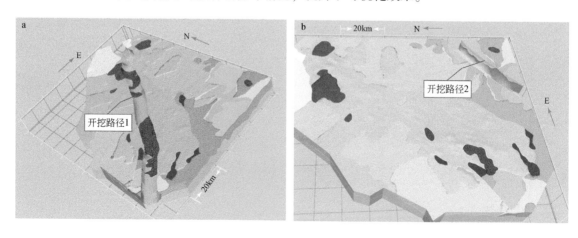

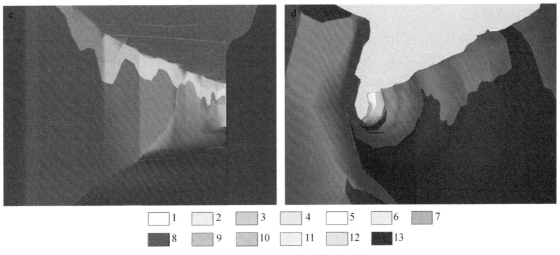

図 3-33　胶东西北部模型体开挖分析

a-开挖路径 1 分析效果图示；b-开挖路径 2 分析效果图示；c-矩形隧道漫游效果图示；d-圆形隧道漫游效果图示；1-新生界；2-白垩纪—古近纪王氏群；3-白垩纪青山群；4-早白垩世莱阳群；5-新元古代蓬莱群；6-古元古代粉子山群；7-古元古代荆山群；8-白垩纪伟德山型和崂山型花岗岩；9-早白垩世郭家岭型花岗岩；10-侏罗纪玲珑型花岗岩；11-新太古代栖霞片麻岩套；12-新太古代马连庄组合；13-古元古代莱州组合

第四节　典型金矿床及三维地质特征

一、三山岛超巨型金矿床

（一）矿床特征

1. 矿床位置

　　三山岛超巨型金矿床位于莱州市北约 26km，包括新立、三山岛、三山岛北部海域和西岭 4 个矿段（图 3-34），行政区划隶属莱州市管辖。地理极值坐标为 119°54′30″~120°00′00″E、37°22′45″~37°27′00″N，面积近 35km²。

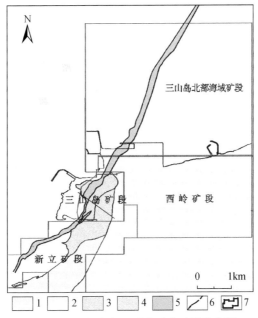

図 3-34　三山岛超巨型金矿床矿段分布图

1-海积砂；2-冲积物；3-侏罗纪玲珑型花岗岩；4-太古宙变质岩；5-蚀变带；6-实测或推测地质界线；7-矿段范围

2. 矿床地质概况

矿床受三山岛断裂控制，区内绝大部分被第四系覆盖，在钻孔内于三山岛断裂上盘可见到片麻岩和斜长角闪岩等早前寒武纪变质岩系，断裂下盘主要为侏罗纪玲珑型花岗岩和早白垩世郭家岭型花岗岩（图3-35），花岗岩中有较多煌斑岩和辉绿玢岩，少量石英闪长玢岩和闪长玢岩。

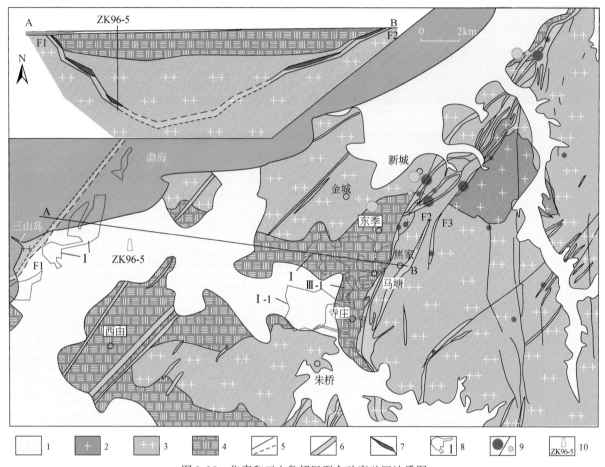

图3-35　焦家和三山岛超巨型金矿床矿区地质图

F1-三山岛断裂；F2-焦家断裂；F3-望儿山断裂；1-第四系；2-早白垩世郭家岭型花岗岩；3-侏罗纪玲珑型花岗岩；4-早前寒武纪变质岩系；5-断层/隐伏断层；6-矿化蚀变带；7-金矿体；8-三山岛和焦家超巨型金矿床主要金矿体水平投影位置和编号；9-大型–超大型金矿床/中小型金矿床（红色和黄色分别代表浅部和深部金矿床）；10-4006.17m 深孔位置及孔号

控矿的三山岛断裂在区内延伸长度9.2km，沿玲珑型花岗岩与变质岩系接触带呈舒缓波状展布。断裂总体走向为35°左右，三山岛段走向38°左右，新立段走向58°左右；倾向SE，倾角35°~60°。断裂破碎带宽80~400m不等。

3. 主要矿体特征

三山岛超巨型金矿床共圈定矿体80余个，其中Ⅰ号矿体群为主要矿体。矿体绝大多数赋存于三山岛断裂主裂面以下的黄铁绢英岩中，极少数矿体产于断裂面以上。Ⅰ号矿体群包括新立矿段①-1号主矿体、西岭矿段Ⅰ-1~Ⅰ-7号主矿体、三山岛矿段Ⅰ-1~Ⅰ-2号主矿体和三山岛北部海域矿段Ⅰ-1~Ⅰ-9号主矿体。矿体全长近8km（图3-36），最深控制标高–2312m，最大控制斜深超过3km（图3-37）。矿体的浅部与深部常常不连续分布，二者的分界线位于–600~–800m标高之间（图3-37、图3-38）。矿体呈大脉状，局部呈似层状，沿走向及倾向呈舒缓波状展布，常见分支复合、膨胀夹缩现象。矿体产状与三山岛断裂主裂面基本一致，走向30°~80°，平均35°，倾向SE，倾角25°~78°，平均倾角40°（图3-38），向NE侧伏。

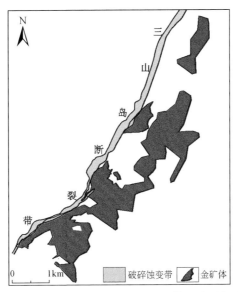

图 3-36　三山岛超巨型金矿床 I 号矿体群水平投影图

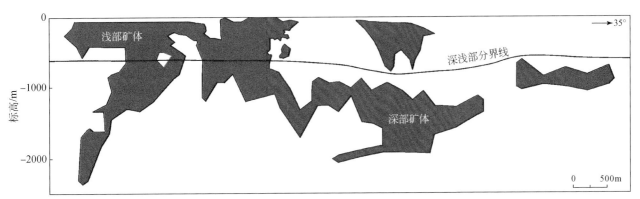

图 3-37　三山岛超巨型金矿床 I 号矿体群垂直纵投影图

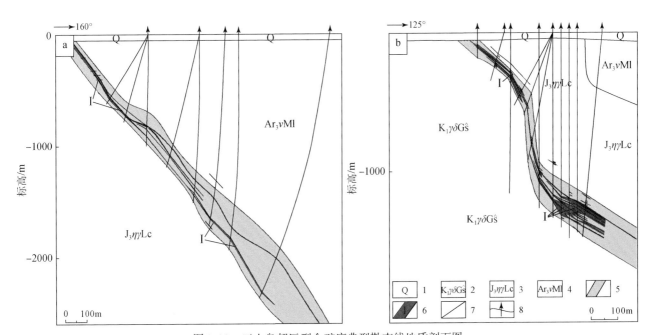

图 3-38　三山岛超巨型金矿床典型勘查线地质剖面图

a-新立矿段 71 号勘查线；b-三山岛北部海域矿段 30 号勘查线；1-第四系；2-早白垩世郭家岭型花岗岩；3-侏罗纪玲珑型花岗岩；
4-新太古代斜长角闪岩；5-蚀变碎裂岩带；6-金矿体及编号；7-地质界线；8-钻孔

　　矿体单工程厚度为 1.00~122.83m，平均为 3.04m，厚度变化系数为 112.05%，属厚度较稳定型矿体。矿床共有 3 处矿体厚大部位（图 3-39、图 3-40），浅部矿体厚大部分位于新立矿段及三山岛矿段 0~

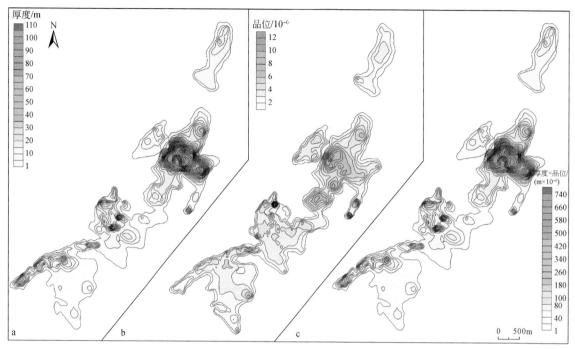

图 3-39　三山岛超巨型金矿床矿体水平厚度、品位等值线图

a-矿体厚度等值线图；b-矿体品位等值线图；c-矿体厚度×品位等值线图

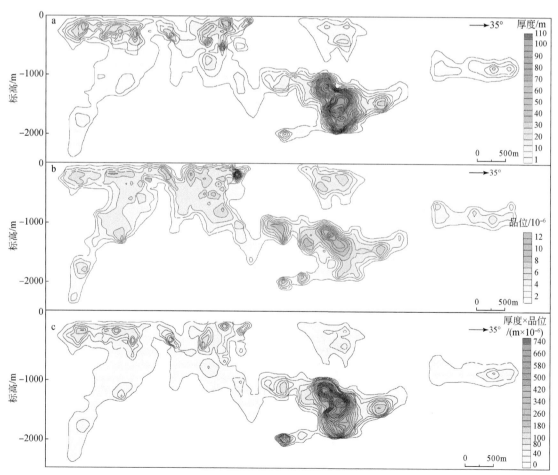

图 3-40　三山岛超巨型金矿床矿体垂向厚度、品位等值线图

a-矿体厚度等值线图；b-矿体品位等值线图；c-矿体厚度×品位等值线图

-600m 标高范围内，深部矿体厚大部位则位于西岭矿段及三山岛北部海域矿段-1000～-2000m 标高范围内。单工程金品位为 $1.00×10^{-6}$～$35.32×10^{-6}$，平均为 $3.61×10^{-6}$，品位变化系数为 71.37%，属有用组分分布均匀型矿体。矿体共有 3 处品位富集部位（图 3-39、图 3-40），浅部富集部位位于新立矿段及三山岛矿段 0～-500m 标高范围内，深部品位富集部位则位于西岭矿段及三山岛北部海域矿段-1000～-2000m 标高范围内。矿体富集部位与厚大部位吻合度较高，表明矿体厚度及品位具有正相关特征，矿体厚度越大则品位越高。

4. 矿床规模

三山岛超巨型金矿床累计探获金矿石量为 $333.65×10^{6}$t，金金属量为 1240679kg，平均厚度为 7.93m，平均品位为 $4.18×10^{-6}$，其中浅部矿体金矿石量为 $81.50×10^{6}$t，金金属量为 238503kg，平均厚度为 8.10m，平均品位为 $4.50×10^{-6}$；深部矿体探获金矿石量为 $252.14×10^{6}$t，金金属量为 1002176kg，平均厚度为 7.90m，平均品位为 $3.86×10^{-6}$。深浅部矿体资源量比值为 4.20，品位比值为 0.92，厚度比值为 0.97，深部矿体的规模大于浅部矿体。该矿床浅部的新立、三山岛及海域矿区以往认为是各自独立的金矿床，深部找矿成果显示其主矿体向深部连为一体，为一个资源储量超千吨的超巨型金矿床。

5. 矿石成分和金矿物特征的变化

矿石主要金属矿物为黄铁矿，次要金属矿物为黄铜矿、方铅矿、闪锌矿；主要非金属矿物有石英、绢云母，次要矿物有长石、方解石。

矿石中主要有用元素为 Au，伴生有益元素为 Ag、S、Cu、Pb、Zn 等，有害元素为 As（表 3-1）。由浅部至深部，Ag、As 含量降低，Au、S 含量增加，其他元素含量变化不大。

表 3-1　三山岛超巨型金矿床金及相关组分含量变化表

矿区名称		Au/10^{-6}	Ag/10^{-6}	As/10^{-6}	Cu/%	Pb/%	Zn/%	S/%
浅部矿段	三山岛矿段	3.19	10.85	480.4	0.025	0.04	0.028	3.02
	三山岛矿段深部及外围	3.02	9.25	393.16	0.016	0.27	0.031	3.30
	新立矿段	3.29	13.21	483.8	0.131	0.09	0.094	2.91
	新立矿段 55～91 线	2.96	7.89	—	0.032	0.07	0.012	2.73
	浅部平均值	4.50	10.30	452.45	0.051	0.12	0.041	2.99
深部矿段	新立矿段深部及外围	2.93	10.20	26.3	0.05	0.09	0.03	3.01
	西岭矿段	4.21	4.55	15.3	0.021	0.07	0.037	3.90
	三山岛海域	4.35	6.80	129	0.022	0.36	0.08	3.01
	深部平均值	3.97	7.18	56.87	0.03	0.17	0.06	3.31
矿床平均值		3.72	8.74	2564.66	0.04	0.15	0.05	3.15

根据 139 粒金矿物电子探针测试结果，金矿物化学成分主要为 Au、Ag，此外还有 Fe、Cu、Cr、S、Co、Zn、Ni、As、Sb、Bi、Te、Sb 等微量元素。从浅部至深部，金矿物中除 Au 含量增高外，Fe、Cr 含量增高；Ag 和 Co、Ni、Cu、Zn、Te、Pt 元素含量呈贫化趋势。

根据 39 粒金统计结果，金矿物主要为银金矿（78.57%），次为自然金（19.29%）及金银矿（2.14%）；金矿物最高成色为 923，最低成色为 372，平均成色为 704。与浅部金矿物相比，深部金矿物不含金银矿，自然金含量更高（29.03%）（图 3-41a），金矿物成色也明显提高。

根据 729 粒金统计结果，矿床粗粒金含量为 1.94%，中粒金含量为 9.04%，细粒金含量为 48.43%，微粒金含量为 44.59%，金矿物以细粒及微细粒为主。与矿床浅部相比，矿床深部金矿物粒度略增大，粗粒金由 0.91% 升至 3.15%，中粒金由 6.02% 升至 11.24%，细粒金由 42.15% 升至 54.38%，微细粒含量由 50.91% 减至 31.24%（图 3-41b）。

根据 891 粒金统计结果,金矿物赋存状态以粒状为主,含量为 73.78%,其次为针状、叶片状及枝杈状等,含量为 26.22%。矿床深部粒状金含量有所降低,片状金含量增加(图 3-41c)。根据 1329 粒金统计结果,金矿物赋存状态有裂隙金、晶隙金及包体金三种,以晶隙金和裂隙金为主,相对含量分别为 41.56% 和 33.59%。矿床浅部以裂隙金(64.91%)和晶隙金(20.57%)为主,而深部则以晶隙金(60.22%)和包体金(23.82%)为主,赋存状态变化较大(图 3-41d)。

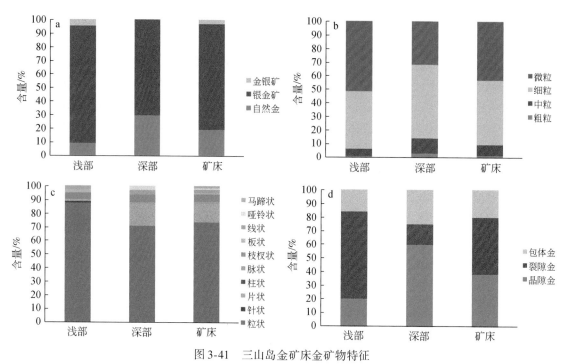

图 3-41　三山岛金矿床金矿物特征

a-金矿物含量直方图;b-金矿物粒度直方图;c-金矿物形态直方图;d-金矿物赋存状态直方图

(二)矿床三维地质模型

1. 三维地质建模

1)建模资料

三山岛北部海域矿段、三山岛矿段、西岭矿段、新立矿段勘查成果资料,勘查线剖面图 81 张、钻孔柱状图 311 张,1:5 万区域地质图 1 张、1:1 万地形地质图 5 张,数字高程数据 1 份。

2)数据处理

首先对原始剖面资料和地面坐标数据进行坐标转换,利用 MapGIS 将所有数据统一转换至西安 80 坐标系,建立统一的坐标系统。其次,提取三维建模用到的位置信息和属性信息。然后,把剖面图中区文件转换为线文件,删除与矿体建模无关的部分。线文件经过拓扑错误检查以后,转换为新的区文件。

3)建模参数

三山岛超巨型金矿床矿体在走向上延展距离较大,采用平面地质图比例尺为 1:1 万,勘查线剖面图比例尺为 1:2000,水平控制网度为 60m×60m。最小厚度设为 0.1m。建模范围 X:4129876 ~ 4147127,Y:41490458 ~ 41503702,Z:地表至 −4000m。

2. 地层三维形态

地层体位于模型的表面,大面积展布,并延伸至模型之外,三维形态呈板状,地表起伏较小,均为第四系,厚度一般为 30 ~ 40m,最厚 50m,体积 3.55km³,占模型体积的 1.26%(图 3-42)。

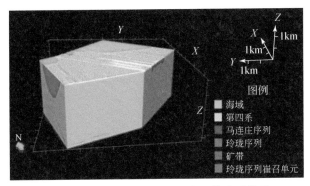

图 3-42　三山岛超巨型金矿床三维地质模型

3. 岩体三维形态

1）马连庄组合

岩体位于三山岛断裂带上盘，顶部为第四系，底面与侏罗纪玲珑型花岗岩接壤。在模型中分为东西两个部分，均包裹于玲珑型花岗岩内，东部岩体北西向较长，可达 6.09km，南东方向较短，仅 3.14km。沿长轴方向中间厚度大，向两侧逐渐变窄，底部形态不规则，呈波状起伏，顶部剥蚀面平缓，最大深度为 527m；西侧岩体西南方向延伸至模型体之外，岩体北西轴长 3.12km，南东长 2.18km。沿长轴方向中间厚度大，向两侧逐渐变薄，最大厚度为 860m。底部形态不规则，呈波状起伏，顶部剥蚀面平缓。岩体体积为 17.16km³，占模型总体积的 6.09%（图 3-43）。

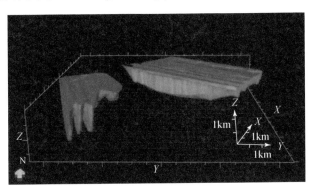

图 3-43　马连庄组合三维模型

2）玲珑型花岗岩

玲珑型花岗岩横贯整个模型区并延伸至模型区之外，岩体位于第四系及马连庄组合下方，与马连庄组合呈侵入接触，被三山岛断裂带一分为二，主裂面上盘岩体表面呈不规则凹槽状，表面波状起伏明显，主裂面下盘岩体底面延伸至模型之外（图 3-44）。岩体总体积为 248.91km³，占模型的 88.33%。

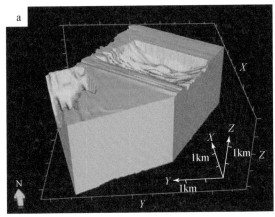
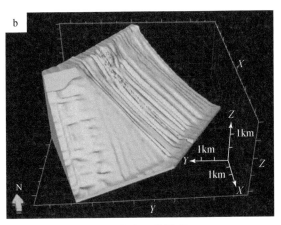

图 3-44　断裂上盘玲珑型花岗岩三维模型（a）和下盘玲珑型花岗岩三维模型（b）

　　3）蚀变带

　　蚀变带沿三山岛断裂带两侧展布，其形态、规模和产状与断裂带一致，其上盘岩体为马连庄组合和玲珑型花岗岩，下盘岩体为玲珑型花岗岩。模型内蚀变带走向长 8.77km，斜深 6.81km，上下表面均呈舒缓波状分布，厚度为 60～400m，产状大幅度变化部位厚度较大。蚀变带体积为 11.83km³，占模型的 4.2%（图 3-44b）。

4. 构造三维模型

　　三山岛断裂总体走向 35°，局部地段可达 70°～85°，倾向 SE，倾角 35°～50°。浅部主要沿玲珑型花岗岩与马连庄组合接触带展布，深部切入到玲珑型花岗岩中。断裂面起伏变化明显，浅部倾角较陡，向深部逐渐变缓，沿倾斜方向呈阶梯状，沿走向上呈波状舒缓（图 3-45a）。

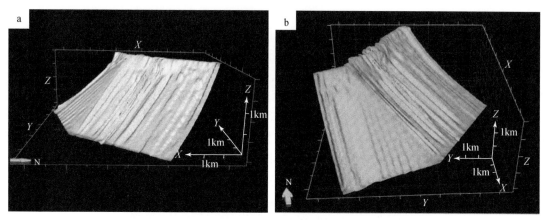

图 3-45　三山岛断裂三维模型（a）和蚀变带三维模型（b）

5. 矿体三维模型

　　对三山岛超巨型金矿床内 29 个主要矿体构建了三维矿体模型，总体积为 107415783m³。矿体赋存于主裂面下盘的黄铁绢英岩化碎裂岩带及黄铁绢英岩化花岗质碎裂岩带内，赋存标高 -10～-2313m。上表面产状与断裂面基本一致，沿走向、倾向呈舒缓波状展布。沿走向、倾向上无矿间隔明显，矿体厚度变化较大，具膨胀夹缩、分支复合现象，由浅至深，矿体分支现象明显（图 3-46）。

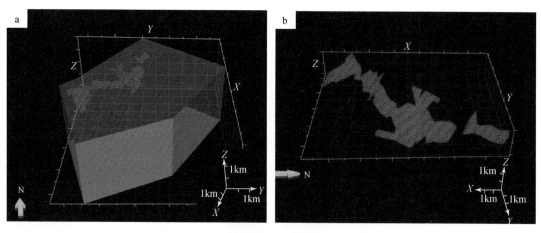

图 3-46　三山岛超巨型金矿床主矿体三维模型

（三）矿床三维分析

1. 可视化分析

　　对三山岛金矿床三维地质模型进行透明显示，在三维透视模型可以看出矿体分布有以下特点：

（1）在三维透视模型下三山岛断裂整体呈上陡下缓的簸箕状，矿体位于断裂面以下，主矿体及厚大矿体分布于构造由陡变缓部位（图3-47）。

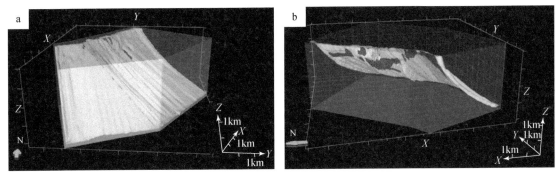

图3-47　三山岛超巨型金矿床主矿体三维透视图

（2）断裂和矿体分布显示了阶梯特点，浅部第一台阶主要部分位于−800m以上标高范围，分布金矿体11个，分别为北部海域矿区Ⅱ-1、Ⅰ-1、Ⅰ-2、Ⅰ-5、Ⅰ-6、Ⅰ-7、Ⅰ-8和Ⅰ-9，三山岛矿区Ⅰ-1、Ⅰ-2、Ⅰ-4，总体积为19759816m³，占矿床总体积的22.44%（图3-48）。

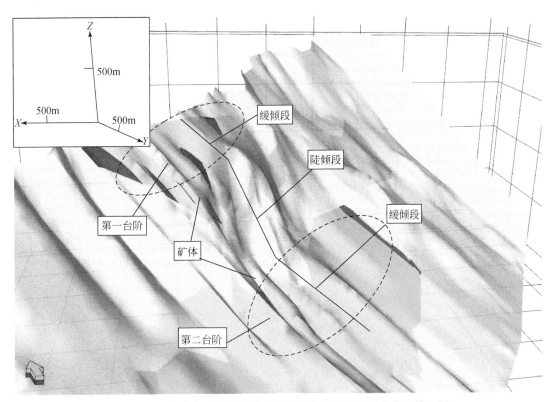

图3-48　三山岛超巨型金矿床主断裂面和金矿体阶梯分布三维视图

（3）深部第二台阶，主要部分位于−1000m标高以下，分布主要金矿体13个，分别为北部海域Ⅰ-3、Ⅰ-4-1、Ⅰ-4-2、Ⅰ-4-3和Ⅰ-4-4，西岭矿区Ⅰ-1、Ⅰ-2浅部、Ⅰ-2深部、Ⅰ-3、Ⅰ-4、Ⅰ-5、Ⅰ-6和Ⅰ-7，总体积为68314431m³，占矿床总体积的77.56%（图3-48）。

2. 矿体和构造空间分析

1）矿体厚度分析

均匀提取插值后数据点2849个，厚度为1.00～122.83m，平均为12.60m，厚度数据整体不均匀，厚度分布区间跨度大，厚度主要集中在1.00～10.00m（图3-49）。在厚度三维分布图中（图3-50），出现一处矿体厚大区域，厚大矿体分布集中。沿矿体走向和倾向上厚度呈现厚-薄相间变化，无矿、弱矿间隔现象。

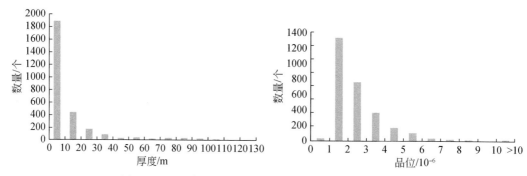

图 3-49　三山岛超巨型金矿床矿体厚度和品位分布直方图

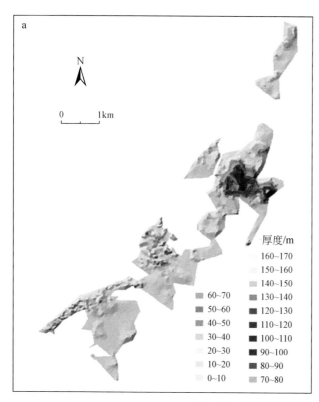
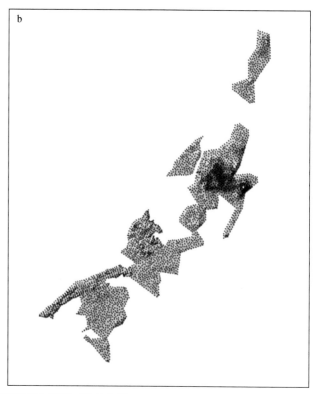

图 3-50　三山岛超巨型金矿床矿体厚度三维分布图
a-矿体厚度三维分布图；b-提取插值点位置

2）品位分析

均匀提取插值后数据点 2849 个，品位为 $1.00×10^{-6}$ ～ $35.32×10^{-6}$，平均为 $2.43×10^{-6}$，品位数据分布均匀，变化小，品位主要集中在 $1.00×10^{-6}$ ～ $4.00×10^{-6}$（图 3-49）。在品位值三维等值线图中（图 3-51），品位分布均匀，图形切割不明显，相对高差较小，浅部矿体品位略高于深部，且矿体厚度较大区域品位往往较高，两者明显呈正相关。

厚度×品位值可以反映矿化富集情况，厚度×品位值越大表明矿化越富集。对三山岛金矿床矿体进行厚度×品位分析，均匀提取插值后数据点 2849 个，厚度×品位范围为（$1.00～892.58$）$m×10^{-6}$，平均为 $51.83m×10^{-6}$。厚度×品位值主要集中在（$1.00～100$）$m×10^{-6}$，在矿体模型中部发现一处富矿段，厚度×品位值 $>240m×10^{-6}$，矿化富集程度远高于周围（图 3-52a、b）。

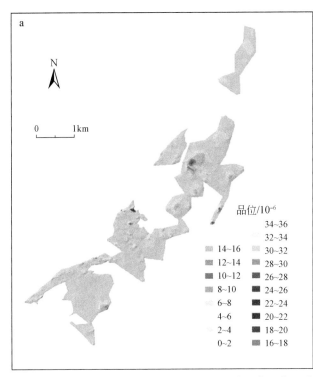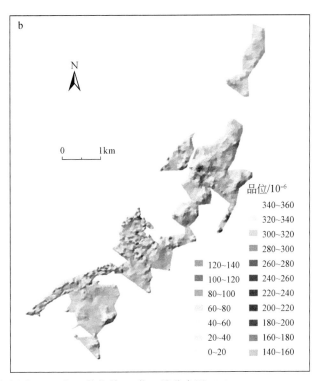

图 3-51　三山岛超巨型金矿床矿体品位三维分布图（a）和 Z 值拉伸 10 倍三维分布图（b）

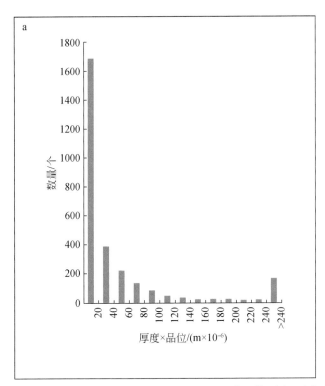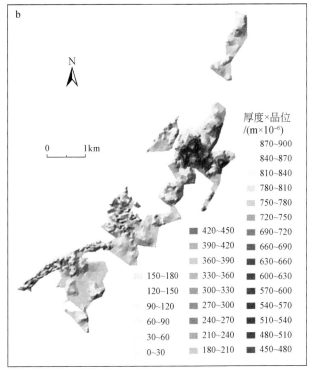

图 3-52　三山岛超巨型金矿床矿体厚度×品位分布直方图（a）和厚度×品位三维分布图（b）

（四）构造表面分析

1. 坡度分析

坡度是表达单元陡缓的程度，是单元表面和水平面之间的倾角，表示方法有百分比法、度数法、密位法和分数法四种，本次工作采用度数法。通过计算高度变化（dZ）与水平距离变化（dS）的比率的反正切值得出以度为单位的坡度，即坡度＝arctan（dZ/dS）。三维模型中构造表面由无数个不规则三角网组成，每个三角形都会被归为一个坡度分类并计算坡度值。

（1）断裂表面坡度变化及其与金矿体的关系。对构造表面进行坡度分析可以反映构造表面变化情况。三山岛超巨型金矿床控矿构造为三山岛断裂，其浅部三维构造模型由系统的工程控制，可作为已知数据进行研究，经统计，浅部构造模型由 17767 个不规则三角形组成，经坡度分析后提取构造表面坡度值 17767 个，最小值 7.11°，最大值 87.33°，平均值 44.79°，主要集中在 35°～65°（图 3-53a）。

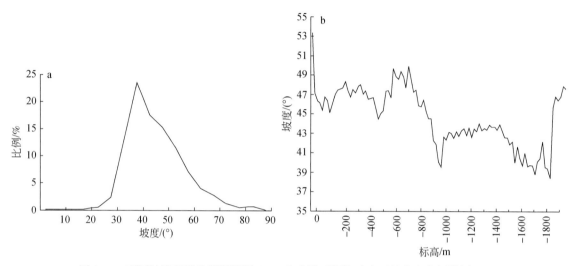

图 3-53　不同坡度区域比例折线图（a）和由浅到深构造表面坡度变化折线图（b）

对三山岛断裂带每 20m 标高范围提取表面坡度值，分别计算各标高区段坡度的平均值并制作由浅到深断裂表面坡度变化折线图（图 3-53b）。折线整体呈右倾，说明三山岛断裂带由浅部向深部表面坡度有降低的趋势，而且由浅向深，断裂坡度呈陡-缓-陡阶梯变化，出现两处明显变化的"台阶"，第一处位于地表至-600m 标高范围，地表至-20m 标高为陡倾段，-20～-600m 标高为缓倾段；第二处位于-260～-1760m 标高范围，-260～-940m 标高为陡倾段，-940～-1760m 标高为缓倾段，相对缓倾段与矿体厚大部位赋存标高一致。第二处"台阶"规模大，内部赋存矿体的品位、厚度亦明显增大。指示"台阶"规模大小影响矿体富集程度，"台阶"规模越大，形成的矿体越富。从断裂带由浅到深构造表面坡度变化趋势来看，于-1760～-2000m 标高，构造表面坡度逐渐变陡，于-2000～-3000m 标高可能形成第三个台阶。

金矿体的赋存位置主要位于构造表面坡度相对较缓段（图 3-54），对浅部第一台阶和深部第二台阶的构造表面坡度和见矿范围内构造表面坡度进行提取和对比分析：第一台阶主要位于-600m 以浅，构造表面坡度为 13.70°～86.12°，主要集中在 35°～65°，平均为 48.21°，-600m 以浅见矿范围内构造表面坡度为 13.69°～67.53°，主要集中在 25°～60°（图 3-55），平均为 44.72°，低于浅部构造面坡度。第二台阶主要位于-600～-1760m，构造表面坡度为 7.11°～87.33°，主要集中在 30°～65°，平均为 44.56°，见矿范围内构造表面坡度为 7.11°～69.94°，主要集中在 30°～60°（图 3-55），平均为 42.75°，低于深部构造面坡度。

（2）矿化富集部位的坡度变化。对矿化富集部位（将厚度×品位平均值的 4 倍作为矿化富集部位）及其外围缓冲区进行坡度分析，缓冲距离 400m（图 3-56）。外围缓冲区坡度为 19.24°～87.33°，平均为 52.06°，主要集中在 30°～70°，坡度变化系数为 26.23%；矿化富集区内坡度为 19.24°～51.97°，平均为 43.39°，主要集中在 35°～50°，坡度变化系数为 14.09%。整体来看，缓冲区范围内坡度域宽，坡度变化较大，说明缓冲区为处于构造面坡度变化较大的异常部位。矿化富集区内坡度分布集中，坡度值低，说明矿化富集区处于构造面相对平缓部位。

图3-54　三山岛断裂带坡度及主矿体叠合图

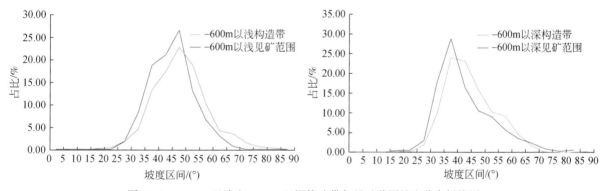

图3-55　−600m以浅和−600m以深构造带与见矿范围坡度分布折线图

对矿化富集区沿倾斜方向进行构造表面坡度和矿体厚度×品位值提取，提取宽度为矿化富集区部位的最大宽度（图3-56）、地表至−1960m标高范围。以20m为单位，计算不同标高范围的构造表面坡度、矿体厚度×品位平均值，制作由浅到深构造表面坡度和矿体厚度×品位值分布折线图（图3-57）。依据构造表面坡度变化，划分为五段：第一段，地表至−420m标高，构造面由缓急速变陡，坡度值由36.24°增加到61.96°，坡度差达25.72°，该段赋存矿体，厚度×品位值为（1.00~32.66）m×10^{-6}，见矿效果一般；第二段，−420~−800m标高，为构造陡倾段，坡度值为70.75°~80.78°，为无矿段；第三段，−800~−1000m标高，坡度值由77.23°减小到42.47°，坡度差34.76°，为由陡急速变缓段，随着坡度值逐渐变小，矿体厚度×品位值逐渐增加，在坡度值达到最低时，厚度×品位值达305.65m×10^{-6}；第四段，−1000~−1800m标高，坡度值为39.47°~52.86°，坡度值整体较小且上下波动不大，为缓倾段，也是矿体富集地段，矿体厚度×品位值为（79.72~552.28）m×10^{-6}，平均为322.48m×10^{-6}；第五段，−1800~−1960m标高，坡度值有明显增大趋势，至−1960m标高时，坡度值为51.31°，为无矿段。

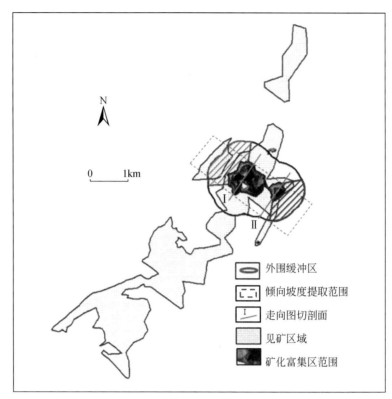

图 3-56　矿体富集区及缓冲区范围

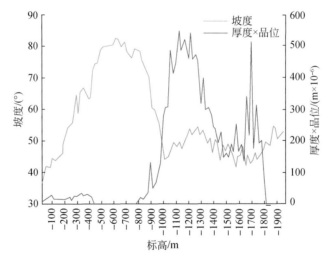

图 3-57　不同标高范围构造表面坡度和矿体厚度×品位值分布折线图

　　对构造表面坡度、矿体厚度×品位沿走向绘制图切剖面（图 3-56、图 3-58）。可以看出，矿化富集区及外围沿走向上坡度变化较大，呈现明显的波状起伏，矿化富集区主要位于坡度舒缓部位。

2. 表面变化率分析

　　为了更好地分析构造与矿体的空间关系，本次工作中植入"构造表面变化率"的概念。坡度研究采用不规则三角网构成的三维构造模型，三角网的大小不完全一致。为进一步研究构造面表面变化情况，将不规则三角网模型转为网格大小一致、由正方形构成的栅格模型。提取每个正方形面的坡度值，计算每个正方形与周围正方形坡度值的方差，作为构造表面的变化率，即将中心网格与周围网格之间偏离程度作为构造表面变化率。

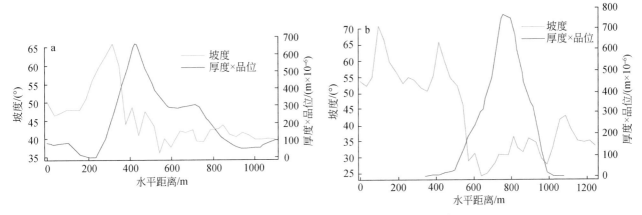

图 3-58　沿走向上构造表面坡度、矿体厚度×品位图切剖面图

（a）图 3-56 的 I 号线位置；（b）图 3-56 的 II 号线位置

在进行构造表面变化率计算时，数据提取范围会直接影响计算结果，数据提取范围太小或太大均无法很好地表达构造表面变化情况，经多次计算，数据提取范围直径介于构造模型基本网度的 1/2～1 之间效果较好。三山岛金矿床构造模型基本网度为 120m×120m，栅格网格大小为 18.77m×18.77m。在计算每个点构造表面变化率时选择中心点及外围两圈数据（合计 25 个正方形栅格数据）作为基底数据进行统计，数据提取范围直径为 93.85m，计算的方差值作为中间点的构造表面变化率。

对三山岛断裂构造表面进行变化率计算，计算结果采用自然间断点分级法进行分级。工作中首先计算每类数据的方差，再计算这些方差的和，利用方差和的大小进行比较并作为分类依据。

按自然间断点分级法将三山岛断裂分为 8 个等级（图 3-59a），分别为 0.00～1.91、1.91～3.82、3.82～5.73、5.73～7.64、7.64～9.55、9.55～11.46、11.46～13.37、13.37～15.29。结果表明，构造表面相对较平整，表面变化率一般小于 1.91。将矿床主要矿体厚度×品位等值线与构造表面变化率值进行叠加（图 3-59b），可以看出，矿体主要赋存在构造表面变化率较大区域，构造表面变化率大于 3.82 处为矿体主要分布范围，而矿体富集区（富矿段）内构造表面变化率一般大于 5.73。

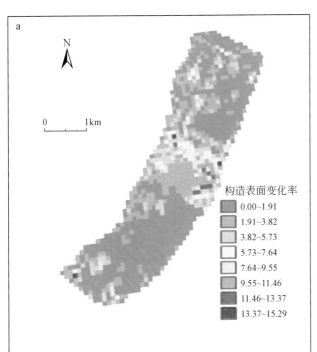
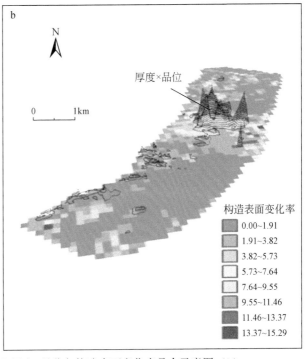

图 3-59　三山岛断裂带表面变化率分布图（a）和厚度×品位与构造表面变化率叠合示意图（b）

二、焦家超巨型金矿床

(一) 矿床特征

1. 矿床位置

焦家超巨型金矿床位于莱州市东北 27km，分为新城、曲家、红布、东季–南吕、焦家、马塘、马塘二、南吕–欣木、朱郭李家、纱岭、前陈–上杨家、招贤、寺庄、后赵北 14 个矿段（图 3-60），行政区划隶属莱州市管辖。地理极值坐标为 120°04′20″ ~ 120°08′57″E、37°21′40″ ~ 37°27′05″N，面积约 36km²。

2. 矿床地质概况

矿床所在区域大部分被第四系覆盖。第四系下伏控矿的焦家断裂下盘主要为侏罗纪玲珑型花岗岩，上盘主要为新太古代变质岩系（图 3-60）。有较多中生代脉岩分布，主要有伟晶岩、细晶岩、石英闪长玢岩、闪长玢岩、辉绿玢岩和煌斑岩脉。

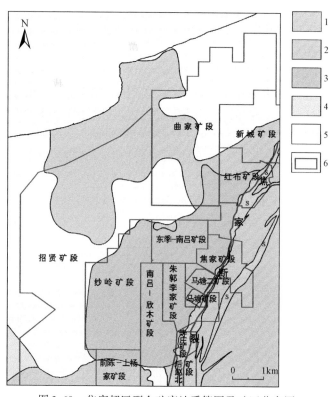

图 3-60　焦家超巨型金矿床地质简图及矿区分布图

1-蚀变带；2-侏罗纪玲珑型花岗岩；3-新太古代斜长角闪岩；4-新太古代黑云英云闪长岩；5-第四系；6-矿区范围

控矿的焦家断裂在区内延伸长度为 8.9km，断裂总体走向为 23°左右，其中后赵北–欣木段走向 15°左右，马塘–曲家段走向 30°左右，新城段走向 40°左右，倾向 NW，倾角 22° ~ 40°。断裂沿走向及倾向均呈舒缓波状展布，膨胀夹缩、分支复合特征较为明显。蚀变带宽 18 ~ 124m，发育有连续的主裂面，矿化蚀变发育，而且具有明显的分带性。

3. 主要矿体特征

焦家超巨型金矿床共圈定矿体 700 余个，其中 I 号矿体群为主要矿体。主要赋存于靠近主裂面的黄铁绢英岩化碎裂岩带内，部分延入黄铁绢英岩化花岗质碎裂岩带内。两个岩性之间呈渐变过渡关系。根据空间位置可将 I 号矿体群划分为 4 个主矿体（图 3-61、图 3-62）。

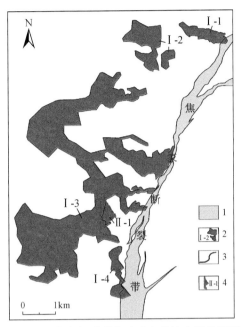

图 3-61　焦家超巨型金矿床主矿体水平投影图

1-黄铁绢英岩化碎裂岩和黄铁绢英岩化花岗质碎裂岩；2-金矿体及编号；3-地质界线；4-朱郭李家 II-1 号矿体

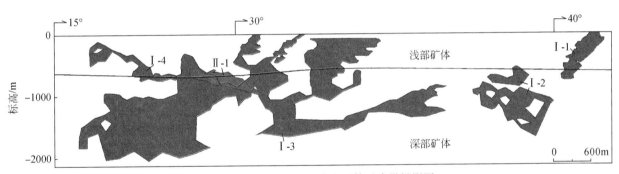

图 3-62　焦家超巨型金矿床主矿体垂直纵投影图

1）I-1 号矿体

I-1 号矿体主要分布在新城矿段内，在 135~191 号勘查线间，−700~22m 标高范围内分布，控制矿体走向长 440m，最大斜深 920m，最大控制垂深 770m。矿体总体走向 40°，倾向 NW，倾角为 26°~30°。矿体真厚度为 16.40m，金品位为 2.88×10^{-6}。

2）I-2 号矿体

I-2 号矿体主要分布在曲家矿段北部及红布矿段，包括曲家矿段 I 号矿体及红布矿段 I 号矿体。分布在 47~135 号勘查线间，−1600~−500m 标高范围内，控制矿体走向长 1305m，最大斜深 1150m，最大控制垂深 1680m。矿体总体走向 30°，倾向 NW，倾角为 2°~40°，平均在 25°左右。矿体真厚度为 5.31m，金品位为 2.23×10^{-6}。

3）I-3 号矿体

该矿体为矿床内规模最大的矿体，分布在曲家矿段南部、招贤、焦家、东季−南吕、马塘、马塘二、朱郭李家、南吕−欣木、纱岭、前陈−上杨家等矿段内。位于 376~15 号勘查线间，−2010~33m 标高范围内。控制矿体走向长 6030m，最大斜深 4900m，最大控制垂深 2015m。矿体总体走向 30°，倾向 NW，倾角为 25°~38°，平均在 31°左右（图 3-63）。矿体真厚度为 9.22m，金品位为 3.03×10^{-6}。

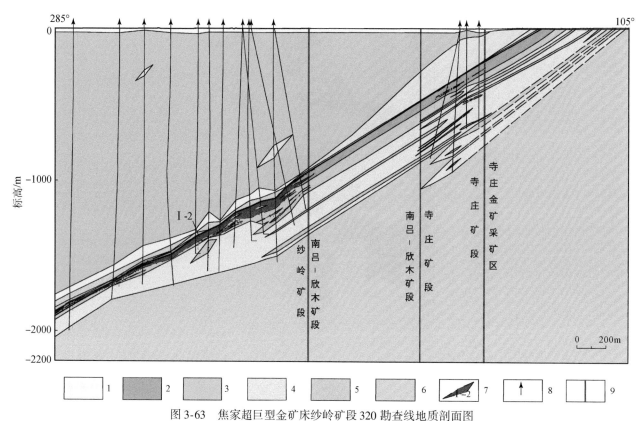

图 3-63　焦家超巨型金矿床纱岭矿段 320 勘查线地质剖面图

1-黄铁绢英岩化碎裂岩；2-黄铁绢英岩化花岗质碎裂岩；3-黄铁绢英岩化花岗岩；4-钾长石化花岗岩；5-新太古代变辉长岩；
6-侏罗纪玲珑型花岗岩；7-金矿体及编号；8-钻孔；9-矿段分界线

4）Ⅰ-4 号矿体

Ⅰ-4 号矿体主要分布在南吕-欣木矿段、寺庄金矿采矿区和后赵北矿段内。分布在 368～272 号勘查线间，-100～-700m 标高范围内。控制矿体走向长 1474m，最大斜深 1540m，最大控制垂深 750m。矿体总体走向 15°，倾向 NW，倾角为 20°～45°。矿体真厚度为 3.30m，金品位为 $3.89×10^{-6}$。

依据控矿断裂产状变化、无矿间隔、矿体富集贫化等特征，焦家金矿床可分为浅部及深部两个赋矿台阶，二者分界线位于-600～-700m 标高之间（图 3-62）。

矿床共有 3 处矿体厚大部位（图 3-64、图 3-65），浅部矿体厚大部分位于新城矿段 0～-600m 标高范围内，深部矿体厚大部位则位于焦家矿段深部及纱岭矿段-800～-1500m 标高范围内。矿体厚大部位的单工程金品位为 $1.00×10^{-6}$～$22.47×10^{-6}$，平均为 $3.07×10^{-6}$，品位变化系数为 66.09%，属有用组分分布均匀型矿体。矿床共有 2 处品位富集部位（图 3-64、图 3-65），浅部品位富集部位位于新城矿段 0～-600m 标高范围内，深部品位富集部位则位于焦家矿段深部-900～-1200m 标高范围内。单工程真厚度为 0.32～125.64m，平均为 9.25m，厚度变化系数为 124.09%，属厚度稳定程度较稳定型矿体。矿体厚大部位与富集部位在中浅部吻合度较高，在深部的纱岭矿段对应关系不明显，说明在浅部矿体厚度与品位具有较好正相关性特征，矿体厚度越大则品位越富集，但深部矿体品位变化趋于平缓，矿体厚度与品位间相关性略差。

4. 矿床规模

焦家金矿床累计探获金矿石量为 $428.81×10^{6}$t，金金属量为 1334375kg，平均厚度为 8.06m，平均品位为 $2.75×10^{-6}$。其中浅部矿体金矿石量为 $76.36×10^{6}$t，金金属量为 284899kg，平均厚度为 8.81m，平均品位为 $3.65×10^{-6}$；深部矿体探获金矿石量为 $352.45×10^{6}$t，金金属量为 1049476kg，平均厚度为 7.98m，平均品位为 $3.10×10^{-6}$。深/浅部矿体资源量比值为 3.68，品位比值为 0.87，厚度比值为 0.91，深部矿体在

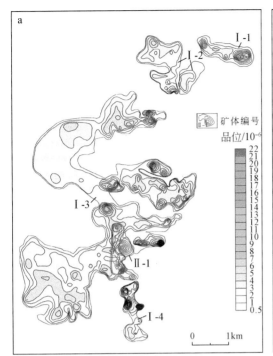
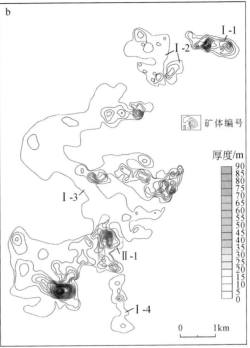
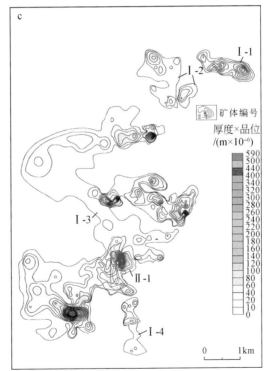

图 3-64　焦家超巨型金矿床水平厚度、品位等值线图

a-矿体品位等值线图；b-矿体厚度等值线图；c-矿体厚度×品位等值线图

规模上大于浅部矿体，但在富集程度上略差于浅部矿体。该矿床的浅部矿体分布不集中，以往将其作为多个独立的金矿床处理。实际上矿床的深部，矿体相互连接或叠合，构成一个资源储量超千吨的超巨型金矿床。

5. 矿石成分和金矿物特征的变化

矿石矿物包括黄铁矿、黄铜矿、方铅矿和闪锌矿等，脉石矿物有石英、绢云母、长石、方解石等。

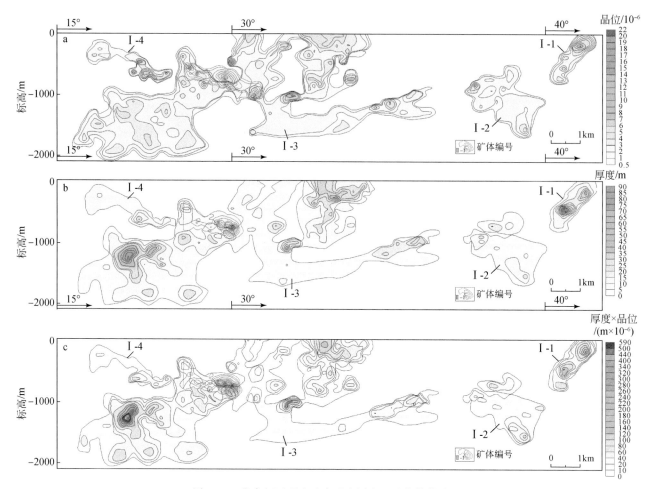

图 3-65　焦家超巨型金矿床垂向厚度、品位等值线图

a-矿体品位等值线图；b-矿体厚度等值线图；c-矿体厚度×品位等值线图

矿石中主要有用元素为 Au，伴生有益元素为 Ag、S、Cu、Pb、Zn 等，有害元素为 As（表 3-2），As 元素深部比浅部富集，Au 和 Ag 元素深部比浅部贫化，其他元素含量深浅部变化不明显。

表 3-2　焦家超巨型金矿床金及相关组分含量表

矿区名称	Au/10⁻⁶	Ag/10⁻⁶	As/10⁻⁶	Cu/%	Pb/%	Zn/%	S/%
新城矿段	6.81	4.25	1.98	0.01	0.03	0.01	2.64
焦家矿段	3.82	12.01	0.01	0.02	0.10	0.01	1.93
马塘矿段	2.24	7.18	—	0.04	0.03	0.03	2.21
马塘二矿段	3.19	10.79	—	0.03	0.05	0.03	2.20
寺庄矿段	3.89	4.16	12.98	0.05	0.01	0.01	2.47
后赵北矿段	2.60	12.15	21.00	0.04	0.02	0.02	2.09
红布矿段	6.85	3.63	—	—	—	—	1.49
浅部平均值	4.20	8.42	8.99	0.03	0.04	0.02	2.26
纱岭矿段	2.77	2.55	22.61	—	—	—	2.70
前陈-上杨家矿段	2.97	2.46	22.61	0.02	0.01	0.02	2.06
曲家矿段	3.68	4.50	20.00	0.02	0.06	0.02	1.69
朱郭李家矿段	3.37	6.56	6.89	0.02	0.02	0.02	2.05

续表

矿区名称	Au/10^{-6}	Ag/10^{-6}	As/10^{-6}	Cu/%	Pb/%	Zn/%	S/%
招贤矿段	2.73	3.28	19.92	0.02	0.02	0.03	2.38
深部平均值	3.10	3.83	18.41	0.02	0.03	0.02	2.06
矿床平均值	3.65	6.13	14.22	0.03	0.04	0.02	2.16

　　根据267粒金电子探针测试结果，金矿物化学成分主要为Au、Ag，此外还有Fe、Cu、Zn、Cr、As、Co、Ni、S等微量元素。从浅部至深部，除Au呈富集趋势，Ag呈贫化趋势外；Fe、S元素呈富集趋势，其余元素变化不大（图3-66）。

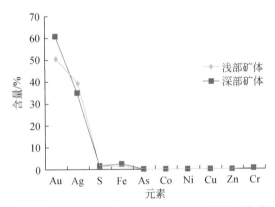

图3-66　焦家超巨型金矿床金矿物微量元素含量折线图

　　根据267粒金统计结果（图3-67a），金矿物主要为自然金（51.31%），次为银金矿（28.84%）及金银矿（19.85%）；金矿物最高成色为941.00，最低成色为438.50，平均成色为816.25。与浅部金矿物相比，深部金矿物只含少量金银矿（2.80%），自然金含量更高（64.32%），金矿物成色也明显提高。

　　根据8423粒金统计结果，矿床粗粒金含量为2.59%，中粒金含量为7.94%，细粒金含量为47.51%，微粒金含量为41.78%，金矿物以细粒及微粒为主。与矿床浅部相比，矿床深部金矿物粒度明显减少，巨粒、粗粒、中粒及细粒金矿物含量较浅部均有明显减少（图3-67b），巨粒金由浅部的0.30%减少至0.00%，粗粒金由3.43%减少至1.09%，中粒金由8.65%减少至6.68%，细粒金由50.64%减少至41.93%，微粒含量由36.99%上升至50.33%。

　　根据2531粒金统计结果，金矿物形态以粒状为主，含量为73.36%，其次为针状、叶片状、板片状及枝杈状等，含量为26.64%。矿床深部金矿物粒状形态含量有所降低，叶片状金含量增加（图3-67c）。

　　根据2690粒金统计结果，金矿物赋存状态有裂隙金、晶隙金及包体金三种，以晶隙金和裂隙金为主，相对含量分别为61.19%和20.22%。矿床浅部以裂隙金（51.30%）和晶隙金（41.12%）为主，而深部则以晶隙金（65.78%）和包体金（21.11%）为主，赋存状态变化较大（图3-67d）。

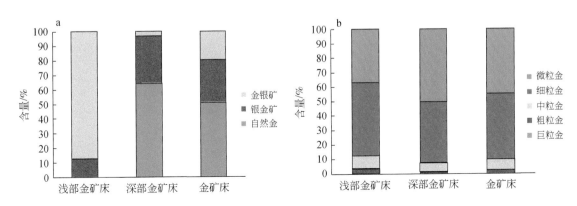

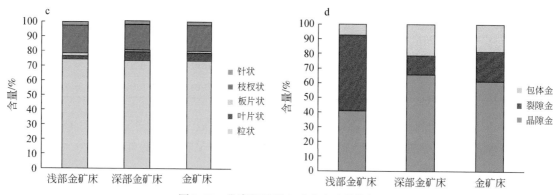

图 3-67　焦家超巨型金矿床金矿物特征

a- 金矿物含量直方图；b- 金矿物粒度直方图；c- 金矿物形态直方图；d- 金矿物赋存状态直方图

（二）三维地质模型

1. 三维地质建模

1）建模资料

焦家、马塘、寺庄和寺庄深部、后赵、东季-南吕、朱郭李家、南吕-欣木、纱岭、前陈、前李家、徐村院等金矿区的 21 套勘查成果资料，勘查线剖面图 124 张、钻孔柱状图 500 张、中段图 33 张、地表至 -4000m 勘查线剖面图 55 张（64～536 号勘查线），1：1 万地形地质图 11 张、1：1 万地形地质图 221km²、1：5 万区域地质图 1 张，数字高程数据 1 份（范围与建模范围一致）。数据处理同三山岛金矿床。

2）建模参数

建模范围 X：4132252～4145773，Y：40501784～40511588，Z：地表至 -4000m。平面地质图比例尺为 1：1 万，勘查线剖面图比例尺为 1：2000，水平控制网度为 60m×60m。最小厚度设为 0.1m。包括三维岩体模型（包括构造、地表、第四系、岩体、围岩、蚀变带）、三维矿体模型。

2. 地层三维模型

地层为第四系，位于模型表面，遍布全区，西北部与南部延伸至模型之外，顶部为地表，底部分别与马连庄组合、栖霞片麻岩套、玲珑型花岗岩接触，三维模型呈不规则板状，厚度为 0.5～38m，一般为 5～20m，体积为 0.76km³，占模型体积的 0.14%（图 3-68）。

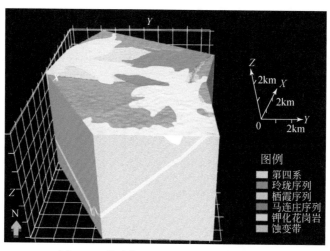

图 3-68　焦家超巨型金矿床三维地质模型

3. 岩体三维模型

区内岩浆岩总体积达 521.49km³，占模型的 92.57%，为模型的主要组成部分。

1）马连庄组合斜长角闪岩

马连庄组合斜长角闪岩位于模型中北部，北部延伸至模型之外，岩体顶面大部分出露于地表，部分隐伏于第四系之下，顶部剥蚀面平缓，底部与玲珑型花岗岩接触，接触面形态不规则，最大深度为 1795.80m。岩体整体位于焦家断裂带上盘，北东方向较长，可达 5.78km，北西方向较短，约 3.64km。沿长轴方向中间厚度大，向两侧逐渐变窄，且南西方向厚度明显大于北东。体积为 11.09km³，占模型区总体积的 1.97%（图 3-69a）。

2）栖霞片麻岩套

岩体分为两部分，一部分位于模型区东北部，向西北延伸至模型之外，岩体顶面大部出露地表，局部隐伏于第四系之下，顶部剥蚀面平缓，底面与玲珑型花岗岩接触，接触面极不规则，最大深度为 1790m，另一部分位于模型区南部，呈岩珠状，规模较小。二者均位于焦家断裂带上盘，岩体体积为 25.29km³，占模型总体积的 4.49%（图 3-69b）。

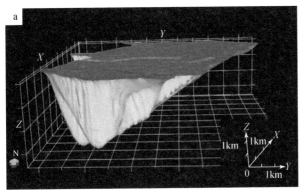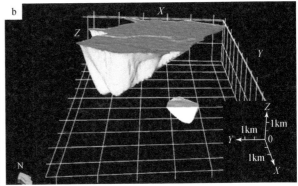

图 3-69　马连庄组合斜长角闪岩（a）和栖霞片麻岩套（b）三维地质模型

3）玲珑型花岗岩

玲珑型花岗岩为模型的主体，纵贯全区，被焦家断裂带分割成上盘、下盘两个部分，上盘大部出露地表，剥蚀面平缓，上盘底面与蚀变带接触，接触面不规则，下盘位于蚀变带之下并延伸至模型底界。总体积为 485.11km³，占模型区总体积的 86.12%（图 3-70）。

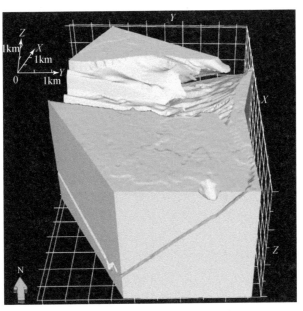

图 3-70　玲珑型花岗岩三维地质模型

4）蚀变带

蚀变带沿焦家断裂带两侧展布，包含于玲珑型花岗岩之内。主裂面上盘的绢英岩化花岗质碎裂岩和绢英岩化碎裂岩带以及下盘的黄铁绢英岩化碎裂岩带、黄铁绢英岩化花岗质碎裂岩带、黄铁绢英岩化花岗岩带的空间位置、形态、产状与焦家断裂带基本一致（图3-71a），均呈薄层状平行展布于主裂面两侧，体积分别为4.92m³、0.56m³、0.88m³、4.74m³、10.30m³，为矿体主要赋存位置。

4. 构造三维模型

焦家断裂北部沿新太古代马连庄组合与侏罗纪玲珑型花岗岩的接触带展布，南部展布于花岗岩体内。构造面起伏变化明显，整体来看，断裂浅部产状较陡，深部产状相对较缓，沿倾向上呈阶梯分布，沿走向上呈波状，起伏变化明显，呈S形（图3-71b）。

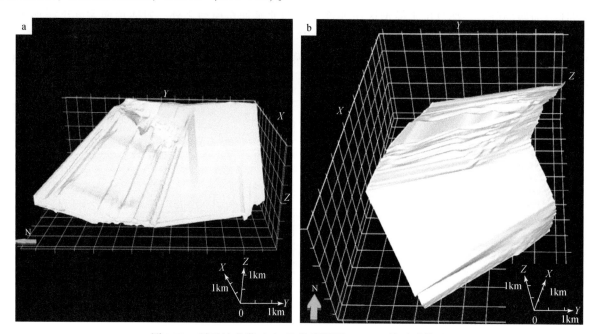

图 3-71　赋矿蚀变带（a）和焦家断裂（b）三维地质模型

5. 矿体三维模型

已控制和建模的矿体主要分布在-2100m标高以浅。由于以往各个勘查区矿体编号重复较多，因此本次工作对矿体进行重新圈定编号。共划分四个矿体群，将断裂下盘紧靠主裂面的黄铁绢英岩化碎裂岩带中的矿体划为Ⅰ号矿体群，圈定矿体38个，编号Ⅰ-1～Ⅰ-38；将黄铁绢英岩化碎裂岩带之下的黄铁绢英岩化花岗质碎裂岩带中的矿体划为Ⅱ号矿体群，圈定矿体94个，编号Ⅱ-1～Ⅱ-94；将黄铁绢英岩化花岗质碎裂岩带之下的黄铁绢英岩化花岗岩带中的矿体划为Ⅲ号矿体群，圈定矿体369个，编号Ⅲ-1～Ⅲ-369；断裂上盘矿体划为Ⅳ号矿体群，圈定矿体78个，编号Ⅳ-1～Ⅳ-78。累计圈定矿体579个（图3-72a），总体积为111731491m³，其中Ⅰ号矿体群体积为82674407m³，占总体积的73.99%，为矿体模型的主要组成部分，Ⅳ号矿体群体积最小，仅占总体积的1.02%。

圈定规模巨大矿体3个（图3-72b），编号为Ⅰ-1、Ⅰ-13、Ⅱ-13。Ⅰ-1号矿体位于矿床北部、地表至-1478m标高范围内，紧贴主裂面下盘分布，覆盖控矿断裂的第一台阶、第二台阶，在断裂产状由陡变缓的台阶处矿体厚度明显变大。最大走向长2445m，最大倾斜长3493m。体积23599486m³，占矿体总体积的21.12%。矿体呈脉状，产状与焦家断裂带基本一致，分支复合、膨胀夹缩现象明显，矿体内分布有数个无矿天窗。Ⅰ-13号矿体位于矿床中北部、-308～-2041m标高范围内，覆盖控矿断裂的第三台阶，在断裂产状由陡变缓的台阶处矿体厚度明显变大。-1000m以浅矿体主要位于主裂面下盘，越向深部出露主裂面上盘矿体面积越大。最大走向长2211m，最大倾斜长3634m。体积57220010m³，占矿体总体积的51.21%。矿体整体呈脉状，浅部矿体呈枝杈状分散，深部矿体完整、连续性好，产状与焦家断裂基本一致，分支复合、膨胀夹缩现象明显。Ⅱ-13号矿体位于矿床中北部、-555～-1389m标高范围内，覆盖控矿断裂的第二台阶，在断裂倾角由陡变缓的第二台阶处矿体厚度明显变大。矿体均位于主裂面下盘。最大走向长1798m，最大倾斜长1866m。体积15005246m³，占矿体总体积的13.43%。矿体呈脉状，平面形态呈"Z"形，产状与焦家断裂基本一致，分支复合、膨胀夹缩现象明显。

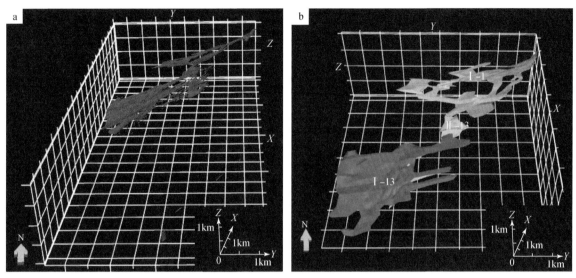

图3-72 焦家超巨型金矿床矿体（a）和主矿体（b）三维地质模型

矿体整体沿焦家断裂的走向方向（NNE向）延伸，北段埋藏较浅，向南逐渐加深。单一矿体沿焦家断裂的倾斜方向大致向西延深。

（三）矿床三维分析

1. 可视化分析

对三维构造模型倾斜方向及水平方向进行切片分析（图3-73a、b），断裂面沿水平方向上波状变化明显，起伏波动较大；沿倾向上呈阶梯分布，构成数个台阶，钻孔控制部分表现有两处明显台阶（图3-73c）：第1处为地表至-400m，断裂倾角由近70°渐变为30°左右；第2处为-700～-1600m，大致可分为两段，第1段位于模型的中北部-700～-1600m标高，断裂倾角由30°左右渐变为15°左右，第2段位于模型的中南部-1000～-1600m标高处，断裂倾角由39°渐变为19°，浅部断裂倾角整体较陡，向深部倾角具明显变缓趋势。

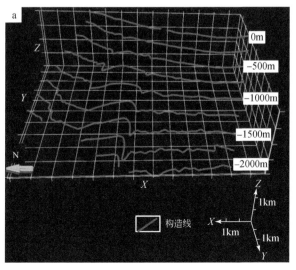
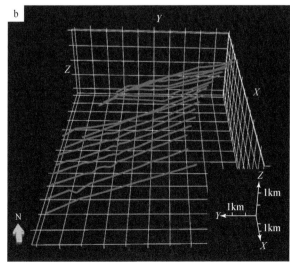

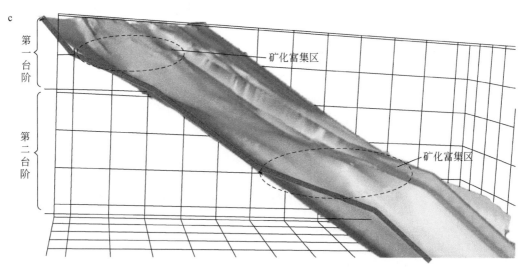

图 3-73　断裂水平切片（a）、垂直切片（b）和断裂三维模型（c）

　　沿矿体倾斜方向对三维构造模型和三维矿体模型进行同步切片分析（图 3-74a、b），可以看出，构造线和矿体沿倾斜方向呈阶梯平行分布，矿体在倾斜方向上无矿间隔明显，沿倾向上断裂产状由陡变缓部位主矿体厚度较大，Ⅲ号矿体群矿体多在主矿体富集部位发育。

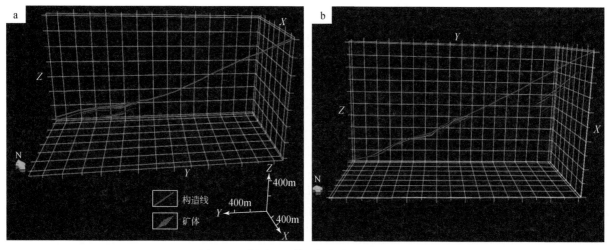

图 3-74　断裂和矿体沿倾斜方向切片分析

　　沿水平方向对三维构造模型和三维矿体模型进行同步切片分析（图 3-75a～d），可以看出，矿体在水平方向上无矿间隔明显，主矿体多富集在断裂构造线小幅度波动部位，且矿体富集部位的外围常出现大幅度波动。主矿体富集部位一般Ⅲ号矿体群矿体较为发育。

2. 矿体空间分析

1）Ⅰ+Ⅱ+Ⅳ号矿体群

　　三个矿体群产状总体平行于主裂面，总体积为 102496403m³，占矿床总体积的 91.73%。

　　（1）矿体厚度分析。均匀提取插值后数据点 1459 个，厚度为 1.00～122.92m，平均为 8.81m，标准差为 11.90，厚度数据整体较均匀，厚度主要集中在 1.00～30.00m，异常值较少（图 3-76a）。在厚度三维分布图中（图 3-77），出现数处厚度较大区域。沿矿体走向和倾向上厚度呈现厚-薄相间变化，无矿、弱矿间隔现象明显。

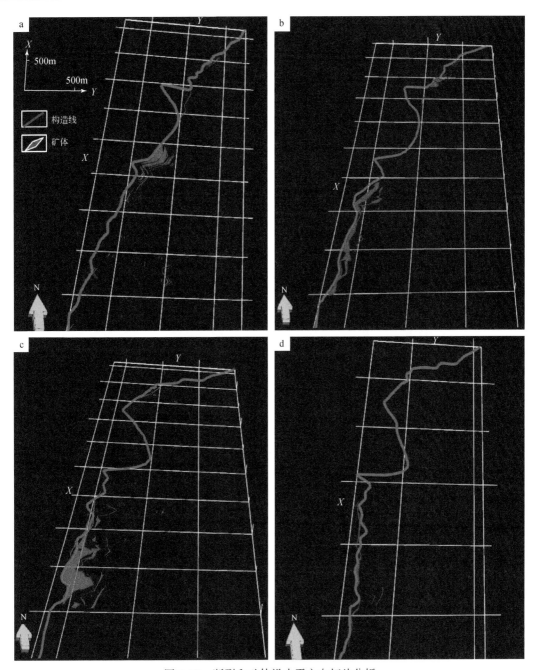

图 3-75　断裂和矿体沿水平方向切片分析

a--250m 标高；b--750m 标高；c--1250m 标高；d--1750m 标高

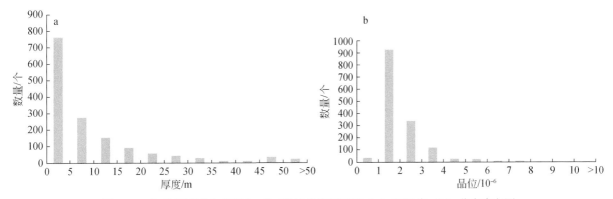

图 3-76　焦家超巨型金矿床 I+II+IV 号矿体群厚度（a）和品位（b）分布直方图

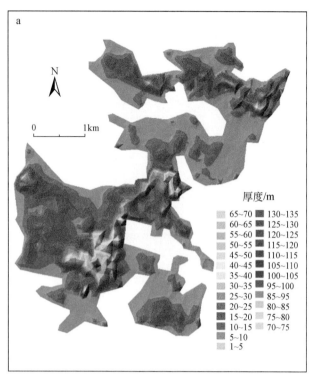
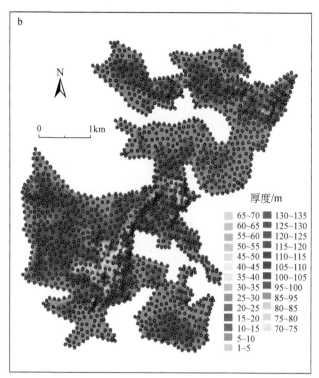

图 3-77　焦家超巨型金矿床 I + II + IV 号矿体群厚度三维分布图

a- I + II + IV 号矿体群厚度三维分布图；b-提取插值点位置

（2）品位分析。均匀提取插值后数据点 1459 个，品位为 $1.00 \times 10^{-6} \sim 19.96 \times 10^{-6}$，平均为 1.99×10^{-6}，标准差为 1.41。在品位值三维等值线图中，图形切割不明显（图 3-78）。总体品位分布较均匀（图 3-76b）。比较而言，厚度较大区域，品位较高。对数据点品位、厚度进行相关性分析，两者相关系数为 0.337，呈显著正相关。

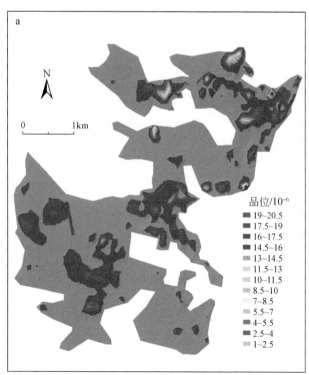
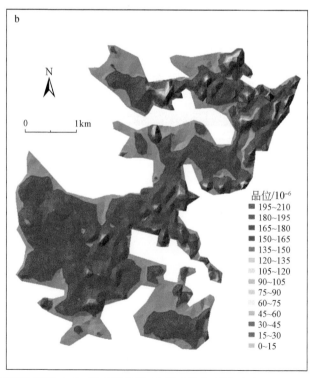

图 3-78　焦家超巨型金矿床 I + II + IV 号矿体群品位三维分布图（a）和 Z 值拉伸 10 倍三维分布图（b）

（3）对三个矿体群进行厚度×品位分析，均匀提取插值后数据点 1459 个，厚度×品位范围为（1.00～19.96）m×10⁻⁶，平均为 25.00m×10⁻⁶，标准差为 44.86，数据分布均匀（图3-79，图3-80）。将厚度×品位的 4 倍（100m×10⁻⁶）作为矿化富集区，共提取矿化富集区 4 处（图3-81），矿化富集区沿南北、东西两个方向呈近等距分布。沿走向上可划分为三条矿化富集带，矿化富集部位向北西向侧伏，富集带和弱矿带宽约 1.5km；在倾向方向，富集带和弱矿带宽约 1.8km。

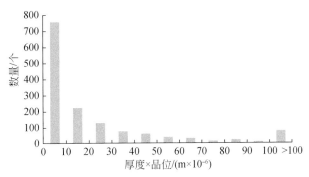

图 3-79　Ⅰ+Ⅱ+Ⅳ号矿体群厚度×品位分布直方图

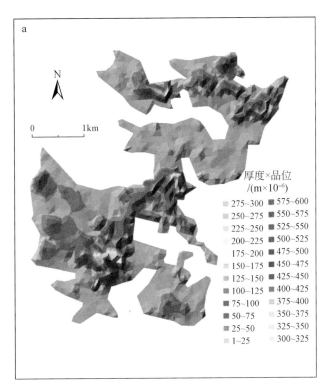
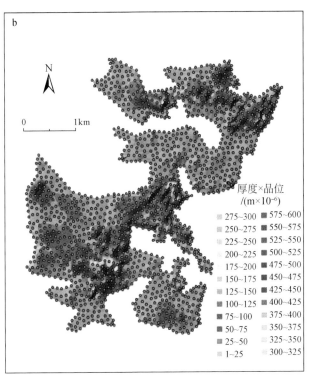

图 3-80　焦家超巨型金矿床 Ⅰ+Ⅱ+Ⅳ号矿体群厚度×品位三维分布图（a）和提取插值点位置（b）

2）Ⅲ号矿体群

Ⅲ号矿体群受主干断裂及与主干断裂斜交的陡倾裂隙控制，矿体产状变化较大，矿体规模一般较小。矿体群体积为 9235088m³，占矿体总体积的 8.27%。

Ⅲ号矿体群厚度分析。均匀提取插值后数据点 731 个，厚度范围为 1.00～65.38m，平均为 7.10m，标准差为 7.65，数据分布均匀（图3-82a）。在厚度三维分布图中，高值分布较集中，沿高值区域向外围厚度逐渐变小（图3-83a）。

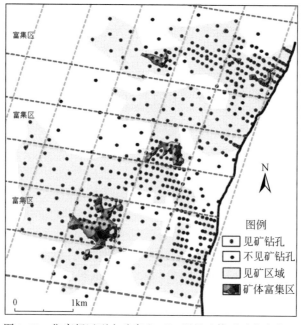

图 3-81　焦家超巨型金矿床 Ⅰ+Ⅱ+Ⅳ 号矿体群矿化富集区

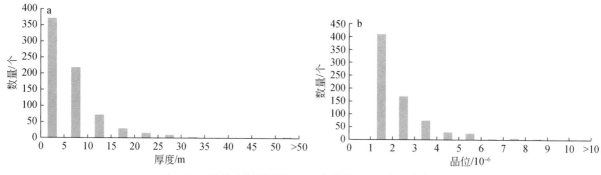

图 3-82　Ⅲ号矿体群厚度（a）和品位（b）分布直方图

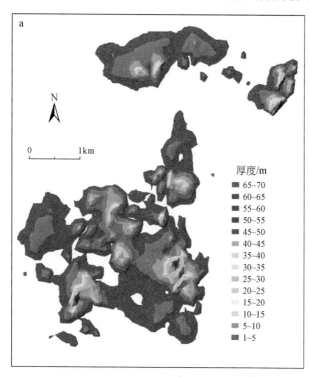

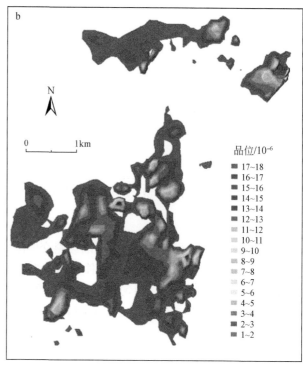

图 3-83　Ⅲ号矿体群厚度（a）和品位（b）三维分布图

对Ⅲ号矿体群进行品位分析，均匀提取插值后数据点731个，品位范围为$1.00×10^{-6}$~$16.11×10^{-6}$，平均为$2.29×10^{-6}$，标准差为1.62，数据分布均匀，三维起伏不明显（图3-82b、图3-83b）。

对Ⅲ号矿体群厚度、品位进行相关性分析，两者相关性为0.262，为显著正相关。

对Ⅲ号矿体群厚度×品位值进行分析，均匀提取插值后数据点731个，厚度×品位值为$1.00m×10^{-6}$~$296.13m×10^{-6}$，平均为$23.22m×10^{-6}$，标准差为35.17，数据分布均匀（图3-84）。Ⅲ号矿体群厚度×品位值大于平均值2倍的矿化富集区域（图3-85）与Ⅰ+Ⅱ+Ⅳ号矿体群富集区重叠面积较大。

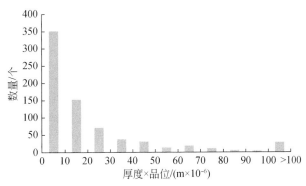

图3-84 Ⅲ号矿体群厚度×品位分布直方图

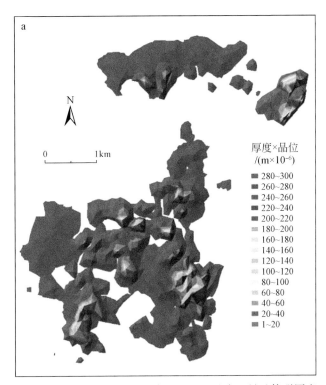
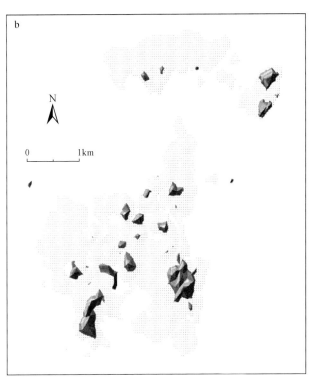

图3-85 焦家超巨型金矿床Ⅲ号矿体群厚度×品位三维等值线图（a）和矿化富集区图（b）

（四）构造表面分析

1. 坡度分析

（1）断裂表面及矿化富集部位坡度变化。焦家超巨型金矿床控矿构造为焦家断裂带，其浅部三维构造模型由系统的工程控制，可作为已知数据进行研究，经统计，浅部构造模型由4044个不规则三角形组成，经坡度分析后提取构造表面坡度值 4044 个，最小值为 1.16°，最大值为 87.61°，平均值为 29.68°，主要集中在 15°~45°（图 3-86）；Ⅰ+Ⅱ+Ⅳ号矿体群内矿化富集部位（大于平均值 4 倍）提取坡度值 144 个，最小值为 10.25°，最大值为 43.57°，平均值为 27.21°，主要集中在 20°~35°（图 3-86a）；Ⅲ号矿体群内矿化富集部位（大于平均值 3 倍）提取坡度值 89 个，变化范围为 22.27°~ 61.87°，平均为 34.70°，主要集中在 30°~40°（图 3-87）。可见，Ⅰ+Ⅱ+Ⅳ号矿体群矿体富集区坡度值较低，Ⅲ号矿体群矿体富集区坡度值则较高（图 3-87），说明在坡度较缓部位 Ⅰ+Ⅱ+Ⅳ号矿体群更易于富集，在坡度较陡部位 Ⅲ号矿体群更易于富集，这与 Ⅲ号矿体群倾角较陡的事实相吻合。对焦家断裂带每 20m 标高范围提取表面坡度值，分别计算各标高区段坡度的平均值并制作焦家断裂由浅到深构造表面坡度变化折线图（图 3-87）。图中折线整体呈右倾，说明焦家断裂由浅部向深部表面坡度有降低趋势。由浅向深，构造呈陡-缓-陡-缓-陡阶梯变化，出现两处"台阶"，为构造面由陡变缓部位，第一处位于地表至-700m 标高范围，地表至-40m 标高为陡倾段，-40~-700m 标高为缓倾段，缓倾段的上部与矿化富集区 Ⅰ 赋存标高位置相对应；第二处位于-740~-1600m 标高范围，含两个陡缓交替段，第一段位于-740~-840m，与矿化富集区 Ⅱ、Ⅲ 赋存标高位置相对应。第二段位于-920~-160m，与矿化富集区 Ⅳ 赋存标高位置相对应。陡缓交替中缓倾段与矿体矿化富集段相对应，可以看出构造表面形态变化与成矿、富矿关系极为密切。且第二处"台阶"规模大，赋含 3 个矿化富集区，指示"台阶"规模大小影响矿体富集程度，"台阶"规模越大，形成的矿体越富。从焦家断裂由浅到深构造表面坡度变化趋势来看，于-1600~-2020m 标高，构造表面坡度逐渐变陡，于-2000~-3000m 标高可能形成第三个台阶。

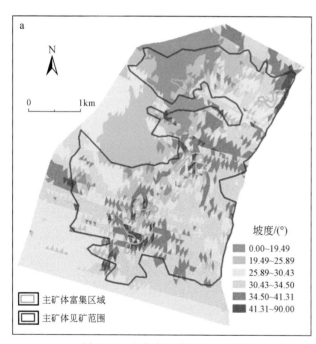
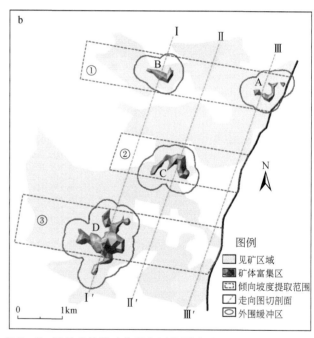

图 3-86　焦家断裂带坡度及主矿体叠合图（a）和 Ⅰ+Ⅱ+Ⅳ号矿体群矿化富集区及缓冲区（b）

（2）矿化富集部位的坡度变化。对 Ⅰ+Ⅱ+Ⅳ号矿体群中矿化富集部位（厚度×品位值的 4 倍作为矿化富集部位）及其外围缓冲区进行坡度分析。共提取富集区 4 处，编号为 A、B、C、D，每个富集区提取缓冲区 3 处，分别为富集区沿倾向的上部、下部和外围，缓冲距离为 200m，其中外围缓冲区范围包含了矿体富集部位、上部缓冲区和下部缓冲区（图 3-86b）。

富集区 A：位于-400m 标高以浅，缓冲区（含富集区 A 范围）坡度最小值为 22.85°，最大值为 76.37°，平均为 37.96°，坡度主要集中在 25°~65°，坡度变化较大（图 3-88）；矿化富集区内坡度为 27.77°~36.44°，平均为 30.87°，坡度变化小，分布集中；上方缓冲区内坡度为 28.32°~64.90°，平均为

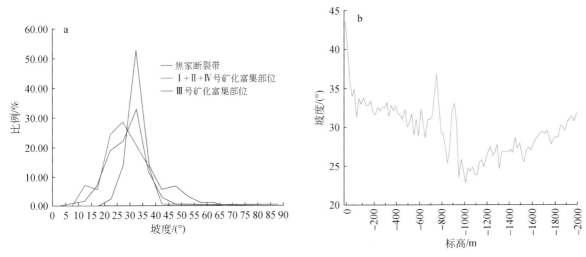

图 3-87　含矿区域不同坡度占比折线图（a）和断裂由浅至深表面坡度变化折线图（b）

47.73°，坡度变化较大；下方缓冲区内坡度为 29.39°～37.44°，平均为 32.71°，坡度分布集中。整体来看，缓冲区范围内坡度变化较大，但矿化富集区内坡度分布集中，坡度值低。将矿化富集区与缓冲区坡度的平均值对比，比缓冲区坡度小 7.09°，比上方缓冲区坡度小 16.86°，比下方缓冲区坡度小 1.84°。矿化富集区坡度值最小，说明矿化富集区在该区域内断裂倾角最为平缓。富集区与上方缓冲区对比，坡度变化较大，说明由浅到深断裂倾角快速变缓；与下方缓冲区对比，坡度变化不大，说明与下方断裂倾角基本一致。

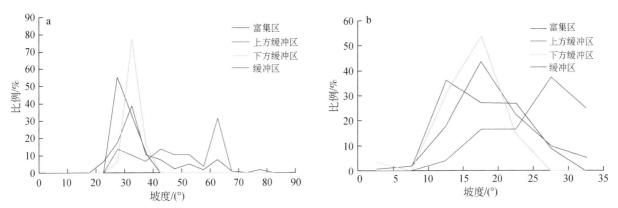

图 3-88　富集区 A 及其缓冲区（a）和富集区 C 及其缓冲区（b）坡度比例折线图

富集区 B：位于 −600～−800m 标高，缓冲区（含富集区 B 范围）坡度为 2.11°～33.91°，平均为 19.16°，坡度变化较大（图 3-88）；矿化富集区坡度为 10.25°～26.17°，平均为 17.73°，坡度变化小，分布集中；上方缓冲区坡度为 13.98°～33.91°，平均为 25.31°；下方缓冲区坡度为 2.11°～22.41°，平均为 16.05°。整体来看，该区域构造相对较缓，缓冲区范围内坡度波动较大，矿化富集区坡度分布集中，坡度值低。将矿化富集区与缓冲区坡度的平均值做对比，比缓冲区坡度小 1.85°，比上方缓冲区坡度小 7.58°，比下方缓冲区坡度大 1.68°。相对比，矿化富集区坡度值偏小，说明矿化富集区在该区域内断裂倾角平缓。与上方缓冲区对比，断裂倾角变化相对较大，说明由浅到深断裂倾角由陡变缓。与下方缓冲区范围对比坡度变化不大，说明与下方断裂倾角基本一致。

富集区 C：位于 −600～−800m 标高，缓冲区（含富集区 C 范围）坡度为 10.67°～87.61°，平均为 37.77°，坡度变化较大（图 3-89）；矿化富集区坡度为 21.55°～34.58°，平均为 27.25°，坡度变化小，分布集中；上方缓冲区坡度为 10.67°~52.03°，平均为 32.95°，坡度变化较大；下方缓冲区坡度为 11.33°~48.38°，平均为 32.06°。整体来看，缓冲区范围内坡度波动较大，矿化富集区坡度分布集中，坡度值低。将矿化富集区与缓冲区坡度的平均值做对比，比缓冲区坡度小 10.52°，比上方缓冲区坡度小 5.70°，比下方缓冲区坡度小 4.81°。矿化富集区坡度值最小，说明矿化富集区在该区域内断裂倾角最为平缓。坡度值均小于上方和下方缓冲区范围，说明由浅到深断裂倾角由陡变缓再变陡。

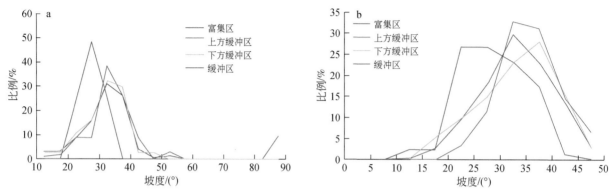

图 3-89　富集区 C 及其缓冲区（a）和富集区 D 及其缓冲区（b）坡度比例折线图

富集区 D：位于 -1000~-1400m 标高，缓冲区（含富集区 D 范围）坡度为 13.96°~48.73°，平均为 33.26°，坡度变化较大（图 3-89）；矿化富集区坡度最小为 13.96°，最大为 43.57°，平均为 28.86°，坡度值主要集中在 20°~40°，坡度变化小，分布集中；上方缓冲区坡度为 20.13°~48.73°，平均为 35.88°，坡度变化较大；下方缓冲区坡度为 17.83°~47.60°，平均为 33.45°。整体来看，缓冲区坡度变化较大，矿体富集区坡度分布集中，坡度值低。将矿化富集区与缓冲区坡度的平均值做对比，比缓冲区坡度小 4.4°，比上方缓冲区坡度小 7.02°，比下方缓冲区坡度小 4.59°。矿体富集区坡度值最小，说明矿化富集区在该区域内断裂倾角最为平缓。矿化富集区坡度值明显小于上方缓冲区和下方缓冲区坡度值，说明由浅到深断裂倾角由陡变缓再变陡。

综上所述，4 处缓冲区坡度值波动均较大，矿化富集区位于断裂坡度平缓部位，矿化富集区上方缓冲区产状相对较陡，下方缓冲区构造产状一般略陡于矿化富集区断裂倾角。这说明，控矿构造表面坡度变化较大区域易于矿体富集，且矿体主要富集在坡度变缓部位。

（3）矿化富集部位所在断裂段沿倾向由地表向深部坡度变化。将矿化富集区沿倾斜方向划分为三个提取范围并将其编号①、②、③（图 3-86）。提取范围①覆盖矿化富集区 A 和矿化富集区 B，提取范围②和③分别覆盖富集区 C 和矿化富集区 D。对三个提取范围按标高进行数据提取，提取间隔 20m，统计不同标高段构造表面坡度、Ⅰ+Ⅱ+Ⅳ号矿体群厚度×品位值、Ⅲ号矿体群厚度×品位值平均值，形成由浅到深坡度和矿体厚度×品位变化曲线（图 3-90）。

提取范围①沿倾斜方向坡度变化为陡-缓-陡-缓-陡，可划分为 5 段，表现为两个倾角变化的"台阶"（图 3-90a）。第一段，地表至 -100m 标高，构造面由缓急速变陡，坡度值由 59.89° 减小到 31.11°，坡度差达 28.78°。随着坡度降低，Ⅰ+Ⅱ+Ⅳ号矿体群厚度×品位值逐渐增加，由 2.33m×10^{-6} 增加到 57.26m×10^{-6}。该段Ⅲ号矿体群厚度×品位值明显偏高，分布区间为（49.35~88.17）m×10^{-6}。第二段，-100~-920m 标高，为构造缓倾段，坡度值为 22.50°~36.90°，主要集中在 28°~32°，坡度整体变化不大。该段前 160m 范围矿化极好，为矿化富集区 A 赋存位置。Ⅰ+Ⅱ+Ⅳ号矿体群厚度×品位为（55.42~98.74）m×10^{-6}，平均可达 75.53m×10^{-6}，Ⅲ号矿体群厚度×品位值为（10.83~90.33）m×10^{-6}，平均为 39.85m×10^{-6}，其他部分见矿效果一般，Ⅰ+Ⅱ+Ⅳ号矿体群厚度×品位为（0~48.05）m×10^{-6}，平均为 25.28m×10^{-6}，仅局部地段可见Ⅲ号矿体；第三段，-920~-960m 标高，坡度值由 31.61° 减小到 16.57°，坡度差 15.04°，为由陡急速变缓段，该段近乎不见矿；第四段，-980~-1340m 标高，坡度值为 13.86°~24.74°，多集中在 20° 左右，整体坡度值波动不大，为缓倾段。该段由浅到深，见矿效果逐渐变弱，该段

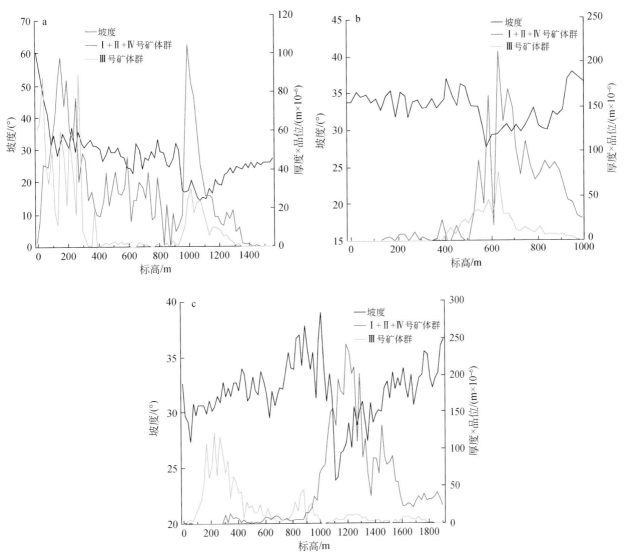

图3-90　沿倾向提取范围①～③坡度和矿体分布折线图

前120m范围，Ⅰ+Ⅱ+Ⅳ号矿体群厚度×品位值为（41.91～104.93）m×10⁻⁶，平均为72.57m×10⁻⁶，为矿化富集区B赋存位置。Ⅲ号矿体群厚度×品位值为（10.52～20.43）m×10⁻⁶，平均为21.19m×10⁻⁶，剩余部分Ⅰ+Ⅱ+Ⅳ号矿体群厚度×品位值为（7.27～33.83）m×10⁻⁶，平均为17.79m×10⁻⁶，Ⅲ号矿体群厚度×品位值为（1.00～17.61）m×10⁻⁶，平均为7.12m×10⁻⁶，即越靠近陡缓交替部位，见矿效果越好；第五段，−1340～−1560m标高，该段坡度值有增大趋势，由24.00°逐渐增大至26.92°，该段见矿效果较差，近乎为无矿段。

提取范围②沿倾斜方向呈缓−陡−缓−陡变化，可划分为四段，表现为一个倾角变化的"台阶"（图3-90）。第一段，地表至−480m标高，为平缓段，坡度值为30.61°～36.85°，平均为33.81°，坡度变化小，见矿效果较差。第二段，−480～−560m标高，为由陡变缓段。坡度值由36.84°降低至26.83°，坡度差10.01°，随着坡度降低，矿体厚度×品位值逐渐增加。第三段，−560～−920m标高，为构造缓倾段，也是矿体富集区段。坡度值主要集中在30°左右，坡度整体变化不大。该段见矿效果较好，Ⅰ+Ⅱ+Ⅳ号矿体群厚度×品位为（16.78～210.34）m×10⁻⁶，平均可达98.71m×10⁻⁶，为矿化富集区C赋存位置。Ⅲ号矿体群厚度×品位值为（5.37～75.94）m×10⁻⁶，平均为21.05m×10⁻⁶，矿体于陡缓交替中缓倾段最为富集。第四段，−920～−1000m标高，该段坡度值有增大趋势，随着坡度逐渐增大，见矿效果逐渐减弱。

提取范围③沿倾斜方向大致可划分为四段（图3-90）。第一段，地表至-1020m标高，整体呈变陡趋势，中间出现两处小的陡缓交替部位，分别是地表至-400m标高、-520～-880m标高，构造面由陡变缓再变陡，这两部分对应的Ⅲ号矿体群较为富集。第二段，-1020～-1120m标高，构造面由陡急速变缓，坡度值由38.92°减小到23.75°，坡度差15.17°。随着坡度降低，Ⅰ+Ⅱ+Ⅳ号矿体群厚度×品位值逐渐增加。第三段，-1120～-1460m标高，该段为构造相对缓倾段，坡度值主要集中在25°～30°，见矿效果较好，Ⅰ+Ⅱ+Ⅳ号矿体群厚度×品位为（36.63～241.19）m×10⁻⁶，平均可达135.88m×10⁻⁶，为矿化富集区D赋存位置。第四段，-1460～-1920m标高，坡度值有增大趋势，由30.00°逐渐增大至36.47°。随着坡度值逐渐增大，见矿效果逐渐减弱，Ⅰ+Ⅱ+Ⅳ号矿体群厚度×品位由55.13m×10⁻⁶逐渐降低至24.24m×10⁻⁶。

综上所述，Ⅰ+Ⅱ+Ⅳ号矿体群矿化富集区多处于沿倾向上坡度陡缓交替中的缓倾段，且越靠近陡缓交替部位，见矿效果越好。Ⅲ号矿体群矿体多富集于由陡变缓段和陡缓交替中的缓倾段，在空间位置上与Ⅰ+Ⅱ+Ⅳ号矿体群矿化富集区有重合，多位于Ⅰ+Ⅱ+Ⅳ号矿体群矿化富集区上部。Ⅰ+Ⅱ+Ⅳ号矿体群富集部位，往往伴随Ⅲ号矿体群矿体较为发育。

（4）矿化富集部位所在断裂段沿走向上坡度变化。对构造表面坡度、矿体厚度×品位沿走向绘制剖面。Ⅰ-Ⅰ′线剖面穿过矿化富集区B和D，Ⅱ-Ⅱ′线和Ⅲ-Ⅲ′线剖面分别穿过矿化富集区C和A（图3-86）。Ⅰ-Ⅰ′线剖面（图3-91a）900～1400m范围对应矿化富集区D，该段坡度值较小，两侧呈明显的波状异常；4100～4300m范围对应矿化富集区B，该段为走向上相对舒缓部位，其左侧（3500m位置）出现明显波状异常。Ⅱ-Ⅱ′线剖面（图3-91b）2500～2700m范围对应矿化富集区C，为波状舒缓部位，其左侧呈现明显的波状异常；4400～4500m范围，出现矿化相对富集区地段，其两侧波状异常明显。Ⅲ-Ⅲ′线剖面（图3-91c）0～1700m范围呈现明显的波状异常，其舒缓部位（350～1200m）Ⅲ号矿体群矿体较为发育；3900～4400m范围对应矿化富集区A，为波状舒缓部位，其左侧（3600m位置）出现明显波状异常。整体来看，矿化富集地段多处于沿走向上波状舒缓部位，且其外围常呈较明显的波状异常。

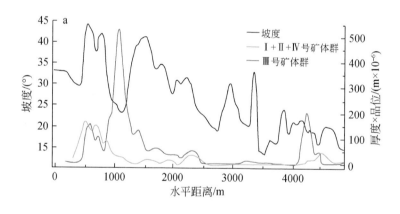

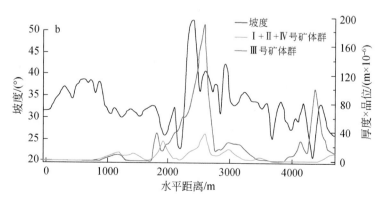

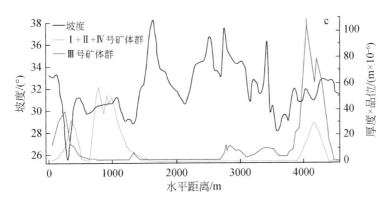

图 3-91　沿走向上 Ⅰ-Ⅰ′线、Ⅱ-Ⅱ′线和Ⅲ-Ⅲ′线坡度和矿体分布折线图

2. 表面变化率分析

构造表面变化率计算提取的数据范围直径介于构造模型基本网度的 1/2~1 之间。焦家超巨型金矿床构造模型基本网度为 120m×120m，栅格网格大小为 18.77m×18.77m，数据提取范围直径为 93.85m。构造表面变化率计算方法同三山岛超巨型金矿床。

按自然间断点分级法将焦家断裂分为 6 个构造表面变化率等级（图 3-92），分别为<0.10、0.10~0.39、0.39~0.91、0.91~1.68、1.68~3.14、3.14~6.61。构造表面相对较平整，变化率多小于 0.10，将矿床Ⅰ+Ⅱ+Ⅳ号矿体群厚度×品位和Ⅲ号矿体群厚度×品位等值线与构造表面变化率图进行叠加（图 3-93），可以看出，矿体主要赋存在构造表面变化率>0.39 的区域，构造表面变化率>0.91 处易于形成富矿段。

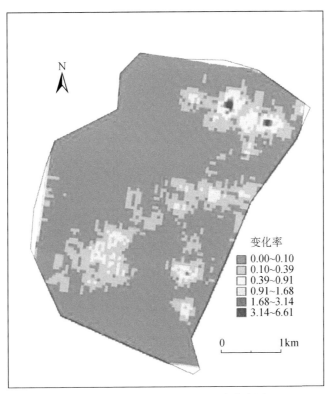

图 3-92　焦家断裂带表面变化率分布图

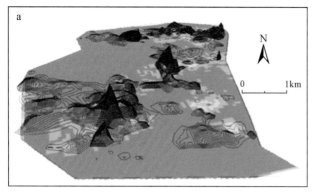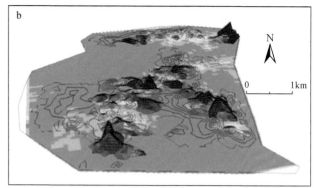

图 3-93　Ⅰ+Ⅱ+Ⅳ号矿体群（a）和Ⅲ号矿体群（b）厚度×品位与构造表面变化率叠合示意图

三、玲南-李家庄巨型金矿床

（一）矿床特征

1. 矿床位置

玲南-李家庄巨型金矿床位于招远市城区东北 12～20km 的招远市玲珑镇及阜山镇，包含玲南、栾家河、李家庄-东风（以下简称东风）、水旺庄、李家庄、玲珑东风、栾家河等矿段（区）（图 3-94），为玲珑金矿田的组成部分。极值地理坐标为 120°27′28″～120°35′58″E，37°14′31″～37°28′31″N，矿区面积约 105km²。

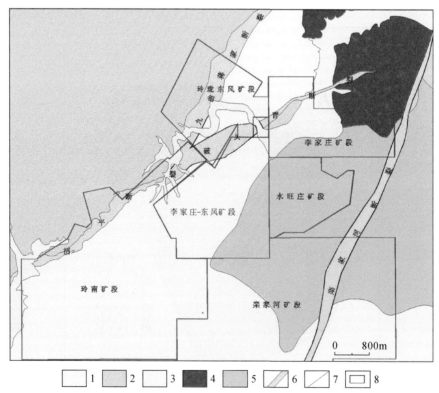

图 3-94　玲南-李家庄金矿床地质图和矿区分布区

1-第四系；2-侏罗纪玲珑型花岗岩；3-侏罗纪文登型花岗岩；4-早白垩世郭家岭型花岗岩；5-新太古代奥长花岗岩；

6-破碎蚀变带；7-地质界线；8-矿段范围

2. 矿床地质概况

矿区内及附近大部分出露侏罗纪玲珑型花岗岩和文登型花岗岩，东部有较多新太古代花岗质片麻岩，中生代脉岩较发育，第四系沿沟谷分布（图3-94）。

矿区控矿断裂为招平断裂北段。该段总体走向50°~70°，倾向SE，倾角约40°，断裂带一般宽40~300m，最宽达800m。断裂在九曲村附近分为两支：一支沿45°方向延伸至颜家沟村附近，称为破头青断裂；另一支为九曲蒋家断裂，走向33°，倾向SE，倾角23°~60°。

3. 主要矿体特征

玲南-李家庄金矿床共圈定矿体426个，矿体多数赋存于招平断裂带下盘紧靠主裂面的黄铁绢英岩化碎裂岩带及黄铁绢英岩化花岗质碎裂岩带内，少部分矿体分布于主裂面以上。招平断裂带的两个分支各控制不同的矿体，其中招平断裂带主干及破头青断裂控制玲南矿Ⅰ-9、Ⅰ-37号矿体，水旺庄①号矿体、东风矿171₁号矿体及栾家河1-1-1号矿体，九曲蒋家断裂控制阜山208脉矿体及水旺庄②号矿体（图3-95）。

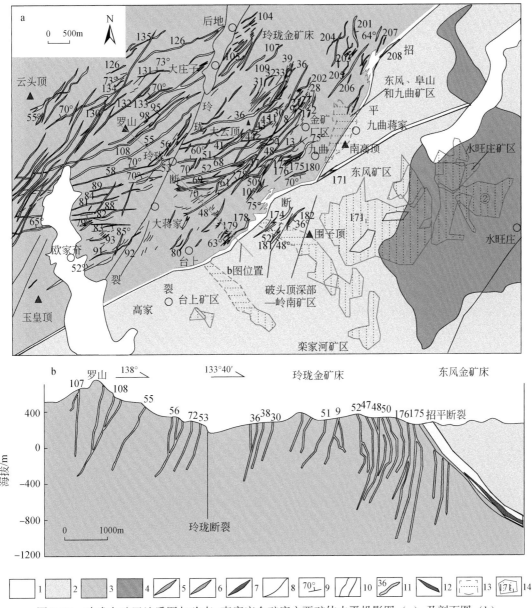

图3-95　玲珑金矿田地质图与玲南-李家庄金矿床主要矿体水平投影图（a）及剖面图（b）

1-第四系；2-文登型花岗岩；3-玲珑型花岗岩；4-早前寒武纪变质岩系；5-闪长岩脉；6-闪长玢岩脉；7-煌斑岩脉；8-断裂；9-岩脉、矿脉及断裂产状；10-蚀变断裂破碎带；11-金矿脉及编号；12-蚀变岩型金矿体；13-浅部金矿体水平投影范围；14-深部金矿体水平投影范围及编号

1）Ⅰ-9 号矿体

矿体分布于玲南矿段内，产于黄铁绢英岩化碎裂岩带及黄铁绢英岩化花岗质碎裂岩带内，控制标高
+150～-1500m。矿体整体最大走向长 800m，最大倾斜深 2192m（图 3-96）。矿体呈似层状、大脉状，具
分支复合、膨胀夹缩、尖灭再现等特点。矿体产状与主裂面基本一致，走向 12°～96°，平均走向 70°，倾
向 SE，倾角为 31°～56°，平均倾角约 42°。

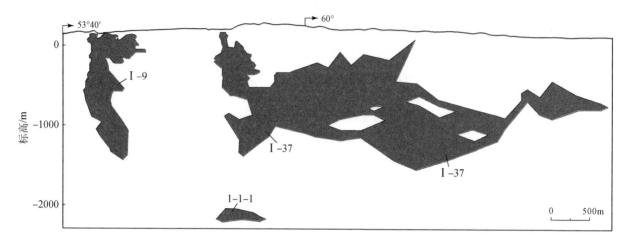

图 3-96　破头青断裂控制矿体垂直纵投影图

单工程厚度为 0.98～37.87m，平均为 5.47m，厚度变化系数为 96.90%，属厚度变化较稳定型矿体。
金品位为 $0.05×10^{-6}$～$40.44×10^{-6}$，平均为 $2.87×10^{-6}$，品位变化系数为 132.36%，属有用组分分布较均
匀型矿体。

从品位、厚度及厚度×品位等值线图（图 3-97）可以看出，Ⅰ-9 号矿体存在两个矿化富集区，在
-500m 标高左右处存在明显的矿化薄弱段，-500m 以浅为第一富集区，-500～1000m 为第二富集区。

2）Ⅰ-37 号矿体（171_1 号矿体）

Ⅰ-37 号矿体分布于玲南矿段（Ⅰ-37 号矿体）、东风矿段（171_1 号矿体）、李家庄矿段（①号矿体）
内，栾家河矿段 1-1-1 号矿体为 Ⅰ-37 号矿体深部延续。矿体主要受破头青断裂控制，产出于黄铁绢英岩
化碎裂岩带及黄铁绢英岩化花岗质碎裂岩带内。矿体全长 4700m，控制最大标高-1600m，控制最大斜深
3100m（图 3-96）。矿体呈大脉状，局部呈似层状，沿走向及倾向呈舒缓波状展布，常见分支复合、膨胀
夹缩现象。矿体产状与主裂面基本一致，走向为 28°～63°，平均为 57°，倾向 SE，倾角为 25°～51°，平
均倾角为 40°（图 3-98）。

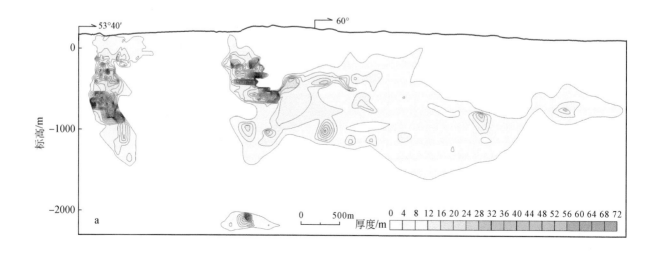

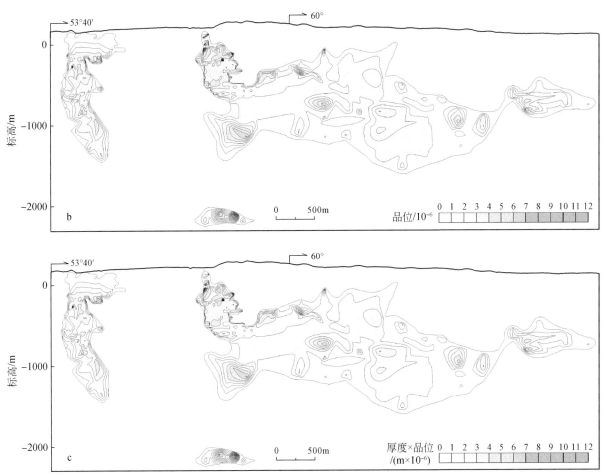

图 3-97　玲南–李家庄金矿床垂向厚度、品位等值线图

a-厚度等值线图；b-品位等值线图；c-厚度×品位等值线图

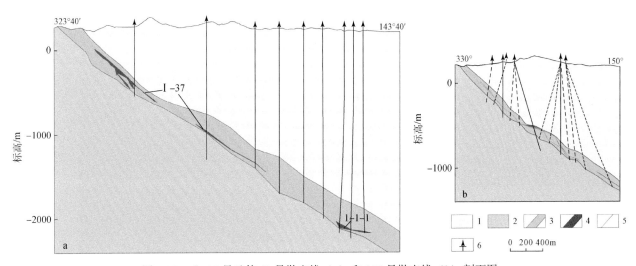

图 3-98　Ⅰ-37 号矿体 43 号勘查线（a）和 148 号勘查线（b）剖面图

1-侏罗纪文登型花岗岩；2-侏罗纪玲珑型花岗岩；3-蚀变破碎带；4-金矿体及编号；5-地质界线；6-钻孔

单工程厚度为 $0.27 \sim 73.00m$，平均为 $13.11m$，厚度变化系数为 108.46%，属厚度变化稳定型矿体。单工程金品位为 $0.80 \times 10^{-6} \sim 26.34 \times 10^{-6}$，平均为 2.97×10^{-6}，品位变化系数为 82.44%。

从品位、厚度及厚度×品位等值线图（图 3-97）可以看出，矿体存在三个富集区域，分别位于 0 ~ -800m、-1000 ~ -1500m、-2000 ~ -2200m。按照三个富集区对矿体进行分割估算资源量，第一富集区金矿石量为 12355035t，金金属量为 42026kg，平均品位为 3.40×10^{-6}；第二富集区金矿石量为 32246260t，金金属量为 100119kg，平均品位为 3.10×10^{-6}；第三富集区金矿石量为 5147833t，金金属量为 32058kg，平均品位为 6.22×10^{-6}。

3）②号矿体

②号矿体分布于李家庄、水旺庄矿段内，主要受九曲蒋家断裂控制，赋存于主裂面之下 400 ~ 600m 的黄铁绢英岩化碎裂岩带及黄铁绢英岩化花岗质碎裂岩带内。矿体呈大脉状，平均走向 20°，倾向 SE，倾角一般为 15° ~ 35°。矿体最大走向长 2560m，最大倾斜深 2080m，埋深 980m。

矿体金品位为 1.02×10^{-6} ~ 41.07×10^{-6}，平均为 4.27×10^{-6}，品位变化系数为 144.60%，属有用组分分布较均匀矿体。单工程控制矿体厚度为 1.25 ~ 31.49m，平均为 5.46m，厚度变化系数为 111.62%，属厚度变化较稳定型矿体。

4. 矿床规模

矿床累计探获金矿石量为 202.29×10^6t，金金属量为 700041kg，平均品位为 3.46×10^{-6}。其中浅部矿体金矿石量为 53.18×10^6t，金金属量为 165062kg，平均品位为 3.10×10^{-6}；深部矿体金矿石量为 149.11×10^6t，金金属量为 534979kg，平均品位为 3.59×10^{-6}。深浅部矿体资源量比值为 1:3，品位比值为 1:1.08。玲南矿段、东风矿段、李家庄矿段和栾家河矿段的主矿体在深部相互连接，构成一个资源储量大于 500t 的巨型金矿床。

5. 矿石特征及变化

矿石矿物主要为黄铁矿，其次为银金矿、磁黄铁矿、黄铜矿、方铅矿及少量的自然金、自然银、闪锌矿、赤铁矿等；脉石矿物主要有长石、绢云母、石英、方解石等。矿石中有益组分以金为主，其次为伴生组分银、硫。矿石中金矿物以银金矿为主，少量的自然金。金矿物粒度以微粒金、细粒金为主，少量中粒金及粗粒金，极少量巨粒金。金矿物形态以粒状为主，其次为树杈状、板状等。

统计表明，自矿床浅部至深部金成色增高，自然金含量增加，自然金中 Au/Ag 值增高（表 3-3）。随着深度增加金粒度明显变细，细粒金、微粒金含量增加（表 3-4）。

表 3-3 部分矿段金成色对比表

矿段名称	样品/件	金成色/‰			自然金 Au/Ag
		最高	最低	平均	
罗山四矿段	77	945.8	507.6	690.6	1.80
玲南矿段	30	955.1	714.62	831.04	9.23
阜山东风矿段	27	865.9	746.7	852.6	8.06
水旺庄矿段	52	908.2	749.7	859.4	11.35

表 3-4 部分矿段金粒度、形态一览表

矿段名称	金粒度（相对含量/%）					金形态（相对含量/%）			
	巨粒金	粗粒金	中粒金	细粒金	微粒金	粒状	板状	枝杈状	其他
罗山四矿段	0.1	4.5	9.9	27.7	57.8	67.8	8.1	17.5	6.6
玲南矿段	0.06	1.17	5.07	26.42	67.28	90.69	0.11	8.42	0.78
阜山东风矿段	0	0	0	15.63	84.37	75.01	9.37	6.25	9.37

续表

矿段名称	金粒度（相对含量/%）					金形态（相对含量/%）			
	巨粒金	粗粒金	中粒金	细粒金	微粒金	粒状	板状	枝杈状	其他
李家庄矿段	0.92	2.75	6.42	19.27	70.64	以粒状为主			
水旺庄矿段	0.15	1.47	5.81	29.48	63.09	79.88	0.91	17.69	1.52

（二）三维地质模型

1. 三维地质建模

1）建模资料

水旺庄、李家庄、东风、东风171、玲南、栾家河6个矿段13套勘查成果资料，勘查线剖面图148张，中段图39张，钻孔柱状图375张，1:5万区域地质图1张，1:1万地形地质图6张（有重叠），面积180km²。数字高程数据1份，范围与建模范围一致。数据处理同三山岛超巨型金矿床。

2）建模参数

建模范围 X：4138421～4149987，Y：40542760～40556087，Z：地表至-4000m。平面地质图比例尺为1:1万，勘查线剖面图比例尺为1:2000，水平控制网度为60m×60m。最小厚度设为0.1m。包括三维岩体模型（包括构造、地表、地层、侵入点、围岩、蚀变带）、三维矿体模型（图3-99）。

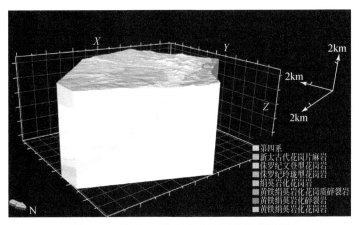

图3-99 玲南–李家庄金矿床三维地质模型

2. 地层三维模型

地层主要为第四系，位于模型的表面，分为两部分，一部分位于模型东北部，另一部分位于模型西南部，规模较小，呈不规则板状，厚度为0.5～20m，一般为1～5m。体积为0.02km³，占模型体积的0.004%。

3. 岩体三维模型

区内岩浆岩总体积达471.36km³，占模型区的92.943%，为模型区的主要组成部分。

1）新太古代花岗质片麻岩

新太古代花岗质片麻岩位于模型区东北部，残留于侏罗纪花岗岩上部，岩体顶部剥蚀面起伏明显，底部接触面不规则，岩体最大厚度为2322m，体积为24.49km³，占模型区总体积的4.831%（图3-100）。

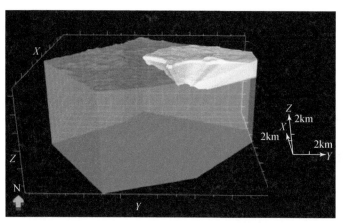

图 3-100　新太古代片麻岩套三维模型

2）侏罗纪文登型花岗岩

侏罗纪文登型花岗岩位于模型上部，大部出露于地表，顶部剥蚀面起伏明显，东北部位于新太古代花岗质片麻岩下方，两者接触面不规则，岩体底部为蚀变带。岩体整体位于招平断裂带上盘，南西厚北东薄，最大厚度为 4000m（图 3-101）。岩体体积为 175.84km³，占模型区总体积的 34.67%。

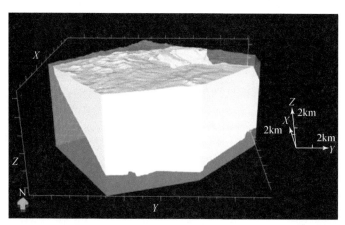

图 3-101　侏罗纪文登型花岗岩三维模型

3）侏罗纪玲珑型花岗岩

侏罗纪玲珑型花岗岩位于模型下部，岩体的顶面与蚀变带接触，底面延伸至模型底部，整体位于招平断裂带下盘，被断裂截切（图 3-102）。模型上表面呈波状舒缓，岩体体积为 271.03km³，占模型总体积的 53.442%。

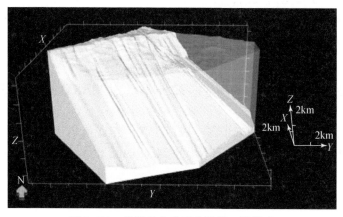

图 3-102　侏罗纪玲珑型花岗岩三维模型

4. 蚀变带三维模型

蚀变带沿招平断裂带两侧展布，总体积为 35.77km³。上盘蚀变带主要由绢英岩化花岗岩、绢英岩化花岗质碎裂岩组成，呈薄层状，表面舒缓波状明显。下盘由黄铁绢英岩化碎裂岩带、黄铁绢英岩化花岗质碎裂岩、黄铁绢英岩化花岗岩组成，产状及表面形态与招平断裂带基本一致，表面呈舒缓波状，起伏波动较小，蚀变带厚度均匀。合计体积为 26.27km³（图 3-103）。

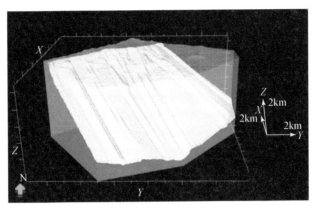

图 3-103　蚀变带三维模型

5. 构造三维模型

招平断裂带为区内主要控矿构造，模型范围内断裂走向为 30°~80°，倾角主要集中在 30°~45°，沿走向上呈舒缓波状，南部较陡，北部较缓；沿倾向上呈阶梯状，由浅到深有由陡变缓的趋势（图 3-104）。

6. 矿体三维模型

矿体主要分布在 -2290m 标高以浅，共有矿体 134 个，总体积为 73840519m³。玲南矿段（含浅部采矿权）矿体 8 个，模型体积为 25807889m³，水旺庄和李家庄矿段矿体 30 个，模型体积为 29542432m³，玲珑东风矿段矿体 29 个，模型体积为 1195290m³，栾家河矿段矿体 61 个，模型体积为 2433952m³，东风矿段矿体 6 个，模型体积为 14860956m³。其中Ⅰ-9、Ⅰ-37、②号矿体为主要矿体，体积为 55883456m³，占总体积的 75.68%。矿体沿控矿断裂走向方向依次排列，三维空间上呈层状、脉状分布，主矿体主要集中在主裂面以下。矿体三维空间连续性较好，规模较大（图 3-104）。

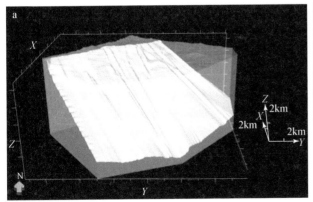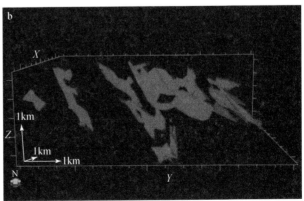

图 3-104　玲南-李家庄金矿床控矿断裂（a）和矿体三维模型（b）

招平断裂带向北分成九曲蒋家断裂带和破头青断裂带，171-1 号矿体位于东风矿段内，受招平断裂带控制，②号矿体位于水旺庄矿段内，受九曲蒋家断裂带控制。在三维空间内，171-1 号矿体和②号矿体空间位置相对应（图 3-105），在 80 号勘查线位置有重合，应为同一个矿体。位于矿床中北部、地表至 -2086m 标高范围内，位于主裂面下盘，最大走向长 4816m，最大倾斜长 2664m，矿体呈脉状，产状与招平断裂基本一致，分支复合、膨胀夹缩现象明显，矿体内存在无矿天窗，体积为33849455m³，占矿体总体积的45.84%。

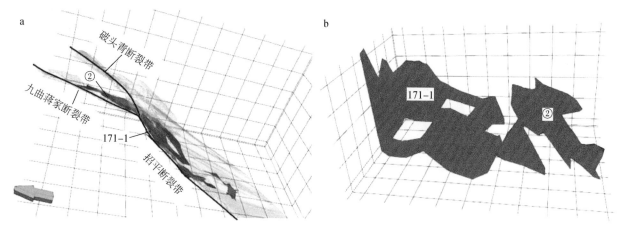

图 3-105　171-1、②号矿体空间展布示意图

（三）矿床三维分析

1. 三维可视化分析

对玲南–李家庄金矿床三维地质模型、三维构造模型、三维矿体模型进行切片分析（图 3-106、图 3-107），构造切面沿水平方向上波状舒缓明显，起伏波动较大；沿倾向上呈舒缓波状，矿体主要分布在断裂由陡变缓部位。

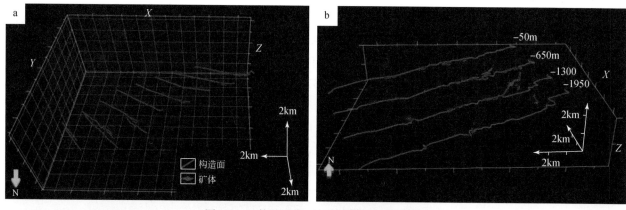

图 3-106　构造垂直（a）和水平（b）切片

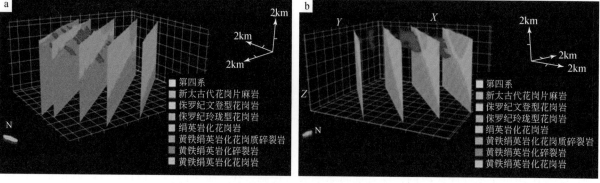

图 3-107　断裂和矿体沿走向和倾向方向切片分析

2. 矿体空间分析

对建模区内所有矿体进行压缩，统计矿体厚度、品位、厚度×品位的分布和变化规律。

建模区矿体总体积为 73840519m³，对矿体厚度进行差值分析，均匀提取插值后数据点 5160 个，厚度为 1.00~93.08m，主要集中在 1.00~22.00m，平均为 8.04m，标准差为 10.66，厚度数据整体较均匀（图3-108）。在厚度三维分布图中，异常值较为集中，沿倾向上呈线性分布，沿走向上可见无矿/弱矿间隔（图3-109）。

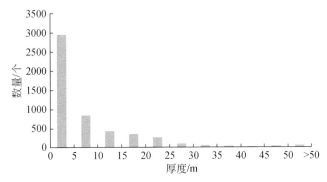

图 3-108　玲南-李家庄金矿床矿体厚度分布直方图

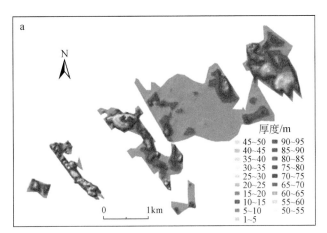
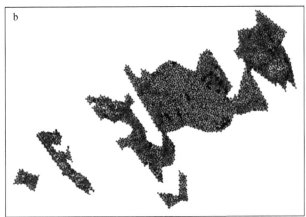

图 3-109　玲南-李家庄金矿床矿体厚度三维分布图（a）和插值点位置图（b）

对矿体进行品位分析，共均匀提取插值后数据点 5160 个，品位为 $1.00×10^{-6} ~ 18.65×10^{-6}$，平均为 $2.20×10^{-6}$，标准差为 1.52。在品位三维分布图（图3-110）中，图形切割不明显。总体品位数据分布均匀（图3-111）。

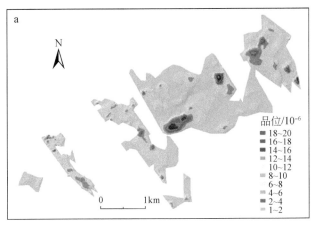
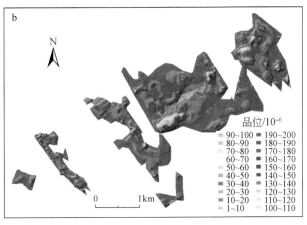

图 3-110　矿体品位（a）和 Z 值拉伸 10 倍三维分布图（b）

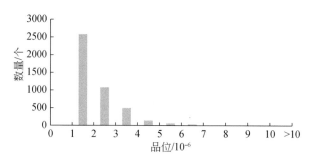

图 3-111　玲南–李家庄金矿床矿体品位分布直方图

比较而言，厚度较大区域，品位较高。对数据点品位、厚度进行相关性分析，两者相关系数为 0.192，为显著正相关。

对矿体进行厚度×品位分析，均匀提取插值后数据点 5160 个，厚度×品位范围为（1.00~471.26）m×10^{-6}，平均为 27.41m×10^{-6}，标准差为 47.56，数据分布均匀（图 3-112、图 3-113）。提取厚度×品位的 3 倍（82.23m×10^{-6}）作为矿化富集区，共提取矿化富集区 4 处（图 3-114），矿化富集区沿走向上呈线性分布，无矿/弱矿间隔明显。

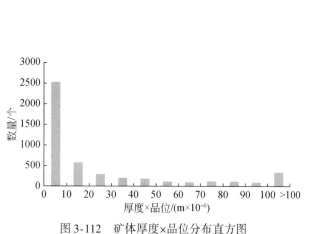

图 3-112　矿体厚度×品位分布直方图

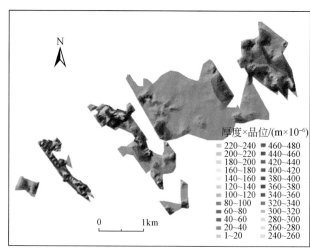

图 3-113　矿体厚度×品位三维等值线图

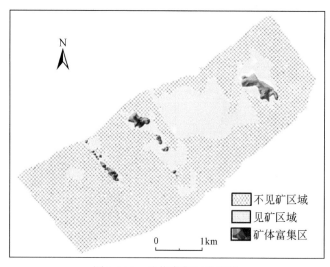

图 3-114　矿化富集区分布图

（四）构造表面分析

1. 坡度分析

（1）断裂坡度变化。控矿断裂浅部的三维构造模型由系统的工程控制。经统计，浅部构造模型由7718个不规则三角形组成，经坡度分析后提取构造表面坡度值7718个，坡度值为4.68°～67.13°，平均值为35.69°（图3-115a）。对招平断裂带北段每20m标高范围提取表面坡度值，分别计算各标高区段坡度的平均值并绘制由浅到深构造表面坡度变化折线图（图3-115b）。图中折线整体呈右倾，说明断裂由浅部向深部表面坡度有降低趋势。由浅向深，断裂呈陡-缓-陡-缓阶梯变化，出现两处明显"台阶"，为断裂面由陡变缓部位，第一处位于地表至−360m标高范围，地表至160m标高为陡倾段，160～−360m标高为缓倾段；第二处位于−400～−2080m标高范围，其中−400～−500m标高为由陡急速变缓段，−500m以深为缓倾段。含矿区域坡度与构造坡度对比表明，含矿区域坡度值分布与浅部构造模型坡度值分布基本一致，矿体主要赋存在坡度值为25°～45°区间内，矿化富集区构造坡度值较小（图3-116）。

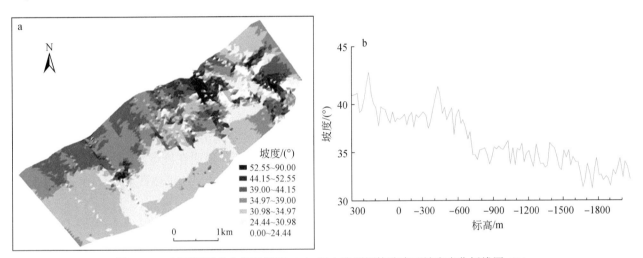

图3-115 招平断裂带北段坡度图（a）及由浅到深构造表面坡度变化折线图（b）

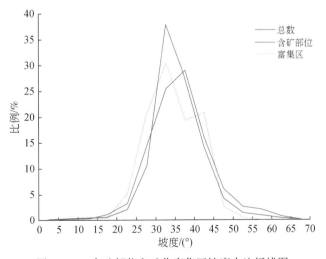

图3-116 含矿部位和矿化富集区坡度占比折线图

（2）矿化富集部位的坡度变化。对矿化富集部位及其外围缓冲区进行坡度分析。4处富集区编号为A、B、C、D（图3-117），每个富集区提取缓冲区三处，分别为富集区沿倾向的上方、下方和外围，缓冲距离400m，其中外围缓冲区范围包含了矿化富集部位、上方缓冲区和下方缓冲区范围。

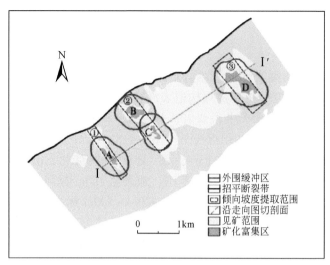

图 3-117　矿化富集区及缓冲区分布图

富集区 A 位于 -1500～-2020m 标高，缓冲区（含富集区 I 范围）坡度最小值为 9.86°，最大值为 59.95°，平均为 37.78°，坡度主要集中在 25°～50°（图 3-118），坡度变化较大；矿化富集区坡度为 24.96°～49.70°，平均为 38.97°，坡度值较为集中，波动幅度小；上方缓冲区坡度为 36.45°～50.33°，平均为 41.33°，坡度变化较小；下方缓冲区坡度为 9.86°～59.95°，平均为 41.13°，坡度分布较为分散。整体来看，矿化富集区坡度分布集中，坡度值偏低。矿化富集区坡度平均值比上方缓冲区坡度小 2.36°，比下方缓冲区坡度小 2.16°。矿体富集区坡度值均小于上、下方坡度值，说明在该缓冲区内，断裂沿倾斜方向上呈现由陡变缓再变陡的过程，而矿体主要富集在断裂倾角平缓部位，且矿体富集部位断裂倾角波动较小，相对平稳。

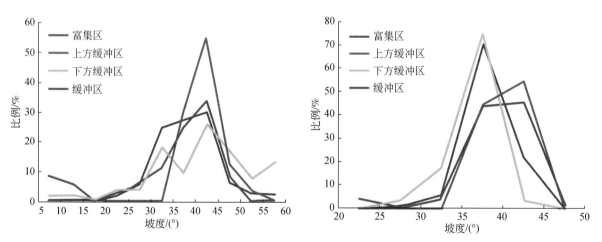

图 3-118　富集区 A 及其缓冲区（a）和富集区 B 及其缓冲区（b）坡度比例折线图

富集区 B 位于 -800m 标高以浅，缓冲区（含富集区 II 范围）坡度为 27.33°～45.30°，平均为 38.63°，坡度变化小（图 3-118）；矿化富集区坡度为 34.71°～45.30°，平均为 40.42°，坡度变化小，分布集中；上方缓冲区坡度为 35.62°～44.63°，平均为 40.31°；下方缓冲区坡度为 27.33°～42.65°，平均为 36.63°。整体来看，该缓冲区范围内断裂坡度波动较小，主要集中在 30°～45°，矿化富集区内、外坡度变化不明显。

富集区 C 位于 -1500～-570m 标高，缓冲区（含富集区 III 范围）坡度为 21.82°～52.80°，平均为 34.27°，坡度变化较大（图 3-119）；矿化富集区坡度为 24.83°～40.82°，平均为 32.17°，坡度变化小，分布集中；上方缓冲区坡度为 28.62°～42.29°，平均为 36.57°，坡度变化较小；下方缓冲区坡度为

21.82°~42.29°，平均为32.35°。整体来看，缓冲区内坡度波动较大，矿化富集区内坡度分布集中，坡度值偏低。矿化富集区比缓冲区坡度小2.10°，比上方缓冲区坡度小4.40°，比下方缓冲区坡度小0.18°。矿化富集区坡度值最小，说明矿化富集区在该区域内断裂倾角最为平缓。缓冲区内沿倾斜方向上断裂倾角由陡变缓再变陡，矿体主要富集在产状变缓部位，且矿化富集部位坡度变化较小。

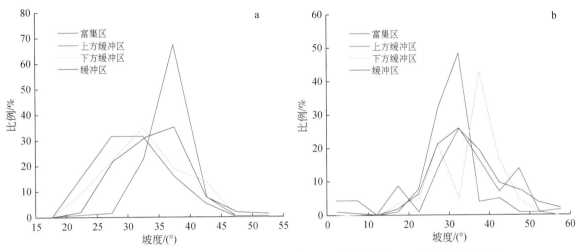

图3-119　富集区C及其缓冲区（a）和富集区D及其缓冲区（b）坡度比例折线图

富集区D位于-1662~-300m标高，缓冲区（含富集区Ⅳ范围）坡度为4.68°~59.58°，平均为34.70°，坡度变化较大（图3-119）；矿化富集区坡度最小为18.25°，最大为51.27°，平均为30.62°，坡度值主要集中在20°~40°，坡度整体较为集中，极个别区域坡度变化较大；上方缓冲区坡度为23.18°~55.71°，平均为36.84°，坡度变化较大；下方缓冲区坡度为16.94°~51.03°，平均为35.90°。整体来看，缓冲区坡度变化较大，矿化富集区坡度分布集中，坡度值偏低。矿化富集区比缓冲区坡度小4.08°，比上方缓冲区坡度小6.22°，比下方缓冲区坡度小4.68°。矿化富集区坡度值最小，说明矿化富集区在该区域内断裂倾角最为平缓。该缓冲区范围内断裂沿倾斜方向经历了由陡变缓再变陡，矿体主要富集在产状变缓部位。

4处缓冲区坡度值波动均较大，矿化富集区构造表面坡度相对平缓，矿化富集区上、下方缓冲区产状一般较陡。整体来看，控矿构造表面坡度变化较大区域易于矿体富集，且矿体主要富集在坡度较缓部位。

（3）矿化富集部位所在断裂段沿倾向由地表向深部坡度变化。将矿化富集区沿倾斜方向划分为三个提取范围并将其编号为①、②、③（图3-117）。提取范围①覆盖矿化富集区A，提取范围②覆盖矿化富集区B和矿化富集区C，提取范围③覆盖矿化富集区D。三个提取范围按标高进行数据提取，提取间隔40m，统计不同标高段构造表面坡度、矿体厚度×品位值，形成由浅到深坡度和矿体厚度×品位变化曲线（图3-120、图3-121），探讨沿倾斜方向坡度变化对成矿、富矿制约。

提取范围①沿倾斜方向可划分为三段（图3-120a）。第一段，地表至-420m标高，坡度值为38.74°~43.52°，平均为41.23°，坡度变化不大。第二段，-420~-1060m标高，为由陡变缓段，坡度值由43.52°逐渐变小，至-1060m标高时坡度值减小至33.05°，最大坡度差20.50°。该段前部分，随着坡度的降低，矿体厚度×品位值逐渐提高。整体来看，该段为富矿段，为矿化富集区Ⅰ赋存位置。矿体厚度×品位值为（19.72~228.08）m×10^{-6}，平均为113.81m×10^{-6}。第三段，-1060~-1180m标高，坡度值有增大趋势，由33.05°逐渐增大至39.44°，随着坡度逐渐增大，见矿效果逐渐减弱。

提取范围②沿倾斜方向呈陡-缓-陡-缓-陡变化，可划分为五段（图3-120b）。第一段，地表至0m标高，为由陡变缓段，坡度值由43.50°降低至38.37°，坡度差5.13。考虑地表剥蚀作用，该坡度差不能代表该区最大坡度差。随着坡度的降低，矿体厚度×品位值逐渐增大。第二段，0~-840m标高，坡度值为38.50°~41.64°，平均为39.60°，为相对平缓地段，该段前560m范围为矿化富集区Ⅱ赋存范围，矿体厚

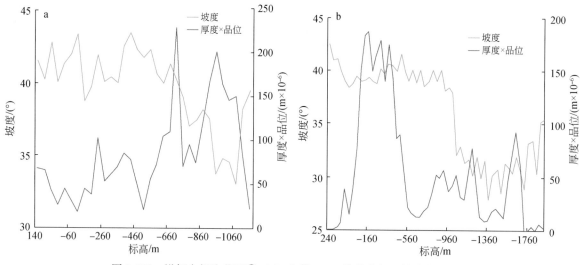

图 3-120　沿倾向提取范围①（a）和②（b）的坡度与矿体分布折线图

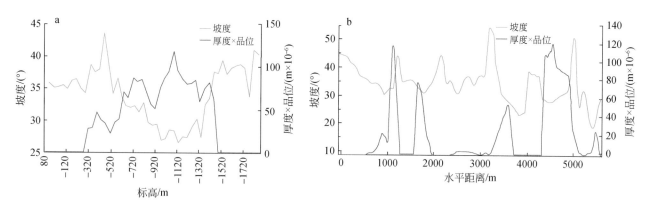

图 3-121　提取范围③沿倾向坡度和矿体分布折线图（a）与沿走向上Ⅰ-Ⅰ′线图切剖面图（b）

度×品位值为（38.89～186.32）m×10⁻⁶，平均为129.23m×10⁻⁶。第三段，-840～-1080m 标高，为断裂由陡变缓段，坡度值由39.93°降低至32.06°，最大坡度差7.87，该段见矿效果一般，为弱矿化段。第四段，-1080～-1760m 标高，坡度值为27.86°～32.79°，平均为30.62°，坡度变化小，为相对平缓地段，为矿化富集区Ⅲ赋存范围，矿体厚度×品位值最高可达92.47m×10⁻⁶；第五段，-1760～-2000m 标高，该段坡度值有增大趋势，见矿效果较弱，为弱矿段。

提取范围③：-440～-520m 标高，断裂面由陡急速变缓，坡度值由43.38°降为34.21°，最大坡度差9.17°。该段见矿效果一般，为相对弱矿段。-520～-1360m 标高，坡度值为26.73°～36.41°，平均为30.14°，为构造相对平缓段，见矿效果较好，为矿化富集区Ⅳ富集范围，矿体厚度×品位值为（22.95～115.92）m×10⁻⁶，平均为71.99m×10⁻⁶。剩余部分，构造面有明显变陡趋势，为无矿段（图3-121a）。

（4）矿化富集部位所在断裂段沿走向上坡度变化。对构造表面坡度、矿体厚度×品位沿走向绘制剖面（图3-117）。在Ⅰ-Ⅰ′线剖面图中有三处明显的矿化富集区，分别对应富集区 A、C 和 D。三处矿化富集区两侧断裂坡度均呈波状异常，矿化富集区位于走向上断裂倾角舒缓部位（图3-121b）。

2. 表面变化率分析

对招平断裂构造表面变化率进行计算，计算结果采用自然间断点分级法进行分级。按自然间断点分级法将招平断裂带北段分为9个构造表面变化率等级（图3-122），分别为0.00～0.54、0.54～1.48、1.48～2.62、2.62～3.96、3.96～5.50、5.50～7.18、7.18～9.39、9.39～12.47、12.47～17.10。总体上，构造表面平缓，起伏不大，表面变化率主要集中在0.00~0.54范围内。将矿体富集区构造表面变化率与厚度×品位等值线值进行叠加发现，矿体主要赋存在构造表面变化率0.54~12.47区域，且构造表面变化率越大矿体越富集（图3-122）。

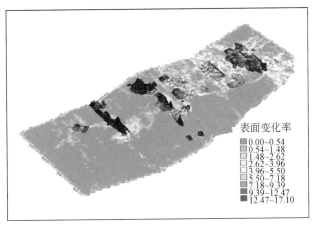

图3-122 招平断裂带北段构造表面变化率与矿体厚度×品位等值线叠合图

第四章　深部金矿地球物理勘查

由于深部矿的埋藏深度大，在地表显示的信息微弱而复杂，常规勘查技术很难精确定位，需要创新探测技术方法，使之达到高精度、大探测深度和强抗干扰能力。为配合深部找矿工作，地质人员在胶东地区开展了大量重力、磁法、电阻率测深、激电测深、激电测井、瞬变电磁、地震勘探、大地电磁法（MT）、可控源音频大地电磁法（CSAMT）及频谱激电（SIP）等物探工作，取得了明显的探测效果。本次研究在综合前人成果的基础上，进一步开展了重磁电三维联合反演、高精度重力剖面、高精度磁法剖面、MT 测量、CSAMT 测量、广域电磁反射地震等工作，建立了较为完善的深部金矿地球物理找矿方法体系。

第一节　地球物理勘查方法应用效果

一、可控源音频大地电磁法测量

（一）焦家金矿带及附近区域的 CSAMT 剖面及地质解释

焦家断裂带 CSAMT 测量工作程度较高，本次工作总结研究了焦家超巨型金矿床 264 号勘查线、焦家断裂南部覆盖区 3 号、6 号、8 号勘查线以往开展的 CSAMT 剖面测量资料，在此基础上，分析了本次实测两条 CSAMT 剖面（CSAMT-1、CSAMT-2）的深部构造特征，各测线的位置见图 4-1。

1. 264 线 CSAMT 测量及地质解释

1）技术参数

CSAMT 测量装置采用 1 托 6 的标量测量方式，观测两个分量（E_x 和 H_y），收发距 R 为 $6.5 \sim 7.5\mathrm{km}$，发射偶极距 $AB=1500\mathrm{m}$，接收偶极距 $MN=40\mathrm{m}$，工作频率为 $1 \sim 9600\mathrm{Hz}$。

2）264 号勘查线异常特征及地质解释

264 号勘查线位于寺庄金矿区，剖面方位为 105°，控制剖面长度为 3.2km。根据已知资料，焦家断裂带在该段位于侏罗纪玲珑型花岗岩体与前寒武纪变质岩系的接触带上，下盘的玲珑型花岗岩体为相对高阻异常显示，上盘的前寒武纪变质岩系为相对低阻异常显示，焦家主干断裂带为高低阻过渡梯级带异常特征，呈舒缓波状向下延深。视电阻率断面图（图 4-2）反映，2000 ~ 3000 号点之间低阻异常宽大，断裂带呈明显的低阻反映，钻孔资料显示该段断层下盘矿化蚀变带厚度大，主干断裂下盘沿走向及倾向具有 NNE—NE 向分支断裂，致使该剖面浅部主干断裂下盘岩石破碎、裂隙发育，电阻率明显降低，该段断层主裂面向下弯曲，蚀变带矿化强烈。1500 ~ 2000 号点之间，等值线向下弯曲、间距宽大，与之对应的是该段蚀变矿化强烈，矿体厚度大且连续稳定，同时主矿带下部还有多个次级矿带。梯级带分布及延深方向与断层的分布及延深基本一致，呈舒缓波状向西缓倾，说明断裂带向下一直平缓延伸，梯级带由陡变缓的部位，指示了断裂带在该段由陡变缓的地质特征，是深部成矿的有利部位。

2. 3 号、6 号和 8 号勘查线 CSAMT 测量剖面综合解释

焦家断裂向南延伸到朱桥附近后，由于第四系覆盖严重，并且被近东西向至北西向断裂破坏，其再向南延的位置难以确定。通过 3 号、6 号、8 号勘查线三条 CSAMT 剖面追索研究断裂带沿走向变化特征，取得了较好效果。

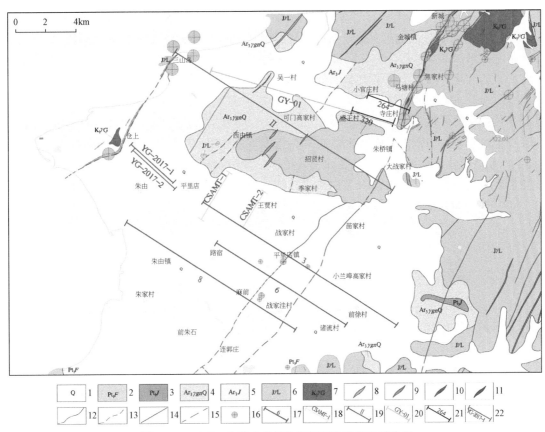

图 4-1　三山岛–焦家成矿带物探剖面位置及地质略图

1-第四系；2-古元古代粉子山群；3-古元古代荆山群；4-新太古代栖霞片麻岩套；5-新太古代胶东岩群；6-侏罗纪玲珑型花岗岩；7-早白垩世郭家岭型花岗岩；8-蚀变带；9-闪长玢岩；10-石英脉；11-金矿体；12-实测地质界线；13-推断地质界线；14-实测断层；15-推测断层；16-金矿床（点）；17-以往 CSAMT 剖面及编号；18-本次 CSAMT 剖面及编号；19-以往 MT 剖面及编号；20-本次广域电磁剖面及编号；21-以往综合物探剖面；22-实测地震剖面

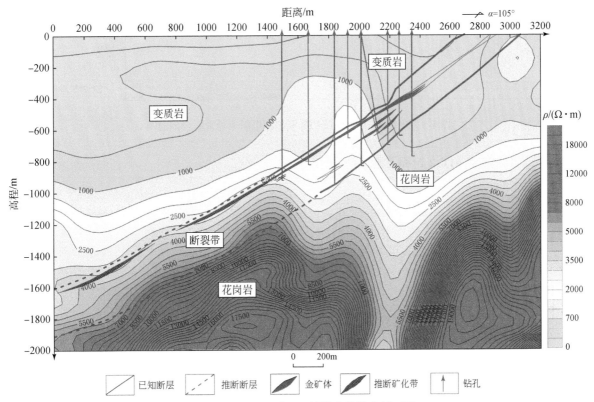

图 4-2　焦家断裂带 264 号勘查线综合剖面图

在 3 号、6 号、8 号勘查线上均有明显的断裂异常显示（图 4-3，F8），大致沿徐村院–紫罗刘家–沟北王–西障郑家–石柱一线展布，走向 NE35°左右，北部距已知的焦家断裂带约 2km。沿 F8 断裂电阻率显示为自上而下呈定向延深的高低阻过渡梯级带，呈波状起伏向北西缓倾，总体倾角约 30°，沿倾向发育 2～3 个倾角由陡变缓的变化台阶。梯级带上部的低阻电性区推断为变质岩分布区，下部的相对高阻区推断为玲珑型花岗岩分布区。3 条剖面中 F8 断裂的异常特征基本一致，变化规律基本相同，说明该断裂异常在走向上具有连续稳定的可追踪性，并与北部已知的 264 号勘查探线焦家断裂带 CSAMT 剖面电阻率异常特征相似。鉴于焦家主干断裂带由寺庄金矿区向南，与本次发现的 F8 断裂带在空间上具有延续的合理性，同时 F8 还与山东省第六地质矿产勘查院在徐村院地区钻探揭露的构造蚀变带位置基本对应（徐村院附近的构造蚀变带有系统地表取样钻及钻探工程揭露，其地质特征以及蚀变带分带特征与已知焦家断裂带相似），因此认为 F8 断裂是焦家断裂带南延的可能性较大。

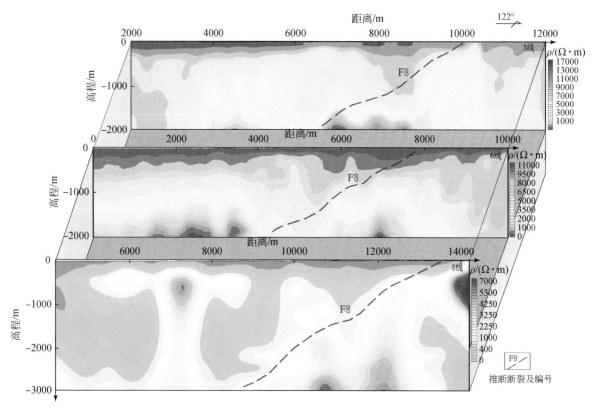

图 4-3　焦家断裂南延区域 F8 断裂视电阻率异常联合剖面图

3. CSAMT-1 和 CSAMT-2 剖面及地质解释

1）测区地质概况

CSAMT-1 和 CSAMT-2 为本次实测剖面（图 4-1），位于莱州市北过西镇–平里店镇之间，区内多被第四系松散沉积物覆盖。据钻孔资料揭示，北部前邓、诸冯一带第四系下伏为新太古代 TTG 花岗岩类，南部至永盛埠一带第四系下伏为古元古代荆山群，前人根据地质揭露信息以及物探、遥感资料推断测区内发育两条 NE 向断裂构造，分别为西由断裂 F3 和招贤断裂 F5，并由区域重磁异常特征推断该区近东西走向的重力梯级带上可能有近东西向断裂构造发育，CSAMT 剖面开展的主要目标是探测近东西向的深部隐伏构造，同时初步分析该区深部金矿的找矿前景。

2）技术参数

CSAMT 剖面方位为 NE30°，CSAMT-1 剖面南起水南村西，北到后吕村西，剖面长为 3.6km；CSAMT-2 剖面南起淳于村北，北到诸冯村西南，剖面长为 2.7km。

采用仪器设备为加拿大凤凰公司生产的 V8 电法工作站，野外数据采集使用赤道偶极测量装置标量测量，利用一个场源测量两个分量（E_x 和 H_y）。采用收发距 8.5km，发射距 1.5km，施工点距 50m，数据采集工作采用的频率范围为 9600~0.125Hz。野外数据共采集物理点 126 个，质量检查点 8 个，质检率为 6.35%，视电阻率总均方相对误差为 ±1.92%，阻抗相位总均方相对误差为 ±2.09%。数据处理所用软件为加拿大凤凰公司开发的 CMT. PRO 软件和意大利 GEOSYSTEM 公司开发的 WINGLINK 软件，对原始采集数据进行编辑处理，诸如归一化、静态改正、滤波等。对单个测深点进行一维反演的基础上，对整条剖面的 ρ_s 断面进行二维联合反演，反演过程采用曲线圆滑法，最终提供反演后的电阻率断面图，供推断解释使用。

3）地质推断解释

在 CSAMT-1 剖面（图 4-4）上，视电阻率等值线在 2600 点附近等值线同步向下弯曲，呈明显等值线梯级带，是地质体在垂直断层走向上剧烈变化的地带，为断层的反映，结合区域地质资料及前期综合物探资料分析，推断该异常为 F11（仓上–贾邓杨家）断裂的反映，推断断裂倾向为北东，倾角为 75°左右。在 3600~4200 点附近，视电阻等值线呈明显的"V"字形异常反映，为断裂反映，推断该断裂为 F12，断裂倾向北东，倾角为 80°左右。F11 断裂在 CSAMT-2 剖面上位于 1200~1400 点附近，视电阻率等值线同步向下弯曲、间距变大，断裂倾向北东，倾角为 75°左右。F12 断裂在 CSAMT-2 剖面 3100~3500 点之间，表现为等值线呈明显的梯级带变化，间距相对宽大，断裂倾向北东，倾角为 80°左右。

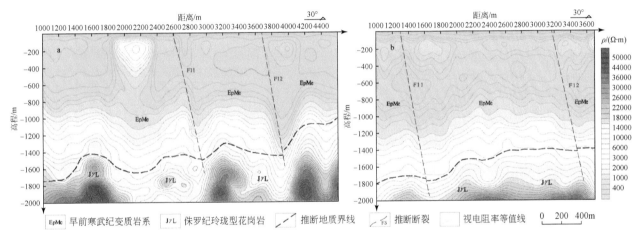

图 4-4　CSAMT-1（a）和 CSAMT-2（b）剖面视电阻率等值线断面图

CSAMT-1、CSAMT-2 剖面视电阻率值在纵向上呈自上而下逐渐递增变化趋势，指示地层主要分为三大层，浅部低阻电性层对应为第四系，中间电性层对应为早前寒武纪变质岩系，底部高阻电性层为中生代花岗岩的反映。CSAMT-1 剖面在上部 1800~2400 点之间有一局部高阻凸起异常，其余均为相对低阻异常，推断为早前寒武纪变质岩系中残留的局部基性杂岩体或中生代岩体局部上侵的反映，CSAMT-2 剖面在西南端（1000~2000 点）受北西向招贤断裂的影响，在断面图上表现为视电阻率值偏低，等值线间距变大。

分析表明：CSAMT 测量的电性结构特征与区内地质概况、物性统计资料吻合程度高；在主要地质体为类层状接触特征的测区，上部地质体又是低阻电性层，CSAMT 方法可以对沿测线方向（横向）电阻率变化特征有所反映，进而推断隐伏断层；两条剖面在纵向上对高低阻电性层的接触界线反映较为明显，二者的接触界线向北东方向有明显的抬升之势，整体表现为向西南方向倾斜的舒缓波状特征，此界面是否具有一定的找矿前景，需要予以验证。

（二）招平断裂 CSAMT 测量及地质解释

1. 招平断裂中段焦格庄金矿 L10 线 CSAMT 剖面

2011 年，山东省物化探勘查院在招平断裂带（招城南段）实施了 10 多条 CSAMT 测量剖面，在其中焦格庄金矿 L10 线 CSAMT 法视电阻率综合剖面图（图 4-5）中，电阻率异常特征显示，上部整体呈现相对低阻电性层，底部为高阻电性层，招平断裂带沿高、低阻接触界面展布，呈典型的等值线梯级带异常。根据已知钻孔资料，上部的低阻电性层对应招平断裂带上盘早前寒武纪变质岩系；底部高阻电性层等值线密集，变化较稳定，对应招平断裂带下盘中生代花岗岩类；中间等值线梯级带自上而下呈渐变关系且局部变化较大，对应两种不同岩性的接触带，即招平断裂带，从梯级带延伸特点看，该断裂带倾角 35° 左右。根据 CSAMT 推断的断裂特征结合区域成矿规律，在圈出的深部找矿靶区经钻探验证见到厚大蚀变带，矿化良好。值得注意的是已知见矿部位和推断矿化带在根据视电阻率断面圈出的断裂带上均为相对高阻特征，一方面指示了矿化良好的地段，硅化程度较高，电阻率并非低阻标志层；另一方面指示了该段位于断裂带倾角由陡变缓的地段。

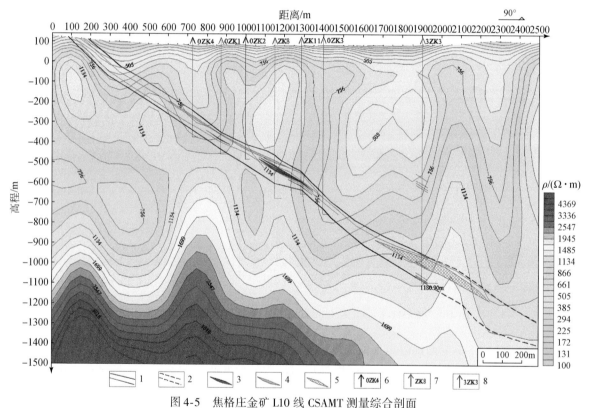

图 4-5　焦格庄金矿 L10 线 CSAMT 测量综合剖面

1-已知断层；2-推断断层；3-已知矿体；4-闪长玢岩；5-推断金矿（化）体；6-未见矿钻孔及编号；
7-见矿钻孔及编号；8-设计验证孔及编号

2. 招平断裂南段南墅地区 J3 线 CSAMT 剖面

2016 年山东省物化探勘查院在招平断裂带开展的"山东省招平断裂带金矿资源潜力调查及深部远景预测研究"项目，在招平断裂南段南墅地区布置 CSAMT、化探综合剖面 5 条。CSAMT 测量成果显示，招平断裂在南墅一带倾角较中段、北段有变陡的趋势。图 4-6 为其中 J3 线 CSAMT 综合剖面图，在 600 点和 2900 点附近可见两条明显的断裂构造异常，分别编号 F1 与 F2，两断层与其他剖面视电阻率断面电性异常显示的断裂特征基本一致，说明 F1、F2 断裂在走向上具有可追踪性，断裂产状均为南东倾，走向北东至北北东。F1 断裂上、下盘电性差异明显，下盘玲珑型花岗岩体电阻率值较高，上盘荆山群变质岩电阻率值整体较低，断裂位于高低阻过渡梯级带上，推断为招平断裂带的反映；F2 断裂在主断裂下盘发育，位于玲珑型花岗岩体中，两侧岩性一致，断裂带反映为"U"形低阻异常特征。

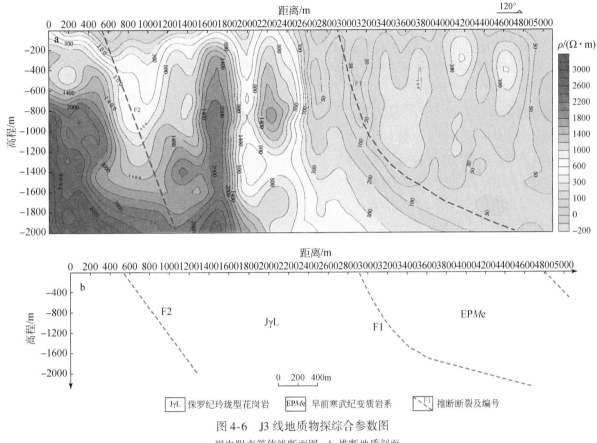

图 4-6　J3 线地质物探综合参数图

a- 视电阻率等值线断面图；b- 推断地质剖面

2007 年以来在招平断裂带开展的 CSAMT 测量工作对招平断裂带自南向北的深部延展特征进行了细致的研究，断裂带在 CSAMT 测量视电阻率断面图中均表现为高低阻过渡梯级异常带特征，这与该构造带上盘为前寒武纪变质岩系、下盘为中生代花岗岩的地质特征高度吻合，同时也与焦家断裂带的 CSAMT 测量电性断面反映的电性特征一致，是地质特征与物性特征结合后在视电阻率断面中的集中规律性体现。结合区域成矿规律进行的基于物探资料的成矿预测取得了较好的地质效果。由于该区基本不存在低阻覆盖问题，通过对 CSAMT 测量资料进行数据处理可取得标高−2000m 以浅的解释信息，并具有较高的分辨率。

（三）蓬莱大柳行地区 CSAMT 剖面及地质解释

1. 测区地质概况

蓬莱大柳行地区位于蓬莱东南部，胶东隆起区的北部，隶属栖蓬福成矿小区，区内主要由燕山期花岗岩类、古元古代花岗质片麻岩类组成，少量古元古代变质地层和新太古代变质岩系，有较多 NNE 向、NE 向以及 NW 向和近 EW 向断裂构造。

区内在采的金矿 10 余个，如齐家沟、埝口、燕峰等金矿。前人研究认为该区金矿受北北东向、北东向两组断裂构造控制，主要矿体分布于两组断裂带的复合部位。虎路线断裂为本区的主要断裂构造，主干断裂下盘发育的次级断裂是主要的储矿构造。

本次工作穿过虎路线断裂带实施了 3 条 CSAMT 测量剖面。其中 L1 线位于蓬莱市虎路线村、洼子村之间，控制剖面长度为 2km，剖面方位为 125°；L2 线位于蓬莱市时金河村南东尖顶一带，控制剖面长度为 2km，剖面方位为 109°；L3 线位于小柳行、水沟一带，控制剖面长度为 2km，剖面方位为 120°。

2. 技术参数

CSAMT 野外数据采集采用标量测量方式，6 个电道共用一个磁道，收发距为 8 ~ 10km，发射距为 1 ~ 2km，测量点距为 50m，频率范围为 9600 ~ 1Hz。测线布设利用动态 GPS，按点放样形式布设。质量检查分工区进行，共完成 CSAMT 测点 123 个，质量检查点 8 个，质检率为 6.5%，质检点均匀分布在本次施工的 3 条 CSAMT 测量剖面上。视电阻率实达均方相对误差为 ±1.92%，相位实达均方相对误差为 ±2.09%。资料处理和反演解释采用加拿大凤凰公司开发的 CMT. PRO 软件和意大利 GEOSYSTEM 公司开发的 WINGLINK 软件，资料处理采用一维联合反演，反演深度为 2000m，拟合精度控制在 10% 以内。

3. 地质推断解释

三条剖面都呈现出由浅到深电阻率逐渐升高的特点（图 4-7），浅部电阻率较低，与第四系覆盖以及岩石风化有关，深部高阻对应区内基岩地质体。其中，L1 剖面电阻率整体偏低，沿该剖面主要分布早前寒武纪变质岩，电阻率特征与岩石物性测量结果中该类岩石为中等偏低电性特征吻合；L2 剖面主干断裂破碎带上盘为中生代花岗岩类，下盘为古元古代花岗岩类，视电阻率剖面显示二者均为高阻异常特征，主干断裂为显著的条带状低阻异常特征；L3 剖面主干断裂破碎带上盘为玲珑型花岗岩，下盘为郭家岭型花岗岩，视电阻率剖面显示二者均为相对高阻异常特征，与区内物性统计结果吻合，主干断裂为宽大的低阻"U"形异常特征，主干断裂两侧花岗岩体内部发育两条次级断裂。可见，三条剖面均对虎路线主干断裂有清晰的反映，电阻率异常特征表现为中、高阻异常背景下的条带状低阻异常，根据低阻异常带深部向东南延伸的特点，推断虎路线主干断裂倾向南东，倾角较陡，约为 75°，同时该断裂在走向上还有膨胀夹缩的特点，在 L1 线、L3 线，低阻带宽大，L2 线低阻带较窄，由此推断该断裂在 L1 线和 L3 线地段是规模变大的部位，在 L2 线则相对夹缩。在 L1 线、L2 线以及 L3 线虎路线主干断裂的上、下盘，均发现了几处低阻异常带，结合地表测线位置地质概况，推断其均为不同规模的断层异常显示。此外，CSAMT 测量除了对断层信息有明确的反映外，金矿化信息也有较好反映，如 L1 线 1200 点附近的低阻带异常在平面上对应着金矿脉，L3 线 1100 点附近的低阻异常同样与地表金矿脉相呼应。以上特点表明，虎路线主干断裂破碎带沿走向方向上、下盘岩石类型变化较大，局部地段沿走向出现较大位移，上、下盘发育较多次级断层和裂隙，推测该断裂具有良好的金矿成矿条件。

沿测线地质简图　　125°

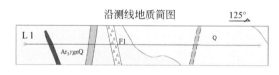

视电阻率色区图
距离/m
1000 1200 1400 1600 1800 2000 2200 2400 2600 2800 3000

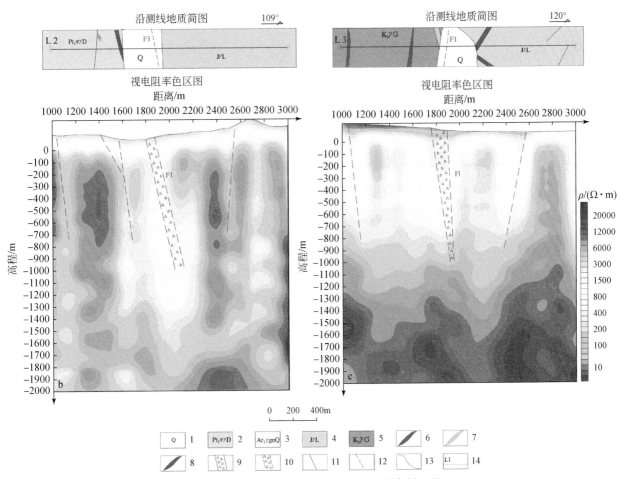

图 4-7　蓬莱大柳行地区 CSAMT 测量综合剖面图

a-L1 线 CSAMT 测量综合剖面图；b-L2 线 CSAMT 测量综合剖面图；c-L3 线 CSAMT 测量综合剖面图；1-第四系；2-古元古代大柳行二长花岗岩；3-新太古代栖霞片麻岩套；4-侏罗纪玲珑型花岗岩；5-早白垩世郭家岭型花岗岩；6-金矿脉；7-闪长玢岩脉；8-煌斑岩脉；9-已知断裂破碎带；10-推断断裂破碎带；11-已知断层；12-推断断层；13-地质界线；14-测线及编号

（四）CSAMT 方法技术性能

1. 解决的地质问题

CSAMT 测量有诸多优点，如勘探深度范围相对较大、工作效率高、水平方向分辨能力高、地形影响小、高阻层的屏蔽作用小等。在胶东地区深部金矿勘查中，CSAMT 主要用来推断解释成矿结构面及其深部变化特征（表 4-1）。

表 4-1　CSAMT 测量方法的技术性能一览表

项目		说明	
深部金矿找矿作用		探测成矿结构面（断层、断裂带、岩性接触带、构造滑脱带等）	
主要优点		人工场源、抗干扰能力较强、经济高效	
存在问题		强干扰压制、存在地形影响、静态位移影响、场源效应、阴影复制	
分辨率	岩性界面	电性差异明显	横向可分辨，纵向分辨能力向深部减弱
		电性差异不明显	难分辨
	主干断裂带	上、下盘岩性不同，电性差异明显	可分辨，纵向分辨能力向深部减弱
		上、下盘岩性相同，无明显电性差异	有可能分辨

续表

项目		说明	
分辨率	次级断裂带	上、下盘岩性不同，电性差异明显	可分辨，纵向分辨能力向深部减弱
		上、下盘岩性相同，无明显电性差异	有可能分辨
	隐伏断裂（有低阻覆盖）		难分辨
勘探深度	中低阻区	数百米	
	中高阻区	1000m 以浅	
	高–特高阻区	2000m 以浅	

2. 测深深度

CSAMT 的探测深度受场源效应的影响较为严重，在不考虑场源效应影响的情况下，通过一维、二维反演解释，CSAMT 探测深度是非常大的，可以达到几千米。但若舍弃场源效应的影响，由于不同地区覆盖层电阻率值的不同，CSAMT 的有效探测深度也不同。胶东地区除沿海地区受海水倒灌影响会有一定低阻屏蔽影响外，其余大多数地区均属于中高阻覆盖情况，数据处理如果舍弃场源影响的低频段，反演深度均在 2000m 以浅。

3. 分辨率（横向、纵向）

CSAMT 的横向分辨率较好，可以根据探测目标的大小和规模设置点距，工程物探中通过设置较密的点距，测量剖面的电性分布特征进而检测出沿测线方向的电阻率变化特征，圈定断层、岩溶等不良地质现象。在胶东地区的 CSAMT 实践表明，该方法对沿测线方向的电阻率变化比较敏感，因此识别断层（断裂带）异常效果较好。

CSAMT 的纵向分辨率可以通过加密或抽稀某一频率段的频点设置来控制纵向的电阻率变化特征。总体上看，CSAMT 在纵向上具有浅部分辨率高、向深部逐渐降低的特点，这是由趋肤效应决定的。

4. 常用装置技术参数

胶西北三条主要控矿断裂带宽几十米至几百米，最宽处可达千米，其他次级断裂带的规模则是几米、几十米至上百米不等。根据目标断裂带的规模，试验得出的区内比较常用的工作参数组合为：接收点距 MN 为 40~100m，发射偶极距为 1~3km，若剖面较长，可沿剖面延伸方向布置多个发射窗口，收发距为 8~15km，频率设置一般为全频带、均匀设置。

5. 数据处理及解释

CSAMT 法数据处理和反演解释的基本流程可分为：数据预处理（噪声压制）、静态校正（近场、地形校正）、电磁数据反演（一维、二维、三维）以及数据成像与地质解释四个步骤。目前常用的处理软件有 MTsoft2D、意大利 GEOSYSTEM 公司开发的 WINGLINK、中国地震局陈小斌研究员开发的 Pioneer 以及中国地质大学研发的 CSAMT-WS 软件。早期（2010 年以前）由于解释软件的限制，近场校正和二维反演做得较少，资料解释多采用一维联合反演解释图件。随着数据解释软件的发展，近场校正和二维反演也逐渐应用于区内的资料解释中。

6. 存在的问题

1）电磁干扰问题

采用人工场源，抗干扰能力较强，但在强干扰区仍然受限，即使使用最有效的抗干扰装置，仍无法采集到高质量的原始数据。

2）数据质量与解释质量问题

取得质量较好的原始数据尤为重要，尤其是如何使得有效频率不过早进入近场，发射场的选择往往要经过多次试验，即便如此，有时也难以取得较为理想的远区数据。因此近场校正就显得尤其重要，但是近场校正也可能校正掉有用异常，因此对资料处理人员要求较高。

3）效率与效果问题

目前的装置形式大多使用"1托6"的工作方式，即6道电场数据共用同一磁场数据，这种方法对于磁场变化较大的区域，理论上可使测量结果均一化，或者出现磁场的梯度台阶，但目前该方法的应用实例中，此种装置形式对测量结果的影响较小，可能由于区内的基岩总体上为不均匀弱磁场特征，只在局部有与中基性岩浆岩以及火山活动有关的高磁异常出现。

二、大地电磁测量

随着胶东地区金矿找矿探测深度的不断加大，勘探深度已全面转向2000m，因此MT、AMT测量越来越多地应用到勘查工作中。本次工作全面收集了胶东金矿集中区的MT测量资料，进行了系统的整理和研究，尤其是对胶西北主要金矿带（焦家、三山岛、破头青）的MT测量资料进行了系统的研究，另外还补充了一些实物工作，包括重磁剖面测量和MT测量工作，重点研究该方法对深部控矿要素的探测效果。

（一）三山岛–焦家成矿带MT测量

在三山岛–焦家成矿带完成的Ⅱ线MT测量剖面（图4-1），其野外数据采集使用加拿大凤凰地球物理公司研发的"V8多功能电法仪"，电极布置大多采用"十"字形装置，测量参数组合为点距200~300m、采集时间6~8h、频带范围920~0.35Hz，数据处理采用在定性解释的基础上进行定量解释，采用一维+二维的联合反演方式。

1. 探测目标

焦家断裂带和三山岛断裂带是胶东西北部的重要控矿断裂带，三山岛断裂倾向SE，焦家断裂倾向NW，三山岛断裂和焦家断裂之间的主要地质体为早前寒武纪变质岩系，焦家断裂东侧（下盘）和三山岛断裂西侧（下盘）大面积分布中生代花岗岩体，两条断裂倾向相向。Ⅱ线剖面位置基本控制了三山岛断裂带和焦家断裂带的地表出露位置，该剖面主要是为了查明两条区域性控矿断裂带在深部的空间关系。

2. MT异常特征及推断解释

Ⅱ线东起紫罗刘家村北，西至三山岛金矿，沿该线同时开展了重力、高磁、CSAMT方法进行综合物探研究，重磁剖面曲线经过联合反演，与理论曲线具有良好的重合性。大地电磁测深视电阻率断面等值线图（图4-8）中，焦家断裂和三山岛断裂在浅部位于变质岩与花岗岩体的复合界面附近，电性差异明显，视电阻率断面异常特征显示断裂破碎带等值线相对宽大，以不太明显的梯度带异常特征显示。经联合反演推断，变质岩系呈残留体的形式分布于三山岛–招贤之间，招贤以东变质岩系全部被剥蚀，地表出露玲珑型花岗岩，三山岛断裂与西由断裂之间变质岩残留体最大厚度约1900m。变质岩下伏为中生代花岗岩体，三山岛断裂2000m以浅处在中生代花岗岩体与变质岩接触带附近，深部（2000m以下）切割中生代花岗岩体。该剖面东段变质岩残留体厚度在100m左右，焦家断裂带大部分处在花岗岩体内。推断焦家断裂和三山岛断裂在深度约4500m处相交，控矿构造沿倾向出现多个倾角由陡变缓的变化台阶。

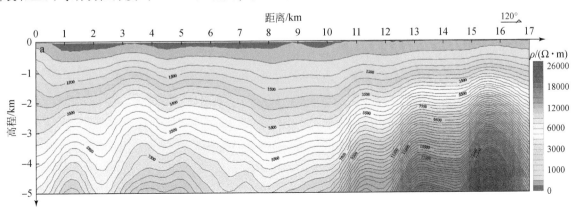

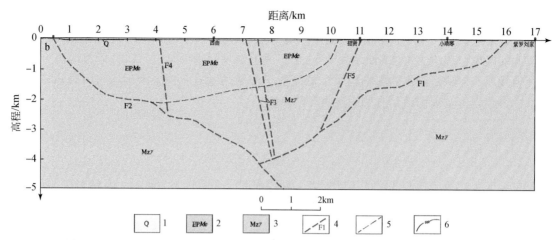

图 4-8　三山岛–焦家断裂带 II 剖面 MT 法视电阻率断面图（a）及推断地质剖面（b）

1-第四系；2-早前寒武纪变质岩系；3-中生代花岗岩类；4-推断断裂及编号；5-推断地质界线；6-视电阻率等值线及幅值；
F1-推断焦家断裂；F2-推断三山岛断裂；F3-西由断裂；F4-后邓家断裂；F5-招贤断裂

（二）招平断裂带北段 MT 测量

为研究招平断裂北段深部构造特征，本次研究在九曲蒋家–西大夼一带实施 MT 剖面一条，编号 Y2，测线方位为 126.5°，控制剖面长度为 7km（图 4-9）。

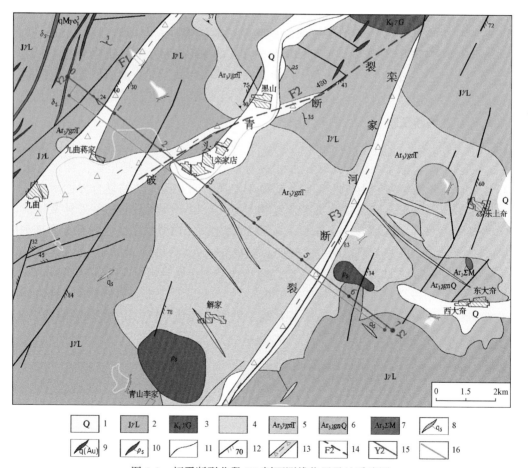

图 4-9　招平断裂北段 Y2 剖面测线位置及地质略图

1-第四系；2-侏罗纪玲珑型花岗岩；3-早白垩世郭家岭型花岗岩；4-古元古代莱州组合；5-新太古代谭格庄片麻岩套；6-新太古代栖霞片麻岩套；7-新太古代马连庄组合；8-石英脉；9-含金石英脉；10-伟晶岩；11-地质界线；12-压扭性断裂及产状；13-断层破碎带；14-推断断层及编号；15-MT 测线位置及编号；16-勘查线剖面位置

1. 主要目的及地质概况

测线穿过水旺庄和李家庄金矿床，与 34 号勘查线位置基本重合，沿测线施工的钻孔最大深度为 3000.58m，招平断裂的控矿深度达 2800m，测线跨过九曲蒋家断裂、破头青断裂以及栾家河断裂。测线两端为侏罗纪玲珑型花岗岩，中部为新太古代谭格庄片麻岩套。MT 测量工作的主要目的是查明断裂构造的深部特征及空间关系。

2. 数据采集技术参数

MT 测量采用仪器为加拿大凤凰公司研发的 V8 多功能电法仪，拟探测深度目标为标高-5km。为保证低频段数据信噪比，分别进行了 2h、4h、6h、8h 采集时间试验工作，最终确定的采集时间为 6h；通过测量 AC 和 DC 电位差，观察饱和数据的比例，设置合理的增益；为保证野外数据质量，开展了仪器和磁探头标定试验、工作参数选择试验，以及仪器一致性和单点采集时间试验；整条测线按测量点距 200m 进行数据采集。

3. 数据处理与反演解释

数据处理和反演解释采用 SSMT2000 进行时频转换，MTeditor 软件对原始数据进行处理和定性分析，采用相邻地质单元极化性质一致的原则进行极化方向的判别，数据反演分别采用 WINGLINK 和 MTpioneer 进行一维和二维的反演解释，最终成图时采用 WINGLINK1D、2D 分别成图，反演的电阻率模型采用相对的色标、相对的比例尺形成剖面色谱图。

4. MT 异常特征及推断解释

图 4-10 为 Y2 剖面 MT 测量一维联合反演综合剖面图，34 号勘查线剖面投影到 MT 剖面中的位置位于 200～6800m 区间。钻孔控制的九曲蒋家断裂和破头青断裂投影到视电阻率拟断面图中（图中蓝色粗线），大体对应视电阻率断面中的视电阻率梯级过渡带，该梯级带附近两处明显的低阻带与之相交，低阻带头部与破头青断裂和栾家河断裂的地表位置吻合。但钻孔揭露的破头青断裂的倾向与低阻带延深方向不一致，

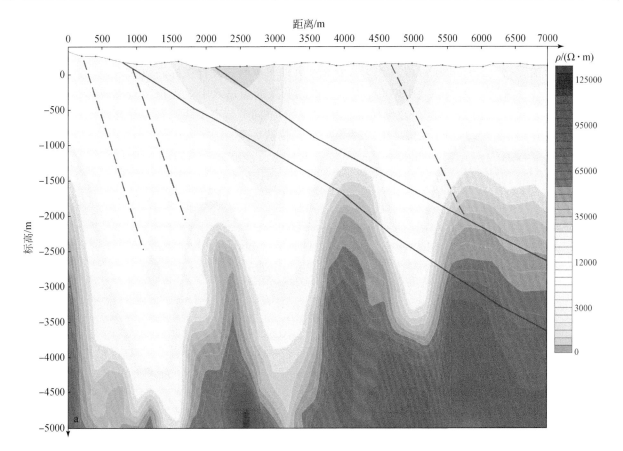

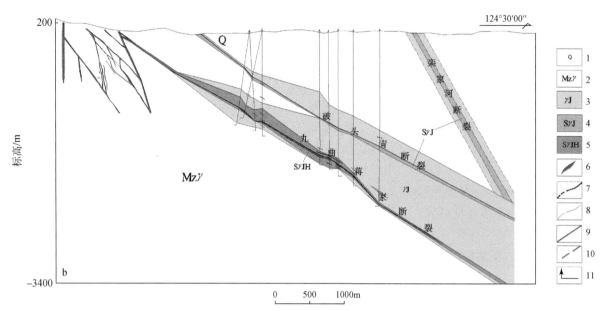

图 4-10　招平断裂北段 Y2 剖面 MT 测量一维反演综合剖面

a-一维反演（TE 模式）视电阻率拟断面图；b-九曲破头青 34 号勘查线地质剖面；1-第四系；2-中生代花岗岩类；3-绢英岩化花岗岩；4-绢英岩化花岗质碎裂岩；5-黄铁绢英岩化花岗质碎裂岩；6-金矿体；7-实测及推测主裂面；8-实测及推断地质界线；9-主裂面投影位置；10-物探推断断层；11-钻孔

后期数据处理和解释认为可能是与地表不均匀性产生的静态效应有关。在标高 0～1000m 区间的玲珑型花岗岩分布区电阻率值比正常岩石显著降低，与该区发育若干下盘次级构造有关，且该区局部低阻与 34 号勘查线反映的断裂构造发育情况吻合。在 4500～5000m 发育的低阻带异常推测为栾家河断裂的反映，推测其倾角应比低阻带异常延深方向要缓，主要原因还是受浅部不均匀电性体产生的静态效应影响。

　　Y2 剖面二维反演 TE 模式、TM 模式和联合模式下的视电阻率取对数值后的色区剖面图（图 4-11），基本消除了静态效应的影响，没有出现较为陡立的电性异常带。测线两端电阻率高、中部电阻率低的特征与该区地质情况吻合。0～4000m 段，破头青断裂和九曲蒋家断裂发育在标高 2000m 以浅，与二维反演的视电阻率过渡梯级带可以呼应，到 2000m 以深，推测两条断裂进入中生代花岗岩体内部，上、下围岩电性差异微弱，同时由于随着深度的逐渐增加，MT 测量的垂向分辨率下降，对该深度范围的断裂反映不好。另外，在 0～1000m 处一维反演解释的 2 处次级断裂构造丢失。

　　测量和推断结果说明，MT 测量具有探测深度大的特点，能够显示 5000m 的构造特征。该方法的一维反演对局部异常反应灵敏，常常与地表构造露头吻合，但受静态效应影响对断裂构造倾向的解释可能出现偏差；二维反演消除了静态效应的影响，使电性异常特征更符合实际地质情况，精细解释时可能会丢失局部异常，且随着深度的增加，垂向分辨率逐渐降低，对解决较为精细的断裂构造细节问题效果不佳。

（三）莱州金城-海阳二十里店重磁和 MT 剖面测量及地质推断解释

　　为了深入了解深部地质体、构造发育特征及其与金成矿的关系，本次工作施工了一条穿越胶北隆起、胶莱盆地和胶西北金矿集中区的重、磁、MT 测量综合剖面。

1. 测线位置及地质地球物理条件

　　实测综合物探剖面编号 Y1，西起莱州金城、东至海阳二十里店一带，剖面长度为 120km，测线方位为 130°，测线自西向东穿过的地质单元依次为焦家断裂带西部的第四系覆盖区、焦家断裂带和招平断裂带之间的玲珑型花岗岩分布区、夏店至河头店之间的早前寒武纪变质岩分布区、胶莱盆地、伟德山型花岗岩等（图 4-12）。根据物性测试统计结果，沿剖面的中生代胶莱盆地陆相沉积地层为低阻、

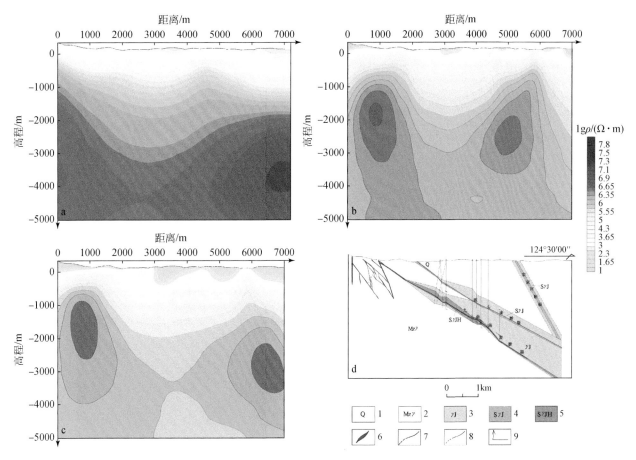

图 4-11　招平断裂北段 Y2 剖面 MT 测量二维反演综合剖面

a-MT 2D 反演（TE 模式）视电阻率拟断面图；b-MT 2D 反演（TM 模式）视电阻率断面；c-MT 2D 反演（INV 模式）视电阻率断面；
d-九曲破头青 34 号勘查线地质剖面；1-第四系；2-中生代花岗岩类；3-绢英岩化花岗岩；4-绢英岩化花岗质碎裂岩；
5-黄铁绢英岩化花岗质碎裂岩；6-金矿体；7-实测及推测主裂面；8-实测及推断地质界线；9-钻孔

低密度特征，其密度值为 $2.6\pm0.2g/cm^3$，电阻率值变化较大，但一般在 $500\Omega\cdot m$ 以下，一般为弱磁性或无磁性特征，有潜火山岩分布的地方可能会出现局部的强磁异常；中生代花岗岩类为低密度、高阻、弱磁性特征，其密度值为 $2.61\pm0.3g/cm^3$，电阻率值变化较大，变化范围一般为 $1000\sim8000\Omega\cdot m$，磁性微弱，如局部有中基性岩脉侵入或有中基性岩石包体时，可出现局部高磁异常；早前寒武纪变质岩一般为中等密度、中阻、弱磁性特征，由于其中常常有基性、超基性岩残留体，因此常常出现局部高磁异常；古元古代荆山群为高密度、高阻特征，磁性变化大，该套地层为区内的高密度标志层，常见的密度变化范围为 $2.74\sim2.84g/cm^3$，实测电阻率为高阻特征，平均在 $10000\Omega\cdot m$ 以上。可见，区内各主要地质单元在电阻率、密度上有较为明显的差异，可以根据重力、MT 测量结果进行地质单元划分和推断解释工作。

2. 工作方法

1）重力测量

高精度重力工作投入的仪器设备为先达利（Sintrex）公司产的 CG-5 型全自动重力仪。按照仪器使用说明书和规范技术规定，对重力仪进行检查和调校，包括长基线格值标定、静态试验、动态试验、一致性试验。剖面测量采用 200m 点距，质量检查同步进行，共完成质量检查点 78 个，质检率为 10.37%，测点观测均方误差为：$\varepsilon_g=\pm0.025\times10^{-5}m/s^2$。

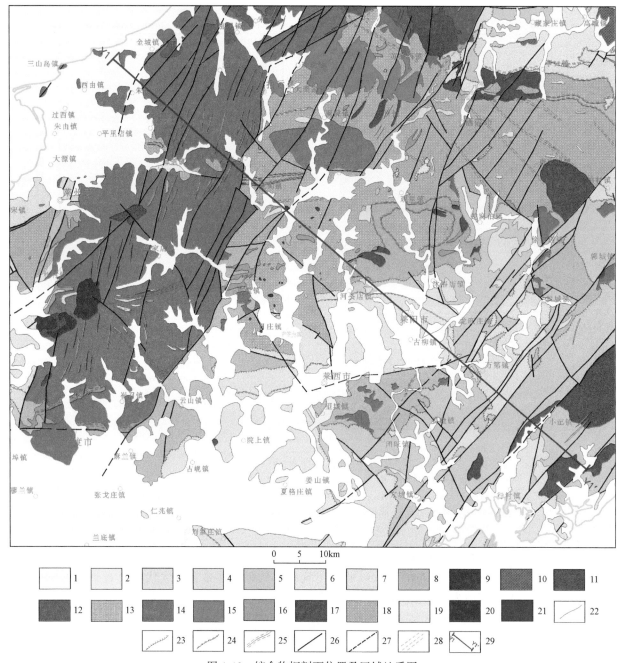

图 4-12　综合物探剖面位置及区域地质图

1-第四系；2-新近系；3-白垩纪—古近纪王氏群；4-白垩纪青山群；5-早白垩世莱阳群；6-青白口纪—震旦纪蓬莱群；7-古元古代粉子山群；8-古元古代荆山群；9-白垩纪崂山型花岗岩；10-白垩纪雨山型花岗闪长斑岩；11-白垩纪伟德山型花岗岩；12-早白垩世郭家岭型花岗岩；13-白垩纪柳林庄型闪长岩；14-侏罗纪玲珑型花岗岩；15-侏罗纪文登型花岗岩；16-古元古代莱州组合；17-古元古代双顶片麻岩套；18-新太古代栖霞片麻岩套；19-新太古代马连庄组合；20-中太古代唐家庄岩群；21-中太古代官地注组合；22-地质界线；23-角度不整合界线；24-平行不整合界线；25-韧性剪切接触界线；26-实测断层；27-推测断层；28-韧性剪切带；29-重力、磁法、MT 综合测量剖面位置

2）磁法测量

采用仪器为加拿大 GEM 公司生产的 GSM-19T 质子磁力仪。在正式工作前，对仪器性能做了检验，包括仪器噪声试验、一致性试验、探头高度选择试验。剖面测量采用点距为 200m，数据处理对进行日变改正、正常场改正、高度改正后的数据，剔除个别畸变点后，进行网格化编辑，然后利用中国地质调查局的 RGIS 软件进行位场转换及图件的绘制。质量检查同步进行，共完成 752 个磁测物理点，质量

检查 5 次，完成质量检查点 77 个，检查比例为 10.37%，经计算，野外质检均方误差为 ±1.72nT。经统计，本次磁测工作总精度为 ±1.56nT。

　　3）MT 测量

仪器设备使用加拿大凤凰公司（phoenix）研发的 V8 多功能电法仪。在正式生产前，开展了仪器性能测试和观测参数试验，确定了本次 MT 测量的采集时间（6~8h）和测量点距（1km，重点地段加密至 500m）。质量检查同步进行，TE 模式和 TM 模式的视电阻率均方相对误差分别为 ±2.45% 和 ±2.57%，阻抗相位均方相对误差分别为 ±2.69% 和 ±2.7%。数据处理和反演解释方法同招平断裂带北段 MT 法测量。

3. 地质推断解释

将重力、磁法和 MT 综合测量剖面（图 4-13、图 4-14）划分为 5 段，分别为第四系覆盖区（0~7.5km）、玲珑型花岗岩体核部（7.5~33.5km）、早前寒武纪变质基底（33.5~64km）、火山-沉积盆地（64~106km）和伟德山型花岗岩高侵位区（106~120km）。

　　1）第四系覆盖区

测线 0~7.5km 处，重磁实测数据反演结果显示，该区段磁性低，重力值比玲珑型花岗岩体核部高。推断该区下伏有变质岩体分布，结合 MT 测量资料由上至下可划分为 2000m 以浅的低阻区（变质岩）和深部高阻区（玲珑型花岗岩体）。根据重磁反演解释深部 6~10km 还有高密度地质体发育，而结合电法资料 2000m 以浅的变质岩不足以产生实测幅值的重力异常，因此推断 6~10km 处仍有变质岩系存在。

　　2）玲珑型花岗岩体核部

测线 7.5~33.5km 处，对应地表玲珑型花岗岩体的主体位置，该段电阻率高、重力低、磁性微弱，与东南部地体有明显的密度和电阻率差异。根据布格重力异常反演拟合，玲珑型花岗岩体发育深度超过此次要求达到的解释深度 10km，根据其 MT 测量成果和重磁反演解释成果显示玲珑型花岗岩体出露位置向东南方向截止于大约 33.5km 处，之后呈隐伏状态分布于东部变质基底下部。玲珑型花岗岩体与上部地质体呈断层接触，接触带倾向约 40°。重磁反演结果与 MT 测量结果对应性良好。

　　3）早前寒武纪变质基底

测线 33.5~64km 处，对应地表早前寒武纪变质基底岩系出露区，变质岩系以 TTG 花岗片麻岩类为主，有较多基性、超基性岩包体，使其岩石密度测量结果高于中生代花岗岩体。在本次重力反演过程中取值 $2.73\pm0.2g/cm^3$，该段重力异常特征为向东南逐渐升高，推断深部有中生代花岗岩体侵入变质岩系。在 MT 测量视电阻率断面中显示为中-高电阻率异常特征，与深部中生代花岗岩体有明显的带状低阻异常分离，低阻异常宽大，推断为向西倾斜的断裂构造。

　　4）火山-沉积盆地

测线 64~106km 处，对应中生代火山、沉积岩系分布区，为低阻、低密度异常特征，磁性变化大，下伏早前寒武纪变质岩系为中-高阻、高密度、磁性不均匀特征。该段整体为重力高异常背景，局部有相对重力低异常。前期未获得 MT 测量结果时，假设该区深部没有密度较低的中生代岩体侵入，则局部重力低异常应由火山岩-沉积盆地引起，由于荆山群为区内的高密度地质体标志层，与 TTG 共同构成了区内的重力高源地质体，根据以上假设推断的深部密度模型如图 4-13 所示，推断两处火山沉积盆地中心区域分别位于 78~84km 以及 94~102km，深度接近 4km；推断三处变质岩凸起，中心区域分别位于 64~72km、86~88km、104~106km。之后根据 MT 测量成果，该区深部有高阻体发育，推断为中生代花岗岩体的可能性较大，因此结合其深部异常形态对剖面进行重新推断（图 4-14），重新解释后的火山-沉积盆地最大厚度约 2800m。

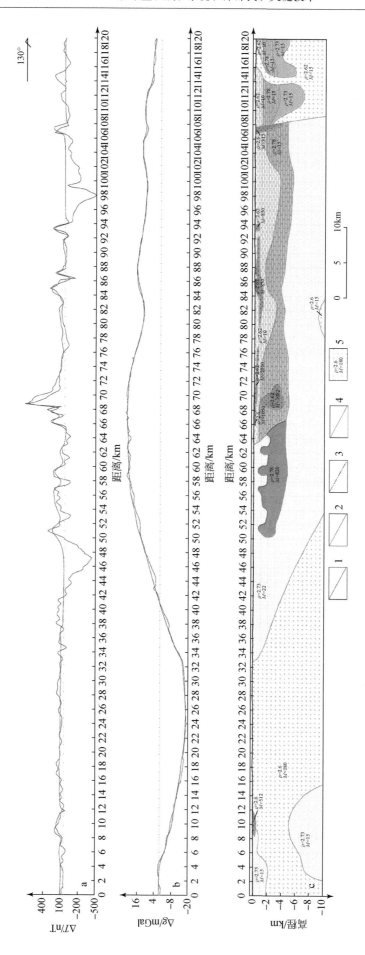

图4-13　Y1剖面重力、磁法二维联合反演综合剖面

a-磁法测量实测反演拟合ΔT曲线；b-布格重力异常实测及反演拟合曲线；c-重磁反演拟合物性模型断面图；
1-理论曲线；2-实测曲线；3-背景场；4-推断断物性界线；5-重磁反演模型参数；ρ-密度(单位g/cm³)；M-剩余磁化强度(单位10⁻³A/m)

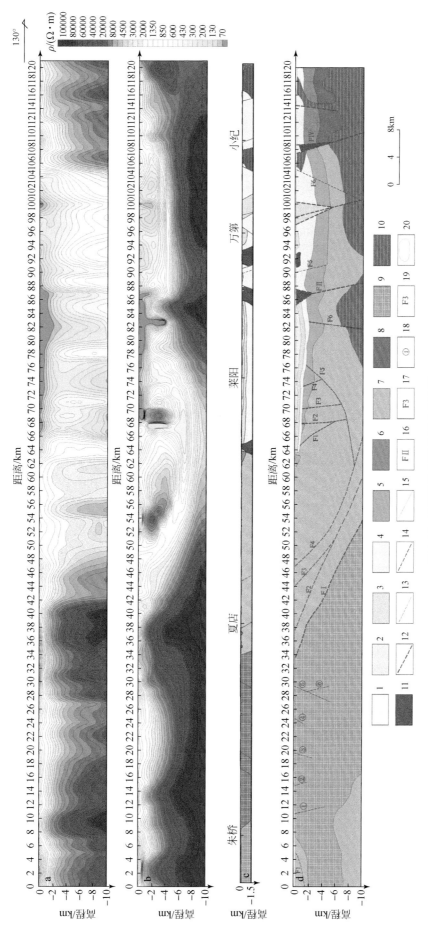

图4-14　Y1剖面MT测量综合剖面图

a-一维联合反演视电阻率等值线断面；b-二维反演视电阻率等值线断面；c-地质推断剖面；d-物探解释10km以浅地质剖面；

1-第四系；2-白垩纪—古近纪王氏群；3-白垩纪青山群；4-白垩纪莱阳群；5-古古代南夼变片麻岩组合；6-古元古代荆山群；7-新太古代栖霞片麻岩套；8-新元古代莱成片麻岩套；9-侏罗纪玲珑型花岗岩；10-白垩纪伟德山型花岗岩；11-潜火山岩；12-推断Ⅰ级断裂；13-推断Ⅱ级断裂；14-推断基底断裂；15-推断地质界线；16-Ⅰ级断裂编号；17-Ⅱ级断裂编号；18-Ⅲ级断裂编号；19-基底断裂编号；20-视电阻率等值线及标注

5）伟德山型花岗岩高侵位区

测线 106～120km 处，地表主要分布白垩纪青山群，局部有伟德山型花岗岩类出露。综合地球物理异常显示其重力值沿测线向剖面终点逐渐降低，电阻率升高明显，于东侧有明显抬升，推测该段深部中生代花岗岩体向上侵位抬升，在断裂发育地段有潜火山岩集中上侵。

6）断裂构造

根据 1:25 万区域地质调查资料以及本次综合地球物理探测成果，将该剖面的断裂构造分为区域断裂、次级断裂和隐伏断裂。

（1）区域断裂。圈定区域断裂 5 条，编号 FⅠ、FⅡ、FⅢ、FⅣ、FⅤ，分别对应招（远）-平（度）断裂、桃村断裂带、郭城断裂带、牟平-即墨断裂、海阳断裂带。从重力、电阻率异常特征分析，FⅠ 为界岩构造，上、下盘地质体电阻率和密度都有较大差异，通过重磁反演和 MT 测量成果综合解译对其深部产状反映较为清晰；FⅡ、FⅢ 发育在火山-沉积盆地中，其浅部电阻率表现为明显的低阻异常带，在深部高阻背景中仍有断裂构造异常表现，推断其发育深度超 10km，FⅣ 和 FⅤ 重磁场特征表现为明显的条带状负异常，在 MT 测量视电阻率异常中断裂构造异常也非常明显。

（2）次级断裂。推断次级断裂构造 6 条，分别编号 F1、F2、F3、F4、F5、F6（在图 4-14 中为红色细虚线表示），其中 F1 为推断断裂，F2、F3、F4 分别是招平断裂上盘一组与其倾向平行或有一定夹角的次级断裂，F2 断裂、F3 断裂分别对应栾家河断裂和丰仪断裂，F4 断裂为一条隐伏断裂，它们与招平断裂同为一条大型缓倾的低阻带异常，对应中生代花岗岩体与早前寒武纪变质岩的侵入接触带。在中生代花岗岩体内部，发育一系列次级断裂构造，从 MT 测量资料分析，这些断裂带发育深度和规模有限，属于岩体内部次级构造（图 4-14 中的①～⑥）。

（3）隐伏断裂。在火山-沉积盆地下伏基底中推断 6 条具有明显断裂构造异常特征的隐伏构造带，分别编号 F1、F2、F3、F4、F5、F6（在图 4-14 中用蓝色虚线表示）。其中 F5、F6 为主断裂构造，推断是与深部热隆物质上升有关的区域性断裂构造，在 MT 测量视电阻率断面图中为明显的低阻异常带特征，且发育规模较大。F1、F2、F3、F4 为次级断裂，与盆缘附近的火山活动有关，以 F2 为代表，其低阻异常非常明显，与两侧地质体电阻率差异明显。这些断裂构造是本次 MT 测量的新发现，尤其是 F5 断层在深部与招平断裂疑似相交，这些新的发现为区内构造系统与深部金矿的研究提供了新的依据。

（四）MT 方法的技术性能

1. 解决的地质问题

MT 测量有诸多优点，如勘探深度大，资料处理和解释技术成熟，勘探费用低、施工灵活，不受高阻屏蔽影响等。

目前在胶东地区深部金矿找矿过程中开展的 MT 测量工作主要目标仍然是用来推断解释成矿结构面及其深部变化特征，包括断层、断裂带、岩性接触带、构造滑脱带等（表 4-2）。MT 测量也用以辅助研究上地壳、岩石圈的电性结构，解决与华北克拉通破坏相关的地学前沿课题（高山等，1999）。

表 4-2 MT（AMT）测量技术性能一览表

项目	说明
解决的地质问题	探测成矿结构面（断层、断裂带、岩性接触带、构造滑脱带等）
主要优点	勘探深度大，资料处理与解释技术成熟，横向分辨能力较强、施工灵活、费用低
存在问题	强干扰能力差，受体积效应、静态位移影响，纵向分辨力随深度增加迅速减弱

续表

项目			说明
分辨率	岩性界面	电性差异明显	横向可分辨，纵向分辨能力向深部减弱
		电性差异不明显	难分辨
	主干断裂带	上、下盘岩性不同，电性差异明显	可分辨，纵向分辨能力向深部减弱
		上、下盘岩性相同，无明显电性差异	有可能分辨
	次级断裂带	上、下盘岩性不同，电性差异明显	可分辨，纵向分辨能力向深部减弱
		上、下盘岩性相同，无明显电性差异	有可能分辨
	隐伏断裂（有低阻覆盖）		难分辨
勘探深度	MT		勘探深度可至地壳级别，可满足胶东地区所有深度金矿的探测深度要求
	AMT	中–低阻区	1000m 以浅
		高阻区	3000m 以浅

2. 勘探深度

大地电磁法（MT）和音频大地电磁法（AMT）的场源主要与太阳辐射有关的大气高空电离层中带电离子运动有关，其频率范围为 $n \times 10^{-4} \sim n \times 10^{4}\,Hz$。由于频率可以很低，趋肤效应使得该方法的探测深度可以很大。一般 MT 的频率范围在 100Hz 以下，勘探深度在数百米至数百千米，适合研究上地壳、岩石圈甚至下地幔的电性结构。AMT 的频率范围为 $0.1 \sim 10kHz$，甚至 100kHz，勘探深度为几米至几千米。实验应用结果显示，在胶东金矿集区开展 5000m 以浅的深部探测，MT 有较好的应用效果。

3. 分辨率

MT 和 AMT 的横向分辨率较好，可以根据探测目标的大小和规模设置点距，胶东地区的工作实践表明，该方法对沿测线方向的电阻率变化比较敏感，因此对识别断层（断裂带）异常效果较好。

此类方法虽然探测深度较深，但深部信息是低频信号的反映，无论是 MT 还是 AMT，在加大探测深度的同时，它们与 CSAMT 一样受趋肤效应限制，随着勘探深度的加大，异常分辨率也大大降低，在使用该方法进行深部探测时，应充分考虑到深度与分辨率的关系。

4. 存在的问题

（1）电磁干扰问题：因采集的是天然电磁场，接收信号不稳定、不规则，容易受到工业噪声干扰。

（2）纵向分辨能力随深度的增加而迅速减弱，受趋肤效应的制约，低频段测深随着频率的降低呈指数性增长，导致纵向分辨能力随深度增加而减弱。

（3）大地电磁受体积效应、静态效应的影响，反演的非唯一性较强，反演结果的质量与技术人员水平密切相关。

三、频谱激电测量

（一）焦家断裂带 264 号勘查线频谱激电测量及地质解释

为研究频谱激电测量（SIP）法在焦家断裂带深部金矿找矿中的适用性，山东省物化探勘查院于 2006 年在该成矿带的 264 号、112 号、128 号等典型勘查线剖面进行了对比试验研究，总结已知矿体及矿化蚀变带上的 SIP 法不同参数的异常特征及变化规律，建立该方法的找矿模型（曹春国等，2016）。

本次以寺庄矿区 264 号勘查线 SIP 测量为例（剖面位置见图 4-1），分析各参数异常特征与已知矿体及矿化蚀变带的对应关系。该剖面 SIP 测线位置与勘查线剖面重合，测线方位为 108°，采用仪器为 V8 多功能电法仪，观测装置为偶极-偶极观测系统，测量点距为 50m，测量偶极距为 100m，*AB* 距为 100 ~ 300m，隔离系数 *n* 为 4 ~ 39；最大探测深度为 1950m，测量频带为 0.0156 ~ 256Hz。

1. 视电阻率（ρ_a）异常特征

264 号勘查线已知断裂带矿化蚀变强烈，1000m 以上有探矿工程控制，已知金矿体在 1500 ~ 2450 号测点之间连续稳定。在视电阻率参数断面等值线图中（图 4-15），断裂构造呈定向延伸的带状低阻异常特征，异常由东向西自上而下呈舒缓波状向下倾伏延深，与已知断裂带的展布一致。浅部断层上盘为相对低阻异常显示，对应焦家断裂带上盘新太古代变辉长岩；下盘呈高阻异常显示，对应玲珑型花岗岩体；之间的条带状低阻带与已知断裂蚀变带相对应；金矿体呈中高阻异常显示。将已知金矿体的赋存位置与实测断面的异常特征进行对比发现，金矿体与断面图上的低阻异常宽大、幅值中高的部位相对应。低阻异常反应明显及局部宽大部位，表明断裂破碎带与围岩电性差异明显，低阻带中的局部中高阻异常带指示了矿化蚀变强烈，成矿条件有利的位置。

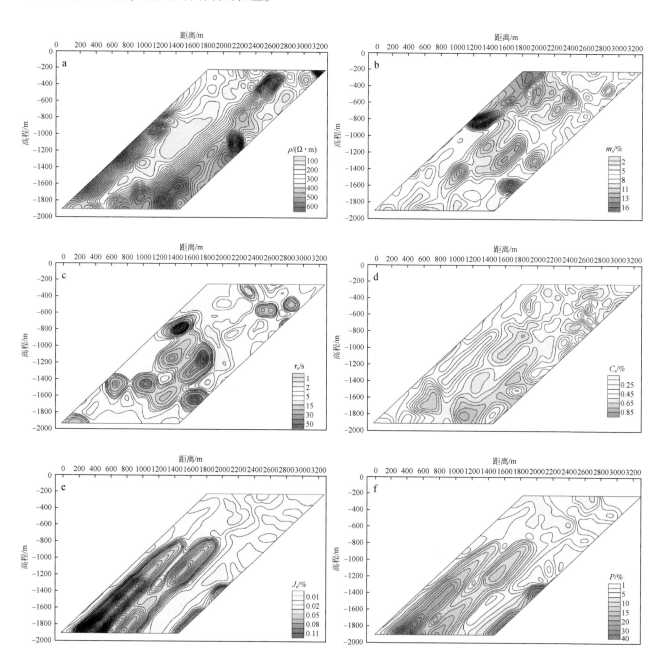

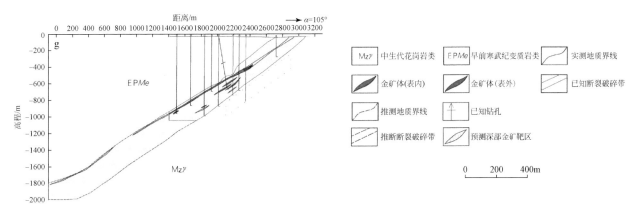

图 4-15　寺庄矿区 264 线频谱激电异常综合剖面图

a- 视电阻率参数断面等值线图；b- 充电率参数断面等值线图；c- 时间常数参数断面等值线图；d- 频率相关系数参数断面等值线图；
e- 金属因素参数断面等值线图；f- 频散率参数断面等值线；g- 综合推断地质断面图

2. 充电率 (m_a) 异常特征

在钻探工程控制地段，已知矿体与断面图上充电率参数高值异常相对应，高值充电率异常沿断裂带呈串珠条带状定向向下延深。在 1450 ～ 2500 号测点，金矿体上异常反应突出，其充电率幅值为 10% ～ 20% 。当有多层矿体分布时，与之相对应的充电率高值异常亦呈多层分布。在 2500 ～ 3100 号测点，为无矿间隔地段，充电率值在该区段明显降低，无激电异常显示。由此说明，充电率异常值的高低，可直接反映金矿体及矿化蚀变带的存在。金矿体为明显的高充电率异常，矿化蚀变越强烈其充电率越高。

3. 时间常数 (τ_a) 异常特征

τ_a 是反映岩矿石充放电快慢的参数，其值的高低与矿石矿物结构及金属硫化物含量有关。在时间常数参数断面等值线图中，τ_a 在矿体及断裂蚀变带上整体呈高值异常，但其异常值的高低受目标地质体的矿物成分及结构影响明显，异常分布极不均匀，可能是受围岩蚀变影响，造成异常形态较复杂。整体上，高值异常仍主要沿已知断裂带呈条带串珠状分布，电子导电矿物颗粒较大或连通较好的致密状或网脉状矿石（或矿化岩石）充电和放电较慢，断面等值线图上为高值异常反应；而导电颗粒细小，相互连通不好的浸染状或细脉状矿石充电和放电较快，断面图上呈低值异常反应。

4. 频率相关系数 (c_a) 异常特征

在相关系数断面等值线图中，1450 ～ 3150 号测点，c_a 值沿已知矿化蚀变带呈条带串珠状高低间隔分布，在金矿体厚大多层分布部位 c_a 值在 0.45 ～ 0.65 之间变化。根据此参数的物理特征，在判定深部隐伏矿化蚀变带及金矿体时，多表现为条带状或串珠状异常，其异常幅值多在 0.4 ～ 0.7 之间变化。

5. 金属因数 (J_r) 异常特征

在金属因数参数断面等值线图中，已知矿化蚀变带及金矿体呈明显的高值异常反应，浅部异常值幅值较低与电阻率偏高是相对应的，深部异常反应非常明显，呈上下平行排列分布的 2 条带状异常，断裂带的上、下盘围岩为低值异常反应。从该参数的物理意义分析，该参数突出了低阻极化体异常。金矿体位于破碎蚀变带内，多呈中高阻电性特征，因而，该参数对反映深部隐伏断裂破碎带与上下盘围岩的接触关系及矿化蚀变程度是有意义的。对于蚀变岩型金矿，该参数与矿化蚀变程度呈正相关关系。

6. 频散率 (P_F) 异常特征

在频散率参数断面中，高值异常与已知断裂带对应较好，深部高值异常同样呈上、下平行排列的两条异常带，与已知断裂带的上、下界面相对应，并与已知断裂破碎带中部夹有带状花岗岩，以及接触带上、下界面附近矿化蚀变强烈相一致。对应已知矿化蚀变带及金矿体分析，高值异常对应矿化蚀变强烈、矿体厚大部位。

7. SIP 多参数综合异常特征及解释推断

寺庄矿区视电阻率参数指示,焦家断裂带向下延续深度大于2000m,在1200~2400、400~1100号测点之间视电阻率、频率相关系数为低值异常宽大、幅值低的电性特征,充电率、时间常数、金属因数和频散率则为高值异常特征,反映断层有局部膨大的构造特征,尤其在600~1500号测点之间异常反应最明显,1700m以下断层有变缓的异常特征,各参数的异常均有较好的对应关系。由此得出已知金矿体的总体异常特征为:中高ρ_a、c_a;高m_a、τ_a、J_r、P_F。

根据已知金矿体上的异常特征分析推测:800~1400号测点之间,300~600号测点之间为深部隐伏金矿体赋存的有利部位;从异常特征分析整个矿化带可划分为上、下两个成矿带,上带为主矿带,推断已知矿体延深至约1200m。1400~1800m为另一赋矿段,在该赋矿段中根据J_r、P_F、m_a的异常特征大致可分为三段富集段,约以1300、1000、700号测点为中心。该推断结果已被后期寺庄金矿深部勘探证实,在寺庄金矿深部赋存有超大型破碎带蚀变岩型金矿床。

(二) 招平断裂带焦格庄矿区 3 线 SIP 测量及地质解释

2010年,山东省物化探勘查院开展了"山东省招远市招平断裂带焦格庄—半壁店地区综合物探深部找矿预测研究"项目,进行了SIP、CSAMT、大功率激电测深及重力、磁法的异常研究。本次研究以其中焦格庄金矿3线SIP测量成果为代表,总结该方法在招平主干断裂带深部找矿中的应用成果。

测线位于招远市郭家埠与阎家庄之间,与勘查线位置一致,测线方位为90°,采用仪器为V8多功能电法仪,观测装置为偶极-偶极观测系统,测量点距为50m,测量偶极距为100m,AB距为100~300m,隔离系数n为4~12;最大探测深度为1000m,测量频带为0.0156~256Hz。通过已施工的钻孔0ZK4、0ZK1、0ZK2、ZK8、ZK11、0ZK3和1550号测点附近施工的深孔显示,金矿体赋存于断裂主带(高低阻过渡梯级带)的局部高阻体内,该段硅化蚀变强烈,断裂带倾角由陡变缓且明显宽大,为Ⅰ、Ⅱ号工业金矿体的赋存范围。

在充电率断面图中(图4-16),高值异常沿招平断裂带呈串珠条带状分布,高激电异常的倾斜方向与断裂带的方向呈"入"字形斜交。从已控制的矿体和断面等值线异常特征对比分析,主体矿化带及矿体位于高激化主异常等值线簇的上端附近,浅部异常均已见矿,说明金矿化体在该区显示为高充电率异常特征。从断面异常特征分析,高值异常区集中分布在浅部500~600号测点之间,中部1150~1300号测点之间,深部1800~2200号测点之间的3个不同深度的局部异常区。3处局部异常在电阻率断面图上均位于两种不同电性层的接触界面上,该界面即为招平断裂主带。高激化异常均位于电阻率等值线起伏向上弯曲的部位。

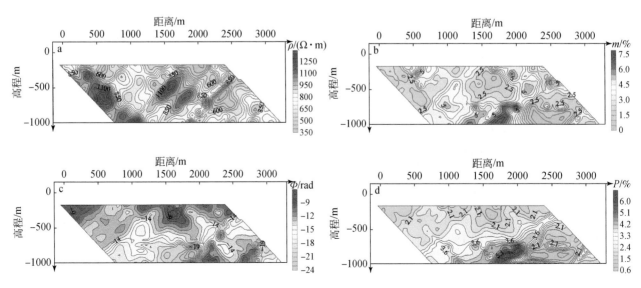

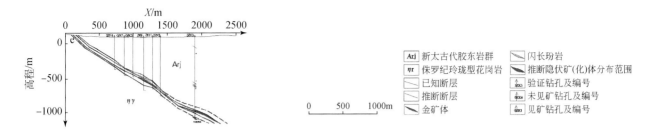

图 4-16　焦格庄金矿 3 线频谱激电测深充电率综合剖面

a-SIP 法视电阻率剖面；b-SIP 法充电率剖面；c-SIP 法极化相位剖面；d-SIP 法频散率剖面；e-推断地质剖面

频散率参数异常形态与充电率异常基本相同，在矿体及强蚀变带的分布范围内为明显的高值异常。高值异常区集中分布在中深部的 1000～2000 号测点之间，浅部 500～600 号测点之间异常较弱，中部 1100～1300 号测点之间已知矿为中高异常区，高值异常沿断裂带下盘分布。其异常形态与浅部的矿异常形态基本相同，异常的空间分布与招平断裂蚀变带一致。

相位等值线断面中，有利异常也显示在已知矿体分布范围 1000～1400 号测点之间，其异常特征为以 1200 号测点为轴线，呈不对称"八"字形低值异常，浅部已知矿体均为明显的局部低值异常显示，深部 1800～2100 号测点之间其异常幅值明显升高，异常范围与其他各参数在断面图上有良好的对应关系，表明金矿体具有明显的激电效应。

（三）SIP 法的技术性能

1. 解决的地质问题

SIP 法的主要优势有：①野外观测采用偶极装置，具有异常幅度大、几何穿透深度大等优点；②观测某一时间段的极化场（总场），接收机具有选频和滤波系统，与直流激电法比较，具有较强的抗干扰能力；③相对直流激电法，可观测研究的参数多，多参数组合解释能够提供更丰富的地质信息，有可能对评价激电异常源性质提供较多的途径，提高寻找隐伏矿的能力。

SIP 法主要用于对 IP 异常源或地质目标靶体、靶区进行详细的解剖性勘查和控制性勘查，通过该方法发现极化体，并对矿化蚀变的结构构造等地质属性做判断，最终提供钻探靶位，可以解决胶东与深部金矿探测有关的以下问题：①在控矿构造带（如断裂带、破碎带、蚀变带、岩性接触带等）或物化探目标异常带中寻找并圈定局部矿化体；②在成矿母岩中寻找并圈定局部矿化富集体；③追索或控制已知矿体的水平外延或垂向下延。

2. 常用装置及技术参数

SIP 测量采用偶极-偶极装置，数据采集需要根据探测目标体规模、产状特征、探测深度要求设置采集窗口和装置、技术参数（表 4-3）。观测频带一般为 0.0156～256Hz，在工业游散电流干扰严重的地区，一般应尽可能加大供电电流，增强其抗干扰能力。

表 4-3　频谱激电法（SIP）装置及技术参数

勘探深度/m	蚀变带规模/m	接收偶极距/m	发射偶极距/m	点距/m	说明
<1000	>100	100～200	100～400	100～200	100～1000m 探测深度可以通过调整装置系数来设置测网密度
	<100	100～200	100～400	20～80	
1000～2000	—	200～400	600～1000	100～200	测深 1000m 以上后，无论蚀变带规模大小都需要加大偶极距获得更大的发射和接收信号强度

3. 勘探深度

SIP 的勘探深度主要指几何勘探深度，由于该方法多采用偶极-偶极装置，在浅部存在采集空白区，根据点距和隔离系数的设置，该空白区一般在 100m 以浅，100~2000m 深度可通过调整装置系数和加大发射功率实现数据采集，因此这个深度的数据探测是可以实现的（表 4-4）。如需采集 2000m 以深的数据，必须加大隔离系数以及发射功率，而此探测深度后，接收信号将大幅衰减，数据的采集变得非常困难，因此一般不设计超过此深度的 SIP 测量工作。

表 4-4　频谱激电法（SIP）技术性能分析一览表

项目	说明	
解决的地质问题	发现极化体，对极化体的属性进行判断追索或控制已知矿体的水平外延或垂向下延	
主要优点	接收信号强，勘探深度大，解释参数多，有益于评价异常源性质	
存在问题	效率低，成本高，激电参数分离反演复杂，异常解释难度大	
分辨率	极化体	可分辨
	识别矿与非矿	有可能识别
	矿化背景中寻找相对富集体	有可能识别
勘探深度（几何深度）	100m 以浅	空白区，数据难采集
	100~2000m	通过改变装置系数基本可以实现
	2000m 以深	数据采集非常困难

4. 存在的问题

（1）谱激电异常解释参数曲线形态非常复杂，主要原因是偶极-偶极装置异常形态本身较复杂，且地下极化体分布复杂，往往实测异常是多个极化体异常的相互叠加，致使推断解释更加复杂化（李树文等，2000）。

（2）激电参数分离反演繁琐，耗时长，对技术人员的业务素质要求较高。

（3）由于该方法工作效率低，工作成本高，不适宜大面积的布置工作，只适用于异常研究剖面性的工作。

四、广域电磁测量

（一）测线位置和工作方法

1. 测线位置及地质地球物理条件

广域电磁法剖面沿焦家金矿带 320 号勘查线布施，测线西北起三山岛金矿尾矿库西，东南止于大兰邱家村西南，剖面方位为 106°，剖面长度为 13.46km（图 4-1）。

该测线经过寺庄金矿区和三山岛金矿区（深部），测线东端为焦家断裂带分布区，测线西部控制三山岛断裂的中深部（未经过三山岛断裂的地表位置）。测线两端经过的金矿区已施工的钻孔较多，浅部地质情况控制良好，深部控制深度最大达 4006.17m。

测制剖面的目的除了开展广域电磁法应用研究外，还进行与深部金矿有关的地层、岩体、构造的形态、产状及其他特征研究，为深部金矿找矿提供方法和依据。

沿测线方向的地质情况比较简单，沿线第四系、林地、果地覆盖严重，绝大部分区域为第四系全新统，局部地段据钻孔资料揭示为早前寒武纪变质岩系和侏罗纪玲珑型花岗岩体。根据区域物性统计结果，玲珑型花岗岩类为相对高阻体，第四系为低阻特征，早前寒武纪变质岩为中-高阻异常特征，而断裂构造表现为条带状低阻、电性高低过渡梯级带等异常特征。测线经过的主要地质单元在电性（电阻率）上具有较为明显的差异，因此在该区开展广域电磁测量是可行的。

2. 工作方法

本次广域电磁法测地使用中海达 V8 双频 RTK 系统，敷设测线 13.46km，测点 166 个。质检点 15 个，质检率 5.64%。平面点位中误差：$M_x = \pm0.022\text{m}$，$M_y = \pm0.025\text{m}$，$M_s = \pm0.019\%$；高程中误差：$M_h = \pm0.026\text{m}$。测量时投入发射设备一套、接收设备 3 套，采集 11、9、7、5、3、1 频组共 40 个频段，正式工作前开展了仪器性能一致性试验、采集参数试验（收发距、极距）。最终选择的收发距为约 15km、极距为 50m。数据采集严格执行技术规程，共完成 256 个物理点，检查点 20 个，检查率 7.81%，最大相对均方误差 ±4.83%，最小相对均方误差 ±0.30%。采集质量为一级点为 238 个，占比 89.81%，二级点 27 个，占比 10.19%，合格率为 100%。

3. 数据处理及反演解释

数据处理：分析评价原始数据质量，开展去噪处理、静态校正、地形校正。对经过初步处理的数据开展定性分析，包括曲线类型分析，绘制频率–视电阻率拟断面图。

反演解释：地表实测的广域电磁视电阻率是地下不同电性介质及构造的综合反映，不同反演方法求得的地电模型是不同的，需要在多种方案中选出最优化的反演解释方案。经过对比分析，本次以二维反演结果为主进行综合地质解释。

（二）探测结果及地质解释

根据广域电磁法探测二维反演视电阻率断面图（图 4-17），垂向电性异常反应明显，层位清晰，剖面自西向东、由浅入深的电阻率异常特征为：浅部电阻率值西低东高，中深部均为高阻特征，控矿断裂带为显著的低阻带异常特征，且与上下围岩分界线明显。根据剖面电性异常特征推断断裂构造 7 条，分述如下：

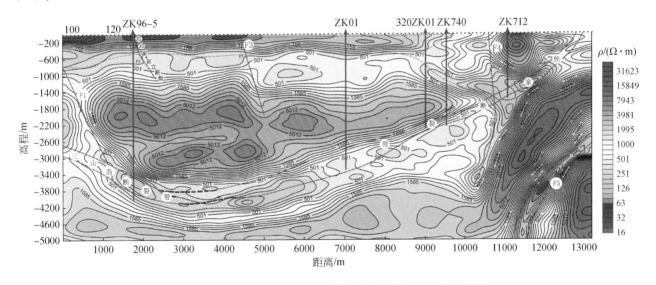

图 4-17 胶西北寺庄–三山岛广域电磁法勘探 GY-01 线剖面图

焦家断裂带。位于 160~360 号测点之间，其电阻率异常特征显示为中低电阻，中低阻异常明显宽大，剖面东部的 352~355 号测点之间，对应区域地质图中的焦家断裂带出露位置。该断裂走向为 10°~35°，倾向北西，倾角呈波状起伏的特点。视电阻率异常显示的断裂带倾向特征为：-600m 标高以上倾角较陡，在 50° 左右变化，-600m 标高以下地段由陡变缓，倾角逐渐过渡到 20°~35°，-2000m 标高以下变缓为 16°~20°。-1000m 标高以上，断裂沿早前寒武纪变质岩系与玲珑型花岗岩体接触带展布，-1000m 标高以下则发育在玲珑型花岗岩体内部。

三山岛断裂带。位于 96~160 号测点之间，其电阻率异常特征显示为中低电阻，异常带宽大。三山岛断裂带走向为 30°~35°，倾向南东，倾角自上而下呈现出由陡变缓的趋势。剖面电阻率异常圈定的断裂位置与 ZK96-5 钻孔控制的断裂带位置基本吻合，视电阻率异常显示–3000m 标高以下地段断裂带倾角较缓，在 20°~50°之间变化，根据钻孔及物探资料显示，该段断裂带发育在花岗岩体内部，断裂–2600m 以上部分不在剖面控制范围。

F1 断裂。地表出露位置位于测线西端之外，广域电磁测量剖面控制了断裂的中深部。电性异常表现为高阻背景下定向延伸的条带状低阻异常，其深部延伸到三山岛断裂带。断裂倾向北西，倾角约 65°，倾向上延伸约 3000m。推断该断裂规模较大、围岩破碎、蚀变较强。

后邓家–新立断裂。近地表位置约为 131 号测点附近，视电阻率等值线表现为同步弯曲的"U"形异常，倾向南东，倾角约 60°，沿倾向方向延伸约 1000m。

F3 断裂。位于测线中部 184 号测点附近，视电阻率等值线表现为同步弯曲的"U"形异常，在一维连续介质反演断面图中也有显示，总体倾向南东，倾角约 72°，沿倾向延伸约 2000m。

F4 断裂。位于测线中部 308 号测点附近，视电阻率幅值明显低于两侧围岩，其深部延至焦家断裂，推断其与焦家断裂为共轭断裂。该断裂在焦家断裂带上部倾向南东，倾角近乎直立，在焦家断裂带下部倾向转为北西，倾角约 70°，总体沿倾向延伸约 3700m。

F5 断裂。位于测线东端，剖面仅显示其中深部异常特征，因剖面长度限制未显示其全貌，电性异常特征明显低于两侧围岩，为低阻异常带特征，推断断裂总体倾向北西，倾角为 40°~60°。

本次广域电磁测量结果表明，三山岛断裂与焦家断裂在过西–西由–吴家庄子–原家一线深部交汇，交汇深度大致在–4500m 标高，与大地电磁测深推断一致。

（三）广域电磁法的技术性能

1. 解决的地质问题

该方法用于胶东金矿集区深部金矿找矿，主要目的与 CSAMT、MT 等方法一致，仍然是推断解释成矿结构面及其深部变化特征，包括断层、断裂带、岩性接触带、构造滑脱带等（表 4-5）。

表 4-5　广域电磁法技术性能一览表

项目		说明	
解决的地质问题		探测成矿结构面（断层、断裂带、岩性接触带、构造滑脱带等）	
主要优点		勘探深度大，纵向分辨率提高，效率高	
存在问题		纵向分辨率和抗干扰能力需要进一步提高	
分辨率	岩性界面	电性差异明显	横向分辨率高，综合分辨率提高
		电性差异不明显	难分辨
	主干断裂带	上、下盘岩性不同，电性差异明显	可分辨，纵向分辨能力提高
		上、下盘岩性相同，无明显电性差异	有可能分辨
	隐伏断裂（有低阻覆盖）		难分辨
勘探深度	中–低阻区	5000m 以浅	
	高阻区	8000m 以浅	

2. 主要优势

寺庄–三山岛矿区的 GY-01 剖面反演解释深度达到 5km，推断的断裂构造深部变化特征与前期利用 MT、CSAMT 测量取得的推断成果基本一致，且异常反应更清晰。综合来看，该方法的解释深度比 CSAMT 方法大大提升，野外工作效率和压制干扰能力也有一定提升。综合在胶东金矿集区的探测案例表明，广域电磁法在深部探测方面具有明显的优势，主要表现在以下方面：

（1）探测深度更大。由于采用不做简化的电磁场单分量表达式迭代计算"广域视电阻率"，可在不局限于远区的区域内进行观测，拓展了观测范围，增大了勘探深度，避免了传统电磁阀磁场干扰对测量数据的影响，提高了仪器的抗干扰能力，多频同时发送和接收，可进行一发多收。在胶东金矿集区的几个试验案例通过精细处理解译深度都达到了 5000m。

（2）纵向分辨率提高。相对 CSAMT 法，广域电磁法的抗干扰能力更强、纵向分辨率提高，在胶东金矿集区的应用案例可以看到，该方法在 5000m 以浅保持着较好的综合分辨率，对断裂构造有明显的异常反应，尤其是对断裂构造的深部异常形态也有明显的反应，这一点对深部金矿找矿至关重要。

（3）高效经济。广域电磁法工作效率与 CSAMT 法相当，是绿色环保、低成本的深部勘查方法。

3. 勘探深度

广域电磁法由于提出了适用于全域测量的视电阻率计算公式，使得低频测量信息得到有效解释推断，大大提高了推断解释深度，何继善院士在 2018 年 12 月的广域电磁法研讨会中说，"就目前的装备条件，广域电磁法的探测深度超过 8000m"，从本次试验剖面及胶东地区几个试验案例看，本项目提出的 5000m 深度探测的目标是可以达到的，同时该方法的纵向分辨率也比 CSAMT 法得到了大幅提升，这是与勘探深度相互呼应，缺一不可的指标。

五、反射地震勘探

（一）测线位置和工作方法

1. 测线位置与地震地质条件

1）测线位置

测线位于莱州市过西镇至仓上村，测线方位为 308°，测线长度为 4km（图 4-1）。主要目的是解决尹家西北勘查区内三山岛断裂深部位置及结构。

2）地震地质条件

测线附近地表被第四系覆盖，下伏地质体为早前寒武纪变质岩系，其主要岩性为黑云变粒岩、黑云斜长片麻岩、斜长角闪岩。底部玲珑型花岗岩类与上覆变质岩系呈侵入、构造接触关系。接触带上形成厚度不等的破碎蚀变带，一般宽 20 ~ 100m，最宽处可达 300m，矿体赋存在破碎蚀变带内。各类岩石的密度值（常见值）有明显差异（表 4-6）。岩（矿）石密度的差异，为地震勘探提供了有利条件。

表 4-6　岩（矿）石密度统计表

岩性	密度/（g/cm³）	常见值
第四系土类	1.44 ~ 1.93	1.71g/cm³
黑云变粒岩	2.63	早前寒武纪变质岩系平均值 2.81g/cm³
斜长角闪岩	2.95	
斜长片麻岩	2.64	
侏罗纪黑云二长花岗岩	2.58	2.58g/cm³
绢英岩化花岗质碎裂岩	2.62	碎裂岩平均值 2.65g/cm³
含黄铁矿化花岗闪长岩	2.66	
黄铁矿化碎裂状花岗岩	2.70	

区内第四系覆盖层厚度为 30 ~ 50m，自西至东由厚变薄，西部不同程度地含有砂层，影响激发效果。浅层地质以及地表条件的多变给成孔带来了困难。近地表松散沉积地层结构决定了地震波的速度结构，而这种速度结构又决定了浅部地震波场。区内近地表除第四系外，由于变质岩系长期出露地表，遭受漫长地质时期的风化侵蚀，岩石的孔隙度和密度都发生了变化，其速度值明显降低，由于风化作用随深度的增加而减弱，所以速度值随深度的增加而加大。以往测量结果表明，本区第四系沉积层的速度为 800 ~

1500m/s，而前寒武纪变质岩系风化带的速度为 1200 ~ 2200m/s。波速除纵向上的变化之外，在横向上也是不均匀的。

第四系覆盖层之下分布有早前寒武纪变质岩和中生代花岗岩类，地质体岩性的差异，造成其体积波阻抗方面的差异，可以在界面上形成弱反射信息。由于花岗岩体侵入的倾角较大，岩体内部和岩体与围岩之间的密度、速度差异较小，以及岩体的不规则形态不利于地震反射波的形成。

区内断裂构造发育，控矿的三山岛断裂规模较大，在主裂面附近发育有 50 ~ 200m 宽的破碎带，带内构造岩发育，有角砾岩、碎裂岩及碎裂状岩石。在断裂破碎带中发育有舒缓波状的主裂面，其内有连续而稳定的断层泥，厚 10 ~ 20cm。断裂带的中浅部主裂面倾角大，不易形成地震反射；深部断裂面倾角变缓，一般不大于 40°，加上断裂面附近蚀变带厚度变化以及碎裂程度不同等因素，导致断裂带与周边岩体具有体积密度的差异，这样在断裂面上形成有利于进行地质界面划分的地震反射波。

区内深部速度差异除受到不同岩性的影响外，还受到构造作用的影响，无论是在变质岩系中还是在玲珑型花岗岩中，甚至在断裂构造带中，速度的横向不均匀变化程度都十分强烈，加之岩体和变质岩系界面的几何形态不均匀变化，使得反射波变得零乱，同相轴的分叉、复合、扭曲、错断等现象频繁。

2. 数据采集

根据试验结果确定的采集参数如下：

观测系统：根据地质任务以及邻区地震施工经验，施工实际采用宽线（双线，线距 200m）观测系统。接收道距 20m，接收道数 400 道（单线 200 道），激发炮距 20 ~ 40m，覆盖次数大于 50 次，最小炮检距 0m，最大炮检距 4000m。

仪器因素：仪器类型 SERCEL428XL，采样间隔 1.0ms，记录长度 15s，记录格式 SEG-D，前放增益 12db，记录极性为负极性。

激发因素：炸药类型为震源药柱 60-2；炸药爆速为高爆速；药量 4kg；激发井深为东部采用 16m 井深，西部采用 18m；激发耦合为闷井激发。

接收因素：检波器类型为 DSU-1 数字检波器，挖坑埋置；在硬化地面等埋置段，采用沙袋压实等措施，确保检波器最佳耦合。

3. 资料处理

1）资料处理方法

资料处理主要围绕基础数据整理、叠前组合去噪、振幅处理、静校正、反褶积、速度场的建立、剩余静校正和偏移等关键环节进行，以保真处理为目标，在保证资料信噪比的前提下，尽可能提高资料的分辨率。

在对处理模块对比的基础上，选择适合本区资料的处理模块，并在对所选模块进行参数对比测试的基础上，确定了最终的处理流程和处理参数。通过数据处理获得叠加时间剖面和偏移时间剖面各 2 条；剖面总长度为 9130m。

2）关键处理技术

空间属性的建立及检查采用初至切除方法。

（1）静校正处理。通过工作前地质调查工作基本掌握了覆盖层的厚度、速度特征，建立准确的近地表模型，本区采用折射静校正技术以消除地表高差和地表低速带变化带来的影响。折射静校正参数：表层速度为 1200m/s，替换速度为 5000m/s，采用统一基准面 10m，速度平滑半径 500m。静校正后单炮记录面貌得到很大改善，初至一致性好，深部反射波的连续性也有明显提高。

（2）不正常道编辑。经过剔除死、反道，不正常工作道及野值，保证原始数据的质量。

（3）组合去噪净化单炮。针对该区资料的干扰波特点，通过随机噪声衰减、区域异常振幅压制及去线性干扰等方法的组合应用，合理压制资料中含有的噪声干扰。首先通过谱编辑去除了原始资料中存在的低频面波干扰，然后根据线性干扰不同的视速度，对资料中的线性干扰进行压制；在地表一致性振幅补偿后，噪声能量得到加强。在去噪过程中，在保持不损失有效波的情况下合理地压制了干扰波。

（4）振幅一致性处理。振幅补偿包括几何扩散补偿和地表一致性振幅补偿。

（5）叠前反褶积处理。采用地表一致性反褶积处理，这一方法采用地表一致性假设，认为各道子波的差别只与炮、检点的位置有关，对各炮点、接收点以及共炮检距求得相关的反褶积因子，分别对数据道进行褶积，因此，它具有波形一致性校正的功能，消除受近地表影响的子波差别，提高波组频率与相位的一致性。在变质岩区，由于原始资料信噪比低，所研究的地质目标偏深，地震反射信息较弱，反射波连续性较差。经算子长度和预测步长试验，采用算子长度 240、预测距离 16、白噪系数 0.01，既能兼顾连续性及子波压缩性，又不影响波组连续性。

（6）精细速度分析。研究区以往地震工作程度低，本次工作首先用速度扫描大致了解勘查区的速度范围，以及速度在纵横向上的变化规律，以利于后续的交互速度分析，建立准确的速度场。速度分析采用基本点距定为 500m，在构造复杂区域适当增加速度分析点，进行了四次交互速度分析，每次速度分析结束后，进行剩余静校正量的求取，经过至少三次迭代交互分析，能够保证叠加速度场的准确性。

（7）地表一致性剩余静校正。静校正和动校正均存在剩余时差，以叠加剖面的各模型道，求取道集内各道的相关曲线，拾取各道的剩余静校正量，进行剩余静校正。这是资料处理中的关键环节之一，需要与速度分析一起进行多次迭代计算，用于消除野外静校正后的剩余随机时差。此步处理的关键在于根据有效波同相轴选取计算时窗和倾角。根据区内每条测线同相轴形态特点，选择合适的参数，较好地解决了这一问题。应用剩余静校正后的资料效果明显得到改善，同相轴连续性得到改进，信噪比进一步得到提高。

H. DMO 叠加：为倾斜时差校正或叠前部分偏移，将非零偏移距道从共中心点的正下方，移到上倾方向具有同一反射点的零炮检距道上，参与该面元的叠加。解决了平的和倾斜的同相轴都能在水平叠加中实现同相叠加、使速度谱的分析精度得到提高、随机噪声也得到了一定程度的压制，从而提高剖面的信噪比。

（8）叠后偏移。偏移可以使反射倾斜反射地层归位到它们真正的地下界面位置，并使绕射波收敛，以显示诸如断层面之类的地下倾斜界面性质的细节，从而获得地下地质体的真实构造成像。本次采用有限差分偏移方法，该方法深层偏移画弧较轻，背景较好。

（二）探测结果及地质解释

从反射波总体特征（图 4-18）分析，时间剖面上反射信息可大致分为 4 个条带，最上部为规律性的倾斜反射波，多呈两正一负的反射波特征，局部地段为单相位或多相位反射特征，对应着区内不同规模的断裂破碎带；在 3600ms、7000ms、10500ms 附近有三组近似水平产状的多个相位反射特征的波组，区域上推断对应为上、中、下地壳底界面。

1. 不同地质体和结构面的反射波特征

1）变质基底反射波场特征

早前寒武纪变质岩系具有较规则的层状构造，与沉积岩类的层状介质具有某些相似性，对地震波的反射具有层状介质的反射特征。但是由于变质岩系经受了长期构造运动，其原岩产状和岩石结构、构造发生了很大变化，故其反射波的特征与完全层状介质中的反射波相比也有很大的差异，很少甚至不能在整个排列中形成完整连续的同相轴，而往往出现一些同相轴的分叉、合并、尖灭、复出等现象。在时间剖面上表现为具有一定连续性的同相轴，可以断续追踪的特点。可连续追踪段的长短，取决于它们经受构造变动作用的程度。

2）中生代花岗岩类内部反射波场特征

花岗岩内部结构的非层状极其不均匀性，加之其侵入面的凹凸不平剧烈变化，反射波只能在其表面形成，而难以在其内部得到可追踪的反射。对于岩体内的相变带，目前还难以确定其反射的机制是否具备。

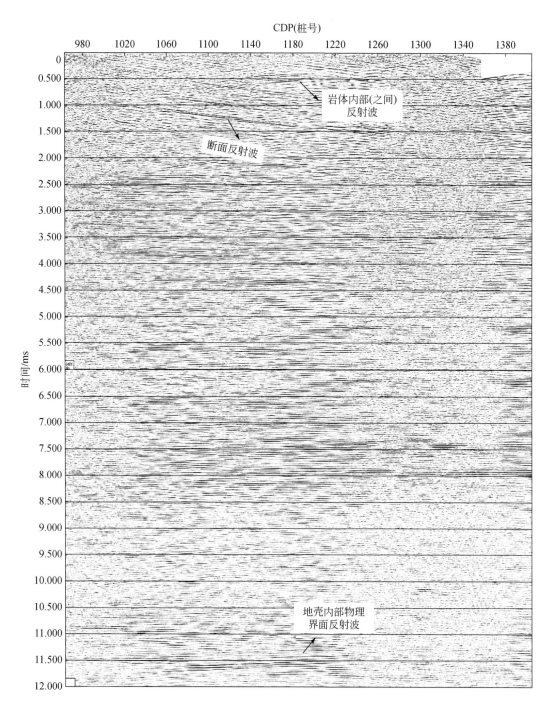

图 4-18　地震反射波总体特征图示

3）中生代花岗岩体与前寒武纪变质基底之间的反射波场特征

中生代花岗岩体内部没有形成连续反射界面的机制，但在与早前寒武纪的接触界面上下由于岩石密度、弹性常数等参数发生改变，在其接触线接近水平或倾角较缓的情况下，有可能产生较为清晰的反射界面，但反射波组连续性较差，能量弱，由于岩体的受力方向和运动特征，多表现为向上的弧线形状。

4）破碎蚀变带

由于破碎蚀变带产于玲珑型花岗岩体与前寒武纪变质岩系的接触带上，从岩性上它们相互穿插，从岩石结构上蚀变作用强烈，密度值变化大，因而波阻抗值的变化也大。故而在时间剖面上同相轴更为零乱，可连续追踪段更短，蚕状特征突出。

5）断裂构造带

在时间剖面上，同相轴会形成从上至下系统的错断或存在反射空白区，而使得断裂带两侧出现连续对比中断的现象。

2. 地震反射波标定

首先，收集测线附近钻孔资料、地质勘查线剖面以及综合地质图，对收集的资料进行系统分析，对主要目的地质体的展布特征形成初步认识。按照"由已知到未知"的原则，对反射波进行标定，建立地震–地质的对应关系。通常采用合成记录进行地震地质层位标定，由于区内没有测井资料，根据已知地质资料结合附近钻孔资料综合标定的方式来确定地震–地质对应关系。

其次，根据测线附近的大量钻孔资料，对控矿断裂浅部的空间状态形成准确控制，把钻孔投影到地震时间剖面上，利用钻孔内所见断裂深度和区内地层速度计算出时间，可基本确定地震反射波和地质界面的对应关系。

最后，与邻区三山岛断裂地震解释结果进行对比，根据二者的规模以及反射特征进一步确认三山岛断裂深部反射波。

3. 断裂反射波特征及推断解释

5000m 以浅的断面反射波是本次勘查研究的主要地质目标，时间剖面上表现为呈共轭规律的倾斜反射波。断裂裂隙宽度以及破碎程度和蚀变带厚度的变化，导致断面反射波能量不均匀，连续性较差，而且经常发生相变；由于共轭式赋存关系，断裂带反射波相互切割，进一步削弱地震反射波的横向连续性，不利于断面反射波的连续追踪。本次共推断解释了 4 条平行展布的断裂构造（图 4-19）。

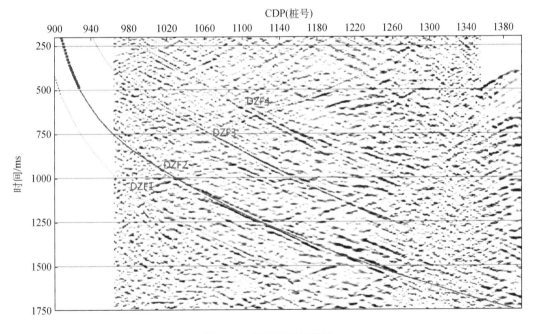

图 4-19　断面反射波特征

DZF1 断裂。浅部能量较弱，连续性差。受地震剖面长度的影响，断裂的地表位置未控制。断面东倾，断面浅部倾角高陡，往深部逐渐变缓；断裂延展最大深度超过 3000m。结合区域地质分析，DZF1 有可能是 3 号蚀变带往东北的延伸。

DZF2 断裂。从区域地质资料分析，DZF2 断裂与三山岛断裂对应，是重要的金矿控矿断裂带。受断裂倾角较大、地震激发接收条件差以及浅部和时间剖面两端有效覆盖次数偏低等因素的影响，在地震时间剖面上，DZF2 中浅部反射波信噪比偏低，反射波同相轴呈现蚯蚓状，不易连续对比追踪，深部可见连续的反射信息，资料品质较高。本次工作受野外施工条件限制，未对断裂浅部形成有效控制。根据已知资料和剖面反射波对其浅部特征进行了推断解释，DZF2 断裂地表位置位于时间剖面桩号 9100 处，倾向南东，浅部倾角高陡，可达 70°以上，自浅至深倾角逐渐变缓，总体呈犁式特征，断裂面纵向最大深度超过4000m。断裂倾角明显变化位置位于剖面桩号 9800 处，断裂带深度约 2200m。测线上尹家西北普查区西边界断裂带深度约 2300m，断裂倾角约 42°；普查区东边界断裂带深度约 3500m，断裂倾角约 30°。

DZF3 断裂。地表未控制，反射波呈两正一负特征，同相轴连续，能量较强，地震反射波组特征明显，易于对比解释。DZF3 断裂走向上与三山岛断裂平行，位于三山岛断裂东侧约 200m，断裂倾向南东，断裂延深超过 2800m。

DZF4 断裂。DZF4 断裂反射波地表未控制，反射波呈两正一负波组特征，深部同相轴连续，能量较强，浅部受有效覆盖次数不够影响信噪比稍低，但可对比解释。根据已知地质资料，DZF4 断裂应与 5 号蚀变带对应，走向 NNE 向，倾向 SEE，断裂纵深延展约 2500m。

4. 岩性界线反射波特征及推断解释

地震剖面中部的一组近弧形反射界面推断为不同岩性接触面（图 4-20 中黄色点线），这一界面之上为不连续、近似平行或共轭分布的反射波组分布区，与剖面中大范围的近似共轭反射波组明显不同，推断其为类似沉积地层特征的地质体，主要对应早前寒武纪变质岩。而界面之下反射信息微弱的区域，则推断主要为中生代花岗岩类的反映。

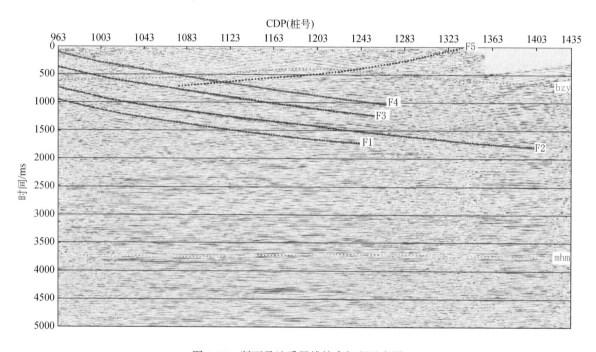

图 4-20　断面及地质界线综合解释示意图

在地震时间剖面 4000ms、7000ms 位置各有一组较强反射，推测可能为地壳内部物理界面反射。在时间剖面上最深部有一组较强反射波，深度大约相当于 30km 处，推测为莫霍面的反射，地震剖面上莫霍面对应的反射波表现为一组能量较强的反射波。

第二节　胶西北矿集区重磁电三维联合反演

一、区域范围

重磁电三维联合反演区位于胶西北的三山岛-焦家成矿带，行政区划归属于莱州市管辖。坐标范围为：$X = 220500.0 \sim 248000.0$，$Y = 4124300.0 \sim 4150500.0$，东西长 27500m，南北宽 26200m，面积约 720.4km²，反演深度至标高 -3000m。

这一区域为胶东地区最重要的金矿床集中区，区内勘查研究程度高，基础地质、矿产勘查及各类物化探资料齐全，尤其是近年来 1:5 万高精度重力测量、高精度磁法测量以及 1:5 万可控源音频大地电磁面积性测量的完成，为本次工作的开展提供了丰富的数据基础。

二、数据整理及输入

（一）数据来源及标准化集成

此次三维联合反演工作根据应用的数据类型及作用，将所有数据分为三类，分别为三维模型构建基础数据、三维模型构建约束数据、重磁三维联合反演基础数据（表 4-7），第一类是用于三维模型构建数据，包括 1:5 万区域地质图和 CSAMT 测量解释的地质剖面组；第二类是三维模型构建约束数据，包括大比例尺地质矿产图、已知地质剖面、钻孔资料、CSAMT 视电阻率等值线剖面、重磁异常图等；第三类是用于重磁三维联合反演的数据，包括布格重力、磁法测量 ΔT 网格数据以及区域岩（矿）石物性数据。

表 4-7　重磁电三维联合反演数据表

数据类型	名称	比例尺	必要性
三维模型构建基础数据	区域地质图	1:5 万	必要
	20～300 号勘查线 CSAMT 测量地质解译剖面	1:1 万	必要
三维模型构建约束数据	地质矿产图	1:1 万	—
	矿区钻孔资料	—	—
	已知地质剖面	1:5000/1:2000	—
	布格重力等值线图	1:5 万	—
	磁法测量 ΔT 等值线图	1:5 万	—
	CSAMT 测量视电阻率等值线图	1:5 万	—
重磁三维联合反演基础数据	布格重力数据	1:5 万	必要
	磁法测量 ΔT 数据	1:5 万	必要
	物性数据	—	必要

为了保证数据的无缝存储、多尺度表达和量度分析的准确性，将所有空间数据符合到如下数据框架：

坐标系统：1954 西安坐标系；

高程基准：1985 国家高程基准；

重力基准：2000 国家重力基本网；

磁力基准：IGRF 公布的最新国际地磁参考场模型；

重力场及相关改正值单位：10^{-5}m/s^2；

磁场及相关改正值单位：nT。

资料标准化处理主要包括对地表岩性单元或地质单元进行简化，钻孔数据、年代学数据收集，岩石物性测量、岩性与物性对应关系分析，数据预处理（如编辑、网格化、滤波和位场分离等）。

（二）资料整合与数据输入

基础数据中，按照建模范围将 1:5 万区域地质填图资料输入软件平台，读取 CSAMT 解释地质剖面组起始坐标，在模型空间中，依据读取的起始坐标依次添加建模剖面（图 4-21），之后将地质剖面组以图片的格式匹配给各个剖面。建模过程中手动提取将这些数据输入建模工程，计算模型。

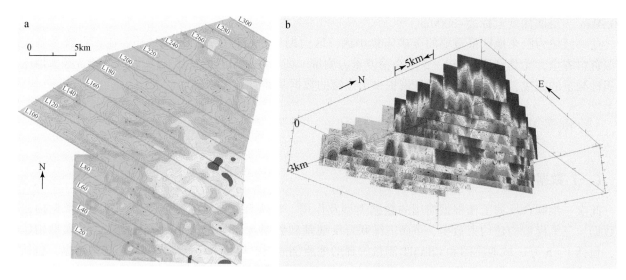

图 4-21　三维模型构建中的 CSAMT 资料及三维视图
a-CSAMT 测量视电阻率异常二维视图（附测线位置）；b-CSAMT 测量剖面电阻率异常三维视图

CSAMT 资料利用的是 2012～2014 年山东省物化探勘查院开展的 CSAMT 面积性勘查成果资料，共计剖面数 30 条，通过将这些资料以统一格式进行整理，共整理剖面 15 条（图 4-21），形成了地质解译图件和 CSAMT 视电阻率图件两套资料。其中解译的地质剖面组作为基础数据输入模型空间，原始的视电阻率等值线图作为约束地表和深部地质体走势的资料输入模型空间，匹配到每条剖面之下，作为数据提取和修正的约束条件，如根据解译地质剖面创建的地质模型出现空间不合理性或者计算错误时，可以根据这些原始图件进行二次解译，重新提取，直至计算的三维模型达到设计标准。

除基础数据外，为了保证三维地质模型与深部实际情况吻合，使用了较多的约束数据，包括大比例尺地质填图、矿区钻孔资料、地质剖面等，这些数据在模型生成时应用得越多，得到的模型越符合地质真实情况。

重磁资料使用的是近年来在该区完成的 1:5 万高精度重力和高精度磁法测量资料，重磁资料不仅作为三维正演模块的基础数据，同时在三维初始模型建立过程中也作为约束数据加以应用，主要原因是以往完成的 CSAMT 工作范围是不规则的，而 GeoModeller 软件只支持矩形窗口，多出的空白区缺乏已知数据、资料，因此需要重磁资料作为约束信息提取建模数据。

重力反演使用的是布格重力异常，磁场反演的实测数据采用的是 ΔT 总场数据（TMI）。由于各个图幅的数据是不同时期不同人员用不同软件处理的，在图幅拼接时出现了一些幅值台阶，因此采取了一些数据处理手段如滤波、调平等消除异常台阶。

整合好的重磁场数据主要为 GRD、TXT、EXCEL 或 dat 格式，需要转换成国际通用的 egs 格式，这样才能在 GeoModeller 软件的地球物理模块中识别并将其调用。图 4-22 为形成的重磁资料二维及三维视图。

三、三维地质模型构建

（一）模型区预定义

在构建三维初始地质模型之前，GeoModeller 软件需要对模型区进行预定义，包括参与模型的所有地质单元和断层系统，之后再开始做模型构建工作。

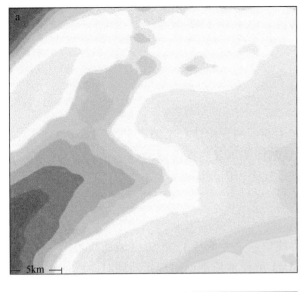
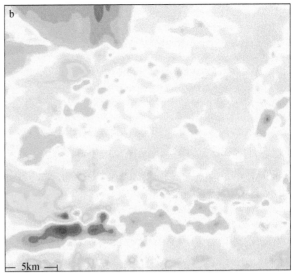
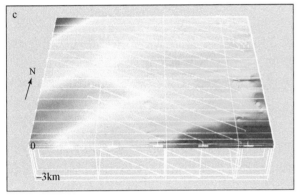
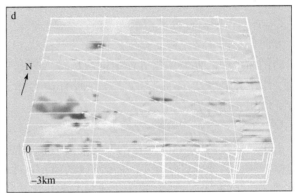

图 4-22　重磁资料二维及三维视图

a-布格重力异常二维视图；b-磁法测量 ΔT 异常二维视图；c-布格重力异常三维视图；d-磁法测量 ΔT 异常三维视图

1. 地质单元

构建的各个地质单元需要附以代表该套地质体的物性信息，因此最小地质单元的确定需要结合其地层时代顺序和物性差异综合考虑，区内地质结构比较简单，本次参与建模的地质单元由老到新划分为：

早前寒武纪胶东杂岩：包括新太古代栖霞片麻岩套、新太古代马连庄组合、新太古代胶东岩群、古太古代唐家庄岩群等，后三者呈透镜体、包体等样式零星残留于新太古代栖霞片麻岩套之中，本次建模工作将上述岩性组合统称为早前寒武纪胶东杂岩。

早前寒武纪变质地层：在区内主要发育有古元古代粉子山群（在地表没有出露，主要根据钻孔资料揭示），同时还有可能发育有新元古代蓬莱群和古元古代荆山群，由于其岩石密度相似，因此建模过程将上述组合一并建立，统称为早前寒武纪变质地层。

中生代花岗岩类：在区内主要发育侏罗纪玲珑型花岗岩，其次为侏罗纪郭家岭型花岗岩、伟德山型花岗岩和崂山型花岗岩，上述岩体均为低密度特点，呈重力低异常特征，建模过程将四者统称为中生代花岗岩类。

新生代沉积地层：主要是第四系，局部地区有古近纪五图群分布，规模有限，建模过程将二者合并为一套地层。

除此之外，为了还原区内地质体地表出露特征，还将海水体进行三维成体。

2. 断层

断层是三维模型构建和可视化的另一主要对象，由于建模区内三山岛断裂带和焦家断裂带是金矿重要的控矿构造，因此这两条断裂是三维模型构建和可视化展示的主要目标。除此之外，根据 CSAMT 剖面解译的断层系统，重新厘定了建模区断层系统的分布情况，由于 CSAMT 测量的方位均为 NW—SE 向，因此对区内 NE—NNE 向断裂构造反应明显。

（二）地质信息提取

1. 断层信息提取

提取每条参与三维建模断层的走向和倾向信息，其中断层的走向信息来源以区内 1∶5 万区域地质填图资料为主，局部地段参考了 1∶1 万矿产地质图、地质剖面图以及物探解译资料；断层的倾向信息在提取走向信息的同时给予定义，但由于区内的断层倾向波动较大，因此可以在剖面上加约束线。

2. 地质体信息提取

1）走势线信息提取

走势信息包括地表及深部两部分，地表的地质体界线信息主要依靠 1∶5 万区域地质填图资料和局部大比例尺填图资料，深部地质体接触界线主要依靠 CSAMT 解译地质剖面组提供，同时将已知矿区大深度地质剖面和钻孔数据作为约束信息用来修正三维剖面组。

2）界面方向信息定义

方向信息的意义主要是指地质体沿接触界线的生长方向和角度，该信息主要添加在此次建立的各个方向的剖面组中。模型构建过程中依次从输入信息中提取包括海水底界面、第四系底界面、变质地层底界面、中生代花岗岩体底界面信息，所有边界输入完成后，系统默认其余部分为时代最老的基底岩系——胶东变质杂岩。

3）空白区辅助信息输入

由于已完成的 CSAMT 测量剖面均在陆域，而使用的软件只支持矩形建模。因此，为了完成海域部分的建模工作，将建模区新建 14 条东西向剖面，这些剖面的地质体和断层信息在模型计算的结果投影获得，海域部分由于缺少已知资料则在此基础上重新构建约束信息。

（三）模型生成及可视化

1. 模型计算

模型计算在所有地质数据输入完成以后由计算机自动完成，通过模型计算即可完成三维地质模型成体。在模型计算之前需要定义三维模型生成的对象，如地质体是全部生成还是生成其中一部分，断层系统也要进行相似选择。本次模型计算首先是独立计算断层模型并进行系统检查，断层系统创建正确后再与地质体统一生成整体模型。

2. 模型调整

初次创建的三维地质模型，可投影到剖面中在三维环境或者二维环境查看，通过对比原始数据和模型计算数据的差距，对原始数据（包括地质体及断层）的走势信息、界面方向信息等在断面及平面上进行系统的修改，修改完成后重新计算三维模型，这个过程往往需要反复修改和创建，最终才能形成较为理想的地质初始模型。

3. 模型可视化

三维地质初始模型创建完成后即可通过可视化软件展示三维地质模型，可以从不同角度观察各个地质单元，有助于更好地分析地质单元的三维空间形态和展布规律，也可将所建模型输出到专业三维可视化软件进行专业展示。图 4-23 是将本次建立的三山岛-焦家金矿带三维地质模型导入 Encom PA 软件进行三维显示，分别对模型全景视图（a）、早前寒武纪变质地层（b）、中生代花岗岩（c）、胶东杂岩（d）进行展示，同时可以放大、缩小展示局部地质体分布特征。通过可视化显示对模型整体及细节进行全方位观察和研究，此过程是模型调整和地球物理正反演后进行模型重塑后的关键步骤。

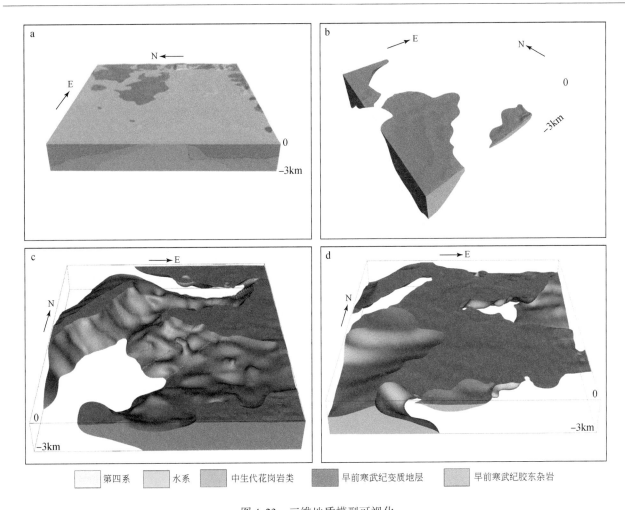

| 第四系 | 水系 | 中生代花岗岩类 | 早前寒武纪变质地层 | 早前寒武纪胶东杂岩 |

图4-23 三维地质模型可视化

a-三维模型总览；b-早前寒武纪变质地层三维视图；c-中生代花岗岩三维视图；d-早前寒武纪胶东杂岩三维视图

四、重磁三维联合正反演及三维地质模型重塑

(一) 地质体赋以物性属性

在进行三维反演之前，需要赋给每一个参与三维正反演的地质体物性参数，GeoModeller 软件支持单独的重力异常三维正反演和磁场异常正反演，也可对重磁异常同时进行正反演。本次由于数据量和软件模块的限制，仅对建模区地质体进行三维正演，正演之前对参与正演的地质体赋以密度和磁性参数（表4-8）。在磁场选项卡中，提供建模区实际坐标、海拔及观察日期，利用 IGRF Calculator 计算出背景总场（nT）、磁偏角和磁倾角三个参数（表4-9）。

表4-8 建模地质体密度参数表

地质单元	平均值 $\bar{\rho}$/(kg/m^3)	标准偏差 $\Delta\rho$/(kg/m^3)	分布规律	众数百分比/%
海水	1	0	相等	100
第四系	1.7	0.05	正态	100
早前寒武纪变质地层	2.8	0.2	正态	100
中生代花岗岩类	2.6	0.2	正态	100
早前寒武纪胶东杂岩	2.73	0.4	正态	80

表 4-9　建模地质体磁化率参数表

地质单元	平均值 $\bar{k}/(10^{-6}4\pi SI)$	标准差	分布规律	众数百分比/%
海水	0	0.1	相等	100
第四系	0	0.1	正态	100
早前寒武纪变质地层	260	0.2	正态	100
中生代花岗岩类	120	0.1	正态	100
早前寒武纪胶东杂岩	110	0.3	正态	80

注：总磁场 52365.659nT，磁偏角-6.8°，磁倾角 55.039°。

(二) 三维重磁联合正演

三维正演是在前期创建的三维地质模型赋以物性参数和分布方式后，根据不同的正演算法，计算地表重力场、磁场等理论场，将其结果与实测场进行残差统计，通过反复调整模型或模型参数，使依据模型计算的理论场与实测场残差满足设计精度、模型体符合实际地质情况。进行正演计算的目的是验证前期创建的地质模型和地层物性的结合产生的影响与实际观测数据是否具有广泛的相关性，根据前期基础资料创建的三维地质模型，经过地球物理正反演计算并重塑后，模型与区内地球物理场特征相关性趋于最大，这是与一般的三维地质建模最本质的区别。主要技术参数及说明如下：

拟合的地球物理场：实测布格重力场及实测磁总场异常 ΔT。

体元模型的设置：反演的时候需要将创建好的矢量模型按照一定的网格剖分为若干个体元，本次 dx、dy 都设置为 200，dz 设置为 100。

正演算法：选择 Spatial Convolution 算法。

(三) 精度控制

正演结束后，在 3D Geophyics Explore 处查看正演结果，包括观测场、理论场和残差，通过分析计算场与实测地球物理场之间的误差值及分布特征，对残差控制不理想的区块通过三维地质模型的形态及物性参数值域范围，重新计算理论场，直到将实测场与计算出的理论场之间的残差控制在理想的范围。而此时对应的三维地质模型就是本次重磁电三维联合反演求取的三维地质最终模型。此次三维模型经过了多次模型重塑和物性模型调整的过程，最终使正演残差 V 控制在-5.2057~2.1258，同时对应的三维地质模型特征在地面工作程度高的地段与地质资料吻合，在资料缺失区域符合技术人员推断特征。

1. 三维地质模型重塑

通过调整原始数据信息，包括各个切面和剖面上的地质体界面走向信息、倾向信息等，重新计算三维地质模型，然后对新模型赋以物性信息重新进行正演计算，分析其残差分布特征。

2. 物性模型调整

GeoModeller 对计算出的三维地质模型的每个块体提供了多种物性分布模型，可以调整密度、磁化率等物性参数以及其分布方式后，重新对模型进行重磁场正演计算，通过反复调整，减小残差，达到精度控制的目的。

五、三山岛-焦家成矿带三维地质模型分析

(一) 分析方法

三维模型生成后，通过任意方向旋转、透视分析、多面剖切等模型分析，为地质解释、找矿预测等提供服务。

1. 矢量模型透视分析

透视分析主要是对矢量模型进行局部透明化分析，通过调整透明度对模型进行展示（吕庆田等，2017）。通过透视分析，断裂及其上、下盘围岩特征展示较为清晰，断裂切割已有地质体，说明为成岩后期构造。通过将早前寒武纪胶东杂岩体进行透明化设置后，该套地质体与中生代岩体的接触界面在三维视图中被清晰地显示出来，整体为向西南方向倾斜的波状起伏曲面特征（图4-24）。

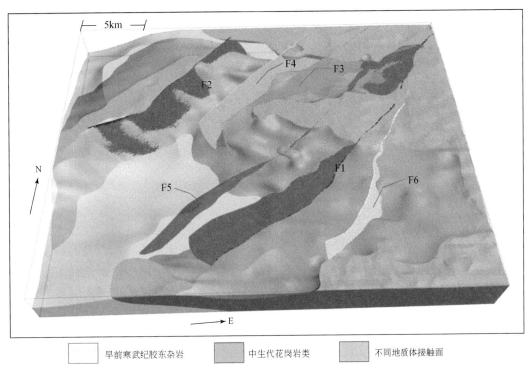

图4-24　三山岛-焦家成矿带矢量模型透视图
F1-焦家断裂；F2-三山岛断裂；F3-西由断裂；F4-后邓家断裂；F5-招贤断裂；F6-苗家断裂

2. 体元模型切片/切割分析

切片和切割分析是对重磁正演模拟形成的三维体元模型进行分析，图4-25分别是对本次建立的三维体元模型进行切片及切割分析的组合分析视图，其中a图、b图和c图分别是沿90°、180°和135°方位进行切片分析的三维空间视图，通过从不同方位对模型体地层、岩体的展布进行多方位观察显示，早前寒武纪胶东杂岩自东向西厚度逐渐增大，变质地层主要发育在西北部和西南部，厚度可达2km左右；玲珑岩体的特征比较复杂，在招贤-西由以及三山岛一带由浅到深穿插到胶东杂岩体内部，在金城北部则超覆于胶东杂岩体之上。d图是对模型体进行切割分析后的三维视图，该视图既从不同深度地质体之间的相关关系及其纵向变化对体元模型进行规律性分析，又反映出在不同方位切面的地质体相互关系。

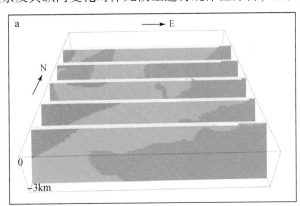

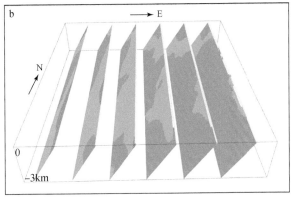

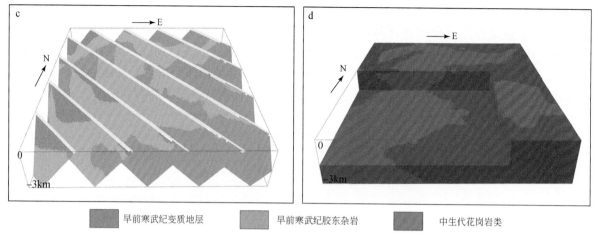

早前寒武纪变质地层　　　　早前寒武纪胶东杂岩　　　　中生代花岗岩类

图 4-25　三山岛–焦家成矿带三维地质模型不同方向的切片

a-90°切片分析三维视图；b-180°切片分析三维视图；c-135°切片分析三维视图；d-切割分析三维视图

3. 地质–地球物理模型综合分析

通过三维重磁正演不但建立了区内三维地质模型，还根据正演过程赋以的物性属性及其分布方式模拟了体元模型的物性模型，图 4-26 是三维地质体元模型、地质体密度三维模型以及布格重力异常场的三维组合叠加图，可以进行地质、地球物理模型综合特征分析。由于本次模型主要是利用重磁场进行三维正演模拟计算得出的，因此可以从地球物理角度进行模型综合分析，不仅能更深入理解三维模型的数理依据，而且可以对地质问题的分析提供地球物理方面的依据。图中西南部的重力高异常对应模型体中的早前寒武纪变质地层，密度切片显示该区为高密度特征，模拟计算此区域变质地层的最大厚度约为 1400m；东南部重力低异常对应玲珑岩体高侵位区，密度切片显示该区为低密度特征，模拟计算结果表明胶东杂岩自西向东逐渐变薄至驿道一带剥蚀殆尽。

图 4-26　三山岛–焦家成矿带三维地质、地球物理综合模型

a-布格重力异常、密度模型、地质属性模型三维叠加视图；b-密度模型切片

（二）主要地质体三维特征

1. 地质体总体特征

三山岛–焦家成矿带三维地质模型（图 4-27），东西宽 27.5km，南北长 26.2km，模型底界标高 −3000m，模型由海水、第四系、早前寒武纪变质地层、中生代花岗岩类、早前寒武纪胶东杂岩五大类地质体组成。其中海水与第四系发育深度小，对二者进行三维成体的目的是在空间上便于与区内地质填图资料对比和分析；早前寒武纪变质地层在建模区主要发育有 3 处，1 处位于南部程郭一带，发育规模有限；1 处隐伏于西南部海域及陆域河套地区第四系之下，底界面发育最深处可达−1500m；另外 1 处隐伏于西北部海域以下，底界面发育最深处可到−2500m。后二者在区域重力异常场中为重力高异常特征，根据重磁三维模拟二者均为向海域方向倾斜的不规则楔形体。

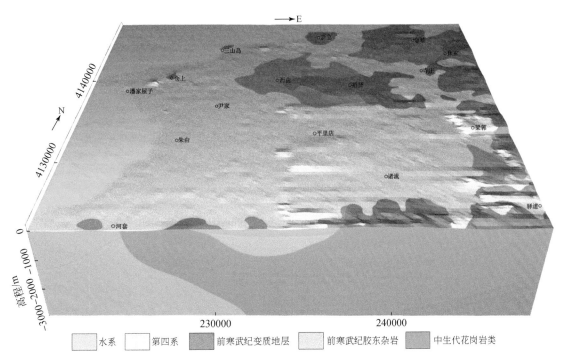

图 4-27　三山岛–焦家成矿带三维地质模型总览视图

早前寒武纪胶东杂岩为区内最古老基底岩系，也是该区三维地质模型的基底，在模型中部至西南部发育较为完整，底界面贯穿建模区域；在模型东部及西北部被中生代花岗岩类破坏，在局部地段（如平里店及附近区域）底部为中生代岩体大面积侵入，变质岩体自西向东，自南向北厚度逐渐变浅，在另外一些地段（模型区东北部），中生代岩体超覆于变质杂岩之上，二者表现为错综复杂的侵入接触关系。

中生代花岗岩类为后期侵入岩体，大规模侵入古老变质岩系之中，为早前寒武纪变质岩系的底界或超覆于前者之上，在模型区西北部将空间上原本连通的早前寒武纪变质地层和胶东杂岩错断。

图 4-28 展示了除去海水和第四系外不同视角的三维基岩视图。其中 a 图和 b 图中分别反映了早前寒武纪变质地层与下伏早前寒武纪胶东杂岩接触关系；c 图和 d 图则展示了东部玲珑岩体与早前寒武纪胶东杂岩的侵入接触关系，在西南侧由深到浅穿插到胶东杂岩体之中，在金城北部则超覆其上。

2. 早前寒武纪变质地层三维空间特征

早前寒武纪变质地层（粉子山群）出露区在建模区南部程郭、河套地区。由于早前寒武纪变质地层在区内所有地质体单元中为高密度标志层，区内发育两处大的重力高异常，一处位于西北侧海域，另一处中心位于朱由西南部海域，向东北侧呈逐渐减弱的趋势。利用重磁三维正演模拟的变质地层分布区包括 3 处（图 4-29），分别编号①号块体、②号块体和③号块体。

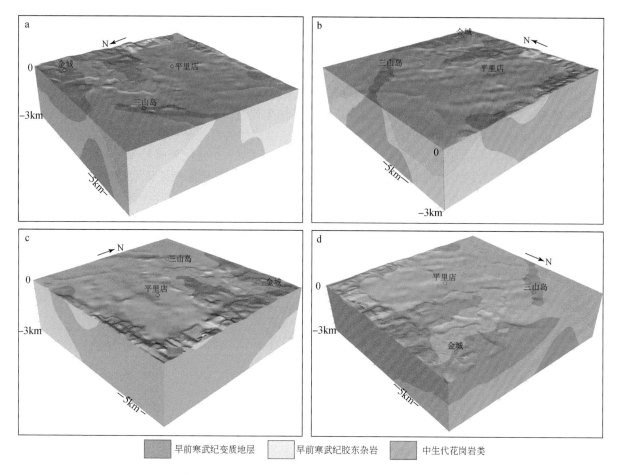

早前寒武纪变质地层　　早前寒武纪胶东杂岩　　中生代花岗岩类

图 4-28　三山岛-焦家成矿带基岩三维地质模型视图

a-225°视角基岩三维视图；b-315°视角胶东杂岩和中生代花岗岩三维视图；c-135°视角基岩三维视图；
d-45°视角胶东杂岩和中生代花岗岩三维视图

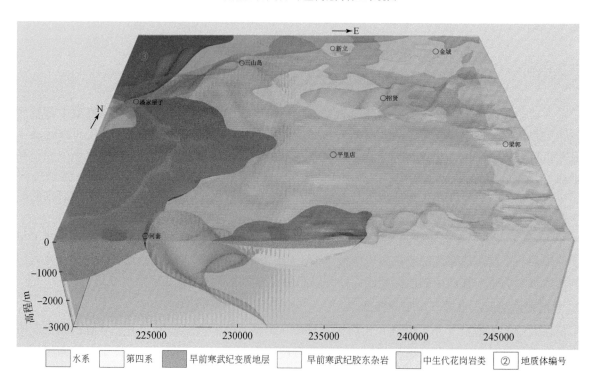

水系　　第四系　　早前寒武纪变质地层　　早前寒武纪胶东杂岩　　中生代花岗岩类　　②　地质体编号

图 4-29　早前寒武纪变质地层三维视图总览

①号块体位于模型区南部程郭一带，局部出露地表，大部分隐伏于第四系之下，下伏地质体为早前寒武纪胶东杂岩，二者接触面为较平缓的曲面，东西发育宽度约6.5km、南北发育长度约3km，发育最大厚度在标高−300m以浅，向南未封闭。

②号块体位于河套附近区域以及西由西部海域一带，出露面积有限，大部分隐伏于第四系及海水之下，南北长约16km，向南未封闭，东西宽约12km，向西未封闭，发育最大深度约为标高−1500m，呈由东北向西南逐渐变厚的盆状特征，与下伏早前寒武纪胶东杂岩的接触面呈向西南倾斜的波状曲面特征。

③号块体位于仓上西北部海域，全部隐伏于第四系之下，南北长约10km，东西宽约8km，最大厚度发育在模型区西北角，底界面深度约为标高−2500m，东侧、南侧向西北侧厚度逐渐加大呈楔形特征，其底界面（与下伏早前寒武纪胶东杂岩的接触面）曲率在块体中部增加较快，整个底界面呈向西北部海域倾斜的波状特征。

3. 早前寒武纪胶东杂岩三维空间特征

早前寒武纪胶东杂岩在建模区大面积分布，结合前人研究资料及本次建模工作，认为该套地质体为区内最古老基底岩系。三维模型视图显示，该套地质体在深部是彼此连通的，后期被中生代岩体侵入破坏，三维模型形态复杂。其上下围岩及三维特征表现在以下几个方面：

（1）杂岩体发育厚度整体呈东薄西厚的特征，由梁郭至平里店、平里店至朱由，杂岩体的发育厚度逐渐加大，由几十米厚发育至模型底部标高−3000m，与底部中生代花岗岩的接触面为凹凸不平的曲面（图4-30），反映了地质体形态的复杂与不规律性。

（2）在朱由西部海域和仓上西北部海域地区，杂岩体隐伏于变质地层之下，与上覆变质地层接触面为向某一方向倾斜的波状曲面特征，该杂岩体在建模区深部未封闭，表明在此区域变质基底岩系受中生代岩浆活动破坏程度低，厚度较大。

（3）中部朱桥–招贤以及南部驿道–河套两个地区胶东杂岩受中生代岩浆活动破坏严重，产生缺失或仅有地表少量残留体发育。

（4）模型区北部新城–金城–新立一带地表出露为玲珑型花岗岩体，重磁三维反演拟合的三维地质模型显示，深部发育有胶东杂岩，玲珑型花岗岩体超覆于胶东杂岩体上部，二者接触面为西高东低倾斜的波状起伏曲面，发育最深处约为标高−1500m（图4-30）。

4. 侏罗纪花岗岩类三维空间特征

侏罗纪花岗岩类三维空间特征如下：

（1）地表出露不连续，深部连为一体。在三维视图中花岗岩体空间分布规模较大，地表不连续，在东南部驿道、中部朱桥–招贤、东北部金城、新城等地都有出露，但在深部连为一体，如在三山岛和招贤地区出露的玲珑型花岗岩体，在模型区深部即连为一体（图4-31a）。

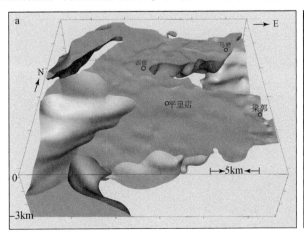
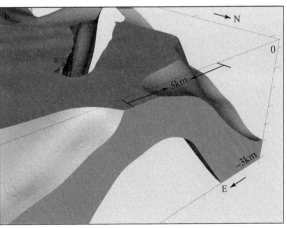

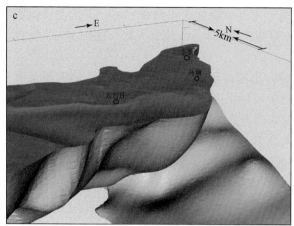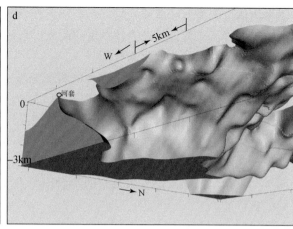

图 4-30　早前寒武纪胶东杂岩多角度三维视图

（2）在南部覆盖区局部地段侵入上部地质体。花岗岩体在焦家断裂带南部地区隐伏于胶东杂岩体之下，二者接触面空间特征为深度向西部逐渐加大的低缓波状起伏曲面（图 4-31c），在局部地段岩体上侵明显，如平里店地区在三维模型视图中显示岩体侵位较高。

（3）在金城、马塘一带，花岗岩体由南向北、自东向西叠覆于胶东杂岩体之上（图 4-31b）。

（4）在仓上–三山岛、朱桥–招贤两地，花岗岩体沿走向向深部有变宽变大的趋势。在模型区西北部海域地区，花岗岩体由深到浅在三山岛断裂下盘贯穿至胶东杂岩体内部（图 4-31b、d），整体呈 NE 向发育，深部宽大，浅部逐渐夹缩（图 4-32），在朱桥–招贤一带，岩体自西向东侵入于胶东杂岩中，在西由一带逐渐收缩，南部两侧接触面较为陡立，整体向深部呈变宽趋势。

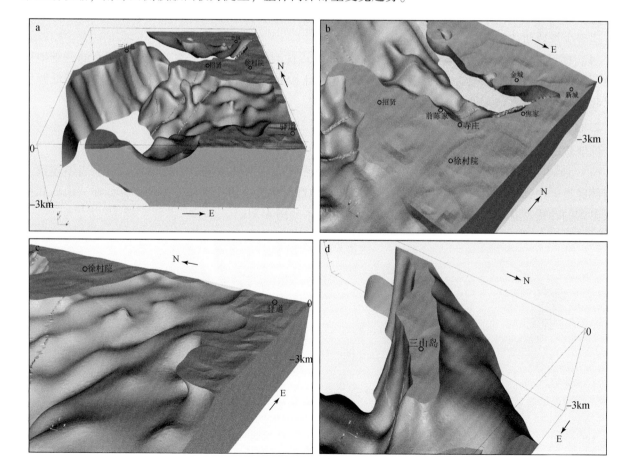

图 4-31　中生代花岗岩类多角度三维视图

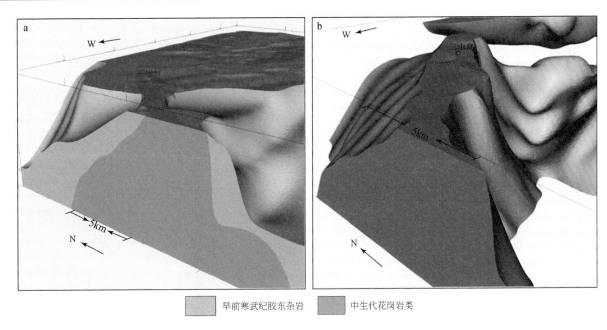

早前寒武纪胶东杂岩　　　中生代花岗岩类

图 4-32　仓上−三山岛地区主要地质体空间关系

（三）地质体局部空间关系

1. 仓上−三山岛地区主要地质体空间关系

三山岛断裂带是胶西北地区最为重要的金矿成矿带之一，该断裂带上盘为早前寒武纪胶东杂岩，下盘为中生代花岗岩体。在三维空间视图上，地表零星分布的胶东杂岩向深部连为一体（图 4-32a、b）。沿仓上−三山岛一线侵入的中生代岩体切穿原本完整的胶东杂岩体，侵入岩体的宽度由浅到深逐渐扩大，三山岛附近出露的岩体与招贤地区出露的岩体在深部是连通的（图 4-32）。

2. 朱由−河套地区主要地质体空间关系

朱由−河套地区主要为前寒武纪变质地层分布区，该区第四系之下广泛分布早前寒武纪变质地层，地层下伏为早前寒武纪胶东杂岩体（图 4-33），二者的接触界面呈自东向西、自北向南发育的铲状曲面特

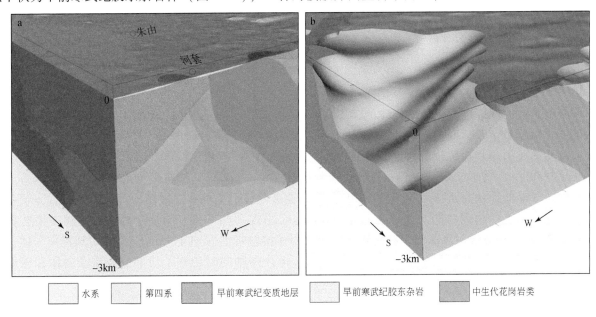

水系　　　第四系　　　早前寒武纪变质地层　　　早前寒武纪胶东杂岩　　　中生代花岗岩类

图 4-33　朱由−河套地区主要地质体空间关系

征，二者共同构成了区内的变质基底，变质基底岩系较为完整，发育厚度超过此次建模深度标高-3000m，此模型特征也解释了该区在重力场中显示为重力高异常的主要原因。

3. 寺庄-新城地区主要地质体空间关系

该地区主要发育有早前寒武纪胶东杂岩体和中生代花岗岩体，焦家断裂金矿带即位于二者接触带上，在三维空间视图中，胶东杂岩体叠覆在花岗岩体之上，在模型最北部二者界面标高最高，约为-1300m 标高（图4-34），叠覆面为自东向西、自南向北低缓抬升的波状起伏曲面。这也解释了模型区最北部出现近东西向重力梯级异常的原因——胶东杂岩沿近东西走向叠覆于花岗岩体之上。

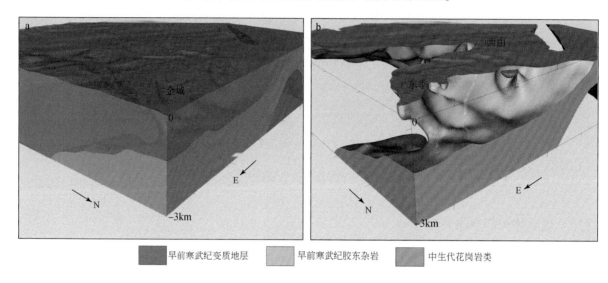

　　　　■ 早前寒武纪变质地层　　　　■ 早前寒武纪胶东杂岩　　　　■ 中生代花岗岩类

图4-34　寺庄-新城地区主要地质体空间关系

寺庄-新城一线，焦家主干断裂带发育在上述两大地质体的接触带上，浅部胶东杂岩体的东部界面（标高-1500m以浅）也是焦家主干断裂面，该界面表现为自南东向北西倾斜的铲状特征，该面在走向和倾向上都是波状起伏的，主干断裂带上分布的大型、特大型金矿床均与此铲状面密切相关。

（四）断层系统三维特征

区内出露的主要断裂有三山岛断裂、焦家断裂、灵北断裂，以往根据物探资料在三山岛断裂和焦家断裂之间推断了 NE 向断裂3 条，此次三维地质建模工作对上述6 条断裂均进行了三维成体（图4-35），F1、F2 是区内主要控矿断裂（焦家断裂带、三山岛断裂带），二者倾向相向，其三维空间特征如下。

1. 焦家断裂带（F1）

该断层系统的三维模型是分段创建的，主要原因是北段（寺庄以北）地质工作程度高，断层位置及深部变化特征较清楚；而南段（寺庄以南地区）断裂的地质揭示程度低，位置和产状不是很清楚，三维成体主要是根据物探解译资料推断的。在断层系统三维视图（图4-35、图4-36）中，焦家断裂带延伸长度约32km，其中已知段约8km，推断南延段约24km，断面延伸至模型底界，整体呈现为走向NNE、倾向NW的铲状曲面特征，倾角约40°，断面在走向显示至少有2 次摆动，在倾向上有波状起伏的特点，在局部地区出现"凹"面，在另外一些地区，出现"凸"面，对应了断面的陡缓变换转折部位（图4-36a）。断裂带在浅部位于花岗岩体与变质岩体接触带上（图4-36b），深部切割花岗岩体，在寺庄以南的南延段，该断裂整个位于花岗岩体内部，再往南则同时切割了浅部的胶东杂岩体和深部的花岗岩体。

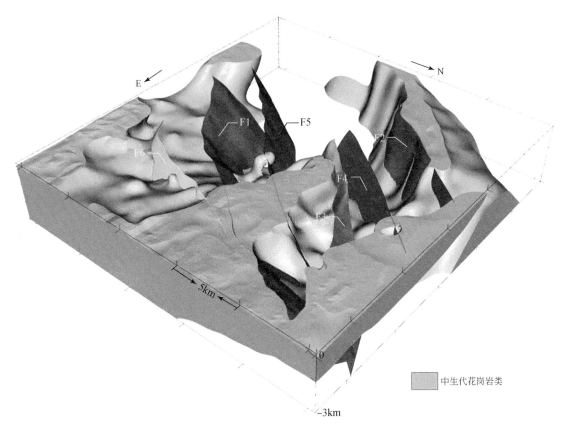

图 4-35　三山岛-焦家成矿带断层系统三维视图
F1-焦家断裂带；F2-三山岛断裂带；F3-西由断裂；F4-后邓家断裂；F5-招贤断裂；F6-苗家断裂

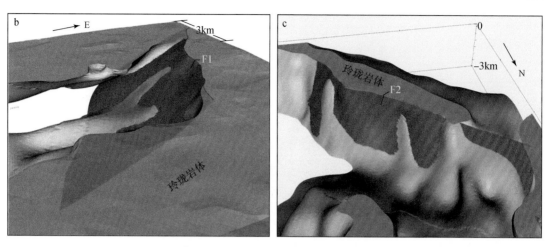

图 4-36　三山岛和焦家断裂三维视图
F1-焦家断裂带；F2-三山岛断裂带

2. 三山岛断裂带（F2）

在三维模型图中（图 4-35、图 4-36）主裂面清晰可见，整个断面在大约 2000m 以浅主要位于花岗岩体与基底变质岩系的接触带上，在深部则切入玲珑岩体内部。呈现为走向 NE、倾向 SE 的铲状曲面特征，整体倾角约为 60°，断面在走向上呈现出至少两次舒缓波状摆动特征，局部地段摆动较大，断面上部倾角较为陡立、向深部逐渐变缓。

3. 主控矿断裂带深部空间关系

焦家断裂带（F1）和三山岛断裂带（F2）是区内的主控矿断裂，两大断裂在三维空间上相向而倾（图 4-37），焦家断裂带倾角较缓，三山岛断裂带倾角较陡，在建模深度范围内（标高 -3000m 以浅）没

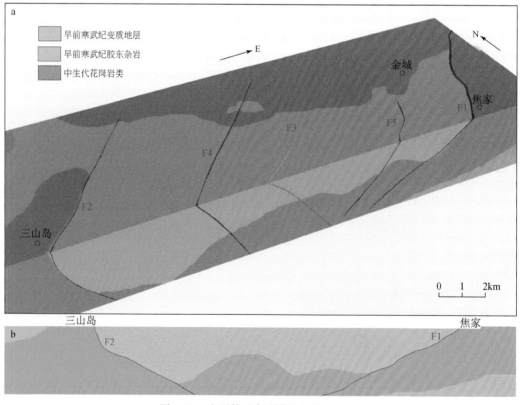

图 4-37　主要控矿断裂带空间关系视图
a- 体元模型切割分析视图；b- 切分分析视图；F1-焦家断裂；F2-三山岛断裂；F3-西由断裂；F4-后邓家断裂；F5-招贤断裂

有相交，但根据区内地质、钻探工程及物探资料推断的断裂带倾向及倾角特征，二者在深部标高−4500m 附近相交。对模型进行切割分析和切片分析，两大断裂在深部均已不在花岗岩与胶东杂岩的接触带上，而是切入花岗岩之中，两大断裂沿走向有明显摆动。焦家断裂带（F1）在倾向上呈现为陡缓交替的缓倾特征，三山岛断裂带（F2）在标高−1000m 以浅倾角较陡，标高−1000m 以深倾角变缓。

4. 次级断裂

后邓家断裂 F4、西由断裂 F3、招贤断裂 F5 三条断裂均为 NE、NNE 走向特征，其中 F5 断裂倾向北西，F3、F4 断裂倾向南东。其三维空间特征（图 4-35、图 4-37）表现为断裂倾角相对较陡，且切面较为平滑，自南向北分别切割了玲珑岩体和前寒武纪变质岩系，根据此模型特征推断三条次级断裂均为玲珑岩体成岩后期断裂。上述次级断裂空间特征见表 4-10。

表 4-10　次级断裂三维空间特征

断裂名称	断裂编号	断裂产状	三维空间特征
西由断裂	F3	走向 NE40°倾向南东	沿走向延伸约 16km，发育深度至模型底界，断裂面在走向上摆动不明显，断面沿倾斜方向较为陡立，三维视图中断面曲率自浅入深变化不明显
后邓家断裂	F4	走向 NE40°倾向南东	沿走向延伸约 13km，发育深度至模型底界，断裂面在走向上基本无摆动，断面沿倾斜方向较为陡立，三维视图中断面曲率自浅入深变化不明显
招贤断裂	F5	走向 NE40°倾向北西	沿走向延伸约 20km，发育深度至模型底界，断裂面在走向上有轻微摆动的特点，在王贾一带摆动较大，在倾向上为铲状不规则曲面，自浅入深断面曲率变化不明显
苗家断裂	F8	走向 NE35°倾向南东	沿走向延伸约 16km，发育深度至模型底界，断裂面在走向上有两次大幅摆动，在紫罗刘家附近断面沿倾向方向出现凹面，其他位置断面自浅入深曲率变化不明显

第三节　深部金矿找矿模型和方法组合

一、破碎带蚀变岩型深部金矿地质–地球物理找矿模型

（一）地质–地球物理找矿标志

根据已知金矿体的地球物理场特征，矿石结构、构造特征及激电异常展布规律，利用综合地球物理技术方法探测矿化蚀变带，寻找深部隐伏金矿体的综合地质–地球物理信息标志如下：

（1）金矿体大部位于变质岩与花岗岩的接触带上，断层主断面走向或倾角变化的转折部位和断裂带局部膨大部位及不同方向断层的交汇部位，是金矿赋存的有利部位。表现在重磁场上，位于重力异常的线性梯度带上，尤其是梯度带的转折部位是成矿的有利部位；磁场特征是串珠状、长条状高磁异常带，尤其是磁异常等值线拐弯（向外凸出、凹陷部位）部位是成矿的有利部位。块状重磁异常的边部位置是深部金矿成矿的有利部位。在视电阻率断面图上，等值线呈稀疏宽大、向下同步弯曲、低阻 "U" 或 "V" 字形为金矿赋存有利部位的标志。

（2）早前寒武纪变质岩与金矿床关系密切，变质岩系在重力场上显示为块状重力高，其电阻率特征为相对低阻电性分布区。

（3）金矿床密集区常分布于玲珑型花岗岩、郭家岭型花岗岩组成的复式岩体内部及边部和周边地区。表现在重力场上为重力低值区的边部（重力高与重力低的过渡带上），在大范围的重力低与重力高的接触带上；小范围的块状、串珠带状正磁异常边部是深部金矿成矿的有利部位；电阻率特征为典型的高低阻

不同电场分界部位。

（4）深部金矿常沿断裂构造倾向构成台阶式分布，反映在地球物理场上表现为：在 CSAMT、MT、TEM、SIP 法、视电阻率断面等值线图上显示为等值线的波动起伏，在剖面上视电阻率等值线起伏波动转折、拐弯部位为金矿赋存的有利部位。

（5）SIP 法复电阻率参数断面等值线图上，定向延深的低阻带为断裂带的标志，低阻带局部变大为断层局部膨大标志也为金矿赋存有利部位的标志。

（6）极化率、充电率高值异常是金属硫化物富集体的标志，即为金矿体赋存有利部位的标志。

（7）高时间常数、低相关系数为矿化蚀变、金矿体赋存的标志。

（8）金属因数、频散率高值异常，为金矿体赋存的重要标志。

（二）地质–地球物理找矿模型

根据深部金矿成矿模式、岩石物性特征及地质地球物理找矿标志等，综合建立了适宜于蚀变岩型深部金矿找矿的地质地球物理找矿模型（图 4-38）。这一找矿模型的要点包括以下方面。

1. 以阶梯成矿模式为理论依据

随着金矿找矿深度的不断加大，金矿勘查的地球物理手段及策略都发生了根本性的变化。早期浅部金矿地球物理探测以直接找矿方法为主、间接找矿方法为辅，以激发激化法为主要手段圈定及验证了一大批金矿化异常，取得了良好的地质找矿效果；深部找矿则以间接找矿方法为主，找矿思路上转变为以探测成矿结构面及其产状变化特征为主要目标，根据成矿规律和模式预测成矿有利靶区。

本次深部金矿找矿的地质地球物理找矿模型的理论依据，是基于对焦家式金矿床空间分布特征提出的金矿阶梯成矿模式（宋明春等，2012），即胶西北主要成矿带深部存在多重成矿空间，控制金矿床的铲式断裂沿倾斜方向出现若干个倾角由陡变缓的变化台阶，相应地形成若干个呈台阶式分布的金矿床（体）。

2. 以岩（矿）石物性差异为前提

任何以地球物理方法为手段建立的找矿模型都必须以与相应矿种密切相关的岩（矿）石物性差异为前提。研究区各类岩（矿）石物性差异较大，为深部金矿地质地球物理找矿模型的建立奠定了基础。研究区主要岩（矿）石的物性特征如下：

（1）中生代花岗岩类，该岩石组合在密度、电阻率、极化率上为统一的相对高阻、低极化、低密度特点；磁化率方面，玲珑型花岗岩类为低磁特点，郭家岭型花岗岩类为中–高磁性。

（2）早前寒武纪胶东杂岩，相对于中生代花岗岩类，表现为统一的高密度、低阻、低极化特征，磁性不均匀、变化范围较大。

（3）破碎蚀变带，岩石经破碎蚀变后，其密度、电阻率及磁性一般都比原岩有明显降低，极化率则明显升高，一般在 7% 以上，蚀变矿化强烈的富矿石则更高，极化率达 20% 以上，是各类正常岩石极化率的 4～5 倍；当破碎带中岩石硅化程度较好时，电阻率则不会明显降低；当断裂带被后期基性、超基性脉岩充填时磁性会显著升高。

（4）矿体物性，大多为低密度、中–高阻、高极化、低磁异常特征。

区内主控矿断裂下盘均为玲珑型花岗岩。但上盘岩性变化较大，浅部大部分区域为早前寒武纪胶东杂岩，深部及少量浅部区域上盘与下盘岩性一致，均为玲珑型花岗岩。断裂带上盘为早前寒武纪变质岩与断裂带上盘为玲珑型花岗岩两种情况表现出的地球物理异常特征有明显不同。鉴于已知的金矿床大多位于玲珑型花岗岩与早前寒武纪变质岩的接触带附近，因此本次建立的深部找矿模型是基于主干断裂上、下盘为两种不同岩性的统一物性模型。

a-阶梯成矿模式及图示

阶梯成矿模式要点:
控矿断裂沿倾向呈现陡缓相间的倾角变化规律,金矿体沿断裂倾角的平缓部位和陡缓转折部位富集

阶梯成矿模式机理:
断裂陡倾段顶部压力小,成矿流体沿断裂运移时逸散速度快,不宜沉淀成矿;断裂缓倾段为相对封闭空间,顶部围岩压力大,成矿流体横向逸散速度慢,宜沉淀成矿

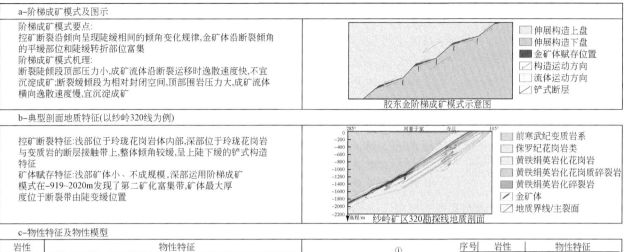

图例:伸展构造上盘;伸展构造下盘;金矿体赋存位置;构造运动方向;流体运动方向;铲式断层

胶东金阶梯成矿模式示意图

b-典型剖面地质特征(以纱岭320线为例)

控矿断裂特征:浅部位于玲珑花岗岩体内部,深部位于玲珑花岗岩与变质岩的断层接触带上,整体倾角较缓,呈上陡下缓的铲式构造特征

矿体赋存特征:浅部矿体小、不成规模,深部运用阶梯成矿模式在-919~2020m发现了第二矿化富集带,矿体最大厚度位于断裂带由陡变缓位置

图例:前寒武纪变质岩系;侏罗纪花岗岩类;黄铁绢英岩化花岗岩;黄铁绢英岩化花岗质碎裂岩;黄铁绢英岩化碎裂岩;金矿体;地质界线/主裂面

纱岭矿区320勘探线地质剖面

c-物性特征及物性模型

岩性	物性特征
二长花岗岩	平均密度2.62g/cm³,平均磁化率区间92×10⁻⁶~198×10⁻⁶4π SI,平均电阻率区间2500~6000Ω·m,平均极化率为2.15%
花岗闪长岩	平均密度2.65g/cm³,平均磁化率区间480×10⁻⁶~610×10⁻⁶4π SI,平均电阻率区间2500~6000Ω·m,平均极化率为2.25%
前寒武纪变质岩	平均密度2.73~2.80g/cm³,磁化率区间5×10⁻⁶~650×10⁻⁶4π SI,电阻率区间 $n\cdot10$~900Ω·m,平均极化率为3.41%
蚀变岩	平均密度区间2.5~2.55g/cm³,磁化率区间5×10⁻⁶~100×10⁻⁶4π SI,电阻率区间600~900Ω·m,极化率可升至7%以上
矿体	平均密度区间2.62~2.75g/cm³,磁化率区间5×10⁻⁶~15×10⁻⁶4π SI,600~900Ω·m,蚀变矿化强烈的富矿石极化率可达20%以上

序号	岩性	物性特征
①	第四系	低阻、低极化低密度、低磁
②	前寒武纪变质岩	低阻、低极化高密度、多变磁性
③	玲珑、郭家岭式岩体	低密度、高电阻、低极化 玲珑岩为低磁性 郭家岭岩体为中-高磁性
④	蚀变岩	中高极化、多变磁性 中低阻、低密度
⑤	矿体	高极化、低密度 中高阻、低磁

破碎带蚀变岩型金矿物性模型示意图

d-综合地球物理异常特征及模型图示

	异常描述	异常图示	方法讨论
重磁异常特征	围岩磁异常特征:玲珑花岗岩为低缓平稳磁场特征,前寒武纪变质岩为低缓磁背景中夹杂有局部高磁异常特征 断裂带(金矿带)磁异常特征:没有统一的磁异常特征,但寺庄一马塘的串珠状高磁异常梯级带西侧边界与焦家断裂复合较好,直接指示了断裂带的位置 围岩重力异常特征:玲珑复式岩体为重力低异常特征,前寒武纪变质岩为重力高异常特征 断裂带(金矿带)重力异常特征:大部分位于玲珑岩体与前寒武纪变质岩的断裂接触带上,在平面和剖面中均表现为重力梯级带异常,梯级带转弯部位往往对应着大型、超大型金矿的产出部位,是金矿找矿的有利部位	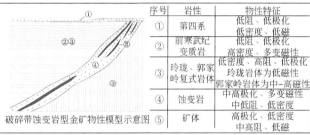	通过区域重磁异常研究圈定找矿靶区,通过高精度数据采集技术,重磁数据解释技术(二维、三维联合反演)解译成矿构造面及其深部变化规律
电阻率异常特征	围岩电阻率异常特征:玲珑复式岩体为高阻异常特征,前寒武纪变质岩为中-低阻异常特征 断裂带(金矿带)电阻率异常特征:焦家式断裂金矿带大部分位于玲珑复式岩体与前寒武纪变质岩的接触带上,梯级带由陡变缓部位也是断裂带陡缓转折部位,转折部位的等值线往往有"U"形或卧"S"形异常发育,是倾向改变的标志,梯级带由陡变缓转折部位与断裂倾角变缓部位是成矿的有利部位	CSAMT电阻率等值线断面	探测目标深度2000m以浅,建议采用AMT、CSAMT及长偏移距瞬变电磁法;探测深度超过2000m,建议采用MT或广域电磁法
极化率异常特征	围岩极化率异常特征:玲珑复式岩体、前寒武纪变质岩均为低极化异常特征,谱激电参数显示为低充电率、低时间常数、高频率相关系数特征 断裂带(金矿带)极化率异常特征:断裂蚀变带为带状、串珠状向延伸的高充电率、高时间常数异常,金矿体的充电率(m_a)一般为5%~15%,时间常数为0.8~10s	SIP视充电率等值线断面	传统的激电测深法探测深度很难超过1km,频谱激电可通过调整装置系数和发射功率提高探测深度;胶东地区最高探测深度(几何深度)可达2.5km

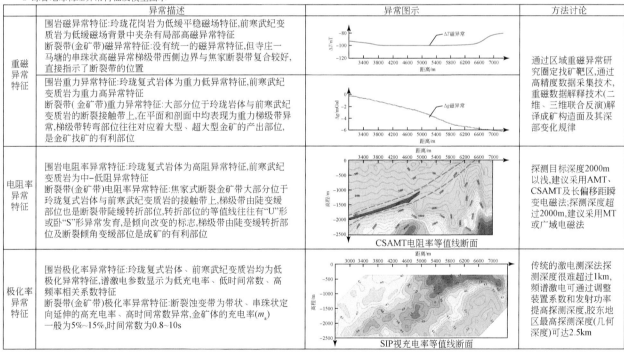

图 4-38 破碎带蚀变岩型深部金矿地质-地球物理找矿模型

3. 深部金矿的主要地球物理特征标志

1)重力异常特征

深部金矿在区域重力场中位于重力异常缓变梯级带上,是深部断裂接触带在地表形成的缓变异常,梯级带的转折部位是深部金矿成矿的有利部位;在重力剖面异常上,深部金矿同样位于重力高与重力低异常的过渡梯级带上,利用重力二维反演技术解释的变质岩与玲珑型花岗岩接触界线中的倾角转折部位

为成矿有利部位。

2）电阻率异常特征

视电阻率断面图中的高低阻过渡梯级异常带为焦家式断裂破碎带的标志，梯级带向深部延伸角度特征对应断裂带的产状特征，当梯级带向深部延伸角度呈现由陡变缓的转折特征时，在其转折部位视电阻率等值线呈稀疏、向下同步弯曲等特点，会出现"U"形或卧"S"形标志，对应着断裂蚀变带的倾角变缓信息，这种梯级带转弯部位以及倾角变缓部位即是深部金矿赋存的有利部位。

3）极化率异常特征

传统的大功率激电探测深度很难超过1km，频谱激电可通过调整装置系数和发射功率提高探测深度，最高探测深度可达到2.5km。在反映极化率异常的电性参数等值线断面中，定向延伸的极化率高值异常带、充电率高值异常带、时间常数高值异常带、金属因素高值异常带、频散率高值异常带以及相关系数低值异常带是金属硫化物富集体的标志，也是矿化蚀变、金矿体赋存有利部位的标志。

二、深部金矿找矿方法组合

（一）深部金矿阶梯找矿方法

1. 阶梯找矿方法的理论基础

大量找矿实践发现，胶东破碎带蚀变岩型金矿的矿体由浅部至深部一般不是连续出现的，而是断续性分布，构成阶梯产出特点，具体表现为以下方面：

（1）由浅部至深部矿化不连续富集，形成多重成矿空间；

（2）控矿断裂沿倾斜方向倾角陡、缓交替变化，具有台阶式特征；

（3）厚大矿体往往沿断裂的缓倾角段和陡、缓转折部位分布；

（4）在同一成矿区域相邻2个成矿台阶之间的无矿段的垂直距离限于一定的范围内。

蚀变岩型金矿的这些分布特征是深部矿体产出的自然规律，总体显示了由浅部至深部矿体呈阶梯分布特征，称为深部矿阶梯成矿模式。研究发现，石英脉型金矿的赋矿构造部位与蚀变岩型金矿恰恰相反，矿床主要受倾角较陡的断裂控制，陡倾断裂的倾角相对陡的部分为断裂扩容带，是石英脉充填的有利区段，厚大金矿体主要赋存于断裂倾角的较陡部分，即在倾角阶梯变化的断裂的陡倾角部位赋矿。不同控矿断裂带或矿区，赋矿台阶的规模、间隔距离、倾角等有较大差异，如三山岛北部海域矿区浅部台阶与深部台阶的垂直距离在400m左右（宋明春等，2015a），而焦家矿区浅、深部台阶的垂直距离为150~550m（宋明春等，2012）。大的赋矿台阶中常常出现倾角略有变化的次级赋矿台阶，次级台阶倾角偏陡的部分矿体厚度较薄、矿化较差。这一成矿模式为深部找矿提供了核心技术前提和可以识别的探测目标。

2. 阶梯找矿方法技术流程

"跟着构造走、围着异常转"是胶东地区传统浅表部金矿找矿的主要方法，即采用常规的地球物理和地球化学手段获取地表相关数据、圈定异常，然后再围绕着异常和有利成矿构造进行普查找矿。但是，深部矿埋藏深度大、地表信息弱、找矿线索少，采用传统的方法技术在地表很难探测到深部矿的信息，不能有效圈定深部矿化异常。在胶东地区开展深部找矿实践中，基于金矿受倾角波状起伏的断裂构造控制的客观事实，提出了以探测赋矿构造为目标的深部阶梯找矿方法。这一方法的核心是在地表通过高精度地球物理探测，查明控矿断裂或成矿地质体向深部的结构变化，根据阶梯成矿模式预测深部矿的位置、规模。另外，传统浅表部找矿方法主要是利用金矿体中硫化物含量高的特征，采用时间域电磁方法圈定激电异常体；针对深部金矿地球物理信息弱的特点，阶梯找矿方法要点之一是采用频率域电磁（CSAMT、MT）方法，查明深部地质体界面和断裂构造特征。该方法的具体实施流程如下（图4-39）：

（1）在详细的野外地质调查基础上，筛选赋矿构造或成矿地质体的深部有利区域作为深部找矿靶区；

（2）在选定的深部找矿靶区内，按照合理的测线间距和适宜的测线方向，选用先进的仪器设备开展高精度地球物理探测；

（3）对获取的地球物理数据进行计算机处理，形成各种数据等值线图；

（4）通过地球物理资料详细反演、解释，获取深部成矿空间的物性参数、空间结构、异常分布等信息，刻画断裂构造或成矿地质体的深部变化；

（5）通过与已知浅部矿、控矿构造或地质体特征比较，反演模拟，建立深部金矿地球物理找矿模型；

（6）根据深部矿阶梯成矿模式和地球物理找矿模型，判别控矿断裂或地质体深部倾角阶梯变化部位，有效识别成矿构造和赋矿部位，预测深部矿体位置、形态和规模。

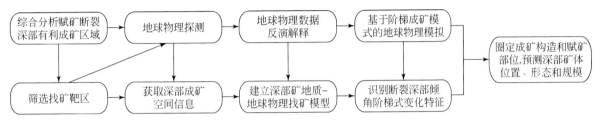

图 4-39　深部阶梯找矿方法流程图

3. 深部阶梯找矿的地球物理指标

通过对焦家断裂带深部金矿找矿的 CSAMT、SIP 测量和研究工作，总结地球物理参数及典型金矿床地球物理场特征，综合分析、概括归纳得出了焦家断裂带深部金矿的地球物理找矿指标如下：

（1）在 CSAMT 法视电阻率断面等值线图上，断裂蚀变带位于视电阻率等值线由低到高的过渡梯级带上，梯级带呈舒缓波状特征，梯级带上梯度变化最大的部位为断裂带主裂面下界面，金主矿体主要分布于主裂面下盘的黄铁绢英岩化碎裂岩带内。视电阻率等值线同步向下弯曲、间距变大及由陡变缓部位为成矿有利部位。

（2）在 SIP 法复电阻率参数断面等值线图上，断裂带反映为定向延深的条带串珠状低阻带，复电阻率值越低反映断裂带矿化蚀变程度越强烈。在等值线弯曲、低阻带局部膨大部位为成矿有利部位。

（3）充电率参数断面等值线图上，断裂带反映为定向延深的条带串珠状高值异常带，在矿体头部高值异常呈"八"字形特征。在一定范围内充电率值越高其矿化蚀变程度越强。

（4）时间常数参数断面等值线图上，断裂带反映为条带串珠状高值异常带。

（5）频率相关系数参数断裂带反映为低值条带状异常特征。

（6）频散率参数断面等值线反映为高值条带状异常特征。

（7）金属因素参数断面等值线反映为高值带状特征，带状异常沿矿化蚀变带分布，低阻高极化体异常反映最明显。

（二）2000m 以浅深度金矿找矿方法组合

2000m 左右的深度是深部金矿有望在近期通过开采技术提升而实现采矿的深度，这一深度空间也是亟待突破的深部找矿空间。通过胶东地区的大量深部找矿实践，将探测 2000m 以浅空间的地球物理方法归纳为两类，第一类方法的探测目标是深部金矿的控矿结构面，第二类方法是直接圈定深部高极化体。在胶东地区利用地球物理方法进行地表矿和浅部矿找矿阶段，探测控矿构造和圈定矿化蚀变带往往同时进行，两类方法具有同样的重要性；随着勘探深度越来越深，地球物理找矿方法的目标体逐渐从圈定高极化体转变为探测、研究控矿结构面及其特征，第二类方法成为深部找矿的主要方法。

1. 探测控矿结构面的地球物理方法

1）方法类型

探测 2000m 以浅深度区间与金矿有关的控矿结构面的地球物理方法较多，主要是各类频率域测深法，包括 CSAMT、AMT 以及广域电磁法等，此外地震勘探技术、重力勘探技术也可用于此深度区间的深部探测。

2）适用不同干扰条件的技术方法

通过对各类方法在探测深度、分辨率、勘探成本以及抗干扰能力等方面的综合分析，提出如表 4-11 所示的适应不同电磁噪声条件的技术方法。

表 4-11　胶东金矿集区 2000m 以浅深部金矿探测地球物理技术方法

勘探目标	噪声等级	有效方法	最佳组合	
			噪声条件	方法组合
控矿结构面	中等（微弱）噪声干扰	CSAMT	微弱噪声	AMT+重力勘探
		AMT		
		广域电磁法		
		地震勘探	中等噪声	CSAMT/广域电磁法+重力勘探
		重力勘探		
	强烈噪声干扰区	重力勘探	重力勘探、地震勘探为主，广域电磁法为辅	
		地震勘探		
		广域电磁法		
高极化体（矿化蚀变带等）	中等（微弱）噪声干扰	频谱激电法（SIP）	—	

微弱电磁噪声条件。在勘查区电磁噪声非常微弱的条件下，宜采用"AMT 测量（也可以是 CSAMT、广域电磁法）为主，重力勘探、地震勘探辅助"的方法组合。

中等电磁噪声条件。如果勘查区电磁噪声较高，则将微弱噪声条件技术方法中的 AMT 测量替换为 CSAMT 或广域电磁类抗干扰能力强的方法，采用"CSAMT 或广域电磁法为主，重力勘探、地震勘探为辅"的方法组合。

强烈电磁噪声条件。在强烈电磁噪声环境中，常规电磁法勘探无法开展工作，宜采用"重力勘探、地震勘探为主，广域电磁法为辅"的方法组合。

2. 探测高极化体（矿化蚀变带）的地球物理方法

目前探测深度能够达到 2000m 的高极化体方法仅有频谱激电法，该方法可以通过改变装置系数和参数使得几何测深达到 2000m 深度，通过数据处理和反演解释推断深部地质体的激发极化效应，圈定高极化体。

3. 地球物理方法技术组合

胶东地区 2000m 以浅的深部找矿，应将探测控矿结构面与探测高极化体相结合，最佳方法技术组合以"频率域电磁测深法+SIP 测量"为主、重力勘探辅助的组合方法，频率域电磁测深法根据噪声条件、成本等确定。目前尚没有一种适应于各种条件的完美的深部金矿探测方法，而且任何单一物探方法均有相应的物性前提和反演解释的多解性，深部找矿最有效的方法一定是多种物探技术的组合方法。

（三）2000~5000m 深度金矿找矿方法组合

地球物理勘探技术在 2000~5000m 深度区间进行深部金矿找矿的主要探测目标是成矿结构面，包括各种断层、断裂带、岩性接触带、构造滑脱带等，只要这个界面两侧的地质体具有电阻率异常、密度异常或者波速异常，就可以通过一种或几种地球物理方法进行解释推断。针对中（弱）电磁干扰区和强烈电磁干扰区，采用不同的地球物理方法组合进行深部探测（表4-12）。

表4-12　胶东金矿集区2000~5000m深度金矿探测地球物理技术方法

探测目标	噪声分类	方法技术组合		说明
成矿结构面	中（弱）电磁干扰区	频域电磁测深法	MT/AMT	根据探测深度的要求和电磁噪声情况选择MT/AMT或者广域电磁法的一种，辅以重力勘探，有条件的地段开展地震勘探
			广域电磁法	
		重力勘探		
		地震勘探		
	强烈电磁干扰区	重力勘探		电磁法效果差，优选重力勘探+地震勘探
		地震勘探		
		广域电磁法		

1. 中（弱）电磁干扰区

在微弱至中等强度的噪声干扰区，可以根据测深要求和电磁噪声干扰情况选择一种频率域电磁测深法，其中AMT在胶东地区的探测深度可达3000m以浅，MT探测深度大，可以满足超过3000m探测深度的目标要求。广域电磁法具有较深的勘探深度，从本次研究的测量效果看，这种方法可以满足区内2000~5000m勘探深度的要求，另外，该方法与传统大地电磁法（MT/AMT）比较还具有抗干扰能力强、工作效率高的优势，因此在有一定电磁干扰的条件下，应首选该方法。重力勘探和地震勘探也具有勘探深度大的特点，能够满足5000m深度区间的深部探测要求。地震勘探具有更为精细的探测效果，对于一些拟层状的地质体具有较好的分辨率，如断裂蚀变带等，该方法的主要优点是探测深度大、探测到的反射界面更为精细，缺点是成本较高。综上所述，在有微弱至中等强度的噪声干扰区，探测2000~5000m成矿结构面的最佳方法技术组合为"MT/广域电磁法+重力勘探+地震勘探"。由于所有物探方法均是在一定物性前提的基础上展开的，其推断的最终目标又都要转化为地质单元，因此将以上三种方法进行综合分析、解释，将测量到的电性异常、重力异常和波速异常转化为统一的地质体结构、构造表征方式，是目前有效的深部金矿勘探方法。

2. 强烈电磁干扰区

在强烈电磁干扰区（如矿区、城镇等），电磁法勘探效果差，即使是抗干扰能力较强的人工源大地电磁法也存在资料解释的可靠性问题，因此宜采用以"重力勘探+地震勘探"为主，广域电磁法为辅的技术方法组合，对深部地质体及构造特征进行精细探测。

3. 综合物探方法在5000m深度以浅深部找矿的应用

为了研究主要控矿断裂深部变化和进行深部金矿成矿预测，在焦家断裂和三山岛断裂之间施工了4条综合物探剖面，并进行了重磁联合正反演计算和大地电磁测深综合物探推断解释。根据不同岩性物性统计结果，重磁拟合参数选择如下：

玲珑型花岗岩：κ（磁化率）$= 246 \times 10^{-6} \times 4\pi$SI，$M_r$（剩磁）$= 117 \times 10^{-3}$A/m，$\sigma$（密度）$= 2.58$g/cm³；变质岩：$\kappa = 963 \times 10^{-6} \times 4\pi$SI，$M_r = 267 \times 10^{-3}$A/m，$\sigma = 2.81$g/cm³；变质岩与花岗岩的密度差为0.23g/cm³。地磁倾角为54.761131°，地磁偏角为-6.930224°，地磁总场为52344nT。选择典型剖面（Ⅱ剖面）反演模拟地质剖面（图4-40）。

按布格重力异常特征，剖面自西至东大致可分为三段：西段自三山岛断裂（F1）至西由断裂（F2），布格重力异常反映为重力高，位于变质岩分布区；中段自西由断裂至招贤断裂（F5），处在重力梯级带上，位于变质岩与花岗岩的接触带上；东段（F5断裂以东）位于朱桥-苗家岩体分布区，反映为重力低。反演模拟计算结果表明，变质岩呈残留体形式分布于三山岛断裂至招贤断裂之间。招贤以东变质岩系全部被剥蚀，剥露出玲珑型花岗岩。三山岛断裂与西由断裂之间变质岩残留体最大厚度约1900m，变质岩下伏中生代花岗岩体。三山岛断裂，在2000m深度以浅处在中生代花岗岩体与变质岩接触带附近，深部

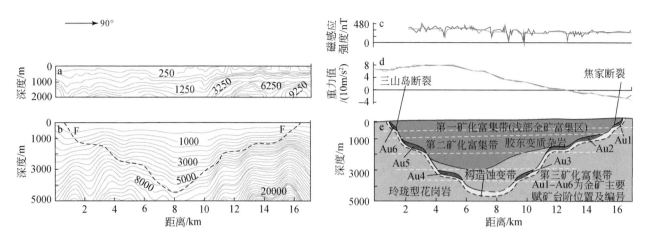

图 4-40　焦家断裂–三山岛断裂间 Ⅱ 剖面重磁联合反演模拟计算地质剖面及成矿预测图

（2000m 以下）切入花岗岩中。焦家断裂南段（F7）处在花岗岩体内。

CSAMT 测深断面反映了 2000m 深度以浅的电性变化特征，电阻率曲线波动明显，电性层反映清晰。MT 测深断面电阻率曲线较平滑，该方法的主要探测目标是 2km 以下，设计点距 300m，反映深度达 5km，该方法浅部电性层局部变化特征反映比 CSAMT 分辨率偏低，但深部电性变化规律反映清晰。

按照电性特征，剖面在横向上大致可划分为高、中、低阻三大局部异常区：剖面东段 11.5 ~ 17km 之间（F5 断裂以东）为视电阻率高异常区，除地表浅部低阻层外，电阻率比剖面西部段高几十个数量级，电阻率等值线密集分布，自上而下逐步升高，显示了花岗岩的物性特征；剖面中段 5 ~ 11.5km 之间（F2 至 F5），电性特征为低阻异常，为变质岩分布区；剖面西段 0 ~ 5km 之间（F2 断裂以西），整体电性特征明显低于东段高阻区，高于中段低阻区，呈西高东低特征，异常特征主要由三山岛断裂下盘中生代花岗岩体自东向西逐步抬升所引起。

垂向上，总体可分为上部低阻层和底部高阻层，电阻率自上而下呈逐步增高的变化特征。高阻电性层与低阻电性层之间具有较明显的过渡梯级带。推断低阻电性层为第四系及变质岩系，高阻电性层为玲珑型花岗岩。

三山岛断裂（F1），为向南东倾斜的高、低阻接触带，电阻率等值线总体呈舒缓波状自西向东向下逐步延深。按照倾角陡缓变化可分为三段：上段位于剖面西端至向东 2km 处，下延深度 2000m 左右，为断裂上段，电阻率等值线大角度向下弯曲，与三山岛断裂浅部陡倾部位相对应（倾角 60° 左右）；中段位于 2 ~ 2.4km 之间，深度为 2000 ~ 3000m，电阻率等值线向下弯曲角度由陡变缓，为三山岛断裂由陡变缓的部位，该段上盘发育有 F2 断裂，以上两段断裂位于变质岩与花岗岩的接触带上；下段为三山岛断裂下切花岗岩段，处于 F2 断裂与 F3 断裂之间的 4.5 ~ 8km 段，下延深度为 3000 ~ 4500m，该段在 MT 电阻率断面图上，等值线向下弯曲角度明显增大，但电阻率曲线波动幅度平缓，反映了该段断裂由缓变陡的特征，断裂上下盘岩性电性差异较小，异常特征显示为等值线的同步弯曲过渡带。在 7.5 ~ 9km 之间，电阻率等值线呈明显的低阻 "U" 字形，西部电阻率曲线单边下降，向东电阻率曲线逐步上升。据此推断，在 7.5km 附近，为三山岛和焦家两断裂相交部位，交汇部位深度在 4500m 左右。

焦家断裂南段（F6），自上而下整体呈舒缓波状向西延深至 7.5km 附近与西部相向倾斜的三山岛断裂相交。在 CSAMT 和 MT 电阻率断面等值线图上显示为自东向西、自上而下舒缓波状延伸的等值线梯级带异常。按梯级带等值线倾角陡缓变化，也可大致划分为三段：上段，位于 14 ~ 16km 之间，下延深度 1200m 左右，电阻率等值线自东向西（由大号向小号方向）有一明显的向下转折的低阻梯级带异常，据此推断该段断层倾角相对较陡，16km 附近的低阻梯级带异常与地表已知断裂蚀变带吻合。中段，位于 11 ~ 14km 之间，深度相当于 1200 ~ 2000m，等值线变化相对平缓，上部等值线间距相对宽大，下部等值线间距相对密集，中间低阻梯级带向下缓倾，倾角明显小于上部；下段，位于 7.5 ~ 11km 之间，电阻率等值线下倾角度增大，在11km附近，等值线出现了明显的向下拐点，其下倾角度急剧增大，10km以西，等值线下降角度趋于平缓。在7.5~8km之间，与剖面西侧的单调下降的等值线梯级带相交。

推断解释结果表明，焦家断裂与三山岛断裂均为上陡下缓的铲式断层，沿倾向呈舒缓波状延深，由地表至断裂交汇处形成数处倾角明显变化的区段，构成沿倾向的台阶式展布特点。根据阶梯成矿模式，断裂倾角变化的台阶处为深部金矿体的有利赋矿部位，在焦家断裂和三山岛断裂深部各有2处倾角明显变化的台阶，相应地形成深部金矿4个预测靶区。焦家断裂和三山岛断裂自地表至5000m深度范围内形成了3段矿化富集带，6个赋矿台阶（图4-40），目前第一和第二矿化富集带已得到找矿验证，第三矿化富集带尚待深部找矿验证。

第五章　深部金矿地球化学勘查

第一节　典型金矿床元素地球化学特征

一、金矿床元素富集贫化研究方法

（一）元素富集贫化特征研究方法

元素富集贫化特征是指与确定的参比基准相比，成矿相关地质体中元素的含量状况。如果元素含量与参比基准相比增高，称为富集；如果含量降低，称为贫化；如果含量基本持平，称为惰性。本研究统一采用中国东部岩石平均化学组成（鄂明才等，1997）作为地质体中元素含量富集或贫化的参比标准，并利用富集系数（q）进行比较。富集系数（q）定义如下：

$$q = C_i^A / C_i^O$$

式中，C_i^A 为元素 i 的平均含量；C_i^O 为中国东部岩石中元素 i 的平均化学组成（丰度）。

本研究除根据元素富集系数（q）将元素富集或贫化程度划分成富集、贫化和惰性三种情况外，进一步将富集或贫化程度分别划分成五个等级。

1. 富集元素

（1）微量元素。①弱富集：$2 \leqslant q \leqslant 5$；②中等富集：$5 < q \leqslant 10$；③富集：$10 < q \leqslant 20$；④明显富集：$20 < q \leqslant 40$；⑤显著富集：$q > 40$。

（2）常量元素。①弱富集：$1.2 \leqslant q \leqslant 1.4$；②中等富集：$1.4 < q \leqslant 1.6$；③富集：$1.6 < q \leqslant 1.8$；④明显富集：$1.8 < q \leqslant 2.0$；⑤显著富集：$q > 2.0$。

2. 贫化元素

①弱贫化：$0.9 \geqslant q \geqslant 0.7$；②中等贫化：$0.7 > q \geqslant 0.5$；③贫化：$0.5 > q \geqslant 0.3$；④明显贫化：$0.3 > q \geqslant 0.1$；⑤显著贫化：$q < 0.1$。

3. 惰性元素

①惰性微量元素：$0.9 < q < 2$；②惰性常量元素：$0.9 < q < 1.2$。

为了便于归纳分析，本研究采用的微量元素分类方案为亲铜元素、钨钼族元素、亲石分散元素、矿化剂元素、铁族元素、稀有元素以及稀土元素七类（刘英俊和马东升，1984；牟保磊等，1999）。

（二）元素富集贫化规律研究方法

在元素富集贫化特征研究的基础上，对矿床中发生了明显或显著富集及明显或显著贫化的元素进行分析研究，探讨元素的富集、贫化与矿化强度之间的规律性。其方法和步骤如下。

1. 元素排序

按主成矿元素（单元素或多元素）含量升序方式进行排序。

2. 划分含量段

对矿化蚀变带中的元素分别按照绢英岩化花岗岩、黄铁绢英岩化花岗岩、黄铁绢英岩化碎裂岩等岩性带进行含量统计。

3. 统计平均值

统计各含量段内样品数，计算各含量段内成矿元素及其他元素含量平均值。

4. 计算元素富集系数

选择与研究区赋矿围岩岩性相同或相近的中国东部岩石元素丰度作为参比标准，利用富集系数表征元素富集、贫化及惰性特征。

5. 探讨元素富集贫化规律

根据富集系数随成矿元素含量增大而变化的趋势，探讨元素的富集、贫化与矿化强度之间的规律性。

二、焦家金矿区元素富集贫化特征

（一）样品采集及统计

对焦家金矿区 112 号勘查线钻孔进行了系统采样。每个钻孔的采样间距一般为 6~9m，矿化地段加密至 3m。样品采集采用分层连续捡块方式，在每个采样间隔内，基本均匀连续地采集同一岩性岩石碎块 8~10 块合并成一个样品。每个岩石碎块质量约为 20g，每件样品质量约为 200g。采样过程中特别注意岩性变化及分层，避免不同岩性样品的混合。

样品测试完成后，按变辉长岩、构造蚀变带上盘花岗岩、构造蚀变带、构造蚀变带下盘花岗岩 4 个岩性带分别统计元素含量。元素含量采用算术平均方式统计，元素富集系数采用样品中某一元素含量除以同类岩石平均化学组成方式计算。

（二）元素富集贫化特征

根据 112 号勘查线上的样品分析结果（表 5-1），对变辉长岩、上盘花岗岩、构造蚀变带、下盘花岗岩 4 个岩性带中元素平均含量及富集系数分别进行了统计分析。

表 5-1　焦家金矿区 112 号勘查线不同岩性带中元素含量与富集系数统计表

元素分类	元素	变辉长岩（n=58）		上盘花岗岩（n=332）		构造蚀变带（n=69）		下盘花岗岩（n=107）		$\overline{X}_1$	$\overline{X}_2$
		C	q	C	q	C	q	C	q		
亲铜元素	Au	0.0012	1.3	0.021	42	0.876	1751	0.120	241	0.0009	0.0005
	Ag	0.138	2.1	0.098	1.6	0.805	13	0.043	0.7	0.067	0.060
	As	2.5	1.7	1.2	1.0	9.2	7.6	1.4	1.1	1.5	1.20
	Cd	0.105	1.0	0.517	9.1	0.238	4.2	0.030	0.5	0.11	0.057
	Cu	58	1.0	10.5	1.9	43	7.8	9.5	1.7	58.0	5.5
	Ga	20	1.1	20	1.1	18	1.0	18	1.0	19	18
	Ge	1.37	1.3	1.03	0.9	1.13	0.9	1.03	0.9	1.1	1.2
	Pb	14	0.9	69	2.7	86	3.3	18	1.0	15	26
	Sb	0.17	1.1	0.14	1.1	0.20	1.6	0.13	1.0	0.16	0.13
	Zn	100	1.0	141	3.5	60	1.5	17	0.4	104	40
铁族元素	Cr	81	0.4	17	2.5	10	1.5	14	2.1	225	6.6
	Ti	4863	0.6	1163	0.8	876	0.6	1269	0.9	7820	1380
亲石分散元素	Ba	396	0.9	1510	2.2	1437	2.1	2004	2.9	450	680
	Sr	394	0.7	485	2.2	307	1.4	591	2.7	570	220
稀有元素	Zr	162	1.4	134	0.9	120	0.8	167	1.1	120	155

续表

元素 分类	元素	变辉长岩 (n=58)		上盘花岗岩 (n=332)		构造蚀变带 (n=69)		下盘花岗岩 (n=107)		$\overline{X}_1$	$\overline{X}_2$
		C	q	C	q	C	q	C	q		
钨钼族 元素	Mo	3.9	8.7	2.0	2.9	2.3	3.4	1.8	2.6	0.45	0.7
	W	17	34	29.6	29.6	41.1	41	42	41.8	0.5	1.0
	Bi	0.19	2.0	0.08	0.4	2.1	8.7	0.17	0.7	0.095	0.24
矿化剂 元素	S	1332	2.7	583	6.5	5700	63	2014	22	490	90
常量 元素	Al_2O_3	14.21	0.88	14.04	1.02	14.32	1.04	14.37	1.04	16.20	13.83
	CaO	6.03	0.61	1.87	1.40	1.89	1.41	2.26	1.68	9.90	1.34
	TFe_2O_3	9.24	0.95	2.49	1.09	2.45	1.07	2.37	1.04	9.69	2.29
	K_2O	1.50	1.55	4.04	0.93	4.93	1.14	4.12	0.95	0.97	4.34
	MgO	3.50	0.44	0.45	0.70	0.28	0.44	0.49	0.77	7.86	0.64
	Na_2O	3.51	1.40	3.71	1.04	2.31	0.65	3.99	1.12	2.51	3.55
	SiO_2	56.99	1.17	70.40	0.97	69.96	0.97	69.22	0.96	48.62	72.40

注：$\overline{X}_1$ 为辉长岩平均化学组成，$\overline{X}_2$ 为花岗岩平均化学组成（据鄢明才等，1997）；C 为元素含量平均值；q 为富集系数；微量元素含量单位为 10^{-6}，常量元素含量单位为%

1. 变辉长岩

112 号勘查线变辉长岩与参比基准（辉长岩平均化学组成）相比，主成矿元素 Au 含量基本一致，为惰性元素；亲铜元素 Ag 为弱富集，富集系数为 2.1，其余亲铜元素 As、Cd、Cu、Ga、Ge、Pb、Sb、Zn 等表现为惰性；铁族元素 Cr、Ti 发生贫化，前者达到贫化程度，后者为中等贫化；亲石分散元素 Ba、Sr 表现出弱贫化特征；稀有元素 Zr 表现为惰性；钨钼族元素中，W 表现出明显富集特征，富集系数达到 34，Bi 为弱富集，Mo 达到中等富集程度；矿化剂元素 S 含量是辉长岩平均化学组成的 2.7 倍，达到弱富集程度。

常量元素中，Fe_2O_3、SiO_2 表现为惰性，Al_2O_3 表现为弱贫化特征，CaO 为中等贫化，MgO 为贫化，Na_2O、K_2O 表现出中等富集特征。

2. 上盘花岗岩

上盘花岗岩中主成矿元素 Au 平均含量为 0.021×10^{-6}，高出参比基准（花岗岩平均化学组成）40 余倍。亲铜元素 Ag、As、Cu、Ga、Ge、Sb 富集系数均为 0.9~2.0，为惰性元素；Cd 富集系数为 9.1，达到中等富集程度；Pb、Zn 为弱富集。铁族元素 Cr 表现为弱富集，Ti 则表现为弱贫化。亲石分散元素 Ba、Sr 富集程度达到 2 倍以上，属于弱富集。稀有元素 Zr 富集系数为 0.9，表现出惰性特征。钨钼族元素中 Mo 为弱富集；W 含量明显增高，达到明显富集程度；Bi 富集系数仅为 0.4，达到贫化程度。矿化剂元素 S 含量明显增高，富集程度在 5 倍以上，达到中等富集程度。

常量元素 Al_2O_3、Fe_2O_3、K_2O、Na_2O、SiO_2 含量与参比基准相比，变化不明显，富集系数为 0.9~1.2，表现为惰性；CaO 为中等富集，MgO 则表现为中等贫化。

3. 构造蚀变带

构造蚀变带中主成矿元素 Au 平均含量达到 0.876×10^{-6}，高出花岗岩平均化学组成 1751 倍，达到显著富集程度。亲铜元素 As 达到富集程度，为参比基准（花岗岩平均化学组成）的 17.6 倍；Ag 表现为富集，Cu 表现出中等富集程度；Cd、Pb 为弱富集，富集系数为 2~5；Ga、Ge、Sb、Zn 则表现为惰性，富集系数均小于 2。铁族元素 Cr 表现为惰性，Ti 则表现出中等贫化特征。亲石分散元素 Ba 富集系数高于 2，属弱富集；Sr 富集系数为 1.4，属惰性元素。稀有元素 Zr 富集系数为 0.8，为弱贫化。钨钼族元素中 Mo 为弱富集，Bi 为中等富集，W 富集系数达到 40 以上，为显著富集。矿化剂元素 S 含量显著增高，除了成矿元素 Au 以外，S 在所有元素中的富集系数最高，富集程度达到 60 倍以上，达到显著富集程度。

常量元素 Al_2O_3、Fe_2O_3、K_2O、SiO_2 含量与参比基准（花岗岩平均化学组成）相比，变化不明显，富集系数为 0.9～1.2，表现为惰性；Na_2O 富集系数为 0.65，表现为中等贫化特征；CaO 为中等富集，MgO 则达到贫化程度。

4. 下盘花岗岩

下盘花岗岩中主成矿元素 Au 平均含量为 $0.12×10^{-6}$，高出参比基准（花岗岩平均化学组成）240 倍，达到显著富集程度。亲铜元素 As、Cu、Ga、Ge、Sb 富集系数均为 0.9～2，表现为惰性；Ag、Cd、Pb 表现出中等贫化特征；Zn 则表现出贫化特征。铁族元素 Cr 表现为弱富集，Ti 则表现为惰性。亲石分散元素 Ba、Sr 含量高出花岗岩平均化学组成 3 倍左右，达到弱富集程度。稀有元素 Zr 表现为惰性。钨钼族元素中 Mo 为弱富集，W 达到显著富集程度，Bi 则表现为中等贫化，富集系数为 0.7。矿化剂元素 S 含量明显增高，富集系数为 22，达到明显富集程度。

常量元素 Al_2O_3、Fe_2O_3、Na_2O、K_2O、SiO_2 含量与参比基准相比，变化不明显，富集系数为 0.9～1.2，表现为惰性；CaO 富集系数为 1.68，达到富集程度；MgO 表现出弱贫化特征。

（三）元素富集贫化规律

焦家金矿区矿化蚀变岩的原岩主要是花岗岩，按蚀变程度将其划分为绢英岩化花岗岩、黄铁绢英岩化花岗岩、黄铁绢英岩化碎裂岩。通过统计花岗岩各蚀变带的元素含量变化（表 5-2），可以研究这些元素随 Au 矿化程度增强而变化的规律。

表 5-2　焦家金矿区矿化蚀变岩石中元素含量变化统计表

元素分类	元素	绢英岩化花岗岩（$n=895$）		黄铁绢英岩化花岗岩（$n=286$）		黄铁绢英岩化碎裂岩（$n=205$）		花岗岩丰度
		C	q	C	q	C	q	
亲铜元素	Au	0.002	3.5	0.05	104	0.56	1121	0.0005
	Ag	0.17	2.9	0.06	0.96	1.4	23	0.060
	As	1.2	1.0	1.2	0.99	9.2	7.7	1.20
	Cd	0.42	7.4	0.06	1.05	0.41	7.2	0.057
	Cu	8.7	1.6	9.0	1.6	79	14	5.5
	Ga	20	1.1	18	0.99	18	1.0	18
	Ge	1.0	0.87	1.0	0.86	1.2	0.96	1.2
	Pb	81	3.1	25	0.95	99	3.8	26
	Sb	0.21	1.6	0.15	1.2	0.21	1.6	0.13
	Zn	112	2.8	23	0.58	64	1.6	40
	Hg*	0.018	2.7	0.013	1.9	0.016	2.4	0.007
	Se*	0.26	7.9	0.09	2.7	0.06	1.9	0.033
	Tl*	0.62	0.75	0.39	0.48	0.59	0.71	0.83
	In*	0.030	0.59	0.026	0.52	0.124	2.5	0.05
铁族元素	Cr	15	2.3	15	2.3	10	1.5	6.6
	Ti	1127	0.82	1353	0.98	904	0.66	1380
	Mn*	535	1.7	261	0.82	1162	3.6	320
	V*	8.4	0.36	16	0.70	7.7	0.34	23
	Co*	3.5	1.2	5.9	2.0	4.4	1.5	3.0
	Ni*	5.0	0.96	8.9	1.7	3.9	0.75	5.2
	Sc*	2.7	0.67	2.9	0.73	2.0	0.50	4.0

元素分类	元素	绢英岩化花岗岩（n=895）		黄铁绢英岩化花岗岩（n=286）		黄铁绢英岩化碎裂岩（n=205）		花岗岩丰度
		C	q	C	q	C	q	
亲石分散元素	Ba	1507	2.2	2060	3.0	1373	2.0	680
	Sr	460	2.1	581	2.6	312	1.4	220
	Rb*	117	0.73	87	0.55	128	0.80	160
	Cs*	0.80	0.22	0.51	0.14	0.67	0.19	3.6
稀有元素	Zr	128	0.82	162	1.04	113	0.73	155
	Te*	0.02	4.9	0.05	9.7	0.37	75	0.005
	P*	169	0.49	245	0.71	157	0.45	345
	Nb*	8.1	0.51	6.2	0.39	6.7	0.42	16
	Li*	5.3	0.28	3.18	0.17	3.4	0.18	19
	Be*	1.5	0.46	1.2	0.39	1.4	0.45	3.2
	Ta*	0.42	0.30	0.24	0.17	0.30	0.21	1.4
	Hf*	3.1	0.62	3.1	0.62	2.8	0.57	5.0
钨钼族元素	Mo	2.1	3.0	2.3	3.2	2.1	2.9	0.7
	W	22	22	32	32	32	32	1.0
	Bi	0.10	0.42	0.16	0.65	2.34	9.8	0.24
	Sn*	1.4	0.62	1.1	0.50	1.4	0.65	2.2
矿化剂元素	S	567	6.3	1720	19	5078	56	90
	Br*	2.5	12	0.91	4.5	1.0	5.2	0.20
	Cl*	58	1.1	60	1.2	47	0.90	52
	I*	0.15	3.0	0.18	3.52	0.17	3.3	0.05
	F*	550	1.1	358	0.74	479	0.99	485
	H_2O^{+**}	0.57	0.62	0.48	0.52	0.65	0.71	0.91
	B*	7.6	1.4	4.3	0.78	16	2.9	5.5
稀土元素	Y*	6.4	0.28	8.1	0.35	7.0	0.31	23
	La*	21	0.52	23	0.56	18	0.43	41
	Ce*	36	0.47	40	0.51	30	0.39	77
	Nd*	14	0.46	15	0.49	12	0.40	30
	Sm*	2.2	0.41	2.4	0.45	1.9	0.35	5.3
	Eu*	0.79	0.97	0.78	0.95	0.61	0.74	0.82
	Gd*	1.7	0.33	1.8	0.36	1.6	0.32	5.0
	Dy*	1.2	0.28	1.5	0.34	1.3	0.29	4.4
	Ho*	0.25	0.28	0.33	0.36	0.28	0.31	0.90
	Er*	0.63	0.23	0.86	0.32	0.73	0.27	2.7
	Tm*	0.13	0.31	0.16	0.40	0.14	0.34	0.41
	Yb*	0.64	0.24	0.89	0.34	0.76	0.29	2.6
	Lu*	0.09	0.24	0.14	0.35	0.12	0.29	0.40
常量元素	Al_2O_3	14.38	1.04	14.66	1.06	14.60	1.06	13.83
	CaO	1.88	1.40	2.25	1.68	1.82	1.36	1.34
	TFe_2O_3	2.43	1.06	2.42	1.06	2.79	1.22	2.29

续表

元素分类	元素	绢英岩化花岗岩 （n=895）		黄铁绢英岩化花岗岩 （n=286）		黄铁绢英岩化碎裂岩 （n=205）		花岗岩丰度
		C	q	C	q	C	q	
常量元素	K₂O	4.20	0.97	4.13	0.95	4.80	1.10	4.34
	MgO	0.36	0.57	0.47	0.73	0.27	0.42	0.64
	Na₂O	3.59	1.01	4.01	1.13	2.31	0.65	3.55
	SiO₂	70.70	0.98	69.18	0.96	70.47	0.97	72.40

注：花岗岩平均化学组成据鄢明才等（1997）；C 为元素含量平均值；q 为富集系数；微量元素含量单位为 10^{-6}，常量元素含量单位为 %；带 * 元素参与统计的样品数按照蚀变程度不同从左到右依次为 99、40、58

1. 微量元素

随着赋矿岩体蚀变程度的增加，成矿元素 Au 含量也随之增加，从 0.002×10^{-6}、0.05×10^{-6} 到 0.56×10^{-6}，呈现数量级增加，富集系数对应从 3.5、104 增大至 1121，增高幅度显著。

亲铜元素 Ag、As、Cu、In 等表现出与成矿元素 Au 呈正相关性。当 Au 含量小于 0.002×10^{-6} 时，In 含量低于参比基准（中国东部花岗岩丰度），As 含量与参比基准持平，Cu、Ag 的含量高于参比基准。随 Au 含量增大，尽管存在一定程度的波动，但是这些元素含量总体呈增大趋势，Ag 的富集系数由 2.9 增大至 23，As 由 1.0 增大至 7.7，Cu 由 1.6 增大至 14，In 由 0.59 增大至 2.5。而亲铜元素 Se 则表现出与成矿元素负相关性，当 Au 含量小于 0.002×10^{-6} 时，Se 的富集系数为 7.9，随着岩体蚀变程度的加剧，富集系数逐渐降低，由 7.9 减少到 2.7、1.9。

随着 Au 矿化程度的增加，铁族元素 Cr 含量发生小幅度降低，富集系数由 2.3 降至 1.5，与参比基准组成相当；Ti、V、Ni、Sc 等元素含量最低值对应出现在蚀变程度最高的黄铁绢英岩化碎裂岩中，但元素含量与 Au 矿化程度之间不存在线性相关关系；而 Mn 元素则在黄铁绢英岩化碎裂岩中含量最高，达到弱富集程度，但其同样与 Au 矿化之间不存在线性关系。

亲石分散元素中，Ba、Sr 表现为程度不同的富集，但是 Ba、Sr 的富集与 Au 含量变化的关系并不明确，最大富集出现在黄铁绢英岩化花岗岩中，而非出现在 Au 含量更高的蚀变岩性段，表明 Ba、Sr 的富集与 Au 矿化强度关系并不直接；Rb、Cs 则表现为程度不同的贫化，但是 Rb、Cs 的贫化与 Au 含量变化的关系同样并不明确，元素最低含量出现在黄铁绢英岩化花岗岩中，而非出现在 Au 含量更高的蚀变岩性段，表明 Rb、Cs 的贫化也与 Au 矿化强度关系不直接。

稀有元素 Zr、P、Nb、Li、Be、Ta、Hf 在成矿元素 Au 各含量段均表现为程度不同的贫化，其中 Hf 含量随着 Au 矿化程度的增加发生小幅度降低，富集系数由 0.62 降至 0.57，其他元素的贫化与 Au 矿化强度关系不直接；Te 元素随着 Au 含量增大，总体表现为富集，在绢英岩化花岗岩与黄铁绢英岩化花岗岩中，富集程度基本一致，为弱富集到中等富集，在黄铁绢英岩化碎裂岩中，富集程度增强，富集系数为 75，达到显著程度。

钨钼族元素中，随着 Au 含量的增大，表现出不尽一致的富集、贫化规律。Mo 元素含量基本没有发生变化，富集系数基本保持在 3 左右，不随矿化强度的增强而改变；随着 Au 含量增大，尽管存在一定程度的波动，但是 W、Bi 元素含量增大的总体趋势较明显，W 富集系数由 22 增大至 32，Bi 富集系数由 0.42 增大至 9.8，由明显贫化变为富集。

随着 Au 含量增大，矿化剂元素 S 含量总体呈现出增大趋势，反映出矿化剂元素和成矿元素密不可分的正相关关系。其他矿化剂元素 Br、Cl、I、F、H_2O^+、B 则与 Au 含量变化关系不明显。

随着蚀变程度的增大，La、Ce、Pr、Nd、Sm、Eu、Gd 7 个轻稀土元素的含量变化规律基本一致，在黄铁绢英岩化碎裂岩中，这几个元素含量值最低，在黄铁绢英岩化花岗岩中，元素含量基本是最高值；而 Tb、Dy、Ho、Er、Tm、Yb、Lu、Y 等重稀土元素含量与 Au 含量变化无直接线性关系。

2. 常量元素

随着蚀变程度的增大，SiO_2、Al_2O_3 的含量没有发生明显变化，富集系数接近 1.0，反映出 Al_2O_3 的惰性特征；SiO_2 富集系数为 1.0，反映了蚀变岩发生硅化蚀变带入的 SiO_2 与矿物分解出的 SiO_2 量大致相当。CaO、MgO、Na_2O 含量最低值出现在黄铁绢英岩化碎裂岩中，其中 Na_2O 随着蚀变程度的增大，由惰性降至中等贫化；Fe_2O_3、K_2O 含量出现幅度较小的变化，元素含量最高值出现在黄铁绢英岩化碎裂岩中，由惰性变为弱富集（表 5-3）。

总之，在与焦家金矿区有关的矿化蚀变花岗岩中，发生富集的元素有：亲铜元素 Au、Ag、As、Cd、Cu、Pb、Se、Hg（表 5-3），钨钼族元素 Mo、W、Bi，矿化剂元素 S、铁族元素 Cr、Mn，稀有元素 Te 和常量元素 CaO；发生贫化的元素有：亲石分散元素 Rb、Cs，铁族元素 Ti、Ni、Sc、V，稀有元素 Zr、Hf、P、Nb、Li、Be、Ta，稀土元素和常量元素 MgO、Na_2O；呈惰性状态存在的元素有：Ga、Ge、Sb、Zn、Co、Al_2O_3、K_2O 和 Fe_2O_3。Ag、As、Cu、In、W、Bi、S、Te、Fe_2O_3、K_2O 与成矿元素含量呈正相关关系；Se、Ba、Sr、Cr、Hf、LREE、MgO、Na_2O 与成矿元素含量呈负相关关系，即成矿元素含量越高，这几个元素含量越低，贫化越明显；Hg、Tl、Mo、Sn、Rb、Cs、Br、Cl、I、F、H_2O^+、B、Ti、V、Co、Ni、Sc、Mn、Zr、P、Nb、Li、Be、Ta、HREE、Al_2O_3、CaO 等元素与成矿元素含量间没有相关性。

表 5-3　焦家金矿区元素富集贫化特征及规律

元素分类	特征			规律		
	富集	贫化	惰性	正相关	负相关	不相关
亲铜元素	Au、Ag、As、Cd、Cu、Pb、Se、Hg		Ga、Ge、Sb、Zn	Au、Ag、As、Cu、In	Se	Ga、Ge、Pb、Sb、Zn、Hg、Tl
钨钼族元素	Mo、W、Bi			W、Bi		Mo、Sn
亲石分散元素	Ba、Sr	Rb、Cs			Ba、Sr	Rb、Cs
矿化剂元素	S			S		Br、Cl、I、F、H_2O^+、B
铁族元素	Cr、Mn	Ti、Ni、Sc、V	Co		Cr	Ti、V、Co、Ni、Sc、Mn
稀有元素	Te	Zr、Hf、P、Nb、Li、Be、Ta		Te	Hf	Zr、P、Nb、Li、Be、Ta
稀土元素		REE			La、Ce、Nd、Sm、Eu、Gd	Dy、Ho、Er、Tm、Yb、Lu、Y
常量元素	CaO	Na_2O、MgO	Al_2O_3、K_2O、Fe_2O_3	Fe_2O_3、K_2O	SiO_2、Na_2O、MgO	Al_2O_3、CaO

三、三山岛北部海域金矿区元素富集贫化特征

（一）样品采集及统计

对 30 号勘查线进行了系统的样品采集，采样和统计方法同焦家金矿区。

（二）元素富集贫化特征

选择 30 号勘查线 ZK3001、ZK3011、ZK3003、ZK3004、ZK3006、ZK3008 等 6 个钻孔，采集岩心样品 765 件（图 5-1）。将勘查线剖面中的岩性划分为变辉长岩、二长花岗岩、构造蚀变带上盘花岗岩、构造蚀变带、构造蚀变带下盘花岗岩、花岗闪长岩 6 个岩性带进行元素含量及富集贫化特征统计分析（表 5-4）。

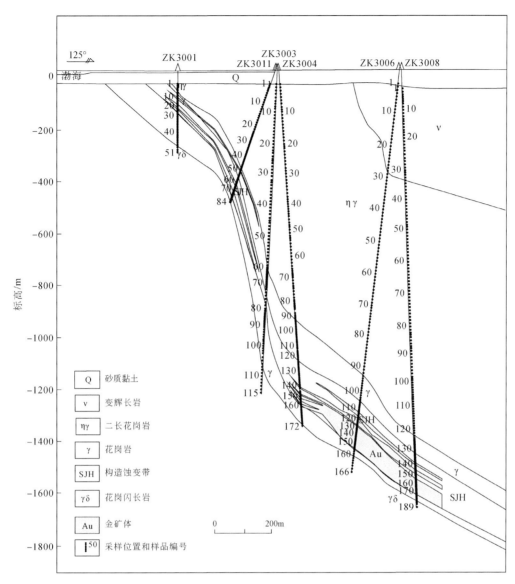

图 5-1　海域金矿区 30 号勘查线剖面及采样位置图

表 5-4　海域金矿区不同岩性带中元素含量与富集系数统计表

元素分类	元素	变辉长岩 ($n=61$)		二长花岗岩 ($n=316$)		上盘花岗岩 ($n=105$)		构造蚀变带 ($n=160$)		下盘花岗岩 ($n=102$)		花岗闪长岩 ($n=21$)	
		C	q	C	q	C	q	C	q	C	q	C	q
亲铜元素	Au	0.004	4.7	0.023	46.1	0.021	42	3.037	6074	0.166	333	0.007	10
	Ag	0.21	3.1	0.39	6.5	0.84	14	3.9	65	1.3	21	0.087	1.4
	As	8.5	5.7	8.0	6.7	17	14	69	58	26	21	1.0	0.8
	Cd	0.28	2.5	0.71	12.5	1.5	27	0.69	12	1.0	18	0.048	0.6
	Cu	46	0.8	9.12	1.7	14	2.5	87	16	32	5.8	4.3	0.2
	Ga	21	1.1	21.43	1.2	20	1.1	20	1.1	21	1.1	20	1.1
	Ge	1.31	1.2	1.2	1.0	1.2	0.96	1.4	1.1	1.1	0.9	0.78	0.7
	Pb	26	1.7	83	3.2	533	20	473	18	435	16.7	22	1.4
	Sb	0.55	3.4	0.48	3.7	0.75	5.8	0.88	6.7	0.73	5.6	0.24	1.7
	Zn	109	1.0	156	3.9	353	8.8	177	4.4	291	7.3	24	0.4

续表

元素分类	元素	变辉长岩 (n=61)		二长花岗岩 (n=316)		上盘花岗岩 (n=105)		构造蚀变带 (n=160)		下盘花岗岩 (n=102)		花岗闪长岩 (n=21)	
		C	q	C	q	C	q	C	q	C	q	C	q
铁族元素	Cr	111	0.5	24	3.6	24	3.6	43	6.4	18	2.7	8.8	0.2
	Ti	3178	0.4	774	0.6	838	0.61	1047	0.8	840	0.6	915	0.3
亲石分散元素	Ba	776	1.7	1098	1.6	1154	1.70	478	0.7	1081	1.6	1640	1.8
	Sr	363	0.6	376	1.7	332	1.51	113	0.5	293	1.3	659	1.5
稀有元素	Zr	91	0.8	60	0.4	69	0.44	84	0.5	75	0.5	75	0.4
钨钼族元素	Mo	4.60	10	2.0	2.8	0.96	1.37	1.2	1.6	1.0	1.4	0.72	1.5
	W	1.24	2.5	1.2	1.2	1.4	1.42	4	4.3	2.3	2.3	0.85	2.2
	Bi	0.15	1.6	0.29	1.2	0.12	0.49	8.2	34	0.73	3.0	0.06	0.5
矿化剂元素	S	701	1.4	382	4.2	632	7.0	6573	73	2727	30	53	0.2
常量元素	Al_2O_3	14.49	0.89	13.89	1.00	13.83	1.00	13.08	0.95	15.11	1.09	14.40	0.95
	CaO	2.64	0.27	1.73	1.29	1.83	1.36	1.22	0.91	1.90	1.42	1.88	0.59
	TFe_2O_3	6.16	0.64	1.34	0.59	1.78	0.78	4.76	2.08	2.58	1.13	0.71	0.15
	K_2O	3.13	3.23	4.05	0.93	4.31	0.99	4.31	0.99	4.40	1.01	3.38	1.16
	MgO	2.40	0.31	0.58	0.90	0.52	0.81	0.76	1.19	0.21	0.33	0.26	0.13
	Na_2O	2.78	1.11	3.44	0.97	2.49	0.70	0.41	0.12	3.53	1.00	4.54	1.23
	SiO_2	58.49	1.20	65.15	0.90	63.86	0.88	59.80	0.83	69.95	0.97	64.31	0.98

注: n 为参加统计样品数; C 为元素含量平均值; q 为富集系数, 富集系数=元素含量平均值/元素丰度; Ag、Cd 含量单位为 10^{-9}, 其他微量元素含量单位为 10^{-6}, 常量元素含量单位为%; 元素丰度引自鄢明才等 (1997)

1. 变辉长岩

与参比基准 (辉长岩平均化学组成) 相比, 本区变辉长岩中主成矿元素 Au 含量略有增高, 富集系数为 4.2, 表现出弱富集特征。亲铜元素中, As 富集系数为 5.2, 在所有亲铜元素中含量增幅最高, 达到中等富集程度; Ag、Cd、Sb 富集系数为 2～5, 表现为弱富集; Cu 表现为弱贫化, 富集系数为 0.8; Ga、Ge、Pb、Zn 等表现出惰性, 与参比基准相比含量基本没有变化。铁族元素 Cr、Ti 与参比基准相比含量有明显减少, 富集系数分别为 0.5 和 0.4, 表现出贫化特征。亲石分散元素 Sr 的富集系数为 0.6, 表现出中等贫化特征, Ba 则表现出惰性特征。稀有元素 Zr 富集系数为 0.8, 表现为弱贫化。钨钼族元素中 Mo 在所有元素中含量增幅最大, 富集系数达到 10, 达到富集程度; W 富集系数为 2.5, 表现出弱富集特征; Bi 表现为惰性。矿化剂元素 S 含量与参比基准基本持平, 表现出惰性特征。

常量元素中, 除了 Al_2O_3、SiO_2、Na_2O 含量与参比基准相比基本没有变化之外, 其他常量元素含量增高或减少幅度显著, 其中 CaO、MgO 含量明显减少, 富集系数分别为 0.27 和 0.31, 达到明显贫化程度; TFe_2O_3 含量减少同样明显, 富集系数为 0.64, 达到中等贫化; 在钙铁镁含量减少的同时, K_2O 含量则有显著增加, 比参比基准高出 3 倍多, 达到显著富集程度。

2. 二长花岗岩

与花岗岩平均化学组成相比, 本区二长花岗岩中主成矿元素 Au 含量有所增高, 富集系数为 46, 达到显著富集程度。亲铜元素中, Cd 含量与参比基准相比明显增高, 富集系数大于 10, 达到富集程度; Ag、As 含量同样有所增高, 富集系数为 5～10, 表现为中等富集; Pb、Sb、Zn 含量增高幅度相对较少, 富集系数为 2～5, 表现出弱富集特征; Cu、Ga、Ge 含量则基本与参比基准持平, 表现为惰性。铁族元素表现出不同的富集贫化特征，其中 Cr 富集系数为 3.6，表现出弱富集特征；Ti 富集系数为 0.6，表现为中等贫化。亲石分散元素 Ba、Sr 富集系数均为 1~2，表现出惰性特征。稀有元素 Zr 含量与平均化学组成相比减少，富集系数为 0.4，表现为贫化。钨钼族元素表现出不同的富集贫化特征，其中 Mo 表现为弱富集，W、Bi 则表现为惰性，富集系数为 1~2。矿化剂元素 S 含量增高不明显，富集系数为 4.2，表征弱富集程度。

与参比基准相比，常量元素 CaO 含量有所增高，富集系数为 1.29，表现为弱富集，TFe_2O_3 含量则明显减少，表现出中等贫化特征；其他常量元素 Na_2O、MgO、K_2O、Al_2O_3、SiO_2 则表现出惰性，与参比基准相比含量基本没有变化。

3. 上盘花岗岩

上盘花岗岩中主成矿元素 Au 平均含量为 $0.021×10^{-6}$，高出参比基准（花岗岩平均化学组成）40 倍，增高幅度显著。亲铜元素中 Cd、Pb 增幅均较大，富集系数为 20~40，达到明显富集程度；As 富集系数约为 14，表现为富集；Ag 含量增高幅度同样明显，富集系数为 14，达到富集程度；Sb、Zn 含量也有增高，表现出中等富集特征；其他亲铜元素 Cu、Ga、Ge 富集系数均为 0.9~2.0，表现为惰性，含量与参比基准相比基本没有变化。铁族元素表现出不同的富集贫化特征，Cr 富集系数为 3.6，表现出弱富集特征；Ti 则达到贫化程度，富集系数<0.61。亲石分散元素 Ba 表现为惰性，富集系数为 1.7；Sr 富集系数为 1.51，表现出惰性特征。稀有元素 Zr 含量明显减少，富集系数为 0.4，达到贫化程度。钨钼族元素 W 富集系数为 4，表现出弱富集特征；Bi 富集系数为 1.2，与参比基准基本持平，表现出惰性特征。矿化剂元素含量有所增高，富集程度在 6 倍以上，表现为中等富集。

与参比基准相比，常量元素 TFe_2O_3、MgO、Na_2O 含量均有所减少，富集系数为 0.5~0.81，达到中等贫化程度；Al_2O_3、SiO_2、K_2O 含量与参比基准相比，含量增高或减少不明显，富集系数为 0.9~1.2，表现为惰性；CaO 富集系数为 1.36，表现为弱富集。

4. 构造蚀变带

构造蚀变带内岩性以黄铁绢英岩化花岗岩、黄铁绢英岩化花岗质碎裂岩及黄铁绢英岩化碎裂岩为主，主成矿元素 Au 平均含量达到 $3.037×10^{-6}$，高出参比基准（花岗岩平均化学组成）6000 余倍，在研究的所有金矿区中增幅最高，达到显著富集程度。亲铜元素中，Ag、As 含量增幅显著，高出参比基准 40 倍以上，同样达到显著富集程度；Cd、Cu、Pb 含量增幅也较明显，富集系数为 10~20，达到富集程度；Sb、Zn 含量也有所增加，Sb 富集系数为 6.7，表现为中等富集，Zn 富集系数为 4.4，表现出弱富集特征；其他亲铜元素 Ga、Ge 富集系数均为 1.1，表现为惰性。铁族元素 Cr 表现为中等富集，Ti 则表现为弱贫化。亲石分散元素 Ba、Sr 富集系数为 0.5~0.7，表现出中等贫化特征。稀有元素 Zr 富集系数为 0.5，同样达到中等贫化。钨钼族元素 W、Bi 均表现出富集特征，其中 W 富集系数为 4.3，表现为弱富集，Bi 含量增高幅度明显，富集系数为 34，达到明显富集程度。矿化剂元素 S 含量高出参比基准 70 余倍，达到显著富集程度。

与参比基准相比，常量元素 TFe_2O_3 增幅最大，富集系数为 2.1，达到显著富集程度；与 TFe_2O_3 含量显著增高情况相对应的是 Na_2O 含量显著减少，富集系数为 0.12，表现出明显贫化特征；SiO_2 含量略有减少，富集系数为 0.83，表现出弱贫化特征；其他常量元素 Al_2O_3、K_2O、CaO、MgO 含量与参比基准相比，变化不明显，富集系数为 0.9~1.2，表现为惰性。

5. 下盘花岗岩

下盘花岗岩中主成矿元素 Au 平均含量为 $0.166×10^{-6}$，高出参比基准（花岗岩平均化学组成）300 余倍，达到显著富集程度。亲铜元素中，Ag、As 含量增幅明显，均高出参比基准 20 倍以上，达到明显富集程度；Cd、Pb 含量增幅也较大，富集系数为 10~20，达到富集程度；Cu、Sb、Zn 含量也有所增加，富集系数为 5~10，表现出中等富集特征；其他亲铜元素 Ga、Ge 富集系数均为 1.1，表现为惰性。铁族元素 Cr 表现为弱富集，Ti 则表现为中等贫化。亲石分散元素 Ba、Sr 富集系数为 1~2，表现出惰性特征。稀有元素 Zr 富集系数为 0.5，达到中等贫化。钨钼族元素 W、Bi 含量与参比基准相比均略有增高，富集系数为 2~5，表现为弱富集；Mo 富集系数为 1.6，表现出惰性特征。矿化剂元素 S 含量高出参比基准 30

倍，达到明显富集程度。

与参比基准（花岗岩平均化学组成）相比，常量元素 CaO 增幅最大，富集系数为 1.4，达到中等富集程度；与 CaO 含量增高情况相对应的是 MgO 含量明显减少，富集系数达到 0.33，达到贫化程度；其他常量元素 Al_2O_3、K_2O、TFe_2O_3、Na_2O、SiO_2 含量与参比基准相比，增高或减少幅度不明显，富集系数为 0.9~1.2，表现为惰性。

6. 花岗闪长岩

与参比基准（花岗闪长岩平均化学组成）相比，本区花岗闪长岩中主成矿元素 Au 含量有所增高，富集系数为 10，表现为中等富集。亲铜元素中，As、Cd、Cu、Ge、Zn 等元素含量与参比基准相比均有不同程度的减少，其中 Cu、Zn 含量减少幅度相对较大，富集系数为 0.3~0.5，达到贫化程度，As、Cd、Ge 含量减少幅度相对较小，富集系数为 0.7~0.9，表现为弱贫化；其他亲铜元素 Ag、Ga、Pb、Sb 则表现出惰性，与参比基准相比含量基本没有变化。铁族元素 Cr、Ti 含量与参比基准相比明显减少，富集系数为 0.1~0.3，达到明显贫化程度。亲石分散元素 Ba、Sr 富集系数为 1~2，表现为惰性特征。稀有元素 Zr 富集系数为 0.4，表现为中等贫化。钨钼族元素表现出不同的富集贫化特征，其中 Mo 表现为惰性，W 富集系数为 2.2，表现为弱富集，Bi 则表现为中等贫化，富集系数仅为 0.5。矿化剂元素 S 含量与参比基准相比明显减少，富集系数仅为 0.2，表征明显贫化程度。

常量元素中，CaO、MgO、TFe_2O_3 含量与参比基准相比均有所减少，只是减少幅度不同，其中 MgO、TFe_2O_3 含量减少幅度较大，富集系数为 0.1~0.2，达到明显贫化程度，CaO 含量减少幅度相对不大，富集系数达到 0.59，表现出中等贫化特征；其他常量元素 Al_2O_3、SiO_2、Na_2O、K_2O 含量与参比基准相比，增高或减少幅度不明显，富集系数为 0.9~1.2，表现为惰性。

（三）元素富集贫化规律

对海域金矿床上盘花岗岩、下盘花岗岩和构造蚀变带内黄铁绢英岩化碎裂岩的元素含量平均值及富集系数分别进行统计（表5-4），分析其富集贫化规律。

1. 微量元素

从上盘花岗岩、下盘花岗岩到构造蚀变带内黄铁绢英岩化碎裂岩，成矿元素 Au 的含量呈增高趋势，含量从 $0.021×10^{-6}$、$0.166×10^{-6}$ 增高到 $3.0×10^{-6}$，富集系数呈现出数量级增加，依次从 42、333 增至 6074，增高幅度显著。

随着 Au 含量增加，亲铜元素 Ag、As、Cu 等表现出与成矿元素一致的规律性。在构造蚀变带内，Ag 含量达到最高值 $3.9×10^{-6}$，相较于花岗岩平均化学组成富集了 60 余倍，富集程度达到显著水平；在下盘花岗岩中，Ag 含量减少到 $1.3×10^{-6}$，与构造蚀变带相比 Ag 含量减少了 2/3；在上盘花岗岩中，Ag 含量进一步减少至 $0.84×10^{-6}$，富集系数降至 17，即从构造蚀变带、下盘花岗岩到上盘花岗岩，亲铜元素 Ag 含量表现出逐渐减少的规律性。亲铜元素 As 与 Ag 相似，在构造蚀变带内，As 含量达到最高值 $69×10^{-6}$，相较于参比基准富集了近 60 倍，富集程度达到显著水平；在下盘花岗岩中，As 含量减少到 $26×10^{-6}$，与构造蚀变带相比 As 含量减少了近 2/3；在上盘花岗岩中，As 含量进一步减少至 $17×10^{-6}$，富集系数降至 28，即从构造蚀变带、下盘花岗岩到上盘花岗岩，亲铜元素 As 含量表现出逐渐减少的规律性。亲铜元素 Cu 在构造蚀变带内含量达到 $87×10^{-6}$，相较于参比基准富集了 10 余倍；在下盘花岗岩中，Cu 含量减少到 $32×10^{-6}$，与构造蚀变带相比 As 含量减少了近 2/3；在上盘花岗岩中，Cu 含量进一步减少，至 $14×10^{-6}$，含量相当于参比基准，即从构造蚀变带、下盘花岗岩到上盘花岗岩，Cu 含量同样表现出逐渐减少的规律性。亲铜元素 Cd 在构造蚀变带内含量达到最低值，为 $0.69×10^{-6}$，在下盘花岗岩中含量略有增高，至 $1.0×10^{-6}$，在上盘花岗岩中含量增高至 $1.5×10^{-6}$，增高幅度虽不及成矿元素显著，但从构造蚀变带、下盘花岗岩到上盘花岗岩，Cd 含量表现出逐渐增高的趋势。成矿伴生元素 Zn 与 Cd 表现出一致的规律性，即从构造蚀变带、下盘花岗岩到上盘花岗岩，Zn 含量表现出逐渐增高的趋势。

随着 Au 含量增大，S 含量呈增大趋势，说明矿化剂元素与成矿元素呈正相关关系。在构造蚀变带部位，矿化剂元素最为富集，S 元素的富集系数为 73，表现出显著富集特征；下盘花岗岩中 S 的含量明显高于上盘花岗岩，下盘花岗岩中 S 富集系数达到 30，上盘花岗岩富集系数仅为 6.3。

随着 Au 含量增大，铁族元素 Cr 含量总体呈现出弱富集到中等富集的变化趋势，Ti 含量总体呈现出贫化到中等贫化的增大变化趋势。在构造蚀变带内，铁族元素 Cr 的富集系数为 6，表现出中等富集特征，铁族元素 Ti 富集系数为 1.0，与花岗岩平均化学组成持平，但相比其他地质体仍有明显增高趋势。即随着 Au 含量增加，在构造蚀变带内，铁族元素 Cr、Ti 含量达到最高值，而在上、下盘花岗岩中元素含量相差不大，这说明 Cr、Ti 元素高含量可以作为构造蚀变带的地球化学标志。

亲石分散元素 Ba、Sr 在上、下盘花岗岩中含量相差不大，在构造蚀变带内，含量明显减少，减少幅度均在一半以上，即亲石分散元素低含量值同样可以作为构造蚀变带的地球化学标志。

随着 Au 含量增大，钨钼族元素 Mo、W 含量总体呈现出弱富集特征、无明显的贫化富集规律；钨钼族元素 Bi 含量总体呈现出明显富集特征。在构造蚀变带内，Bi 元素的富集系数为 34，表现出明显富集特征；下盘花岗岩中 Bi 含量明显高于上盘花岗岩，富集系数为 3.0，表现出弱富集特征。随着 Au 含量增加，在不同的地质单元中 Bi 元素表现出与 Au 元素具有相同的富集规律，Mo、W 元素则无明显富集贫化规律。

2. 常量元素

在常量元素中，SiO_2 在不同岩性带中含量差别不大，总体表现出惰性特征，无明显富集贫化规律。Na_2O 在矿体部位的富集系数为 0.12，表现为明显贫化，上盘花岗岩也表现出弱贫化特征，其他岩性带中表现为惰性特征。总体上随着 Au 含量的增加，Na_2O 的含量表现为减小趋势，表现出与 Au 相反的富集贫化规律。K_2O、CaO、Al_2O_3、MgO 整体表现为惰性特征，无明显的富集贫化规律。TFe_2O_3 在 Au 矿体部位表现为弱富集特征，下盘花岗岩表现为惰性特征，上盘花岗岩及其他岩性带中表现为中等贫化特征，表明随着 Au 含量的增加，TFe_2O_3 在不同岩性带中表现出增大的趋势，具有与 Au 相同的富集贫化规律。

总体分析，在矿体中达到富集及以上程度的元素有亲铜元素 Ag、As、Cd、Cu、Pb（表 5-5），矿化剂元素 S，钨钼族元素 Bi，常量元素 Fe_2O_3 和 FeO。贫化元素为主量元素 Na_2O。呈惰性状态存在的元素数量比较多，包括 Ga、Ge、Mo、W、Ba、Sr、Ti、Zr、SiO_2、Al_2O_3、CaO、Al_2O_3、MgO。在富集的元素中，Ag、As、Cd、Cu、Pb 和 S、Bi 与成矿元素含量呈正相关关系，而 TFe_2O_3 与成矿元素含量间没有相关性。贫化元素中，Na_2O 与成矿元素含量呈负相关关系，即成矿元素含量越高，Na_2O 贫化程度越大。惰性元素 Ga、Ge、Mo、W、Ba、Sr、Sr、Ti、Cr、SiO_2、Al_2O_3、CaO、MgO、K_2O 等与成矿元素含量没有相关性。

表 5-5　海域矿区元素富集贫化特征及规律

岩性	元素分类	特征			规律		
		富集	贫化	惰性	正相关	负相关	不相关
构造蚀变带	亲铜元素	Au、Ag、As、Cd、Cu、Pb		Ga、Ge	Au、Ag、As、Cu	Cd、Zn	Ga、Ge、Pb、Sb
	矿化剂元素	S			S		
	钨钼族元素	Bi		W、Mo	Bi		W、Mo
	亲石分散元素			Ba、Sr		Ba、Sr	
	铁族元素	Cr		Ti	Cr		Ti
	稀有元素			Zr			Zr
	常量元素	TFe_2O_3	Na_2O	K_2O、CaO、Al_2O_3、MgO、SiO_2	TFe_2O_3	Na_2O	K_2O、CaO、Al_2O_3、MgO、SiO_2
下盘花岗岩	亲铜元素	Au、Ag、As、Cd、Cu、Pb		Ga、Ge	Au、Ag、As、Cd、Cu、Pb		Ga、Ge
	矿化剂元素	S			S		
	钨钼族元素	Bi		W、Mo			W、Mo

续表

岩性	元素分类	特征			规律		
		富集	贫化	惰性	正相关	负相关	不相关
下盘花岗岩	亲石分散元素		Ba、Sr				Ba、Sr
	铁族元素	Cr	Ti		Cr	Ti	
	稀有元素		Zr			Zr	
	常量元素	CaO	MgO	TFe_2O_3、Na_2O、K_2O、Al_2O_3、SiO_2	CaO	MgO	TFe_2O_3、Na_2O、K_2O、Al_2O_3、SiO_2

在海域金矿区下盘花岗岩中，达到富集及以上程度的元素有亲铜元素 Ag、As、Cd、Cu、Pb，矿化剂元素 S，常量元素 CaO。贫化的元素有铁族元素 Ti、稀有元素 Zr 和常量元素 MgO。呈惰性状态存在的元素包括 Ga、Ge、Ba、Sr、SiO_2、Al_2O_3、K_2O、Na_2O、TFe_2O_3 等。在富集的元素中，Ag、As、Cd、Cu、Pb 和 S 与成矿元素含量呈正相关关系，而 CaO 与成矿元素含量间没有相关性。贫化元素中，铁族元素 Ti、稀有元素 Zr 和常量元素 MgO 与成矿元素含量间没有相关性。惰性元素 Ga、Ge、Ba、Sr、Sr、Ti、Cr、SiO_2、Al_2O_3、Na_2O、TFe_2O_3、K_2O 等与成矿元素含量没有相关性。

四、大尹格庄金矿区元素富集贫化特征

（一）样品采集及统计

对 112 号勘查线 112ZK6、112ZK4、112ZK5 钻孔进行了系统的样品采集，采样和统计方法同焦家金矿区。

（二）元素富集贫化特征

将 112 号勘查线中的岩性分为英云闪长岩、上盘花岗岩、构造蚀变带、下盘花岗岩、二长花岗岩 5 个岩性带，对其元素平均含量及富集系数分别进行统计分析（表 5-6）。

表 5-6　大尹格庄金矿床 112 号勘查线不同地质单元中元素含量与富集系数统计表

元素分类	元素	英云闪长岩 (n=376)		上盘花岗岩 (n=17)		构造蚀变带 (n=27)		下盘花岗岩 (n=38)		二长花岗岩 (n=6)		$\overline{X}_1$	$\overline{X}_2$
		C	q	C	q	C	q	C	q	C	q		
亲铜元素	Au	0.003	4.6	0.001	2.3	0.347	694	0.016	31	0.005	9.6	0.0008	0.0005
	Ag	0.116	2.6	0.118	2.0	0.332	5.54	0.051	0.84	0.041	0.68	0.05	0.060
	As	10	6.5	1.9	1.6	1.1	0.93	2.1	1.73	2.8	2.35	1.6	1.20
	Cd	0.102	1.5	0.083	1.5	0.092	1.61	0.040	0.71	0.041	0.72	0.067	0.057
	Cu	53	2.3	59	11	64	12	6.3	1.15	5.8	1.05	23	5.5
	Ga	18	1.0	17	0.95	17	0.93	17.7	0.99	18	1.02	19	18
	Ge	1.0	1.0	1.5	1.3	1.3	1.1	1.2	0.99	1.1	0.90	1.0	1.2
	Pb	25	2.2	34	1.3	26	1.0	21	0.80	23	0.87	11	26
	Sb	1.5	8.8	0.30	2.3	0.13	0.98	0.17	1.27	0.16	1.23	0.17	0.13
	Zn	75	1.2	40	0.99	32	0.81	19	0.48	22	0.56	64	40
铁族元素	Cr	110	2.2	56	8.5	19	2.9	9.4	1.43	7.5	1.13	50	6.6
	Ti	3969	1.3	989	0.72	985	0.71	907	0.66	945	0.69	3140	1380

续表

元素分类	元素	英云闪长岩 (n=376)		上盘花岗岩 (n=17)		构造蚀变带 (n=27)		下盘花岗岩 (n=38)		二长花岗岩 (n=6)		$\overline{X}_1$	$\overline{X}_2$
		C	q	C	q	C	q	C	q	C	q		
亲石分散元素	Ba	432	0.83	382	0.56	797	1.2	1193	1.75	1518	2.23	520	680
	Sr	366	0.83	198	0.90	299	1.4	429	1.95	510	2.32	440	220
稀有元素	Zr	143	1.0	49	0.32	96	0.62	120	0.77	135	0.87	140	155
钨钼族元素	Mo	1.4	4.8	1.4	2.0	1.5	2.2	1.8	2.5	2.6	3.77	0.30	0.7
	W	18	51	21	21	19	19	11	11	12	12	0.35	1.0
	Bi	9.4	135	0.086	0.36	0.89	3.7	0.09	0.37	0.07	0.27	0.07	0.24
矿化剂元素	S	1070	8.9	312	3.47	1894	21	676	7.5	328	3.6	120	90
常量元素	Al_2O_3	14.84	0.93	14.18	1.03	14.09	1.02	14.89	1.1	15.02	1.09	16	13.83
	CaO	5.27	1.11	2.33	1.74	2.30	1.72	2.22	1.7	2.35	1.75	4.75	1.34
	TFe_2O_3	7.17	1.35	2.76	1.20	2.24	0.98	1.87	0.82	2.00	0.87	5.30	2.29
	K_2O	1.32	0.76	3.30	0.76	3.89	0.90	4.03	0.93	3.68	0.85	1.74	4.34
	MgO	3.19	1.25	1.13	1.77	0.43	0.67	0.24	0.37	0.18	0.28	2.56	0.64
	Na_2O	3.99	1.11	3.69	1.04	3.07	0.86	4.10	1.16	4.60	1.30	3.60	3.55
	SiO_2	59.78	0.94	70.66	0.98	70.34	0.97	69.47	0.96	69.76	0.96	63.27	72.40

注：$\overline{X}_1$ 为英云闪长岩平均化学组成，$\overline{X}_2$ 为花岗岩平均化学组成（据鄢明才等，1997）；C 为元素含量平均值；q 为富集系数；微量元素含量单位为 10^{-6}，常量元素含量单位为%

1. 英云闪长岩

与参比基准（英云闪长岩平均化学组成）相比，本区英云闪长岩中主成矿元素 Au 含量有所增高，富集系数为 4.6，表现为弱富集。亲铜元素中，As、Sb 富集系数分别为 6.5 和 8.8，表现为中等富集；Ag、Cu、Pd 富集系数为 2~5，为弱富集；其他亲铜元素 Cd、Zn、Ga、Ge 等则表现出惰性，与参比基准相比含量基本没有变化。铁族元素 Cr 为弱富集，Ti 则表现出惰性特征。亲石分散元素 Ba、Sr 富集系数均为 0.83，表现出弱贫化特征。稀有元素 Zr 表现为惰性。钨钼族元素整体表现为富集，W、Bi 富集系数均大于 40，达到显著富集程度，其中 Bi 在所有元素中增幅最大，富集系数达到 135；Mo 富集系数小于 5，表现为弱富集。矿化剂元素 S 含量是参比基准的 8 倍以上，达到中等富集程度。

常量元素中，TFe_2O_3、MgO 富集系数分别为 1.35 和 1.25，表现为弱富集特征；K_2O 富集系数为 0.76，为弱贫化；其他常量元素 Al_2O_3、CaO、Na_2O、SiO_2 表现出惰性，与参比基准相比含量基本没有变化。

2. 上盘花岗岩

构造蚀变带上盘花岗岩中主成矿元素 Au 平均含量为 0.0001×10^{-6}，高出参比基准（花岗岩平均化学组成）2 倍，增高幅度不甚显著。亲铜元素中 Cu 增幅最大，富集系数为 11，达到中等富集程度；其他亲铜元素 Ag、As、Cd、Ga、Ge、Pb、Zn 富集系数均为 0.9~2.0，为惰性元素，含量与参比基准相比基本没有变化；Sb 富集系数为 2.3，为弱富集。铁族元素 Cr 富集系数为 8.5，表现出中等富集特征；Ti 则表现为弱贫化，富集系数仅为 0.72。亲石分散元素 Ba 为中等贫化，富集系数为 0.56；Sr 富集系数为 0.90，表现出惰性特征。稀有元素 Zr 富集系数为 0.32，表现为贫化。钨钼族元素表现出不同的富集贫化特征，其中 Mo 富集系数为 2.0，表现出惰性特征；W 增幅最大，高出参比基准 20 倍，达到明显富集程度；Bi 富集系数仅为 0.36，与参比基准相比有明显的减少，达到贫化程度。矿化剂元素 S 含量有所增高，富集程度在 2 倍以上，表现为弱富集。

常量元素中，CaO、MgO 增幅较大，富集系数在 1.7 以上，达到富集程度；K_2O 富集系数为 0.76，表现为弱贫化；其他常量元素 Al_2O_3、TFe_2O_3、Na_2O、SiO_2 含量与参比基准相比，含量增高或减少不明显，富集系数为 0.9~1.2，表现为惰性。

3. 构造蚀变带

构造蚀变带中主成矿元素 Au 平均含量达到 $0.347×10^{-6}$，高出参比基准近 700 倍，达到显著富集程度。亲铜元素中，Ag、Cu 增幅较明显，其中 Ag 富集系数为 5.5，达到中等富集程度，Cu 富集系数大于 10，表现出富集特征；Zn 富集系数为 0.81，表现为弱贫化；其他亲铜元素 As、Cd、Ga、Ge、Pb、Sb 等富集系数均为 0.9~2.0，表现为惰性。铁族元素 Cr 表现为弱富集，Ti 则表现为弱贫化。亲石分散元素 Ba、Sr 富集系数均小于 2，属于惰性元素。稀有元素 Zr 富集系数为 0.62，属中等贫化。钨钼族元素 Mo、W、Bi 均表现出富集特征，其中 Mo、Bi 富集系数为 2~5，为弱富集，W 达到富集程度。矿化剂元素 S 含量明显增高，富集系数为 21，达到明显富集程度。

与参比基准相比，常量元素 CaO 增幅最大，富集系数为 1.72，达到富集程度；Na_2O 表现出弱贫化特征，富集系数为 0.86，MgO 为贫化程度；其他常量元素 Al_2O_3、K_2O、SiO_2、TFe_2O_3 含量与参比基准相比，变化不明显，富集系数为 0.9~1.2，表现为惰性。

4. 下盘花岗岩

构造蚀变带下盘花岗岩中主成矿元素 Au 平均含量为 $0.016×10^{-6}$，是参比基准（花岗岩平均化学组成）的 31 倍，达到明显富集程度。亲铜元素 Ag、Cd、Pb、Zn 含量与参比基准相比，均有不同程度的减少，Ag、Cd、Pb 富集系数为 0.7~0.9，为弱贫化，Zn 富集系数为 0.48，达到贫化程度；其他元素 As、Cu、Ga、Ge、Sb 表现为惰性，富集系数均为 0.9~2.0。铁族元素 Cr 表现为惰性，Ti 则表现为中等贫化。亲石分散元素 Ba、Sr 含量与参比基准差别不大，表现为惰性。稀有元素 Zr 富集系数为 0.77，表现为弱贫化。钨钼族元素表现出不同的富集贫化特征，Mo 为弱富集，W 富集系数为 11，表现为富集，Bi 则为贫化，富集系数仅为 0.37。矿化剂元素 S 含量与参比基准相比有明显增高，富集系数为 7.50，达到中等富集程度。

与参比基准相比，常量元素 CaO 增幅最大，富集系数为 1.7，达到富集程度；MgO 富集系数为 0.37，表现为贫化特征；TFe_2O_3 表现出弱贫化特征；K_2O、Na_2O、SiO_2、Al_2O_3 含量与参比基准相比变化不明显，富集系数为 0.9~1.2，表现出惰性特征。

5. 二长花岗岩

与参比基准（二长花岗岩平均化学组成）相比，本区二长花岗岩中主成矿元素 Au 含量有所增高，富集系数为 9.6，表现为中等富集。亲铜元素中，As 富集系数为 2.35，表现出弱贫化；Ag、Cd、Pb、Zn 含量与参比基准相比，均有不同程度的减少，Cd、Pb 富集系数为 0.7~0.9，为弱贫化，Ag、Zn 富集系数为 0.5~0.7，为中等贫化程度；其他亲铜元素 Cu、Ga、Ge、Sb 则表现出惰性。铁族元素 Cr 表现出惰性特征，Ti 富集系数为 0.69，为中等贫化。亲石分散元素 Ba、Sr 富集系数均高于 2.0，为弱富集特征。稀有元素 Zr 富集系数为 0.87，为弱贫化。钨钼族元素表现出不同的富集贫化特征，其中 Mo 为弱富集，W 富集系数为 12，为富集，Bi 则为明显贫化，富集系数仅为 0.27。矿化剂元素 S 含量增高不明显，富集系数仅为 3.6，表征弱富集程度。

常量元素中，CaO、Na_2O 与参比基准相比含量有所增高，CaO 富集系数为 1.75，为富集，Na_2O 富集系数为 1.30，为弱富集；TFe_2O_3、MgO、K_2O 与参比基准相比含量有所减少，MgO 减少幅度最大，为明显贫化，TFe_2O_3、K_2O 为弱贫化；Al_2O_3、SiO_2 则表现出惰性。

（三）元素富集贫化规律

对大尹格庄金矿床矿化蚀变岩石按蚀变程度划分为绢英岩化钾化花岗岩、绢英岩化花岗岩、绢英岩化碎裂岩、黄铁绢英岩化碎裂岩等蚀变岩带，对各蚀变岩带内元素含量平均值及富集系数分别进行统计（表5-7），分析这些元素随 Au 矿化程度增强而变化的规律。

表 5-7 大尹格庄金矿床矿化蚀变岩石中元素含量变化统计表

元素分类	元素	绢英岩化钾化花岗岩 (n=46)		绢英岩化花岗岩 (n=45)		绢英岩化碎裂岩 (n=5)		黄铁绢英岩化碎裂岩 (n=24)		花岗岩丰度
		C	q	C	q	C	q	C	q	
亲铜元素	Au	0.022	43	0.035	70	0.042	84	1.81	3613	0.0005
	Ag	0.13	2.1	0.9	16	1.41	23	4.89	81	0.060
	As	4.0	3.3	4.4	3.7	4.9	4.0	8.9	7.4	1.20
	Cd	0.068	1.2	0.59	10.5	1.6	28.0	0.59	10.4	0.057
	Cu	9.8	1.8	65	11.9	16	3.0	196	35.6	5.5
	Ga	17.5	1.0	17.3	1.0	18.8	1.0	20.4	1.1	18
	Ge	1.2	1.0	1.5	1.3	1.5	1.3	1.7	1.4	1.2
	Pb	24	0.9	114	4.4	266	10.2	239	9.2	26
	Sb	0.2	1.9	0.3	2.3	3.0	22.9	0.5	3.8	0.13
	Zn	23	0.6	154	3.8	416	10.4	113	2.8	40
铁族元素	Cr	9.0	1.4	43.2	6.5	8.5	1.3	45	6.8	6.6
	Ti	903	0.65	1425.5	1.0	994	0.7	1423	1.0	1380
亲石分散元素	Ba	1153	2	504.5	0.7	723	1.1	866	1.3	680
	Sr	427	2	246.9	1.1	224	1.0	280	1.3	220
稀有元素	Zr	120	0.8	74.9	0.5	107	0.7	121	0.8	155
钨钼组元素	Mo	1.3	1.9	1.9	2.7	2.7	3.8	4.7	6.8	0.7
	W	13	13	15	15	16	16	17	17	1.0
	Bi	0.1	0.5	0.3	1.1	0.4	1.5	8.9	37	0.24
矿化剂元素	S	803	9	832	9.2	2087	23.2	11781	131	90
主量元素	Al₂O₃	14.8	1.1	14.5	1.1	16.3	1.2	14.7	1.1	13.83
	CaO	2.4	1.8	2.7	2.0	2.4	1.8	3.1	2.3	1.34
	TFe₂O₃	1.9	0.8	3.3	1.4	2.8	1.4	4.1	1.8	2.29
	K₂O	4.0	0.9	3.5	0.8	4.9	1.1	4.2	1.0	4.34
	MgO	0.3	0.4	1.1	1.7	0.4	0.7	0.8	1.2	0.64
	Na₂O	4.0	1.1	2.8	0.8	0.4	0.1	1.7	0.5	3.55
	SiO₂	69.2	1.0	68.6	0.9	69.8	1.0	64.3	0.9	72.40

注：花岗岩平均化学组成据鄢明才等（1997）；C 为元素含量平均值；q 为富集系数；微量元素含量单位为 10^{-6}，常量元素含量单位为%

1. 微量元素

随着蚀变程度的增加，成矿元素 Au 含量随之增大，从 0.022×10^{-6}、0.035×10^{-6}、0.042×10^{-6}、0.141×10^{-6} 到 1.81×10^{-6}，富集系数对应从 43、70、84、282 增至 3613，增高幅度显著。

亲铜元素 Ag、As 表现出与成矿元素 Au 的正相关性。在绢英岩化钾化花岗岩中，Ag 含量为 0.13×10^{-6}，随着岩石蚀变程度的加剧，Ag 含量从 0.9×10^{-6}、1.41×10^{-6} 到 4.89×10^{-6}，富集系数从 2.1 逐渐增高至 81。As 与 Ag 规律相似，在绢英岩化钾化花岗岩中，As 含量为 4.0×10^{-6}，随着岩石蚀变程度的加剧，As 含量从 4.4×10^{-6}、4.9×10^{-6} 到 8.9×10^{-6}，富集系数从 3.3 逐渐增高至 7.4，增幅虽然不及 Ag 显著，但规律性仍然明显。Ga、Ge 表现出惰性，在各矿化蚀变岩带中含量均比较稳定，富集系数保持在 1.0 左右，即岩石的蚀变程度基本不影响 Ga、Ge 元素含量。其他亲铜元素 Cd、Cu、Pb、Sb、Zn 含量随着成矿元素 Au 含量的增高表现出波动，规律性不明显，其中 Cu 元素含量在黄铁绢英岩化花岗岩中最高，远高于其他蚀变岩带。

铁族元素 Cr 在绢英岩化钾化花岗岩、绢英岩化碎裂岩中含量基本一致，分别为 9.0×10^{-6} 和 8.5×10^{-6}；在绢英岩化花岗岩和黄铁绢英岩质碎裂岩中含量相差不大，分别为 43×10^{-6} 和 45×10^{-6}，均比绢英岩化钾化花岗岩、绢英岩化碎裂岩中高出 4 倍以上。铁族元素 Ti 与 Cr 情况类似，在绢英岩化钾化花岗岩、绢英岩化碎裂岩中含量基本一致，富集系数在 0.7 左右。

亲石分散元素 Ba、Sr 基本保持惰性，富集系数保持在 1~2，与 Au 含量变化的关系不明确，元素含量最高值出现在绢英岩化钾化花岗岩中，而非出现在 Au 含量最高的黄铁绢英岩质碎裂岩中，表明 Ba、Sr 与 Au 矿化强度关系之间无富集贫化的相关性。

亲石分散元素 Zr 表现为程度不同的贫化，但是 Zr 的贫化与 Au 含量变化的关系没有明显的规律性，Zr 含量最低值出现在绢英岩化花岗岩中，而非出现在 Au 含量最高或最低的蚀变岩带中，表明 Zr 的贫化对 Au 矿化强度指示作用不明确。

钨钼族元素 Mo、Bi、W 表现出与成矿元素 Au 的正相关性。在绢英岩化钾化花岗岩中，Mo 含量为 1.3×10^{-6}，随着岩石蚀变程度的加剧，Mo 含量从 1.3×10^{-6}、1.9×10^{-6}、2.7×10^{-6} 到 4.7×10^{-6}，富集系数从 1.3 逐渐增高至 4.7，与成矿元素 Au 表现出正相关关系。W 与 Mo 相似，在绢英岩化钾化花岗岩中，W 含量为 13×10^{-6}，随着岩石蚀变程度的加剧，W 含量从 13×10^{-6}、15×10^{-6}、16×10^{-6} 到 17×10^{-6}，富集系数从 13 逐渐增高至 17，增幅虽然不及 Mo 显著，但规律性仍然明显，表现出与成矿元素 Au 正相关关系。Bi 规律性更强，在绢英岩化钾化花岗岩中，Bi 含量为 0.1×10^{-6}，随着蚀变程度的加剧，Bi 含量依次增高至 0.3×10^{-6}、0.4×10^{-6}、8.9×10^{-6}，在黄铁绢英岩质碎裂岩中 Bi 的富集系数达到 37，增幅显著。

随着 Au 含量增大，矿化剂元素 S 含量呈现出增大趋势，在绢英岩化钾化花岗岩中，S 含量为 803×10^{-6}，随着岩石蚀变程度的加剧，S 含量稳步增高，从 803×10^{-6}、832×10^{-6}、2087×10^{-6} 到 11781×10^{-6}，富集系数从 9 逐渐增高至 131，呈现出数量级增高趋势，反映出矿化剂元素和成矿元素密不可分的正相关关系。

2. 常量元素

随着蚀变程度的增大，SiO_2、Al_2O_3、K_2O 的含量基本没有发生明显变化，富集系数均为或接近 1.0，反映出常量元素 SiO_2、Al_2O_3、K_2O 在大尹格庄矿床的惰性特征。常量元素 CaO、TFe_2O_3 表现出与成矿 Au 的正相关性，在蚀变程度最低的绢英岩化钾化花岗岩中，CaO、TFe_2O_3 含量分别为 2.4%、1.9%，随着蚀变程度增强和成矿元素 Au 含量的增高，CaO、TFe_2O_3 含量虽然有波动但总体呈现出逐渐增高的趋势，并在蚀变程度最高的黄铁绢英岩质碎裂岩中达到最大值，分别为 3.1%、4.1%，依次增高了 30% 和 115%，增幅明显。在蚀变程度最低的绢英岩化钾化花岗岩中，常量元素 Na_2O 含量与花岗岩平均化学组成基本保持一致，而随着蚀变程度的加剧以及成矿元素 Au 含量的增高，Na_2O 发生了贫化，虽然贫化程度与成矿元素 Au 含量并未呈现出相关性，但与花岗岩平均化学组成相比，在绢英岩化碎裂岩与黄铁绢英岩质碎裂岩中 Na_2O 流失了一半以上，贫化现象显著。常量元素 MgO 含量最低值出现在蚀变程度最低的绢英岩化钾化花岗岩中，富集系数仅为 0.4，表现为贫化，而其含量最高值出现在绢英岩化花岗岩中，富集系数为 1.7，表现为明显富集，随着 Au 含量的增高，MgO 含量又发生减少，没有变化的规律性。

总之，在大尹格庄金矿床矿化蚀变带中（表5-8），富集的元素有亲铜元素 Au、Cu，钨钼族元素 Mo、W，矿化剂元素 S，铁族元素 Cr 和常量元素 CaO；贫化的元素有铁族元素 Ti，稀有元素 Zr 和常量元素 MgO、Na_2O，呈惰性状态存在的元素有 Ga、Ge、SiO_2、Al_2O_3。Au、Ag、As、Cu、Mo、W、Bi、S、TFe_2O_3、CaO 与成矿元素 Au 含量呈正相关关系，Na_2O 与成矿元素含量呈负相关关系，即成矿元素含量越高，Na_2O 元素含量越低，贫化越明显。呈惰性状态存在的元素有 Cd、Ga、Ge、Pb、Sb、Zn、Ba、Sr、Cr、Ti、Zr、SiO_2、Al_2O_3、K_2O、MgO，这些元素与成矿元素含量没有相关性。

表 5-8 大尹格庄金矿床元素富集贫化特征及规律

元素分类	特征			规律		
	富集	贫化	惰性	正相关	负相关	不相关
亲铜元素	Au、Cu		Ga、Ge	Au、Ag、As、Cu		Cd、Ga、Ge、Pb、Sb、Zn
钨钼族元素	Mo、W			Mo、W、Bi		
亲石分散元素			Ba、Sr			Ba、Sr
矿化剂元素	S			S		
铁族元素	Cr	Ti				Cr、Ti
稀有元素		Zr				Zr
常量元素	CaO	Na_2O、MgO	SiO_2、Al_2O_3	TFe_2O_3、CaO	Na_2O	SiO_2、Al_2O_3、K_2O、MgO

第二节 深部金矿床地球化学多维异常体系及找矿指标

一、焦家金矿地球化学勘查指标

（一）地球化学勘查指标元素分类

依据焦家矿区元素富集贫化特征，考虑元素的地球化学异常属性及成矿指示作用，将有关元素划分为成矿环境指标、成矿元素、伴生元素、矿化剂元素和惰性组分等类型（表 5-9）。

表 5-9 焦家金矿地球化学勘查指标元素分类

指标分类	元素
成矿环境指标	TFe_2O_3、MgO、CaO、K_2O、Na_2O、Ba、Sr、Eu、W、SiO_2
成矿元素	Au
伴生元素	Zn、Cu、Pb、Ag、Mo、As、Cd、Bi、Se、In
矿化剂元素	S
惰性组分	Ga、Ge、Al_2O_3

（二）构造蚀变带及围岩的地球化学指标

1. 下盘花岗岩地球化学指标

焦家矿区金矿主要产于控矿主断裂下盘，构造蚀变带下盘花岗岩与金成矿关系密切。成矿元素 Au 在下盘花岗岩中含量明显高于上盘花岗岩，成为赋矿花岗岩的直接标志。除成矿元素 Au 以外，下盘花岗岩中最显著的元素特征是矿化剂元素 S 的富集。在构造蚀变带上盘、下盘花岗岩中，S 平均含量存在明显差异，下盘花岗岩中 S 含量大致是上盘花岗岩的 3~4 倍。伴生元素 Ag、Pb、Zn、Cd 等的平均含量在构造蚀变带上盘、下盘花岗岩中存在明显差异，上盘花岗岩中 Ag 平均含量为 $0.17×10^{-6}$，是下盘花岗岩的 2.6 倍，是正常花岗岩 Ag 平均化学组成的 2.9 倍；下盘花岗岩中，Pb、Zn、Cd 等元素的平均含量明显低于上盘花岗岩，其中，下盘花岗岩中 Zn 平均含量为上盘花岗岩的 0.10~0.40，为正常花岗岩平均化学组成的 0.55，下盘花岗岩中 Cd 平均含量为上盘花岗岩的 0.06~0.36，与正常花岗岩平均化学组成基本一致，下盘花岗岩中 Pb 平均含量是上盘花岗岩的 0.25~0.47。W 在上、下盘花岗岩中的含量也存在一定差异，总体趋势是下盘花岗岩中 W 含量高于上盘花岗岩，平均含量大体是上盘花岗岩的 1.5~3 倍，是正常花岗平均化学组成的 30 倍。

根据上述上盘、下盘花岗岩中元素含量的差异性，总结出焦家金矿下盘花岗岩的地球化学指标（表 5-10）。

表 5-10 焦家金矿下盘花岗岩地球化学指标

元素分类	元素	指标值（含量）
成矿元素	Au	大于 0.01×10^{-6}
矿化剂元素	S	大于 1000×10^{-6}
伴生元素	Ag、Pb、Zn、Cd	低于花岗岩平均化学组成
亲石分散元素	Ba、Sr	Ba 为 $1500 \times 10^{-6} \sim 2500 \times 10^{-6}$；Sr 为 $400 \times 10^{-6} \sim 650 \times 10^{-6}$

2. 构造蚀变带地球化学指标

与上盘、下盘花岗岩中元素平均含量相比，在构造蚀变带中出现显著含量变化的元素有 Au、S、Ba、Sr、MgO 和 Na_2O。其中，Au 和 S 平均含量显著增大，Au 平均含量达到 0.4×10^{-6} 以上，S 平均含量达到 2500×10^{-6} 以上，而 Ba、Sr 和 Na_2O 含量变化与 Au、S 恰好相反，明显降低。与下盘花岗岩中相比，构造蚀变带中 Ba 含量降低 35% 以上，Sr 含量降低 35% ~ 60%，MgO 含量降低 15% 左右，Na_2O 含量降低 30% ~ 60%。与正常花岗岩平均化学组成（Ba 为 680×10^{-6}，Sr 为 220×10^{-6}）相比，构造蚀变带中 Ba 平均含量普遍增大，含量为 $900 \times 10^{-6} \sim 1600 \times 10^{-6}$。构造蚀变带中 Na_2O 平均含量都低于正常花岗岩平均化学组成（Na_2O 为 3.55%），含量为 3.02% ~ 1.43%。

在焦家金矿区的 4 条样品采集剖面上，上盘、下盘花岗岩中的 Na_2O 含量均与正常花岗岩接近，而在构造蚀变带中，Na_2O 及 Ba、Sr、MgO 等元素含量不仅低于上盘、下盘花岗岩，有的也低于正常花岗岩，出现明显贫化，将这些元素含量的算术平均值确定为识别控矿构造蚀变带的有效地球化学指标（表 5-11）。构造蚀变带最典型的地球化学标志是富 Au、极大富 S，同时贫 Na_2O。

表 5-11 焦家金矿构造蚀变带地球化学指标

元素分类	元素	指标值（含量）
成矿元素	Au	大于 0.4×10^{-6}
矿化剂元素	S	大于 2500×10^{-6}
常量元素	Na_2O、MgO	Na_2O 小于 3.00%；MgO 小于 0.30%
亲石分散元素	Ba、Sr	Ba 为 $900 \times 10^{-6} \sim 1600 \times 10^{-6}$；Sr 为 $150 \times 10^{-6} \sim 450 \times 10^{-6}$

（三）元素异常分布

1. 钻孔岩石测量异常特征

根据钻孔岩石测量结果，编制了 112 号勘查线 Au、S、Na_2O、MgO、Ag、Pb、Zn、Cd 8 个元素的元素含量分布图（图 5-2）。分析发现，成矿元素 Au、矿化剂元素 S 的正异常在构造蚀变带内最显著，其次在下盘花岗岩中也较明显。Na_2O、MgO 的负异常出现在构造蚀变带中。Ag、Pb、Zn、Cd 等元素在下盘花岗岩中平均含量最低，在构造蚀变带中这 4 个元素的平均含量比下盘花岗岩略有增加，其中 Ag 平均含量增高明显，出现异常显示。

2. 元素异常特征

焦家矿区与矿化有关的元素异常包括两种类型：①正异常，包括下盘花岗岩中的 Au、S、Ba、Sr 等元素正异常和构造蚀变带中的 Au、S、W 等元素正异常；②负异常，包括下盘花岗岩中的 Ag、Pb、Zn、

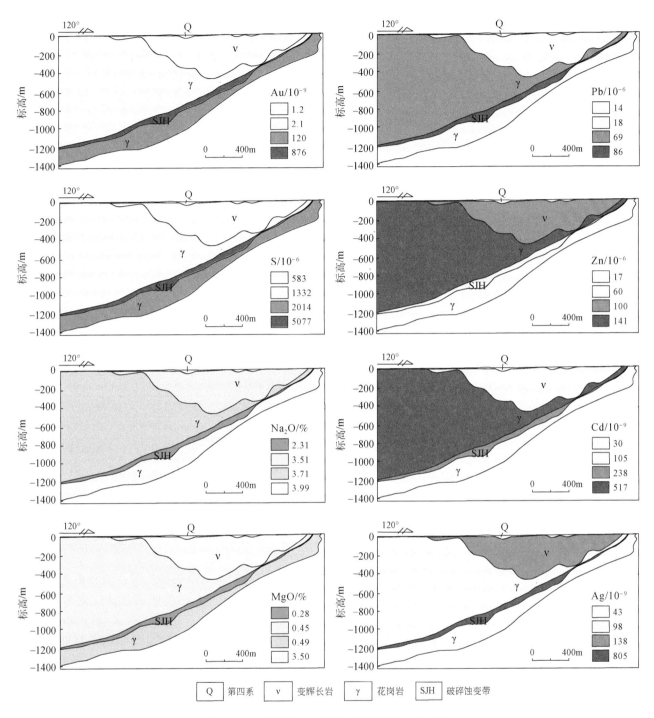

| Q | 第四系 | v | 变辉长岩 | γ | 花岗岩 | SJH | 破碎蚀变带 |

图5-2 焦家矿区112号勘查线元素含量分布图

Cd 等元素负异常和构造蚀变带中的 Na_2O、Ba、Sr、MgO 等元素负异常。这些元素指标形成的正、负异常高度吻合，特别是以 S、Au 组合为代表的指示矿源岩的异常与以 Na_2O 为代表的指示热液作用的异常高度吻合，是焦家金矿最具代表性的矿致异常组合。焦家矿区矿致异常模式由指示直接含矿构造蚀变带和指示下盘花岗岩的两类地球化学标志构成。其中，指示含矿构造蚀变带的地球化学指标有 S、Au、W、Ag、Cd 等的正异常和 Na_2O、Ba、Sr、MgO 等的负异常，以 S、Au 正异常和 Na_2O 负异常最为普遍和稳定；指示下盘花岗岩的地球化学指标有 S、Au 等的正异常和 Ag、Pb、Zn、Cd 等的负异常，以比构造蚀变带弱的 S、Au 正异常为典型标志。

综合分析表明，焦家断裂蚀变带的蚀变、矿化分带与元素含量的分带协调对应，不同蚀变带的元素地球化学指标值可量化表达（表 5-12）。成矿元素 Au，矿化剂元素 S，伴生元素 Ag、Pb、Zn，亲石分散元素 Ba、Sr 以及主量元素 Na₂O、MgO 含量在不同蚀变带具有差异性。其中，成矿元素 Au 和矿化剂元素 S 的浓集系数由高到低依次为下盘蚀变带、下盘花岗岩类、上盘花岗岩类，不同蚀变带内元素含量差异较大（数量级不同）；伴生元素 Ag、Pb、Zn，在破碎蚀变带中的浓集系数与下盘蚀变花岗岩差异较大，而与上盘花岗岩相近（为同一数量级）；亲石分散元素 Ba、Sr 在不同的蚀变带内差别不大，整体显示破碎蚀变带低于两侧的花岗岩类；常量元素 Na₂O、MgO 在破碎蚀变带中为明显的负异常显示，低于两侧的花岗岩类。这种在不同蚀变带内形成的元素多属性异常体系，对深部找矿具有独特的指示作用（马生明等，2017）。

表 5-12　焦家断裂带蚀变类型、矿化特征及其地球化学指标

地质体	蚀变类型	矿化特征	元素分类	元素	指标值（浓集系数）
焦家断裂带上盘蚀变花岗岩	钾化、绢英岩化、少量黄铁矿化、碳酸盐化	黄铁矿呈自形浸染状，少量方铅矿呈块状，闪锌矿呈浸染状，几乎没有金矿化	成矿元素	Au	42
			矿化剂元素	S	6.5
			伴生元素	Ag、Pb、Zn	1.6、2.7、3.5
			亲石分散元素	Ba、Sr	2.2、2.2
			常量元素	Na₂O	1.04
焦家断裂带下盘破碎蚀变带	钾化、绢英岩化、少量黄铁矿化、硅化	黄铁矿呈密集浸染状、块状，方铅矿呈脉状，金矿化呈现规模大、厚度大、品位低、分布均匀的特征	成矿元素	Au	1751
			矿化剂元素	S	63
			伴生元素	Ag、Pb、Zn	13、3.3、1.5
			亲石分散元素	Ba、Sr	2.1、1.4
			常量元素	Na₂O、MgO	0.65、0.44
焦家断裂带下盘蚀变花岗岩	黄铁矿化、绢英岩化、硅化	黄铁矿为网脉状、细脉状、散点状，方铅矿、闪锌矿几乎不可见，金矿化呈现规模小、厚度薄、局部品位高、分布不均匀的特征	成矿元素	Au	241
			矿化剂元素	S	22
			伴生元素	Ag、Pb、Zn	0.7、0.7、0.4
			亲石分散元素	Ba、Sr	2.9、2.7

上述元素地球化学特征显示，虽然焦家断裂上、下盘均分布有较宽的断裂蚀变带，但其矿化蚀变及地球化学特征明显不同，呈现非镜像对称特点，断裂上、下盘地球化学指标值的明显差异（表 5-12）也是非镜像对称的有利证明。

断裂上盘和下盘的蚀变类型、矿化特征以及对应的地球化学指标值等综合信息可应用于判别控矿断裂位置，在深部金矿勘查中，由于控矿断裂穿切入花岗岩中，而且构造应力渐趋分散，往往不易识别控矿主断裂位置，可根据上述地球化学指标值，判断是否已经穿过主断层面，也可以根据上、下盘花岗岩和构造蚀变带的地球化学指标判别矿体位置或者不同蚀变带的位置。

二、三山岛北部海域金矿地球化学勘查指标

（一）地球化学勘查指标元素分类

依据海域矿区元素富集贫化特征及规律研究结果，筛选出了地球化学勘查指标（表 5-13）。其中，成矿环境指标包括 TFe₂O₃、MgO、CaO、Na₂O、Ba、Sr，成矿元素为 Au，伴生元素有 Cu、Pb、Zn、Ag、As、Sb、Cd、Bi，矿化剂元素为 S，惰性组分有 Ga、Ge、Al₂O₃。

表 5-13　海域金矿地球化学勘查指标元素分类

指标分类	元素
成矿环境指标	TFe_2O_3、MgO、CaO、Na_2O、Ba、Sr
成矿元素	Au
伴生元素	Cu、Zn、Pb、Ag、As、Sb、Cd、Bi
矿化剂元素	S
惰性组分	Ga、Ge、Al_2O_3

(二) 构造蚀变带及围岩的地球化学指标

1. 下盘花岗岩地球化学指标

30 号勘查线剖面构造蚀变带上盘、下盘花岗岩中常量元素含量变化特征显示，下盘花岗岩中 SiO_2、Al_2O_3、CaO、TFe_2O_3、Na_2O 含量略高于上盘，而 MgO、K_2O 含量变化趋势与此恰好相反，说明构造蚀变带上盘、下盘花岗岩的主体成分大体一致，但是存在一定差异。这种差异在包括成矿元素 Au 在内的微量元素中表现得更为明显。

成矿元素 Au 在下盘花岗岩中含量明显高于上盘花岗岩，成为判别下盘花岗岩的直接标志。矿化剂元素 S 在下盘花岗岩中的含量大致是上盘花岗岩的近 5 倍。伴生元素 Ag、Cu、Pb、Zn、As、Sb、Cd 等的平均含量在上盘、下盘花岗岩中差异不明显，但相比正常花岗岩平均化学组成均有所增高。如上盘、下盘花岗岩中 Ag 平均含量分别是正常花岗岩 Ag 平均化学组成的 17 倍及 21 倍，下盘花岗岩中 Cu 平均含量是正常花岗岩平均化学组成的 5.8 倍。钨钼族元素 Bi 在下盘花岗岩中的平均含量大致是上盘花岗岩的 6 倍，是正常花岗岩平均化学组成的 3 倍，为下盘花岗岩的特征地球化学指标之一。常量元素 Fe_2O_3、MgO 在上盘、下盘花岗岩中含量存在明显差异，下盘花岗岩中 Fe_2O_3 含量大致高出上盘花岗岩的 50%，与正常花岗岩平均化学组成基本一致；下盘花岗岩中 MgO 含量大致低于上盘花岗岩的 60%，是正常花岗岩平均化学组成的 0.33 倍。

根据上述上盘、下盘花岗岩中元素含量差异，综合金矿体产出在构造蚀变带下盘的客观事实，建立了海域金矿下盘花岗岩的地球化学指标（表 5-14），典型的地球化学指标是富 Au、S，相对 Au 而言富 S 是下盘花岗岩更典型的地球化学标志，对深部矿预测的指示作用也更大。可以这样理解，即便是在局部没有显现出 Au 富集的地段，只要富 S 地质体（花岗岩）存在，就表明深部或周边还有发现 Au 矿床的前景和可能。

表 5-14　海域金矿下盘花岗岩的地球化学指标

元素分类	元素	指标值（含量）
成矿元素	Au	大于 100×10^{-9}
矿化剂元素	S	大于 2500×10^{-6}
钨钼族元素	Bi	高于花岗岩平均化学组成
常量元素	Fe_2O_3、MgO	MgO 小于 0.40% Fe_2O_3 与花岗岩平均化学组成一致

2. 构造蚀变带地球化学指标

元素含量统计表明，与上盘、下盘花岗岩中元素平均含量相比，在构造蚀变带发育地段，元素含量表现出程度不同的变化，而且元素含量变化与构造蚀变带发育部位和强度高度吻合，说明这种变化是构造作用的地球化学标志。

与上盘、下盘花岗岩中元素平均含量相比，在构造蚀变带发育地段出现显著含量变化的元素有 Au、S、Ba、Sr、Bi、TFe_2O_3、CaO、MgO 和 Na_2O。其中，Au、S、Bi、TFe_2O_3、MgO 平均含量显著增大，Au 平均含量达到 $3.0×10^{-6}$ 以上，S 平均含量达到 $6500×10^{-6}$ 以上，Bi 平均含量达到 $8.2×10^{-6}$，TFe_2O_3 平均含量达到 4.76%，MgO 平均含量达到 0.76%，而 Ba、Sr、CaO 和 Na_2O 含量变化与 Au、S 等元素恰好相反，明显降低。与下盘花岗岩中平均含量相比，Ba 含量降低 50% 以上，CaO 含量降低 35% 左右，Na_2O 含量降低近 90%，Sr 含量无变化。与正常花岗岩平均化学组成相比，Ba、Sr、Na_2O 平均含量都低于正常花岗岩平均化学组成，而 CaO 含量则与正常花岗岩基本一致。

综上所述，构造蚀变带最典型的地球化学指标是富 Au、极大富 S，同时显著贫 Na_2O（表 5-15）。Na_2O 及 Ba、Sr 等元素含量不仅低于上盘、下盘花岗岩，也低于正常花岗岩，出现明显贫化，成为识别构造蚀变带的地球化学指标。

表 5-15　海域金矿构造蚀变带地球化学指标

元素分类	元素	指标值（含量）
成矿元素	Au	大于 $3.0×10^{-6}$
矿化剂元素	S	大于 $6500×10^{-6}$
钨钼族元素	Bi	大于 $8.0×10^{-6}$
常量元素	Na_2O、CaO、TFe_2O_3	Na_2O 小于 0.50%，CaO 负异常明显，含量与正常花岗岩化学组成基本一致，TFe_2O_3 大于 3.00%
亲石分散元素	Ba、Sr	Ba 小于 $500×10^{-6}$，Sr 小于 $150×10^{-6}$

（三）元素异常分布

在海域金矿 30 号勘查线钻孔岩石测量的 S、Na_2O、CaO、Au、Ag、Bi 等元素含量分布图（图 5-3）中，S 最明显的异常出现在构造蚀变带内，S 平均含量高达 $6570×10^{-6}$，Au 矿体即产出在 S 异常带之内。

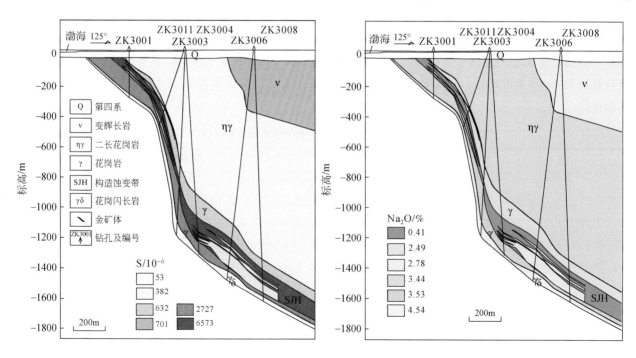

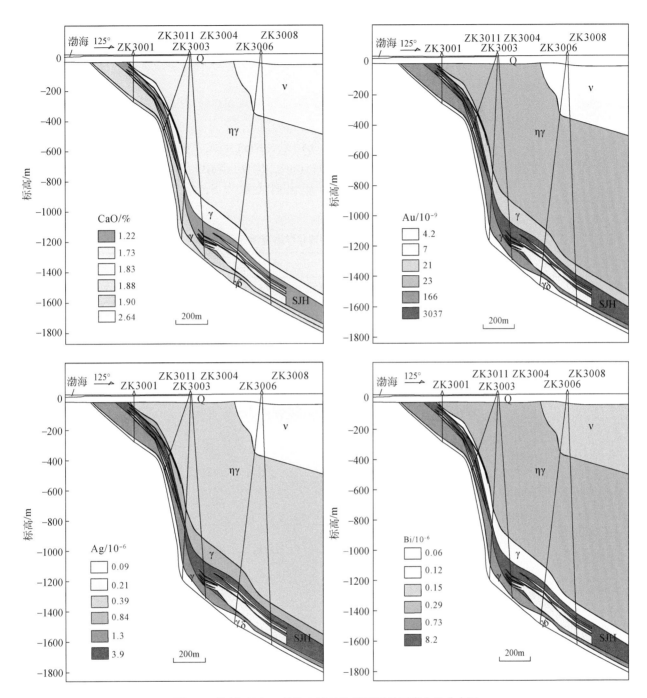

图 5-3　海域矿区 30 号勘查线钻孔岩石测量元素含量分布图

在下盘花岗岩中 S 异常也很明显，高于构造蚀变带上盘花岗岩。在构造蚀变带中的 Na_2O 含量明显低于上盘、下盘花岗岩，负异常显著。CaO 在构造蚀变带中的平均含量为 1.22%，尽管略高于花岗岩的平均化学成分（1.34%），但是与构造蚀变带以外地质体中的平均含量相比，含量最低，出现较明显的负异常。成矿元素 Au 在矿区内的各类地质体中的平均含量都明显高于相应岩性岩石的平均化学组成，即便是平均含量最低的变辉长岩，其 Au 平均含量（$4.2×10^{-9}$）也高于辉长岩平均化学组成（$0.9×10^{-9}$）近 5 倍。构造蚀变带中 Au 异常极其显著，下盘花岗岩中 Au 异常仍然明显。Ag 异常分布总体与 Au 类似，在构造蚀变带中异常最为明显，平均含量达 $3900×10^{-9}$，在构造蚀变带下盘花岗岩中次之，平均含量为 $1300×10^{-9}$。与花岗岩中 Ag 平均化学组成相比（$60×10^{-9}$），构造蚀变带上盘花岗岩中 Ag 也有异常显示，平均含量为 $830×10^{-9}$。构造蚀变带内 Bi 平均含量高达 $8.2×10^{-6}$，异常显著。

总的来看，构造蚀变带的元素异常主要有 Au、S 强正异常，Ag、Bi 正异常，Na_2O 和 CaO 负异常。

三、大尹格庄金矿地球化学勘查指标

（一）地球化学勘查指标元素分类

依据大尹格庄矿区元素富集贫化特征及规律研究结果，筛选出大尹格庄金矿地球化学勘查指标（表5-16）。其中，成矿环境指标包括 TFe_2O_3、MgO、CaO、K_2O、Na_2O、Mo 和 W；成矿元素为 Au；伴生元素有 Ag、Cu、As、Cd、Bi、Pb、Zn 和 Sb；矿化剂元素为 S；惰性组分包括 Ga、Ge、SiO_2 和 Al_2O_3。

表5-16　大尹格庄金矿床地球化学勘查指标元素分类

指标分类	元素
成矿环境指标	TFe_2O_3、MgO、CaO、K_2O、Na_2O、Mo、W
成矿元素	Au
伴生元素	Ag、Cu、As、Cd、Bi、Pb、Zn、Sb
矿化剂元素	S
惰性组分	Ga、Ge、SiO_2、Al_2O_3

（二）构造蚀变带及围岩的地球化学指标

1. 下盘花岗岩地球化学指标

大尹格庄金矿构造蚀变带上盘、下盘花岗岩中 Au 的含量不同程度地高于花岗岩平均化学组成，而且上盘花岗岩中 Au 富集程度远不及下盘花岗岩，金矿体产在与下盘花岗岩连续过渡的构造蚀变带中。112号勘查线剖面构造蚀变带上盘、下盘花岗岩中常量元素含量变化特征显示，上盘花岗岩中 SiO_2、TFe_2O_3、Al_2O_3、CaO、Na_2O 含量与下盘整体差别不大，仅下盘花岗岩中 MgO 含量明显低于上盘，说明构造蚀变带上盘、下盘花岗岩的主体成分大体一致，但是仍然存在一定差异。这种差异在包括成矿元素 Au 在内的微量元素中表现得尤为明显。

成矿元素 Au 在下盘花岗岩中含量明显高于上盘花岗岩，成为赋矿花岗岩的直接标志。除成矿元素 Au 富集以外，下盘花岗岩中最显著的元素含量特征为矿化剂元素 S 的富集。上盘、下盘花岗岩中，S 平均含量存在明显差异，下盘花岗岩中 S 含量大体是上盘花岗岩的2倍以上，是正常花岗岩平均化学组成的7.5倍，S 的富集成为识别下盘花岗岩的重要地球化学标志。伴生元素 Ag、Cu、Pb、Zn、Cd 等的平均含量在上盘、下盘花岗岩中也存在明显差异，上盘花岗岩中 Ag 平均含量大致是下盘花岗岩的2.3倍，是正常花岗岩的2.0倍。下盘花岗岩中的 Cu、Pb、Zn、Cd 等元素的平均含量明显低于上盘花岗岩，下盘花岗岩中 Zn 平均含量为上盘花岗岩与正常花岗岩平均化学组成的0.48，下盘花岗岩中 Cd 平均含量为上盘花岗岩的0.48，下盘花岗岩中 Pb 平均含量为上盘花岗岩的0.62，下盘花岗岩中 Cu 平均含量为上盘花岗岩的0.10。MgO 在上盘、下盘花岗岩中的含量也存在一定差异，下盘花岗岩中 MgO 含量低于上盘花岗岩，平均含量大致是上盘花岗岩的0.2。与正常花岗岩的平均化学组成相比，下盘花岗岩中 MgO 的平均含量显著减少，是正常花岗岩平均化学组成的0.37，由此将 MgO 也视为下盘花岗岩的特征地球化学标志之一。对比构造蚀变带上盘、下盘花岗岩中 Ba、Sr 的平均含量可以看到，下盘花岗岩中 Ba、Sr 的平均含量普遍高于上盘花岗岩，同样也高于正常花岗岩中各自的平均化学组成2倍左右。

综上所述，下盘花岗岩最典型的地球化学标志是富 Au，同时富 S，贫 Ag、Cu、Pb、Zn、Cd 和 MgO（表 5-17）。

表 5-17　大尹格庄金矿下盘花岗岩地球化学指标

元素分类	元素	指标值（含量）
成矿元素	Au	大于 9×10^{-9}
矿化剂元素	S	大于 600×10^{-6}
伴生元素	Ag、Cu、Pb、Zn、Cd	低于花岗岩平均化学组成
常量元素	MgO	小于 0.5%

2. 构造蚀变带地球化学指标

元素含量统计结果表明，与构造蚀变带上盘、下盘花岗岩中元素平均含量相比，在构造蚀变带发育地段，元素含量表现出程度不同的变化，而且元素含量变化与构造蚀变带发育部位和强度高度吻合，由此认为这种变化是构造作用的地球化学指标。

构造蚀变带发育地段含量显著变化的元素有 Au、S、Ag、Bi 和 Na_2O。其中，Au、S 和 Ag 和 Bi 平均含量显著增大，Au 平均含量达到 300×10^{-9} 以上，S 平均含量达到 1800×10^{-6} 以上，Bi 平均含量达到 0.8×10^{-6} 以上。而 Na_2O 含量变化与 Au、S、Bi 恰好相反，明显降低。与构造蚀变带下盘花岗岩中平均含量相比，Na_2O 含量降低 25%~40%。构造蚀变带中的 Na_2O 含量不仅低于蚀变带上盘、下盘花岗岩，同时也低于正常花岗岩，出现明显贫化，成为识别构造蚀变带的主要地球化学指标之一（表 5-18）。可见，构造蚀变带最典型的地球化学指标是富 Au、S，同时贫 Na_2O。

表 5-18　大尹格庄金矿床构造蚀变带地球化学指标

元素分类	元素	指标值（含量）
成矿元素	Au	大于 300×10^{-9}
伴生元素	Ag	大于 300×10^{-9}
矿化剂元素	S	大于 1800×10^{-6}
钨钼族元素	Bi	大于 0.8×10^{-6}
常量元素	Na_2O	小于 3.00%

（三）元素异常分布

在大尹格庄金矿进行的钻孔岩石测量结果显示，在分析测试元素中，出现明显异常的有 S、Na_2O、Au、Ag、Zn、Cd、Bi 等元素。在 112 号勘查线钻孔元素含量分布图中（图 5-4），成矿元素 Au 和矿化剂元素 S 的异常在构造蚀变带内最显著，其次在构造蚀变带下盘花岗岩中异常也较明显，表明这两项指标的异常组合是赋矿地质体的地球化学标志。Na_2O 的负异常出现在构造蚀变带中，根据构造蚀变带岩石蚀变特征综合分析，这项指标的异常指示的是热液作用的存在。Ag、Zn、Cd 等元素在构造蚀变带下盘花岗岩中平均含量最低，基本没有异常显示，局部表现为负异常。在构造蚀变带中，Ag、Zn、Cd 等元素的平均含量比构造蚀变带下盘花岗岩有所增加，而且 Ag 增加的幅度比较大，形成了较明显异常。

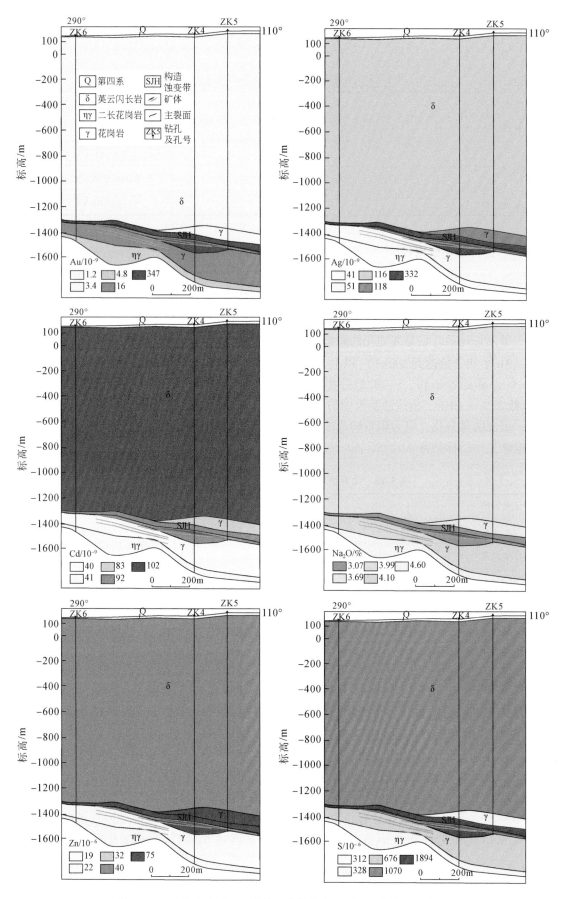

图 5-4　大尹格庄金矿 112 号勘查线钻孔岩石测量元素含量分布图

第三节　矿床构造叠加晕特征

　　研究矿床构造蚀变带中原生叠加晕特征，提取成矿信息，可以进行成矿预测，即通过研究热液矿床每一期次形成矿体（晕）的轴向分带及不同期次形成矿体（晕）在构造空间上叠加结构，建立构造叠加晕模型，预测深部矿体。

　　本次工作选取招平断裂带的水旺庄金矿床、焦家断裂带的纱岭–前陈金矿区以及三山岛断裂带的尹家西北金矿床三个典型金矿床，在收集利用前期资料的基础上，开展野外地质观察和取样分析（Au、Ag、Cu、Pb、Zn、As、Sb、Hg、Bi、Mo、W、Sn 等 12 种元素）（表 5-19），综合研究三个典型矿床的构造叠加晕特征，建立找矿模型。

表 5-19　钻孔化探采样一览表

矿区	线号	取样钻孔及样品编号	样品数（件）	资料来源
纱岭–前陈	256	ZK943H-（1-49）、ZK935H-（1-95）、ZK934H-（1-61）、ZK932H-（1-89）、ZK752H-（1-51）、ZK735H-（1-85）、ZK707H-（1-139）、ZK704H-（1-119）、ZK750H-（1-134）、ZK751H-（1-43）	865	山东省地质调查院
	272	ZK952H-（1-33）、ZK939H-（1-48）、ZK928H-（1-163）、ZK927H-（1-160）、ZK926H-（1-150）、ZK733H-（1-77）、ZK732H-（1-103）、ZK731H-（1-66）、ZK748H-（1-103）、ZK749H-（1-65）	968	
	320	ZK778H-（1-73）、ZK744 H-（1-91）、ZK712 H-（1-87）、ZK717 H-（1-90）、ZK740 H-（1-101）、ZK714 H-（1-91）	533	本次测试分析
		ZK910H-（1-222）、ZK911H-（1-173）、ZK905H-（1-147）、ZK909H-（1-158）、ZK740H-（1-73）、ZK737H-（1-57）、ZK717H-（1-88）、ZK723H-（1-56）、ZK714H-（1-124）、ZK722H-（1-94）、ZK712H-（1-159）、ZK721H-（1-90）、ZK744H-（1-63）、ZK781H-（1-106）	1610	山东省地质调查院
	328	328ZK771H-（1-63）、328ZK772H-（1-85）、328ZK773H-（1-91）、328ZK774H-（1-52）、328ZK775H-（1-150）、328ZK776H-（1-56）、328ZK777H-（1-159）、328ZK802H-（1-47）	703	
	344	ZK738H-（1-89）、ZK718H-（1-109）、ZK742H-（1-64）、344ZK1H-（1-71）、344ZK2H-（1-100）、344ZK3H-（1-95）、344ZK4H-（1-136）、344ZK5H-（1-21）、344ZK6H-（1-49）、344ZK7H-（1-57）	791	
水旺庄	18	18ZKC1H-（1-274）、18ZKC3H-（1-272）、18ZKC4H-（1-266）	812	山东省地质调查院
	26	26ZKC1H-（1-82）、26ZKC3H-（1-83）、26ZKC4H-（1-65）	230	
	34	34ZKC1H-（1-233）、34ZKC2H-（1-228）、34ZKC4H-（1-267）、34ZKC5H-（1-221）	949	
		DHZK3401-（2-189）	188	本次测试分析
	42	42ZKC8H-（1-113）、42ZKC9H-（1-82）、42ZKC10H-（1-83）	278	山东省地质调查院
尹家西北	459	459ZK1-（1-142）	142	本次测试分析

一、水旺庄金矿床构造叠加晕特征

（一）矿床地球化学特征

1. 矿床地球化学背景

　　矿体主要围岩为二长花岗岩，对 77 件未蚀变的二长花岗岩样品进行分析测试，经计算得到了各元素的几何平均值（背景值）和浓集克拉克值（表5-20）。

表 5-20　水旺庄金矿床围岩中微量元素含量特征　　　　　　　　　（单位：10^{-6}）

元素	矿区背景值	浓集克拉克值	地壳丰度
Au	0.046	11.50	0.004
As	2.25	1.02	2.2
Sb	0.35	0.58	0.6
Hg	0.019	0.21	0.09
Ag	0.054	0.68	0.08
Cu	9.79	0.16	63
Pb	25.33	2.11	12
Zn	29.06	0.31	94
Bi	0.13	32.50	0.004
Mo	0.57	0.44	1.3
W	1.66	1.51	1.1
Sn	0.92	0.54	1.7

注：地壳丰度据黎彤（1976）

　　根据计算结果，浓集克拉克值≥1 的元素有 Au、As、Pb、Bi、W。其中 Au 含量为 $0.046×10^{-6}$，浓集克拉克值为 11.50；As 含量为 $2.50×10^{-6}$，浓集克拉克值为 1.14；Pb 含量为 $26.48×10^{-6}$，浓集克拉克值为 2.21；Bi 含量为 $0.19×10^{-6}$，浓集克拉克值为 47.50；W 含量为 $1.75×10^{-6}$，浓集克拉克值为 1.59。浓度克拉克值≥1 的元素按照从大到小的排序依次是 Bi、Au、Pb、W、As。矿床围岩二长花岗岩，以富含 Bi、Au、Pb、Ag 为特点。

2. 矿床元素组合特征

　　利用水旺庄金矿床的 2380 件样品数据进行 R 型聚类分析（图5-5），结果显示：以相关系数 0.5 进行聚类分组，Au、Cu、Ag、Sn、As、W 6 种元素为一组；以相关系数 0.7 进行聚类分组，Au、Cu 为一组，Ag、Sn、As 为一组。Au 为主要成矿元素，Cu 为主要伴生元素。

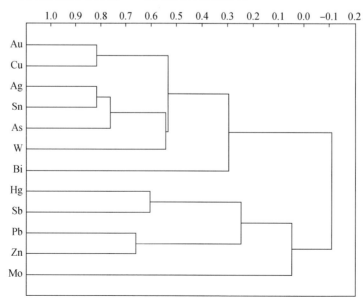

图 5-5　水旺庄金矿床 R 型聚类分析图

对矿床各元素的几何平均值和衬值分析（表5-21）表明：以元素衬值>1为标准，确定的矿床元素组合是 Au、As、Sb、Ag、Cu、Pb、Zn、Bi、W；以 Au 元素衬值>10 为标准，其他元素衬值>2 为标准，确定的矿床特征元素组合是 As、Ag、Cu、Pb、Zn。

表5-21　水旺庄金矿床元素含量特征　　　　　　（单位：10^{-6}）

元素	几何均值	衬值	矿区背景
Au	0.29	6.30	0.046
As	6.26	2.78	2.25
Sb	0.69	1.97	0.35
Hg	0.016	0.84	0.019
Ag	0.26	4.81	0.054
Cu	26.04	2.66	9.79
Pb	64.04	2.53	25.33
Zn	72.89	2.51	29.06
Bi	0.22	1.69	0.13
Mo	0.49	0.86	0.57
W	1.71	1.03	1.66
Sn	0.76	0.83	0.92

（二）矿床构造叠加晕异常特征

1. 异常下限确定

根据水旺庄金矿床各元素背景含量、已知主矿体晕的各指示元素含量高低及其含量区间的大小，将各指示元素的浓度分为外带（弱异常）、中带和内带（强异常）。外带、中带、内带异常浓度下限标准，按照胶西北地区以往其他矿床研究实例、参考矿床围岩的地球化学背景确定，以异常下限作为外带异常下限值，以异常下限的2~4倍和4~8倍分别作为异常中带、内带的下限标准，在研究原生晕轴向组分分带时，为突出各元素在矿体前缘晕、近矿晕、尾晕的差异，对一些元素浓度分带标准做适当调整（李惠等，2010）。水旺庄金矿床构造叠加晕浓度分带标准见表5-22。

表5-22　水旺庄金矿床指示元素异常分带标准　　　　（单位：10^{-6}）

分带	数值范围符号	Au	As	Sb	Hg	Ag	Cu	Pb	Zn	Bi	Mo	W	Sn
外带	≥	0.1	6.7	0.6	0.01	0.2	20	45	60	0.6	0.5	2.0	1.5
中带	≥	0.5	20.1	1.2	0.02	0.6	60	90	120	1.2	1.0	4.0	3.0
内带	≥	1	33.5	3.0	0.03	1	200	180	360	2.4	2.0	8.0	6.0
强带	≥	2.5											

2. 42号勘查线构造叠加晕的异常特征

以水旺庄矿床42号勘查线为例，依据分带标准，对各元素异常进行圈划，绘制了各元素的地球化学剖面图（图5-6、图5-7），各元素的主要异常特征体现在以下方面。

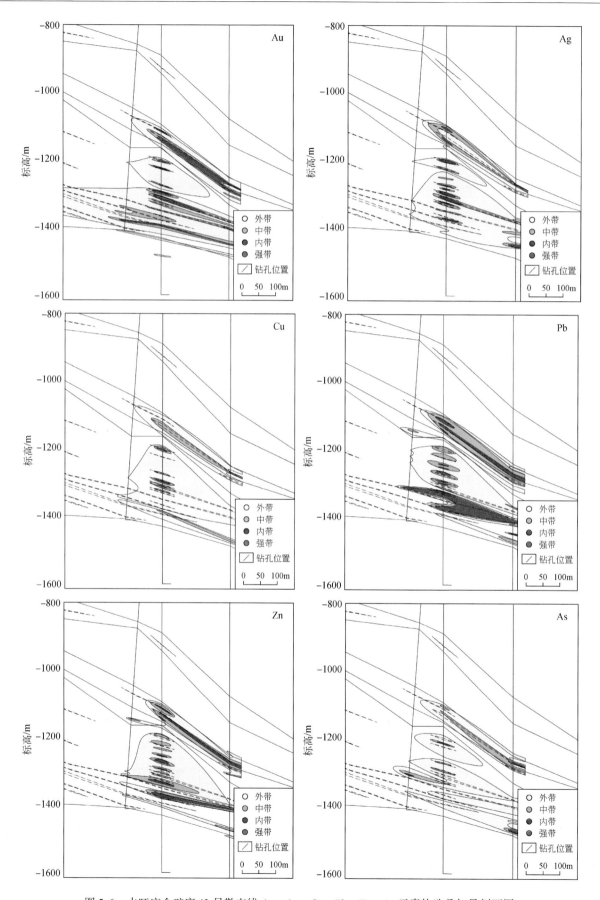

图 5-6　水旺庄金矿床 42 号勘查线 Au、Ag、Cu、Pb、Zn、As 元素构造叠加晕剖面图

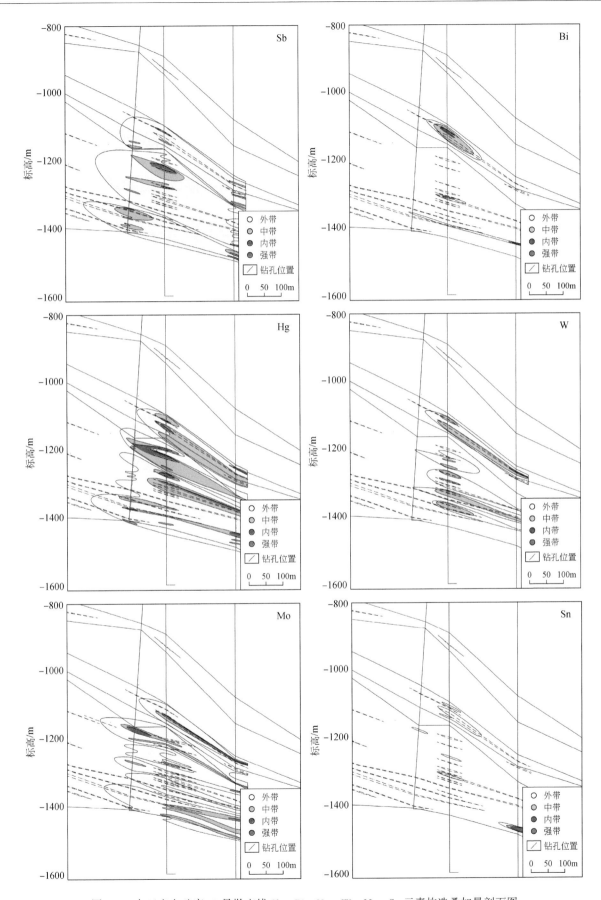

图 5-7 水旺庄金矿床 42 号勘查线 Sb、Bi、Hg、W、Mo、Sn 元素构造叠加晕剖面图

Au：以金矿体或以金内带为核心，向上、向两侧、向下浓度逐渐降低。

Ag：内带异常比 Au 矿体范围略大，总体形状一致，与金矿体的中心基本吻合，其中心在矿体中心略偏下方，与 Au 同属于近矿指示元素。

As、Sb、Hg：内带异常稍微偏离矿体中心，分布于矿体的中部、上部及下部，是前缘晕特征指示元素，其下部异常是深部盲矿体前缘晕的叠加晕。

Cu、Pb、Zn：异常较强，但是范围较小，基本与矿体范围一致，分布于矿体周围，Cu、Pb、Zn 多与 Au 正相关，是近矿晕指示元素。

Mo、W：其异常强度较强与矿体范围基本一致，多分布于矿体的上部、中部、下部，是尾晕特征指示元素。

Bi：异常相对较弱，范围较小，多分布于矿体上部、中部及下部，是尾晕特征指示元素。

Sn：异常相对较弱，范围也较小。

在矿体及其周围形成异常的指示元素有 Au、Ag、Cu、Pb、Zn、As、Sb、Hg、Bi、Mo、W、Sn 12 种，这些元素对金矿都具有不同程度的指示作用。原生晕轴向分带序列从上到下是 As、Sb、Hg→Au、Ag、Cu、Pb、Zn→Bi、Mo、W，其中 Au、Ag、Cu、Pb、Zn 在轴向上以金矿体或以内带为中心向前缘、向两侧、向尾部浓度逐渐降低，强异常有指示近矿的趋势。As、Sb、Hg 强异常分布于矿体的中上部，强异常有指示矿体前缘的趋势；Bi、Mo、W 强异常分布于矿体的中下部，强异常有指示矿体尾晕的趋势。

二、纱岭-前陈金矿区构造叠加晕特征

（一）矿床地球化学特征

1. 矿床地球化学背景

用 738 件未蚀变的围岩样品作为背景样，计算出围岩各元素的几何平均值（背景值）和浓集克拉克值（表 5-23）。可见，矿区围岩中微量元素浓集克拉克值≥1 的有 Au、Pb、Bi，浓集克拉克值≥1 的元素按照从大到小的排序依次是 Bi、Pb、Au；围岩中斜长角闪岩以富含 Bi、Pb、Ag 为特征，二长花岗岩以富含 Bi、Pb、Au 为特征。

表 5-23　纱岭-前陈矿区围岩的微量元素含量特征　　　　　　　　　　　（单位：10^{-6}）

元素	斜长角闪岩		二长花岗岩		矿区背景		地壳丰度
	平均值	浓集克拉克值	平均值	浓集克拉克值	平均值	浓集克拉克值	
Au	0.003	0.66	0.006	1.59	0.004	1.00	0.004
As	1.168	0.53	1.329	0.60	1.22	0.56	2.2
Sb	0.207	0.34	0.291	0.48	0.23	0.39	0.6
Hg	0.010	0.11	0.010	0.11	0.01	0.11	0.09
Ag	0.094	1.18	0.050	0.63	0.07	0.88	0.08
Cu	40.039	0.64	5.234	0.08	28.48	0.45	63
Pb	19.479	1.62	23.347	1.95	20.76	1.73	12
Zn	79.263	0.84	23.592	0.25	60.78	0.65	94
Bi	0.150	37.47	0.121	30.18	0.14	35.05	0.004
Mo	0.650	0.50	0.514	0.40	0.62	0.48	1.3
W	0.843	0.77	0.951	0.86	0.88	0.80	1.1
Sn	1.097	0.65	0.873	0.51	1.02	0.60	1.7

注：地壳丰度据黎彤（1976）

2. 矿床元素组合特征

利用 SPSS 19.0 软件对矿床的微量数据进行离群点的迭代处理（箱图处理），剔除异常数据至无可剔除为止，即样品数据符合正态分布，获得了纱岭–前陈金矿床和主矿体的微量元素几何平均值和衬值（表 5-24）。以元素衬值>1 为标准，确定矿床元素组合为 Au、As、Hg、Ag、Cu、Pb、Bi、Mo、W、Sn，主矿体元素组合为 Au、As、Sb、Hg、Ag、Cu、Pb、Bi、Mo、W、Sn，两者的元素组合一致。以 Au 元素衬值>10 为标准，其他元素衬值>2 为标准，确定的矿床特征元素组合为 Au、As、Hg、Bi、W，主矿体特征元素组合为 Au、As、Hg、Ag、Bi、W、Sn，两者共同元素组合为 Au、As、Hg、Bi、W。

表 5-24 纱岭–前陈金矿床微量元素含量特征 （单位：10^{-6}）

元素	矿床		主矿体		矿区背景值
	几何均值	衬值	几何均值	衬值	
Au	0.086	22.22	2.172	561.15	0.004
As	3.43	2.81	9.13	7.47	1.22
Sb	0.27	1.15	0.36	1.54	0.23
Hg	0.055	5.56	0.051	5.15	0.01
Ag	0.093	1.33	0.312	4.46	0.07
Cu	36.02	1.26	45.9	1.61	28.48
Pb	20.69	1.00	22.12	1.07	20.76
Zn	17.12	0.28	19.35	0.32	60.78
Bi	0.51	3.64	1.61	11.48	0.14
Mo	0.72	1.16	0.7	1.13	0.62
W	1.79	2.04	2.53	2.88	0.88
Sn	1.37	1.34	2.74	2.68	1.02

利用矿床蚀变带中取得的 3461 件样品数据进行了 R 型聚类分析（图 5-8）。以相关系数 15 进行聚类，可以将矿床 12 种微量元素分为 3 组：①Au、As、Sn、Ag、Cu、Bi，②Mo、W、Sb、Hg，③Pb、Zn。反映出成矿多阶段、多期次的复杂性。其中，相关系数为 10 时，Au 与 As、Sn 聚类为一组，指示 As、Sn 与 Au 矿化或富集关系密切；相关系数为 13 时，Au 与 Ag、Cu、Bi 聚类为一组，它们是 Au 的伴生元素，对应金–石英–多金属硫化物成矿阶段。②、③两组元素与 Au 矿化或富集关系不密切，主要是成晕元素。

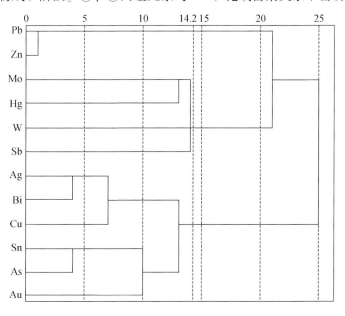

图 5-8 纱岭–前陈金矿区 R 型聚类分析图

（二）矿床构造叠加晕异常特征

1. 异常下限确定

根据矿区围岩的地球化学背景，参考胶西北金矿以往研究成果，确定了指示元素的异常下限。以异常下限作为外带异常下限值，以异常下限的2~4倍和4~8倍分别作为异常中带、内带的下限标准（表5-25）。在研究原生晕轴向组分分带时，为突出各元素在矿体前缘晕、近矿晕、尾晕的差异，对一些元素浓度分带标准做适当调整。

表5-25　矿床指示元素异常外、中、内带分带标准 （单位：10^{-6}）

分带	数值范围符号	Au	As	Sb	Hg	Ag	Cu	Pb	Zn	Bi	Mo	W	Sn
外带	≥	0.1	4	0.74	0.034	0.1	51	64	100	0.56	0.89	2.94	1.1
中带	≥	0.5	12	1.48	0.068	0.3	102	128	200	1.2	1.78	5.88	3.0
内带	≥	1	20	3.00	0.156	0.9	200	256	400	2.4	3.46	11.76	6.0
强带	≥	2.5											

2. 构造叠加晕的异常特征

选取 I-2 号主矿体 320 线，依据分带标准，对各元素异常进行圈划，绘制了元素地球化学剖面图（图5-9）。各元素的主要异常特征体现在以下几个方面。

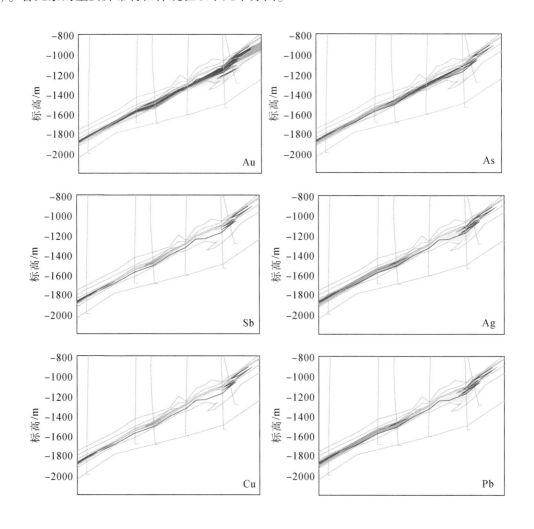

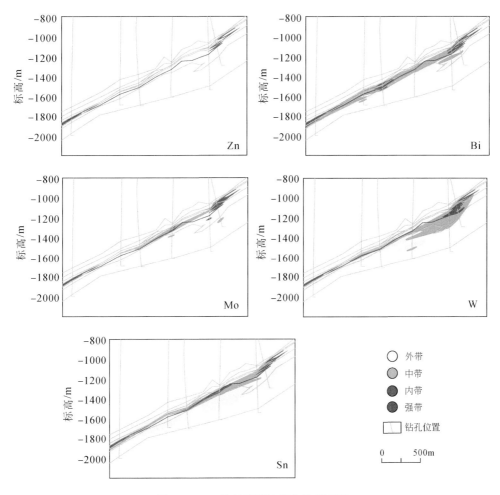

图5-9　320线各元素地球化学剖面图

Au：以金矿体或以金内带为中心向上、向两侧、向下浓度逐渐降低。

Ag：中带、外带异常范围与 Au 矿体总体形状相近，其中心在矿体中心略偏下方，内带异常范围较小，主要在矿体中部、下部，表现近矿晕或尾晕指示元素特征。

Cu、Pb、Zn：Cu 异常较强，分带明显，范围比 Au 异常略小，浓集中心明显且与矿体浓集中心基本一致，内带、中带异常主要位于矿体的中-中下部，表现为近矿指示元素特征；Pb、Zn 异常较弱，分带不明显且范围较小，但基本与矿体范围一致，内带、中带主要位于矿体中下部或尾部。

结合上述聚类分析与因子分析结果认为，Cu 与 Au 成矿关系较密切，是近矿晕指示元素；而 Pb、Zn 与 Au 成矿关系不明显，对 Au 的指示作用较小。

As：异常较强，分带明显，内带、中带异常与矿体浓集中心基本一致，范围比 Au 异常略小，位于矿体的上部、中部、下部。其中部、下部异常推测为深部盲矿体前缘晕的叠加晕，表现为前缘晕或近矿晕指示元素特征。

Hg：异常范围较小，分带不明显，沿矿体分布，其内带、中带范围小，位于矿体的上部、中部和下部。

Sb：异常零星分布，范围较小，分带不明显，其内带、中带异常位于矿体的尾部。异常分布较分散，对金矿指示作用不大。

Bi、Mo、W：Bi 异常较强，分带明显，与矿体范围基本一致，内带、中带主要位于矿体的上部、中部、下部，且下部异常范围及高值均大于上部异常，表现为尾晕指示元素特征；Mo 异常较弱，范围较小且零星分布，内带、中带主要位于矿体的中部、下部，且以下部异常为主，表现为尾晕指示元素特征；W

整体以低值为主，外带分布范围较广，与矿体范围基本一致，内带、中带零星分布，主要位于矿体的中部、下部，且下部异常相对较强，表现为尾晕指示元素特征。

Sn：异常较强，范围较大，分带明显，与矿体范围基本一致。内带、中带主要位于矿体的中部、下部。

通过对 12 种元素的原生晕异常分析得出：各元素异常在空间展布上存在明显的浓度分带，异常分布基本与矿体或蚀变带的展布一致；浓度分带基本以矿体为中心，各元素的浓集中心位置有所不同；在矿体及其周围形成异常的 12 种指示元素对金矿都具有不同程度的指示作用。320 线近矿晕从头到尾异常均较强烈，前缘晕和尾晕共存，且前缘晕元素 As、Sb 异常较强，异常带较宽，推测矿体向下有较大延伸。

三、尹家西北金矿勘查区构造叠加晕特征

选取尹家西北金矿勘查区 459 线 459ZK1 钻孔，取样 142 件，其中围岩 99 件（包括 96 件花岗质片麻岩和 3 件二长花岗岩）。计算矿床元素几何平均值、衬度值，元素间相关系数，确定矿床元素组合，分析原生晕轴向分带变化规律。

（一）矿床地球化学特征

1. 矿床地球化学背景

根据 99 件围岩样品，计算得到了围岩各元素的几何平均值（背景值）和浓集克拉克值（表 5-26）。其中微量元素浓集克拉克值≥1 的元素有 Pb、Bi、W；浓集克拉克值≥1 的元素按照从大到小的排序依次是 Bi、Pb、W；围岩以富含 Bi、Pb、W 为特点。

表 5-26　尹家西北勘查区围岩中微量元素含量特征　　　　　　（单位：10^{-6}）

元素	矿区背景值	浓集克拉克值	地壳丰度
Au	0.0018	0.45	0.004
As	1.04	0.47	2.2
Sb	0.08	0.13	0.6
Hg	0.01	0.13	0.09
Ag	0.07	0.85	0.08
Cu	21.24	0.34	63
Pb	12.64	1.05	12
Zn	67.10	0.71	94
Bi	0.10	24.69	0.004
Mo	0.41	0.31	1.3
W	1.13	1.03	1.1
Sn	1.13	0.66	1.7

注：地壳丰度据黎彤（1976）

2. 元素组合特征

根据尹家西北勘查区各元素的几何平均值、衬值和矿区背景值（表 5-27）分析，以衬值>1 为标准，矿化体元素组合是 As、Sb、Hg、Pb、Sn、W。

表 5-27　尹家西北矿区矿床各元素含量特征　　　　　　（单位：10^{-6}）

元素	几何均值	衬值	矿区背景
Au	0.0012	0.68	0.0018
As	1.51	1.46	1.04
Sb	0.13	1.63	0.08
Hg	0.01	1.00	0.01
Ag	0.07	0.95	0.07
Cu	5.88	0.28	21.24
Pb	23.40	1.85	12.64
Zn	32.59	0.49	67.10
Bi	0.09	0.89	0.10
Mo	0.16	0.39	0.41
W	1.24	1.10	1.13
Sn	1.15	1.02	1.13

3. R 型聚类分析

利用矿化蚀变带的 43 件样品数据进行了 R 型聚类分析（图 5-10）。以相关系数 15 进行聚类，可以将 12 种微量元素分为两组：①Ag、Zn、Pb、As、Sb；②Au、Bi、W、Hg、Mo。以相关系数 10 进行聚类，Au 与 Bi、W、Hg 聚类为一组。

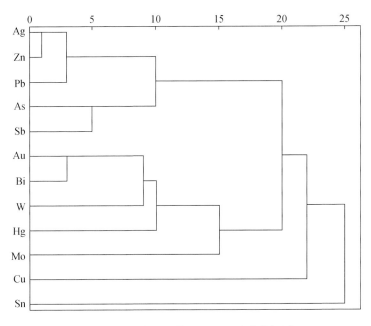

图 5-10　尹家西北勘查区 R 型聚类分析图

（二）矿床构造叠加晕异常特征

通过对尹家西北 459ZK1 钻孔 12 种元素的分析，确定矿体构造叠加晕异常特征为 Au、Ag、Cu、Pb、Zn，为近矿晕元素，整体看来元素异常吻合程度较好，浅部 7-②矿体近矿晕元素峰值异常吻合最好。其中，Au 在-600m、-1300m 存在 2 个峰值异常，中间无异常；Ag 在-1300m 存在微弱异常，整体无异常变化；Cu 存在-400m、-800m、-1000m 3 个峰值。

第四节　深部金矿地球化学异常模式

一、矿床构造叠加晕异常模式

（一）矿床特征指示元素

最佳指示元素组合：Au、Ag、Cu、Pb、Zn、As、Sb、Hg、Bi、Mo、W。

前缘晕特征指示元素：As、Sb、Hg。

近矿晕特征指示元素：Au、Ag、Cu、Pb、Zn。

尾晕特征指示元素：Bi、Mo、W。

（二）矿床构造叠加晕模式

经过研究分析，结合李惠等提出的四种金矿构造叠加晕模式，确立了招平断裂带的水旺庄和焦家断裂带的纱岭–前陈两个矿区的构造叠加晕理想模式（图 5-11、图 5-12）。

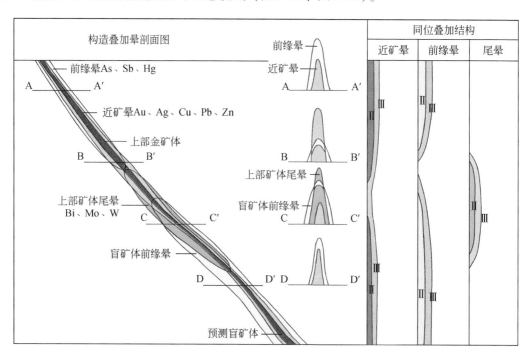

图 5-11　水旺庄金矿床构造叠加晕模式图

1. 水旺庄矿床构造叠加晕模式

水旺庄矿床构造叠加晕模式（图 5-11）为上、下两个矿体富集带盲矿体（串珠状矿体）原生晕的叠加结构，每个矿体都有自己的前缘晕（As、Sb、Hg）、近矿晕（Au、Ag、Cu、Pb、Zn）和尾晕（Bi、Mo、W）。上、下两个串珠矿体的形成可能有多种情况，但主要有以下三种：

（1）可能是同一次成矿形成的两个串珠矿体及其原生晕。此种情况，矿体有总体前缘晕和尾晕，但上部矿体又有自己的小尾晕，下部盲矿体又有自己的小前缘晕，其规模都小于总体前缘晕、尾晕。两个矿体相近时形成前缘晕、尾晕共存。

（2）可能是两次成矿阶段分别形成的两个串珠矿体（晕）的同位叠加。

（3）可能是两次成矿分别形成的上、下两个矿体的原生晕有部分叠加（下部盲矿体前缘晕与上部矿

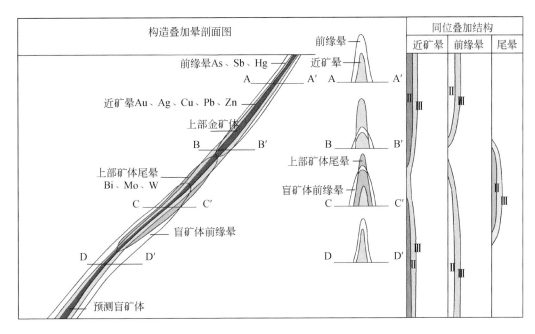

图 5-12　纱岭–前陈金矿床构造叠加晕理想模式图

体尾晕叠加在一起）。

无论哪种情况，当上、下两矿体间相近时，上部矿体的尾晕都与下部矿体的前缘晕叠加共存。前缘晕、尾晕共存是对深部进行盲矿预测的重要依据。经对同位叠加结构分析（图 5-11）认为，水旺庄矿区构造叠加晕模式是Ⅱ、Ⅲ两个主成矿阶段形成原生晕强度在空间上的同位叠加结构。

2. 纱岭–前陈矿区构造叠加晕模式

纱岭–前陈矿区构造叠加晕模式（图 5-12）为上、下两个矿体富集带（串珠状矿体）原生晕的叠加结构，矿体前缘晕元素为 As、Sb、Hg，近矿晕元素为 Au、Ag、Cu、Pb、Zn，尾晕元素为 Bi、Mo、W。其构造叠加晕模式特征与水旺庄矿床一致，同样是Ⅱ、Ⅲ两个主成矿阶段形成原生晕强度在空间上的同位叠加结构。这种上、下两矿体间相近，前缘晕、尾晕共存特征，是进行深部盲矿预测的重要依据，预测深部存在盲矿体。

二、多维异常体系地球化学模式

（一）焦家矿区多维异常模式

以 S、Au 组合为代表的指示矿源岩的异常与以 Na_2O 为代表的指示热液作用的异常高度吻合，是焦家金矿最具代表性的矿致异常组合。焦家金矿床矿致异常模式由指示直接含矿构造蚀变带和指示初始矿源岩的两类地球化学标志构成（图 5-13）。其中，指示含矿构造蚀变带的地球化学标志有 S、Au、W、Ag、Cd 等的正异常，Na_2O、Ba、Sr、MgO 等的负异常，以 S、Au 正异常和 Na_2O 负异常最为普遍和稳定；指示初始矿源岩的地球化学标志有 S、Au 等的正异常和 Ag、Pb、Zn、Cd 等的负异常，以 S、Au 相对构造蚀变带弱的正异常为典型标志。

（二）三山岛北部海域矿区多维异常模式

三山岛北部海域矿区多维异常体系中，在异常性质上，有正异常（S、Au、Ag 等）和负异常（Na_2O、CaO 等）；在元素类别上，有微量元素（S、Au、Ag 等）和常量元素（Na_2O、MgO 等）；在成矿指示作用上，有成矿元素（Au）和伴生元素（Ag、Bi）；在元素地球化学活动性上，有低温元素（Ag）

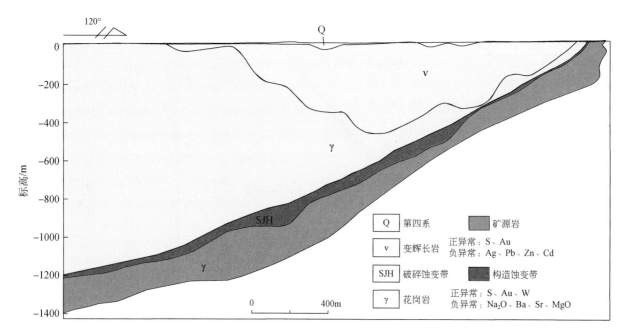

图 5-13　焦家矿区多维异常模式图

和高温元素（Bi）。这些指标异常，集中反映了两类地质体的地球化学特性：一类是构造蚀变带，是直接的赋矿地质体；另一类是构造蚀变带上盘花岗岩，是形成金矿化的矿源岩。海域矿区矿致异常模式见图 5-14。

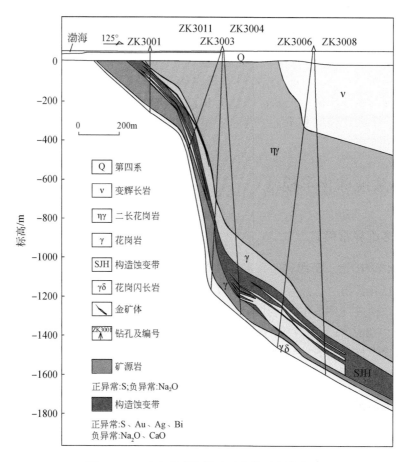

图 5-14　三山岛北部海域矿区多维异常模式图

（三）大尹格庄金矿床多维异常模式

以 S、Au 组合为代表的指示矿源岩的异常与以 Na_2O 为代表的指示热液作用的异常高度吻合，是大尹格庄金矿最具代表性的矿致异常组合。其矿致异常模式（图 5-15）由指示直接含矿构造蚀变带和指示初始矿源岩的两类地球化学标志构成。其中，指示含矿构造蚀变带的地球化学标志有 S、Au、Bi 等的正异常，Na_2O 等的负异常，以 S、Au 正异常和 Na_2O 负异常为代表；指示初始矿源岩的地球化学标志有 S、Au 等的正异常和 Ag、Pb、Zn、Cd 等的负异常，以 S、Au 相对构造蚀变带较弱的正异常为典型标志。

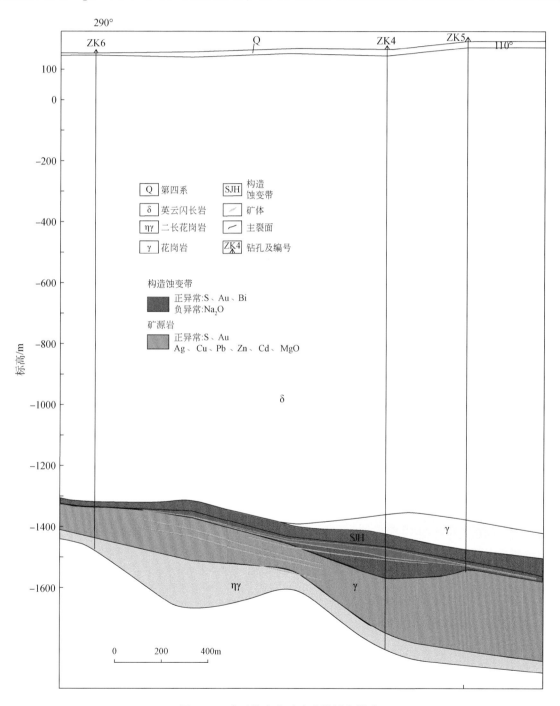

图 5-15　大尹格庄金矿床多维异常模式

近年来的研究说明，虽然异常元素因矿床类型、矿种以及矿化强度、规模等有所差异，但是元素负异常普遍存在，而且出现异常的元素既有常量元素，也有微量元素，负异常的分布范围常大于成矿及其伴生元素异常，也就是说，成矿元素及其伴生元素异常产出在负异常体系之内。在成矿地球化学系统中，是否存在由元素带出形成的负异常体系是判断系统中成矿与否的先决条件。由于负异常反映的是整个成矿地球化学环境范围，其异常规模通常大于成矿及其伴生元素异常，因此易于发现，其矿化指示作用甚至大于由成矿及其伴生元素形成的正异常。在胶西北地区，与 Au 成矿关系最密切的负异常以 Na_2O 为代表，只要 Na_2O 等元素的负异常存在，就表明热液成矿的前提存在，深部还有形成 Au 矿的可能性。

三、金成矿的定量化地球化学指标

地质体中元素含量从原岩到蚀变岩的演变，实际上是受地球化学开放系统中元素质量迁移控制和决定的，涉及地球化学开放系统中元素质量迁移定量计算问题。地球化学开放系统中元素质量迁移定量计算有多种不同的方法，本研究首先采用 Grant 方程对原岩–蚀变岩系统中元素迁移量进行计算，此后再根据元素迁移量计算结果，对定量化地球化学指标进行分析和总结。

假设成矿前原岩总质量为 M^O、原岩中惰性组分 j 的浓度为 C_j^O，矿化蚀变岩的总质量为 M^A，矿化蚀变岩中惰性组分 j 的浓度为 C_j^A，因为惰性组分在矿化蚀变前后没有发生明显的质量变化，即矿化蚀变前后惰性组分 j 的质量总体保持不变，根据质量守恒定律，则有

$$M^O \times C_j^O = M^A \times C_j^A \tag{5-1}$$

由式（5-1）可得

$$M^O / M^A = C_j^A / C_j^O \tag{5-2}$$

式（5-2）表示的意义是系统的质量变化与惰性组分浓度变化成反比，由此就可以通过系统中惰性组分的浓度变化将系统质量变化反映出来，这就为成矿过程中元素迁移定量计算奠定了基础，为定量评估系统中元素带出、带入量以及富集、贫化特征提供了有效手段。元素迁移量具体计算公式为

$$\Delta C_i = \Delta M_i / M^O = (M^A / M^O) C_i^A - C_i^O = (C_j^O / C_j^A) C_i^A - C_i^O \tag{5-3}$$

式中，i 为活动元素，$i \neq j$；ΔC_i 为地球化学系统中元素 i 的迁移量。当 $\Delta C_i > 0$ 时有带入，当 $\Delta C_i = 0$ 时无得失，当 $\Delta C_i < 0$ 时有带出。为了定量探讨元素的带入、带出及其相互关系，将元素迁移量计算单位以 t 计，此时元素的迁移量就是 kg/t、g/t 或 mg/t。

Grant 方程是根据成矿系统中惰性组分质量守恒的原理提出来的，计算结果不仅能展示出元素在原岩–蚀变岩体系中质量迁移的程度，同时还能展现出元素在原岩–蚀变岩体系中质量迁移的方向，这一点对深部成矿预测尤为重要，也充分展现出多维异常体系中惰性组分质量守恒体系的作用。

利用上述元素迁移量计算公式，对焦家、海域和大尹格庄试验区典型勘查线剖面上原岩–蚀变岩体系中元素的迁移量进行计算，并以此为基础探讨定量化地球化学指标。在迁移量计算时，选择了 Al_2O_3 作为惰性组分（C_j^O），原岩中元素的初始含量（C_i^O）分别采用辉长岩、花岗岩、英云闪长岩等岩石中的平均化学组成。

以焦家、海域和大尹格庄矿区勘探钻孔是否见矿为衡量标准，以元素的迁移特性、迁移量与 Au 矿化强度等研究结果为基础，获得了如下用于金成矿前景预测的定量化地球化学指标。

（1）矿源岩：S 带入量大于 1000×10^{-6}，Au 带入量大于 0.01×10^{-6}。

（2）金矿化：S 带入量大于 3000×10^{-6}，Na_2O 带出量为 1% ~ 2%。

（3）金矿体：S 带入量大于 5000×10^{-6}，Na_2O 带出量大于 2%。

第六章　深部金矿成矿预测

第一节　成矿预测方法

一、胶东地区以往金矿成矿预测概况

矿产资源潜力预测是一项复杂的系统工程，随着方法、技术进步和地质认识的不断深入，预测结果也会随之变化。1958～1965年胶东仅探明20余吨金资源储量；20世纪60年代末，由于在区域性大断裂中发现了破碎带蚀变岩型金矿，金矿勘查开始取得重要进展，陆续发现了焦家、三山岛、新城、台上、大尹格庄等超大型蚀变岩型金矿床，至1980年胶东地区累计探明金资源储量超过300t；至1999年扩大到接近900t。

胶东金矿区域成矿预测研究始于20世纪80年代，1987年山东地质六队完成了"山东省金矿资源总量预测报告"，预测鲁东36个有矿单元金矿资源总量3026.486t，其中潜在资源量2319.079t；1989年山东物探队完成了"1:20胶东地区综合地球物理地球化学信息编图与金成矿预测报告"，将胶东地区划分为9个成矿区、71个预测矿田，其中Ⅰ类预测矿田12个、Ⅱ类19个、Ⅲ类40个。这一阶段的金矿预测工作是山东省第一轮成矿区划的组成部分。

20世纪90年代开展的第二轮成矿区划对主要成矿带开展了大比例尺成矿预测，1993年山东地质六队完成的"山东省胶东西北部焦家金矿带1:2.5万金矿成矿预测报告"，采用综合信息成矿预测思路预测焦家矿带金矿资源总量992.687t（包括已探明金资源量335.987t）；1994年山东地质六队完成的"山东省胶东西北部招远-平度断裂带1:5万金矿成矿预测报告"，采用多元回归法定量评价招平带金资源总量849.173t，其中潜在资源量665.043t。进入21世纪，在20世纪末区域成矿预测研究的基础上，陆续出版了成矿预测研究成果专著，2003年王世称等编著出版了《山东省金矿床及金矿床密集区综合信息成矿预测》（王世称等，2003），2007年李士先等编著出版了《胶东金矿地质》（李士先等，2007），两书均在"山东省金矿资源总量预测报告"基础上提出胶东矿田单元级金资源总量3026.4948t，其中胶西北地区金资源总量2492.02115t。

2007～2012年开展的山东省重要矿产资源潜力预测评价，采用对最小预测区按照体含矿率预测资源量的方法，预测山东省2000m以浅金资源量为4069t，其中胶东地区3963t。目前，胶东地区已探明金资源储量超过5000t，最大探测深度在2000m左右，据此大致推测，胶东3000m以浅深度金资源量不少于6000t，5000m以浅深度金资源量将会超过10000t（宋英昕等，2017）。

由于深部矿的信息在地表的显示微弱而复杂，以往主要根据物探异常、化探异常和地质信息进行成矿预测的方法已难以奏效。因此，本书提出了基于阶梯成矿模式的深部找矿靶区预测方法和基于浅部金矿资源量的深部资源潜力预测方法。

二、基于阶梯成矿模式的深部金矿找矿靶区预测方法

（一）技术思路

以阶梯成矿模式为指导，突破以往以各类与成矿有关的异常为主要预测要素的成矿预测思路，提取

各种识别控矿断裂和成矿结构面特征的预测要素，将有利赋矿断裂位置圈定为找矿靶区。

（二）预测要素

1. 控矿断裂构造和赋矿结构面标志

（1）胶东地区的破碎带蚀变岩型金矿主要受 NNE 走向的区域较大规模断裂构造控制，断裂带良好的裂隙空间为富金流体富集提供了有利条件，金矿体主要赋存于以断层泥为顶板的断裂主断面下盘的破碎蚀变带中。因此本次预测的主要目标为三山岛、焦家和招平断裂深部。

（2）东西向断裂和北东向断裂的交汇部位。

（3）断裂沿走向上的拐折、拐弯部位。

（4）主断裂下盘次级断裂发育部位、断裂交汇处、断裂交叉处、断裂分支复合处是有利赋矿部位，靠近主干断裂位置更有利于矿体的赋存。

（5）断裂沿倾向倾角变化部位赋矿，断裂倾角较缓段是赋矿有利部位。

（6）矿体侧伏特征，NE 或 NNE 走向断裂，其倾向 NW 时矿体向 SW 向侧伏，而倾向 SE 时矿体向 NE 向侧伏，矿体的侧伏方向大致沿 SW—NE 同一直线方向展布。

2. 赋矿地质体标志

（1）重点是侏罗纪玲珑型花岗岩和早白垩世郭家岭型花岗岩，其次为新太古代—古元古代变质岩和早白垩世莱阳群底部的砂砾岩层。

（2）不同地质体的接触带，尤其是早前寒武纪变质岩系与中生代花岗岩类接触带是有利赋矿部位。

3. 地球物理标志

（1）重力异常的线性梯度带，主要是重力低值区的边部（重力高与重力低的过渡带上）、大范围的重力低与重力高的接触带，尤其是梯度带的转折部位是成矿的有利部位；磁场特征是串珠状、长条状高磁异常带，尤其是磁异常等值线拐弯（向外凸出、凹陷）部位、块状重磁异常的边部、小范围块状和串珠状正磁异常边部是深部金矿成矿的有利部位。

（2）电阻率特征为高低阻不同电场分界部位。在视电阻率断面图上，等值线呈稀疏宽大、向下同步弯曲、低阻"U"或"V"字形为金矿赋存有利部位的标志。

（3）在 CSAMT、MT、TEM、SIP 法、视电阻率断面等值线图上显示为等值线的波动起伏，在剖面上视电阻率等值线起伏波动转折、拐弯部位为金矿赋存的有利部位。其他主要标志包括：SIP 法复电阻率参数断面等值线为定向延深的低阻带及低阻带局部膨大部位，极化率、充电率高值异常，高时间常数、低相关系数，金属因数、频散率高值异常。

4. 地球化学标志

1）构造叠加晕

（1）最佳指示元素组合：Au、Ag、Cu、Pb、Zn、As、Sb、Hg、Bi、Mo、W。

（2）特征指示元素组合：前缘晕特征指示元素为 As、Sb、Hg；近矿晕特征指示元素为 Au、Ag、Cu、Pb、Zn；尾晕特征指示元素为 Bi、Mo、W。

（3）构造叠加晕预测靶位的确定：根据成矿规律确定有利成矿空间，根据构造叠加晕特征判断有利成矿空间的找矿前景。如果有利成矿部位上方 200m 的地表、坑道或钻孔构造叠加晕出现前缘晕、尾晕共存，即有前缘晕叠加，则将该有利成矿部位上升为盲矿靶位。

2）多维异常体系

（1）主要异常元素是 S、Au 等元素的正异常，Na_2O、Ba、Sr 等元素的负异常，最具代表性的是 S、Na_2O 和 Au 三项指标。

（2）定量化地球化学指标：矿源岩，S 带入量大于 $1000×10^{-6}$，Au 带入量大于 $0.01×10^{-6}$；金矿化，S 带入量大于 $3000×10^{-6}$，Na_2O 带出量为 1%~2%；金矿体，S 带入量大于 $5000×10^{-6}$，Na_2O 带出量大于 2%。

（三）预测流程

本次深部金矿找矿靶区的预测流程是典型矿床和周边矿区资料分析处理—深部地球物理勘查—深部地球化学勘查—三维建模及赋矿构造三维分析—找矿靶区综合圈定。

1）典型矿床和周边矿区资料分析处理

全面收集预测区及周边区域的矿产、地质、物探、化探等相关资料，了解典型矿床基本特征；研究成矿地质体、成矿构造、成矿特征和找矿标志，矿床的垂直和水平矿化分带特征；总结成矿规律，建立成矿模式。

2）深部地球物理勘查

研究矿石、矿物物性特征、预测区地球物理场特征，开展深部地球物理剖面测量，提取找矿关键信息，建立地球物理模型。根据主要物性特征和地球物理模型，划分不同地质体、识别断裂构造，圈出断裂的有利赋矿位置。

3）深部地球化学勘查

系统采集已完成的钻孔岩心样品进行元素地球化学分析，研究元素富集贫化规律，进行形成矿体晕的轴向分带及构造空间上叠加结构分析，建立原生晕地球化学模型；研究成矿元素、伴生元素、矿化剂元素和惰性组分等地球化学指标体系，建立多维异常体系地球化学模式。判别周边及深部成矿前景。

4）三维建模及赋矿构造三维分析

系统收集矿床（山）地质、地球物理、勘查工程等资料，构建矿床三维地质模型，重点分析构造表面变化特征与矿体分布富集的耦合关系，提取预测要素，利用"三维信息量法"对各预测要素进行评价，将找矿信息量高值区圈定为找矿有利区。

5）找矿靶区综合圈定

综合分析深部地球物理勘查、深部地球化学勘查和三维地质模型判定的找矿有利区或有利赋矿位置，根据阶梯成矿模式和成矿地质条件，优选成矿有利地段，圈定找矿靶区。

三、基于控矿断裂带浅部资源量的深部金矿资源潜力预测方法

（一）技术原理

1. 相似类比原理

在相似地质环境中应该有相似的矿床产出，这是建立矿产资源与地质环境之间定量关系的指导原则（朱裕生，1984）。根据此原理，矿产资源预测采用"由已知到未知"或"就矿找矿"的方法，即通过对已查明的控矿断裂浅部资源储量的统计分析，外推到与之成矿条件相似的深部预测区，对预测区的资源量作出估算。

2. 惯性原理

惯性是指客观事物在发展变化过程中常常表现出的延续性。成矿事件及其产物——矿床的惯性现象表现为在时间、空间上具有稳定的变化趋势。这种变化趋势越稳定，即惯性越强，则越不易受外界因素的干扰而改变本身的变化趋势（赵鹏大等，2006）。三山岛、焦家、招平等成矿带的规模大、矿体延伸比较稳定，因此按照这一原理，采用趋势外推法，根据浅部资源量外推深部资源量。

（二）预测要素

（1）三山岛、焦家、招平三条成矿断裂。

（2）成矿断裂-2000m以浅深度的累计查明金资源储量及单位面积金平均含量。

（3）沿控矿断裂延伸到垂向-5000m深度的垂直纵投影面积。

（4）深部预测资源量估算方法：深部预测资源量＝含矿率×深部预测区面积。其中，含矿率＝浅部单位面积金平均含量；深部预测区面积＝-2000～-5000m深度控矿断裂的垂直纵投影面积。

（三）预测流程

深部金矿资源潜力预测工作主要是依据已有的资料，在垂直纵投影图上，根据矿体在不同深度的分布，确定单位面积金平均含量（含矿率）；根据预测深度合理划定控矿断裂的垂直纵投影边界，计算其面积；然后与浅部已知区类比，估算深部金资源量。

深部金矿资源潜力预测的流程是资料收集—浅部已查明资源储量统计—垂直纵投影图制作—单位面积含矿率计算—深部预测区面积确定—预测资源量估算。

第二节　胶西北深部金矿靶区预测

一、三维地质空间成矿预测

三维成矿预测是以多年积累的二维地质调查成果与经验为基础，以成矿控制因素、成矿规律、成矿模式为指导，以三维地质模型为手段，依托三维可视化技术圈定与筛选深部找矿靶区。

（一）焦家成矿带深部找矿靶区预测

1. 立方体预测模型

焦家成矿带三维地质模型可分为浅部已知模型和深部推断模型两个部分，浅部已知模型具有系统的工程控制，可作为已知部分进行空间综合分析，系统总结成矿规律，提取成矿有利信息；深部推断模型是通过综合浅部已知模型及物探解释推断构建形成的，可为深部成矿预测提供直观属性信息。

"立方体预测模型"以块体模型技术为基础，这种建模技术是把要建模的空间分割成三维立方网格，每个块体被视为均质同性体，所有立方体网格的属性变化规律近似地表达了地质体的内部变化规律，这样的最小立方体被称为"块段"或"块段单元"，每个块段单元在计算机中存储的地址与其在自然矿床中的位置相对应。立方体模型用在矿产资源定量评价中，首先通过研究控矿地质条件和找矿标志在空间上，特别是在深部的变化规律，综合分析处理各种深部找矿评价的定量化信息，建立三维找矿地质模型；然后建立地层、构造、岩体、矿体等的三维实体模型，并根据实体模型进行三维立方体提取，将找矿定量化信息赋予每一个立方体；最后通过地质统计开展深部矿体定位预测。

预测过程中，应用"立方体预测模型"方法建立的块体模型，对立方块体进行赋值，通过对各个预测要素进行成矿有利条件分析与提取，得出焦家金成矿带定量预测模型。应用"三维证据权法"和"三维信息量法"对各预测要素进行评价，圈出找矿信息量高值区作为找矿有利区（找矿靶区）。

2. 成矿有利信息的提取

根据现有地质资料对矿体的揭示，特别是勘查线的分布，结合矿体的形态、走向、倾向和空间分布特征确定了建模的范围和基本参数。单元块行×列×层＝120m×120m×10m，以拐点坐标最大值为界，划分660800个单元块。矿体作为找矿预测模型已知条件，将矿体赋值到立方体内，即有矿体立方体赋值为1，无矿体立方体赋值为0，矿体划分7263个单元块。三维块体模型确定后，即可根据已建立的焦家金矿带找矿模型进行控矿要素的提取与统计分析，由此确定焦家金矿带定量预测模型，并将所确定的预测参数作为属性赋给每一个单元块。

1）地质体信息

区内浅部金矿床主要赋存于玲珑岩体边缘或玲珑岩体与早前寒武纪变质岩系的接触带上，因而接触带向深部延深的信息是重要的找矿标志。本次预测主要针对2000m以深区域，已有钻探和地球物理反演结果显示，焦家断裂向深部切入到玲珑型花岗岩中，深部金矿的顶、底板围岩均为玲珑型花岗岩。因此，本次成矿预测中未对该成矿信息进行提取。

　　2）构造信息

　　构造缓冲区：焦家成矿带金矿床严格受断裂构造控制，金矿体主要赋存于以断层泥为顶板的断裂主断面下盘的破碎蚀变带中，少量矿体位于主断面上盘。将主断面下盘300m、主断面上盘100m范围作为有利成矿的构造缓冲区。构造缓冲区划分108572个单元块（图6-1），占模型总数（660800个单元块）的16.43%，含矿单元块7124个，占矿体总块数（7263个单元块）的98.09%。

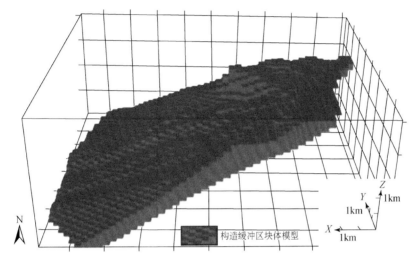

图6-1　焦家预测区构造缓冲区

　　构造倾角转折部位（图6-2）：焦家成矿带–2000m以浅表现有3处明显台阶（第一处从地表至–600m，断裂倾角由近70°渐变为30°左右；第二处从–600～–1000m，断裂倾角由30°左右渐变为15°左右，第三处从标高–1000～–1400m，断裂倾角由39°渐变为19°），角度差为15°～40°。考虑向深部构造倾角相对变缓，构造转折部位角度差会有所降低，本次工作将角度差大于10°的构造倾角转折部位作为深部成矿有利部位。矿体主要富集在断裂倾角陡、缓变换的较缓段。将构造产状由陡变缓部位划分为53285个单元块，占模型总数的8.06%，含矿单元块2866个，占矿体总块数的39.46%。

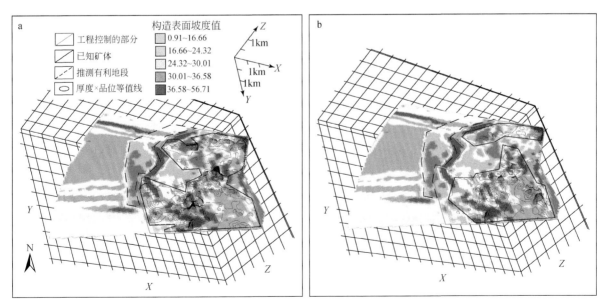

图6-2　焦家预测区构造倾角变化预测信息

a-Ⅰ+Ⅱ+Ⅳ号群矿体与构造倾角变化叠合；b-Ⅲ号矿体群与构造倾角变化叠合

　　构造表面异常部位（图6-3）：将构造面分割成无数个正方形块体，每个块体赋予坡度属性，对固定范围内块体坡度值进行方差计算，其方差值可反映该范围内构造表面变化情况，通过对已知模型进行分析，构造表面变化率>0.69部位易于形成矿体，构造表面变化率>1.71部位易于形成厚大矿体。将构造表面变化率划分为99776个单元块，占模型总数的15.10%，含矿单元块5670个，占矿体总块数的78.07%。

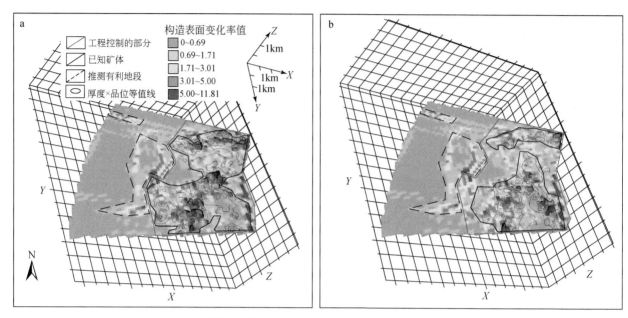

图6-3　焦家预测区构造表面变化预测信息

a-Ⅰ+Ⅱ+Ⅳ号矿体群与构造表面变化率叠合；b-Ⅲ号矿体群与构造表面变化率叠合

3）成矿规律信息

　　根据矿体厚度×品位等值线图，焦家超巨型金矿床内矿体富集区沿走向上及倾向上大致呈等间距分布（图6-4）。据此，将走向上等间距分布划分为273240个单元块，占模型总数的41.35%，含矿单元块5932个，占矿体总块数的81.67%；倾向上等间距分布划分为251856个单元块，占模型总数的38.11%，含矿单元块5884个，占矿体总块数的81.01%。

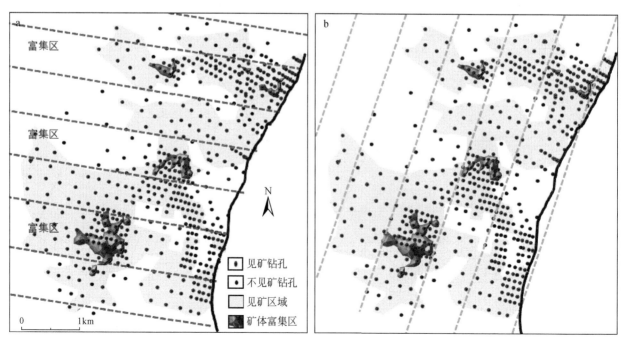

图6-4　焦家矿区矿体沿走向、倾向均呈等间距分布

3. 三维预测模型

根据找矿模型及提取的成矿有利信息，建立了焦家成矿带深部预测模型（表 6-1）。提取与成矿有关的特征变量 8 个，包括地质体条件变量 3 个、构造条件变量 3 个、成矿规律变量 2 个。实际预测中，由于 3 个地质体条件特征变量几乎覆盖整个研究区，对成矿预测意义不大，因此选取构造条件和成矿规律内 5 个特征变量进行成矿预测。约定各变量在立方体单元块中存在赋值为 1，不存在赋值 0，然后统计各个变量在各单元块的分布情况，进而计算信息量值。

表 6-1　焦家成矿带深部找矿预测模型

控矿地质条件	成矿预测因子	特征变量	特征值
地质体条件	成矿有利地质体	早前寒武纪变质岩系	直接利用实体
		玲珑型花岗岩	直接利用实体
	地质体间接触带	早前寒武纪变质岩系与玲珑型花岗岩接触带	缓冲区 500m
构造条件	控矿断裂	断裂缓冲区	缓冲区 500m
	断裂结构面	断裂倾角由陡变缓的较缓部位	直接筛选利用
		构造表面变化率	构造表面变化率>0.91 部位
成矿规律	矿体富集规律	走向上等间距分布	富集带沿走向上间隔约 1.5km
		倾向上等间距分布	富集带沿倾向上间隔约 1.8km

4. 三维信息量计算

信息量法应用于区域矿产预测，是由 E. B. 维索科奥斯特罗夫斯卡娅及 N. N 恰金先后提出的（赵鹏大等，1983）。为了能够对三维证据权的预测结果进行系统的评价，本次工作利用三维信息量法对数据进行了相关的计算（表 6-2）。

表 6-2　焦家成矿带找矿信息量计算结果

有利因素	矿体因子网格数	标志所占网格数	标志内含矿网格数	研究区格子总数	信息量值
构造缓冲区	7263	108572	7124	660800	1.787
构造产状由陡变缓部位	7263	53285	2866	660800	1.588
构造表面变化率	7263	99776	5670	660800	1.643
走向上等间距分布	7263	273240	5932	660800	0.681
倾向上等间距分布	7263	251856	5884	660800	0.754

首先，计算各地质因素、找矿标志所提供的找矿信息量，定量评价各地质因素和标志对指导找矿的作用；其次，计算每个单元中各标志信息量的总和，其大小反映了该单元相对的找矿意义，用以评价找矿远景区并进行预测。其基本原理和方法如下。

某找矿标志的找矿信息量用条件概率计算，即

$$IA(B) = \frac{P\left(\dfrac{A}{B}\right)}{P(A)}$$

式中，$IA(B)$ 为 A 标志有 B 矿的信息量；$P(A/B)$ 为已知有 B 矿存在条件下出现 A 的概率；$P(A)$ 为出现标志 A 的概率。

由于概率估计上的困难，以频率值估计概率值。此时

$$I_{A(B)} = \lg \frac{\dfrac{N_j}{N}}{\dfrac{S_j}{S}}$$

式中，N_j 为具有标志 A 的含矿单元数；N 为含矿单元数；S_j 为具有标志 A 的单元数；S 为单元总数。

5. 深部成矿预测

在提出焦家金成矿带定量预测模型以后，应用"三维信息量法"对各找矿因素进行评价，得到预测要素的信息量值，把这些数值赋予块体模型。信息量值越高的块体成矿的概率就越高。

1）成矿有利区间确定

依托 GIS 平台的多源地学信息综合研究，进行不同类型空间信息的合成叠置，即将各类预测要素信息定量化与数据化的过程。因此，可以表达为

$$U = f(x) = f\ (A、B、C\cdots)$$

式中，A、B、$C\cdots$表示多源信息（原叠置层）属性；函数 $f(x)$ 取决于各层上的属性与不同程度的成矿控制。

根据泰勒级数性质，表达式 $f(x)$ 可以改写成：

$$f(x) = a_0 + a_1 x + a_2 x^2 + \cdots + a_n x^n + \cdots$$

当 n 无穷大时，级数收敛于 $f(x)$。如果函数能够展开为 x 的幂级数，则它的展开式是唯一的。这一点对于区域成矿分析非常重要，即在充分的证据支持下正确地揭示区域成矿规律能够得到客观存在的唯一解或近似解。

表达式可以进一步改写为

$$f(x) = (a_0 + a_1 + a_2 + \cdots + a_n) \begin{pmatrix} X_0 \\ X_1 \\ X_2 \\ \vdots \\ X_n \end{pmatrix}$$

根据泰勒级数性质可知：展开式的前几项最为重要，它们对于解值的贡献最大。

表 6-3 是块体中各信息量区间比例，信息量值趋于稳定收敛的范围是成矿的有利区间范围，从图 6-5 可以看出信息量值在大于或等于 3.222 时趋于稳定收敛，因此将大于或等于 3.222 部分作为成矿有利区间范围（图 6-6）。在成矿有利区间内可直观地将信息量值分为 3 个级别，分别是 3.222～<4.184、4.184～<5.018、≥5.018，将信息量值≥5.018 范围作为靶区范围（图 6-7）。合计圈定靶区两处。

表 6-3　焦家成矿带块体中各信息量区间比例

序号	信息量值	块数	占比/%	序号	信息量值	块数	占比/%
1	≥0.000	660800	100.00	17	≥3.231	69024	10.45
2	≥0.681	429566	65.01	18	≥3.375	68023	10.29
3	≥0.754	365257	55.27	19	≥3.430	66996	10.14
4	≥1.435	298945	45.24	20	≥3.912	64178	9.71
5	≥1.588	181999	27.54	21	≥3.985	59866	9.06
6	≥1.643	180484	27.31	22	≥4.056	57437	8.69
7	≥1.787	175404	26.54	23	≥4.111	57117	8.64
8	≥2.269	121332	18.36	24	≥4.129	53276	8.06
9	≥2.324	120369	18.22	25	≥4.184	51412	7.78
10	≥2.342	112905	17.09	26	≥4.666	48310	7.31
11	≥2.397	110896	16.78	27	≥4.810	37228	5.63
12	≥2.468	106281	16.08	28	≥4.865	35688	5.40
13	≥2.541	99034	14.99	29	≥5.018	23389	3.54
14	≥3.023	94558	14.31	30	≥5.699	22072	3.34
15	≥3.078	92210	13.95	31	≥5.772	17072	2.58
16	≥3.222	73592	11.14	32	≥6.453	12779	1.93

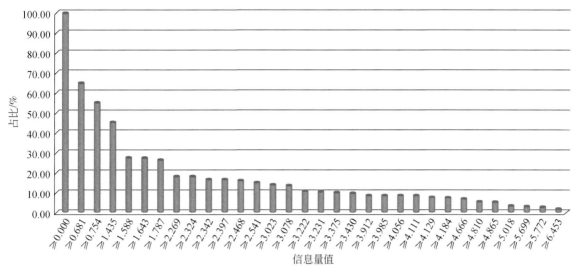

图 6-5　焦家成矿带信息量区间单元块比例直方图

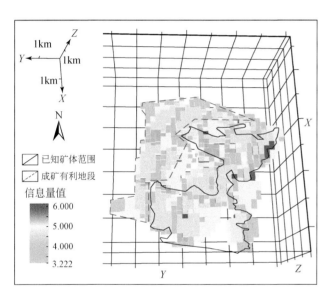

图 6-6　焦家成矿带成矿有利区（信息量大于 3.220）

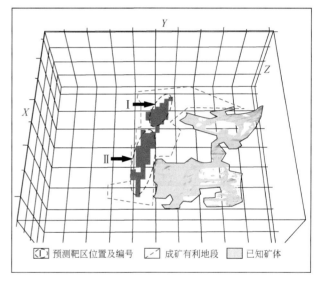

图 6-7　焦家成矿带找矿靶区（信息量大于 5.018）

2）靶区特征

（1）Ⅰ号靶区（北觉于家）

靶区位于莱州市金城镇北觉于家，东西 40506565.08～40507567.15，南北 4141792.75～4142953.57；高程 -1154～-2349m，面积 1.00km²。共包括预测含矿立方块 1201 块，靶区在焦家主干断裂深部，其构造位置处于断裂倾角由陡变缓、构造表面变化率较大处，其浅部具两处矿体富集区，且与该靶区呈等间距分布。

（2）Ⅱ号靶区（西季）

靶区位于莱州市金城镇西季，东西 40505963.84～40506765.49，南北 4138807.81～4141295.26；高程 -2000～-2490m，面积 1.79km²。共包括预测含矿立方块 1588 块，靶区在焦家主干断裂深部，其构造位置处于断裂倾角由陡变缓、构造表面变化率较大处，其浅部具两处矿体富集区，且与该靶区呈等间距分布。

（二）三山岛成矿带深部找矿靶区预测

三维预测模型的范围和基本参数根据已知矿区的位置、勘查线的分布，以及矿体的形态、走向、倾向和空间分布特征确定。单元块行×列×层为 120m×120m×15m，以拐点坐标最大值为界，划分为 1747886 个立方块。矿体作为找矿预测模型已知条件，将矿体赋值到立方体内，即有矿体立方体赋值为 1，无矿体立方体赋值为 0，矿体划分为 5323 个单元块。

1. 深部预测模型

根据找矿模型及提取的成矿有利信息建立了三山岛成矿带深部预测模型（表6-4）。提取与成矿有关的特征变量8个，包括地质体条件变量3个、构造条件变量3个、成矿规律变量2个。实际预测中，由个地质体条件特征变量几乎覆盖整个研究区，对成矿预测意义不大，因此选取构造条件和成矿规律内5个特征变量进行成矿预测。约定各变量在立方体单元块中存在赋值为1，不存在赋值为0，然后统计各个变量在各单元块的分布情况，进而计算信息量值。

表6-4　三山岛成矿带深部找矿预测模型

控矿地质条件	成矿预测因子	特征变量	特征值
地质体条件	成矿有利地质体	马连庄组合	直接利用实体
		玲珑型花岗岩	直接利用实体
	地质体间接触带	马连庄组合与玲珑型花岗岩接触带	缓冲区500m
构造条件	控矿断裂	控矿断裂缓冲区	缓冲区500m
	断裂结构面	倾向上断裂由陡变缓的缓倾部位	直接筛选利用
		构造表面变化率	构造表面变化率>3.82部位
成矿规律	矿体富集规律	走向上等间距分布	富集带沿走向上间隔约1.5km
		倾向上等间距分布	富集带沿倾向上间隔约1.0km

2. 三维信息量计算

对三山岛成矿带各预测要素进行信息量计算结果见表6-5。

表6-5　三山岛成矿带找矿信息量计算结果

有利因素	矿体因子网格数	标志所占网格数	标志内含矿网格数	研究区格子总数	信息量值
走向上等间距分布	5323	25781	2556	1747886	3.483
倾向上等间距分布	5323	33935	3215	1747886	3.438
构造表面变化率	5323	36466	2344	1747886	3.050
构造产状由陡变缓部位	5323	29964	2044	1747886	3.109
构造缓冲区	5323	120981	5273	1747886	2.661

3. 深部成矿预测

表6-6是块体中各信息量区间比例，信息量值趋于稳定收敛的范围是成矿的有利区间范围，从图6-8可以看出信息量值在大于或等于9.597时趋于稳定收敛，故将大于或等于9.597部分作为成矿有利区间范围（图6-9）。在成矿有利区间内的信息量值分为3个级别，分别是9.597~<12.303、12.303~<13.080、≥13.080，将信息量值≥13.080范围作为靶区范围（图6-10）。合计圈定靶区三处。

表6-6　三山岛成矿带块体中各信息量区间比例

序号	信息量值	块数	占比/%	序号	信息量值	块数	占比/%
1	≥2.661	18150	100.00	8	≥6.099	7279	55.61
2	≥3.050	2007	72.30	9	≥6.144	3343	44.51
3	≥3.109	196	69.24	10	≥6.159	210	39.40
4	≥3.438	570	68.94	11	≥6.488	189	39.08
5	≥3.483	4171	68.07	12	≥6.533	320	38.80
6	≥5.711	2505	61.71	13	≥6.547	23	38.31
7	≥5.777	1490	57.89	14	≥6.592	117	38.27

序号	信息量值	块数	占比/%	序号	信息量值	块数	占比/%
15	≥6.921	201	38.09	24	≥9.971	38	12.49
16	≥8.820	5252	37.79	25	≥10.030	9	12.43
17	≥9.149	2379	29.77	26	≥12.258	2971	12.41
18	≥9.194	712	26.14	27	≥12.303	1003	7.88
19	≥9.208	1495	25.06	28	≥12.632	1511	6.35
20	≥9.253	412	22.78	29	≥12.691	1162	4.05
21	≥9.582	5946	22.15	30	≥13.080	19	2.27
22	≥9.597	159	13.07	31	≥15.741	1470	2.24
23	≥9.642	226	12.83				

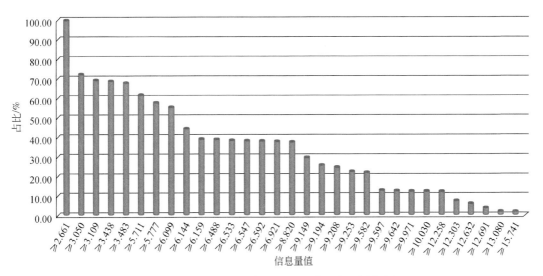

图 6-8　三山岛成矿带信息量区间单元块比例直方图

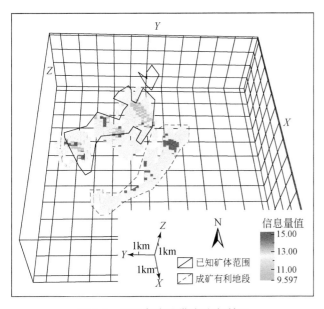

图 6-9　三山岛成矿带成矿有利区

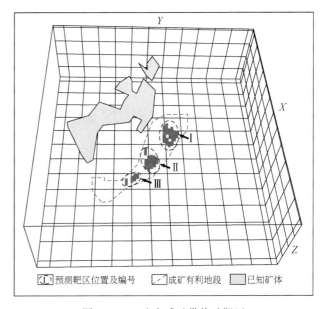

图 6-10　三山岛成矿带找矿靶区

4. 靶区特征

1)　I 靶区

靶区位于莱州市三山岛镇北东（85°方向）3.8km 处，东西 40498685.64 ~ 40499618.76，南北

4140969. 18 ~ 4142218. 29；高程-2349 ~ -3122m，面积 0. 77km²。共包括预测含矿立方块 440 块，位于三山岛主干断裂深部，其构造位置处于产状由陡变缓、构造表面变化率较大处，其浅部具两处矿体富集区，与该靶区呈等间距分布。

2）Ⅱ靶区

靶区位于莱州市三山岛镇南东（100°方向）3. 5km 处，东西 40497674. 32 ~ 40498498. 33，南北 4139512. 33 ~ 4140324. 01；高程-2306 ~ -3121m，面积 0. 43km²。共包括预测含矿立方块 368 块，位于三山岛主干断裂深部，其构造位置处于产状由陡变缓、构造表面变化率较大处，其浅部有两处矿体富集区，与该靶区呈等间距分布。

3）Ⅲ靶区

靶区位于莱州市三山岛镇南东（120°方向）3. 0km 处，东西 40496583. 59 ~ 40497416. 08，南北 4138450. 90 ~ 4138992. 01；高程-2291 ~ -2701m，面积 0. 18km²。共包括预测含矿立方块 181 块，位于三山岛主干断裂深部，其构造位置处于产状由陡变缓、构造表面变化率较大处，其浅部有两处矿体富集区，与该靶区呈等间距分布。

（三）栖霞–蓬莱成矿区深部找矿靶区预测

臧家庄北断裂位于蓬莱市大柳行镇东侧，走向北北东，倾向南西，倾角为 30° ~ 65°，浅部倾角集中在 50° ~ 65°，产状较陡，在构造模型中部产状相对较缓，主要集中在 30° ~ 40°。沿走向、倾向上均呈波状舒缓，其上盘为古元古代粉子山群，下盘为侏罗纪玲珑型花岗岩（图6-11a ~ d）。

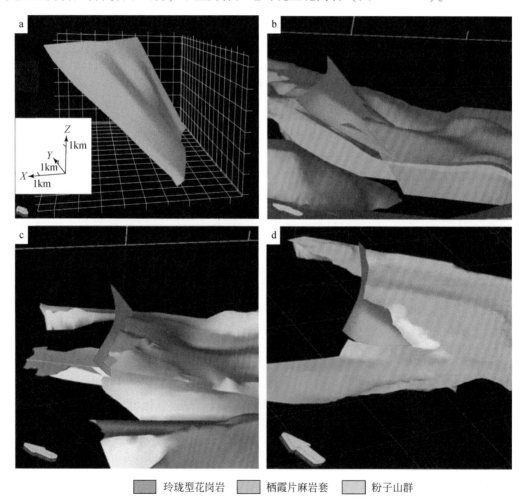

玲珑型花岗岩　栖霞片麻岩套　粉子山群

图 6-11　臧家庄北断裂实体模型图

a-断裂的空间形态；b-玲珑型花岗岩分布在断裂两侧下盘；c-栖霞片麻岩套分布在断裂深部；d-粉子山群分布在断裂上盘

对臧家庄北断裂表面进行坡度分析（图 6-12），在构造模型中部 0 ~ −1500m 标高处，构造产状明显由陡变缓，为成矿有利区（图 6-13）。

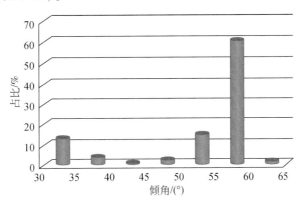

图 6-12 臧家庄北断裂倾角分布直方图

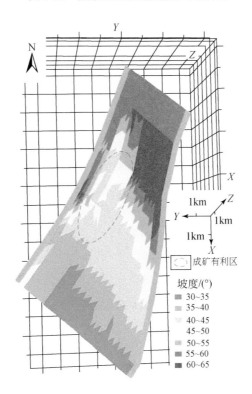

图 6-13 臧家庄北断裂坡度分布图

二、地球物理成矿预测

（一）焦家与三山岛断裂之间的成矿有利区

焦家断裂和三山岛断裂是胶西北地区两条重要的金成矿带，二者相向倾斜，在 −4500m 标高左右相交，断裂下盘均为玲珑型花岗岩，上盘有厚大变质岩残留体，深部金矿体主要赋存于断裂倾角变缓部位，两带之间金矿资源潜力很大。前期在该区域开展了大量地球物理勘查工作，并根据成矿规律、地球物理特征和找矿模型，圈定了金城–前陈家、小西庄–招贤、西由–吴家庄子、向阳岭–新立村、潘家屋子和苗家–平里店 6 个深部金矿成矿有利区（图 6-14），为本次深部金矿成矿预测提供了重要的基础，各成矿有利区特征简述如下。

图 6-14 焦家-三山岛深部金矿综合地球物理预测的成矿有利区和找矿靶区

1. 金城-前陈家成矿有利区（Au-1）

该成矿有利区位于焦家断裂带上盘莱州金城-朱桥之间，处在早前寒武纪变质岩系与侏罗纪玲珑型花岗岩的接触带上，受控于焦家断裂成矿带，地表被第四系覆盖。深部处在焦家断裂沿倾向舒缓波状延伸、主断面倾角变化较大的第二个波段上，其上部为断裂主断面倾角变化大的第一个波段，是已知焦家金矿田的第一矿化富集带。

该区段在 CSAMT、MT 电阻率断面图上反映为等值线梯度带由缓变陡的转折部位。上部为相对低阻电性层，下部为相对高阻电性层，成矿有利区位于高、低阻过渡梯级带上，该梯级带即为焦家断裂带的反映。重力异常特征为重力梯级带的拐弯部位，中部为近东西向的"鼻形"重力高的凸出部位。磁场为负背景上分布局部封闭的高磁异常，据重磁资料和已知地质资料推断为变质岩系与玲珑型花岗岩的接触带。该区段发育有北东向的 F6 断裂（焦家断裂南延）和北西向的 F9、F11 断裂。

通过对 III 和 IV 号重、磁、电磁综合精测剖面解释可知，在该处的花岗岩体内上覆有近东西走向的变质岩残留体，变质残留体最大厚度为 2000m，焦家断裂主断面倾角波动变化较大，其中 IV 剖面的 7800～8000 号测点之间和 III 剖面的 8000～9000 号测点之间，是深部成矿的最有利部位。

2. 小西庄-招贤成矿有利区（Au-2）

该成矿有利区位于莱州埠南尹家-小西庄之间，处在早前寒武纪变质岩系与侏罗纪玲珑型花岗岩的接触带上，西南部地表有玲珑型花岗岩出露。

该区段重力异常特征为近东西向的重力梯级带，北段（大胡家–小西庄）为近东西向"鼻形"重力高，南段（大胡家–埠南尹家）为由东向西凸出的"舌状"重力低，中部为密集等值线梯级带。磁场特征为负磁背景上的带状高磁异常。在CSAMT、MT电阻率断面图上反映为等值线梯度带和由缓变陡的转折部位，梯度带的上部为相对低阻电性层，其下部为相对高阻电性层。据重磁资料推断，该区以大胡家为界，南段为隐伏花岗岩侵入体分布区，北段为前寒武纪变质岩残留体分布区，中部为接触带。成矿有利区处在焦家断裂带在剖面上自上而下舒缓波状延伸、主断面倾角变化较大的第二个波段上，发育在焦家主干断裂带的中部，南北两端发育北西西向的F9断裂和F11断裂。Ⅳ剖面的6000～7000号测点之间和Ⅲ剖面的6000～7500号测点之间，是深部成矿最有利部位。

3. 西由–吴家庄子成矿有利区（Au-3）

该成矿有利区位于焦家断裂带与三山岛断裂带深部相交的部位。重力异常特征西侧为重力高值区，东侧为重力相对低值区，该区段为重力线性梯级带，位于重力异常拐弯部位。磁场特征为负磁背景上的带状高磁异常。大地电磁（MT）断面反映为低阻"U"字形异常的底部。该区段发育有北东向的F2断裂、F3断裂（西由断裂）和北西向的F10断裂及F8断裂，是北东向断裂与北西向断裂的交汇部位。是寻找深部金矿的有利地段。

4. 向阳岭–新立村成矿有利区（Au-4）

该成矿有利区位于莱州仓上–向阳岭–新立村一带，受控于三山岛断裂带，地表为第四系覆盖。重力异常为北东向带状重力高异常，西侧为重力线性梯级带。磁场特征为负磁背景上的带状高磁异常。据重磁资料推断为变质岩系分布区，西侧的重磁线性梯级带是变质岩系与花岗岩接触部位（三山岛断裂）。在CSAMT、MT电阻率断面图上反映为等值线梯度带由缓变陡的转折部位。上部为相对低阻电性层，下部为相对高阻电性层，成矿有利区为高、低阻过渡梯级带，该梯级带即为三山岛断裂带的反映。该区位于北东向的F1断裂（三山岛断裂带）和F2断裂之间。仓上–向阳岭附近是布格重力异常线性梯级带的拐弯部位，仓上附近为重力"港湾"异常，是寻找深部金矿的有利区。其中Ⅰ剖面的1500～3000号测点之间和Ⅱ剖面的3000～4000号测点之间，是深部成矿最有利部位。

5. 潘家屋子成矿有利区（Au-5）

该成矿有利区位于莱州仓上–潘家屋子一带，地表为第四系覆盖。重磁异常特征为大型重磁线性梯级带，西侧为重磁低，东侧为重磁高，成矿有利区位于两种不同重磁场的接触带上。西侧的重磁低值区为花岗岩分布区，东侧重磁高值区为变质岩分布区。成矿有利区为仓上重磁"港湾"异常的一部分。该区位于北东向的F1断裂（三山岛断裂带）和F2断裂之间及北西向的F8断裂的交汇部位。成矿地质条件有利，是寻找深部金矿的最有利部位。

6. 苗家–平里店成矿有利区（Au-6）

该成矿有利区沿莱州紫罗刘家–苗家–曹家埠–军寨址一带展布，位于焦家断裂带的南延地段，大部被第四系覆盖。重磁异常特征为大型重磁线性梯级带，东侧为大面积重力低、磁力低异常，北部为由东向西凸出的近东西向重力低，西侧为重磁高异常，北段位于重力异常等值线扭曲拐弯部位，南段位于重力线性梯级带上。成矿有利区位于两种不同重磁场的接触带上，北段为花岗岩体，南段为变质岩系与花岗岩的接触带。该区位于北东向的F7断裂和北西向的F8断裂的交汇部位，根据F7断裂的地球物理特征和所处的地理位置及展布规律分析，认为F7断裂为焦家断裂带的南延部位。该区成矿地质条件有利，是寻找深部金矿的有利部位。尤其是苗家–平里店之间地段位于北东向断裂与北西向断裂的交汇部位，又是变质岩与花岗岩的接触部位，成矿条件更为有利。

（二）预测的深部找矿靶区

针对以上成矿有利区和招平断裂北段的九曲蒋家断裂附近的成矿有利区开展了地球物理探测，预测筛选了4个深部找矿靶区。

1. 莱州市尹家西北深部找矿靶区

　　该找矿靶区位于潘家屋子成矿有利区（Au-5）内（图6-14）。为三山岛断裂深部，其北部为仓上金矿床。预测的主要地球物理依据为位于布格重力异常梯级带上，高磁异常为局部磁力高异常；视电阻率断面等值线为梯级带，梯级带浅部倾角较陡，向深部倾角变缓，为倾角陡、缓交替变化的断裂带的反映，根据阶梯成矿模式，梯级带倾角较缓部位为预测的深部找矿靶区（图6-15）。

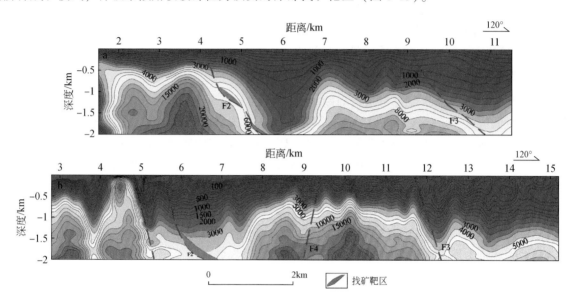

图6-15　莱州市尹家西北 CSAMT 视电阻率断面图及深部找矿靶区预测

a-110 线；b-130 线；F2-三山岛断裂；F3-西由断裂；F4-后邓家断裂

2. 莱州市招贤西南深部找矿靶区

　　该找矿靶区位于莱州市招贤村西南部的苗家–平里店成矿有利区（Au-6）（图6-14），为焦家断裂带深部。预测的主要地球物理依据为位于布格重力异常梯级带上，高磁异常为局部磁力高异常；视电阻率断面等值线为由陡变缓的梯级带，为铲式断裂的反映，根据阶梯成矿模式，梯级带倾角较缓部位为预测的深部找矿靶区（图6-16）。

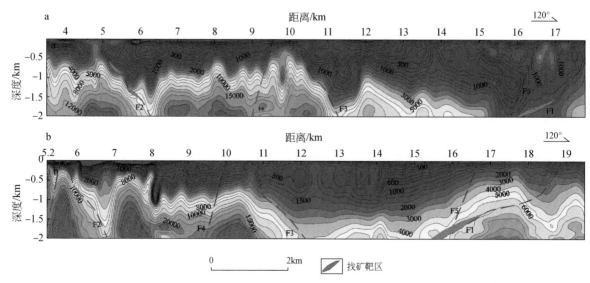

图6-16　莱州市招贤西南 CSAMT 视电阻率剖面图及深部找矿靶区预测

a-145 线；b-155 线；F1-焦家断裂；F2-三山岛断裂；F3-西由断裂；F4-后邓家断裂；F5-招贤断裂

3. 莱州市招贤北部深部找矿靶区

该找矿靶区位于莱州市招贤村北部的小西庄–招贤靶区（Au-2）（图 6-14），为焦家断裂带深部。预测的主要地球物理依据为位于布格重力异常梯级带上，高磁异常为局部磁力高异常；视电阻率断面等值线为由陡变缓梯级带，为铲式断裂的反映，根据阶梯成矿模式，梯级带倾角较缓部位为预测的深部找矿靶区（图 6-17）。

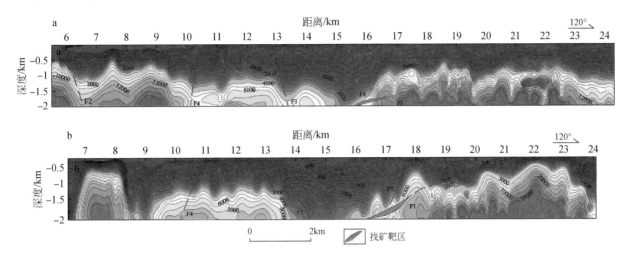

图 6-17　莱州市招贤北 CSAMT 视电阻率剖面图及深部找矿靶区预测

a-190 线；b-200 线；F1-焦家断裂；F2-三山岛断裂；F3-西由断裂；F4-后邓家断裂；F5-招贤断裂

4. 招远市九曲蒋家东南深部找矿靶区

该找矿靶区位于招远市九曲蒋家东南部（图 6-18），为招平断裂北段的九曲蒋家断裂的深部。地球物理剖面的 4500～5400 号测点，位于视电阻率断面图等值线梯级带由陡变缓部位，反映了断裂倾角由陡变缓特征，同时具有频谱激电明显的低电阻率、高充电率、高时间常数、低频率相关系数的金及多金属矿致异常特征，据此将该段圈为深部找矿靶区；5400～5800 号测点之间，视电阻率等值线梯级带由缓变陡，反映了断裂带倾角较陡，并且视电阻率低阻异常、高充电率、高时间常数、低频率相关系数异常均间断不连续，推断为矿化减弱或无矿间隔段；5800～6800 号测点之间，视电阻率断面图的等值线梯级带明显由陡变缓，指示了断裂带倾角由陡变缓特征，该段同时显示频谱激电的低电阻率、高充电率、高时间常数、低频率相关系数等特征，并且深部异常幅值中心未封闭，将其圈定为深部找矿靶区。

三、地球化学成矿预测

（一）焦家断裂带

1. 基于构造叠加晕方法的纱岭矿床深部找矿靶区预测

以纱岭矿区 256～344 号勘查线为研究对象，计算了Ⅰ-2 号主矿体在 256、320、328 及 344 号勘查线剖面的轴向分带序列，由 256～344 号勘查线的构造叠加晕综合特征可知，轴向分带序列为 Hg-Zn-Sn-As-Mo-Pb-Cu-Au-Bi-Ag-Sb-W。与中国其他金矿床的原生晕轴向分带序列相比，存在"反分带"现象：Sb 属于前缘晕元素，处于矿尾；As 属于前缘晕元素，处于矿体中上部；Sn、Mo 属于尾晕元素，处于矿体中上部。推测出现"反分带"现象的因素有两种可能：①纱岭矿区的Ⅰ-2 号主矿体沿倾向上浅部及深部均有延伸，受延伸矿体叠加晕影响的结果；②矿床具有多期次多阶段成矿特点，受不同成矿期次或阶段的原生晕叠加影响的结果。无论如何，都反映了主矿体在 256～344 号勘查线矿体向深部有一定延深空间，深部有良好的找矿前景，预测深部矿体位置见图 6-19。

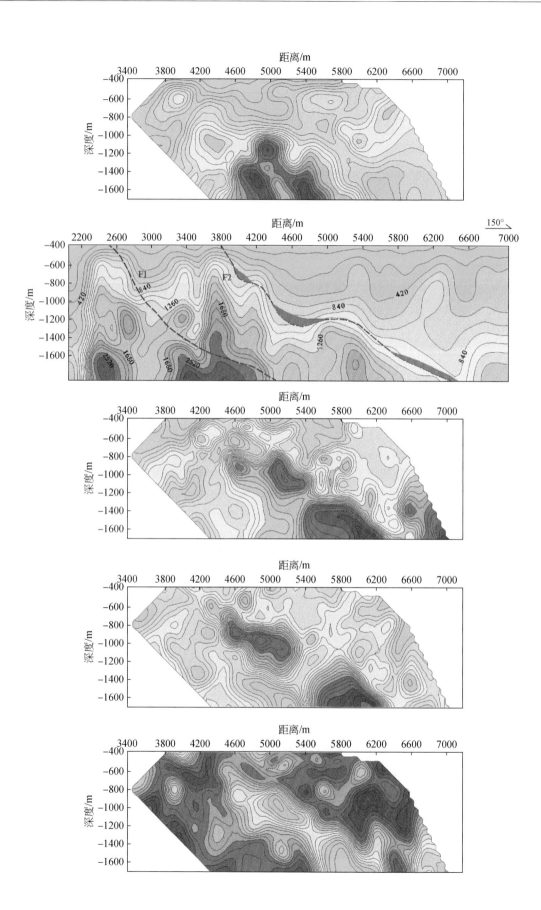

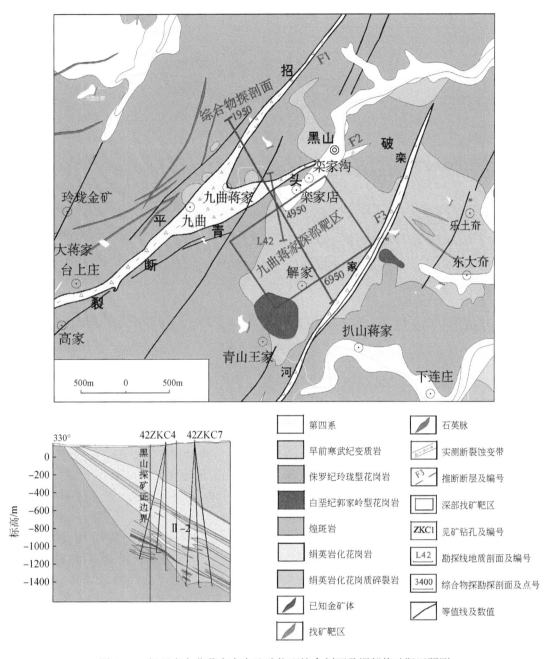

图 6-18　招远市九曲蒋家东南地球物理综合剖面及深部找矿靶区预测

2. 基于多维异常体系的焦家深部金矿预测

　　焦家金矿床 112 号勘查线从东南向西北分布 ZK616、ZK622、ZK603、ZK604、ZK655 五个钻孔，钻孔中构造蚀变带内黄铁绢英岩化碎裂岩 S 平均含量明显高于花岗岩中 S 的平均化学组成（90×10⁻⁶），清晰地反映出赋矿的黄铁绢英岩化碎裂岩富 S 的特点。根据 S 含量越高 Au 含量越高的元素富集贫化规律分析，112 号勘查线的赋矿黄铁绢英岩化碎裂岩中 Au 含量变化应该从东南向西北方向减弱。在 5 个钻孔构造蚀变带下盘黄铁绢英岩化花岗岩中，S 含量仍明显高于花岗岩中 S 的平均化学组成，表明其具有良好的找矿前景。

　　分析 112 号勘查线钻孔中矿化剂元素 S 含量及其变化特征，得出胶西北焦家金成矿带−500～−1200m 深度段上总体成矿强度从东南向西北方向减弱，但是以富硫为典型地球化学标志的赋矿地质体仍然存在，因此认为具有较好的找矿前景。

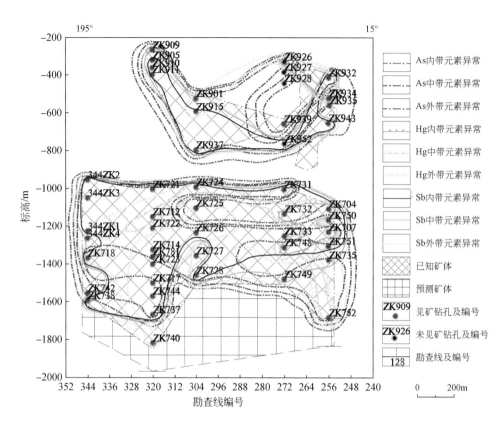

图 6-19　256～344 号勘查线构造叠加晕综合特征及预测矿体位置图

在 112 号勘查线的黄铁绢英岩化碎裂岩中 Na_2O 平均含量总体呈现波动变化，说明热液作用较强，导致构造蚀变带黄铁绢英岩化碎裂岩中 50% 左右的 Na_2O 被带出。但是在 ZK655 钻孔位置，Na_2O 平均含量为 4.2%，高于中国东部花岗岩中 Na_2O 的平均化学组成（3.55%），与焦家金矿花岗岩中 Na_2O 背景含量相当，表明此处的黄铁绢英岩化碎裂岩经历的热液作用比较弱，未对 Na_2O 含量产生直接影响。

在 112 号勘查线的黄铁绢英岩化碎裂岩中，Au 显著高于中国东部花岗岩中 Au 的平均化学组成（$0.48×10^{-9}$），含量总体呈现中间高、两侧低的变化趋势。略高于下盘黄铁绢英岩化花岗岩中 Au 平均含量。

矿化蚀变带的成矿元素 Au 和矿化剂元素 S 的异常产出位置和分布范围与成矿环境指标 Na_2O 的负异常套合良好，指示了深部金矿的找矿前景。综合分析 112 号勘查线的多维异常体系，预测焦家金成矿带 $-1200m$ 深度以下仍具有找矿前景，预测的找矿靶区位于 112 号勘查线西部及西南部。

（二）三山岛断裂带

1. 三山岛北部海域金矿预测

通过海域金矿 30 号勘查线及 6 个相邻勘查线钻孔中多属性地球化学异常特征分析，结合海域金矿 24、30、38 和 46 号勘查线成矿地质体元素分析，24、30、38 和 46 号勘查线东部区域存在着深部找矿前景，综合试验研究及示范预测结果判断，Au 成矿带主体可能沿 ZK2403、ZK3008、ZK3814 钻孔连线呈 NEE 向展布（图 6-20）。预测依据如下。

分析 30 号勘查线钻孔中黄铁绢英岩化碎裂岩、黄铁绢英岩化花岗质碎裂岩等赋矿地质体中的 S 元素的含量及异常特征发现，从外围的 ZK7603 钻孔向预测区方向，S 含量增高、异常增强的趋势明显，在预测区内达到极高含量，出现极强异常，表明有利的赋矿地质体集中分布在这个区段。此外，地质体中的 S 极显著地富集在 ZK4612、ZK3814、ZK3008 和 ZK2403 钻孔位置，尤其是 ZK3814、ZK3008 和 ZK2403 钻孔位置并未减弱，表明赋矿地质体沿其产状向深部仍有延伸。

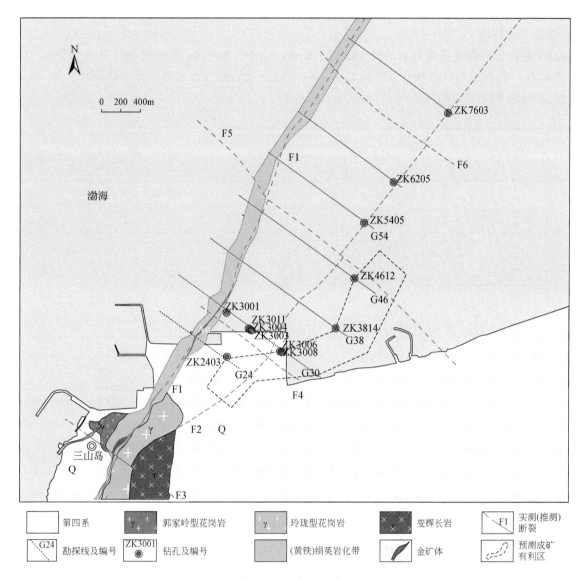

图 6-20　海域金矿深部预测成矿有利地段

　　30 号勘查线沿倾向具有明显的 Na_2O 负异常，表明热液作用向这个区段方向增强，并在深部强度变大。因为 Na_2O 负异常在钻孔中没有减弱，推测将向深部延续，仍具有良好的热液成矿条件。

　　成矿元素 Au 异常与 S 异常相呼应，从 ZK7603、ZK6205、ZK5405 向 ZK4612、ZK3814、ZK3008、ZK2403 钻孔位置方向增强，并在这一区段形成 Au 矿化和矿体，特别是在 ZK3814、ZK3008 钻孔的黄铁绢英岩化碎裂岩、黄铁绢英岩化花岗质碎裂岩等赋矿地质体中，形成高品位 Au 矿体。Au 异常在 ZK3814、ZK3008 钻孔中极其显著，这样的异常特征具有良好的延续性，预测与赋矿地质体一起沿断裂倾向向深部延伸。

2. 尹家西北深部金矿预测

1）岩性及蚀变特征

　　在尹家西北地区实施的 459ZK1 钻孔，孔深 1453.2m，其中 0～226.4m 为花岗岩及花岗质碎裂岩，226.4～232.3m 处见断层泥，232.3～1090m 为变辉长岩，在 1090～1091m 处见石英脉，1091～1279.1m 为绢英岩化二长花岗岩，1278.8～1279.1m 处见约 0.3m 厚的断层泥，1279.1～1314m 为绢英岩化花岗质碎裂岩，1314～1327m 为黄铁绢英岩化碎裂岩，1237～1431m 为黄铁绢英岩化花岗岩，1431～1453.2m 为含黑云二长花岗岩。岩石主要见绢英岩化、钾化，整体蚀变不强。

　　从钻孔中岩性及岩石蚀变特征分析，459ZK1 钻孔已经控制了与 Au 成矿有关的以黄铁绢英岩化花岗质碎裂岩为代表的构造蚀变带，也就是找矿目标地质体，但是并未见到 Au 矿体。

2）多维异常特征

459ZK1 钻孔岩石测量共采集岩心样 142 件。K_2O、Na_2O、Au、Ag 等元素含量分布如图 6-21 所示。统计结果表明，Au 的高值区出现在变辉长岩中，Au、Ag 元素含量分布具有一定的协同性，且 Au、Ag 高值区一般为 Na_2O 的负异常值区。

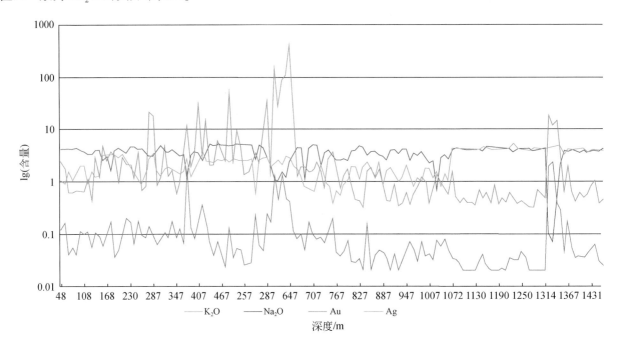

图 6-21　尹家西北 459ZK1 钻孔中 K_2O、Na_2O、Au、Ag 含量随深度分布图

3）元素的轴向（垂向）变化

对 459ZK1 钻孔 12 种元素编制了轴向变化图（图 6-22）。Au、Ag、Cu、Pb、Zn 为近矿晕元素，整体看元素异常吻合程度较好，浅部 7-②矿体近矿晕元素峰值异常吻合最好。其中，Au 在−600m、−1300m 存在两个峰值异常，中间无异常；Ag 在−1300m 存在微弱异常，整体无异常变化；Cu 存在−400m、−800m、−1000m 三个峰值。

根据 Na_2O、Au 等元素含量及多维异常特征预测，在 459ZK1 钻孔找矿目标地质体黄铁绢英岩化花岗质碎裂岩的深部，如果没有较大规模富 S 地质体产出，存在 Au 矿化体的可能性较小。

（三）招平断裂带

1. 大尹格庄矿区深部金矿预测

大尹格庄 112 号勘查线地质体中指示热液作用强度的 Na_2O 负异常虽然不强，但矿化剂元素 S、成矿元素 Au 均有富集的特征，表明具备金矿成矿的矿源条件，在大尹格庄金矿东部和深部，仍然具备 Au 成矿的赋矿地质体、热液作用及成矿物质条件，具有找矿前景。根据赋矿地质体地球化学标志预测，赋矿地质体总体走向 NEE 向，向 SE 方向缓倾，预测矿体的埋藏深度较大，一般在 1500m 以下。

2. 水旺庄矿区深部金矿预测

利用构造叠加晕模式和预测标志确定深部有盲矿体存在后，进一步确定靶位深度、宽度、厚度、延伸方向及靶区大小，进行预测靶区定位。以水旺庄矿区 42 号勘查线为主要研究对象，圈定深部预测靶区 2 个（图 6-23 中 C-1、C-2）。

在 42 号勘查线剖面东侧−1300m 上下（图 6-23），预测沿已知矿体倾向向深部有较大范围的找矿空间。地质依据主要为钻孔 42ZKC10 控制最深部，钻孔见两层矿，上层 Au 平均品位为 $3.00×10^{-6}$，厚度为

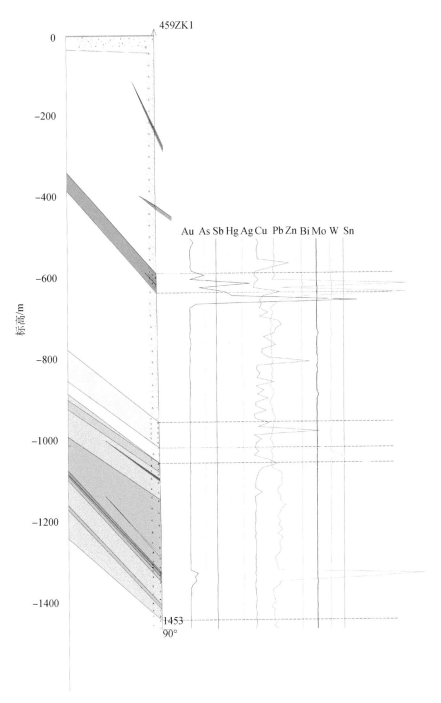

图 6-22　尹家西北 459ZK1 钻孔元素地球化学剖面图

钻孔中的岩性组成见正文

1.50m；下层 Au 平均品位为 1.20×10⁻⁶，厚度为 3.27m。叠加晕特征为：钻孔 42ZKC10 有 Au 内带异常，前缘晕指示元素 As 内带异常、Sb 中带异常、Hg 中带异常，是深部盲矿体的特征；尾晕指示元素 Mo 内带异常、W 内带异常，前尾晕共存，且前缘晕较强，指示深部有盲矿。预测靶区位于自钻孔 42ZKC10 控制的矿体沿倾向延伸 700m，标高−1300～−1600m。

在 42 号勘查线剖面东侧−1500m 上下（图 6-23），预测沿已知矿体倾向向深部有较大范围的找矿空间。地质依据为钻孔 42ZKC10 控制最深部，钻孔见两层矿，上层 Au 平均品位为 1.04×10⁻⁶，厚度为 1.41m；下层 Au 平均品位为 1.15×10⁻⁶，厚度为 2.82m。叠加晕特征为：钻孔 42ZKC10 有 Au 内带异常，前缘晕指示元素 As、Sb 均为外带异常、Hg 内带异常，是深部盲矿体的特征；尾晕指示元素 Mo 外带异常、W中带异常，前尾晕共存，指示深部有盲矿。预测靶区位于自钻孔42ZKC10控制的矿体沿倾向延伸700m，标高-1500～-1800m。

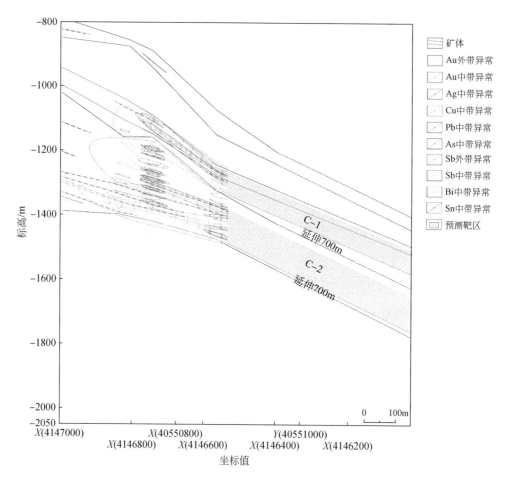

图6-23　水旺庄42号勘查线构造叠加晕及深部盲矿预测靶区剖面

3. 林家埃子深部金矿预测

1）岩性及蚀变特征

林家埃子深部矿区位于招平断裂带北段，ZK3401孔深3000.58m，岩石主要见钾化、硅化、绢英岩化、碳酸盐化等，局部地段蚀变较强。

从钻孔中岩性及岩石蚀变特征分析，ZK3401钻孔已经控制了招平断裂带的两个分支断裂：九曲蒋家断裂和破头青断裂，金矿体主要赋存在以黄铁绢英岩化花岗质碎裂岩为标志的构造蚀变带内。

2）元素的轴向（垂向）变化

ZK3401钻孔岩石测量共采集岩心样188件。对Au、Ag、Cu、Pb、Sb、As、Bi、Na_2O等12种元素，编制了元素轴向变化图（图6-24）。近矿晕元素Au、Ag、Cu、Pb等异常吻合较好，浅部-600m处蚀变岩近矿晕元素峰值异常吻合较好。其中，Au在-1600～-2100m存在两个峰值异常；近矿晕元素在-2800m附近有较小的峰值。根据元素异常曲线特征，在约-600m深度的栾家河断裂处有弱矿化现象，但蚀变规模不大；在-1600～-2100m的破头青断裂带附近蚀变规模大、程度较高；在-2800m左右的九曲蒋家断裂，蚀变程度较低，Au、Ag高值区对应Na_2O的负异常值区。

总地分析，栾家河断裂有弱的矿化，但蚀变规模小，不具有形成工业矿体的潜力；破头青断裂和九曲蒋家断裂符合胶西北地区主要金成矿大带的基本特征，为铲式断裂，破碎蚀变规模较大，有很好的找矿潜力。

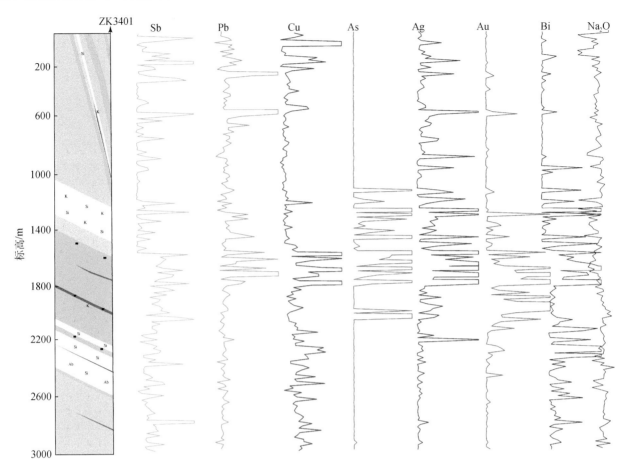

图 6-24　ZK3401 钻孔元素地球化学剖面图

四、预测靶区优选

在三维地质模型成矿预测、地球物理成矿预测、地球化学成矿预测的基础上，根据靶区内的找矿标志（预测要素）——地质特征、控矿构造特征、矿化蚀变特征、成矿地质体特征等成矿、控矿条件，结合浅部地质工作（普查、详查、勘探）成果，综合考虑成矿地质条件、矿床埋深情况、资源潜力及自然经济状况等，将找矿靶区级别分为 A 级、B 级。

上述三维地质模型成矿预测、地球物理成矿预测和地球化学成矿预测共圈出 6 个找矿靶区（图 6-25），其中，三山岛成矿带 2 个（尹家西北深部、北部海域深部），焦家成矿带 1 个（招贤深部），招平成矿带中南段 1 个（大尹格庄深部），招平成矿带北段 1 个（栾家河–水旺庄深部），栖霞–蓬莱成矿区 1 个（臧家庄北深部）。

靶区优选结果确定了 4 个可供近期勘查的优先推荐靶区：A 级靶区 2 个，A1-招贤深部靶区、A2-水旺庄深部靶区；B 级靶区 2 个，B1-尹家西北深部靶区、B2-臧家庄北深部靶区。靶区优选结果及特征见表 6-7。

（一）招贤深部靶区（A1）

招贤深部找矿靶区位于焦家成矿带的深部，分布于山东省莱州市金城镇西侧的后坡–大西庄–大官庄–盛王村–招贤一带，包括 I 号靶区（北觉于家）、II 号靶区（西季）、莱州市招贤北部深部金矿靶区（物探靶区）。坐标 X：40504000 ～ 40509000，Y：4136000 ～ 4144000，标高 –1200 ～ –2500m，面积为 19.80km^2。

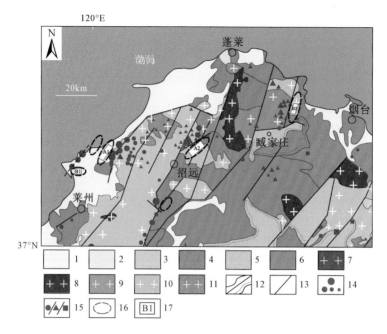

图 6-25　找矿靶区分布简图

1-第四系；2-新近系、古近系；3-白垩系；4-古−新元古界；5-新元古代花岗质片麻岩；6-太古宙花岗−绿岩带；7-白垩纪崂山花岗岩；
8-白垩纪伟德山花岗岩；9-早白垩世郭家岭花岗闪长岩；10-侏罗纪花岗岩；11-三叠纪花岗岩；12-整合/不整合地质界线；13-断层；
14-已探明的金矿床位置（直径由大到小分别表示资源储量≥100t 的超大型金矿床、资源储量 20 ~ 100t 的大型金矿床、资源储量 5 ~ 20t 的
中型金矿床和资源储量<5t 的小型金矿床）；15-蚀变岩型金矿/石英脉型金矿/其他类型金矿；16-预测找矿靶区；17-优先推荐靶区及编号

表 6-7　找矿靶区优选情况一览表

序号	靶区名称	靶区位置	标高/m	面积/km²	预测资源量/t	靶区依据	优选结果
1	北部海域深部	20765000 ~ 20771000，4144000 ~ 4149000	−2200 ~ −3200	15.50	300	位于三山岛断裂带深部，区内分别探明了三山岛、新立、北部海域等大型、超大型金矿床，金矿体在深部未尖灭	
2	尹家西北深部	40490500 ~ 40493000，4134000 ~ 4135200	−1500 ~ −3000	2.98	10	位于三山岛断裂仓上区段断裂走向转折部位，深部倾角变缓；为大型重磁线性梯级带，靶区位于两种不同重磁场的接触带上，属仓上重磁"港湾"异常的一部分	B1
3	招贤深部	40504000 ~ 40509000，4136000 ~ 4144000	−1200 ~ −2500	19.80	300	位于焦家断裂带深部，区内已探明金城、曲家、焦家、朱郭李家、寺庄、纱岭、前陈等大−超大型金矿床；深部靶区位于主干断裂产状较缓部位；为布格重力异常梯级带，高磁异常为局部磁力高异常，视电阻率断面等值线为由陡变缓的梯级带	A1
4	水旺庄深部	40550000 ~ 40553000，4142000 ~ 4148000	−1800 ~ −3000	15.80	120	位于招平断裂带深部，探明了东风、玲南、水旺庄、李家庄等大−超大型金矿床；靶区位于主干断裂深部产状较缓及构造交汇部位；视电阻率等值线梯级带由陡变缓，同时具有频谱激电明显的低电阻率、高充电率、高时间常数、低频率相关系数的金及多金属矿致异常特征	A2
5	大尹格庄深部	40535000 ~ 40538000，4121000 ~ 4124000	−1600 ~ −2700	7.66	50	位于南周家断裂、招平断裂、栾家河断裂交汇部位，沿招平断裂延伸；浅部分别探明了曹家注中型、大尹格庄超大型金矿床，金矿体在深部未尖灭	

续表

序号	靶区名称	靶区位置	标高/m	面积/km²	预测资源量/t	靶区依据	优选结果
6	臧家庄北深部	21328000～21332000，4160000～4168000	-1200～-2400	24.00	100	位于不同地质体接触带的断裂构造中，断裂上盘为早前寒武纪变质岩系，下盘为玲珑型和郭家岭型花岗岩，下盘北北东向石英脉发育，已探明中-小型石英脉型金矿床多个；断裂呈上陡下缓的铲式特征；具有与招平带北段玲珑金矿田相似的成矿地质条件	B2

靶区地表被第四系覆盖，覆盖层之下主要为新太古代变质岩系，焦家断裂带在浅部沿变质岩系与侏罗纪玲珑型花岗岩的接触带分布，向深部切入花岗岩中，总体倾向北西西，深部倾角为15°～20°。

靶区位于焦家主干断裂深部，构造位置处于断裂倾角由陡变缓、构造表面变化率较大处，其浅部有两处矿体富集区，与Ⅰ号靶区（北觉于家）、Ⅱ号靶区（西季）呈等间距分布。预测靶区包括含矿立方块2789块。

靶区位于布格重力异常梯级带上，高磁异常为局部磁力高异常；视电阻率断面等值线为由陡变缓的梯级带。

靶区东侧有152ZK709、152ZK769、320ZK740、288ZK747见矿钻孔（纱岭矿区）；在靶区北部金城镇西侧的后坡，山东省地质调查院施工钻孔1个（88ZK01），发现矿体；在靶区南部招贤-任家一带，山东省地质调查院施工钻孔2个（288ZK03、320ZK01），均发现矿体；在靶区南部朱桥镇西侧的卧龙一带，有见矿钻孔408ZK01。

靶区位于已知矿体群南西方向，面积较大，含矿性概率较大，预测金资源量300t，为优先推荐靶区。

（二）水旺庄深部靶区（A2）

水旺庄深部找矿靶区位于招平成矿带北段，招远市阜山镇北史家-水旺庄-林家埃子以北一带。坐标X：40552000～40553000，Y：4142000～4148000，标高-1800～-3000m，面积15.80km²。

找矿靶区分布于招平断裂北段的破头青断裂、九曲蒋家208断裂的深部，并沿招平断裂延伸，产状基本与招平断裂一致。

地球物理位于视电阻率等值线梯级带由陡变缓部位，同时具有频谱激电明显的低电阻率、高充电率、高时间常数、低频率相关系数的金及多金属矿致异常特征。

靶区位于主干断裂深部产状较缓及构造交汇部位，早前寒武纪变质岩系与侏罗纪玲珑型花岗岩的接触带附近，位于已知矿体群深部北东方向，面积较大，含矿性概率较大，找矿潜力较大，预测金资源量120t，为优先推荐的靶区。

（三）尹家西北深部靶区（B1）

尹家西北深部找矿靶区位于三山岛成矿带的南部，山东省莱州市仓上-潘家屋子一带。坐标X：40490500～40493000，Y：4134000～4135200，标高-1500～-3000m，面积2.98km²。

地表被第四系覆盖，覆盖层之下主要为新太古代变质岩系，三山岛断裂沿变质岩与玲珑型花岗岩的接触带分布，倾角在45°左右。

重磁异常特征为大型重磁线性梯级带，为仓上重磁"港湾"异常的一部分，西侧为重磁低值区，为花岗岩分布区，东侧为重磁高值区，为变质岩分布区。

靶区位于主干断裂走向转折、深部产状较缓部位，处于已知矿体群深部南东方向，含矿概率较大，具一定的找矿潜力，预测金资源量10t，为优先推荐的靶区。

（四）臧家庄北深部靶区（B2）

臧家庄北深部找矿靶区地理位置位于山东省栖霞市臧家庄北-蓬莱市大柳行一带。坐标X：21328000～21332000，Y：4160000～4168000，面积24km²。

找矿靶区位于西林-陡崖断裂（臧家庄盆地东北缘）以北，为臧家庄北断裂分布位置，断裂呈上陡下缓的铲式断裂，分布于早前寒武纪变质岩与中生代花岗岩接触带中，下盘玲珑型花岗岩、郭家岭型花岗岩内北北东向石英脉及次级断裂发育，已探明中-小型金矿床多个，具有与招平带北段玲珑金矿田相似的特征。预测金资源量100t，为优先推荐的靶区。

第三节　胶西北5000m深度金矿资源潜力预测

一、三山岛成矿带金矿资源潜力

1. 已查明资源量情况

三山岛成矿带累计查明金矿石量 333.65×10^6 t，金金属量1240679kg，平均厚度7.93m，平均品位 3.72×10^{-6}。其中，第一矿化富集带（0～-500m标高）金矿石量 81.50×10^6 t，金金属量238503kg，平均厚度8.10m，平均品位 2.93×10^{-6}；第二矿化富集带（-500～-2000m标高）金矿石量 252.14×10^6 t，金金属量1002176kg，平均厚度7.90m，平均品位 3.98×10^{-6}。第二矿化富集带与第一矿化富集带资源量比值为4.20。

2. 预测资源量估算参数

预测范围：根据已查明矿床的分布范围向深部外推确定预测范围。已查明矿床范围确定为：南边界为新立矿段最南侧的171号勘查线，北边界为三山岛北部海域矿段最北侧的70号勘查线，西侧为三山岛断裂地表分布位置，东侧为-5000m标高线与三山岛断裂延深的交汇线在地表的投影位置。预测范围的南北边界与查明矿床一致，深度范围为-2000～-5000m。

含矿率：根据已查明资源量与已查明矿床分布范围在垂直纵投影图上的投影面积之比确定，分别计算了0～-500m标高范围和-500～-2000m标高范围的面积含矿率（图6-26，表6-8）。

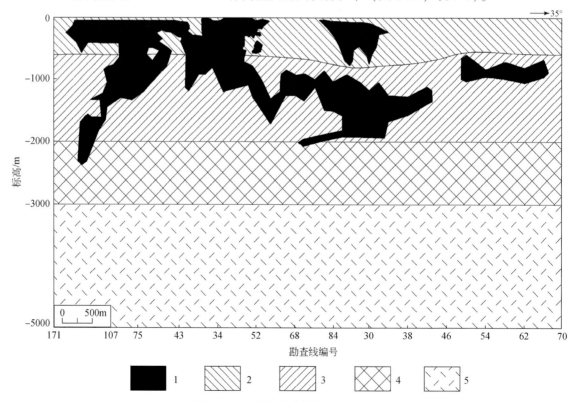

图6-26　三山岛成矿带资源量预测图

1-金矿体；2-浅部含矿率计算范围；3-深部含矿率计算范围；4--2000～-3000m预测范围；5--3000～-5000m预测范围

表 6-8　三山岛成矿带含矿率参数表

标高/m	查明资源储量		面积/m²	品位/10⁻⁶	厚度/m	面积含矿率
	矿石量/10⁶t	金属量/kg				
0～-500	81.5	238503	5516844	2.93	8.10	0.043231783
-500～-2000	252.14	1002176	11443156	3.98	7.90	0.087578637

3. 资源量预测

在垂直纵投影图上测算-2000～-5000m预测区的面积，分别根据0～-500m和-500～-2000m的面积含矿率估算-2000～-5000m预测区的金资源量。预测三山岛成矿带-2000～-5000m金矿石量375×10⁶～560×10⁶t，金金属量1100～2228t（图6-26，表6-9）。

表 6-9　三山岛成矿带资源量预测统计表

标高/m	面积/km²	面积含矿率		预测资源量			
				矿石量/10⁶t		金属量/t	
		浅部	深部	低值	高值	低值	高值
-2000～-3000	8.48	0.043231783	0.087578637	125	187	367	743
-3000～-5000	16.96	0.043231783	0.087578637	250	373	733	1485
小计				375	560	1100	2228

二、焦家成矿带金矿资源潜力

1. 已查明资源量情况

焦家成矿带累计查明金矿石量428.81×10⁶t，金金属量1334375kg，平均厚度8.06m，平均品位2.75×10⁻⁶。其中浅部金矿石量76.36×10⁶t，金金属量284899kg，平均厚度8.81m，平均品位2.89×10⁻⁶；深部金矿石量352.45×10⁶t，金金属量1049476kg，平均厚度7.98m，平均品位2.61×10⁻⁶。深、浅部矿体资源量比值3.68。

2. 预测资源量估算参数

预测范围：根据已查明矿床的分布范围向深部外推确定预测范围。已查明矿床范围确定为：南边界为前陈矿段最南侧的408号勘查线，北边界为新城矿段最北侧的201号勘查线，东侧为焦家断裂地表分布位置，西侧为-2000m标高线与焦家断裂延深的交汇线在地表的投影位置。预测范围的南、北边界与查明矿床一致，深度范围为-2000～-5000m。

含矿率：根据已查明资源量与已查明矿床分布范围在垂直纵投影图上的投影面积之比确定，分别计算了0～-600m标高范围和-600～-2000m标高范围内的面积含矿率（图6-27，表6-10）。

3. 资源量预测

在垂直纵投影图上测算-2000～-5000m预测区的面积，分别根据0～-600m和-600～-2000m的面积含矿率估算-2000～-5000m预测区的金资源量。预测焦家成矿带-2000～-5000m金矿石量495×10⁶～912×10⁶t，金金属量1433～2379t（图6-27，表6-11）。

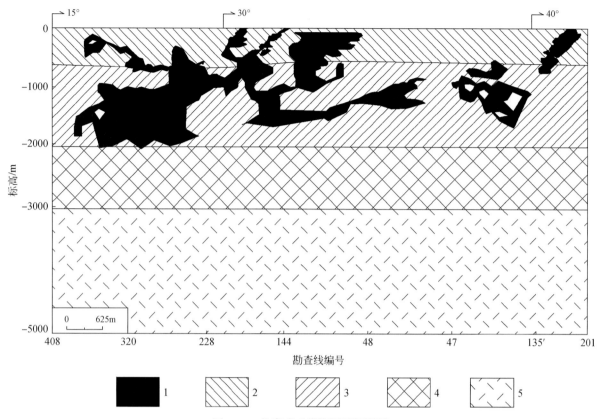

图 6-27　焦家成矿带资源量预测图

1-金矿体；2-浅部含矿率计算范围；3-深部含矿率计算范围；4--2000～-3000m预测范围；5--3000～-5000m预测范围

表 6-10　焦家成矿带估算参数表

标高/m	查明资源储量		面积/m²	品位/10⁻⁶	厚度/m	面积含矿率
	矿石量/t	金属量/kg				
0～-600	76360000	284899	5302363	2.89	8.81	0.053730573
-600～-2000	352450000	1049476	11759310	2.61	7.98	0.089246393

表 6-11　焦家成矿带资源量预测统计表

标高/m	面积/km²	面积含矿率		预测资源量			
				矿石量/10⁶t		金属量/t	
		浅部	深部	低值	高值	低值	高值
-2000～-3000	8.89	0.053730573	0.089246393	165	304	478	793
-3000～-5000	17.77	0.053730573	0.089246393	330	608	955	1586
小计				495	912	1433	2379

三、招平成矿带金矿资源潜力

（一）招平成矿带北段

1. 已查明资源量情况

招平断裂带北段累计查明金矿石量 202.29×10⁶t，金金属量 700041kg，平均品位 3.46×10⁻⁶。其中浅部金矿石量 53.18×10⁶t，金金属量 165062kg，平均品位 3.10×10⁻⁶；深部金矿石量 149.11×10⁶t，金金属量 534979kg，平均品位 3.59×10⁻⁶。深、浅部矿体资源量比值 3.24。

2. 预测资源量估算参数

预测范围：根据已查明矿床的分布范围向深部外推确定预测范围。已查明矿床范围确定为：南边界为玲南矿段-9 号勘查线，北边界为水旺庄矿段最北侧的 29 号勘查线，西侧为招平断裂地表分布位置，东侧为-2000m 标高线与招平断裂延深的交汇线在地表的投影位置。预测范围的南、北边界与查明矿床一致，深度范围为-2000 ~ -5000m。

含矿率：根据已查明资源量与已查明矿床分布范围在垂直纵投影图上的投影面积之比确定，分别计算了 100 ~ -600m 标高范围和-600 ~ -2000m 标高范围内的面积含矿率（图 6-28，表 6-12）。

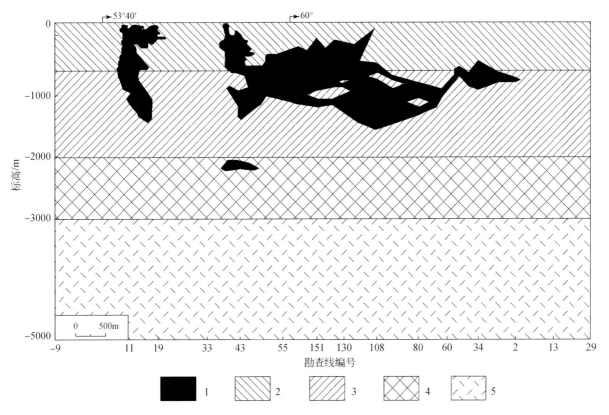

图 6-28　招平断裂带北段资源量预测图

1-金矿体；2-浅部含矿率计算范围；3-深部含矿率计算范围；4--2000 ~ -3000m 预测范围；5--3000 ~ -5000m 预测范围

表 6-12　招平断裂带北段估算参数表

标高/m	查明资源储量		面积/m²	品位/10⁻⁶	厚度/m	面积含矿率
	矿石量/t	金属量/kg				
100 ~ -600	53180000	165062	7247934	3.10	10.58	0.022773662
-600 ~ -2000	149110000	534979	12683885	3.59	15.28	0.04217785

3. 资源量预测

在垂直纵投影图上测算-2000 ~ -5000m 预测区的面积，分别根据 100 ~ -600m 和-600 ~ -2000m 的面积含矿率估算-2000 ~ -5000m 预测区的金资源量。预测招平成矿带北段-2000 ~ -5000m 金矿石量 200×10⁶ ~ 319×10⁶t，金金属量 619 ~ 1146t（图 6-28，表 6-13）。

表 6-13　招平断裂带北段资源量预测统计表

标高/m	面积/km²	面积含矿率		预测资源量			
				矿石量/10⁶t		金属量/t	
		浅部	深部	低值	高值	低值	高值
-2000 ~ -3000	9.06	0.022773662	0.04217785	67	106	206	382
-3000 ~ -5000	18.12	0.022773662	0.04217785	133	213	413	764
小计				200	319	619	1146

（二）招平成矿带中南段

1. 已查明资源量情况

大尹格庄金矿床累计查明金矿石量 $67.84 \times 10^6 t$，金金属量 183073kg。其中浅部金矿石量 $42.97 \times 10^6 t$，金金属量 118162kg，平均厚度 10.25m，平均品位 2.75×10^{-6}；深部金矿石量 $24.87 \times 10^6 t$，金金属量 64911kg，平均厚度 6.15m，平均品位 2.61×10^{-6}。

夏甸金矿床累计查明金矿石量 $59.77 \times 10^6 t$，金金属量 201468kg。其中浅部金矿石量 $15.77 \times 10^6 t$，金金属量 54156kg；深部金矿石量 $44.00 \times 10^6 t$，金金属量 147312kg。

2. 预测资源量估算参数

预测范围：根据已查明矿床的分布范围向深部外推确定预测范围。大尹格庄矿区已查明矿床范围确定为：南边界为大尹格庄 54 号勘查线，北边界为大尹格庄 120 号勘查线，西侧为招平断裂地表分布位置，东侧为 -2000m 标高线与招平断裂延深的交汇线在地表的投影位置。夏甸矿区已查明矿床范围确定为：南边界为夏甸矿段 441 号勘查线，北边界为道北庄子矿段 35 号勘查线，西侧为招平断裂地表分布位置，东侧为 -2000m 标高线与招平断裂延深的交汇线在地表的投影位置。预测范围的南、北边界与查明矿床一致，深度范围为 -2000 ~ -5000m。

含矿率：根据已查明资源量与已查明矿床分布范围在垂直纵投影图上的投影面积之比，分别计算了大尹格庄矿区浅部（0 ~ -800m）与深部（-800 ~ -1800m）及夏甸矿区浅部（150 ~ -500m）与深部（-500 ~ -2000m）的面积含矿率（图 6-29，表 6-14）。

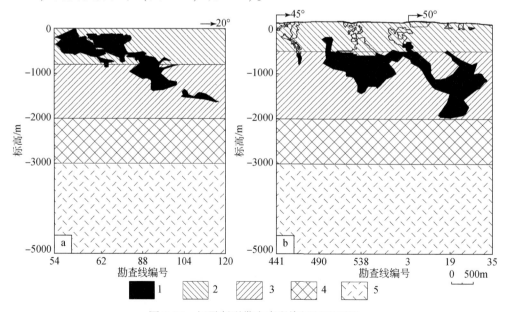

图 6-29　招平断裂带中南段资源量预测图

a-大尹格庄金矿床；b-夏甸金矿床；1-金矿体；2-浅部含矿率计算范围；3-深部含矿率计算范围；

4--2000 ~ -3000m 预测范围；5--3000 ~ -5000m 预测范围

表 6-14　夏甸、大尹格庄金矿床估算参数表

名称	标高/m	查明资源储量		面积/m²	品位/10⁻⁶	厚度/m	面积含矿率
		矿石量/t	金属量/kg				
夏甸	浅部（150~-500）	15770000	54156	3192990	3.43	7.81	0.016960905
	深部（-500~-2000）	44000000	147312	7392411	3.35	6.59	0.019927463
大尹格庄	浅部（0~-800）	42968000	118162	3168000	2.75	10.25	0.037298611
	深部（-800~-1800）	24870000	64911	3960000	2.61	6.15	0.016391667

3. 资源量预测

在垂直纵投影图上测算-2000~-5000m 预测区的面积，分别根据浅部及深部的面积含矿率估算-2000~-5000m 预测区的金资源量。预测招平成矿带南段-2000~-5000m 金矿石量 $147×10^6$ ~$446×10^6$ t，金金属量 255~737t（图6-29，表6-15）。

表 6-15　夏甸、大尹格庄金矿床资源量预测统计表

名称	标高/m	面积/km²	面积含矿率		预测资源量			
					矿石量/10⁶t		金属量/t	
			浅部	深部	低值	高值	低值	高值
夏甸	-2000~-3000	4.93	0.016960905	0.019927463	24	84	29	98
	-3000~-5000	9.85	0.016960905	0.019927463	49	167	59	196
大尹格庄	-2000~-3000	4.00	0.037298611	0.016391667	24	65	54	148
	-3000~-5000	8.00	0.037298611	0.016391667	50	130	113	295
招平带中南段	小计				147	446	255	737

四、胶西北地区预测金资源总量

根据上述预测结果统计，胶西北地区三山岛、焦家、招平三大成矿带-2000~-5000m 预测金矿石量 $1217×10^6$ ~$2237×10^6$ t，金金属量 3377~6490t；5000m 以浅金资源总量为矿石量 $2310×10^6$ ~$3330×10^6$ t，金金属量 7037~10150t（表6-16）。

表 6-16　预测胶西北地区金矿资源总量

名称	查明资源量		-2000~-5000m 预测资源量				-5000m 以浅资源总量			
			矿石量/10⁶t		金属量/t		矿石量/10⁶t		金属量/t	
	矿石量/10⁶t	金属量/t	低值	高值	低值	高值	低值	高值	低值	高值
三山岛成矿带	334	1241	375	560	1100	2228	709	894	2341	3469
焦家成矿带	429	1334	495	912	1433	2379	924	1341	2767	3713
招平带北段	202	700	200	319	619	1146	402	521	1319	1846
招平带中南段	128	385	147	446	225	737	275	383	831	1122
合计	1093	3660	1217	2237	3377	6490	2310	3330	7037	10150

第七章　结　语

胶东地区深部金矿找矿始于 21 世纪初，是我国最早开展深部找矿并取得重大突破的区域。迄今已在 500~2000m 深度探明金储量大于 3000t，除了已探明多处储量超过 100t 的深部金矿外，发现在焦家和三山岛矿区以往认为独立分布的数个浅部金矿床，向深部复合为同一矿床，构成 2 个吨位聚集指数均大于 10^{11} 的超巨型金矿床。胶东已探明的深部金储量占该区总储量的 62%，规模大于 100t 的超大型金矿床储量占总量的 65%，胶东深部找矿成果改变了我国以往金矿小而散的资源格局。虽然前人对胶东金矿开展了大量研究，但对深部金矿成矿作用和找矿方法尚缺乏系统深入的研究。本研究依托国家自然科学基金 NSFC-山东联合基金——胶东深部金矿断裂控矿机理项目，山东省重大科技创新工程"深地资源勘查开采"重点研发计划专项——深部金矿资源评价理论、方法与预测项目，紧紧围绕制约胶东深部找矿的关键理论和方法开展工作，取得了以下重要创新成果。

一、厘定晚中生代构造岩浆背景，提出了热隆-伸展构造模式

（1）提出了胶东热隆-伸展构造模式。认为胶东地区拆离断层、正断层、裂谷、变质核杂岩、伸展断陷盆等伸展构造与白垩纪岩浆活动、地壳快速隆升同时发生，构成了热隆-伸展构造，为大规模成矿提供了有利条件。热隆-伸展构造是太平洋板块俯冲与燕山运动后续效应联合作用的产物，形成于燕山运动岩石圈增厚主变形期之后的伸展垮塌与岩石圈减薄期，为华北克拉通破坏的重要表现形式。

（2）将与金成矿密切相关的地质体分为赋矿地质体和成矿期地质体。前者包括早前寒武纪变质岩系、侏罗纪玲珑型花岗岩、早白垩世郭家岭型花岗岩和莱阳群（底部），后者有白垩纪伟德山型花岗岩、雨山型花岗闪长斑岩、柳林庄型闪长岩、崂山型花岗岩、中基性脉岩和青山群火山岩。

（3）厘定了晚中生代花岗岩类的精确形成时代和由挤压向伸展转化的构造背景。侏罗纪玲珑型花岗岩的同位素年龄是 157.9±4.1Ma 和 163.2±9.3Ma，具埃达克岩地球化学特征，为受华北和扬子克拉通共同影响的后碰撞壳源花岗岩，物质来源包括造山带俯冲杂岩和华北克拉通下地壳的部分熔融；早白垩世郭家岭型花岗岩的同位素年龄是 130.0±2.0Ma 和 132.9±2.0Ma，也具埃达克岩特征，但有幔源物质参与，壳源物质主要来源于华北陆壳重熔；伟德山型花岗岩的形成时代为 116.7±1.7Ma 和 121.3±2.1Ma，具有弧花岗岩地球化学特征，物质来源于华北地壳和富集岩石圈地幔熔融；崂山型花岗岩的同位素年龄是 125.0±2.8Ma，显示了非造山或裂谷花岗岩地球化学特征，物质来源于伟德山型花岗岩形成过程中的下地壳岩石重熔。

岩浆岩的地球化学特征显出，由侏罗纪玲珑型花岗岩到白垩纪崂山型花岗岩，岩石的微量元素含量由高 Ba-Sr 向低 Ba-Sr 和由高 Sr 低 Y 向低 Sr 高 Y 演化，稀土元素由无或弱正铕异常向显著负铕异常演化，花岗岩类型由 S 型向 I 型、A 型演化。岩浆岩的元素-同位素示踪显示，由侏罗纪至白垩纪晚期地幔具有由 EM2 型富集地幔向 EM1 型富集地幔演变和由富集向亏损或由岩石圈向软流圈演变的趋势。指示胶东地区经历了由华北克拉通与扬子克拉通碰撞构造体系转化为太平洋板块俯冲构造体系，由地壳增厚转化为岩石圈减薄，由挤压转化为伸展的大地构造演化过程。地幔性状和花岗岩类地球化学性质变化为金成矿提供了有利条件。

（4）发现了白垩纪幔源高镁闪长岩。测得柳林庄和夏河城闪长岩体的同位素年龄为 118.3±1.7Ma 和 122.3±4.0Ma。地球化学特征表明，它们具有高镁闪长岩特征，来源于富集岩石圈地幔源区，为板块俯冲过程中富集的岩石圈地幔部分熔融以及地幔橄榄岩与消减洋壳板片部分熔融产生基性岩浆底侵的产物。高镁闪长岩与壳幔混合源的伟德山型花岗岩及金矿床的成岩、成矿时代一致，指示它们形成于统一的地

球动力学背景。

（5）发现了苏鲁超高压变质带北缘洋岛型和洋中脊型非超高压基性岩残片。分别是形成于古元古代末1790±27～1853±15Ma的具有洋岛玄武岩特点的胡家斜长角闪岩和新元古代797±11～782±16Ma的具有E型洋中脊玄武岩特点的从家屯斜长角闪岩。从家屯和胡家斜长角闪岩分别与扬子板块和华北板块具有构造亲缘性，在三叠纪扬子板块向华北板块俯冲碰撞过程中，这些不同大地构造位置和性质的基性岩被刮削叠置于板块缝合线附近，构成了大陆板块俯冲的加积杂岩。

（6）确定了与金矿有关的花岗岩类的降温速率和金成矿后的降温剥蚀速率。侏罗纪—白垩纪期间，玲珑型花岗岩从157.9Ma到136.1Ma，平均降温速率为14℃/Ma；郭家岭花岗岩从132.9Ma到125.9Ma，平均降温速率为43.57℃/Ma；伟德山型花岗岩从121.3Ma到111.7Ma，平均降温速率为31.77℃/Ma；柳林庄型闪长岩从120.1Ma到117.6Ma，平均降温速率为122℃/Ma。金矿化形成于强烈的降温隆升期。

通过对纱岭金矿锆石和磷灰石裂变径迹的热历史模拟发现，金成矿后降温速率显著降低，124～50Ma期间降温速率为1.76±0.68℃/Ma，50～10Ma期间降温速率为0.75±0.25℃/Ma，10～0Ma期间降温速率为3.25±0.25℃/Ma，三个阶段的剥蚀速率分别为40±15m/Ma、17±6m/Ma、108±8m/Ma，成矿至今的剥蚀总厚度为4.72±1.43km，指示金成矿后遭受的剥蚀较少，深部找矿潜力很大。

二、深化成矿作用研究，构建了系列金成矿模式

（1）胶东金矿成矿物质来源具有多源性。通过S、H-O、C-O、He-Ar同位素以及微量元素研究认为古老的变质基底岩系、中生代花岗岩以及幔源物质为金成矿提供了物质基础。成矿流体呈现出地壳和地幔混合流体特征，金成矿与区域壳–幔相互作用有关。

（2）黄铁矿中的$\delta^{34}S$由浅到深呈减小趋势。黄铁矿LA-ICP-MS原位微量元素分析显示，$\delta^{34}S$自西向东呈减小趋势，由浅到深也呈减小趋势，石英脉型金矿的$\delta^{34}S$值比蚀变岩型金矿的值低。主要原因是石英脉型金矿成矿流体来源较深，代表了成矿原始流体系统的硫同位素组成，而蚀变岩型金矿成矿流体在成矿时与围岩中的硫发生了同位素交换。黄铁矿中几乎不含Au，说明Au元素不是和Fe的硫化物一同迁移的。

（3）成矿流体具有较为稳定的来源和成生环境。对流体包裹体的研究表明，主成矿阶段流体包裹体均一温度集中在220～320℃，流体盐度集中在4%～10%，流体密度集中在0.7～0.9g/cm³，成矿流体为中高温、含CO_2、低盐度的H_2O–CO_2–$NaCl$±CH_4流体体系。流体富含F^-、Cl^-、SO_4^{2-}、Na^+、Ca^{2+}，表现出深源流体的特征。成矿过程中流体经历了氧化还原条件的改变，成矿早期流体为碱性或弱碱性特征，晚期流体为酸性或弱酸性特征。流体的成矿温度、盐度和密度在2000m深度范围内基本稳定，说明流体在区域成矿空间尺度上具有较为稳定的来源和成生环境。

（4）破碎带蚀变岩型金矿断裂渗流交代成矿模式。破碎带蚀变岩型金矿受区域较大规模断裂控制，金矿体主要赋存于主断裂下盘。由以断层泥为标志的断裂主裂面至远离主裂面，依次分布黄铁绢英岩带、黄铁绢英岩化花岗质碎裂岩带和钾化黄铁绢英岩化花岗岩带，带内分别赋存Ⅰ号、Ⅱ号和Ⅲ号矿体群。深部含矿热液上升遇到断裂构造中致密的断层泥遮挡层后，成矿流体以渗流方式运移，通过与构造岩发生交代作用形成浸染状破碎带蚀变岩矿体。

（5）石英脉型金矿泵吸充填成矿模式。石英脉型金矿受拆离断层下盘的陡倾角张性断裂控制，矿体主要赋存于断裂构造的扩容带。拆离断层作为较大范围分布的低渗透性封闭构造层，阻隔了成矿流体的运移，大规模流体以涌流模式贯入到已有裂隙中并迫使围岩张开，成矿流体多次脉动式上侵，形成宽大的石英脉。

（6）胶西北金矿区域成矿模式。胶西北金矿受侏罗纪玲珑型花岗岩与早前寒武纪变质岩系界面附近的伸展拆离构造控制，在拆离断层主断面之下的主断裂带区域，流体沿连续弥散空间渗流交代形成浸染状破碎带蚀变岩型矿石；远离主断面，流体充填到拆离断层下盘张裂隙带的连续自由空间中，形成脉状

矿石；二者之间网状裂隙发育，形成网脉状矿石。

（7）深部金矿阶梯成矿模式。金矿控矿断裂沿倾向出现若干个倾角由陡变缓的变化台阶，金矿体沿断裂倾角较缓部位分段富集构成"阶梯"分布型式。

（8）胶东金矿热隆-伸展成矿模式。陆壳重熔、流体活动、热隆-伸展是胶东金矿大规模成矿的关键控制因素。早白垩世，由于板块俯冲、回撤，诱发壳幔相互作用，产生大规模岩浆活动，引起广泛的流体活动；同时，地壳拉张和岩浆隆升，形成花岗岩穹窿-伸展构造。伸展构造既为成矿流体运移提供了良好的通道，又为成矿流体沉淀、矿体定位提供了有利的空间。随着地壳快速隆升，温度和压力骤降，成矿流体发生沸腾和相分离作用而成矿。

三、建立三维地质模型，揭示了深部成矿规律

（1）建立了胶东三维地质模型。采用图切地质剖面结合重磁解译，按照 5km 剖面间距，建立了面积约 31000km² 的胶东三维地质模型。地质模型显示，玲珑岩体与昆嵛山和鹊山岩体在深部连为一体，以荣成片麻岩套为标志的威海超高压变质带向西斜插于胶北地体（华北克拉通）之下，荆山群广泛分布于胶北地体南侧。

（2）建立了胶西北三维地质模型。采用地质、重磁联合反演剖面，按照 2.5km 剖面间距，建立了面积约 10305km² 的胶西北三维地质模型。模型显示，玲珑岩体由地表向深部宽度（东西向）逐渐变宽，大致呈梯形、似层状产出，岩体向南部发育厚度变大；郭家岭型花岗岩与玲珑型花岗岩的接触面较为陡立，向深部延伸范围有限；伟德山型和崂山型花岗岩的地表小岩体在深部连通，具有较大的展布规模和深度；三山岛、焦家和招平断裂均为上陡下缓的铲式断裂。

（3）建立了典型金矿床三维地质模型。采用勘查线和钻孔数据，按照 60m×60m 水平控制网度，分别建立了三山岛超巨型金矿床、焦家巨型金矿床和玲南-李家庄金矿床三维地质模型。三个建模区域内，在工程控制范围内主要矿体向深部规模均变大，且多个浅部矿体在深部连为一体；矿体品位、厚度呈正相关关系；控矿构造表面坡度变化较大的区域易于矿体富集，构造表面变化率越大矿体越富集，矿体主要富集在断裂坡度由陡变缓部位。

（4）突破传统的矿区概念，发现了三山岛和焦家超巨型金矿床。通过对金矿床密集区主要金矿体的重新连接与研究，提出以往认为由若干个独立矿床组成的焦家金矿田和三山岛金矿田均为金资源储量大于千吨的超巨型金矿床的新认识。二者分别沿焦家和三山岛两条相邻断裂对应产出，主矿体在剖面上各形成浅部和深部两个缓倾斜的赋矿台阶。焦家巨型金矿床主要金矿体向南西倾伏，向南侧伏，呈左列式分布。三山岛巨型金矿床主要金矿体向北东倾伏，向北侧伏，呈右列式分布。

（5）系统研究了深部、浅部矿体的变化规律。与浅部矿体相比，深部矿体总体形态简单、规模大、倾角缓。由浅部至深部，矿体的金品位及金、银含量比值呈现相对降低的趋势；金矿物的形态，粒状金趋于减少、片状金增多，粒度逐渐变细；金矿物中金含量增高，银含量减少，金矿物成色增高。

四、开展深部金矿勘查物化探技术研究，形成了深部找矿系列方法

（1）研发了深部金矿阶梯找矿方法。传统浅部、表部金矿找矿思路是：采用时间域电磁方法圈定激电异常，"围着异常转"。而深部金矿阶梯找矿主要思路是：采用频率域电磁探测深部构造和有利赋矿部位，识别控矿断裂向深部倾角变缓的台阶，根据阶梯成矿模式圈定深部金矿靶区。

（2）集成了 2000m 以浅及 2000～5000m 深部金矿探测的地球物理方法组合。2000m 以浅的最佳方法技术组合是以"频率域电磁测深法+SIP 测量"为主，重力勘探辅助。在有微弱-中等强度的噪声干扰区，探测 2000～5000m 成矿结构面的最佳方法技术组合为"MT/广域电磁法+重力勘探+地震勘探"，在强烈电磁干扰区（如矿区、城镇等），宜采用以"重力勘探+地震勘探"为主，广域电磁法为辅的技术方法组合。

（3）开展了反射地震和广域电磁法探测深部金矿实验。将反射地震和广域电磁法用于深部断裂及金矿勘查，大致查明了焦家断裂及三山岛断裂深部结构，清晰揭示了断裂深部产状变化，圈定了深部金矿预测靶区。

（4）建立了深部金矿地质–地球物理找矿模型。建立了以阶梯成矿模式为理论依据，以岩（矿）石物性差异为前提，以重力梯级异常及其转向带、电阻率断面梯级异常陡→缓转折辐射区、高极化率异常特征为标志的深部金矿地质–地球物理找矿模型。

（5）实施了1条穿越胶东地区的深部地球物理剖面。通过实施莱州金城–海阳二十里店120km长度的重磁和MT剖面测量，揭示了深部岩浆活动——浅部伸展构造特征。

（6）建立了胶西北矿集区三维地质–地球物理模型。通过重磁三维联合正反演，建立了胶西北矿集区（三山岛–焦家成矿带及周边区域）三维地质–地球物理模型，展示了主要成矿断裂带、相关地质体的三维空间形态和三维物性特征。

（7）研究了金矿床元素富集贫化规律。研究了焦家深部、三山岛北部海域和大尹格庄金矿区的元素富集贫化特征，分别提出了富集、贫化和惰性元素及正相关、负相关和不相关元素种类。

（8）建立了金矿床勘查地球化学指标及多维异常体系。分析了成矿元素、伴生元素、矿化剂元素、成矿环境元素、常量元素、惰性组分等的变化特征，提出以 S、Au 组合为代表的指示矿源岩的异常与以 Na_2O 为代表的指示热液作用的异常高度吻合，是焦家式金矿最具代表性的矿致异常组合，建立了构造蚀变带地球化学指标。

（9）建立了金矿床构造叠加晕模型。研究了纱岭、水旺庄及尹家西北等金矿床的矿床地球化学、构造叠加晕异常特征及构造叠加晕找矿模型，认为矿床最佳指示元素组合为 Au、Ag、Cu、Pb、Zn、As、Sb、Hg、Bi、Mo、W；前缘晕特征指示元素为 As、Sb、Hg；近矿晕特征指示元素为 Au、Ag、Cu、Pb、Zn；尾晕特征指示元素为 Bi、Mo、W。

五、建立深部金矿预测方法，预测胶西北金资源总量达万吨

（1）提出了基于阶梯成矿模式的深部成矿靶区预测方法。根据三维地质模型提取各种识别控矿断裂和成矿结构面特征的预测要素，将符合阶梯成矿指标的有利赋矿断裂位置圈定为找矿靶区。采用这一方法，圈出7处深部找矿靶区，综合分析确定了招贤深部、水旺庄深部、尹家西北深部和臧家庄北深部4处可供近期勘查的找矿靶区。

（2）提出了基于控矿断裂带浅部资源量的深部金矿资源潜力预测方法。通过对已查明的控矿断裂浅部资源储量的统计分析，外推到与之成矿条件相似的深部预测区，对预测区的资源量作出估算。采用这一方法，预测胶西北三山岛、焦家和招平断裂成矿带-2000～-5000m 标高深度金金属量 3377～6490t，其中-2000m～-3000m 标高深度金金属量 1133～2164t；胶西北 5000m 以浅金资源总量为金属量 7037～10150t。

参 考 文 献

毕献武, 胡瑞忠, 彭建堂, 等, 2004. 黄铁矿微量元素地球化学特征及其对成矿流体性质的指示 [J]. 矿物岩石地球化学通报, 23 (1): 1-4.

蔡亚春, 范宏瑞, 胡芳芳, 等, 2011. 胶东胡八庄金矿成矿流体、稳定同位素及成矿时代研究 [J]. 岩石学报, 27 (5): 1341-1351.

曹春国, 韩玉珍, 关荣斌, 等, 2016. 胶西北矿集区深部金矿应用地球物理技术找矿实践 [M]. 北京: 地质出版社.

曹国权, 王致本, 张成基, 1990. 山东胶南地体及其边界断裂五莲—荣成断裂的构造意义 [J]. 山东地质, 6 (1): 1-14.

陈柏林, 刘建民, 张达, 等, 1999. 低角度断层成矿控矿作用 [J]. 地质学报, 73 (4): 377.

陈炳翰, 王中亮, 李海林, 等, 2014. 胶东台上金矿床成矿流体演化: 载金黄铁矿稀土元素和微量元素组成约束 [J]. 岩石学报, 30 (9): 2518-2532.

陈昌昕, 2015. 山东郭城土堆–沙旺金矿床地质特征及矿床成因研究 [D]. 长春: 吉林大学.

陈国达, 1956. 中国地台 "活化区" 的实例并着重讨论 "华夏古陆" 问题 [J]. 地质学报, 36 (3): 239-271.

陈海燕, 2010. 胶东金青顶金矿成因矿物学与深部远景研究 [D]. 北京: 中国地质大学 (北京).

陈俊, 孙丰月, 王力, 等, 2015. 胶东招掖地区栾家河花岗岩锆石 U-Pb 年代学、岩石地球化学及其地质意义 [J]. 世界地质, 34 (2): 283-295.

迟清华, 鄢明才, 2007. 应用地球化学元素丰度数据手册 [M]. 北京: 地质出版社.

邓晋福, 莫宣学, 赵海玲, 等, 1994. 中国东部岩石圈根/去根作用与大陆 "活化": 东亚型大陆动力学模式研究计划 [J]. 现代地质, 8 (3): 349-356.

丁正江, 孙丰月, 刘福来, 等, 2013. 胶东伟德山地区铜钼多金属矿锆石 U-Pb 法测年及其地质意义 [J]. 岩石学报, 29 (2): 607-618.

董树文, 张岳桥, 龙长兴, 等, 2007. 中国侏罗纪构造变革与燕山运动新诠释 [J]. 地质学报, 81 (11): 1449-1461.

董学, 李大鹏, 赵睿, 等, 2020. 胶东泽头岩体锆石 U-Pb 年代学和岩石成因: 对区域早白垩世晚期成岩成矿作用的指示 [J]. 岩石学报, 36 (5): 1501-1514.

豆敬兆, 付顺, 张华锋, 2015. 胶东郭家岭岩体固结冷却轨迹与隆升剥蚀 [J]. 岩石学报, 31 (8): 2325-2336.

范宏瑞, 胡芳芳, 杨进辉, 等, 2005. 胶东中生代构造体制转折过程中流体演化和金的大规模成矿 [J]. 岩石学报, 21 (5): 1317-1328.

付长亮, 孙德有, 张兴洲, 等, 2010. 吉林珲春三叠纪高镁闪长岩的发现及地质意义 [J]. 岩石学报, 26 (4): 1089-1120.

高山, 骆庭川, 张本仁, 等, 1999. 中国东部地壳的结构和组成 [J]. 中国科学 (D 辑: 地球科学), (3): 204-213.

高太忠, 杨敏之, 金成洙, 等, 1999. 山东牟乳石英脉型金矿流体成矿构造动力学研究 [J]. 大地构造与成矿学, (2): 31-37.

高永丰, 侯增谦, 魏瑞华, 2003. 冈底斯晚第三纪斑岩的岩石学、地球化学及其地球动力学意义 [J]. 岩石学报, 19 (3): 418-428.

耿瑞, 2012. 山东省栖霞市山城金矿床地质特征及成因研究 [D]. 长春: 吉林大学.

关康, 罗镇宽, 苗来成, 等, 1997. 胶东招掖郭家岭型花岗岩锆石年代学及其 Pb 同位素特征 [J]. 地球学报: 中国地质科学院院报, 18 (S): 142-144.

关康, 罗镇宽, 苗来成, 等, 1998. 胶东招掖郭家岭型花岗岩锆石 SHRIMP 年代学研究 [J]. 地质科学, 33 (3): 318-328.

郭敬辉, 陈福坤, 张晓曼, 等, 2005. 苏鲁超高压带北部中生代岩浆侵入活动与同碰撞–碰撞后构造过程: 锆石 U-Pb 年代学 [J]. 岩石学报, 21 (4): 1281-1301.

郭林楠, 黄春梅, 张良, 等, 2019. 胶东罗山金矿床成矿流体来源: 蚀变岩型和石英脉型矿石载金黄铁矿稀土与微量元素特征约束 [J]. 现代地质, 33 (1): 121-136.

侯明兰, 2006. 胶东金矿成矿作用地球化学研究——以玲珑金矿区和蓬莱金矿区为例 [D]. 南京: 南京大学.

侯明兰，蒋少涌，姜耀辉，等，2006. 胶东蓬莱金成矿区的 S-Pb 同位素地球化学和 Rb-Sr 同位素年代学研究 [J]. 岩石学报，22（10）：2525-2533.

胡芳芳，范宏瑞，杨进辉，等，2005a. 胶东文登长山南花岗闪长岩体的岩浆混合成因：闪长质包体及寄主岩石的地球化学、Sr- Nd 同位素和锆石 Hf 同位素证据 [J]. 岩石学报，21（3）：569-586.

胡芳芳，范宏瑞，沈昆，等，2005b. 胶东乳山脉状金矿床成矿流体性质与演化 [J]. 岩石学报，21（5）：1329-1338.

胡世玲，王松山，桑海清，等，1987. 山东玲珑和郭家岭岩体的同位素年龄及其地质意义 [J]. 岩石学报，20（3）：38-42.

黄德业，1994. 胶东金矿成矿系列硫同位素研究 [J]. 矿床地质，13（1）：75-87.

黄洁，郑永飞，吴元保，等，2005. 苏鲁造山带五莲地区岩浆岩元素和同位素地球化学研究 [J]. 岩石学报，21（3）：545-568.

纪攀，2016. 胶东辽上金矿床地质特征及成因研究 [D]. 长春：吉林大学.

季海章，赵懿英，卢冰，等，1992. 胶东地区煌斑岩与金矿关系初探 [J]. 地质与勘探，28（2）：15-18.

江为为，郝天珧，焦丞民，等，2000. 山东青州—牟平重、磁场特征及地壳结构 [J]. 地球物理学进展，15（4）：18-26.

姜晓辉，范宏瑞，胡芳芳，等，2011. 胶东三山岛金矿中深部成矿流体对比及矿床成因 [J]. 岩石学报，27（5）：1327-1340.

匡永生，庞崇进，罗震宇，等，2012. 胶东青山群基性火山岩的 Ar- Ar 年代学和地球化学特征：对华北克拉通破坏过程的启示 [J]. 岩石学报，28（4）：1073-1091.

乐靖，王晖，范廷恩，等，2017. 基于地震等时格架的倾角导向储层静态建模方法 [J]. 石油物探，56（3）：449-458.

黎彤，1976. 化学元素的地球丰度 [J]. 地球化学，5（3）：168-174.

李红梅，魏俊浩，王启，等，2010. 山东土堆–沙旺金矿床同位素组成特征及矿床成因讨论 [J]. 地球学报，31（6）：791-802.

李洪奎，李逸凡，梁太涛，等，2017. 山东胶东型金矿的概念及其特征 [J]. 黄金科学技术，25（1）：1-8.

李厚民，毛景文，沈远超，等，2003. 胶西北东季金矿床钾长石和石英的 Ar- Ar 年龄及其意义 [J]. 矿床地质，22（1）：72-77.

李惠，禹斌，李德亮，等，2010. 山东三（山岛）–仓（上）断裂带金矿床深部盲矿预测的构造叠加晕模型 [J]. 矿床地质，29（S1）：713-714.

李杰，2012. 胶东地区钼–铜–铅锌多金属矿成矿作用及成矿模式——兼论与胶东金成矿作用的关系 [D]. 成都：成都理工大学.

李锦轶，杨天南，陈文，等，2004. 中国东部东海地区超高压变质岩构造变形事件的 $^{40}Ar/^{39}Ar$ 定年与超高压变质岩折返过程的重建 [J]. 地质学报，78（1）：97-108.

李俊建，罗镇宽，刘晓阳，等，2005. 胶东中生代花岗岩及大型–超大型金矿床形成的地球动力学环境 [J]. 矿床地质，24（4）：361-372.

李士先，刘长春，安郁宏，等，2007. 胶东金矿地质 [M]. 北京：地质出版社.

李曙光，1992. 论华北与扬子陆块的碰撞时代——同位素年代学方法的原理及应用 [J]. 安徽地质，2（4）：13-23.

李曙光，陈移之，宋明春，等，1994. 胶东海阳所斜长角闪岩的锆石 U-Pb 年龄——多期变质作用对锆石不一致线年龄影响的实例 [J]. 地球学报，15（Z1）：37-42.

李树文，郝旭，金瓥昆，等，2000. 激电异常的形态解释方法及其应用研究 [J]. 地质与勘探，36（1）：47-49.

李向辉，陈福坤，李潮峰，等，2007. 苏鲁造山带荣成超高压地体片麻岩锆石年龄和铪同位素组成特征 [J]. 岩石学报，23（2）：351-368.

李自红，刘鸿福，张敏，等，2013. 地震与活动断裂空间关系的三维可视化建模 [J]. 地震地质，35（3）：565-575.

林冰仙，周良辰，闾国年，2013. 虚拟钻孔控制的三维地质体模型构建方法 [J]. 地球信息科学学报，15（5）：672-679.

林博磊，李碧乐，2013. 胶东玲珑花岗岩的地球化学、U-Pb 年代学、Lu-Hf 同位素及地质意义 [J]. 成都理工大学学报（自然科学版），40（2）：147-160.

林少泽，朱光，严乐佳，等，2013. 胶东地区玲珑岩基隆升机制探讨 [J]. 地质论评，59（5）：832-844.

林伟，王军，刘飞，等，2013. 华北克拉通及邻区晚中生代伸展构造及其动力学背景的讨论 [J]. 岩石学报，29（5）：1791-1810.

刘德民，李德威，杨巍然，等，2005. 喜马拉雅造山带晚新生代构造隆升的裂变径迹证据 [J]. 地球科学——中国地质大学学报，30（2）：147-152.

刘福来, 徐志琴, 宋彪, 2003. 苏鲁地体超高压和退变质时代的厘定: 来自片麻岩锆石微区 SHRIMP U-Pb 定年的证据 [J]. 地质学报, 77 (2): 229-237.

刘福来, 施建荣, 刘建辉, 等, 2011. 北苏鲁威海地区超基性岩的原岩形成时代和超高压变质时代 [J]. 岩石学报, 27 (4): 1075-1084.

刘辅臣, 卢作祥, 范永香, 等, 1984. 玲珑金矿中中基性岩脉与矿化的关系讨论 [J]. 地球科学, 9 (4): 37-46.

刘洪文, 邢树文, 孙景贵, 2002. 胶西北两类金矿床暗色脉岩的碳、氧同位素地球化学 [J]. 吉林大学学报 (地球科学版), 32 (1): 11-15.

刘建明, 张宏福, 孙景贵, 等, 2003. 山东幔源岩浆岩的碳-氧和锶-钕同位素地球化学研究 [J]. 中国科学 (D 辑: 地球科学), 33 (10): 921-930.

刘俊来, 关会梅, 纪沫, 等, 2006. 华北晚中生代变质核杂岩构造及其对岩石圈减薄机制的约束 [J]. 自然科学进展, 16 (1): 21-26.

刘贻灿, 李远, 刘理湘, 等, 2013. 大别造山带三叠纪低级变质的新元古代火成岩: 俯冲陆壳表层拆离折返的岩片 [J]. 科学通报, 58 (23): 2330-2337.

刘英俊, 马东升, 1984. 江西隘上沉积-叠加成因钨矿床的元素地球化学判据 [J]. 中国科学 (B 辑), (12): 62-71.

柳振江, 王建平, 郑德文, 等, 2010. 胶东西北部金矿剥蚀程度及找矿潜力和方向——来自磷灰石裂变径迹热年代学的证据 [J]. 岩石学报, 26 (12): 3597-3611.

陆丽娜, 范宏瑞, 胡芳芳, 等, 2011. 胶西北郭家岭花岗闪长岩侵位深度: 来自角闪石温压计和流体包裹体的证据 [J]. 岩石学报, 27 (5): 1521-1532.

吕古贤, 孔庆存, 1993. 胶东玲珑-焦家式金矿地质 [M]. 北京: 科学出版社.

吕庆田, 吴明安, 汤井田, 等, 2017. 安徽庐枞矿集区三维探测与深部成矿预测 [M]. 北京: 科学出版社.

罗贤冬, 杨晓勇, 段留安, 等, 2014. 胶北地块与金成矿有关的郭家岭岩体和上庄岩体年代学及地球化学研究 [J]. 地质学报, 88 (10): 1874-1888.

罗镇宽, 关康, 苗来成, 2001. 胶东玲珑金矿田煌斑岩脉与成矿关系的讨论 [J]. 黄金地质, (4): 15-21.

马生明, 朱立新, 韩方法, 等, 2017. 胶西北焦家式金矿控矿构造蚀变带的地球化学标志 [J]. 地学前缘, 24 (2): 64-72.

毛景文, 李厚民, 王义天, 等, 2005. 地幔流体参与胶东金矿成矿作用的氢氧碳硫同位素证据 [J]. 地质学报, 79 (6): 839-857.

苗来成, 罗镇宽, 关康, 等, 1997. 胶东招掖金矿带控矿断裂演化规律 [J]. 地质找矿论丛, 12 (1): 26-35.

苗来成, 罗镇宽, 关康, 等, 1998. 玲珑花岗岩中锆石的离子质谱 U-Pb 年龄及其岩石学意义 [J]. 岩石学报, 14 (2): 198-206.

牟保磊, 邵济安, 边振辉, 等, 1999. 矾山碱性杂岩体中发现碳酸岩 [J]. 北京大学学报 (自然科学版), 35 (2): 243-247.

倪志耀, 王仁民, 袁建平, 2001. 胶东海阳所堆积辉长岩的变质反应结构、石榴石形成及 P-T 演化 [J]. 高校地质学报, (3): 316-328.

潘素珍, 王夫运, 郑彦鹏, 等, 2015. 胶东半岛地壳速度结构及其构造意义 [J]. 地球物理学报, 58 (9): 3251-3263.

邱检生, 王德滋, 罗清华, 等, 2001. 鲁东胶莱盆地青山组火山岩的 ^{40}Ar-^{39}Ar 定年——以五莲分岭山火山机构为例 [J]. 高校地质学报, 7 (3): 351-355.

邱连贵, 任凤楼, 曹忠祥, 等, 2008. 胶东地区晚中生代岩浆活动及对大地构造的制约 [J]. 大地构造与成矿学, 32 (1): 117-123.

桑隆康, 1987. 玲珑花岗岩形成的温压条件定量估计 [J]. 矿物学岩石学论丛, 3: 35-42.

邵济安, 张履桥, 李大明, 2002. 华北克拉通元古代的三次伸展事件 [J]. 岩石学报, 18 (2): 152-160.

邵世才, 何绍勋, 奚小双, 1993. 小秦岭脉型金矿床容矿断裂及石英脉形成机制的探讨 [J]. 地质找矿论丛, 8 (2): 26-33.

沈昆, 胡受奚, 孙景贵, 等, 2000. 山东招远大尹格庄金矿成矿流体特征 [J]. 岩石学报, 16 (4): 542-550.

沈远超, 张连昌, 刘铁兵, 等, 2002. 论层间滑动断层及其控矿作用: 以山东胶莱盆地北缘金成矿带为例 [J]. 地质与勘探, 27 (1): 11-19.

宋明春, 吕发堂, 1997. 山东胶南地区榴辉岩围岩中白云母的初步研究 [J]. 矿物岩石, 17 (2): 18-22.

宋明春, 马文斌, 1997. 胶南隆起北缘石门—薛家庄韧性剪切带 [J]. 山东地质, 13 (1): 77-84.

宋明春，王沛成，2003. 山东省区域地质 [M]. 济南：山东省地图出版社.

宋明春，张京信，张希道，1998. 山东省胶南地区斜长花岗岩的发现 [J]. 中国区域地质，17 (3)：50-54.

宋明春，徐军祥，王沛成，等，2009. 山东省大地构造格局和地质构造演化 [M]. 北京：地质出版社.

宋明春，崔书学，周明岭，等，2010. 山东省焦家矿区深部超大型金矿床及其对"焦家式"金矿的启示 [J]. 地质学报，84 (9)：1349-1358.

宋明春，宋英昕，崔书学，等，2011. 胶东焦家特大型金矿床深、浅部矿体特征对比 [J]. 矿床地质，30 (5)：923-932.

宋明春，伊丕厚，徐军祥，等，2012. 胶西北金矿阶梯式成矿模式 [J]. 中国科学 (D 辑：地球科学)，42 (7)：992-1000.

宋明春，宋英昕，沈昆，等，2013. 胶东焦家深部金矿矿床地球化学特征及有关问题讨论 [J]. 地球化学，42 (3)：274-289.

宋明春，李三忠，伊丕厚，等，2014. 中国胶东焦家式金矿类型及其成矿理论 [J]. 吉林大学学报 (地球科学版)，44 (1)：87-104.

宋明春，张军进，张丕建，等，2015a. 胶东三山岛北部海域超大型金矿床的发现及其构造–岩浆背景 [J]. 地质学报，89 (2)：365-383.

宋明春，宋英昕，李杰，等，2015b. 胶东与白垩纪花岗岩有关的金及有色金属矿床成矿系列 [J]. 大地构造与成矿学，39 (5)：828-843.

宋明春，李杰，李世勇，等，2017. 鲁东晚中生代热隆伸展构造及其动力学背景 [J]. 吉林大学学报 (地球科学版)，48 (4)：941-964.

宋明春，宋英昕，丁正江，等，2018. 胶东金矿床：基本特征和主要争议 [J]. 黄金科学技术，26 (4)：406-422.

宋明春，宋英昕，丁正江，等，2019. 胶东焦家和三山岛巨型金矿床的发现及有关问题讨论 [J]. 大地构造与成矿学，43 (1)：92-110.

宋明春，李杰，周建波，等，2020. 胶东早白垩世高镁闪长岩类的发现及其构造背景 [J]. 岩石学报，36 (1)：279-296.

宋英昕，宋明春，丁正江，等，2017. 胶东金矿集区深部找矿重要进展及成矿特征 [J]. 黄金科学技术，25 (3)：4-18.

宋英昕，宋明春，孙伟清，等，2018. 胶东金矿成矿时代及区域地壳演化——基性脉岩的 SHRIMP 锆石 U-Pb 年龄及其地质意义 [J]. 地质通报，37 (5)：908-919.

孙丰月，石准立，冯本智，1995. 胶东金矿地质及幔源 C-H-O 流体分异成岩成矿 [M]. 长春：吉林人民出版社.

孙华山，孙林，赵显辉，等，2007. 招掖地区郭家岭花岗岩控矿的几点证据及找矿指示意义 [J]. 黄金，28 (4)：3-8.

孙华山，韩静波，申玉科，等，2016. 胶西北玲珑、焦家金矿田锆石 (U-Th)/He 年龄及其对成矿后剥露程度的指示 [J]. 地球科学——中国地质大学学报，41 (4)：644-654.

孙丽伟，2015. 胶东乳山蓬家夼金矿床地质特征及矿化富集规律研究 [D]. 长春：吉林大学.

孙兴丽，2014. 山东胶莱盆地西泮口金矿床的特征和成因 [D]. 北京：中国地质大学 (北京).

谭俊，魏俊浩，杨春福，等，2006. 胶东郭城地区脉岩类岩石地球化学特征及成岩构造背景 [J]. 地质学报，80 (8)：1177-1188.

唐俊，郑永飞，吴元保，等，2004. 胶东地块东部变质岩锆石 U-Pb 定年和氧同位素研究 [J]. 岩石学报，20 (5)：1039-1062.

田杰鹏，田京祥，郭瑞朋，等，2016. 胶东型金矿：与壳源重熔层状花岗岩和壳幔混合花岗闪长岩有关的金矿 [J]. 地质学报，90 (5)：987-996.

田伟，董申保，陈咪咪，等，2009. 南秦岭印支期花岗岩带的"地幔印记" [J]. 地学前缘，16 (2)：119-128.

万天丰，2001. 中朝与扬子板块的鉴别特征 [J]. 地质论评，47 (1)：57-63.

王德滋，赵广涛，邱检生，1995. 中国东部晚中生代 A 型花岗岩的构造制约 [J]. 高校地质学报，1 (2)：13-20.

王佳良，2013. 山东栖霞马家窑金矿床地质特征及矿化富集规律研究 [D]. 长春：吉林大学.

王仁民，安家桐，赖兴运，1995. 胶东蛇绿岩套的发现及其地质意义 [J]. 岩石学报，11 (S1)：221-224.

王世称，刘玉强，伊丕厚，等，2003. 山东省金矿床及金矿床密集区综合信息成矿预测 [M]. 北京：地质出版社.

王世进，万渝生，王伟，等，2010. 山东崂山花岗岩形成时代——锆石 SHRIMP U-Pb 定年 [J]. 山东国土资源，26 (10)：1-6.

王世进，万渝生，郭瑞朋，等，2011. 鲁东地区玲珑型 (超单元) 花岗岩的锆石 SHRIMP 定年 [J]. 山东国土资源，27 (4)：1-7.

王世进，万渝生，宋志勇，等，2012. 鲁东文登地区文登型 (超单元) 花岗岩体的 SHRIMP 锆石年代学 [J]. 山东国土资源，28（2）：1-5.

王铁军，阎方，2002. 胶东地区岩浆热液型金矿成矿流体演化与成矿预测 [J]. 地质找矿论丛，17（3）：169-174.

王先彬，刘刚，陈践发，等，1996. 地球内部流体研究的若干关键问题 [J]. 地学前缘，3（3-4）：105-118.

王义文，朱峰三，宫润潭，2002. 构造同位素地球化学——胶东金矿集中区硫同位素再研究 [J]. 黄金，23（4）：1-15.

王中亮，赵荣新，张庆，等，2014. 胶西北高 Ba-Sr 郭家岭型花岗岩岩浆混合成因：岩石地球化学与 Sr-Nd 同位素约束
　　[J]. 岩石学报，30（9）：2595-2608.

翁文灏，1927. 中国东部中生代以来之地壳运动及火山活动 [J]. 地质学报，6（1）：9-37.

巫祥阳，徐义刚，马金龙，等，2003. 鲁西中生代高镁闪长岩的地球化学特征及其成因探讨 [J]. 大地构造与成矿学，
　　27（3）：228-236.

吴福元，徐义刚，高山，等，2008. 华北岩石圈减薄与克拉通破坏研究的主要学术争论 [J]. 岩石学报，24（6）：
　　1145-1174.

吴根耀，2006. 白垩纪：中国及邻区板块构造演化的一个重要变换期 [J]. 中国地质，33（1）：64-77.

吴志春，郭福生，郑翔，等，2015. 基于 PRB 数据构建三维地质模型的技术方法研究 [J]. 地质学报，89（7）：
　　1318-1330.

吴志春，郭福生，林子瑜，等，2016. 三维地质建模中的多源数据融合技术与方法 [J]. 吉林大学学报（地球科学版），
　　46（6）：1895-1913.

谢志鹏，王建，Hattori K，等，2018. 苏鲁超高压变质带胡家林超镁铁质岩成因及构造意义 [J]. 岩石学报，34（6）：
　　1539-1556.

徐洪林，张德全，孙桂英，1997. 胶东昆嵛山花岗岩的特征、成因及其与金矿的关系 [J]. 岩石矿物学杂志，16（2）：
　　131-143.

徐金芳，沈步云，牛良柱，等，1989. 胶北地块与金矿有关的花岗岩类的研究 [J]. 山东地质，5（2）：1-125.

徐扬，杨坤光，李日辉，等，2017. 北苏鲁变辉长岩锆石 U-Pb 年龄和 Lu-Hf 同位素组成及其对源区的指示 [J]. 大地构造
　　与成矿学，41（2）：338-353.

薛建玲，李胜荣，庞振山，等，2018. 胶东邓格庄金矿成矿流体、成矿物质来源与矿床成因 [J]. 岩石学报，34（5）：
　　1453-1468.

鄢明才，迟清华，顾铁新，等，1997. 中国东部地壳元素丰度与岩石平均化学组成研究 [J]. 物探与化探，21（6）：
　　451-459.

闫峻，陈江峰，谢智，等，2003. 鲁东晚白垩世玄武岩中的幔源捕虏体：对中国东部岩石圈减薄时间制约的新证据 [J].
　　科学通报，48（14）：1570-1574.

闫峻，陈江峰，谢智，等，2005. 鲁东晚白垩世玄武岩及其中幔源包体的岩石学和地球化学研究 [J]. 岩石学报，21（1）：
　　99-112.

杨承海，许文良，杨德彬，等，2006. 鲁西中生代高 Mg 闪长岩的成因：年代学与岩石地球化学证据 [J]. 地球科学——中
　　国地质大学学报，31（1）：44-55.

杨金中，沈远超，刘铁兵，2000. 胶东东部鹊山变质核杂岩与金矿成矿 [J]. 地质地球化学，28（1）：15-19.

杨进辉，周新华，陈立辉，2000. 胶东地区破碎带蚀变岩型金矿时代的测定及其地质意义 [J]. 岩石学报，16（3）：
　　454-458.

杨进辉，朱美妃，刘伟，等，2003. 胶东地区郭家岭花岗闪长岩的地球化学特征及成因 [J]. 岩石学报，19（4）：
　　692-700.

杨经绥，许志琴，吴才来，等，2002. 含柯石英锆石的 SHRIMP U-Pb 定年：胶东印支期超高压变质作用的证据 [J]. 地质
　　学报，76（3）：354-372.

杨立强，邓军，张静，等，2007. 山东招平断裂带大磨曲家金矿床流体包裹体初步研究 [J]. 岩石学报，23（1）：
　　153-160.

杨立强，邓军，王中亮，等，2014. 胶东中生代金成矿系统 [J]. 岩石学报，30（9）：2447-2467.

杨敏之，吕古贤，1996. 胶东绿岩带金矿地质地球化学 [M]. 北京：地质出版社.

杨文采，2005. 中央造山带东段岩石圈的构造格架 [J]. 中国地质，32（2）：299-309.

杨忠芳，赵伦山，周奇明，等，1994. 胶东牟乳金矿带浅成热液金矿成矿作用的物理化学条件制约 [J]. 矿物学报，
　　14（3）：270-278.

姚合法，任玉林，申本科，2006. 渤海湾盆地中原地区古地温梯度恢复研究 [J]. 地学前缘，13（3）：135-140.

应汉龙，1994. 胶东金青顶和邓格庄金矿床的同位素组成及其地质意义 [J]. 贵金属地质，3（3）：201-207.

曾庆栋，沈远超，杨金中，等，1999. 山东省乳山金矿隐伏矿体定位预测 [J]. 地质与勘探，35（2）：5-7+26.

翟明国，2008. 华北克拉通破坏前的状态：对讨论华北克拉通破坏问题的一个建议 [J]. 大地构造与成矿学，32（4）：516-520.

翟明国，范宏瑞，杨进辉，等，2004. 非造山带型金矿——胶东型金矿的陆内成矿作用 [J]. 地学前缘，11（1）：85-98.

张华锋，翟明国，何中甫，等，2004. 胶东昆嵛山杂岩中高锶花岗岩地球化学成因及其意义 [J]. 岩石学报，20（3）：369-380.

张华锋，翟明国，童英，等，2006. 胶东半岛三佛山高 Ba-Sr 花岗岩成因 [J]. 地质论评，52（1）：43-53.

张连昌，沈远超，曾庆栋，等，2001. 山东中生代胶莱盆地北缘金矿床硫铅同位素地球化学 [J]. 矿物岩石地球化学通报，20（4）：380-384.

张连昌，沈远超，刘铁兵，等，2002. 浅议胶东金矿集中区矿床类型与成矿系统 [J]. 矿床地质，21（S1）：779-782.

张良，2016. 胶西北金成矿系统热年代学 [D]. 北京：中国地质大学（北京）.

张宁，2016. 胶西北新城金矿床裂变径迹热年代学 [D]. 北京：中国地质大学（北京）.

张丕建，宋明春，刘殿浩，等，2015. 胶东玲珑金矿田 171 号脉深部金矿床特征及构造控矿作用 [J]. 矿床地质，34（5）：855-873.

张旗，王焰，钱青，等，2001. 中国东部燕山期埃达克岩的特征及其构造–成矿意义 [J]. 岩石学报，17（2）：236-244.

张旗，李承东，王焰，等，2005. 中国东部中生代高 Sr 低 Yb 和低 Sr 高 Yb 型花岗岩：对比及其地质意义 [J]. 岩石学报，21（6）：1527-1537.

张瑞忠，王中亮，王偲瑞，等，2016. 胶西北大尹格金矿床成矿机理：载金黄铁矿标型及硫同位素地球化学约束 [J]. 岩石学报，32（8）：2451-2464.

张田，张岳桥，2007. 胶东半岛中生代侵入岩浆活动序列及其构造制约 [J]. 高校地质学报，13（2）：323-336.

张欣，汪雄武，赵岩，等，2011. 丹巴燕子沟金矿构造控矿特征分析及成矿机制初探 [J]. 有色金属（矿山部分），63（3）：19-24.

张岳桥，赵越，董树文，等，2004. 中国东部及邻区早白垩世裂陷盆地构造演化阶段 [J]. 地学前缘，11（3）：123-133.

张岳桥，李金良，柳宗泉，等，2006. 胶莱盆地深部拆离系统及其区域构造意义 [J]. 石油与天然气地质，27（4）：504-511.

张岳桥，李金良，张田，等，2008. 胶莱盆地及其邻区白垩纪—古新世沉积构造演化历史及其区域动力学意义 [J]. 地质学报，82（9）：1229-1257.

张韫璞，1991. 山东招远–掖县地区两种类型花岗岩对比//李之彤. 中国北方花岗岩及其成矿作用论文集 [M]. 北京：地质出版社：120-126.

张竹如，陈世祯，1999. 胶东金成矿域胶莱盆地中超大型金矿床找矿远景 [J]. 地球化学，28（3）：203-212.

赵达，程立人，刘茂修，1995. 胶南地区五莲群中管孔藻类的发现及其意义 [J]. 中国区域地质，14（4）：379-384.

赵富远，2015. 胶东三佛山早白垩世花岗岩磷灰石、锆石裂变径迹研究 [D]. 北京：中国地质大学（北京）.

赵广涛，王德滋，曹钦臣，1997. 崂山花岗岩岩石地球化学与成因 [J]. 高校地质学报，3（1）：2-16.

赵鹏大，胡旺亮，李紫金，1983. 矿床统计预测 [M]. 北京：地质出版社.

赵鹏大，池顺都，李志德，等，2006. 矿产勘查理论与方法 [M]. 武汉：中国地质大学出版社.

赵越，杨振宇，马醒华，1994. 东亚大地构造发展的重要转折 [J]. 地质科学，29（2）：105-119.

赵越，张拴宏，徐刚，等，2004. 燕山板内变形带侏罗纪主要构造事件 [J]. 地质通报，23（Z2）：854-863.

周建波，郑永飞，李龙，等，2001a. 扬子大陆板块俯冲的构造加积楔 [J]. 地质学报，75（3）：338-352.

周建波，郑永飞，李龙，等，2001b. 大别—苏鲁超高压变质带内部的浅变质岩 [J]. 岩石学报，17（1）：39-48.

周建波，郑永飞，赵子福，2003. 山东五莲中生代岩浆岩的锆石 U-Pb 年龄 [J]. 高校地质学报，9（2）：185-194.

周良辰，林冰仙，王丹，等，2013. 平面地质图的三维地质体建模方法研究 [J]. 地球信息科学学报，15（1）：46-54.

朱奉三，1980. 混合岩化热液金矿床成矿作用初步研究——以招掖地区的金矿床为例 [J]. 地质与勘探，（7）：1-10.

朱日祥，陈凌，吴福元，等，2011. 华北克拉通破坏的时间、范围与机制 [J]. 中国科学（D 辑：地球科学），41（5）：583-592.

朱裕生，1984. 矿产资源评价方法学导论 [M]. 北京：地质出版社.

朱照先，赵新福，林祖苇，等，2020. 胶东金翅岭金矿床黄铁矿原位微量元素和硫同位素特征及对矿床成因的指示 [J]. 地球科学，45（3）：945-959.

Acharyya S K, 2000. Break up of Australia-India-Madagascar Blok, opening of the Indian Ocean and continental accretion in Southeast Asia with special reference to the characteristics of the Peri-Indian collision zones [J]. Gondwana Research, 3 (4): 435-443.

Allègre C J, Staudacher T, Sarda P, 1986. Rare gas systematics: Formation of the atmosphere, evolution and structure of the Earth's mantle [J]. Earth and Planetary Science Letters, 187 (81): 127-150.

Ames L, Tilton G R, Zhou G, 1993. Timing of collision of the Sino-Korean and Yangtze cratons: U-Pb zircon dating of coesite-bearing eclogites [J]. Geology, 21: 339-342.

Andre N P, Richard A S, Alexey U, et al., 2018. High temperature (>350℃) thermal histories of the long lived (>500Ma) active margin of Ecuador and Colombia: apatite, titanite and rutile U-Pb thermochronology [J]. Geochimica et Cosmochimica Acta, 228: 275-300.

Bajwah Z U, Seccombe P K, Offler R, 1987. Trace element distribution, Co : Ni ratios and genesis of the Big Cadia iron-coper deposit, New South Wales, Australia [J]. Mineralium Deposita, 22 (4): 292-300.

Bau M, Dulski P, 1995. Comparative study of yttrium and rare-earth element behavious in fluorine-rich hydrothermal fluid [J]. Contributions to Mineralogy and Petrology, 119 (2): 213-223.

Bau M, Moler P, Dulski P, 1997. Yttrium and lanthanides in eastern Mediterranean seawater and their fractionation during redox-cycling [J]. Marine Chemistry, 56 (1-2): 123-131.

Bi S J, Zhao X F, 2017. ^{40}Ar/^{39}Ar dating of the Jiehe gold deposit in the Jiaodong Peninsula, eastern North China Craton: implications for regional gold metallogeny [J]. Ore Geology Reviews, 86: 639-651.

Boullier A M, Robert F, 1992. Paleoseismic events recorded in arche-an gold quartz vein networks [J]. Journal of Structural Geology, 14: 161-179.

Boynton W V, 1984. Geochemistry of the rare earth elements: meteorite studies//Henderson P. Rare earth Element Geochemistry [M]. Amsterdam: Elsevier: 63-114.

Bralia A, Sabatini G, Troja F, 1979. A revaluation of the Co/Ni ratio in pyrite as geochemical tool in ore genesis problems [J]. Mineralium Deposita, 14: 353-374.

Brandon M T, 2002. Decomposition of mixed grain age distributions using binomfit [J]. On Track, 24: 13-18.

Brill B A, 1989. Trace-element contents and partitioning of elements in ore minerals from the CSA Cu-Pb-Zn deposit, Australia [J]. Canadian Mineralogist, 27 (7): 263-274.

Charles N, Gumiaux C, Augier R, et al., 2011. Metamorphic core complexes vs. synkinematic plutons in continental extension setting: insights from key structures (Shandong Province, Eastern China) [J]. Journal of Asian Earth Sciences, 40: 261-278.

Chen Y J, Pirajno F, Qi J P, 2005. Origin of gold metallogeny and sources of ore forming fluids, Jiaodong Province, eastern China [J]. International Geology Review, 47 (5): 530-549.

Cox K G, 1993. Continental magmatic underplating [J]. Royal Society of London Philosophical Transactions, A (342): 155-166.

Cox S F, 1995. Faulting processes at high fluid pressures: an example of fault valve behavior from the Wattle Gully Fault, Victoria, Australia [J]. Journal of Geophysical Research Atmospheres, 100 (B7): 12841-12860.

Davis G A, Zheng Y D, Wang C, 2001. Mesozoic tectonic evolution of the Yanshan fold and thrust belt, with emphasis on Hebei and Liaoning Provinces, northern China [C] //Hendrix M S, Davis G A. Paleozoic and Mesozoic Tectonic Evolution of Central and Asia: from Continental Assembly to Intracontinental Deformation. Geological Society of American Memoir, 194: 171-194.

Defant M J, Drummond M S, 1990. Derivation of some modern arc magmas by melting of young subducted lithosphere [J]. Nature, 347: 662-665.

Deng J, Wang Q F, Wan L, et al., 2011. A multifractal analysis of mineralization characteristics of the Dayingezhuang disseminated-veinlet gold deposit in the Jiaodong gold province of China [J]. Ore Geology Reviews, 40 (1): 54-64.

Deng J, Liu X F, Wang Q F, et al., 2015. Origin of the Jiaodong-type Xinli gold deposit, Jiaodong Peninsula, China: constraints from fluid inclusion and C-D-O-S-Sr isotope compositions [J]. Ore Geology Reviews, 65: 674-686.

Deng J, Qiu K F, Wang Q F, et al., 2020. In situ dating of hydrothermal monazite and implications for the geodynamic controls on ore formation in the Jiaodong gold Province, eastern China [J]. Economic Geology, 115 (3): 671-685.

Dunai T, Porcelli D P, 2002. Storage and transport of noble gases in the subductinental lithosphere [C] //Porcelli D P, Ballentine C J, Wieler R. Noble Gases. Reviews in Mineralogy and Geochemistry, 47: 371-409.

Fan H R, Zhai M G, Xie Y H, et al, 2003. Ore-forming fluids associated with granite-hosted gold mineralization at the Sanshandao deposit, Jiaodong gold province, China [J]. Mineralium Deposita, 38: 739-750.

Faure G, 1986. Principles of Isotope Geology [M]. New York: John Wiley and Sons.

Faure M, Lin W, Le B N, 2001. Where is the North China-South China block boundary in eastern China? [J]. Geology, 29: 119-122.

Fitton J G, James D, Leeman W P, 1991. Basic magmatism associated with the late Cenozoic extension in the western United States, compositional variations in space and time [J]. Lithos, 120 (3): 221-241.

Furman T, Graham D, 1999. Erosion of lithospheric mantle beneath the East African Rift system: geochemical evidence from the Kivo volcanic province [J]. Developments in Geotectonics, 24: 237-262.

Furukawa Y, Tatsumi Y, 1999. Melting of a subducting slab and production of high-Mg andesite magmas: unusual magmatism in SW Japan at 13 ~ 15Ma [J]. Geophysical Research Letters, 26 (15): 2271-2274.

Gautheron C, Moreira M, Allègre C, 2005. He, Ne and Ar composition of the European lithospheric mantle [J]. Chemical Geology, 217: 97-112.

Goldfarb R J, Santosh M, 2014. The dilemma of the Jiaodong gold deposits: are they unique? [J]. Geoscience Frontiers, 5 (2): 139-153.

Goldfarb R J, Groves D I, Gardoll S, 2001. Orogenic gold and geologic time: a global synthesis [J]. Ore Geology Reviews, 18 (1): 1-75.

Goss C S, Wilde S A, Wu F Y, et al., 2010. The age, isotopic signature and significance of the youngest Mesozoic granitoids in the Jiaodong Terrene, Shandong Province, North China Craton [J]. Lithos, 120 (3-4): 309-326.

Green T H, 1995. Significance of Nb/Ta as an indicator of geochemical processes in the crust-mantle system [J]. Chemical Geology, 120: 347-359.

Groves D I, 2003. Gold deposits in metamorphic belts: overview of current understanding, outstanding problems, future research, and exploration significance [J]. Economic Geology, 98 (1): 1-29.

Groves D I, Goldfarb R J, Gebremariam M, et al., 1998. Orogenic gold deposits: a proposed classification in the context of their crustal distribution and relationship to other gold deposit types [J]. Ore Geology Reviews, 13 (1-5): 7-27.

Gurnis M, Mitrovica J X, Ritsema J, et al., 2000. Constraining mantle density structure using geological evidence of surface uplift rates: the case of African superplume [J]. Geochemistry Geophysics Geosystem, 1 (7): 1999GC000035.

Haas J L, 1970. An equation for the density of vapor-saturated NaCl-H$_2$O solutions from 75℃ to 325℃ [J]. American Journal of Science, 269: 489-493.

Haas J R, Shock E L, Sassani D C, 1995. Rare earth elements in hydrothermal systems: estimates of standard partial modal thermodynamic properties of aqueous complexes of the rare earth elements at high pressures and temperatures [J]. Geochimica et Cosmochimica Acta, 59: 4329-4350.

Hu F F, Fan H R, Yang J H, et al., 2004. Mineralizing age of the Rushan lode gold deposit in the Jiaodong Peninsula: SHRIMP U-Pb dating on hydrothermal zircon [J]. Chinese Science Bulletin, 49 (15): 1629-1636.

Irvine T N, Barager W R A, 1971. A guide to chemical classification of the common volcanic rocks [J]. Canadian Journal of Earth Science, 8 (4): 523-548.

Jenner G A, 1981. Geochemistry of high-Mg andesites from Cape Vogel, Papua New Guinea [J]. Chemical Geology, 33 (1-4): 307-332.

Jiang L L, Wolfgang S, Chen F K, et al., 2005. U-Pb zircon ages for the Luzhenguan Complex in northern part of the eastern Dabie orogen [J]. Science China: Earth Sciences, 48 (9): 1357-1367.

Kamei A, Owada M, Nagao T, et al., 2004. High-Mg diorites derived from sanukitic HMA magmas, Kyushu Island, southwest Japan arc: evidence from clinopyroxene and whole rock compositions [J]. Lithos, 75 (3): 359-371.

Kaneoka I, 1998. Noble gas signatures in the Earth's interior-coupled or decoupled behaviour among each isotope systematics and problem related to their implication [J]. Chemical Geology, 147: 61-76.

Kay R W, 1978. Aleutian magnesian andesites: melts from subducted Pacific Ocean crust [J]. Journal of Volcanology and Geothermal Research, 4 (1): 117-132.

Kendrick M A, Burgess R, Pattrick R A D, et al., 2001. Fluid inclusion noble gas and halogen evidence on the origin of Cu-porphyry mineralizing fluids [J]. Geochimica et Cosmochimica Acta, 65: 2651-2668.

Keppler H, 1996. Constraints from partitioning experiments on the composition of subduction zone fluids [J]. Nature, 380:

237-240.

Ketcham R A, Carter A, Donelick R A, et al., 2007. Improved measurement of fission-track annealing in apatite using: C-axis projection [J]. American Mineralogist, 92 (5-6): 789-798.

Kirkland C L, Yakymchuk C, Szilas K, et al., 2018. Apatite: a U-Pb thermochronometer or geochronometer? [J]. Lithos, 318-319: 143-157.

Kusky T M, Windley B F, Zhai M G, 2007. Tectonic evolution of the North China Block: from organ to craton to orogen [C] // Zhai M G. Mesozoic Sub-Continental Lithospheric Thinning Under Eastern Asia. London: Geological Society, Special Publications, 280: 1-34.

Landi P, Métrich N, Bertagnini A, et al., 2004. Dynamics of magma mixing and degassing recorded in plagioclase at Stromboli (Aeolian Archipelago, Italy) [J]. Contributions to Mineralogy and Petrology, 147: 213-227.

Lassiter J C, Depaolo D J, 1997. Plumes/Lithosphere interaction in the generation of continental and ocranic flood basalts: chemical and isotope constrationts [J]. Geophysical Monography 100, American Geophysical Union, 26 (5): 335-355.

Le Bas M J, Le Maitre R W, Streckeisen A, et al., 1986. A chemical classification of volcanic rocks based on the total Alkali-Silica diagram [J]. Journal of Petrology, 27 (3): 745-750.

Li J, Li H, Ling M X, et al., 2022. Early Cretaceous ridge subduction in the Shandong Peninsula, eastern China, indicated by Laoshan A-type granite [J]. Frontiers in Earth Science, 10: 1000603.

Li L, Santosh M, Li S R, 2015. The 'Jiaodong type' gold deposits: Characteristics, origin and prospecting [J]. Ore Geology Reviews, 65: 589-611.

Li S G, Xiao Y L, Liu D L, et al., 1993. Collision of North China and Yangtze blocks and formation of coesite-bearing eclogites: timing and processes [J]. Chemical Geology, 109: 89-111.

Li S G, Chen Y Z, Ge N J, et al., 1994. U-Pb zircon ages of eclogite and gneiss from Jiaonan Group in Qingdao area [J]. Acta Geoscientia Sinica, (1-2): 35-36.

Li S Z, Zhao G C, Santosh M, et al., 2012. Paleoproterozoic structural evolution of the southern segment of the Jiao-Liao-Ji Belt, North China Craton [J]. Precambrian Research, 200-203: 59-73.

Li X H, Fan H R, Zhang Y W, et al., 2018. Rapid exhumation of the northern Jiaobei Terrane, North China Craton in the Early Cretaceous: insights from Al-in-hornblende barometry and U-Pb geochronology [J]. Journal of Asian Earth Sciences, 160: 365-379.

Lin W, Wang Q C, 2006. Late Mesozoic extensional tectonics in North China Block: response to the lithosphere removal of North China Craton? [J]. Bulletin de la Société Géologique de France, 177 (6): 287-294.

Ling W L, Xie X J, Liu X M, et al., 2007. Zircon U-Pb dating on the Mesozoic volcanic suite from the Qingshan Group stratotype section in eastern Shandong Province and its tectonic significance [J]. Science China: Earth Sciences, 50 (6): 813-824.

Liu S, Hu R Z, Gao S, et al., 2009. Zircon U-Pb age, geochemistry and Sr-Nd-Pb isotopic compositions of adakitic volcanic rocks from Jiaodong, Shandong Province, eastern China: constraints on petrogenesis and implications [J]. Journal of Asian Earth Sciences, 35: 445-458.

Loucks R R, 2014. Distinctive composition of copper-ore-forming arc magas [J]. Australian Journal of Earth Sciences, 61 (1): 5-16.

Ma L, Jiang S Y, Dai B Z, et al., 2013. Multiple sources for the origin of Late Jurassic Linglong adakitic granite in the Shandong Peninsula, eastern China: zircon U-Pb geochronological, geochemical and Sr-Nd-Hf isotopic evidence [J]. Lithos, 162-163: 251-263.

Ma L, Jiang S Y, Hou M L, et al., 2014a. Geochemistry of Early Cretaceous calc-alkaline lamprophyres in the Jiaodong Peninsula: implication for lithospheric evolution of the eastern North China Craton [J]. Gondwana Research, 25 (2): 859-872.

Ma L, Jiang S Y, Hofman A W, et al., 2014b. Lithospherica and asthenospheric sources of lamprophyres in the Jiaodong Peninsula: aconseqyence of rapid Lithospheric thining beneath the North China Craton? [J]. Geochimica et Cosmochimica Acta, 124: 250-271.

Mamyrin B A, Tolstikhin I N, 1984. Helium isotopes in nature [M] // Fyfe W S. Developments in Geochemistry. Amsterdam: Elsevier: 273.

Martin H, 1999. Adakitic magmas: modern analogues of Archaean granitoids [J]. Lithos, 46: 411-429.

McCuaig T C, Kerrich R, 1998. *P-T-t* deformation-fluid characteristics of lode gold deposits: evidence from alteration systematics

［J］. Ore Geology Reviews, 12 (6): 381-453.

McDonough W F, Sun S S, 1995. The composition of the earth ［J］. Chemical Geology, 120: 223-253.

Meschede M, 1986. A method of discriminating between different types of mid-ocean ridge basalts and continental tholeiites with the Nb-Zr-Y diagram ［J］. Chemical Geology, 56 (3): 207-218.

Middlemost E A K, 1994. Naming materials in the magma/igneous rock system ［J］. Earth Science Reviews, 37: 215-224.

Nadin P A, Kusznir N J, Cheadle M J, 1997. Early Tertiary plume uplift of the north sea and faeroe-shetland basins ［J］. Earth and Planetary Science Letters, 148: 109-127.

O'Sullivan P B, Parrish R R, 1995. The importance of apatite composition and single-grain ages when interpreting fission track data from plutonic rocks: a case study from the Coast Ranges, British Columbia ［J］. Earth and Planetary Science Letters, 132 (1): 213-224.

Ojala V J, Ridley J R, Grove D I, et al., 1993. The Granny smith gold deposit: the role of heterogeneous stress distribution at an irregular granitoid contact in a greenstone facies terrane ［J］. Mineralium Deposita, 28: 409-419.

Olafsson M, Eggler D H, 1983. Phase relations of amphibole, amphibole-carbonate, and phlogopite-carbonate peridotite: petrologic constraints on the asthenosphere ［J］. Earth and Planetary Science Letters, 64 (2): 305-315.

Oreskes N, Einaudi M T, 1990. Origin of rare earth element-enriched hematite breccias at the Olympic Dam Cu-U-Au-Ag deposit, Roxby Downs, South Australia ［J］. Economic Geology, 85 (1): 1-28.

Parsons T, McCarthy J, 1995. The active west margin of the Colorado Plateau: uplift of mantle origin ［J］. GSA Bulletin, 107 (2): 139-147.

Pearce J A, 1982. Trace element characteristics of lavas from destructive plate boundaries ［M］//Thorpe R S. Andsites: Orogenic Andesites and Related Rocks. New York: John Wiley and Sons: 525-548.

Pearce J A, Cann J R, 1973. Tectonic setting of basic volcanic rocks determined using trace element analyses ［J］. Earth and Planetary Science Letters, 19 (2): 290-300.

Phillips G N, Evans K A, 2004. Role of CO_2 in the formation of gold deposits ［J］. Nature, 429 (6994): 860-863.

Qiu Y M, Groves I D, McNaughton G N, et al., 2002. Nature, age and tectonic setting of granitoid-hosted, orogenic gold deposits of the Jiaodong Peninsula, eastern north China Craton, China ［J］. Mineralium Deposita, 37: 283-305.

Rapp R P, Watson E B, 1999. Dehydration melting of metabasalt at 8-32 kbar: implications for continental growth and crust mantle recycling ［J］. Journal of Petrology, 36 (4): 891-931.

Ratschbacher L, Hacker B R, Webb L E, 2000. Exhumation of the ultra-high pressure continental crust in east central China: Cretaceous and Cenozoic unrooting and the Tanlu Fault ［J］. Journal of Geophysical Research, 105: 13303-13338.

Ren J Y, Tamaki K, Li S, 2002. Late Mesozoic and Cenozoic rifting and its dynamic setting in eastern China and adjacent areas ［J］. Tectonophysics, 344 (3-4): 175-205.

Rickwood P C, 1989. Boundary lines within petrologic diagrams which use oxides of major and minor elements ［J］. Lithos, 22: 247-263.

Ringwood A E, 1974. The petrological evolution of island arc systems ［J］. Journal of the Goelogical Society, 3: 183-204.

Robert F, Boullier A M, Firdaous K, 1995. Gold quartz veins in metamorphic terranes and their beating on the role of fluids in faulting ［J］. Journal of Geophysical Research, 100 (B7): 12861-12870.

Rogers R D, Kárason H, Van der Hilst R D, 2002. Epeirogenic uplift above a detached slab in northern Central America ［J］. Geology, 30 (11): 1031-1034.

Rohman M, Van der Beek P, 1996. Cenozoic post rift domal uplift of north Atlantic margins: an asthenospheric diapirism model ［J］. Geology, 24 (10): 901-904.

Rollison R H, 1993. Using Geochemical Data: evaluation, Presentation, Interpretation ［M］. London: Longman Geochemistry Series.

Saunders A D, Norry M J, Tarney J, 1988. Origin of MORB and chemically depleted mantle reservoirs: trace element constraints ［J］. Journal of Petrology, (1): 425-445.

Shmulovich K I, Churakov S V, 1998. Natural fluid phases at high temperatures and low pressures ［J］. Journal of Geochemical Exploration, 62: 183-191.

Sibson R H, Robert F, Poulsen K H, 1988. High angle reverse faults, fluid pressure cycling and mesothermal gold quartz deposits ［J］. Journal of Structural Geology, (16): 551-555.

Simmons S F, Sawkins F J, Schlutter D J, 1987. Mantle-derived helium in two Peruvian hydrothermal ore deposits [J]. Nature, 329 (6138): 429-432.

Smithies R H, Champion D C, 2000. The Archaean high-Mg diorite suite: links to tonalite-trondhjemite-granodiorite magmatism and implications for Early Archaean crustal growth [J]. Journal of Petrology, 41 (12): 1653-1671.

Song M C, Yi P H, Xu J X, et al., 2012. A step metallogenetic model for gold deposits in the northwestern Shandong Peninsula, China [J]. Science China: Earth Science, 55 (6): 940-948.

Song M C, Deng J, Yi P H, et al., 2014. The kiloton class Jiaojia gold deposit in eastern Shandong Province and its genesis [J]. Acta Geologica Sinica, 88 (3): 801-824.

Song M C, Li S Z, Santosh M, et al., 2015. Types, characteristics and metallogenesis of gold deposits in the Jiaodong Peninsula, Eastern North China Craton [J]. Ore Geology Reviews, 65: 612-625.

Song M C, Wang S S, Yang L X, et al., 2017. Metallogenic epoch and geological significance of the nonferrous metallic and silver deposits in Jiaodong Peninsula, China [J]. Acta Geologica Sinica (English Edition), 91 (4): 801-821.

Song M C, Zhou J B, Song Y X, et al., 2020. Mesozoic Weideshan granitoid suite and its relationship to large-scale gold mineralization in the Jiaodong Peninsula, China [J]. Geological Journal, 55: 5703-5724.

Stuart F M, Turner G, Duckworth R C, 1994. Helium isotopes as tracers of trapped hydrothermal fluids in ocean floor sulfides [J]. Geology, 22: 823-826.

Stuart F M, Burnard P G, Taylor R P, et al., 1995. Resolving mantle and crustal contributions to ancient hydrothermal fluids: He, Ar isotopes in fluid inclusions from Dae Hwa W, Mo mineralisation, South Korea [J]. Geochimica et Cosmochimica Acta, 59 (22): 4663-4673.

Sun S S, McDonough W F, 1989. Chemical and isotopic systematics of oceanic basalts: implications for mantle composition and processes [M] //Saunders A D, Norry M J. Magmatism in Ocean Basins. London: Geological Society of Special Publication: 313-345.

Tang J, Zheng Y F, Wu Y B, et al., 2006. Zircon SHRIMP U-Pb dating C and O isotopes for impure marbles in the Jiaobei Terrane of the Sulu orogen: implication for its tectonic affinity [J]. Precambrian Research, 144: 1-18.

Tang J, Zheng Y F, Wu Y B, et al., 2007. Geochronology and geochemistry of metamorphic rocks in the Jiaobei terrane: constraints on its tectonic affinity in the Sulu orogeny [J]. Precambrian Research, 152 (1-2): 48-82.

Tatsumi Y, Eggins S, 1995. Subduction Zone Magmatism [M]. Cambridge: Blackwell Publishing.

Taylor S R, Mclennan S M, 1985. The continental crust: its composition and evolution [J]. The Journal of Geology, 94 (4): 91-92.

Traynor J J, Sladen C, 1995. Tectonic and stratigraphic evolution of the Mongolian People's Republic and its influence on hydrocarbon geology and potential [J]. Marine and Petroleum Geology, 12 (1): 35-52.

Wan T F, Teyssier C, Zeng H L, et al., 2001. Emplacement mechanism of Linglong granitoid complex, Shandong Peninsula, China [J]. Science China: Earth Sciences, 44 (6): 535-544.

Wang L G, Qiu Y M, Mc Naughton N J, et al., 1998. Constraints on crustal evolution and gold metallogeny in the Northeastern Jiaodong peninsula, China, from SHRIMP U-Pb zircon studies of granitoids [J]. Ore Geology Reviews, 13: 275-291.

Wang Q, McDermott F, Xu J F, et al., 2005. Cenozoic K-rich adakitic volcanic rocks in the Hohxil area, northern Tibet: lower-crustal melting in an intra-continental setting [J]. Geology, 33: 465-468.

Wang T, Zheng Y D, Zhang J J, et al., 2011. Pattern and kinematic polarity of late Mesozoic extension in continental NE Asia: perspectives from metamorphic core complexes [J]. Tectonics, 30 (6): 148-151.

Watson M P, Hayward A B, Parkison D N, 1987. Plate tectonic history, basin development and petroleum source rock deposition onshore China [J]. Marine and Petroleum Geology, 4 (3): 205-225.

Weaver B L, 1991. The origin of ocean island basalt end-member compositions: trace element and isotopic constraints [J]. Earth and Planetary Science Letters, 104 (2): 381-397.

Wilson M, 1989. Igneous Petrogenesis [M]. London: Unwin Hyman.

Winckler G, Aeschbach-Hertig W, Kipfer R, et al., 2001. Constraints on origin and evolution of Red Sea brines from helium and argon isotopes [J]. Earth and Planetary Science Letters, 184: 671-683.

Wood B J, Turner S P, 2009. Origin of primitive high Mg andesite: constraints from natural examples and experiments [J]. Earth and Planetary Science Letters, 283 (1-4): 59-66.

Wood D A, 1980. The application of a Th-Hf-Ta diagram to problems of tectonomagmatic classification and to establishing the nature of crustal contamination of basaltic lavas of the British Tertiary Volcanic Province [J]. Earth and Planetary Science Letters, 50 (1): 11-30.

Wu F Y, Lin J Q, Wilde S A, et al., 2005. Nature and significance of the Early Cretaceous giant igneous event in eastern China [J]. Earth and Planetary Science Letters, 233: 103-119.

Wu Y B, Zheng Y F, Zhou J B, 2004. Neoproterozoic granitoid in northwest Sulu and its bearing on the North China-South China Blocks boundary in east China [J]. Geophysical Research Letters, 31 (7): L07616.

Xu J F, Shinjio R, Defant M J, et al., 2002. Origin of Mesozoic adakitic intrusive rocks in the Ningzhen area of east China: partial melting of delaminated lower continental crust [J]. Geology, 12: 1111-1114.

Xu W G, Fan H R, Yang K F, et al., 2016. Exhaustive gold mineralizing processes of the Sanshandao gold deposit, Jiaodong Peninsula, eastern China: displayed by hydrothermal alteration modeling [J]. Journal of Asian Earth Sciences, 129 (1): 152-169.

Yang J H, Zhou X H, 2000. The Rb-Sr isochron of ore and pyrite sub-samples from Linglong gold deposit, Jiaodong Peninsula, Eastern China and their geological significance [J]. Chinese Science Bulletin, 45 (24): 2272-2276.

Yang J H, Zhou X H, 2001. Rb-Sr, Sm-Nd and Pb isotope systematics of pyrite: implications for the age and genesis of lode gold deposits [J]. Geology, 29 (8): 711-714.

Yang J H, Chung S L, Zhai M G, et al., 2004a. Geochemical and Sr-Nd-Pb isotopic compositions of mafic dikes from the Jiaodong Peninsula, China: evidence for vein-plus-peridotite melting in the lithospheric mantle [J]. Lithos, 73 (3-4): 145-160.

Yang J H, Wu F Y, Chung S L, et al., 2004b. Multiple sources for the origin of granites: geochemical and Nd/Sr isotopic evidence from the Gudaoling granite and its mafic enclaves, northeast China [J]. Geochimica et Cosmochimia Acta, 68: 4469-4483.

Yang J H, Wu F Y, Wilde S A, et al., 2008. Mesozoic decratonization of the North China Block [J]. Geology, 36: 467-470.

Yang K F, Fan H R, Santosh M, 2012. Reactivation of the Archean lower crust: implications for zircon geochronology, elemental and Sr-Nd-Hf isotopic geochemistry of late Mesozoic granitoids from northwestern Jiaodong terrane, the North China Craton [J]. Lithos, 146-147: 112-127.

Yang L Q, Deng J, Zhang J, et al., 2008. Decrepitation thermometry and compositions of fluid inclusions of the Damoqujia gold deposit, Jiaodong gold province, China: implications for metallogeny and exploration [J]. Journal of China University of Geosciences, 19 (4): 378-390.

Yang L Q, Guo L N, Wang Z L, et al., 2017. Timing and mechanism of gold mineralization at the Wangershan gold deposit, Jiaodong Peninsula, eastern China [J]. Ore Geology Reviews, 88: 491-510.

Yaxley G M, Green D H, Kamenetsky V, 1998. Carbonatite metasomatism in the southeastern Australian lithosphere [J]. Journal of Petrology, 39 (11-12): 1917-1930.

Yin J Y, Yuan C, Sun M, et al., 2010. Late Carboniferous high-Mg dioritic dikes in Western Junggar, NW China: geochemical features, petrogenesis and tectonic implications [J]. Gondwana Research, 17 (1): 145-152.

Yogodzinski G M, Kay R W, Volynets O N, et al., 1995. Magnesian andesite in the western Aleutian Komandorsky region: implications for slab melting and processes in the mantle wedge [J]. Geological Society of America Bulletin, 107: 505-519.

Zhai M G, 2002. Where is the North China-South China block boundary in eastern China?: comment and reply [J]. Geology, 30: 667.

Zhang J, Zhao Z F, Zheng Y F, et al., 2010. Post collisional magmatism: geochemical constraints on the petrogenesis of Mesozoic granitoids in the Sulu orogen, China [J]. Lithos, 119: 512-536.

Zhang L, Weinberg R F, Yang L Q, et al., 2020. Mesozoic orogenic gold mineralization in the Jiaodong Peninsula, China: a focused event at 120±2Ma during cooling of pregold granite intrusions [J]. Economic Geology, 115 (2): 415-441.

Zhang L C, Shen Y C, Liu T B, et al., 2003. $^{40}Ar/^{39}Ar$ and Rb-Sr isochron dating of the gold deposits on northern margin of the Jiaolai Basin, Shandong, China [J]. Science China: Earth Science, 46 (7): 708-718.

Zhang X O, Cawood P A, Wilde S A, et al., 2003. Geology and timing of mineralization at the Cangshang gold deposit, northwestern Jiaodong Peninsula, China [J]. Mineralium Deposita, 38: 141-153.

Zhao G C, Sun M, Wilde S A, et al., 2005. Late Archean to Paleoproterozoic evolution of the North China Craton: key issues revisited [J]. Precambrian Research, 136: 177-202.

Zhao G T, Wang D Z, Cao Q C, 1998. Thermal evolution and its significance of I-A type granitoid complex: the Laoshan granitoid as an example [J]. Science China: Earth Sciences, 41 (5): 529-536.

Zhao M, Chen X M, Ji J F, et al., 2007. Evolution of chlorite composition in the Paleogene prototype basin of Jiyang Depression Shandong, China, and its implication for paleogeothermal gradient [J]. Science China: Earth Sciences, 50 (11): 1645-1654.

Zhao Z F, Zheng Y F, 2009. Remelting of subducted continental lithosphere: petrogenesis of Mesozoic magmatic rocks in the Dabie-Sulu orogenic belt [J]. Science China: Earth Sciences, 52 (9): 1295-1318.

Zheng Y F, Zhou J B, Wu Y B, et al., 2005. Low-grade metamorphic rocks in the Dabie-Sulu orogenic belt: a passive-margin accretionary wedge deformed during continent subduction [J]. Geology Review, 47: 851-871.

Zheng Y F, Zhao Z F, Wu Y B, et al., 2006. Zircon U-Pb age, Hf and O isotope constraints on protolith origin of ultrahigh-pressure eclogite and gneiss in the Dabie orogeny [J]. Chemical Geology, 231 (1-2): 135-158.

Zhou J B, Wilde S A, Zhao G C, et al., 2008a. Detrital zircon U-Pb dating of low-grade metamorphic rocks in the Sulu UHP belt: evidence for overthrusting of the North China Craton onto the South China Craton during continental subduction [J]. Journal of the Geological Society, 165 (1): 423-433.

Zhou J B, Wilde S A, Zhao G C, et al., 2008b. SHRIMP U-Pb zircon dating of the Wulian complex: defining the boundary between the North and South China Cratons in the Sulu Orogenic Belt, China [J]. Precambrian Research, 162: 559-576.

Zhou T H, Lv G X, 2000. Tectonics, granitoids and mesozoic gold deposits in East Shandong, China [J]. Ore Geology Reviews, 16 (1/2): 71-90.

Zhu R X, Chen L, Wu F Y, et al., 2011. Timing, scale and mechanism of the destruction of the North China Craton [J]. Science China: Earth Sciences, 54 (6): 797-799.

Zhu R X, Yang J H, Wu F Y, 2012. Timing of destruction of the North China Craton [J]. Lithos, 149: 51-60.

Zhu R X, Fan H R, Li J W, et al., 2015. Decratonic gold deposits [J]. Science China: Earth Sciences, 58 (9): 1523-1537.